# Farbatlas der Obstschädlinge

# Farbatlas der Obstschädlinge

Erkennung, Lebensweise und Bekämpfung

David V. Alford

Übersetzt von Hans Steiner

Ferdinand Enke Verlag Stuttgart 1987

Titel der Originalausgabe:
A Colour Atlas of
Fruit Pests

Published by Wolfe Publishing Ltd 1984
London W1P 6HE

Autor:

**David V. Alford**
B. Dc., Ph. D., F. R. E. S.
Bezirksentomologe und
Leiter der Entomologischen Abteilung des
Landwirtschaftlichen Forschungsdienstes und des
Landwirtschaftlichen Entwicklungs- und
Beratungsdienstes,
Ministerium für Landwirtschaft, Fischerei und
Ernährung,
Bristol, England

Übersetzer:

**Dr. Hans Steiner**
Karlsstraße 5
7014 Kornwestheim

**CIP-Kurztitelaufnahme der Deutschen Bibliothek**

**Alford, David V.:**
Farbatlas der Obstschädlinge : ihre Erkennung, Lebensweise u. Bekämpfung / David V. Alford. Übers. von Hans Steiner. – Stuttgart : Enke, 1987.
Einheitssacht.: A colour atlas of fruit pests ⟨dt.⟩
ISBN 3-432-95751-3



Deutsche Ausgabe:

D-7000 Stuttgart 1 – Printed in Germany
Satz: Laupp & Göbel, D-7400 Tübingen 3
Schrift: 9/10 P. Times, System 3/202 Lino

# Inhalt

# Vorwort

Viele Jahre lang war A. M. Massee's „Obst- und Hopfenschädlinge" das maßgebende Standardwerk über Obstschädlinge. Dieses Buch ist nicht mehr im Buchhandel und seit seiner letzten Auflage, die vor etwa 30 Jahren erschien, haben sich unsere Kenntnisse erheblich verbessert und es gab viele Änderungen bezüglich der Bedeutung der Schädlinge und der Empfehlungen für die Bekämpfung. Eine neue Veröffentlichung über dieses Sachgebiet wurde deshalb für wünschenswert gehalten.

Mit dem vorliegenden Buch sollte eine dem heutigen Stand entsprechende Aufzählung der Obst- und Hopfenschädlinge erstellt werden, es war aber meine Absicht, dem Leser mehr mitzuteilen als nur, wie man diese bekämpfen kann. Nach einem einführenden Kapitel werden die Schädlinge in der Reihenfolge behandelt, die dem natürlichen System entspricht, also von den niedriger zu den höher entwickelten Formen fortschreitend. Den Milben und einer Reihe etwas ausgefalleneren Schädlingen sind eigene Kapitel gewidmet. Es folgt dann eine Übersicht über die Parasiten und Räuber dieser Schädlinge und eine Zusammenfassung von Informationen über Pflanzenschutzmittel.

Manchmal haben die Pflanzenzüchter Erfolg und erzielen Stämme, die gegenüber bestimmten Schädlingen und Krankheiten (einschließlich insektenübertragbaren Viruskrankheiten) resistent oder tolerant sind, aber eine leistungsfähige Obstproduktion ist ohne ein gewisses Maß chemischer Schädlingsbekämpfung kaum denkbar. Die in diesem Buch gegebenen Bekämpfungsempfehlungen sind in erster Linie für den Erwerbsobstbau gedacht; Haus- oder Kleingärtner sollten, falls sie überhaupt Chemikalien verwenden wollen, nur solche auswählen, die speziell für Hausgärten vorgesehen sind (siehe Kapitel 11). Wo immer Pflanzenschutzmittel verwendet werden, erfordert die Rücksicht auf unsere Umwelt (einschließlich der Wirkung dieser Chemikalien auf unschädliche, oft sogar nützliche Organismen) und das Problem der Pestizidresistenz eine verantwortungsvolle und gut kontrollierte Anwendung. Biologische und integrierte Pflanzenschutzmethoden gewinnen sowohl im Ackerbau wie auch im Gartenbau mehr und mehr an Bedeutung, so daß zu hoffen ist, daß die in Kapitel 10 enthaltenen Informationen ein wachsendes Interesse an den natürlichen Feinden der Obstschädlinge auslösen werden. Eine Diskussion über die Prinzipien oder die relativen Erfolge der verschiedenen Methoden der Schädlingsbekämpfung liegt jedoch jenseits der Absichten des vorliegenden Buches.

Für die Hilfe bei der Vorbereitung dieses Buches bin ich Dr. D. A. Griffiths und Dr. H. L. G. Stroyan zu besonderem Dank verpflichtet für die Durchsicht der Manuskriptteile über die Milben und die Blattläuse und für die von ihnen erhaltenen hilfreichen Anregungen. Ebenso danke ich Dr. R. R. Askew, R. V. Blandy, C. I. Carter, I. Cole, E. B. Dennis, B. J. Emmet, J. Finney, Dr. D. M. Glen, D. I. Green, Miss M. E. John, I. Smith, Dr. M. G. Solomon, A. D. Todhunter und L. R. Wardlow für ihre Hilfe bei der Beschaffung verschiedenen Materials.

Die wissenschaftlichen Namen der Insekten entsprechen der „Check list of British insects" von Kloet und Hincks (1945), einschließlich der später erschienen Berichtigungen; die Vulgärnamen entsprechen weitgehend der Liste der „Invertebrates of economic importance in Britain" von Seymour (1979, siehe Literaturverzeichnis). Um übertriebene Vollständigkeit zu vermeiden, sind im Text keine wissenschaftlichen Namen der Pflanzen angegeben worden, sie sind aber in einer Liste gleich nach dem Kapitel 11 zusammengestellt.

Bristol, März 1984 *D. V. Alford*

# Vorwort des Übersetzers

Ein Werk wie der vorliegende Farbatlas der Obstschädlinge wird im deutschen Sprachgebiet schon seit langer Zeit vermißt. Er bietet nicht nur über 700 Farbfotos und Zeichnungen, in ihm werden außer den im Obst-, Wein- und Hopfenanbau auftretenden Hauptschädlinge auch viele dort vorkommende Arten beschrieben, auch wenn sie wirtschaftlich nur eine geringe oder überhaupt keine Bedeutung haben. Mit einer Beschreibung des Vorkommens der einzelnen Arten, des Aussehens ihrer Entwicklungsstadien, ihrer Lebensweise, der von ihnen an den verschiedenen Kulturpflanzen angerichteten Schäden und ihrer Bekämpfung wird eine Fülle von Informationen gegeben, die sonst nur mühsam zu finden sind. Aber auch den Nützlingen ist ein umfangreiches Kapitel gewidmet.

Der Abschnitt über Pflanzenschutzmittel weicht völlig von der englischen Vorlage ab. Er wurde mit Zustimmung des Autors neu bearbeitet und den Bedingungen in der Bundesrepbulik Deutschland angepaßt. Doch auch diese können sich ständig ändern, man vergewissere sich deshalb von Zeit zu Zeit bei den für die Zulassung der Pflanzenschutzmittel und deren Anwendungsbedingungen zuständigen Stellen über den neuesten Stand. Die Literaturliste wurde durch die Aufnahme einiger deutschsprachiger Veröffentlichungen ergänzt.

Sonst aber hält sich die Übersetzung streng an die englische Fassung, nur gelegentlich wird auf Abweichungen im Auftreten oder in der Bedeutung gewisser Arten in mitteleuropäischen Anbaugebieten hingewiesen. Die wissenschaftlichen Namen der Arten wurden übernommen, in seltenen Fällen jedoch die im deutschen Sprachgebiet gebräuchlichen hinzugefügt. Die deutschen Artnamen stammen aus G. Schmidt (1970): Die deutschen Namen wichtiger Arthropoden. Allerdings gibt es für viele der beschriebenen Arten, wie auch im englischen Text, keine allgemein anerkannten Vulgärnamen.

Die beschriebenen Arten sind sicher in allen deutschsprachigen Anbaugebieten anzutreffen, somit auch in der Nordschweiz, in ganz Österreich und im Norden Italiens, in Südtirol. Dort und in der Westschweiz mögen die Benutzer dieses Buches einige wenige Arten vermissen, die der mediterranen Fauna angehören. Bezüglich der Bekämpfungshinweise und der Pflanzenschutzmittel sind selbstverständlich die jeweiligen nationalen Empfehlungen, Bestimmungen und Gesetze maßgebend. Die zuständigen amtlichen Beratungsstellen dieser Gebiete sind im Kapitel 11 zu finden.

Dem Autor danke ich für seine Beiträge zu einigen Arten, die im Gegensatz zu unserem Gebiet in Großbritannien nicht vorkommen oder nur von geringer Bedeutung sind. Für wesentliche Teile der Neubearbeitung des Abschnitts über die Pflanzenschutzmittel danke ich besonders Herrn Hans-Günter Michel, Landesanstalt für Pflanzenschutz Stuttgart. Er faßte dabei Ausschnitte aus dem Buch von H.-G. Michel und H. Umgelter (1982): „Pflanzenschutz im Garten" zusammen und brachte alle Angaben auf den neuesten Stand. Das Buch erschien im Verlag Eugen Ulmer, Stuttgart, dem für die Erlaubnis, diese Stellen in überarbeiteter Form zu übernehmen, ebenfalls gedankt sei. Schließlich danke ich dem Ferdinand Enke Verlag für seine geduldige Hilfe bei der Fertigstellung dieser Übersetzung. Es ist zu hoffen, daß sich auch die deutsche Fassung des Farbatlas der Obstschädlinge für die Pflanzenschutzberatung, aber auch für viele Obstanbauer als nützlich erweisen wird.

Kornwestheim, im Herbst 1986 *Hans Steiner*

# 1 Einleitung

Die meisten Obstschädlinge sind wirbellose Tiere und gehören zum Stamm der Arthropoden. Volle 85% aller den Wissenschaftlern bekannten Tierarten sind Arthropoden: Die Spinnentiere (Weberknechte, Milben, Pseudoskorpione, Spinnen und Zecken), die Krebstiere (Krabben, Flußkrebse, Hummer, Garneelen und Asseln), die Tausendfüßer (Hundert- und Tausenfüßer) und natürlich die Insekten sind bekannte Beispiele. Die Angehörigen dieses vielseitigen und so außerordentlich erfolgreichen Stammes kommen in allen Lebensräumen des Festlandes und der Gewässer vor und zeichnen sich durch ihr oft hartes Außenskelett, ihren segmentierten Körper und ihre gelenkigen Beine aus.

## Insekten

Die Insekten unterscheiden sich von den anderen Arthropoden durch den Besitz von 3 Beinpaaren, gewöhnlich einem oder 2 Paar Flügeln (alle geflügelten Wirbellosen sind Insekten) und durch die Dreiteilung des Körpers in Kopf, Brust (Thorax) und Hinterleib (Abdomen) (Abb. 1).

Die Außenhaut (Integument) eines Insekts wird als Kutikula bezeichnet. Sie umhüllt als nichtzellulare, wasserundurchlässige Schicht den ganzen Körper und besteht aus Chitin und Protein, ihre jeweilige Zusammensetzung und Dicke bestimmt ihre Härte und Festigkeit. Die Kutikula hat 3 Schichten (Epi-, Exo- und Endokutikula), die von einer inneren Zellschicht, der Hypodermis oder Epidermis, abgesondert werden. In frischem Zustand ist die Kutikula elastisch und biegsam, doch bald nach ihrer Entstehung tritt eine Härtungsphase oder Sklerotisierung ein und sie wird durch das Auftreten einer als Melanin bezeichneten Substanz dunkel. Die adulte Kutikula ist nicht ersetzbar, außer bei einigen primitiven Insekten. In bestimmten zeitlichen Abständen jedoch während der Larvalentwicklung wird die „alte“, harte, zu eng gewordene Kutikula durch eine neue, anfangs dehnbare ersetzt, die von der Epidermis gebildet wird.

Die Insektenkutikula weist oft Rillen und Vertiefungen auf, ist oft skulpturiert oder in bestimmter Weise gefärbt und trägt verschiedenartig geformte Borsten und Haare. Bei den Larven stehen die Haare oft auf warzenartigen Erhebungen (Tuberculae). Bei einigen Gruppen sind Merkmale der adulten Kutikula, beispielsweise Färbung, Skulptur und Textur, von größter Bedeutung für die Unterscheidung der Arten.

Ein normales Körpersegment eines Insekts gliedert sich in vier Teile (ein dorsales Tergum, ein ventrales Sternum und zwei laterale Pleurae) die oft hornige, chitinisierte Platten bilden, die als Sklerite bezeichnet werden. Diese können dem Körper ein panzerartiges Aussehen verleihen, sie sind entweder starr zusammengefügt oder durch weiche, flexible Chitinmembrane miteinander verbunden, so daß Körperbewegungen möglich sind. Körperanhänge, beispielsweise die Beine, sind aus Ausstülpungen der Pleurae entstanden.

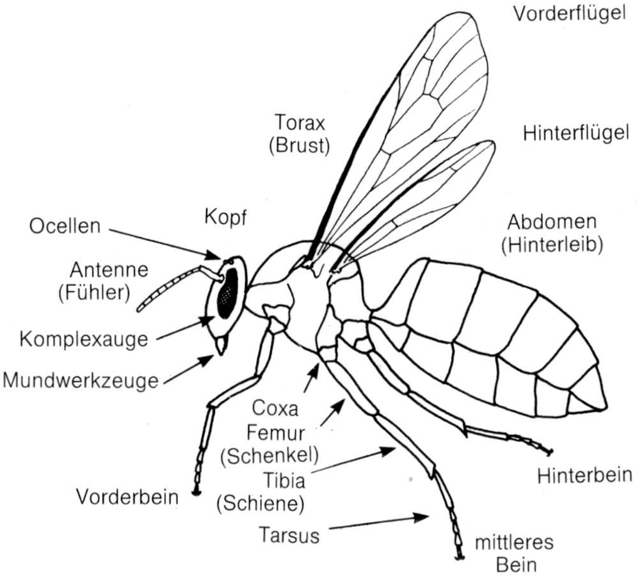

Abb. 1: Hauptmerkmale des Insektenkörpers

Der Kopf besteht aus 6 miteinander verschmolzenen Körpersegmenten und trägt ein Paar Fühler (Antennen), Augen und die Mundwerkzeuge. Die Form der Insektenfühler ist sehr variabel, die Zahl der Fühlerglieder bewegt sich zwischen einem und mehr als hundert. Das Basalglied wird als Schaft (Scapus) bezeichnet und ist oft bedeutend länger als die übrigen Glieder. Das zweite Glied heißt Pedicellus und nach ihm beginnt die vielgliedrige Fühlergeißel. Bei geknieten Fühlern fungiert der Pedicellus als bewegliches Glied zwischen dem verlängerten Schaft und der Fühlergeißel; solche Antennen sind typisch für bestimmte Rüsselkäfer und Wespen. Die meisten Insekten haben zwei Komplexaugen, deren jedes aus oft einigen tausend Facetten zusammengesetzt ist und drei einfache, Ocellen genannte Augen, die normalerweise auf der Stirn ein Dreieck bilden. Bei verschiedenen räuberisch lebenden Insekten, bei denen der Gesichtssinn sehr wichtig ist, sind die Komplexaugen groß und gut entwickelt. Das Komplexauge entwirft kein klares, sondern ein mosaikartiges Bild, kann aber Bewegungen gut wahrnehmen. Die Ocellen sind optisch einfach gebaut und ohne Möglichkeit der Fokussierung. Sie ermöglichen dem Insekt, die Lichtintensität zu erfassen und zwischen hell und dunkel zu unterscheiden. Im Gegensatz zu den Nymphen haben die Larven der Insekten keine Komplexaugen, aber an deren Stelle oft einige in Gruppen angeordnete Ocellen. Die Mundwerkzeuge der Insekten leiten sich von einigen paarigen Segmentanhängen ab. Sie reichen von einfachen, beißenden Kiefern (Mandibeln) bis zu komplexen Gebilden, die zum Zerstückeln, Saugen oder Lecken geeignet sind. Bei den phytophagen (pflanzenfressenden) Insekten findet man beißende Mundwerkzeuge bei den adulten und larvalen Heuschrecken, Ohrwürmern, Rüsselkäfern u. s. w., bei den Schmetterlingen aber nur bei deren Raupen. Dolchartige, saugende Mundwerkzeuge sind charakteristisch für Blasenfüßer, Wanzen und auch für Blattläuse; solche Insekten können toxische Lösungen in die Pflanzen injizieren, die Mißbildungen oder Gallen des Pflanzengewebes verursachen. Einige Insekten übertragen Pflanzenvirosen.

Der Thorax besteht aus 3 Segmenten, dem Prothorax, dem Mesothorax und dem Metathorax, deren relative Größe bei verschiedenen Insektengruppen unterschiedlich ist. Bei den Käfern z. B. ist der Prothorax der größte Teil, seine Oberseite ist durch einen großen, als Pronotum (Halsschild) bezeichneten, dorsalen Sklerit bedeckt; bei den Fliegen ist der Mesothorax stark vergrößert und das Prothorakal- und Metathorakalsegment stark reduziert. Jedes Segment des Thorax trägt ein Paar gegliederter Beine, sie können sehr unterschiedlich geformt sein, haben aber stets dieselbe Grundstruktur (Abb. 1). Wenn Flügel vorhanden sind, gehen sie aus dem Meso- und Metathorax als ein Paar Vorder- bzw. Hinterflügel hervor. Ursprünglich ist der Flügel eine ausgedehnte, durch eine Anzahl verhärteter Adern gestützte, membranartige Struktur, die jedoch in den verschiedenen Insektengruppen beträchtliche Unterschiede aufweist. Bei den Ohrwürmern und Käfern beispielsweise sind die Vorderflügel harte und verdickte Deckflügel (Elytren, Flügeldecken) und nur die Hinterflügel werden zum Fliegen benützt; bei den echten Fliegen erfüllen nur die Vorderflügel ihre vorgesehene Funktion und die Hinterflügel sind zu ziemlich kleinen Gleichgewichtsorganen, den Halteren, reduziert. Die Strukturen des Flügels und dessen Aderung sind wichtig für die Einteilung und Bestimmung der Insekten und die Namen vieler Insektenordnungen beruhen auf ihnen.

Das Abdomen wird normalerweise aus 10 oder 11 Segmenten gebildet, aber im vorderen und hinteren Bereich kommt es oft durch Verschmelzungen zu einer scheinbaren Reduzierung. Wenn auch bei vielen Larven Abdominalanhänge vorhanden sind, fehlen sie den Adulten an den meisten Segmenten, ihre Funktion bei der Fortbewegung, wie sie bei verschiedenen anderen Arthropoden zu finden ist, wurde überflüssig. Am 8. und 9. Segment aber sind die Anhänge noch vorhanden und bilden die Genitalorgane einschließlich der Zangen beim Männchen und der Legeröhre beim Weibchen. In manchen Gruppen trägt das letzte Körpersegment 1 Paar Cerci. Diese sind bei primitiven Insekten besonders lang und auffallend, wie z. B. bei den Grillen, Steinfliegen, Eintagsfliegen und Ohrwürmern, fehlen aber bei den meisten höher entwickelten Gruppen. Die Abdominalsklerite sind auf eine Reihe dorsaler Tergite und ventraler Sternite beschränkt; das Abdomen erhält dadurch sein deutlich gegliedertes Aussehen.

Die Körperhöhle eines Insekts erstreckt sich bis in die Körperanhänge und ist mit einer mehr oder weniger farblosen, blutähnlichen Flüssigkeit, der Hämolymphe, gefüllt. Diese umspült alle inneren Organe und Gewebe und wird durch Muskelbewegungen des Körpers und ein primitives, röhrenähnliches Herz in Umlauf gebracht, das sich dorsal vom Kopf bis fast ans Ende des Abdomens erstreckt.

Das Gehirn ist das Hauptkoordinationszentrum des Körpers. Es füllt einen großen Teil des Kopfes aus und ist direkt mit den Antennen, den Komplexaugen und den Mundwerkzeugen verbunden. Das Gehirn geht nach hinten in einen ventralen Nervenstrang über, der alle Segmente des Thorax und des Abdomens durchzieht. In den meisten Segmenten ist dieser Nervenstrang zu einem Paar Ganglien verdichtet, von dem zahlreiche laterale Nerven ausgehen. Diese Ganglien können unabhängig vom Gehirn viele Nervenfunktionen ausführen, beispielsweise steuern sie die Bewegungen der Körperanhänge.

Der Verdauungstrakt ist eine lange, vielgestaltige Röhre, die vom Mund bis zum After führt. Sie ist in 3 Teile gegliedert: Einen Vormagen mit einem langen Ösophagus (Speiseröhre) und einem Kaumagen, einen Mitteldarm, in dem die Verdauung und die Aufnahme der Nahrung erfolgt und einen Enddarm, der vorwiegend der Wasseraufnahme und der Speicherung des Kots vor seiner Ausscheidung dient. An der Verbindung zwischen Mittel- und Hinterdarm entspringen viele blind endende und ziemlich gewundene Malpighische Gefäße. Diese Röhrchen sammeln die im Körper entstehenden Abfallprodukte und leiten sie ins Darmsystem.

Das Atmungssystem umfaßt eine große Zahl sich verzweigender Röhren (Tracheen) und mikroskopisch kleiner Endröhrchen (Tracheolen), die den ganzen Körper durchziehen und mit den inneren Organen und Geweben in Verbindung stehen. Dieses Tracheensystem führt durch segmental angeordnete, röhrenartige Erweiterungen (Stigmen) nach außen, sie sind entlang jeder Körperseite zu sehen. Die Luft wird durch Kontraktionen der Abdominalmuskulatur durch die Stigmen eingesaugt bzw. ausgestoßen.

Die weiblichen Insekten haben ein Paar Ovarien, die jeweils aus mehreren als Ovariolen bezeichneten Filamenten bestehen. Die Ovarien münden in einen medianen Eileiter, der am 9. Abdominalsegment nach außen führt. Viele Insekten besitzen eine als Legebohrer oder Legestachel (Ovopositor) geformte Legeröhre. Die männlichen Geschlechtsorgane bestehen aus einem Paar Gonaden mit den zugehörigen Samenleitern, die in eine Samenblase münden, in der die Spermien vor der Kopulation gesammelt werden. Zu den männlichen Genitalien gehören auch chitinisierte Strukturen, z. B. Klammerorgane zum Festhalten des Weibchens während der Kopulation. Die Untersuchung der männlichen oder weiblichen Genitalien ist oft unumgänglich, um nahverwandte Arten voneinander zu unterscheiden.

Normalerweise ist bei den Insekten die geschlechtliche Vermehrung üblich, aber bei einigen Gruppen ergeben die befruchteten Eier nur Weibchen und die Männchen kommen aus den unbefruchteten Eiern. In anderen Fällen gibt es überhaupt keine Männchen oder nur sehr wenige, dann ist Parthenogenese (Jungfernzeugung) üblich (Fortpflanzung ohne sexuelle Phase).

Wenn auch manche Insekten vivipar sind (sie gebären lebende Junge), legen doch die meisten Eier. Einige, wie beispielsweise die Blattläuse, sind im Frühjahr und Sommer parthenogenetisch und vivipar, legen aber nach einer Kopulation im Herbst Eier. Insekteneier haben eine wasserdichte Schale und viele sind fähig, auch harte Winter an der Rinde oder an Zweigen von Bäumen zu überleben.

Die Insekten wachsen nur während ihrer Larvenentwicklung oder als Nymphe, ihre Chitinhülle wird bei jedem Wechsel zum nächsten Entwicklungsstadium abgestoßen und durch eine neue ersetzt: Die Insekten häuten sich. Bei den primitivsten Insekten (Unterklasse Apterygota) sind die adulten Tiere flügellos und aus ihren Eiern schlüpfen Nymphen, die bereits wie die Adulten aussehen, aber kleiner und noch nicht geschlechtsreif sind. Bei den höher entwickelten, geflügelten oder sekundär flügellosen Insekten (Unterklasse Pterygota) gibt es 2 verschiedene Entwicklungstypen. Bei den Exopterygota gibt es eine Folge von Nymphenstadien, in deren Verlauf die Flügelanlagen äußerlich immer mehr entwickelt werden, bis das adulte Stadium erreicht wird und die Flügel funktionsfähig sind. Bei solchen Insekten sehen die Nymphen und die Adulten oft gleich aus (mit Ausnahme der Flügel) und haben oft dieselbe Ernährungsweise. Dieser Metamorphosetyp wird als unvollkommene Verwandlung bezeichnet. Die meisten höherentwickelten Insekten (Endopterygota) haben eine vollkommene Verwandlung mit mehreren Larvenstadien, die oft eine von den Adulten ganz verschiedene Form und Lebensweise haben. Die Flügel entwickeln sich hier innerlich und die Umwandlung von der Larve zum adulten Tier erfolgt während eines ruhenden Puppenstadiums. Die Larven können sehr verschieden aussehen. Einige, die normalerweise als Raupen bezeichnete werden, haben 3 Paar gegliederte Beine (echte Beine) und eine Anzahl fleischige, falsche Beine (Afterfüße) am Abdomen. Viele Sägewespen und Schmetterlinge haben solche Larven. Die Afterfüße der Schmetterlingsraupen sind normalerweise mit chitinisierten, krallenförmigen Trichomen versehen. Einige Larven, wie jene bestimmter grabender Käfer, besitzen gutentwickelte Thorakelbeine, aber keine abdominalen Afterfüße. Andere Insektenlarven sind völlig beinlos (apod), z. B. die Larven der Wespen und verschiedener Fliegenarten.

## Die Einteilung der Insekten

| | |
|---|---|
| **Klasse Insecta** | Insekten |
| Unterklasse Apterygota | Ur-Insekten |
| Ordnung Thysanura | Borstenschwänze |
| Ordnung Diplura | Doppelschwänze |
| Ordnung Protura | Beintastler |
| Ordnung Collembola | Springschwänze |
| Unterklasse Pterygota | |
| Überordnung Exopterygota | |
| Ordnung Ephemeroptera | Eintagsfliegen |
| Ordnung Odonata | Libellen |
| Ordnung Plecoptera | Steinfliegen |
| Ordnung Grylloblattoidea | (= Notoptera) |
| Ordnung Orthoptera | Geradflügler |
| Ordnung Phasmida | Gespenstheuschrecken |
| * Ordnung Dermaptera | Ohrwürmer |
| Ordnung Embioptera | Fußspinner |
| Ordnung Dictyoptera | Schaben |
| Ordnung Isoptera | Termiten |
| Ordnung Zoraptera | Bodenläuse |
| Ordnung Psocoptera | Staubläuse |
| Ordnung Mallophaga | Haarlinge |
| Ordnung Siphunculata | Echte Läuse |
| * Ordnung Hemiptera | Schnabelkerfe |
| * Ordnung Thysanoptera | Blasenfüße |
| Überordnung Endopterygota | |
| * Ordnung Neuroptera | Netzflügler |
| * Ordnung Coleoptera | Käfer |
| Ordnung Strepsiptera | Fächerflügler |
| Ordnung Mecoptera | Schnabelfliegen |
| Ordnung Siphonaptera | Flöhe |
| * Ordnung Diptera | Zweiflügler |
| * Ordnung Lepidoptera | Schmetterlinge |
| Ordnung Trichoptera | Köcherfliegen |
| * Ordnung Hymenoptera | Hautflügler |

Die mit einem Sternchen (*) markierten Ordnungen enthalten Obstschädlinge oder wichtige natürliche Feinde derselben (Parasiten oder Prädatoren), sie werden nachfolgend kurz beschrieben.

***Dermaptera:*** Längliche Insekten mit beißenden Mundwerkzeugen; Vorderflügel in sehr kurze, lederartige Deckflügel umgewandelt; Hinterflügel halbkreisförmig und membranartig, mit radialer Aderung; unvollkommene Verwandlung.

***Hemiptera:*** Kleine bis ziemlich große Insekten; gewöhnlich mit 2 Flügelpaaren und stechend-saugenden, nadelförmigen Mundwerkzeugen; Vorderflügel oft verhärtet, bei der Unterordnung Heteroptera basal lederartig, zur Spitze hin dünnhäutig; Entwicklung gewöhnlich stufenweise, unvollkommen.

***Thysanoptera:*** Kleine bis winzige, schmale Insekten mit kurzen Fühlern und unsymmetrischen, saugenden Mundwerkzeugen; Flügel, falls vorhanden, sehr schmal, mit haarartigen Fransen und stark reduzierter Aderung; während der Metamorphose treten 2 oder 3 puppenartige Ruhestadien auf.

***Neuroptera:*** Kleine bis ziemlich große Insekten; Flügel mit dichter, netzartiger Aderung; die Adern gabeln sich häufig kurz vor dem Flügelrand; Fühler relativ lang und dünn; vollkommene Verwandlung.

***Coleoptera:*** Winzige bis große Insekten mit beißenden Mundwerkzeugen und zu horn- oder lederartigen Flügeldecken umgewandelten Vorderflügeln, die normalerweise in einer geraden Linie auf der Mitte des Hinterleibs zusammenstoßen; Hinterflügel häufig in Ruhe unter den Flügeldecken zusammengefaltet, oft aber reduziert oder ganz fehlend; Prothorax normalerweise groß und beweglich; vollkommene Verwandlung.

***Diptera:*** Winzige bis ziemlich große Insekten mit einem einzigen Paar dünnhäutiger Flügel; Hinterflügel zu kleinen, keulenförmigen Halteren (Schwingkölbchen) reduziert; Mundwerkzeuge saugend, manchmal zum Stechen geeignet; vollkommene Verwandlung.

***Lepidoptera:*** Kleine bis große Insekten mit 2 Paar membranartiger Flügel mit wenigen Queradern; Körper, Flügel und Körperanhänge mit Schuppen bedeckt; die Mundwerkzeuge der Adulten saugend, die der Larven beißend; vollkommene Verwandlung.

***Hymenoptera:*** Winzige bis große Insekten mit 2 Paar häutiger Flügel, die hinteren kleiner als die vorderen und mit kleinen Haken mit den vorderen verbunden; Mundwerkzeuge beißend, aber oft auch leckend oder saugend; die Weibchen haben stets eine Legeröhre, die teils zum Sägen, Bohren oder Stechen geeignet ist; vollkommene Verwandlung.

# Milben

Zusammen mit den Arachnida bilden die Milben und Zecken eine bedeutende Klasse der Arthropoden. Im Gegensatz zu den Insekten haben die Milben und Zekken weder Fühler, noch Flügel, noch Komplexaugen, aber 8 Beine und mit Cheliceren ausgerüstete Mundwerkzeuge, die zum Beißen oder Stechen geeignet sind. Der Körper besteht aus dem Gnathosoma, das ein Paar mit Sinnesorganen besetzten Pedipalpen und paarige Cheliceren trägt und einem sackförmigen Idiosoma ohne wesentliche Segmentierung (Abb. 2), dadurch sind sie von anderen Spinnentieren leicht zu unterscheiden. Das Atmungssystem der Milben weist gewöhnlich 1 Paar Atemöffnungen (Stigmen) auf, deren Lage bzw. Abwesenheit ein wichtiges Merkmal für die Benennung der verschiedenen Milbenordnungen ist.

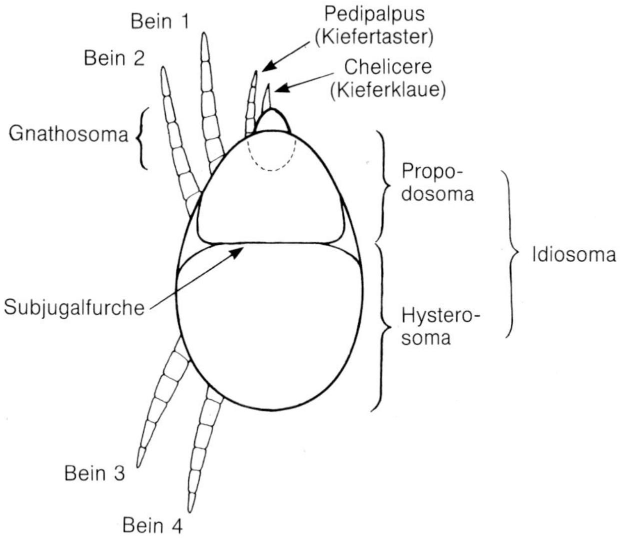


Abb. 2: Hauptmerkmale einer Milbe (Prostigmata)

## Einteilung der Milben

### Unterklasse Acari

Überordnung Opilioacariformes
- Ordnung Notostigmata (leuchtend gefärbte, weberknechtartige Milben)

Überordnung Parasitiformes
- Ordnung Mesostigmata (dazu gehören viele Raubmilben, beispielweise die Phytoseiidae)
- Ordnung Metastigmata (Zecken)

Überordnung Acariformes
- Ordnung Astigmata (weiche, nur schwach sklerotisierte Milben)
- Ordnung Cryptostigmata (Käfermilden, dunkel, stark sklerotisiert)
- Ordnung Prostigmata (dazu gehören viele Obstschädlinge)

Im Gegensatz zu den anderen Gruppen der Spinnentiere gibt es bei den Milben phytophage Arten, besonders bei den Prostigmata. Bekannte Beispiele dafür sind die Spinnmilben (Familie Tetranychidae) und die Weichhautmilben (Familie Tarsonemidae).

Die Cheliceren (Kieferklauen) der Prostigmata sind oft nadelartig und werden zum Anstechen pflanzlicher Zellen benützt; bei einigen anderen Gruppen, beispielsweise bei den Astigmata und den Cryptostigmata, sind sie gabelartig. Bei den meisten Acariformes ist der Körper (Idiosoma) durch die Subjugalfurche in Propodosoma und Hysterosoma geteilt, jeder Teil trägt 2 Beinpaare (s. Abb. 2). Körper und Beine der Milben tragen verschiedenartige Borsten, deren Anordnung und Aussehen für die Klassifizierung und Bestimmung der Arten von größter Bedeutung ist.

Die Entwicklung der Milben erfolgt über 1 sechsbeiniges Larvenstadium und 2 oder 3 achtbeinige Nymphenstadien, die als Proto-, Deuto- und Tritonymphe bezeichnet werden. Normalerweise sehen die Larven und Nymphen ähnlich aus wie die Adulten und haben auch dieselbe Lebensweise, sie sind nur kleiner und nicht geschlechtsreif.

Die meisten phytophagen Milben leben frei, einige aber bewohnen charakteristische Pflanzengallen, die vom phytotoxischen, beim Saugen in die Wirtspflanze gelangenden Speichel verursacht werden. Ein paar Arten sind wichtige Vektoren von Viruskrankheiten.

## Myriapoden

(Tausendfüßer und Zwergfüßer)

Die Tausendfüßer (Klasse: Diplopoda) sind Arthropoden mit langgestrecktem Körper, der aus unterschiedlich vielen doppelten Abdominalsegmenten besteht, von denen die meisten 2 Beinpaare tragen. Am Kopf befinden sich beißende Mundwerkzeuge, einfache Augen und ein Paar kurze, keulenförmige Fühler. Tausendfüßer sind im Verborgenen lebende, lichtscheue Tiere, sie kommen meist an feuchten, schattigen Orten vor. Einige Arten sind Aasfresser und ein paar sind phytophag oder räuberisch; die meisten leben von sich zersetzenden pflanzlichen Stoffen. Tausendfüßer schädigen oft keimende Saaten und Keimlinge, sind aber für ältere Pflanzen kaum oder überhaupt nicht gefährlich.

Zwergfüßer (Klasse: Symphyla) sind kleine Myriapoden mit 3 Paar Mundwerkzeugen, 12 Beinpaaren und einem Paar Cerci am Hinterende. Die meisten Arten kommen in sich zersetzenden vegetabilen Substanzen vor; ein paar aber greifen auch zarte Pflanzenteile an.

## Nematoden

(Stamm: Nematoda, Älchen)

Obwohl die Nematoden einige gemeinsame Merkmale mit den Rädertierchen (Rotaria) und anderen Rundwürmern (Nemathelminthes) haben und deshalb als Klasse der Nematoda dem Stamm der Nemathelminthes zugeordnet worden sind, werden sie neuerdings von vielen Spezialisten als eigenständiger Stamm betrachtet. Die Nematoden sind unsegmentierte, wurmartige Tiere, die kein Kreislauf- und Atemsystem besitzen. Ihr länglicher Körper ist an beiden Enden spitz zulaufend und von einer steifen, aber flexiblen Kutikula bedeckt, die, anders als bei den Insekten, kein Chitin enthält. Die meisten im Boden oder mit Pflanzen zusammenlebenden Nematoden sind klein (oft weniger als 1,5 mm lang). Mit schlängelnden Körperbewegungen wandern sie in Wasserfilmen durch den Boden oder über Pflanzenteile. Um aktiv zu sein, brauchen die Nematoden Feuchte, doch können ihre resistenten Ruhestadien selbst lange Trockenzeiten überleben.

Nematoden legen Eier, aus denen den Adulten ähnliche Juvenile schlüpfen. Normalerweise haben sie 4 juvenile Stadien, aber der Wechsel vom ersten zum zweiten Stadium erfolgt oft schon innerhalb der Eihülle. Viele Nematoden sind Parasiten von Insekten oder anderen Tieren, manche sind gefürchtete Pflanzenschädlinge und einige übertragen Viruskrankheiten der Pflanzen.

## Schnecken

(Stamm Mollusca)

Die Schnecken haben einen weichen Körper und sind nicht segmentiert. Ihr Körper ist in 3 Teile gegliedert: Kopf, Kriechfuß und Eingeweidesack. Letzterer ist von einer als Mantel bezeichneten Schicht von Epithelzellen bedeckt, die eine Schale aus Kalziumkarbonat ausscheiden und die Mantelhöhle umschließen. Im Mund befindet sich normalerweise eine raspelähnliche Zunge (Radula), die mit Tausenden winziger Chitinzähnchen bedeckt ist. Die meisten Mollusken, beispielsweise die Muscheln, Tintenfische, Austern und Meeresschnecken sind Meerestiere. Verschiedene Arten leben im Süßwasser, aber nur eine relativ kleine Zahl von Schnecken der Ordnung Pulmonata (Klasse = Gastropoda) können auf dem Land leben.

Die terrestrisch lebenden Schnecken sind zweigeschlechtliche Tiere mit asymmetrischem, schleimigem Körper. Ihre Mantelhöhle ist mit Gefäßen durchzogen und fungiert als Lunge, sie hat auf einer Seite des Körpers eine Atemöffnung. Oft befindet sich der Eingeweidesack in einer harten, gewundenen Schale. Der Kopf ist gut ausgebildet und trägt je 1 Paar lange und kurze, einziehbare Tentakel, an der Spitze der langen Tentakel befindet sich je ein einfaches Auge. Der Fuß ist muskulös, breit und flach und dient als Fortbewegungsorgan, das Tier gleitet auf einer Schleimspur vorwärts. Die Schnecken sind meist bei feuchtem und warmem Wetter aktiv. Sie fressen an den verschiedensten Pflanzenteilen und einige Schneckenarten sind ernste landwirtschaftliche Schädlinge.

# 2 Ohrwürmer und Blasenfüße

Ohrwürmer (Ordnung: Dermaptera) haben einen länglichen Körper und an dessen Ende 1 Paar Zangen. Die Vorderflügel sind zu kleinen, lederartigen Klappen reduziert, unter denen die großen, fächerartigen Hinterflügel zusammengefaltet Platz finden. Ohrwürmer sind Allesfresser, ihre Mundwerke sind beißend und kauend. Die Entwicklung erfolgt vom Ei über Nymphenstadien, die Verwandlung ist unvollkommen.

## Familie Forficulidae

***Forficula auricularia*** Linnaeus
Gemeiner Ohrwurm
Meist häufig. Wenn auch in Apfelanlagen gelegentlich ein wenig schädlich und manchmal in Anlagen von Schwarzen Johannisbeeren störend, sind Ohrwürmer nützliche Räuber von Obstschädlingen (s. Seite 251).

**Beschreibung:** ADULTES WEIBCHEN: 12–14 mm lang; kastanienbraun; Hinterflügel liegen, wenn sie zusammengefaltet sind, unter den Deckflügeln; Zangen leicht gebogen (Abb. 3 A). ADULTES MÄNNCHEN: 13–17 mm lang; dem Weibchen ähnlich, aber Zangen stärker gebogen (Abb. 3). Ei: 1,3 x 0.8 mm, blaßgelb. NYMPHE: Weißlich bis braun. (Abb.4).

**Lebensweise:** Die adulten Männchen und Weibchen überwintern an schattigen Stellen im Boden. Nach der Kopulation legt das Weibchen mehrere Eier in eine Erdhöhle und bewacht sie, bis sie im Februar oder März schlüpfen (Abb. 4). Es gibt 4 Nymphenstadien, die sich während des Frühjahrs entwickeln. Im Frühsommer sind die Tiere erwachsen. Überwinterte Weibchen können im Mai oder Juni ein zweites Mal Eier legen. Die Nymphen aus diesen Eiern entwickeln sich von Ende Juni oder Anfang Juli bis September. Ohrwürmer sind nachtaktiv, sie verstecken sich tagsüber unter Rindenschuppen, trockenen Blättern u.s.w.

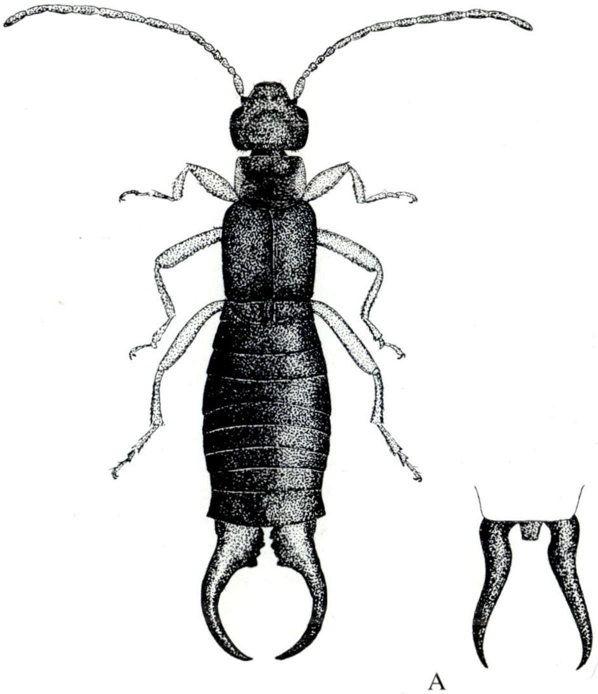


Abb. 3: Männchen des Gemeinen Ohrwurms, *Forficula auricularia.* A: Zangen des Weibchens

Abb. 4: Weibchen des Gemeinen Ohrwurms, *Forficula auricularia,* mit jungen Nymphen

**Schaden:** APFEL: Ohrwürmer verstecken sich gerne in den Fruchtbüscheln und die Äpfel können durch die Ansammlung von dunklem Kot verschmutzt werden (Abb. 5). Auch können die Ohrwürmer am Fruchtfleisch fressen, wenn die Fruchtoberfläche durch Schnabelhiebe von Vögeln oder durch andere Ursachen beschädigt ist und so die ursprünglichen Wunden vergrößern (Abb. 6). Ausnahmsweise können sie auch gesunde Früchte verletzen, aber solche Primärschäden sind selten von Bedeutung. Fruchtschäden treten an weichschaligen Sorten und an rissigen und berosteten Früchten häufiger auf. Auch an Blättern oder anderen Pflanzenteilen können Ohrwürmer minimale Schäden verursachen. SCHWARZE JOHANNISBEERE: Ohrwürmer schlafen oft in den Büschen, sind aber nicht schädlich; wenn sie allerdings bei der mechanischen Ernte abgeschüttelt werden, stellen sie kurzfristig eine Verunreinigung der geernteten Früchte dar.

Abb. 5: Von Ohrwürmern verschmutzte Stielgrube beim Apfel

Abb. 6: Ohrwurmschaden an reifem Apfel

**Bekämpfung:** APFEL: Die Zahl der auf die Apfelbäume steigenden Ohrwürmer ist bedeutend kleiner, wenn keine Äste den Boden oder die umgebenden Pflanzen berühren und wenn Leimringe um die Stämme gelegt werden, was von Anfang Juni an erfolgen soll.[1]

Eine andere Methode, die Möglichkeit von Fruchtschäden zu verhindern, ist die Spritzung des Stammes und des umgebenden Bodens mit einem Insektizid (z. B. Lindan, Trichlorfon; die Behandlung der Früchtchen mit Chlorpyrifos wirkt ebenfalls. Allerdings gibt es Populationen, die gegen diese Wirkstoffe resistent sind.[2] SCHWARZE JOHANNISBEERE: Besiedelte, fruchtende Büsche können mit Pyrethrum gespritzt werden.

[1] Um auch Ameisen fernzuhalten, besser schon Anfang Mai.
[2] Ohrwürmer sind auf Obstbäumen fast ausschließlich nützlich, sie sollten geschont und nicht bekämpft werden (Anm. d. Übers.)

Blasenfüße, auch als Fransenflügler oder Thripse bezeichnet, (Ordnung: Thysanoptera), sind winzige Insekten, die auch als „Gewitterfliegen“ bekannt sind. Sie haben einen länglichen Körper, kurze Fühler, 2 Paar sehr schmale Flügel, die von langen Haaren gesäumt sind, asymmetrische, raspelnde und saugende Mundwerkzeuge und ein faltbares Haftorgan am letzten Glied der Tarsen. Die Nymphen ähneln den Adulten, sind jedoch flügellos. Einige Arten leben räuberisch, die meisten aber saugen Pflanzensaft, sie stechen Zellen an und nehmen den Inhalt auf. Bei der Entwicklung folgen nach dem Ei 2 Nymphenstadien und danach 2 oder 3 inaktive puppenähnliche Ruhestadien. Blasenfüße sind oft in Obstblüten zu finden, aber nur sehr wenige Arten verursachen merkliche Fruchtschäden oder leben regelmäßig auf den Obstbäumen.

## Familie Thripidae

Blasenfüße mit flachem Körper, schmalen und spitzen Flügeln und sägeartigem Lebebohrer.

***Taeniothrips inconsequens*** (Uzel)
Birnenblasenfuß (Birnenthrips)
Gebietsweise häufig als wenig bedeutender Schädling, auf regelmäßig gespritzten Bäumen unbedeutend, kommt auch auf Apfel und Pflaume vor.

**Beschreibung:** ADULTES WEIBCHEN: 1,2–1,7 mm lang, dunkelbraun mit hellbraunen bis gelben Tibien und Tarsen; Flügel gräulich, an der Basis heller, Fühler achtgliederig (Abb. 7). EI: Winzig, weiß und bohnenförmig. NYMPHE: 1,8 mm lang; gelblich-weiß mit dunkelroten Augen; Hinterrand des 9. Abdominalsegments mit einer Reihe starker, keilförmiger Borsten (Abb. 8). VORPUPPE: 1,3 mm lang; weiß und durchscheinend, mit kurzen Flügelscheiden. PUPPE: 1,4 mm lang, bräunlich, mit langen Flügelscheiden.

**Lebensweise:** Die Adulten überwintern in kleinen Hohlräumen im Boden, aus denen sie im Frühjahr im Laufe einiger Wochen herauskommen. Sie suchen dann Knospen auf, um an dem noch sukkulenten Gewebe zu fressen. Im Mai werden die Eier in Blattadern und Blütenstiele gelegt. Nach etwa 10 Tagen schlüpfen die Nymphen, die sich im Mai und Juni an Blüten, Blättern und anderen Pflanzenteilen aufhalten. Wenn sie ausgewachsen sind, fertigen sie am Boden kleine Zellen an, in denen sie das Präpuppen- und später das Puppenstadium verbringen, bis dann im Spätsommer die Adulten erscheinen. Die Fortpflanzung erfolgt vorwiegend parthenogenetisch, Männchen treten sehr selten auf.

**Schaden:** In Knospen fressende Blasenfüße können das Ausfließen von Safttropfen aus den beschädigten Geweben verursachen. Später treten bräunliche Flekken an der Basis der Staubblätter und Griffel und an den Blütenblättern der befallenen Blüten auf; befallene Blattflächen entfärben sich. Der Befall kann zu Verformungen der Blütenblätter, Berostung der Früchtchen und einer Verminderung des Fruchtansatzes führen.

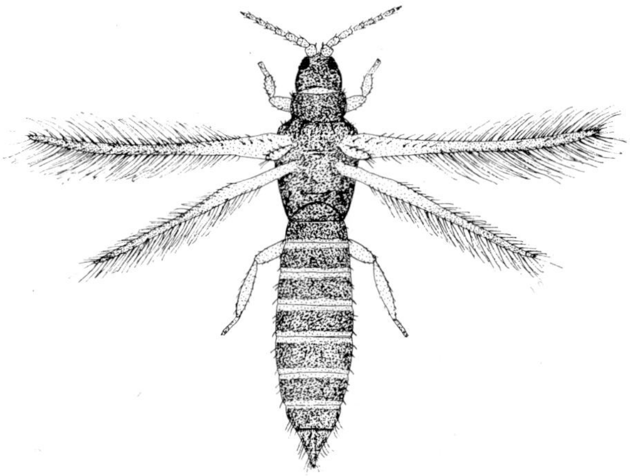

Abb. 7: Birnenblasenfuß, *Taeniothrips inconsequens,* Weibchen

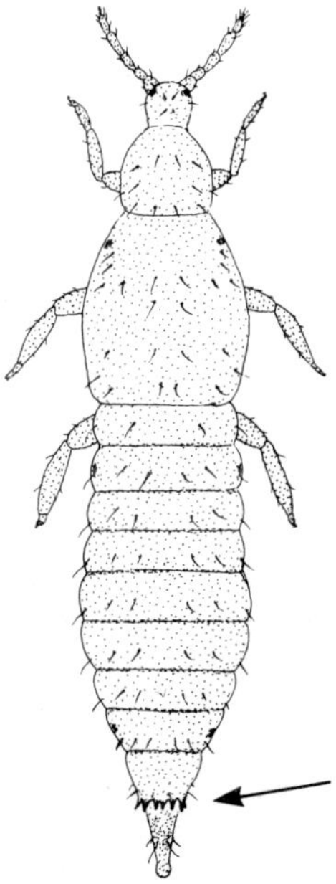

Abb. 8: Nymphe des Birnenblasenfußes, *Taeniothrips inconsequens*

**Bekämpfung:** Wenn nötig, Spritzung vor Blüte (Ballonstadium) mit Malathion, Phosalon oder Pyrethrum.

***Thrips flavus*** Schrank
Nelkenblasenfuß
Meist überall vorkommend und stellenweise häufig auf verschiedenen blühenden Pflanzen. Im Brombeeranbau gelegentlich ein wenig schädlich; kommt auch an Loganbeere vor.

**Beschreibung:** ADULTES WEIBCHEN: 1,2–1,6 mm lang; Körper gelb bis orangegelb; Beine gelb; Vorderflügel blaßgelb; am Hinterrand des Pronotum 4 lange Borsten; Fühler siebengliederig (Abb. 9). ADULTES MÄNNCHEN: kleiner und blasser gefärbt. NYMPHE: 1,3 mm lang, weiß bis gelblich.

**Lebensweise:** Adulte Weibchen treten das ganze Jahr über auf, sind aber von Juli bis September am häufigsten. Männchen sind von Juli bis Oktober zu finden. Der Übergang von den Nymphen zu den Adulten erfolgt im Boden in der Nähe ihrer Wirtspflanzen. Es gibt jährlich 3 Generationen, die Nymphen suchen von Mai bis September Nahrung in offenen oder teilweise geöffneten Blüten.

**Schaden:** BROMBEERE: Der Befall durch Adulte und Nymphen kann, wenn er stark genug ist, dazu führen, daß Blüten welken und sich dunkel verfärben und die jungen Früchte verdorren. Jedoch sind Ertragsverluste normalerweise gering.

**Bekämpfung:** BROMBEERE: Eine Spritzung mit Pyrethrum-Präparaten ist wirksam, aber selten notwendig. Eine Behandlung während der Blütezeit sollte unterbleiben.

***Thrips fuscipennis*** Haliday
Rosenblasenfuß
Stellenweise häufig, die Adulten leben an einer großen Zahl blühender Pflanzen. Die Nymphen können sich an vielen Wirtspflanzen entwickeln, so auch an Brombeeren, Himbeeren und verschiedenen Obstbäumen, doch gehört diese Art nicht zu den wichtigen Obstschädlingen.

**Beschreibung:** ADULTES WEIBCHEN: 1,2–1,6 mm lang; gelblich- bis dunkelbraun; Beine braun; Vorderflügel dunkel graubraun, an der Basis heller; Borstenkranz am Hinterrand des 8. Abdominalsegments nicht ganz geschlossen; Fühler siebengliederig. ADULTES MÄNNCHEN: kleiner und heller. NYMPHE: 1,3 mm lang; weiß bis blaßgelb.

**Lebensweise:** Adulte Weibchen überwintern unter Borkenschuppen oder in der Bodenstreu und erscheinen im Frühjahr. Von Mai an werden Eier abgelegt,

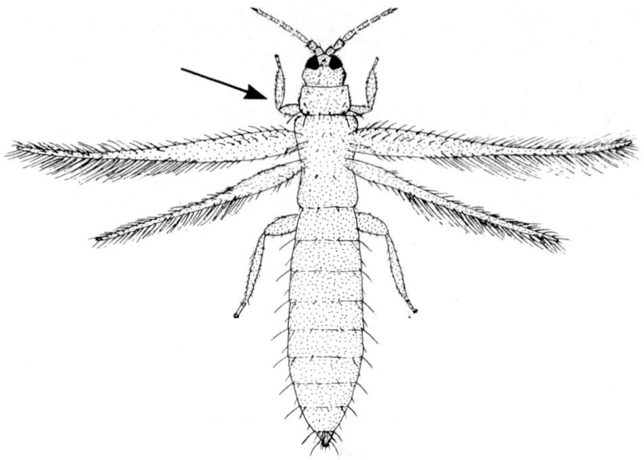

Abb. 9: Nelkenblasenfuß, *Thrips flavus,* Weibchen

häufig in junge Apfeltriebe. Nymphen treten von Mai bis August oder September auf, sie ernähren sich an Blättern, Trieben oder in Blüten. Die Verpuppung erfolgt an der Wirtspflanze oder im Boden. Adulte Männchen treten von Juni bis Oktober auf; jährlich kann es bis zu 4 Generationen geben.

**Schaden:** Adulte und Nymphen verursachen eine leichte Entfärbung der Blütenblätter und stellenweise einen silbrigen Glanz der Blätter und anderer Pflanzenteile, aber die Schäden sind bedeutungslos.

**Bekämpfung:** Unnötig.

***Thrips tabaci*** Lindemann
Zwiebelblasenfuß
Diese weitverbreitete und normalerweise häufige Art ist oft an Gewächshauspflanzen ein ernstzunehmender Schädling. Adulte Weibchen kommen das ganze Jahr über auch im Freiland vor, wo sie sich von Mai bis September oder Oktober an einer großen Zahl von Wirtspflanzen aufhalten. Manchmal werden Weintrauben befallen, an deren Blätter leichte Schäden entstehen können. Adulte Weibchen sind 1,0–1,3 mm lang, hellgelb (mit braunen Flecken) bis dunkelbraun, mit gelbbraunen Vorderflügeln und siebengliedrigen Fühlern; der Borstenkranz am Hinterrand des 8. Abdominaltergits ist vollständig geschlossen (im Gegensatz zur vorigen Art). Die Nymphen sind weiß bis gelb.

**Bekämpfung:** Wenn nötig, kann einem Befall an Weintrauben durch eine Spritzung im Frühjahr oder Frühsommer mit Pyrethrum oder Malathion begegnet werden.

# 3 Blattläuse, Wanzen, Zikaden, Blattflöhe und Schildläuse

Blattläuse, Wanzen, Zikaden, Blattflöhe und Schildläuse gehören alle zur Ordnung der Hemiptera (Schnalbelkerfe), einer bedeutenden Gruppe von Insekten, deren Kennzeichen ihre saugenden, als Rüssel bekannten Mundwerkzeuge sind. Viele Arten sind Obstschädlinge, stechen mit ihrem nadelähnlichen Rüssel Pflanzenteile an und saugen Saft oder den Zellinhalt aus. Bei ihrer Entwicklung treten mehrere Nymphenstadien auf, die bezüglich ihrer Gestalt und Lebensweise den Adulten sehr ähnlich sind. Die Flügel, sofern die adulten Insekten solche haben, werden gewöhnlich schrittweise während der Entwicklung der Nymphen in Form deutlich abgegrenzter, äußerlicher Flügelscheiden gebildet, und sind bis zum Schlüpfen des Insekts aus der letzten Nymphenhaut voll entwickelt.

## Unterordnung Heteroptera
(Echte Wanzen)

Diese große Gruppe der Heteropteren wird von einigen Fachleuten als eigene Ordnung betrachtet. Die Arten dieser Gruppe sind oft sehr lebhaft; manche leben von Pflanzen, andere räuberisch und einige saugen Blut. Die Flügel, sofern vorhanden, werden normalerweise flach über dem Hinterleib getragen, die Flügelspitzen überlappen sich; die Vorderflügel (Deckflügel, Elytren) haben basal einen lederartig verdickten Abschnitt und sind zur Spitze hin membranartig. Die Mundwerkzeuge gehen von der Vorderseite des Kopfes aus und sind sehr beweglich. Die Entwicklung erfolgt schrittweise und ohne Puppenstadium (unvollkommene Verwandlung).

Abb. 10: Baumwanze *Pentatoma rufipes*

### Familie Pentatomidae
Schildwanzen, Beerenwanzen

Breite, schildförmige Wanzen mit fünfgliederigen Fühlern, oft als „Stinkwanzen“ bezeichnet.

***Pentatoma rufipes*** (Linnaeus)
Baumwanze
Dieses häufige und weitverbreitete Insekt ist manchmal während der Kirschenernte und gelegentlich auch bei der Ernte der Himbeeren lästig, weil es ein klebriges, stark und unangenehm stinkendes Sekret ausscheidet. Die Pflücker können von dieser Wanze gestört und die Früchte von diesem Sekret beschmutzt werden und dadurch schlecht schmecken. Das erwachsene Insekt ist 15 mm lang, rötlich bis bronzebraun mit einem auffallenden, orangefarbenen Fleck hinter der Mitte des Rükkens (Abb. 10). Für den Obstbauern ist diese Wanze eigentlich harmlos und manchmal sogar nützlich, weil sie oft Raupen und andere schädliche Insekten frißt. Am häufigsten kommt diese Art in grasbewachsenen Gebieten vor, sie kann durch um die Stämme gelegte Fettbänder von den Baumkronen ferngehalten werden.

### Familie Miridae
Blind- oder Weichwanzen

Lebhafte Wanzen mit weichem Körper und länglichen Flügeldecken und langen, nadelähnlichen Mundwerkzeugen, mit denen sie ständig nach Nahrung suchen. Einige Arten sind bedeutende Pflanzenschädlinge, viele aber nützliche Räuber (Kapitel 10).

***Lygocoris pabulinus*** (Linnaeus)
Grüne Futterwanze
Weitverbreitet und oft häufig. An verschiedenen Früchten, z. B. an Apfel, Birne, Kirsche, Pflaume, Johannisbeere, Stachelbeere, Brombeere, Loganbeere, Himbeere und Erdbeere öfters schädlich.

**Beschreibung:** ADULTE: 5,0–6,5 mm lang, glänzend grün und düster gelb behaart; Halsschild leicht punktiert mit schwachen Schwielen; Fühler relativ lang (Abb. 11). EI: 1,3 mm lang, bananenförmig, cremefarben, glatt und glänzend. NYMPHE: Blaßgrün bis leuchtend grün, orangerote Flecke auf den Fühlern.

**Lebensweise:** Die in der Rinde ein- bis zweijähriger Triebe von Johannisbeeren, Stachelbeeren und anderen holzigen Wirtspflanzen versenkten Eier überwintern. Sie schlüpfen ab April, in nördlichen Gebieten auch später, meist während einer Zeit von mehreren Wochen. Die lebhaften Nymphen saugen dann bis Anfang Mai an Blättern und wechseln in ihrem 2., 3. oder 4. Stadium an krautige Pflanzen über, beispielsweise an Kartoffeln, Erdbeeren und Gräser. An diesen (mit Ausnahme der Erdbeere, die nur vorübergehend Wirtspflanze ist – siehe unten) setzen sie ihre Entwicklung bis zum fertigen Insekt fort. Die Adulten sind sehr lebhaft, fliegen auch oft bei sonnigem Wetter. Ende Juni und im Juli legen sie ihre Eier in die Stengel von Kartoffel, Winde, Löwenzahn, Taubnessel, Ampfer, Kreuzkraut, Brennessel und verschiedenen anderen Kräutern. Dann entwickelt sich eine 2. Generation von Nymphen, aus denen im Sommer die adulten Wanzen schlüpfen. Danach beginnt die Rückwanderung zu den holzigen Winterwirten, in deren Triebe wiederum Eier gelegt werden.

**Schaden:** APFEL: Auf Blättern und Früchtchen mit Saugstellen bilden sich kleine rötliche oder braune Flekken (Abb. 12) ähnlich wie die von der Nordischen Apfelwanze verursachten (S. 21); auch bilden sich an geschädigten Trieben und Früchten verkorkte Flecken (Abb. 13). (Die Nymphen der Grünen Futterwanze schlüpfen später im Frühjahr als die der Nordischen Apfelwanze, normalerweise etwa zwischen Rotem Knospenstadium und Abfallen der Blütenblätter von Bramley's Sämling und die Fruchtschäden werden deshalb später verursacht.) BIRNE: An den Blättern treten kleine schwarze Punkte auf, oft in geraden Linien entlang früheren Blattfalten, die später in bräunlich umrandete Risse übergehen können. An befallenen Früchten entstehen verkorkte, rauhe Narben und Mißbildungen; sie sind oft stark verkrüppelt. KIRSCHE: An den Blättern treten charakteristische braune Punkte auf, aus denen später Löcher werden; auch können an den Jungtrieben verkorkte Stellen auftreten. PFLAUME: Der Schaden ist ähnlich wie bei Kirsche, meistens werden die Wurzelschößlinge befallen. JOHANNISBEERE: Auf den Blättern entwicklen sich bräunliche Punkte, aus denen später kleine Löcher werden (Abb. 14). Stark geschädigte junge Blätter können nicht ungestört weiterwachsen und

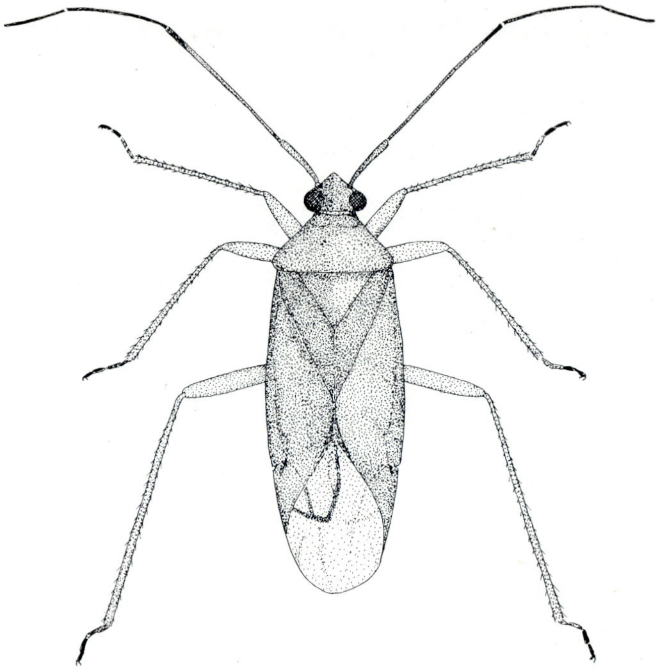

Abb. 11: Grüne Futterwanze, *Lygocoris pabulinus*

Abb. 12: Wanzenschäden an Apfelblättern

Abb. 13: Wanzenschäden an reifen Äpfeln

sterben ab. Alte Blätter können beidseitig befallen sein, meist aber in der basalen Hälfte und in der Nähe der Mittelader. Der Hauptschaden wird von den jungen Nymphen der 1. Generation verursacht. Der Befall kann zur Verminderung des Beerenertrags führen und zu blütenlosen Trieben mit starker Bildung von Seitentrieben. Besonders die Rote Johannisbeere reagiert empfindlich auf Wanzenbefall. STACHELBEERE: Schäden an Blättern (Abb. 15) und Trieben sind ähnlich wie bei der Johannisbeere. Außerdem entstehen auf älteren Blättern blaßgrüne Flecke, die später aufbrechen. Bei starkem Befall kräuseln sich die Blätter, vertrocknen und fallen ab. Die Wanzen saugen auch an den Früchten, die dadurch rissig werden, Narben bekommen und oft schon unreif abfallen. BROMBEERE: Die Blätter werden oft schwer geschädigt, es bilden sich typische bräunliche Flecken, die später löcherig werden. In manchen Gebieten entwickeln sich ohne Wirtswechsel Winter- und Sommergeneration auf diesem Wirt. Besonders schwere Schäden richten die Nymphen der 2. Generation an, die auch die Früchte anstechen. LOGANBEERE UND HIMBEERE: Die Schäden an Blättern und Ruten gleichen denen, die an Johannisbeere und Stachelbeere angerichtet werden, obwohl sie oft weniger schwer sind, sofern der Befall nicht sehr stark ist. In einigen Gebieten, beispielsweise in Schottland, entwickeln sich alle 2 Generationen an Himbeere und es werden keine Kräuter als Zwischenwirt aufgesucht. ERDBEERE: Schäden sind auf die Blätter beschränkt und treten auf, nachdem die Nymphen von ihren Winterwirten her zugewandert sind. Die befallenen Blätter erscheinen durch die zunächst braunen, später schwarzen Saugstellen gesprenkelt, diese Saugstellen entwickeln sich später zu Löchern und sind an der Blattbasis nahe der Mittelader am häufigsten. Im Juni wandern die Nymphen von den Erdbeeren ab, die also nur vorübergehend Wirtspflanzen sind. Auch die Nymphen der 2. Generation ernähren sich an Erdbeere. WEINREBE: Der Schaden an den Blättern ähnelt dem bei Johannisbeeren und Stachelbeeren.

**Bekämpfung:** APFEL: Spritzung beim Abfallen der Blütenblätter mit Chlorpyrifos, Cypermethrin, Deltamethrin, Dimethoat oder Permethrin. BIRNE: Spritzung beim Abfallen der Blütenblätter mit Chlorpyrifos, Cypermethrin oder Dimethoat. KIRSCHE: Eine Nachblütenspritzung mit Dimethoat dürfte wirken. PFLAUME: Spritzung Mitte bis Ende Mai mit Dimethoat. JOHANNISBEERE: Spritzung bevor sich die ersten Blüten öffnen mit Chlorpyrifos oder Dimethoat (wenn nötig, 3 Wochen später wiederholen). STACHELBEERE: Spritzung am Ende der Blüte mit Chlorpyrifos oder Dimethoat. BROMBEERE: Spritzung Ende April oder Anfang Mai mit Dimethoat; auch die Bekämpfung der Brombeermilbe (s. Seite 192) mit Endosulfan mindert den Wanzenbefall. LOGANBEERE UND HIMBEERE: Spritzung wie bei Brombeere. ERDBEERE: Spritzung kurz vor der Blüte mit Cypermethrin, wenn zu diesem Termin eine Blattlausbekämpfung mit Deltamethrin oder Parathion erfolgt, sollte diese auch gegen die Wanzen ausreichend sein. WEINREBE: Eine Spritzung gegen Blasenfüße (s. Seite 18) mit Pyrethrum zeigt auch eine gewisse Wirkung gegen Wanzen.

Abb. 14: Schaden durch die Grüne Futterwanze an Johannisbeerblatt

Abb. 15: Schaden durch die Grüne Futterwanze an Stachelbeerblatt

***Plesiocoris rugicollis*** (Fallén)
Nordische Apfelwanze

Bis zur allgemeinen Verwendung von DDT in den späten 40er Jahren war dieses Insekt ein Hauptschädling im nordeuropäischen Apfelanbau. Heutzutage ist diese Wanze nur noch von geringer Bedeutung. Befallen werden auch Johannisbeeren und Stachelbeere.

**Beschreibung:** ADULTE: 5,5–6,8 mm lang, glänzend grün, Beine und Seiten der Deckflügel gelb; Halsschild mit Querfurche und deutlichen Schwielen (Abb. 16). EI: 1,4 mm lang; bananenförmig, obere Hälfte dünner; cremefarben, glatt und glänzend. NYMPHE: Gelblichgrün; Flecken auf den Fühlern rötlich-braun.

**Lebensweise:** Ende June und im Juli werden die Eier in junge Apfeltriebe, manchmal auch in die Rinde der Zweige oder sogar der Stämme gelegt. Sie schlüpfen im folgenden April oder Anfang Mai kurz vor der Blüte. Die Nymphen beginnen dann, auf der Oberseite von Blättern neuer Triebe und an den Blütenbüscheln zu saugen. Bald nach dem Fruchtansatz stechen sie auch die sich entwickelnden Früchtchen an. Die Nymphen, vor allem die jüngeren Stadien, sind sehr lebhaft und laufen bei sonnigem Wetter sehr schnell umher. Sie haben 5 Nymphenstadien, bei den beiden letzten sind die Flügelscheiden erkennbar. Im Juni wird das geflügelte adulte Stadium erreicht. Die Adulten bleiben den ganzen Juli hindurch auf den Bäumen, fliegen aber sehr selten, solange sie nicht gestört werden.

**Schaden:** APFEL: Die kleinen Saugstellen auf den Apfelblättern werden bräunlich und später schwärzlich; besonders in der Nähe der Mittelader sind sie deutlich zu sehen. Stark geschädigte Blätter werden deformiert und können sogar absterben. Geschädigte Triebe werden im Wachstum gehemmt, dadurch können sich viele Seitentriebe entwickeln, was Jungbäume stark deformiert. Die Saugstellen an den Früchtchen werden zuerst braun, mit dem Wachstum der Früchte aber entstehen daraus rauhe, verkorkte Stellen auf der Schale (Abb. 13). Die meisten Fruchtschäden werden von Nymphen des 4. oder letzten Stadiums angerichtet, solange die Früchtchen noch weniger als 25 mm Durchmesser haben (also bevor die Schäden durch die Grüne Futterwanze entstehen). Befallene Früchtchen können klein bleiben und vorzeitig abfallen, aber die meisten entwickeln sich bis zur Reife. JOHANNISBEERE UND STACHELBEERE: Blattschäden erkennt man an kleinen Löchern mit braunem Rand.

**Bekämpfung:** APFEL: Die beste Bekämpfung läßt sich durch eine Spritzung kurz vor der Blüte erzielen. Ein wirksames Insektizid ist Chlorpyrifos. JOHANNISBEERE und STACHELBEERE: Unnötig.

***Calocoris fulvomaculatus*** (DeGeer)
Hopfenwanze
Früher stellenweise häufig in Hopfenanbaugebieten, in „Stangenanlagen" häufiger als in „Drahtanlagen". Heutzutage aus den Hopfengärten wegen der Routinespritzungen mit Organophosphaten gegen Blattläuse annähernd verschwunden. Einige Obstarten, beispielsweise Apfel, Johannisbeere, Himbeere und Erdbeere sind jedoch auch geeignete Wirtspflanzen.

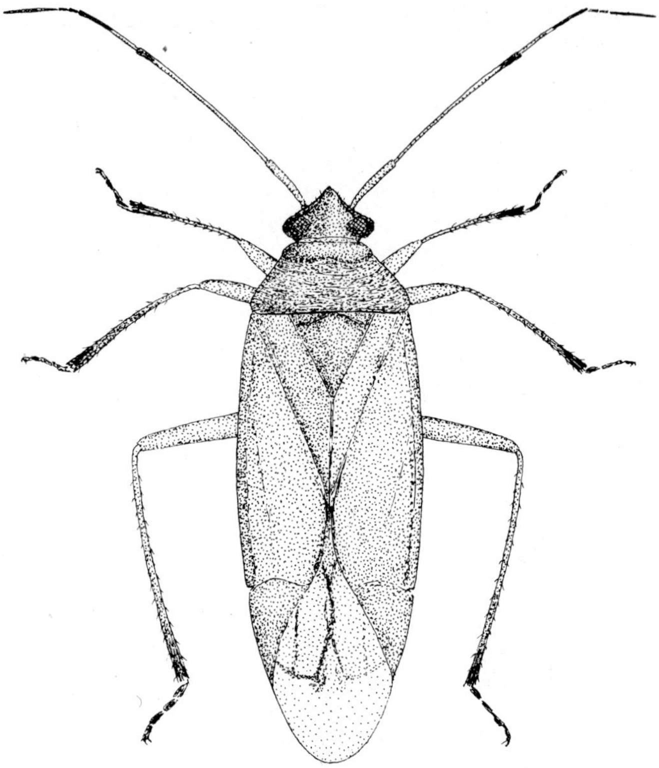

Abb. 16: Nordische Apfelwanze, *Plesiocoris rugicollis*

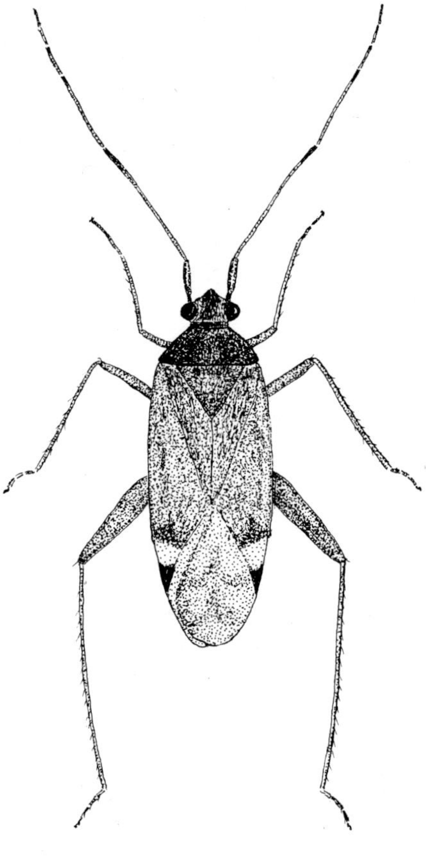

**Beschreibung:** ADULTE: 8 mm lang, Körper grünlich-braun, gelb behaart; Flügeldecken gelblich, rötlich durchsetzt; Beine gelb, stellenweise braun gesprenkelt (Abb. 17). EI: 1,4 mm lang; bananenförmig; cremefarben. NYMPHE: Grünlichgelb oder rötlich-braun, mit gelblichgrünem Rückenstreifen.

**Lebensweise:** Die Eier werden im August in weiches, trockenes Holz (z. B. in Hopfenstangen) gelegt. Die jungen Nymphen schlüpfen gegen Ende Mai und saugen an Blättern und Trieben ihrer Wirtspflanzen. Nach 5 Nymphenstadien erscheinen Ende Juni oder im Juli die adulten Wanzen. Besonders die erwachsenen Tiere dieser Art sind sehr lebhaft und laufen schnell weg, wenn sie gestört werden.

**Schaden:** Befallene Blätter neigen dazu, besonders entlang der Mittelader in zahlreiche Löcher aufzubrechen. Die Hopfenranken verdrehen sich und werden narbig, wenn sie in der Nähe der Spitze befallen werden.

**Bekämpfung:** Eine gute Bekämpfung ist normalerweise mit denselben Insektiziden möglich, die gegen die Hopfenblattlaus (s. Seite 47) verwendet werden.

# Unterordnung Homoptera

Kleine, von Pflanzensaft lebende Insekten, deren Saugrüssel (Mundwerkzeuge) starr mit der Basis des Kopfes nahe der Vorderbeine verbunden ist. Wenn Flügel vorhanden sind, werden sie dachförmig über dem Hinterleib getragen; die Vorderflügel haben eine gleichförmige Struktur. Die Metamorphose erfolgt schrittweise und schließt gelegentlich (Mottenschildläuse und Schildläuse) ein vor dem adulten Stadium eingeschobenes Vorpuppen-Stadium ein. Einige Fachleute betrachten die Heteropteren und die Homopteren als eigenständige Ordnungen und benützen deshalb die Bezeichnung Hemiptera nicht mehr.

## Familie Cercopidae

### Schaumzikaden

Die Nymphen dieser Familie entwickeln sich in einem Schaumklumpen („Kuckucksspeichel"), einem Sekret, das am Hinterende des Körpers ausgeschieden wird und von Luftblasen durchsetzt ist, die durch Kontraktionen des Abdomens aus einem speziellen Luftkanal entweichen. Die Hinterbeine der Adulten tragen einige kräftige Dorne (s. Seite 24).

Abb. 18: Rotschwarze Schaumzikade, *Cercopis vulnerata*

***Cercopis vulnerata*** (Illiger in Rossi)
Syn. ***sanguinea*** (Geoffroy & Fourcroy)
Rotschwarze Schaumzikade (Blutzikade)
Häufig und weitverbreitet; gelegentlich als Schädling in Obstanlagen und Hopfengärten gemeldet.

**Beschreibung:** ADULTE: 10–11 mm lang, schwarz mit intensiv roten Flecken auf den Deckflügeln (Abb. 18).

**Lebensweise:** Die Adulten sind außerordentlich lebhaft und saugen im Mai und Juni an vielerlei Pflanzen. Die Eier werden an Ampfer und andere langsam wachsende Pflanzen gelegt; die blaßgelben Nymphen saugen an den Stengeln und Wurzeln in einem schützenden Klumpen aus „Speichel".

**Schaden:** In Apfelanlagen verursachen die Adulten charakteristische, eckige Schadbilder auf der Blattoberseite. Diese Schadstellen sind gelblichgrün und können sich bräunen. Mehrere hundert solcher Stellen können sich auf einem einzigen Blatt befinden, sie sind auf beiden Seiten des Blattes sichtbar. Früher wurde vermutet, diese sogenannten „eckigen Blattflecken" würden von einem Pilz verursacht, der sich in den befallenen Pflanzenteilen entwickle. Ähnliche Blattschäden werden auch an anderen Obstarten und beim Hopfen verursacht. Jedoch ist der Schaden bei Birne auf die Früchtchen (die verkorkte Flecke und Pusteln bekommen) und Fruchtstiele beschränkt (die verdreht werden, was oft zu mißgebildeten Früchten führt). Auch bei Kirschen wurden schon Fruchtschäden festgestellt.

**Bekämpfung:** Es können keine praktischen Bekämpfungsmaßnahmen empfohlen werden, allenfalls, daß Befallslagen unkrautfrei gehalten werden sollten.

***Philaenus spumarius*** (Linnaeus) **Syn. *leucophtalmus***
(Linnaeus)
Wiesenschaumzikade
Allgemein häufig auf vielerlei Bäumen, Sträuchern und niedrigen Pflanzen. Oft lebt sie an Erdbeeren und anderen Obstarten einschließlich Apfel, Kirsche und Himbeere.

**Beschreibung:** ADULTE: 5–7 mm lang; Färbung sehr variabel von gelblich, grünlich bis braun oder schwärzlich; Kopf stumpf keilförmig, Augen auffallend; Flügeldecken an den Seiten konvex, mit dunklen Flecken; Hinterschiene mit apicalem Borstenring (Abb. 19) EI: 1 mm lang; oval. NYMPHE: Den Adulten ähnlich, nur kleiner.

**Lebensweise:** Während des Sommers sind die trägen adulten Zikaden zu finden. Im September werden in Gelegen von rund 30 Stück die Eier gelegt. Die Nymphen schlüpfen im folgenden Frühjahr, sie sind seßhaft, von Schaum bedeckt und ernähren sich von Pflanzensaft. Nach 5 Nymphenstadien erscheinen im Juni die Adulten.

**Schaden:** Das Saugen führt normalerweise nur zu leichten oder überhaupt keinen Schäden. Bei Erdbeeren allerdings können die Schaumklumpen bei der Ernte lästig werden.

**Bekämpfung:** Meist nicht nötig. ERDBEERE: Malathion ist wirksam, aber eine Behandlung lohnt nicht. Wenn nötig, kann der Schaum zur Erntezeit durch eine Spritzung mit netzmittelhaltigem Wasser aufgelöst werden.

Abb. 19: Wiesenschaumzikade, *Philaenus spumarius*

Abb. 20: Zikadenschaum an Erdbeerblatt

## **Familie Cidadellidae** (= Jassidae)
Zwergzikaden

Zikaden saugen nicht aus den Leitungsbahnen, sondern im Blattgewebe, meist auf der Unterseite. Durch das Anstechen und Aussaugen der Zellen verursachen sie Schäden, die sich in einem fleckigen oder silberigen Aussehen der Ober- und Unterseite der Blätter äußern. Außerdem werden die Blätter und andere Pflanzenteile durch die flüssigen Exkremente verschmutzt. Die Adulten sind sehr lebhaft. Ihre Hinterbeine sind zum Springen geeignet und tragen 2 Reihen feiner Borsten. Die zuverlässige Bestimmung der meisten Arten ist nur anhand von Genitalpräparaten möglich und deshalb eine Aufgabe für Spezialisten, einige Arten jedoch können durch charakteristische Merkmale des Körpers oder der Deckflügel bestimmt werden.

***Evacanthus interruptus*** (Linnaeus)
Hopfenzikade
Häufig und weitverbreitet, kommt an vielerlei Pflanzen vor; wird lokal als Hopfenschädling betrachtet, vor allem in Hopfengärten mit Stangen aus Kastanienholz.

**Beschreibung:** ADULTE: 5,0–6,5 mm lang; leuchtend gelb mit schwarz gezeichneten Deckflügeln; das Hinterleibsende überragt die Spitzen der Deckflügel. EI: 2.0 × 0,5 mm; cremeweiß und glänzend. NYMPHE: Grünlich bis fahlgelb.

**Lebensweise:** Die Eier werden im Spätsommer und Herbst in totes Holz gelegt, beispielsweise in Baumstümpfe, Pfähle, Holzzäune und Hopfenstangen aus Kastanienholz. Im Frühjahr schlüpfen die Nymphen, die im Mai und Juni an der Unterseite der Hopfenblätter und an vielen anderen Pflanzenarten saugen. An den Hopfenranken saugen sie auch in der Nähe der Spitze, doch entsteht an den sich entwickelnden Dolden kein Schaden. Die Adulten erscheinen im Juli und können bis September in den Hopfengärten gefunden werden.

**Schaden:** Befallene Blätter werden gelb oder braun und können sich verdrehen oder kräuseln. Die Triebe können im Wachstum gehemmt werden, spiralig wachsen und viele Seitentriebe bilden. Bei starkem Befall kommt es zu deutlichen Ertragsverlusten.

**Bekämpfung:** Eine wirksame Bekämpfung ist normalerweise mit den gegen die Hopfenblattlaus empfohlenen Insektiziden möglich (s. Seite 47).

***Aphrodes bicinctus*** (Schrank) Syn. ***nervosus*** (Schrank)

Sehr häufig und weitverbreitet, am häufigsten aber in feuchten Lagen. Verantwortlich für die Einschleppung und Übertragung der „Grünblüten-Virus"-Krankheit der Erdbeere.

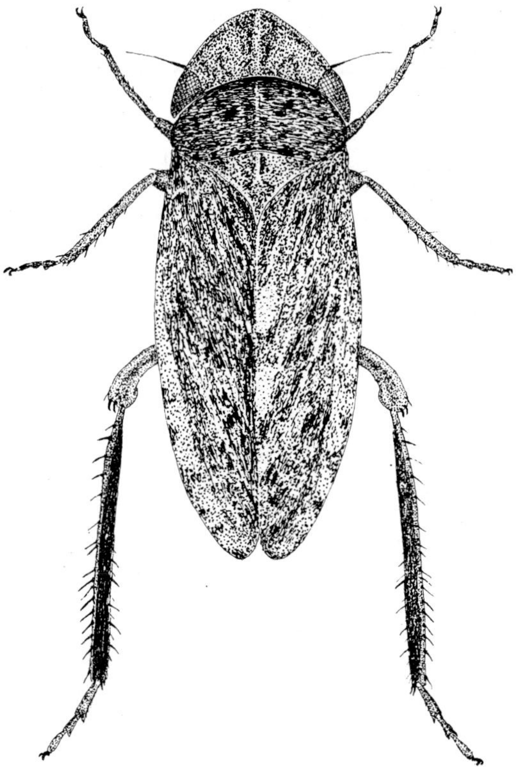

Abb. 21: Erdbeerzikade, *Aphrodes bicinctus*

**Beschreibung:** ADULTE: 5–8 mm lang, Färbung sehr variabel von graugelb oder grüngelb (schwarz gesprenkelt) bis hell- oder dunkelbraun, rotbraun oder schwarz; Körper kurz und breit (Abb. 21).

**Lebensweise:** Die Adulten leben während des Sommers an Klee, Erdbeeren und verschiedenen anderen Pflanzen. Vor allem bei trockenem Wetter wandern sie in großer Zahl vom Klee in bewässerte Erdbeerfelder und saugen dort an der Basis junger Blättchen in der schattigen Zone der Pflanzen.

**Schaden:** Der direkte Saugschaden ist unwesentlich, doch gilt diese Zikade als Hauptvektor der „Grünblüten-Virose" der Erdbeere. Sie ist für die Einschleppung dieser Krankheit im Erdbeeranbau verantwortlich. Das Auftreten der Krankheit nimmt bei trockenen Wetterbedingungen infolge der Einwanderung von infektiösen Zikaden vom Klee in die Erdbeerfelder deutlich zu.

**Bekämpfung:** Die Behandlung von Ertragsanlagen lohnt nicht. Dagegen sollten die Ausläufer in Vermehrungsbeeten in Gegenden, in denen diese Viruskrankheit auftritt, im Juli und in 14tägigem Abstand noch zweimal mit Azinphos-methyl+Demeton-S-methylsulfon, Dimethoat, Malathion oder Oxydemeton-methyl behandelt werden.

***Euscelis incisus*** (Kirschbaum)
Syn. ***plebejus*** (Fallén)
Diese gelblich-braune Art, die rund 4 mm lang ist (Abb. 22), kommt gewöhnlich an Erdbeere vor, scheint aber nicht schädlich zu sein. Obwohl sie als wichtiger Virusüberträger bei Klee bekannt ist und das „Grünblüten-Virus" von befallenen Erdbeeren auf andere Wirtspflanzen übertragen kann, ist es ihr offenbar nicht möglich, diese Krankheit auf die Erdbeere zu übertragen. Dasselbe gilt für *Conosanus obsoletus* (Kirschbaum), eine etwas größere und blaßer gefärbte Art (Abb. 23), die auch an Klee und Erdbeeren vorkommt.

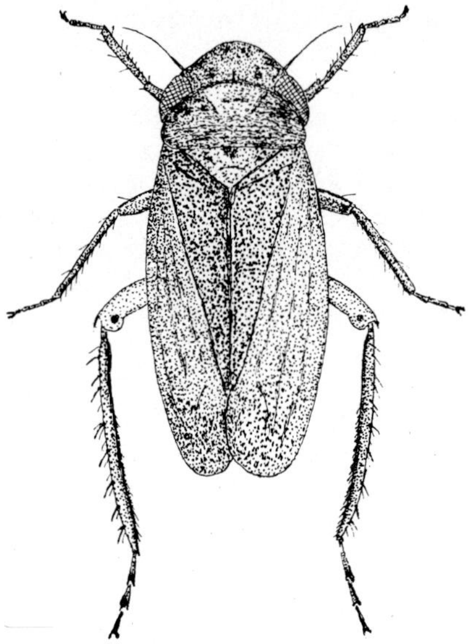
Abb. 22: Adulte *Euscelis incisus*

***Empoasca decipiens*** Paoli
Europäische Kartoffelzikade
Weitverbreitet und häufig auf vielen Pflanzenarten, darunter auch Apfel, Kirsche, Pflaume, Pfirisch, Stachelbeere (auf der sonst selten Zikaden gefunden werden) und Walnuß.

**Beschreibung:** ADULTE: 3 mm lang; grün mit weißlichen Flecken an Kopf und Thorax; ein kleiner Bereich in der Mitte jedes Deckflügels durchscheinend (Abb. 24). EI: 0.8 mm lang, weiß, dünn und längsgerippt. NYMPHE: Dem adulten Tier ähnlich, nur kleiner und blaßer gefärbt.

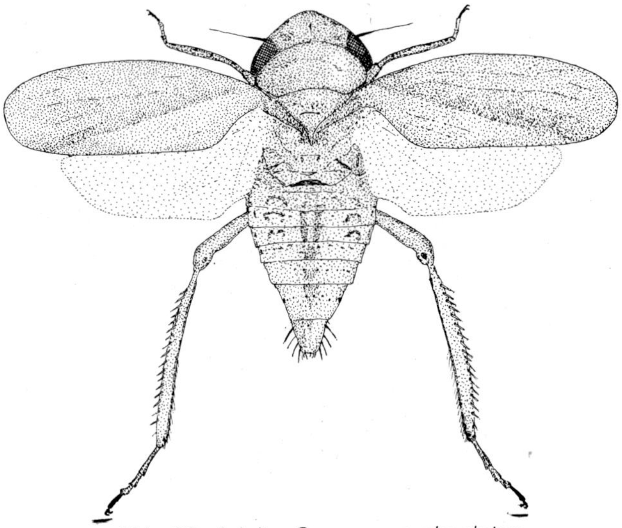
Abb. 23: Adulte *Conosanus obsoletus*

**Lebensweise:** Die Adulten überwintern im Schutz immergrüner Pflanzen (z. B. Efeu) und erscheinen im Frühjahr wieder. Die Eier werden im Juni auf der Blattunterseite abgelegt. Nach etwa 2 Wochen schlüpfen die Nymphen. Im Laufe von rund 5 Wochen entwickeln sie sich über 5 Nymphenstadien zur adulten Zikade. Die Nymphen sind sehr lebhaft und huschen nach Störungen schnell über die Blätter. Im Gegensatz zu den Adulten springen sie aber nicht. Die Eier der 2. Generation werden im August gelegt. In manchen Jahren kann es eine teilweise 3. Generation geben.

**Schaden:** Die befallenen Blätter werden fleckig und die Symptome sind mit denen der „Silberblatt-Krankheit" vergleichbar. Bei der Walnuß sind die befallenen Blätter mit kleinen, ausgefransten Löchern übersät. Oft findet man abgestreifte Nymphenhäute bei den befallenen Blättern.

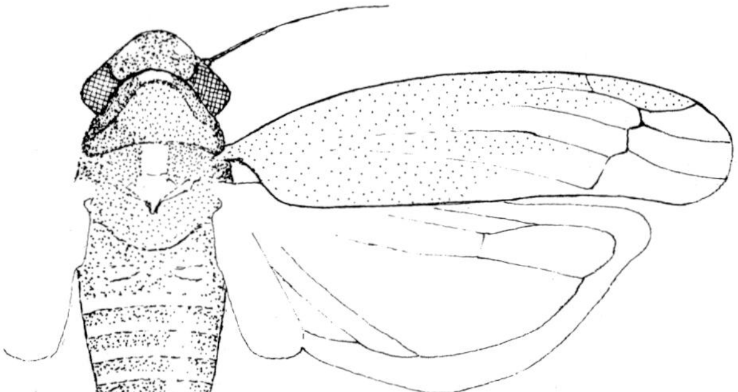
Abb. 24: Europäische Kartoffelzikade, *Empoasca decipiens*

**Bekämpfung:** APFEL: Selten ist eine spezielle Zikadenbekämpfung notwendig, weil die Population normalerweise durch Insektizide niedergehalten wird, die gegen andere Schädlinge, z. B. den Apfelwickler (s. Seite 171), verwendet werden. Wenn es jedoch notwendig ist, kann Ende Juni und nochmals 3 Wochen später mit einem der folgenden Präparate gespritzt werden: Azinphos-methyl+Demeton-S-methylsulfon, Malathion, oder Oxydemeton-methyl. ANDERE OBSTBÄUME: Behandlung lohnt sich selten, wenn nötig, kann mit Oxydemetonmethyl gespritzt werden. STACHELBEERE: Wenn nötig mit Malathion behandeln.

***Empoasca vitis*** (Göthe)

Diese häufige Art ist gelblich-grün, etwas größer als *Empoasca decipiens* und die durchscheinende Zone auf den Deckflügeln ist ausgedehnter. Sie kommt an verschiedenen Pflanzen vor, z. B. an Kirsche, Pflaume, Brombeere, Hopfen und Walnuß. Die Lebensweise ist ähnlich wie die der vorigen Arten.

***Aguriahana stellulata*** (Burmeister)

Kirschzikade

Die Adulten dieser hübschen, weiß und dunkel gezeichneten Art (Abb. 25) sind von Ende Mai bis Juni oft häufig auf Kirsch- und Pflaumenbäumen. Die Nymphen saugen während der Sommermonate auf der Blattunterseite. In geringer Zahl kommt diese Art auch auf Birne vor. Obwohl starke Blattsprenkelung bei Kirsche gemeldet wurde, ist diese Zikade gewöhnlich ohne oder nur von geringer wirtschaftlicher Bedeutung und für Birne und Pflaume unschädlich.

***Ribautiana debilis*** (Douglas)

Eine Kleinzikade der Obstbäume

Diese cremeweiße Art mit vorwiegend schwarzem Hinterleib kommt auf Apfel, Pflaume, Schwarzer Johannisbeere, Himbeere, Brombeere und Hopfen vor. Wie bei *Edwardsiana rosae* (s. Seite 29) entwickeln sich die Zikaden der 1. Generation nicht auf Apfel, vielmehr wandern sie dort im Juni zu, nachdem sich die Frühjahrsgeneration auf ihren Winterwirten (ebenfalls Rosaceen) entwickelt hat. Die nahverwandte *Ribautiana tenerrima* (Harrish-Schaeffer) (Abb. 26) ist an Brombeere sehr häufig. Beide Arten sind sich sehr ähnlich, aber die erstere hat einen auffallenden schwarzen Fleck auf dem Pronotum und einen 2. auf dem Scutellum. Obwohl sie eine starke Blattsprenkelung verursachen können, sind diese Arten als Schädlinge unbedeutend.

**Bekämpfung:** Wie bei *Edwardsiana rosae* (s. Seite 29).

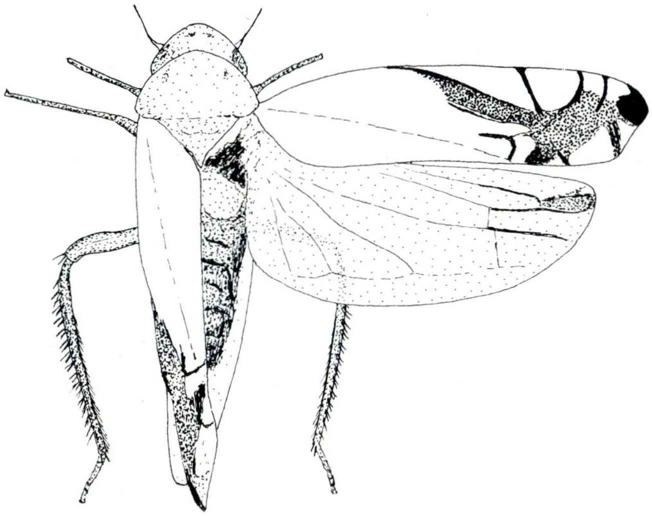

Abb. 25: Kirschzikade, *Aguriahana stellulata*

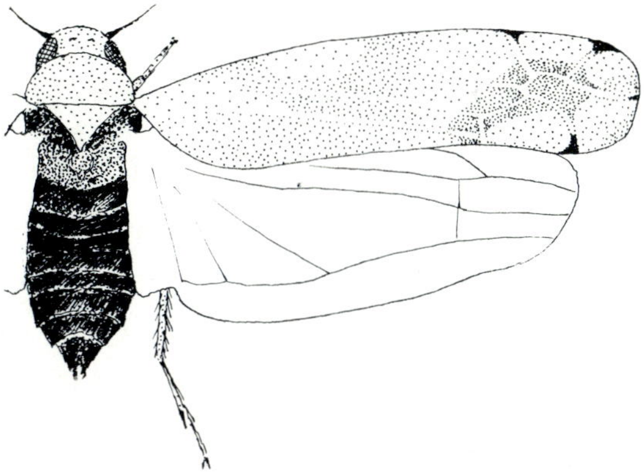

Abb. 26: *Ribautiana tenerrima*, eine Obstbaumzikade

Abb. 27: Zikadenschaden an Brombeerblatt

***Typhlocyba quercus*** (Fabricius)
Eine Kleinzikade der Obstbäume
Diese Art ist häufig und weitverbreitet und hat typische orangerote Flecke auf den cremeweißen Deckflügeln (Abb. 28). Sie kommt besonders häufig auf Eiche vor und befällt auch viele Obstarten, beispielsweise Apfel, Birne, Kirsche, Zwetschge, Pflaume, Pfirsich, Erdbeere, Hopfen und Walnuß. An den meisten dieser Obstarten tritt sie nur in geringer Zahl auf, aber an Zwetschge und Pflaume ist sie während des Sommers zahlreich genug, um zusammen mit anderen *Typhlocyba*-Arten Blattsprenkelungen (Abb. 29) und vorzeitigen Blattfall zu verursachen. Außerdem werden die Blätter manchmal durch den ausgeschiedenen Honigtau der Zikaden klebrig und es kann sich Rußtau bilden. *Typhlocyba quercus* überwintert im Eistadium und hat nur 1 Generation.

**Bekämpfung:** Wenn nötig, Zwetschen- und Pflaumenbäume mit Azinphos-methyl+Demeton-S-methylsulfon oder Oxydemeton-methyl behandeln.

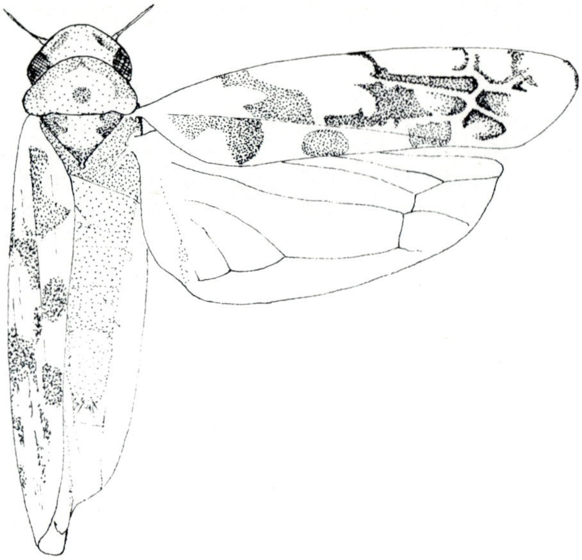

Abb. 28: *Typhlocyba quercus*, eine Kleinzikade der Obstbäume

***Edwardsiana crataegi*** (Douglas) Syn. ***froggatti*** (Baker)
Eine Kleinzikade der Obstbäume
Weitverbreitet und häufig, befällt Apfel, Birne, Kirsche, Zwetschge und Pflaume, oft eine der häufigsten Zikaden in den Obstanlagen.

**Beschreibung:** ADULTE: 3 mm lang, blaßgelb mit gelbem Hinterleib (Abb. 30).

**Lebensweise:** Diese Art überwintert im Eistadium. Die Eier werden im Herbst in die Rinde von Zweigen und dünnen Ästen der Obstbäume gelegt. Die Nymphen schlüpfen von Mitte April bis Anfang Mai und sind bis Juni, Juli oder August zu finden. Diese adulten Zikaden erscheinen Ende Juli und im August, die Weibchen legen ihre Eier blattunterseits in die Mittelader oder in deren Nähe. Eine 2. Nymphengeneration entwickelt sich von August an und ergibt im Herbst wieder adulte Zikaden.

**Schaden:** Das Saugen verursacht eine gewisse Sprenkelung der Blattoberseite (Abb. 31), deren Bedeutung vom Befallsgrad abhängt. Unter trockenen Bedingungen kommt es eher zu Schäden. Auch weiß man, daß diese Art an jungen Pflaumenfrüchtchen saugt und dadurch Berostungen verursacht.

**Bekämpfung:** Wie für *Empoasca decipiens* (s. Seite 26).

Abb. 29: Zikadenschaden an Pflaumenblättern

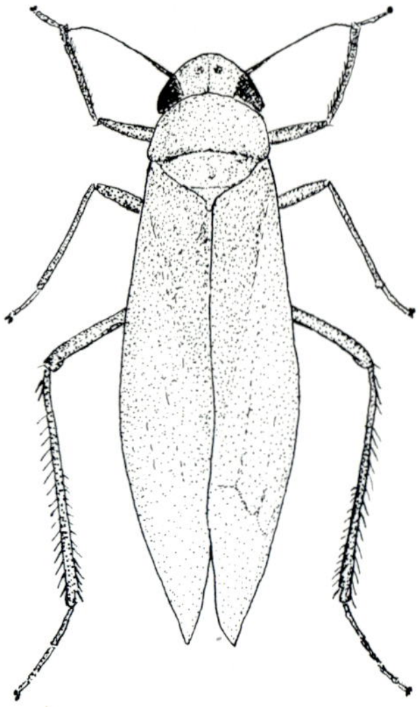

Abb. 30: *Edwardsiana crataegi*, eine Kleinzikade der Obstbäume

***Edwardsiana rosae*** (Linnaeus)
Rosenzikade
Weitverbreitet und oft häufig, mit weitem Wirtskreis einschließlich Apfel, Kirsche, Pflaume, Pfirsich, Stachelbeere (nur selten ein Wirt für Zikaden), Brombeere, Himbeere, Erdbeere, Hopfen und Walnuß. Ihr Hauptwirt ist jedoch die Rose.

**Beschreibung:** ADULTE: 3,5–4,0 mm lang, vorwiegend weißlich bis blaßgelb, mit gelbem Hinterleib.

**Lebensweise:** Die Eier werden im Herbst in die Epidermis junger Triebe der Rose gelegt. Im Frühjahr schlüpfen die Nymphen, die sich in 4 bis 6 Wochen zu adulten Zikaden entwickeln. Im Juni wandern diese an ihre Sommerwirte ab, zu denen auch Obstbäume gehören. Beim Apfel beispielsweise werden dann die Eier ins Blattgewebe gelegt, meist in die Mittelader oder in deren Nähe. Diese Eier schlüpfen ab Anfang Juli und die Nymphen saugen auf der Blattunterseite. Sie sind Mitte August oder im September erwachsen und kehren schließlich vor dem Blattfall an die Rosen zurück.

**Schaden:** Wenn diese Art zahlreich auftritt, kann sie die Blätter ziemlich sprenkeln oder silbrig erscheinen lassen. In schweren Fällen kommt es zu vorzeitigem Blattfall. An Erdbeere ist sie oft häufig, aber kaum schädlich (Abb. 32) und ist auch kein Vektor für Viruskrankeiten. Schäden an Nußblättern treten in Form kleiner, gefranster Löcher auf.

**Bekämpfung:** OBSTBÄUME: Wenn nötig, mit Azinphos-methyl+Demeton-S-methylsulfon oder Oxydemeton-methyl spritzen (siehe auch Seite 26). STACHELBEERE, HIMBEERE, BROMBEERE: Mit Dimethoat oder Malathion behandeln.

***Edwardsiana prunicola*** (Edwards)
Eine Kleinzikade der Obstbäume
Diese blaßgelbe oder weißlichgelbe Art ist die einzige bekannte Zikade, die sich an Roten und Weißen Johannisbeeren entwickelt. Im Spätsommer und Herbst ist sie oft ziemlich häufig und verursacht auch leichte Blattsprenkelungen (Abb. 33), eine Bekämpfung ist unnötig. Die Art kommt auch auf Apfel, Pflaume, Pfirsich, Himbeere und Brombeere vor.

Abb. 31: Zikadenschaden an Apfelblättern

Abb. 32: Zikadenschaden an Erdbeerblättern

Abb. 33: Zikadenschaden an Johannisbeerblättern

***Alnetoidia alneti*** (Dahlbom)
Eine Kleinzikade der Obstbäume
Auf Apfel oft sehr häufig, entwickelt sich auch auf Kirsche und Pflaume.

**Beschreibung:** ADULTE: 3,5–4,0 mm lang, vorwiegend gelb, Männchen mit leuchtend gelben Deckflügeln (Abb. 34).

**Lebensweise:** Diese Zikade überwintert im Eistadium. Von Mitte Mai bis Ende Juni schlüpfen die Nymphen, die im Juni und Juli an der Blattunterseite saugen und 5 Stadien durchlaufen. Von Juli bis Mitte September oder Oktober erscheinen die Adulten. Diese Art hat 1 Generation. Ab September werden die Eier unter die Rinde dünnerer Zweige und Triebe gelegt.

**Schaden:** Befallene Blätter werden fleckig und bei starkem Auftreten werden sie und die Früchte durch den ausgeschiedenen Honigtau verschmutzt.

**Bekämpfung:** Wie bei *Empoasca decipiens* (s. Seite 26).

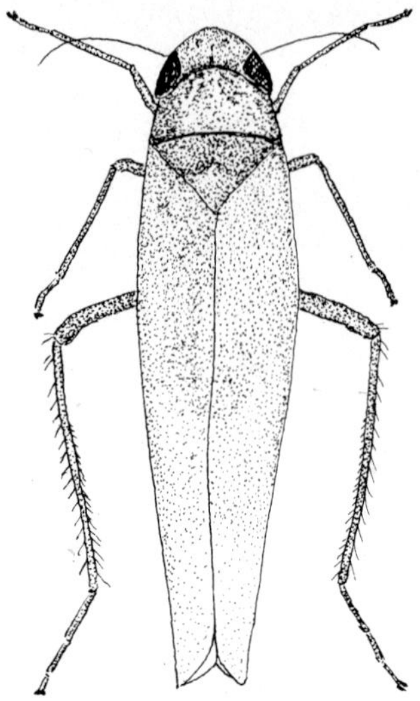

Abb. 34: *Alnetoidia alneti*, eine Kleinzikade der Obstbäume

***Zygina flammigera*** (Geoffroy & Fourcroy)
Eine Kleinzikade der Obstbäume
Häufig und weitverbreitet, von Apfel, Kirsche und Pflaume gemeldet.

**Beschreibung:** ADULTE: 2,5–3.0 mm lang; gelb bis weißlich mit rotem oder braunem Zickzackmuster am Körper und auf den Deckflügeln (Abb. 35).

**Lebensweise:** Die Adulten überwintern im Schutz immergrüner Pflanzen. Im Spätfrühling wandern sie auf ihre Sommerwirte über, zu denen auch Obstbäume gehören und legen dort ihre Eier. Ab Juni erscheinen die Nymphen, die aber von Anfang Juli bis Anfang August am häufigsten sind. Die ersten Adulten treten von Mitte Juli an auf und bleiben bis zum Blattfall auf den Bäumen. Unter günstigen Bedingungen kann sich eine schwache 2. Generation entwickeln.

**Schaden:** Wie für *Alnetoidia alneti* (s. oben).

**Bekämpfung:** Wie für *Empoasca decipiens* (s. Seite 26).

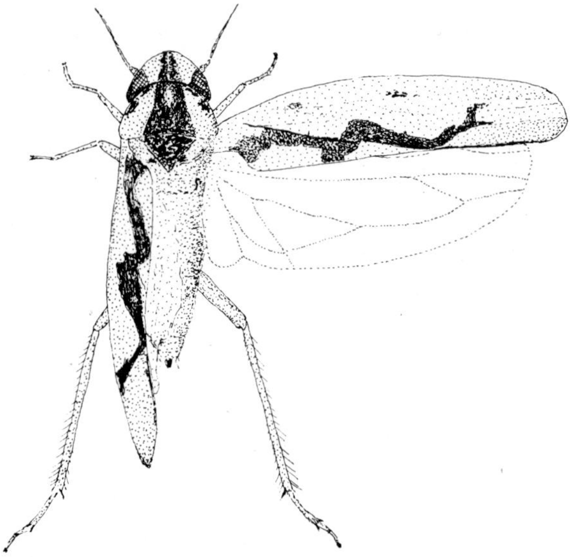

Abb. 35: *Zygina flammigera*, eine Kleinzikade der Obstbäume

## Familie Psyllidae

Blattsauger

Die erwachsenen Blattsauger (auch als Blattflöhe bezeichnet) haben verhältnismäßig breite, membranartige Flügel und sind sehr lebhaft. Die flachen, schildförmigen Nymphen aber bewegen sich sehr langsam; sie produzieren weiße, wachsähnliche Ausscheidungen und sehr viel klebrigen Honigtau.

***Psylla mali*** (Schmidberger)
Frühjahrs-Apfelblattsauger
Weitverbreitet und häufig. Ein bedeutender Apfelschädling, der aber seit der Einführung der modernen Spritzprogramme vorwiegend auf ungespritzten Bäumen vorkommt.

**Beschreibung:** ADULTE: 2,5–3,0 mm lang, apfelgrün bis gelblichgrün oder braungelb, oft rot oder gelb gezeichnet; Flügel durchscheinend mit grünen Adern (Abb. 36). EI: 0,4 mm lang, länglich, cremegelb, NYMPHE: Apfelgrün mit roten Augen; Körper flach, breit eiförmig, die späteren Stadien mit auffälligen Flügelscheiden; die ganz jungen Nymphen sind gelblich bis hell goldbraun gefärbt, ihre Beine sind braun (Abb. 37).

**Lebensweise:** Der Frühjahrs-Apfelblattsauger überwintert im Eistadium. Das Schlüpfen erfolgt im Frühjahr während einer längeren Zeitspanne, meist aber im April. Die jungen Nymphen suchen dann die sich öffnenden oder noch geschlossenen Knospen auf und versuchen so früh wie möglich Saft zu saugen, indem sie junges Pflanzengewebe anstechen, das sie in Blüten- und Blattbüscheln finden. Sie sind vergleichsweise träge und scheiden am Hinterende weiße, irisierende Wachsfäden und klebrige Kügelchen aus flüssigem Honigtau aus (Abb. 38), die ihnen ein ganz typisches Aussehen verleihen und zumindest ihre Anwesenheit verraten. Wenn von Ende Mai an die Nymphen ausgewachsen sind, halten sie sich mit ihren Mundwerkzeugen am Blatt fest, die Haut platzt auf und die adulten Blattsauger schlüpfen. Die Adulten halten sich während des ganzen Sommers und Herbsts auf den Bäumen auf, sie sind sehr aktiv und fliegen bei Störungen sofort auf. Sie kopulieren normalerweise im August oder September, danach werden die Eier gelegt, häufig auf Seitentrieben entlang irgendwelcher Rindenfalten, zwischen leere Eihüllen früherer Generationen u.s.w. Weniger häufig erfolgt die Eiablage am Grund der Blattknospen oder wahllos an den Trieben. In manchen Jahren werden bis Oktober und selbst im November noch Eier gelegt. Der Frühjahrsapfelblattsauger hat 1 Generation.

**Schaden:** Die Nymphen verursachen schon vor der Blüte beträchtliche Schäden. Durch das Saugen werden die Blütenblätter der teilweise geöffneten Knospen bräunlich; Blüten von stark befallenen Büscheln können in wenigen Tagen absterben, noch bevor ein Befall

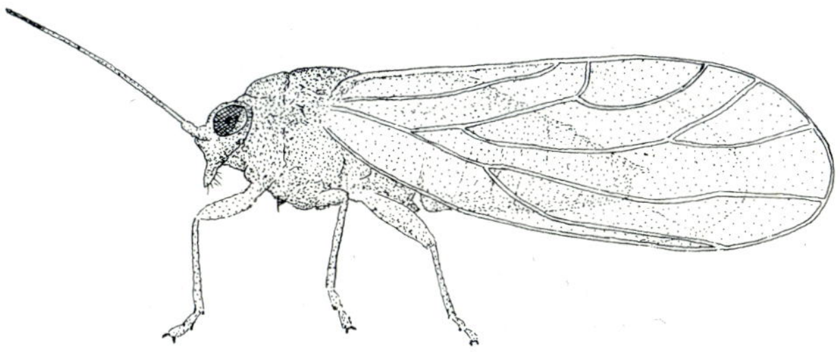

Abb. 36: Frühjahrs-Apfelblattsauger, Psylla mali

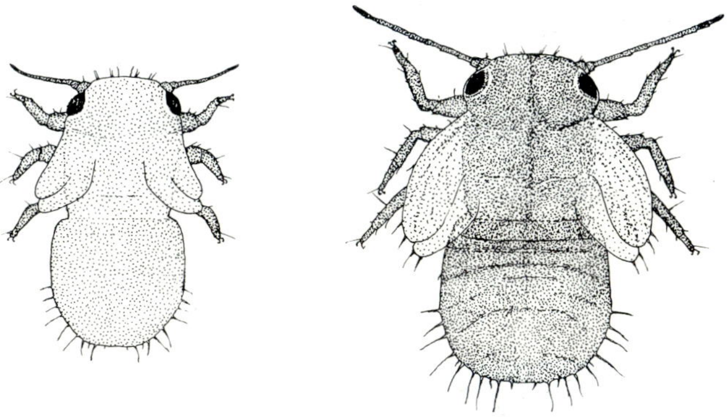

Abb. 37: Nymphen des Frühjahrs-Apfelblattsaugers *Psylla mali,* A: frühes, B: spätes Entwicklungsstadium

Abb. 38: Nymphen des Frühjahrs-Apfelblattsaugers *Psylla mali* mit ausgeschiedenem Wachs und Honigtau

bemerkt wurde. Blattsaugerschäden zu diesem Zeitpunkt werden oft fälschlicherweise für Frostschäden gehalten. Weniger schlimm sind Blattschäden, die später im Frühjahr auftreten. Die adulten Blattsauger sind wahrscheinlich harmlos.

**Bekämpfung:** Eine Spritzung mit Obstbaumkarbolineum während der Winterruhe der Bäume (Dezember bis Februar) oder eine Spätwinterspritzung mit DNOC oder DNOC+Obstbaumkarbolineum bis zum Schwellen der Knospen (März) ist wirksam. Später können verschiedene Insektizide verwendet werden, z. B,. Azinphos-methyl+Demeton-S-methylsulfon, Chlorpyrifos, Cypermethrin, Deltamethrin, Dimethoat, Fenvalerat, Lindan und Malathion. Bei starkem Befall ist eine Spritzung mit Dimethoat oder Lindan zu empfehlen.

***Psylla pyricola*** Förster [1] Syn. ***simulans*** Förster
Gelber Birnblattsauger
Weitverbreitet und häufig an Birne, manchmal gefährlicher Schädling.

**Beschreibung:** ADULTE: 1,5–2,0 mm lang; dunkel schwarzbraun, Kopf und Thorax mit rötlichbrauner Zeichnung; Kopf sehr breit; Hinterleib kurz und spitz zulaufend; Flügel durchscheinend, aber Vorderflügel bei der Winterform mit einigen dunkleren Zonen zwischen den Flügeladern (Abb. 39). EI: 0,6 mm lang; länglich-oval mit mäßig langem Stielchen; farblos bis zitronengelb, kurz vor dem Schlüpfen orange. NYMPHE: Orange oder leicht rosa mit dunklerer Zeichnung (am dunkelsten sind die Nymphen der überwinternden Generation), die Nymphen im ersten Stadium sind blaß orangefarben und haben rosarote Augen; Körper flach, breitoval und mit deutlichen Flügelscheiden (Abb. 40).

**Lebensweise:** Anders als die vorausgegangene Art überwintert der Gelbe Birnblattsauger als erwachsenes Tier am Stamm, an Zweigen und Kurztrieben der Wirtspflanze. Die Blattsauger sind aber auch in Hecken und an anderen, ausreichend Schutz bietenden Orten in der Umgebung von Birnenanlagen anzutreffen. Bei sonnigem Wetter werden sie aktiv und fliegen, selbst mitten im Winter. Schon zu Beginn des Frühjahrs werden die Eier an Haupt- und Seitentriebe gelegt. Die Nymphen schlüpfen ab Ende März bis zum Abfallen der Blütenblätter. Sie ernähren sich dann an den sich öffnenden Knospen und in Blütenbüscheln, indem sie mit ihrem Saugrüssel das Pflanzengewebe anstechen und Saft saugen. Einige Wochen später erscheinen, nach 5 Larvenstadien, die Adulten. Normalerweise können sich jährlich 3 Generationen entwickeln und die Populationsdichte wird im Laufe des Jahres von Generation zu Generation größer. Die Eier der Sommergenerationen werden meist entlang der Mittelader auf die Blattunterseite gelegt, sie sind oft sehr zahlreich. Birnblattsauger scheiden große Mengen von Honigtau aus (Abb. 41), der viele Insekten anlockt, beispielsweise Ameisen, Bienen, Wespen und verschiedene Fliegen.

**Schaden:** Starker Befall führt zu kleinen, mißgebildeten Früchten und vorzeitigem Blatt- oder Fruchtfall.

[1] Anm. d. Übers.: Je nach klimat. Lage kommen auch *P. pirisuga* Förster (Großer Birnblattsauger) und seltener *P. piri* Linnaeus (Braunfleckiger Birnblattsauger) vor.

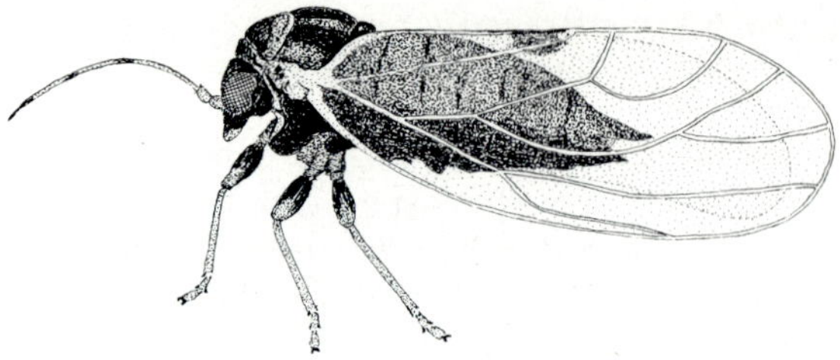

Abb. 39: Gelber Birnblattsauger, *Psylla pyricola*

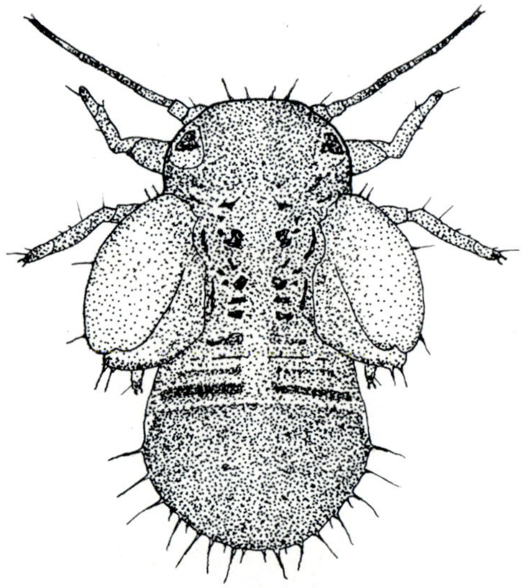

Abb. 40: Nymphe des Gelben Birnblattsaugers, *Psylla pyricola*

Abb. 41: Nymphe des Gelben Birnblattsaugers, *Psylla pyricola,* mit Honigtauausscheidungen

Von den Nymphen der 1. Generation befallene Blüten werden braun und sterben ab, wogegen das spätere Saugen der Nymphen sich auf die Ernte des folgenden Jahres auswirken kann, weil die entstehenden Fruchtknospen geschädigt werden oder gar absterben. Gerne wird das etwas sukkulente Gewebe an der Spitze neuer Triebe befallen und dadurch kann der Wuchs des Baumes schwer leiden. Auf dem von den Blattsaugern ausgeschiedenen Honigtau entwickelt sich reichlich Rußtau, der oft Triebe, Blätter und die sich entwickelnden Früchtchen als undurchsichtige und häßliche schwarze Schicht bedeckt. Wenn davon reife Früchte betroffen sind, müssen diese vor dem Verkauf oder Einlagern gewaschen oder abgewischt werden.

**Bekämpfung:** Leichterem Befall kann durch eine Spritzung rund 3 Wochen nach dem Abfall der Blütenblätter mit einem der folgenden Präparate begegnet werden: Azinphos-methyl+Demeton-S-methylsulfon, Chlorpyriphos, Dimethoat, Malathion oder Oxydemeton-methyl. Bei starkem Befall aber sind 2 Behandlungen erforderlich, die 1. beim Abfall der Blütenblätter, die nächste 3 Wochen danach. Auch High-Volume-Behandlungen mit Netzmittelzusatz werden empfohlen. Gegen Organophosphate sind inzwischen viele Populationen resistent. In solchen Fällen und bei starkem Auftreten adulter Blattsauger zur Zeit der Knospenentfaltung kann Deltamethrin, Fenvalerat oder Permethrin angebracht sein (doch ist eine solche Behandlung nicht immer lohnend); wenn nötig, kann im Sommer Diflubenzuron verwendet werden. Oft können die Birnblattsauger durch räuberische Nützlinge ausreichend in Schach gehalten sein und für eine langfristige Kontrolle sollten im Sommer keine Insektizide mit breitem Wirkungsspektrum verwendet werden. Von den oben erwähnten Insektiziden ist Diflubenzuron für diese Nützlinge relativ harmlos. Winterspritzungen sind übrigens gegen Birnblattsauger nur wenig wirksam.

## **Familie Aleyrodidae** (= Aleurodidae) (Mottenschildläuse, Weiße Fliegen

Die Weißen Fliegen sind kleine, mottenähnliche Insekten, die mit einem undurchsichtigen, weißen Wachspuder bedeckt sind. Die saftsaugenden Nymphen sind flach und schildförmig. Während der Entwicklung tritt ein Ruhestadium („Puparium") auf, in dem keine Nahrung aufgenommen wird. Weiße Fliegen sind keine wichtigen Obstschädlinge, doch treten gelegentlich einige Arten häufiger auf, vor allem an Brombeere.

### ***Aleyrodes lonicerae*** Walker (= Aleurodes)

Syn. ***fragariae*** Walker; ***rubi*** Signoret

Erdbeer-Mottenschildlaus

Entwickelt sich gewöhnlich an angebauten Brombeeren, ist aber nicht oder kaum schädlich. Kommt auch an Wildpflanzen vor, z. B. an Hundsrose, Geißblatt, Weidenröschen und Schneebeere.[1]

**Beschreibung:** ADULTE: 1 mm lang; Körper gelb, grau gesprenkelt; Flügel weiß mit je einem grauen Fleck auf den Vorderflügeln (Abb. 42). EI: 0,27 × 0,1 mm; länglich, gelblich-weiß, dick mit Wachs bepudert. NYMPHE: Flach und schildförmig, oval oder elliptisch; blaßgelb, mit einem Kranz von Wachsfäden. PUPARIUM: 1,0 × 0,75 mm; flach, oval; weiß, gelb oder goldgelb, in einem dichten Wachsgespinst.

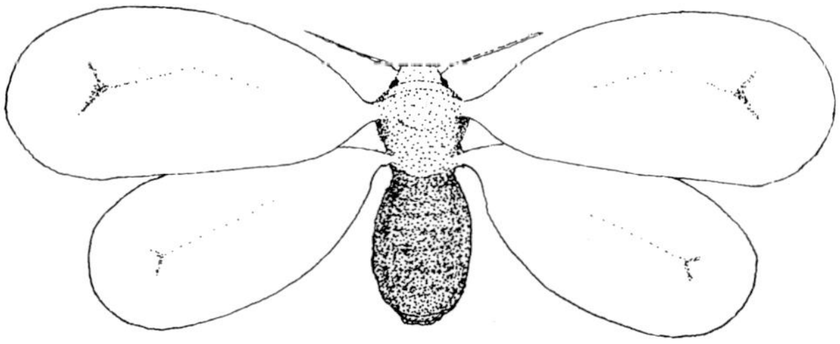

Abb. 42: Erdbeer-Mottenschildlaus, *Aleyrodes lonicera*

**Lebensweise:** Im Frühjahr und Sommer werden die Eier einzeln auf der Blattunterseite abgelegt. Die Nymphen saugen dort einige Wochen lang und durchlaufen vor ihrer Verpuppung 3 Larvenstadien. Im Sommer schlüpfen die Adulten kurz nach der Bildung eines Pupariums und etwa 2 Monate später werden wieder Eier gelegt. Es gibt mehrere Generationen, die sich mit der Zeit stark überschneiden, so daß alle Entwicklungsstadien gleichzeitig auf der Pflanze zu finden sind. Die Überwinterung erfolgt als Puparium oder als adultes Insekt.

**Schaden:** Es bleiben weiße, wachsartige Reste auf den befallenen Stellen der Blätter, doch verursachen diese Insekten wenig oder überhaupt keinen Schaden.

**Bekämpfung:** Unnötig.

[1] *Aleyrodes lonicera* und *A. proletella* (Linnaeus) (= *brassicae* Walker) treten auch in Erdbeeranlagen auf, meist als überwinternde Adulte, sie sind aber für diese Kultur harmlos.

***Asterobemisia carpini*** (Koch),
Syn. ***rubicola*** (Douglas)
Hainbuchen-Mottenschildlaus
Lebt oft auch auf Brombeere, spielt aber als Schädling keine Rolle.

**Beschreibung:** ADULTE: 1 mm lang, gelb oder hellorange mit reinweißen Flügeln. EI: 0,24 × 0,1 mm; länglich; blaßgelb bis dunkelbraun und dünn mit Wachs bestäubt. NYMPHE: Elliptisch oder oval, flach und schildförmig; gelbgrün oder bräunlich mit schmaler Wachsfadenumrandung. PUPARIUM: 1,2 × 0.9 mm; elliptisch; gelbgrün bis weißlich.

**Lebensweise:** Die Adulten erscheinen im Frühjahr und sind relativ kurzlebig. Die Eier werden im Mai und Juni auf die Blattunterseite gelegt. Während der Sommermonate entwickeln sich die Nymphen, die im Herbst ein Puparium bilden. In diesem Stadium überwintern sie, es gibt also jährlich nur 1 Generation.

**Schaden:** Wie bei *Aleyrodes lonicerae* (s. Seite 33).

**Bekämpfung:** Unnötig.

# Überfamilie Aphidoidea (Blattläuse)

Die Blattläuse (Aphiden) sind bekannte Schädlinge, die sowohl in geflügelter Form (Alata) als auch ungeflügelt (Aptera) vorkommen. Die Flügel, sofern vorhanden, sind gewöhnlich groß, transparent und haben nur wenige Adern. Adulte und Nymphen sehen ziemlich gleich aus und leben oft in dichten Kolonien beieinander. Sie ernähren sich von Pflanzensaft und stechen mit ihrem nadelartigen Stech- und Saugrüssel das Pflanzengewebe an, normalerweise das Phloem (Siebröhren). Manche Arten verursachen an ihren Wirtspflanzen die Bildung von Gallen oder anderen Mißbildungen und einige sind wichtig, weil sie Vektoren von Pflanzenvirosen sind. Der Lebenszyklus der Blattläuse ist oft recht verwickelt. Viele Arten haben einen Generationswechsel und pflanzen sich auf einer Primärpflanze ungeschlechtlich und geschlechtlich fort und legen dort auch Eier, außerdem haben sie eine Sekundärwirtspflanze, auf der die Fortpflanzung ausschließlich parthenogenetisch erfolgt, dort sind sie lebendgebärend. Die Wanderung zwischen diesen beiden Wirtspflanzen richtet sich nach dem Auftreten geflügelter Formen. Für die Benennung der Blattläuse hat der Primärwirt Vorrang; folglich spricht man von der „Apfel-Graslaus" und nicht von der „Gras-Apfellaus" u.s.w.

Viele Blattläuse besitzen Wachsdrüsen und viele bilden große Mengen von Honigtau, der später von Ameisen und anderen Insekten aufgesucht wird. Besondere Merkmale der Siphonen („Rückenröhrchen", paarige Röhrchen oder Poren in der Nähe des Hinterendes des Körpers, die Abwehrstoffe und oft auch ein Alarm-Phermon ausscheiden) und die Cauda („Schwänzchen", verlängerte Spitze des letzten Körpersegments) sind oft wichtig für die Unterscheidung der Arten. Die Bestimmung der Arten ohne Adulte und ohne Kenntnis der Wirtspflanze ist selbst für Spezialisten meist schwierig oder gar unmöglich. Die nachfolgenden Beschreibungen beziehen sich hauptsächlich auf die ungeflügelten adulten Weibchen.

## Familie Callaphidae
Zierläuse

Eine kleine Familie mit gewöhnlich zierlich aussehenden Blattläusen mit kurzen, gedrungenen Siphonen und einem kurzen, gelappten oder eingeschnürten Schwänzchen. Alle Arten sind wirtsspezifisch und ohne Wirtswechsel.

***Callaphis juglandis*** (Goeze)
Gestreifte Walnußzierlaus
Lokal häufig, aber Vorkommen sporadisch; befällt die Walnuß, ist aber nur selten schädlich.

**Beschreibung:** ADULTE: groß, leuchtend grüngelb mit dunkeloranger und brauner Zeichnung; Körper mit langen, dünnen Haaren; Flügeladern dunkel gerandet (Abb. 43).

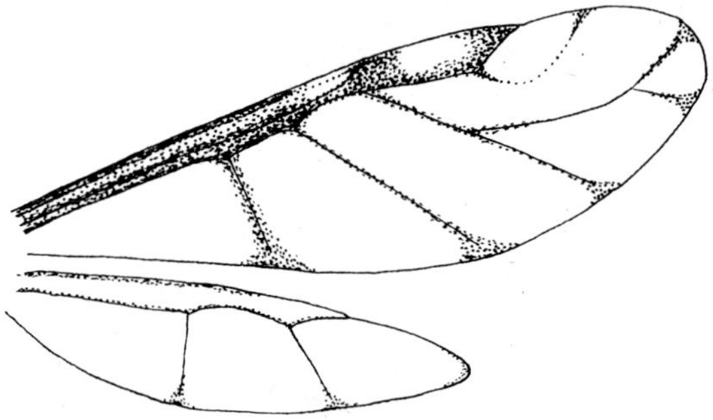

Abb. 43: Rechter Vorder- und Hinterflügel der Gestreiften Walnußzierlaus, *Callaphis juglandis*

**Lebensweise:** Diese Art überwintert im Eistadium. Die Blattläuse schlüpfen im Frühjahr und halten sich auf der Blattoberseite auf, wo sie meist in Reihen zu beiden Seiten der Mittelader saugen. Geflügelte erscheinen von Juli bis September, sie können sich auf benachbarte Bäume ausbreiten. Die Eier werden schließlich im Oktober von einer zweigeschlechtlichen Generation am Grund der Knospen abgelegt.

**Schaden:** Obwohl befallene Blätter teilweise gelb werden und vorzeitig abfallen können, erleiden ältere Bäume keinen Schaden. Bei jungen Bäumen kann allerdings bei starkem Befall das Wachstum gehemmt werden.

**Bekämpfung:** Normalerweise unnötig; wenn erforderlich, können Jungbäume während der Winterruhe mit einem Karboöl oder im Frühjahr mit Oxydemeton-methyl behandelt werden.

***Chromaphis juglandicola*** (Kaltenbach)
Kleine Walnußzierlaus
Allgemein nicht häufig und auf Walnuß beschränkt; manchmal zahlreich, für Jungbäume und in Baumschulen wichtig.

**Beschreibung:** ADULTE: Klein, blaßgrün bis blaßgelb mit dunklen Flecken und roten Augen; Ovipare mit ausgeprägten Knotenhaaren, Vivipare sind geflügelt (Abb. 44). NYMPHE: Körper mit Knotenhaaren.

**Lebensweise:** Aus den überwinterten Eiern schlüpfen im April die jungen Blattläuse und saugen an der Blattunterseite. Im Sommer bilden sie kleine Kolonien entlang den Adern und bei stärkerem Befall auch auf den heranwachsenden Nüßchen. Von Juli bis Oktober sind die geflügelten Formen zu finden, die auch die Ausbreitung der Art von Baum zu Baum übernehmen. Im Spätherbst werden von einer sexuellen Generation die Eier an die Basis von Knospen, zwischen Haare oder in die Blattnarben an jungen Trieben gelegt.

**Schaden:** Starker Befall der Blätter kann das Wachstum der Bäume schwächen, doch kommt das selten vor. An älteren Bäumen kann, wenn auch die Nüßchen befallen werden, die Entwicklung der Nüsse beeinflußt werden, was aber ohne Bedeutung ist. Übrigens wird selten ein gemeinsamer Befall durch die beiden beschriebenen Walnußzierläuse beobachtet.

**Bekämpfung:** Normalerweise unnötig; wenn erforderlich, können die Bäumchen in der Baumschule mit Oxydemeton-methyl behandelt werden.

***Myzocallis coryli*** (Goeze)
Haselnußzierlaus
Eine häufige Art an wildwachsenden und angebauten Haselsträuchern (Abb. 45); oft in größerer Zahl, ohne aber Schäden anzurichten. Die Blattläuse saugen von Mai an und scheiden viel Honigtau aus. Geschlechtliche Formen erscheinen im November und legen Eier an die Triebe. Die adulten Blattläuse sind klein, glänzend weißlich, gelblich oder blaßgrün, mit großen roten Augen und dicken, kurzen Siphonen (Abb. 46) (Vgl. *Corylobium avellanae,* Seite 54).

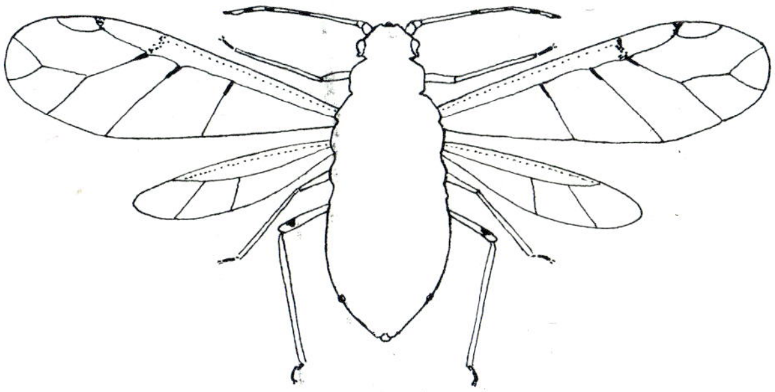

Abb. 44: Geflügelte Kleine Walnußzierlaus, *Chromaphis juglandicola*

Abb. 45: Haselnußzierlaus, *Myzocallis coryli,* an Hasel

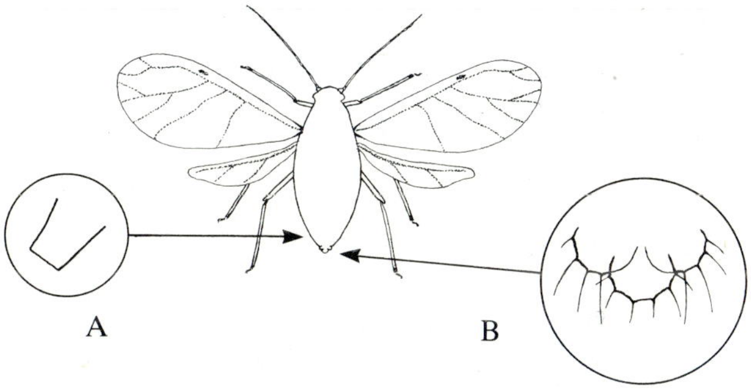


Abb. 46: Geflügelte Haselnußzierlaus, *Myzocallis coryli,* A: Siphon, B: Cauda

## Familie Aphididae

Wichtigste Familie der Blattläuse. Normalerweise Generationenwechsel zwischen Winter- und Sommerwirt, doch gibt es bei den einzelnen Arten oft einen verwikkelten Lebenszyklus.

***Hyalopterus pruni*** (Geoffroy)[1]
Mehlige Pflaumenblattlaus
Ein weitverbreiteter und häufiger Schädling der Pflaume; tritt gelegentlich auch an Pfirisch auf.

**Beschreibung:** ADULTE: blaßgrün mit blaugrauem Anflug, reichlich mit weißem Wachsstaub überzogen; Siphonen, Beine und Fühler mit dunklen Punkten; Siphonen kurz, an der Spitze abgerundet und glattrandig; Schwänzchen fingerförmig (Abb. 47).

**Lebensweise:** Im Herbst werden Eier am Grund der Knospen junger Triebe gelegt. Die Jungläuse schlüpfen im Frühjahr, meist im April kurz vor der Blüte. An der Blattunterseite entwickeln sich dann Kolonien ungeflügelter Blattläuse, doch sind die Blattläuse im Frühjahr noch nicht zahlreich. Im Juni oder Juli aber sind die Unterseiten der Blätter und die befallenen Triebe oft völlig von Blattläusen bedeckt (Abb. 48). Die Blätter eines befallenen Baumes werden durch den Honigtau rasch klebrig und es entwickeln sich Rußtaupilze. Obwohl sich ungeflügelte Blattläuse bis August entwickeln können, erscheinen Ende Juni oder Anfang Juli geflügelte Blattläuse. Diese wandern dann auf Schilf und Riedgräser über. Im Herbst erfolgt die Rückwanderung auf Pflaume.

**Schaden:** Diese Art verursacht keine Blattkräuselungen (vgl. *Brachycaudus helichrysi*, Seite 45), bei starkem Befall werden aber die Blätter gelb und fallen vorzeitig ab. Zum direkten Schaden kommt noch die verminderte Photosynthese der Blätter durch den sich auf dem Honigtau entwickelnden Rußtau.

**Bekämpfung:** Eine Winterspritzung oder eine Frühjahrsbehandlung sind möglich. Winterspritzung: Karboöl während der Winterruhe (bei den Frühsorten Dezember bis Anfang Januar, sonst Dezember bis Ende Januar) oder DNOC bzw. DNOC+Obstbaumkarbolineum als Spät-Winterspritzung bis zum Schwellen der Knospen im Februar oder März, aber nicht später. Frühjahrsbehandlung bei PFLAUME: Kurz vor der Blüte eines der folgenden Präparate: Chlorpyrifos, Deltamethrin, Dimethoat, Lindan, Malathion, Mevinphos oder Oxydemeton-methyl. Im Mai oder Juni kann eine weitere Spritzung notwendig werden oder auch noch später, wenn ein erneuter Befall erfolgt. Frühjahrsbehandlung bei PFIRSICH: Wenn nötig, Nachblütespritzung mit Dimethoat, Malathion oder Oxydemeton-methyl.

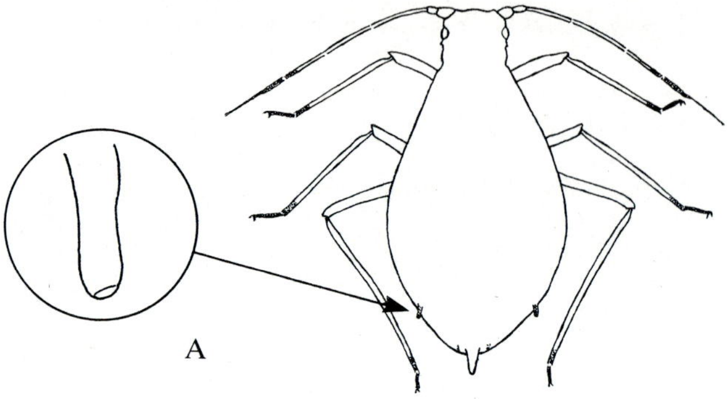


Abb. 47: Mehlige Pflaumenblattlaus, *Hyalopterus pruni*, A: Siphon

Abb. 48: Mehlige Pflaumenblattlaus, *Hyalopterus pruni*, an Pflaume

***Rhopalosiphum insertum*** (Walker)
Apfelgraslaus
An Apfel oft häufig, vor allem an tragenden Bäumen, doch selten wirklich schädlich. Auch Birnen und Quitten werden befallen.

**Beschreibung:** ADULTE: Plump, gelblichgrün mit dunkleren Längsstreifen; Siphonen kurz, blaßgrün und an der Spitze gerandet; Fühler kurz mit dunklen Punkten (Abb. 49). NYMPHE: Grünlichgelb.

**Lebensweise:** Die Nymphen schlüpfen im Frühling kurz nach dem Mausohrstadium aus den Wintereiern und saugen auf der Blattunterseite oder an den Blüten-

[1] *Hyalopterus amygdali* (Blanchard) (Mehlige Pfirsichlaus) Kommt an Pfirsich vor, sieht ähnlich aus und hat auch eine ähnliche Lebensweise. Manchmal wird sie als selbständige Art betrachtet, in der Praxis ist es aber sinnvoller, sie höchstens als eine Unterart von *H. pruni* einzustufen.

knospen. Im Ballonstadium können sie auch die Blütenblätter angreifen. In der ersten Generation sind die Blattläuse ungeflügelt, in der zweiten sind die meisten geflügelt. Die ersten Geflügelten verlassen bei Vollblüte, etwa Anfang bis Mitte Mai, die Apfelbäume und suchen Gräser auf, häufig das Einjährige Rispengras; mit dem Erscheinen dieser Sommerform nimmt der Befall am Apfel rasch ab. Im Herbst kehren geflügelte Weibchen zu den Obstbäumen zurück und ihre flügellosen Nachkommen (eierlegende Weibchen) kopulieren mit von Gräsern zurückkehrenden Männchen. Noch vor dem Blattfall legen sie ihre Eier an Kurztriebe und Zweige.

**Schaden:** Nach der Vollblüte besteht nur wenig oder überhaupt keine Gefahr einer Schädigung durch diese Art. Früher können allerdings diese Blattläuse eine leichte Blattkräuselung verursachen. Schaden entsteht jedoch nur selten bei sehr hoher Populationsdichte. Solche starken Populationen entstehen meist nur nach regnerischen Sommern, in denen der Graswuchs stark war. Die Ermittlung der Zahl ungeflügelter Weibchen auf Apfelbäumen in der 2. Oktoberhälfte ermöglicht eine gute Prognose des Befalls im folgenden Frühjahr: Wenn bei je 20 kontrollierten Blättern 8 oder 10 Bäumen quer durch die Obstpflanzung nicht mehr als 1 Blattlaus pro Blatt gefunden wird, ist im Frühjahr höchstens mit einem schwachen Befall zu rechnen.

**Bekämpfung:** Entweder eine Winter- oder eine Austriebspritzung gegen die Eier oder eine Frühjahrsspritzung gegen die frischgeschlüpften Blattläuse. Winterspritzungen: Während der Winterruhe (Dezember bis Februar) oder als Austriebspritzung beim Knospenschwellen (nicht später als März) DNOC oder DNOC + Obstbaumkarbolineum. Frühjahrsspritzung: Die beste Bekämpfung wird mit systemischen Organophosphaten erreicht, wenn die Blütenbüschel sichtbar werden und die meisten Eier geschlüpft sind. Zu den wirksamen Insektiziden gehören Azinphosmethyl+Demeton-S-methylsulfon, Chlorpyrifos, Cypermethrin, Dimethoaat, Fenvalerat, Lindan, Heptenophos, Malathion und Oxydmeton-methyl, von denen sich die meisten auch zur Bekämpfung des Frostspanners (s. Seite 177) und anderer Vorblüte-Schädlinge eignen. In Jahren mit schwachem Befall ist auch Phosalon ausreichend wirksam, wenn es zu diesem Zeitpunkt angewandt wird (Anm. d. Übers.: Weil diese Blattlaus bei sehr geringer Schädlichkeit einen großen Wert als Nahrung für Blattlausfeinde besitzt, sollte sie nicht bekämpft werden).

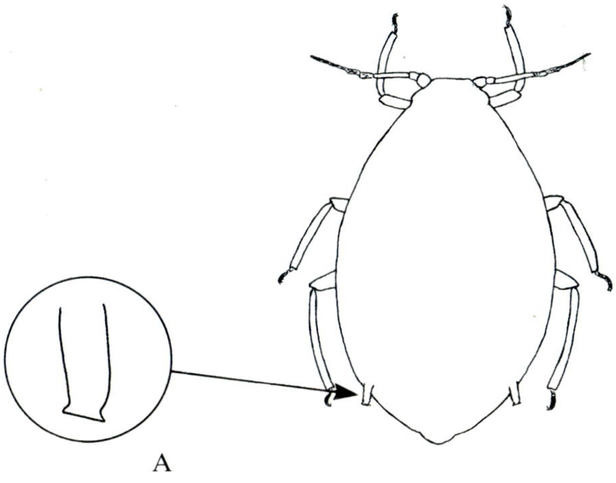


Abb. 49: Apfelgraslaus, *Rhopalosiphum insertum*, A: Siphon

Abb. 50: Apfelgraslaus, *Rhopalosiphum insertum*, an Apfelknospe

***Melanaphis pyraria*** (Passerini)
Braune Birnenblattrollaus
Selten, manchmal aber auf Birne zu finden.

**Beschreibung:** ADULTE: Klein, dunkelbraun; Siphonen kürzer als das Schwänzchen (Abb. 51).

**Lebensweise:**Diese Art überwintert auf Birne im Eistadium. Die Jungläuse schlüpfen meist beim Spreizen der Blütenbüschel und entwickeln sich dann im Frühjahr und Frühsommer auf den Blättern und Jungtrieben. Oft setzt sich die Entwicklung auf Birne bis August fort, doch wandern von Juni an geflügelte Formen auf Gräser über. Im Herbst erfolgt die Rückwanderung auf Birne.

**Schaden:** Bei Frühjahrsbefall kräuseln sich die Blätter an den Triebspitzen, solche Schäden zeigen sich vorwiegend im Mai und Juni. Der Befall ist aber meist ohne Bedeutung und beschränkt sich gewöhnlich auf wenige Bäume.

**Bekämpfung:** Eine ausreichende Bekämpfung wird durch die Anwendung von Aphiziden gegen die wichtigeren Birnblattläuse, z. B. *Dysaphis pyri* (s. Seite 43) erzielt.

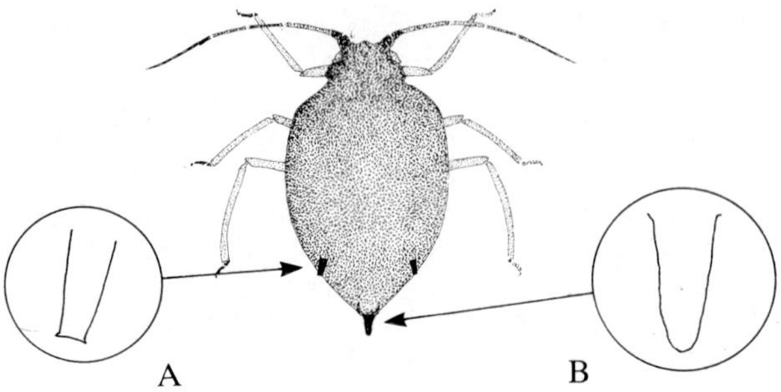


Abb. 51: Braune Birnenblattrollaus, *Melanaphis pyraria,* A: Siphon, B: Cauda

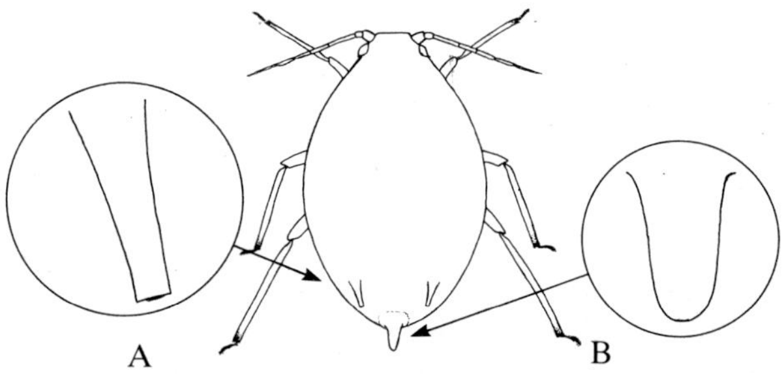


Abb. 52: Kleine Stachelbeertriebblattlaus, *Aphis grossulariae,* A: Siphon, B: Cauda

***Aphis grossulariae*** (Kaltenbach)
Kleine Stachelbeertriebblattlaus
Häufig an Stachelbeere, gelegentlich auch an Johannisbeere schädlich.

**Beschreibung:** ADULTE: Klein, dunkelgrün bis graugrün, mit Belag aus Wachsstaub; Siphonen relativ kurz, Schwänzchen fingerförmig (Abb. 52).

**Lebensweise:** Die ungeflügelten Blattläuse schlüpfen im März und Anfang April, sie saugen zunächst an den Fruchtknospen, später dehnt sich der Befall auf die Spitzen der Jungtriebe aus, wo oft dichte Kolonien entstehen. Die Entwicklung auf Johannisbeere setzt sich die Sommermonate hindurch fort, doch wandern geflügelte Formen auf Weidenröschen über, das als Zwischenwirt dient. Im Herbst erfolgt die Rückwanderung auf Johannisbeere. Die Überwinterung erfolgt im Eistadium an den Trieben.

**Schaden:** Der Befall führt zu Blattverkräuselungen und zur Entwicklung von Büscheln mißgebildeter Blätter an den Triebspitzen. Befallene Triebe sind verdreht und gestaucht und die Internodien verkürzt.

**Bekämpfung:** Blattläuse an Roten und Schwarzen Johannisbeeren können durch Winter- oder Frühjahrsspritzungen bekämpft werden. Winterspritzung: Karboöl während der Knospenruhe (Dezember und Januar) oder DNOC oder DNOC+Obstbaumkarbolineum bis zum Knospenschwellen (Januar bis Anfang Februar), aber nicht später. Frühjahrsspritzung: Bis kurz vor dem Öffnen der ersten Blüten mit einem der folgenden Präparate: Dimethoat, Heptenphos, (Rote und Schwarze Johannisbeere), Malathion (nur Rote Johannisbeere) oder Oxydemeton-methyl.

***Aphis idaei*** van der Goot
Kleine Himbeerblattlaus
Häufig an Himbeeren, als Überträger einer Viruskrankheit von Bedeutung; auch Loganbeere wird befallen.

**Beschreibung:** ADULTE: Klein, blaßgrün bis gelblichgrün, mit Wachsstaub bedeckt; Siphonen dunkel, mäßig lang, schlank und leicht nach außen gebogen (Abb. 53).

**Lebensweise:** Aus den überwinterten Eiern schlüpfen im März die Jungläuse und es bilden sich dichte Kolonien an den Blütenbüscheln und Seitentrieben. Früher Befall, doch selten an den neuen Ruten. Nach 2 Generationen mit flügellosen Blattläusen entstehen Geflügelte. Von Anfang Juni bis Ende Juli wird durch sie der Befall auf neue Ruten oder andere Teile der alten Ruten ausgedehnt. Im Gegensatz zu den Frühjahrsgenerationen sind die Nachkommen der geflügelten Formen blaß-cremefarben, sie sind auch kleiner und treten einzeln auf, meist versteckt in den Gabelungen von Adern auf der Blattunterseite. Von Oktober an entstehen flügellose geschlechtliche Formen, die in abnehmender

Zahl bis Mitte Dezember zu finden sind. Es werden dann Eier am Grunde der Knospen gelegt, meist im oberen Teil der Ruten. Die Kolonien dieser Art werden oft von Ameisen besucht.

**Schaden:** Frühjahrsbefall verursacht Blattkräuselungen, aber die Blattläuse sind nur als möglicher Uberträger des Himbeer-Ader-Chlorose-Virus (RVCV) von Bedeutung, das bloße Saugen hat wenig oder überhaupt keine Folgen.

**Bekämpfung:** Blattläuse an Himbeere werden durch Winter- oder Frühjahrsspritzungen bekämpft. Winterspritzung: In Winterruhe (Dezember bis Januar) Karboöl oder von Januar bis Anfang Februar DNOC oder DNOC + Obstbaumkarbolineum (höchstens bis zum Schwellen der Knospen). Frühjahrsspritzungen: Dimethoat, Heptenphos. Malathion oder Oxydemeton-methyl in der 2. Aprilhälfte.

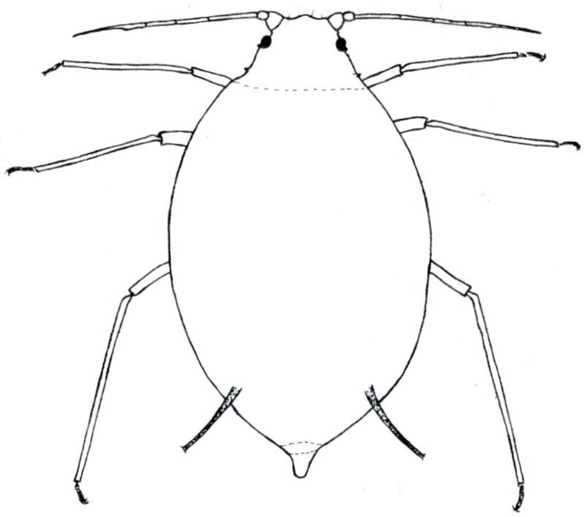

Abb. 53: Kleine Himbeerblattlaus, *Aphis idaei*

***Aphis pomi*** De Geer
Grüne Apfelblattlaus
Häufiger Schädling an Apfel, befällt auch Birne und Quitte.

**Beschreibung:** ADULTE: Intensiv grün bis gelblichgrün; Fühler kurz, Siphonen schwarz oder dunkelbraun und mäßig lang; Schwänzchen fingerartig (Abb. 54).

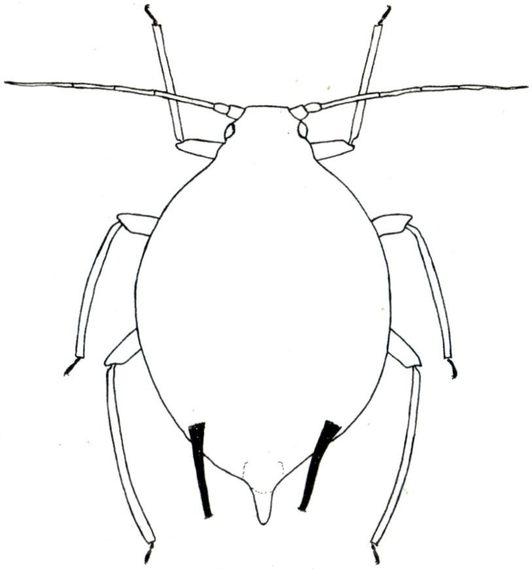

Abb. 54: Grüne Apfelblattlaus, *Aphis pomi*

**Lebensweise:** Die Jungläuse schlüpfen im April und bilden Kolonien in der Nähe der Blätter, besonders an den Spitzen junger Triebe (Abb. 55). Ab Anfang Juni treten den ganzen Sommer hindurch in wechselnder Zahl geflügelte Blattläuse auf. Hauptsächlich diese Geflügelten sind für den schweren Befall verantwortlich, der im Juni und Juli oft sehr schnell zustande kommt. Die Vermehrung dauert bis zum Herbst an, dann erscheinen ungeflügelte geschlechtliche Formen. Diese kopulieren und die Eiablage erfolgt auf der Rinde junger Triebe in oft großer Zahl. Diese Art hat keinen Wirtswechsel, also auch keinen Zwischenwirt.

**Schaden:** Normalerweise ist der Frühjahrsbefall unbedeutend. Bei Sommerbefall aber kommt es zu starker Blattkräuselung: Die Triebspitzen verkrüppeln und können absterben. An ältern Bäumen ist der Befall selten von Bedeutung, in Baumschulen und an Jungbäumen kommt es aber oft zu schweren Schäden.

**Bekämpfung:** Die für *Rhopalosiphum insertum* (s. Seite 37) empfohlenen Maßnahmen sind wirksam, doch ist bei älteren Apfelbäumen nur selten eine Bekämpfung erforderlich. Bei jungen Bäumen kann aber eine Spritzung mit einem Aphizid Ende Mai und später noch einmal angebracht sein.

Abb. 55: Grüne Apfelblattlaus, *Aphis pomi,* an Apfel

***Aphis ruborum*** (Börner)
Kleine Brombeerblattlaus
Normalerweise selten, befällt sowohl wilde als auch kultivierte Brombeeren; kommt auch an Loganbeere und selten an Erdbeere vor. Der Befall ist von geringer oder ohne Bedeutung.

**Beschreibung:** ADULTE: Klein, blaß gelblich bis dunkelgrün; Siphonen verhältnismäßig dick (Abb. 56).

**Lebensweise:** Kolonien meist auf der Unterseite der Blätter und an den Triebspitzen während des Frühjahrs und Sommers, bei großen Kolonien auch am unteren Teil der Triebe (Abb. 57). Wie *Aphis idaei* sehr klein, weißlich, Ungeflügelte treten in den Sommermonaten einzeln an der Unterseite der Blätter auf. Die Eier überwintern an der Knospenbasis.

**Schaden:** Leichte Blattkräuselung (Abb. 58), sonst keine Schäden.

**Bekämpfung:** Unnötig.

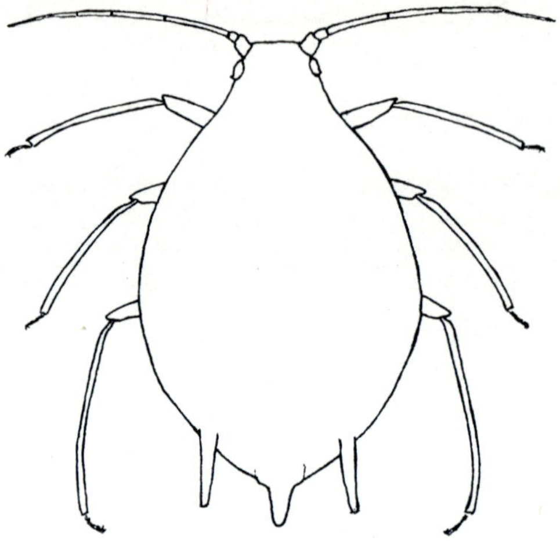

Abb. 56: Kleine Brombeerblattlaus, *Aphis ruborum*

Abb. 57: Kleine Brombeerblattlaus, *Aphis ruborum,* an Brombeere

Abb. 58: Blattlausschaden an Brombeerblättern

***Aphis schneideri*** (Börner)
Kleine Johannisbeertriebblattlaus
Örtlich an Johannisbeere schädlich, meist an Schwarzer Johannisbeere.

**Beschreibung:** ADULTE: Klein, dunkelblaugrün mit weißem Wachs überzogen; Schwänzchen konisch (Abb. 59).

**Lebensweise:** Die ungeflügelten Blattläuse schlüpfen im Frühjahr und befallen zunächst die Blütentriebe. Später entstehen an den Jungtrieben dichte Kolonien (Abb. 60), bis dann im Juni geflügelte Formen erscheinen. Sie breiten sich auf verschiedene Johannisbeerarten aus, auf fruchtende und auf Zierarten. Sie befallen auch als Erste die Stecklinge. Ihre Nachkommen sind flügellos und vermehren sich bis zum Herbst, dann entstehen geschlechtliche Formen, die kopulieren und ihre Eier an den Trieben ablegen.

**Schaden:** Befallene Triebe verformen sich stark und haben verkürzte und verdrehte Internodien. An den Triebspitzen entstehen dichte Büschel verformter Blätter, von denen jedes in charakteristischer Weise zum Blattstiel hin abwärts gekrümmt ist. Gelegentlich verheerende Schäden in Baumschulen, an Stecklingen und jungen Büschen.

**Bekämpfung:** Siehe bei *Aphis grossulariae* Seite 38).

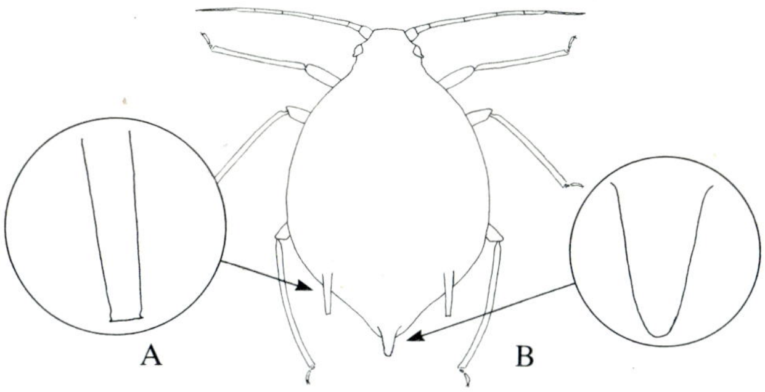


Abb. 59: Kleine Johannisbeertriebblattlaus, *Aphis schneideri,* A: Siphon, B: Cauda

Abb. 60: Kleine Johannisbeertriebblattlaus, *Aphis schneideri,* an Johannisbeere

***Aphis fabae*** Scopoli
Schwarze Bohnenlaus
An Ackerbohnen und Zuckerrüben oft häufig und schwere Schäden verursachend, an Obstbäumen jedoch nicht wichtig. Es entstehen aber manchmal während der Sommermonate Kolonien an Apfel, Birne und Quitte. Am häufigsten sind sie an Wurzelschossen und Jungbäumen zu finden, wo sie Blattkräuselungen verursachen, manchmal auch Triebstauchungen oder gar das Absterben der Triebe. Die Adulten sind mattschwarz oder dunkel olivgrün, oft mit unregelmäßigen weißen Wachsflecken auf dem Rücken; die Siphonen sind ziemlich kurz und etwas zugespitzt.

**Bekämpfung:** Falls notwendig, ist eine Bekämpfung leicht mit einem geeignete Aphizid möglich (siehe für Apfel Seite 37, für Birne und Quitte Seite 43).

***Aphis triglochinis*** Theobald
Diese bräunliche-grüne Art ist nicht häufig, sie wird gelegentlich an Roten, seltener an Schwarzen Johannisbeeren gefunden und verursacht nach unten gerollte Blätter. Sie ist als Schädling unbedeutend. Im Sommer wandert sie auf verschiedene Pflanzen feuchter Standorte ab, kehrt im Herbst auf Johannisbeeren zurück und überwintert dort schließlich im Eistadium.

***Dysaphis devecta*** (Walker)
Rosige Apfelfaltenlaus
Weitverbreitet, aber örtlich, kommt nur auf Apfel vor. Hartnäckiger Schädling, der normalerweise nur an einigen wenigen Bäumen einer Apfelpflanzung auftritt.

**Beschreibung:** ADULTE: Grau bis dunkel blaugrau, mit weißem Wachs bestäubt; Siphonen schwarz, kurz, konisch und am Ende nach außen gerandet; Schwänzchen schwarz, kurz und dreieckig (Abb. 61). NYMPHE: Rosa bis bläulichgrau.

**Lebensweise:** Es überwintern die Eier, die unter losen Rindenschuppen und Vertiefungen der rauhen Rinde des Stammes und der Äste abgelegt werden. Die Eier schlüpfen zu Beginn des Frühjahrs und schon bald nach Knospenaufbruch sind an den Blattrosetten Kolonien zu finden. Später greift der Befall auf Jungtriebe über. In der 3. Generation entstehen geflügelte und auch ungeflügelte Weibchen, in der 4. geflügelte Männchen, aber ungeflügelte Weibchen. Diese geschlechtlichen Formen kopulieren, die Eier werden normalerweise zwischen Mitte Juni und Mitte Juli gelegt. Die Kolonien verschwinden schon frühzeitig, meist bis Ende Juli. Es entstehen zwar auch geflügelte Formen, doch ist ihre Ausbreitung gering; die Ausbreitung von Baum zu Baum erfolgt langsam und gewöhnlich durch Ungeflügelte.

**Schaden:** Befallene Blätter rollen sich nach unten und bekommen charakteristische hellrote Flecke (Abb. 67). Der Befall ist weitgehend auf ältere Bäume mit rauher Borke beschränkt und betrifft meist Jahr für Jahr dieselben Bäume.

**Bekämpfung:** Gegen diese Art wirkt die Winterspritzung kaum. Die Frühjahrsspritzung ist einigermaßen wirksam (siehe bei *Rhopalosiphum insertum,* Seite 37); eine einzige Spritzung vor dem Spreizen der Blütenbüschel oder sofort nach dem Fall der Blütenblätter wird empfohlen.

***Dysaphis plantaginea*** (Passerini)
Syn. ***mali*** (Ferrari)
Mehlige Apfelblattlaus
Ein ernstzunehmender Apfelschädling, aber in intensiv gespritzten Pflanzungen nicht häufig.

**Beschreibung:** ADULTE: Rosa bis dunkel blaugrau, mit weißem Wachsstaub bedeckt; Siphonen schwarz, mäßig lang, konisch und am Ende nach außen gerandet, Schwänzchen dunkel, kurz und dreieckig.

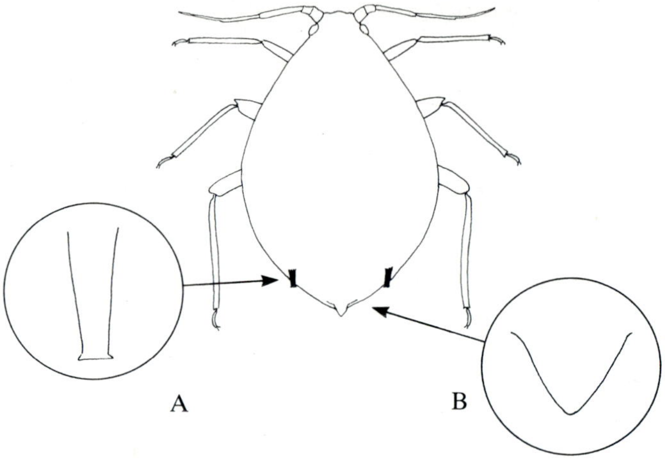


Abb. 61: Rosige Apfelfaltenlaus, *Dysaphis devecta,* A: Siphon, B: Cauda

Abb. 62: Schaden durch die Rosige Apfelfaltenlaus an Apfelblättern

**Lebensweise:** Die Eier werden im Herbst in Rindenrisse der Triebe und dünner Zweige und an die Knospenbasis gelegt. Im Frühjahr schlüpfen die Jungläuse und befallen zuerst Knospen, Blätter der Kurztriebe und Blattrosetten, später auch Jungtriebe. Ende Mai oder im Juni kann es auf den befallenen Bäumen große Kolonien geben. Im Juni und Juli entstehen geflügelte Blattläuse, die an Wegerich abwandern. Auf Apfel setzt sich die Vermehrung auch nach der Bildung geflügelter Formen bis in den August hinein fort, solange die Bäume Triebzuwachs zeigen. Ab Herbstbeginn erfolgt die Rückwanderung vom Wegerich zum Apfel, danach die geschlechtliche Vermehrung.

**Schaden:** Befallene Blätter sind stark abwärts eingerollt und verkrüppelt (Abb. 63). Sie werden manchmal gelb oder braun, doch niemals rot (vgl. Schäden durch die vorherige Art). Schwerer Befall kann auch zu vorzeitigem Blattfall führen. Befallene Triebe sind gestaucht und verdreht und die Früchte befallener Triebe bleiben klein und deformiert (Abb. 64); sie reifen auch vorzeitig.

**Bekämpfung:** Wie bei *Rhopalosiphum insertum,* Seite 37).

***Dysaphis pyri*** (Boyer de Fonscolombe)
Mehlige Birnenblattlaus
Die wichtigste Blattlaus an Birne, weitverbreitet und oft häufig.

**Beschreibung:** ADULTE: Plump, rosa und mit weißem Wachsstaub bedeckt; Fühler weit kürzer als der Körper; Siphonen mäßig lang und am Ende gerandet (Abb. 65).

**Lebensweise:** Diese Art überwintert im Eistadium. Die Eier werden an Kurztrieben und Zweigen der Birne abgelegt. Die Blattläuse schlüpfen meist vor der Blüte und befallen zunächst die Blattrosetten. Sobald die jungen Triebe erscheinen, werden auch diese befallen (Abb. 65). Ende Mai können schon zahlreiche große Kolonien entstanden sein, die sich bis Juni oder noch länger halten. Bei schwerem Befall kann dieser auch auf benachbarte Bäume übergreifen. Von Juni an entstehen geflügelte Blattläuse, die auf Labkraut abwandern, an dem sie sich weitervermehren. Zu Herbstbeginn wandern sie zurück auf Birne.

**Schaden:** Befallene Blätter sind stark verformt, verdreht und werden gelblich. Schwerer Befall wirkt sich merklich auf das Baumwachstum aus, die Blattläuse scheiden große Mengen von Honigtau ab.

**Bekämpfung:** Die Blattläuse können durch eine Winter- oder Frühjahrsspritzung bekämpft werden. Winterspritzung: Karboöl während der Winterruhe (Dezember bis Mitte Februar) oder Austriebspritzung mit DNOC oder DNOC+Obstbaumkarbolineum beim Knospenschwellen (Februar bis März), aber nicht später. Frühjahrspritzung: Behandlung sofort nach dem Abfallen der Blütenblätter mit einem der folgenden Präparate: Azinphos-methyl+Demeton-S-methylsulfon, Chlorpyrifos, Cypermethrin, Dimethoat, Fenvalerat, Lindan, Heptenophos, Malathion, Mevinphos. Oxydemetonmethyl oder Phosalon. Die Spritzung kann auch schon kurz vor der Blüte erfolgen. Zur Zeit kurz nach der Blüte können aber bei Verwendung eines geeigneten Präparates gleichzeitig noch andere Schädlinge mitbekämpft werden, beispielsweise Spinnmilben *(Bryobia),* Birnblattsauger und verschiedene Raupen.

Abb. 63: Schaden durch die Mehlige Apfelblattlaus an Apfelblättern

Abb. 64: Schaden durch die Mehlige Apfelblattlaus an Apfelfrüchten

Abb. 65: Mehlige Birnenblattlaus, *Dysaphis pyri,* an Birne

***Anuraphis farfarae*** (Koch)
Birnentaschengallenlaus (= Huflattichwurzellaus)
Diese häufig vorkommende und weitverbreitete Art befällt zwar Birnen, ist aber kein wichtiger Schädling.

**Beschreibung:** ADULTE: Plump, dunkel purpurbraun; kurze Fühler, Siphonen kurz und konisch; Schwänzchen kurz und breit (Abb. 66). NYMPHE: Gelblichgrün.

**Lebensweise:** Die Eier überwintern auf Birne. Die Jungläuse schlüpfen im Frühjahr und saugen an Triebspitzen auf der Blattunterseite. Im April und Mai bilden sich kleine Kolonien in den gefalteten Blättern; gegen Ende Mai entwickeln sich nach einer Generation ungeflügelter Blattläuse geflügelte, die allmählich auf Huflattich überwandern, an dessen Wurzeln sie leben. Im Herbst kehren geflügelte Blattläuse auf die Birne zurück und legen dort Eier.

**Schaden:** Befallene Blätter sind oft verkrümmt und deren Hälften von der Mittelader aus zusammengefaltet; sie bleiben normalerweise grün, können aber etwas rötlich werden (vgl. vorige Art). Obgleich mehrere Blätter eines Blattbüschels diese Symptome zeigen können, befinden sich gewöhnlich nicht in allen dieser Blätter Blattläuse. Auch bleibt eine einzelne Kolonie während ihrer ganzen Entwicklung innerhalb eines einzigen Blatts, ohne sich auszubreiten. Wenn die Kolonien klein sind und sich auf Kurztrieben entwickeln, sind sie von geringer oder ganz ohne Bedeutung.

**Bekämpfung:** Unnötig.

***Anuraphis subterranea*** (Walker)
Bärenklauwurzelhalslaus (= Braune Birnentaschengallenlaus)
Diese Art ist *Anuraphis farfarae* sehr ähnlich und verursacht auch ähnliche Blattsymptome; die Blattspreite allerdings ist in charakteristischer Weise rötlich. Auch unterscheiden sich die Kolonien von *A. subterranea* durch das Vorhandensein brauner Nymphen. Sommerwirte dieser Blattlaus sind beispielsweise Bärenklau und Pastinak. Sie hat keine wirtschaftliche Bedeutung.

***Brachycaudus helichrysi*** (Kaltenbach)
Kleine Pflaumenblattlaus
Weitverbreitet und häufig und oft ein ernster Schädling der Pflaume.

**Beschreibung:** ADULTE: Gelblichgrün (die sehr frühen Formen im Frühjahr bräunlich); klein, rundlich und glänzend; Fühler kurz; Siphonen blaß, kurz und gerandet; Schwänzchen zungenförmig.

**Lebensweise:** Im Frühjahr, noch vor dem Austrieb, schlüpfen die Nymphen aus den überwinterten Eiern (Abb. 67). Sie saugen zunächst an der Basis der Fruchtknospen. Sobald sich aber die Frucht- und Blattknospen öffnen, wechseln sie auf die jungen Pflanzenorgane über. Später werden auch die Blätter junger Triebe befallen. Im Mai erscheinen geflügelte Formen, die auf verschiedene Sommerwirte überwandern, beispielsweise auf Aster, Chrysantheme und Klee. Solange es beim Primärwirt noch Triebwachstum gibt, entwickeln sich die Kolonien weiter, sterben aber schließlich ab. Im Herbst kehren Geflügelte auf die Pflaumenbäume zurück und legen ihre Eier an den Trieben ab.

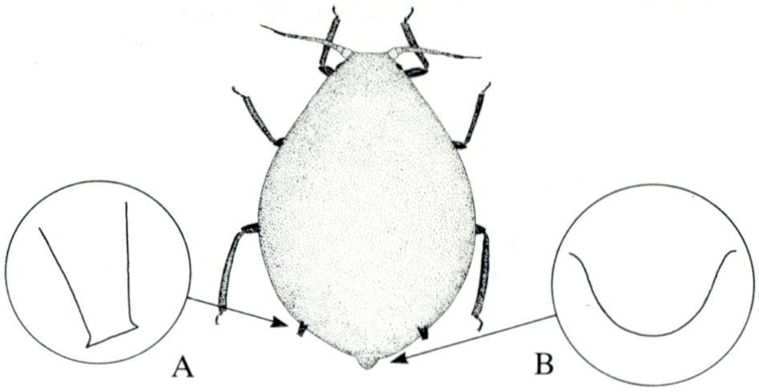


Abb. 66: Bärenklauwurzelhalslaus, *Anuraphis farfarae,* A: Siphon, B: Cauda

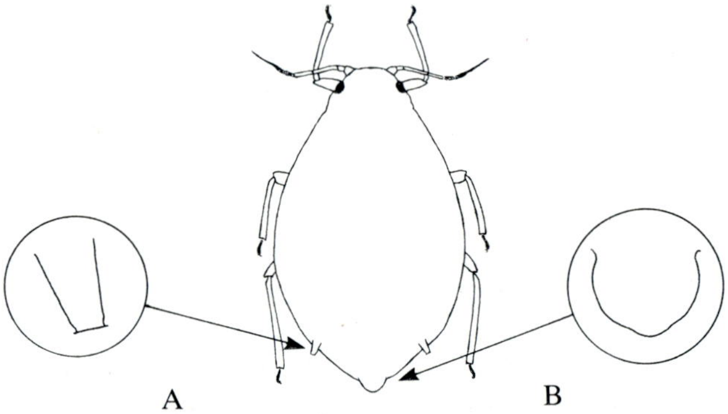


Abb. 67: Kleine Pflaumenlaus, *Brachycaudus helichrysi,* A: Siphon, B: Cauda

Abb. 68: Kleine Pflaumenlaus, Schaden an Pflaume

**Schaden:** Diese Art verursacht starke Blattkräuselung und -verdrehung (Abb. 69) und deutliche Wachstumshemmungen; vor allem wirken sich solche Schäden an Jungbäumen und in Baumschulen aus. Auch ist diese Blattlaus ein Überträger der Scharka-Krankheit, einer gefährlichen Viruskrankheit der Zwetschge, Pflaume, Aprikose, des Pfirsichs und einiger anderer Pflanzen.

**Bekämpfung:** Wie bei *Hyalopterus pruni* empfohlen (s. Seite 36).

***Brachycaudus persicae*** (Passerini)
Syn. ***masseei*** (Theobald)
Schwarze Pfirsichblattlaus
Eine normalerweise häufige Art, die sowohl die Pflaume als auch den Pfirsich befällt, aber keinen ernsten Schaden anrichtet.

**Beschreibung:** ADULTE: Klein, schwarzbraun und glänzend; Siphonen dunkel, kurz und gerandet; Schwänzchen kurz und zungenförmig, NYMPHE: Gelbbraun bis dunkelbraun.

**Lebensweise:** Diese Art kommt an den Wurzeln von Pflaume und Pfirsich vor und überwintert als ungeflügelte Blattlaus. Im Frühjahr und Frühsommer befallen die Blattläuse auch die Blätter von Trieben und Wurzelschößlingen, wo sie auf der Blattunterseite dichte Kolonien bilden. Im Gegensatz zu anderen Pflaumen- und Pfirsichblattläusen durchläuft diese Art keine geschlechtlichen Stadien, so daß niemals Eier gelegt werden.

**Schaden:** Befallene Blätter sind nur leicht verdreht und diese Blattlaus ist gewöhnlich nur in Baumschulen gefährlich.

**Bekämpfung:** Normalerweise unnötig, wenn sie jedoch erforderlich sein sollte, kann ein Aphizid wie Dimethoat, Malathion oder Oxydemeton-methyl verwendet werden.

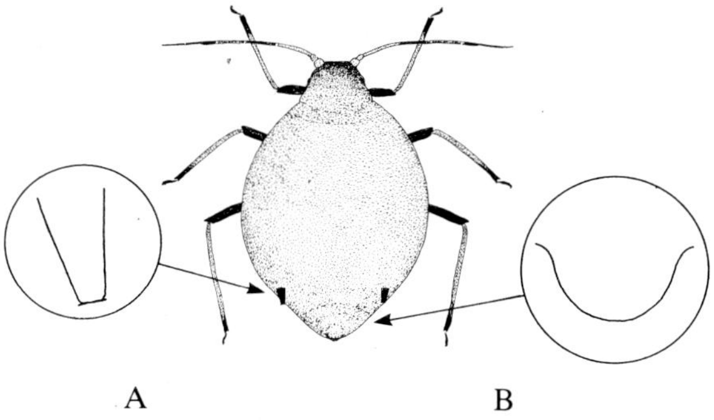


Abb. 69: Schwarzgefleckte Pfirischblattlaus, *Brachycaudus schwartzi*, A: Siphon, B: Cauda

***Brachycaudus schwartzi*** (Börner)
Schwarzgefleckte Pfirsichblattlaus
Weitverbreitet und häufig als Pfirsichschädling zu finden.

**Beschreibung:** ADULTE: Schwarzbraun; Siphonen dunkel, kurz und gerandet; Schwänzchen kurz und zungenförmig (Abb. 69). NYMPHE: Grün bis rötlichbraun.

**Lebensweise:** Die Eier, die im Herbst an die Triebe gelegt werden, schlüpfen im Frühjahr. Die Blattläuse befallen dann die Blütenknospen und später die Blätter an der Spitze junger Triebe. Geflügelte Blattläuse erscheinen im Juni, wandern auf andere junge Pfirischtriebe über und bleiben dort bis zum Herbst. Dann entwickeln sich geschlechtliche Formen: Die Männchen und die später die Wintereier legenden Weibchen.

**Schaden:** Im Gegensatz zur vorigen Art verursacht diese starke Blattkräuselung. Auch wird das Wachstum der Triebspitzen gehemmt.

**Bekämpfung:** Entweder mit Karboöl im Dezember, wenn die Knospen ruhen oder nach der Blüte mit Dimethoat, Malathion oder Oxydemeton-methyl spritzen.

***Chaetosiphon fragaefolii*** (Cockerell)
Knotenhaarlaus
Ein häufiger und weitverbreiteter Schädling der Erdbeere, sehr wichtig ist seine Bedeutung als potentieller Virus-Überträger.

**Beschreibung:** ADULTE: Klein, blaß-weißlich mit roten Augen und auffälligen Knotenhaaren am Körper; Siphonen mäßig lang (Abb. 70).

**Lebensweise:** Ungeflügelte Blattläuse halten sich das Jahr über an Erdbeeren auf, ausgenommen bei extrem kaltem Winterwetter. Die Population erreicht im Frühsommer ihren Höhepunkt und vermindert sich dann rasch; an Pflanzen im ersten Jahr wird jedoch die größte Populationsdichte im September erreicht. Die Blattläuse halten sich vorwiegend auf der Unterseite junger Blätter auf (Abb. 71), befallene Blätter werden bald vom Honigtau klebrig. Geflügelte Blattläuse, die im Mai und Juni auftreten, breiten den Befall in andere Pflanzungen aus. Eine schwache, unbedeutende Generation geflügelter Formen ist von Oktober bis Dezember zu beobachten. Im Freiland treten keine geschlechtlichen Formen auf, Eier werden also nicht gelegt.

**Schaden:** Auch wenn diese Blattläuse oft zahlreich sind, verursachen sie an den Blättern der befallenen Pflanzen keine Kräuselungen, machen sie aber durch die Honigtauausscheidungen klebrig. Wichtiger ist diese Art als potentieller Überträger des Kräusel- und des Gelbrand-Virus (gegen die glücklicherweise die derzeitigen Erdbeersorten noch tolerant sind).

**Bekämpfung:** Normalerweise sollten Pflanzen im Ertrag kurz vor der Blüte, also Mitte oder Ende April (Anfang April für Pflanzen unter Folie) behandelt werden, Vermehrungsbeete Ende Mai und Anfang Juli. Zu den geeigneten Spritzmitteln gehören: Azinphos-methyl-+Demeton-S-methylsulfon, Dimethoat, Heptenphos, Malathion, Mevinphos und Oxydemeton-methyl. Wenn gleichzeitig auch Spinnmilben auftreten, können diese mit derselben Spritzung bekämpft werden, sofern ein dazu geeignetes Präparat ausgewählt wird (s. Seite 237).

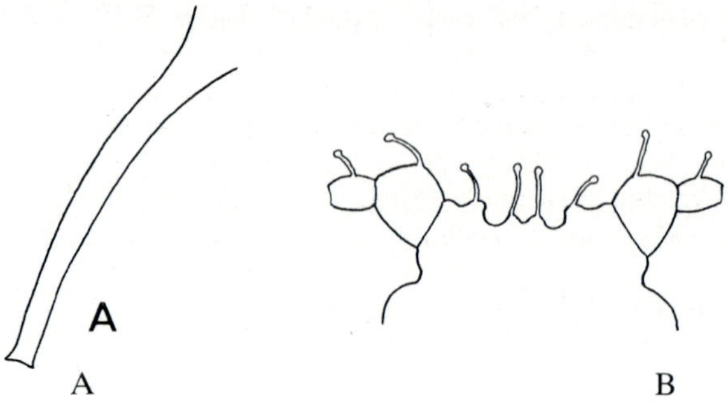


Abb. 70: Knotenhaarlaus, *Chaetosiphon fragaefolii*, A: Siphon, B: Kopf

Abb. 71: Knotenhaarlaus, *Chaetosiphon fragaefolii*, an Erdbeere

***Phorodon humuli*** (Schrank)
Hopfenblattlaus
Ein Hauptschädling des Hopfens, der Nebenwirt dieser Blattlaus ist, gilt oft als wichtigster Begrenzungsfaktor der Hopfenproduktion. Die Hauptwirte (Winterwirte) sind Pflaume und Zwetschge, für die aber normalerweise diese Blattlaus harmlos ist.

**Beschreibung:** ADULTE: Weißlich bis blaß gelbgrün mit je einem dunkelgrünen Streifen auf dem Rücken und auf den Seiten des Körpers; Kopf mit einem Paar charakteristischer, spitziger Fortsätze, die von der Antennenbasis ausgehen; Siphonen mäßig lang (Abb. 72).

**Lebensweise:** Diese Art überwintert im Eistadium an Trieben und Zweigen von Pflaume, Zwetschge und Schlehe. Im Frühjahr schlüpfen die Jungläuse und bilden auf der Blattunterseite Kolonien (Abb. 73). (Die Blattläuse sind oft in den durch *Brachycaudus helichrysi* (Seite 44) gekräuselten Blättern zu finden, was zur Fehlbstimmung der Arten führen kann). Ab Mitte Mai entstehen geflügelte Formen, die auf Hopfen überwandern. Oft saugen sie zuerst an verschiedenen Hopfenpflanzen und suchen dann die Spitzen der Ranken oder Seitentriebe auf, wo bald Kolonien ungeflügelter Blattläuse entstehen (Abb. 74). Die Überwanderung auf Hopfen kann bis August andauern, ihr Höhpunkt aber ist normalerweise in der 2. Junihälfte. Im Spätsommer befallen die Blattläuse die älteren Blätter und können auch die sich entwickelnden Dolden angreifen. Im September wandern die geflügelten Formen zurück an die Winterwirte, wo schließlich die Wintereier abgelegt werden.

**Schaden:** ZWETSCHGE UND PFLAUME: Es wird nur ein geringer oder überhaupt kein Schaden verursacht, aber diese Art zählt zu den Überträgern der Scharka-Krankheit. HOPFEN: Der Befall stört das Pflanzenwachstum erheblich. Auch wird, wenn sich die Kolonien schnell entwickeln, viel Honigtau ausgeschieden, der zur Rußtaubildung auf den Blättern führt. Wo die Blattläuse die Dolden befallen, kann beträchtlicher Schaden entstehen, der oft bis zur Ernte unbemerkt bleibt.

**Bekämpfung:** ZWETSCHGE UND PFLAUME: Winterspritzungen oder Nachblütespritzungen wirken zwar, doch sind die Blattläuse vielfach resistent gegenüber bestimmten Organophosphaten, die zur Bekämpfung der Zwetschgenblattläuse empfohlen werden (Seite 36); für solche Fälle wird Deltamethrin oder Propoxur vorgeschlagen. Spritzungen im Herbst gegen die zurückwandernden Blattläuse sind wenig wirksam. HOPFEN: Während der gesamten Zeit des Zufluges (normalerweise von der 2. Juniwoche bis Ende Juli oder Anfang August, in manchen Jahren auch kürzer oder länger) ist ein ununterbrochener Schutz erforderlich. Vom amtlichen Pflanzenschutzdienst empfohlene Bekämpfungsmittel sind Cypermethrin, Deltamethrin, Dioxycarb, Dicrotophos+Methidathion, Endosulfan (nur bis zur Blüte), Methomyl, Mevinphos, Omethoat und Propoxur (bei vielen Sorten Blatt- und Doldenschäden möglich). Es sollte versucht werden, die Blattlauspopulation nur soweit zu senken, daß Nützlinge (z. B. Blumenwanzen, Anthocoridae) die überlebenden Blattläuse vernichten können; dennoch kann in Jahren mit verlängertem Zuflug eine Blattlausspritzung zur Zeit der Doldenbildung notwendig werden. Die synthetischen Pyrethroide (Cypermethrin, Deltamethrin) sollten, um Resistenz gegenüber diesen neueren Chemikalien zu vermeiden, nur als letzte Möglichkeit betrachtet werden. Verschiedene Präparate, auch Demeton-S-methyl und gewisse andere Organophosphate, sind wegen der Entwicklung resistenter Blattlausstämme nicht mehr wirksam.

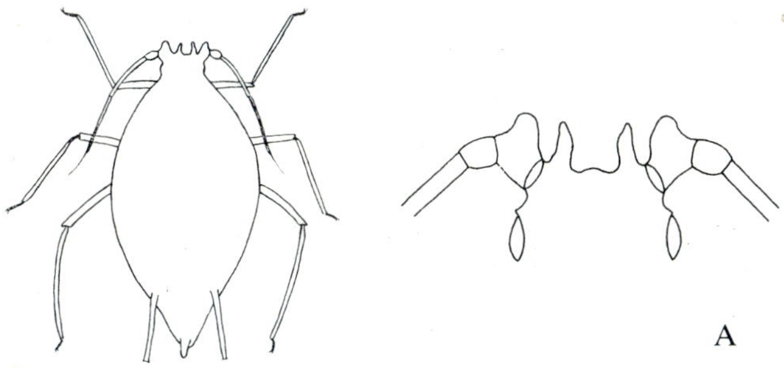

Abb. 72: Hopfenblattlaus, *Phorodon humuli,* A: Kopf

Abb. 73: Hopfenblattlaus, *Phorodon humuli,* an Pflaume

Abb. 74: Hopfenblattlaus, *Phorodon humuli,* an Hopfen

***Myzus ascalonicus*** Doncaster
Schalottenlaus
In manchen Jahren ein wichtiger Erdbeerschädling, aber von bestimmten ackerbaulich genutzten Pflanzen, z. B. Kartoffel und Zuckerrübe, besser bekannt.

**Beschreibung:** ADULTE: Klein, blaßbraun, gelblich- oder grünlichbraun; Vorderseite des Kopfes mit Fühlersockel, deren Höckerchen leicht gegeneinander geneigt sind; Siphonen vor dem Ende deutlich verdickt; Schwänzchen stumpf dreieckig, von oben kaum sichtbar (Abb. 75).

**Lebensweise:** Die Geflügelten wandern im Sommer oft auf Erdbeere über, an der sich dann Kolonien ungeflügelter Blattläuse bilden. die Blattläuse bleiben dort während des ganzen Winters und Frühjahrs; Im Mai oder Anfang Juni entstehen geflügelte Formen, die bald zu verschiedenen Sommerwirten abwandern, dann werden die Kolonien an Erdbeere schnell kleiner und verschwinden schließlich.

**Schaden:** Im Gegensatz zu anderen an Erdbeere vorkommenden Blattläusen ruft diese Art beträchtliche Reaktionen der Wirtspflanze hervor (Abb. 76). Befallene Pflanzen sind stark verkrüppelt, wenn im Frühjahr das Wachstum beginnt; die Blattstiele sind verkürzt und die Blattflächen verkräuselt und verdreht. Die Blütenstiele befallener Pflanzen weisen ähnliche Schäden auf, die Ernte ist stark vermindert und die Früchte bleiben klein, sind von geringer Qualität und häufig nicht vermarktbar. Das Vorhandensein verkrüppelter Pflanzen wird von Ende April an immer deutlicher. Die Symptome scheinen anfangs nur an Einzelpflanzen oder in kleinen Teilen der Pflanzung aufzutreten, wenn aber der Befall stark ist, breiten sich die Schäden rasch über größere Gebiete oder auf der ganzen Pflanzung aus. Das Überleben dieser Art hängt von günstigen Wetterbedingungen ab; niedrige Temperaturen unter dem Mittelwert, hauptsächlich im Januar und Februar, verringern die Wahrscheinlichkeit von Schäden erheblich.

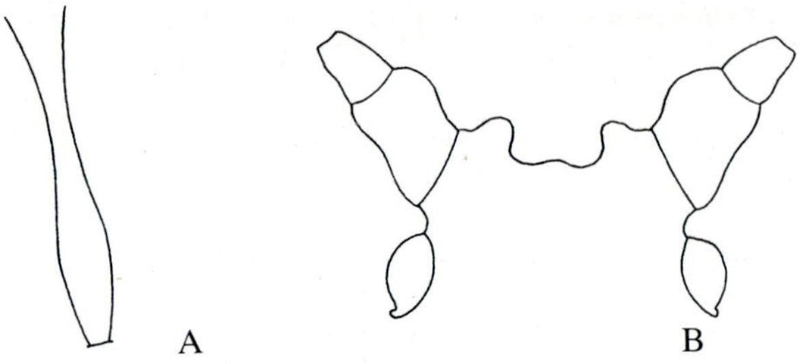


Abb. 75: Schalottenblattlaus, *Myzus ascalonicus*, A: Siphon, B: Kopf

Abb. 76: Schaden durch die Schalottenblattlaus an Erdbeere

**Bekämpfung:** Befallene Beete sollten im frühen Frühjahr behandelt werden, sobald der Befall erkannt werden kann und bevor größere Schäden entstanden sind. Wirksam sind Organophosphate wie Heptenphos, Malathion, Mevinphos und Oxydemeton-methyl.

***Myzus cerasi*** (Fabricius)
Schwarze Sauerkirschenblattlaus und

***Myzus prunavium*** Börner
Schwarze Süßkirschenblattlaus

Weitverbreitet an Wildkirsche und an Kirschbäumen in Gärten und Obstanlagen.

(Beide Arten sind sehr ähnlich und unterscheiden sich hauptsächlich durch ihr Schadbild. *M. prunavium* wurde erst in jüngerer Zeit von *M. cerasi* abgetrennt. Anm. d. Übers.)

**Beschreibung:** ADULTE: Glänzend dunkelbraun bis schwarz, Vorderseite des Kopfes mit Fühlersockel; Siphonen schwarz, mäßig lang und etwas konisch (Abb. 77).

**Lebensweise:** Im Herbst werden die Eier an die Knospenbasis, zwischen die Knospen und an Verzweigungsstellen von Lang- und Kurztrieben gelegt. Die Jungläuse schlüpfen im März oder Anfang April bald nach dem Austrieb und an der Unterseite junger Blättchen entwickeln sich schnell Kolonien ungeflügelter Blattläuse (Abb. 78). Im Juni können die Kolonien sehr groß werden, es entstehen dann geflügelte Formen, die an die Sommerwirte (beispielsweise Labkraut, Ehrenpreis) abwandern. An Kirsche können sich die Kolonien bis Juli oder gar August weiterentwickeln, sie gehen dann aber ein. Im Herbst erfolgt die Rückwanderung vom Sommerwirt auf Kirsche, wo eine Generation mit geschlechtlicher Fortpflanzung entsteht.

**Schaden:** Von *Myzus pruniavium* befallene Blätter an den Triebspitzen der Süßkirsche rollen sich stark (Abb. 79); in Baumschulen und an Jungtrieben älterer Bäume können bei starkem Befall die Triebspitzen verkümmern und absterben. Die an Sauerkirsche lebende *M. cerasi* verursacht kaum Blattrollungen oder Verkräuselungen, aber Wachstumshemmungen und bei starkem Befall reifen die Früchte vorzeitig und fallen ab.

**Bekämpfung:** Winterbehandlungen oder Spritzungen im Frühjahr sind wirksam. Winterspritzung: Karboöl während der Winterruhe (Dezember oder Januar) oder DNOC oder DNOC+Obstbaumkarbolineum bis zum Austrieb im Februar oder März, aber nicht später. Frühjahrsbehandlungen: Geeignete Insektizide für eine Vorblütespritzung sind beispielsweise Dimethoat, Malathion, Oxydemeton-methyl und besonders Pirimicarb, das die natürlichen Feinde der Blattläuse schont und das auch noch kurz nach dem Abfallen der Blütenblätter angewandt werden kann.

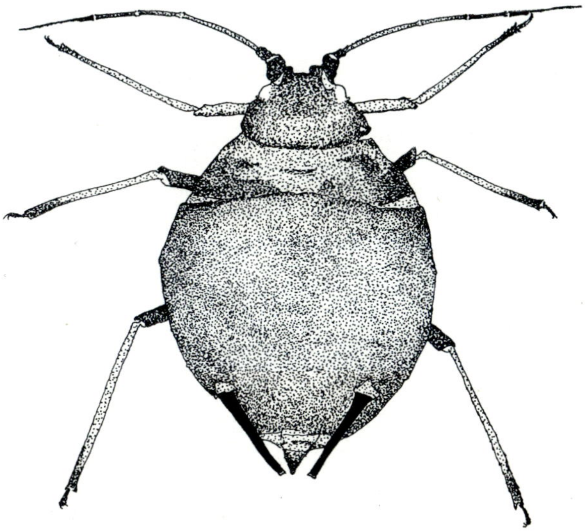

Abb. 77: Schwarze Sauerkirschblattlaus, *Myzus cerasi*

Abb. 78: Schwarze Sauerkirschblattlaus, *Myzus cerasi*, an Kirsche

Abb. 79: Schwarze Sauerkirschblattlaus, *Myzus cerasi*, an Kirschenblättern

***Myzus persicae*** (Sulzer)
Grüne Pfirsichblattlaus
Ein gefährlicher Schädling für Kartoffel und Zuckerrübe und ein allgemein bekannter Virusüberträger. Gefährlich auch für seinen Primärwirt, den Pfirsich. *Myzus persicae* ist auch als Überträger der Scharka-Krankheit gemeldet, kommt aber an Pflaume nur selten vor.

**Beschreibung:** ADULTE: Grün oder rötlichgrün; Stirn mit Fühlersockel, deren Höcker deutlich gegeneinander geneigt; Siphonen mäßig lang, an den Enden dunkel (Abb. 80). Nymphe: Grün, gelb oder rosa.

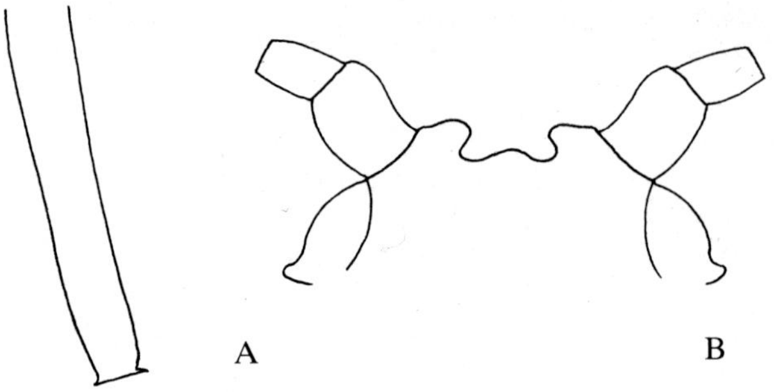


Abb. 80: Grüne Pfirsichblattlaus, *Myzus persicae*, A: Siphon, B: Kopf

**Lebensweise:** Die Jungläuse schlüpfen aus den Wintereiern am Pfirsich im Februar oder März, danach entstehen an den Blättchen der Blütenbüschel Kolonien grüner, ungeflügelter Blattläuse. Später greift der Befall auf Blätter der Jungtriebe über. Geflügelte, die sich aus rötlich-grünen Nymphen entwickeln, treten im Mai und Juni auf. Sie wandern auf verschiedene Sommerwirte über, beispielsweise auf Gräser, Kartoffel und Zuckerrübe. Die Rückwanderung Geflügelter auf Pfirsich erfolgt im Herbst, deren ungeflügelte Nachkommen legen schließlich die Wintereier. Diese Art kann sich auch auf Kohlgewächsen und anderen Wirtspflanzen den ganzen Winter hindurch vivipar fortpflanzen.

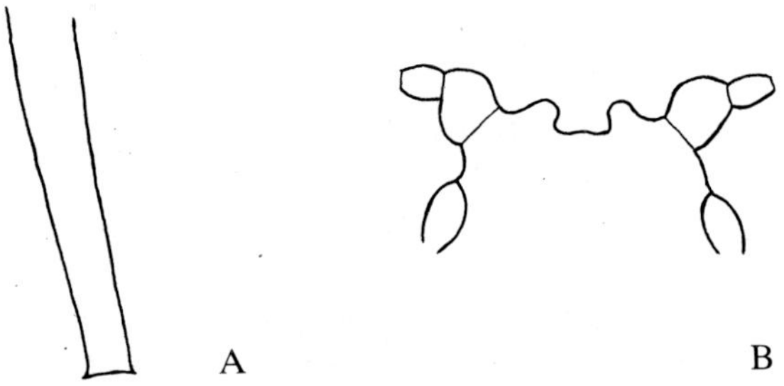


Abb. 81: Gepunktete Gewächshausblattlaus, *Myzus ornatus*, A: Siphon, B: Kopf

**Schaden:** Befallene Pfirischblätter kräuseln sich sehr stark und das Triebwachstum wird gestört oder unterbunden. Der Befall ist oft so stark, daß die Fruchtqualität und -quantität beeinflußt wird; er kann auch einen nachteiligen Einfluß auf die Wuchskraft des Baumes haben und den Ertrag des Folgejahres vermindern.

**Bekämpfung:** Entweder Karboöl als Winterspritzung im Dezember, solange die Knospen noch ruhen oder eine Spritzung am Ende der Blütezeit mit Bromophos, Heptenphos, Oxydemeton-methyl, Propoxur oder Pyrethrum. Bei dieser Blattlausart ist eine Resistenz gegenüber bestimmten Organophosphaten in vielen Populationen vorhanden.

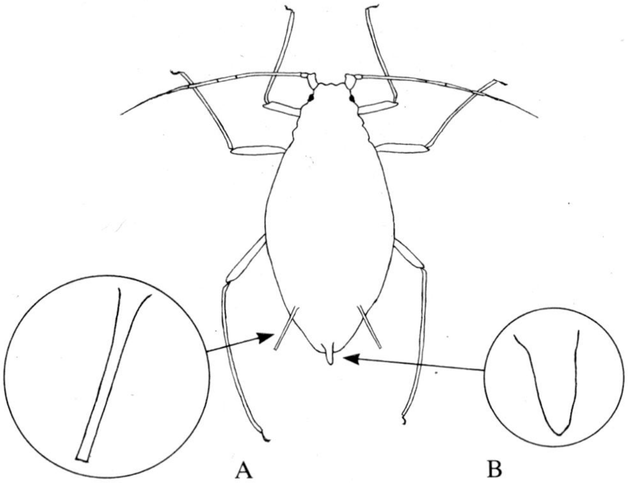


Abb. 82: Bleichstreifige Beerenblattlaus, *Cryptomyzus galeopsidis*, A: Siphon, B: Cauda

***Myzus ornatus*** Laing
Gepunktete Gewächshausblattlaus
Diese sehr polyphage, aber unbedeutende Art ist das ganze Jahr hindurch zu finden, gelegentlich auch an Erdbeeren, vor allem an der Sorte Huxley. Die Adulten sind klein, hell bräunlich oder stumpfgrün mit deutlich dunklerer Zeichnung des Körpers; Die Siphonen sind blaß, mäßig lang und zylindrisch (Abb. 81). Eine Bekämpfung ist nicht oder nur selten notwendig.

***Cryptomyzus galeopsidis*** (Kaltenbach)
Bleichstreifige Beerenblattlaus
Weitverbreitet an Johannisbeere, aber ohne oder nur von geringer wirtschaftlicher Bedeutung.

**Beschreibung:** ADULTE: Zierlich, cremeweiß oder blaßgelblichgrün bis grün mit einem dunkler grünen Rückenstreifen. Körper mit Knotenhaaren. Siphonen dünn und oft weniger als doppelt so lang wie das Schwänzchen (Abb. 82).

**Lebensweise:** Das ganze Jahr über kommen bestimmte Entwicklungsstadien dieser Blattlaus auf den verschiedenen Arten der Johannisbeere vor. In manchen Jahren gibt es im Sommer eine Überwanderung auf Labiaten, beispielsweise auf Taubnessel, Hohlzahn oder Gundermann.

**Schaden:** Die Pflanze reagiert auf diese Blattlaus nicht deutlich. Im Juni können allerdings die Populationen in ungespritzten Büschen so groß werden, daß Früchte und Blätter durch Honigtau verschmutzt werden.

**Bekämpfung:** Siehe bei *Aphis grossulariae* (Seite 38).

***Cryptomyzus ribis*** (Linnaeus)
Johannisbeerblasenlaus
Ein weitverbreiteter und häufiger Schädling der roten Johannisbeere; auch Weiße Johannisbeere und weniger häufig Schwarze Johannisbeere können befallen werden.

**Beschreibung:** ADULTE: Ziemlich rundlich und zierlich, glänzend und cremeweiß bis blaß gelbgrün; Körper mit Knotenhaaren; Siphonen vergleichsweise lang und dünn, mehr als dreimal so lang wie das Schwänzchen (Abb. 83).

**Lebensweise:** Die Eier werden im Herbst auf den Johannisbeertrieben abgelegt. Im Frühjahr schlüpfen die Jungläuse und bilden auf der Blattunterseite Kolonien. Im Sommer entstehen Geflügelte, die auf Ziest (Stachys) überwandern; später im Jahr erfolgt dann die Rückwanderung geflügelter Stadien auf Johannisbeere.

**Schaden:** Diese Blattlaus verursacht typische, rötliche oder purpurfarbene Blasen auf den Blättern der Roten und Weißen Johannisbeere (Abb. 81); starker Befall führt zu beträchtlichen Verfärbungen und Kräuselungen der Blätter. An Schwarzer Johannisbeere sind die Blasen gelblichgrün (Abb. 85). Außerdem werden die Beeren und Blätter vom Honigtau klebrig und es entwickeln sich auf ihnen Rußtaupilze.

**Bekämpfung:** Wie bei *Aphis grossulariae* beschrieben (Seite 38).

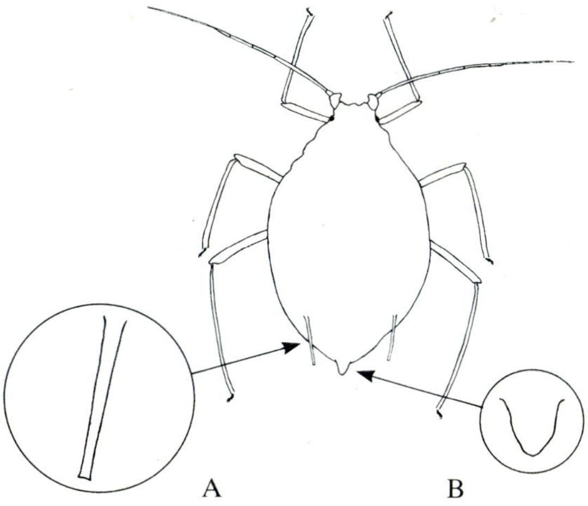


Abb. 83: Johannisbeerblasenlaus, *Cryptomyzus ribis*, A: Siphon, B: Cauda

Abb. 84: Johannisbeerblasenlaus, Schaden an Blättern der Roten Johannisbeere

Abb. 85: Johannisbeerblasenlaus, Schaden an Blättern der Schwarzen Johannisbeere

***Nasonovia ribisnigri*** (Mosley)
Große Johannisbeerblattlaus
Weitverbreitet und häufig an Stachelbeere, wird gelegentlich auch an Büschen der Roten Johannisbeere gefunden. Ein wohlbekannter Schädling an Salat, der einer seiner Sommerwirte ist.

**Beschreibung:** ADULTE: Dunkelgrün und glänzend; Siphonen mäßig lang, mit dunklen, gerandeten Spitzen; Schwänzchen länglich, Fühler und Beine am Ende schwärzlich (Abb. 86).

**Lebensweise:** Normalerweise überwintert diese Art an Stachelbeere als Wintereier, die an der Basis der Knospen abgelegt werden. Im Frühjahr bilden sich an der Spitze der Jungtriebe Kolonien, die Ende April oder Anfang Mai deutlicher sichtbar werden. Ende Mai oder im Juni wandern Geflügelte an Salat und viele andere Sommerwirte ab, z. B. an Pippau (Crepis spp.), Habichtskraut und Ehrenpreis. Im Herbst kehren die Blattläuse an die Stachelbeere zurück, wenn auch einige in Gewächshäusern den ganzen Winter hindurch an Salat bleiben können.

**Schaden:** An Stachelbeere verursacht diese Blattlaus leichte Blattkräuselungen an den Triebspitzen, aber keine Sprenkelung der Blätter. Starker Befall kann das Wachstum der Büsche hemmen und zu einer Verkürzung der Internodien führen.

**Bekämpfung:** Siehe bei *Aphis grossulariae* (Seite 38).

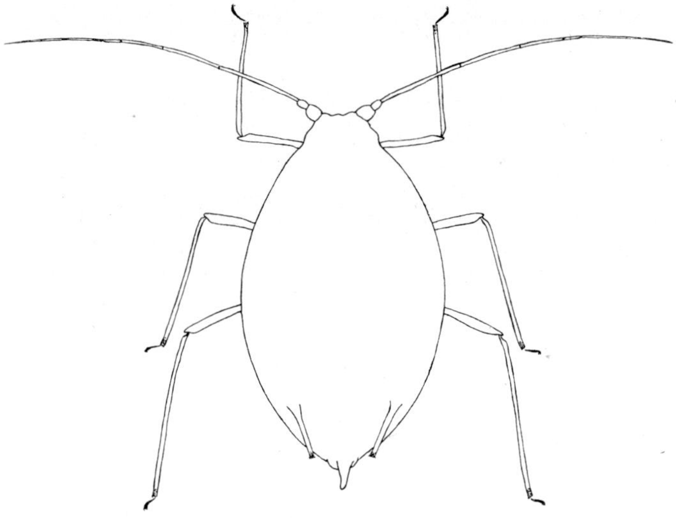

Abb. 86: Große Johannisbeerblattlaus, *Nasonovia ribisnigri*

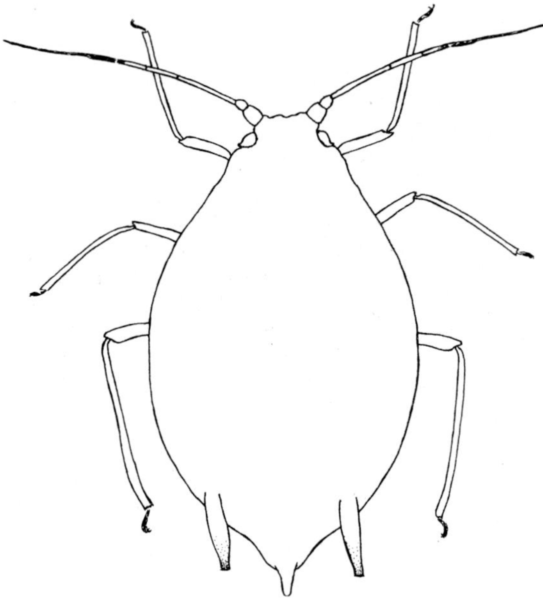

Abb. 87: Grünliche Gänsedistellaus, *Hyperomyzus lactucae*

***Hyperomyzus lactucae*** (Linnaeus)
Grünliche Gänsedistellaus
Weitverbreitet und häufig. Die häufigste Blattlaus an Schwarzer Johannisbeere, kommt auch an Roter und Weißer Johannisbeere vor.

**Beschreibung:** ADULTE: Grün; Spitzen der Fühler grau, Fühler viel kürzer als der Körper; Siphonen mäßig lang, in der Mitte deutlich verdickt, an der Spitze dunkel (Abb. 87).

**Lebensweise:** Die Jungläuse schlüpfen im März oder Anfang April und suchen sofort die nächsten Blattknospen auf. Bald danach befallen sie die noch nicht entfalteten Blütenbüschel und saugen dort im Schutz der Knospenschuppen, bis die Früchte sichtbar werden. Später gehen die Blattläuse an die Triebspitzen, an denen sich bei ungespritzten Büschen im Mai oft große Kolonien entwickelt haben. die Adulten der 3. Generation sind geflügelt und wandern auf Gänsedistel über, an deren Blütenköpfen sie während der Sommermonate leben. Im Herbst fliegen geflügelte Weibchen zurück an die Johannisbeerbüsche, an denen sich 1 Generation eierlegender Weibchen entwickelt, die von den mittlerweile von der Gänsedistel abwandernden geflügelten Männchen begattet werden. Die Eiablage erfolgt dann an der Knospenbasis.

**Schaden:** Frühjahrsbefall verursacht abwärtsgedrehte Blattränder und eine Gelbsprenkelung der Blätter (Abb. 88), auch kann das Triebwachstum gehemmt werden.

**Bekämpfung:** Siehe bei *Aphis grossulariae* (Seite 38).

***Hyperomyzus pallidus*** Hille Ris Lambers
Bleiche Stachelbeerblattlaus
Diese grüne Art ist weit weniger häufig als *Hyperomyzus lactucae* und kommt hauptsächlich an Stachelbeere vor, wo sie eine typische Gelbfärbung der Blattadern verursacht. Im Sommer wandern Geflügelte auf Acker-Gänsedistel über, an der sie die unteren Blätter besiedeln, bis sie im Herbst zur Stachelbeere zurückkehren.

**Bekämpfung:** Siehe bei *Aphis grossulariae* (Seite 38).

***Hyperomyzus rhinanthi*** (Schouteden)
Johannisbeer-Klappertopf-Blattlaus
Diese Art kommt örtlich an Roter Johannisbeere vor, ist aber gewöhnlich selten. Sie ist grün mit einem großen, glänzend schwarzen Rückenfleck und schwarzen Siphonen (Abb. 89). Im Gegensatz zu *Hyperomyzus lactucae* und *H. pallidus* wandert sie während des Sommers zum Klappertopf *(Rhinanthus)* ab; sie befällt dort die Blüten, wo sie aber innerhalb der blasenförmigen Kelchblätter verborgen bleibt. Im Spätsommer kehren die Geflügelten zur Johannisbeere zurück und legen dort ihre Eier an den Trieben ab. Diese Art gilt nicht als wirtschaftlicher Schädling.

***Rhopalosiphoninus ribesinus*** (van der Goot)
Braune Beerenblattlaus
Wird gelegentlich an Johannisbeerbüschen an schattigen Standorten gefunden, wo sie normalerweise am alten Holz saugt. Diese Blattlaus ist rundlich und dunkelbraun, die Fühler sind lang und dünn; die Siphonen zwischen ihrer verengten Basis und ihrer stark gerandeten Spitze stark verdickt (Abb. 90). Auch wenn manchmal zahlreiche Eier an den Trieben gefunden werden und als gefährlich betrachtet werden mögen, ist diese Art ohne wirtschaftliche Bedeutung. (Vorkommen: Nordeuropa bis Niederlande, Norddeutschland; Anm. d. Übers.)

***Aulacorthum solani*** (Kaltenbach)
Gefleckte Kartoffellaus
Gelegentlich entwickeln sich auf Erdbeere kleine Kolonien dieser häufigen Art, die das ganze Jahr hindurch gefunden werden kann, aber als harmlos gilt. Die Adulten sind gelblichgrün mit langen, dünnen, leicht konischen Siphonen mit schwarzer Spitze; die Fühler sind lang und die Vorderseite des Kopfes trägt Fühlersockel. Die Nymphen sind glänzend grün mit ziemlich hellen, grünen oder gelben Flecken an der Basis der Siphonen.

Abb. 88: Schaden durch die Grünliche Gänsedistellaus an Blättern der Schwarzen Johannisbeere

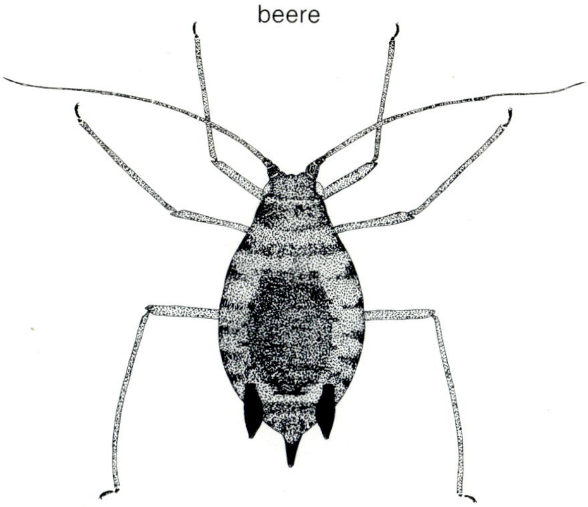
Abb. 89: Johannisbeer-Klappertopf-Blattlaus, *Hyperomyzus rhinathi*

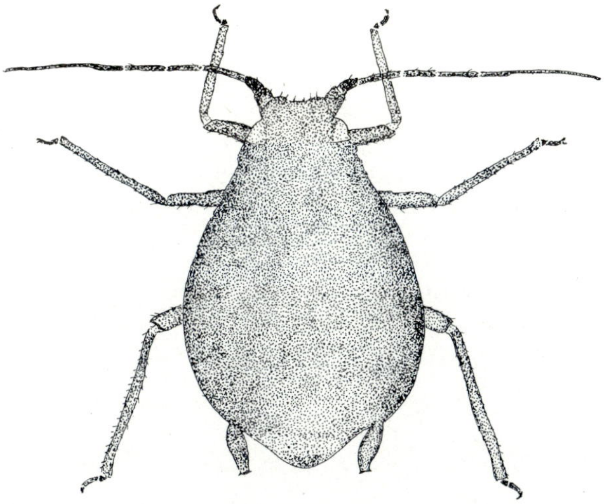
Abb. 90: Braune Beerenblattlaus, *Rhopalosiphoninus ribesinus*

***Acyrthosiphon malvae rogersii*** (Theobald)
Kommt an Erdbeere vor, ist aber von geringer Bedeutung, es sei denn, als möglicher Virusüberträger.

**Beschreibung:** ADULTE: Von mittlerer Größe, grün; Siphonen lang, dünn und am Ende gerandet, Schwänzchen länglich und spitz zulaufend.

**Lebensweise:** Kolonien ungeflügelter Blattläuse entwickeln sich an den jungen Blättern, sie erreichen ihr Entwicklungsoptimum im Juni. Von Mai an tauchen Geflügelte auf, die für die Ausbreitung des Befalls auf Ausläufer und andere Erdbeerepflanzen verantwortlich sind. Nach Juni oder Juli nimmt die Zahl der Blattläuse rasch ab. Wahrscheinlich werden an Erdbeeren keine Eier abgelegt. Eine geschlechtliche Generation jedoch gibt es während des Entwicklungszyklus an gewissen anderen Wirtspflanzen. Diese Art kommt an Erdbeere oft zusammen mit der Grünstreifigen Kartoffelblattlaus, *Macrosiphum euphorbiae,* vor (siehe unten).

**Schaden:** Diese Art verursacht wenig oder keinen direkten Schaden an Erdbeeren, kann aber Virosen übertragen.

**Bekämpfung:** Wie bei *Chaetosiphon fragaefolii* (Seite 46).

***Corylobium avellanae*** (Schrank)
Haselnußblattlaus
Diese häufige Art kommt an Hasel vor. An Trieben, Blättern und Blattstielen treten während des Sommers oft dichte Kolonien auf, aber der Befall verursacht nur geringen oder keinen Schaden. Die Adulten sind grün mit rotem Schimmer bis ganz hellgrün. Der Körper trägt zahlreiche Knotenhaare und die Siphonen sind, im Gegensatz zu denen von *Myzocallis coryli,* der anderen an Hasel vorkommenden Blattlaus (Seite 35), lang und dünn (Abb. 91).

***Macrosiphum euphorbiae*** (Thomas)
Grünstreifige Kartoffellaus
Eine häufige Art, die oft an Erdbeere, gelegentlich auch an Loganbeere, Himbeere und Hopfen zu finden ist.

**Beschreibung:** ADULTE: Groß, gelblichgrün oder rosa; Fühler lang; Siphonen sehr lang, zylindrisch, die Spitze manchmal dunkel; Schwänzchen dünn und länglich.

**Lebensweise:** Unter geeigneten Bedingungen kann diese Art das ganze Jahr hindurch an Erdbeere leben. Im Frühjahr entwickelt sich die Population rasch an den

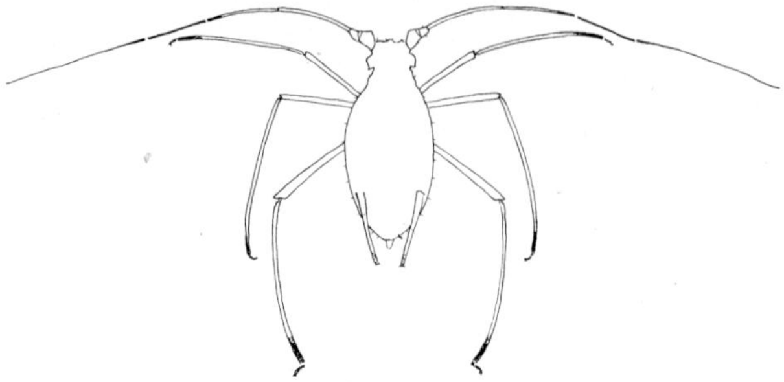

Abb. 91: Haselnußblattlaus, *Corylobium avellanae*

jungen Blättern und Ende April, wenn sie die höchste Dichte erreicht hat, erscheinen Geflügelte. Diese wandern an zahlreiche Sommerwirte ab, auch an Kartoffel, doch können Ungeflügelte in geringer Zahl den ganzen Sommer hindurch an Erdbeere bleiben. Oft entwicklen sich dort auch gemischte Kolonien dieser Art mit *Acyrthosiphon malvae rogersii.*

**Schaden:** Diese Blattlaus verursacht an Obstgewächsen wenig direkte Schäden. Auf Hopfen kann sie das Mosaik-Virus übertragen.

**Bekämpfung:** An Obst und Hopfen wird diese Art ausreichend durch Aphizide bekämpft, die gegen wichtigere Blattläuse angewandt werden.

***Macrosiphum funestum*** (Macchiati)
Syn. ***rubifolium*** Theobald
Zweifarbige Brombeerlaus
Diese nur örtlich und nicht häufig vorkommende Art befällt manchmal Kulturbrombeeren, ist aber von geringer Bedeutung. Sie überwintert im Eistadium. Im Frühjahr entwickeln sich Kolonien an der Spitze der Jungtriebe, was im Mai und Juni deutlich zu sehen ist. Eine geringe Zahl ungeflügelter Geschlechtsformen entwickelt sich im Herbst und legt die Wintereier an die Ruten. An wilden Brombeeren kommt diese Blattlaus häufig vor. Die Adulten sind groß, grün oder rötlich mit sehr langen Beinen und Fühlern; die Siphonen sind dunkel, sehr lang, leicht auswärts gebogen und am Ende gerandet.

***Sitobion fragariae*** (Walker)
Syn. ***rubiellum*** (Theobald)
Hellgrüne Brombeerblattlaus
Eine häufige Art, die Wild- und Kulturbrombeere befällt.

**Beschreibung:** ADULTE: Groß, grün und glänzend; Beine und Fühler mäßig lang; Siphonen schwarz, lang und am Ende gerandet (Abb. 92).

**Lebensweise:** Aus den an den Ruten überwinterten Eiern schlüpfen die Jungläuse von Anfang Februar bis März. Dann entwickeln sich 2 Generationen Ungeflügelte. Im Mai entstehen dichte Kolonien auf den Fruchtruten, ein solcher Befall dehnt sich oft den Trieben entlang abwärts aus. Geflügelte entstehen im Mai und Juni. Sie wandern an einjährige Wiesengräser ab, wo sie sich bis zu ihrer Rückkehr zur Brombeere im Herbst weiterentwickeln. Eine kleine Zahl der zurückkehrenden Blattläuse kann, normalerweise im Oktober, Loganbeere, Himbeere und Erdbeere anfliegen. Auf diesen Wirtspflanzen werden auch lebensfähige Eier abgelegt, doch baut sich im Frühjahr kein Befall auf, anscheinend können sich die aus diesen Eiern geschlüpften Blattläuse nicht vollständig entwickeln.

**Schaden:** BROMBEERE: Starker Befall im Frühjahr verursacht schwere Blattverkrüppelungen und verringert den Ertrag merklich.

**Bekämpfung:** Blattläuse an Brombeere können am besten durch Spritzungen im Frühjahr bekämpft werden. (Winterspritzungen werden kaum mehr empfohlen): Behandlung Ende April mit Endosulfan oder Oxydemeton-methyl.

***Amphorophora idaei*** (Börner)
Große Himbeerblattlaus
Häufig an Kulturhimbeeren, aber nie besonders zahlreich, nur als Virusüberträger wichtig.

**Beschreibung:** ADULTE: Groß, hell gelbgrün, Beine und Fühler lang; Siphonen lang, äußere Hälfte leicht verdickt und an der Spitze gerandet; Schwänzchen länglich (Abb. 93).

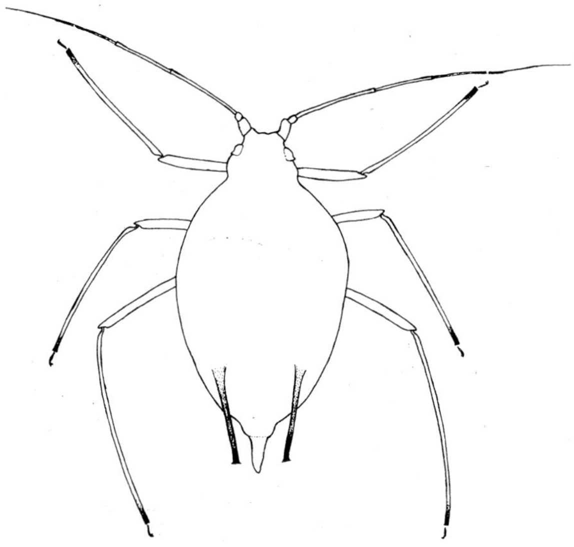

Abb. 92: Hellgrüne Brombeerblattlaus, *Sitobion fragariae*

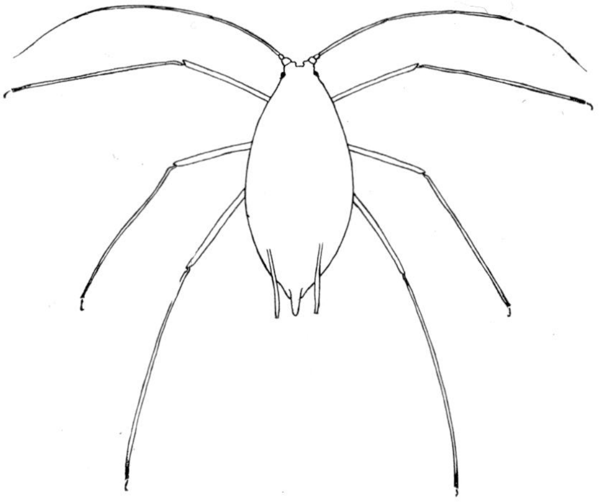

Abb. 93: Große Himbeerblattlaus, *Amphorophora idaei*

**Lebensweise:** Die Jungläuse schlüpfen Anfang März und saugen an den Spitzen der Blattknospen. Später halten sie sich an der Blattunterseite auf, bilden aber keine großen Kolonien, es ist typisch für diese Art, daß sie nur in geringer Zahl auftritt (Abb. 94). Im Juni und Juli erscheinen nach 2 ungeflügelten Generationen Geflügelte. Sie weiten den Befall auf ihrer Wirtspflanze oder auf benachbarte Pflanzen aus. Es folgen weitere Ungeflügelte und im Oktober dann ebenfalls ungeflügelte Männchen und eierlegende Weibchen. Von Oktober bis Dezember werden die Eier an die Ruten gelegt, meist im Bereich bis 30 cm über dem Boden.

**Schaden:** Das direkte Saugen hat bei dieser Art keine Folgen, sie kann aber das Himbeer-Nekrose-Virus (BRNV), das Himbeer-Blattsprenkel-Virus (RLMV), das Himbeer-Blattflecken-Virus (RLSV) und das Brombeer-Gelbnetzflecken-Virus (RYNV) übertragen. Die Sorte „Lloyd George„ ist besonders anfällig für von Blattläusen übertragene Viruskrankheiten.

**Bekämpfung:** Wie für *Aphis idaei* Seite 39).

***Amphorophora rubi*** (Kaltenbach)
Große Brombeerblattlaus
Diese Blattlaus ist eigentlich identisch mit *Amphorophora idaei,* von der sie erst neuerdings als eigene Art abgetrennt wurde, doch kommt sie an Brombeere (Abb. 95) und nicht an Himbeere vor. Beide Arten sind wirtsspezifisch und deshalb können die beiden Arten am besten an Hand ihrer Wirtspflanze unterschieden werden. Der Befall von wilden Brombeeren durch *A. rubi* ist für Brombeerpflanzen nicht gefährlich, wie früher angenommen wurde. Über die Bekämpfung von Blattläusen an kultivierten Brombeeren siehe bei *Sitobion fragariae* (Seite 55).

Abb. 94: Große Himbeerblattlaus, *Amphorophora idaei,* an Himbeere

Abb. 95: Große Brombeerblattlaus, *Amphorophora rubi,* an Brombeere

## Familie Pemphigidae

Tiere oft mit fädigen Wachsflocken bedeckt, die von Wachsdrüsen abgesondert werden; Siphonen undeutlich oder fehlend.

***Eriosoma lanigerum*** (Hausmann)
Blutlaus
Häufig und weitverbreitet; ein wichtiger und allbekannter Apfelschädling, der auch *Chaemomeles, Cotoneaster,* Weiß- und Rotdorn sowie *Pyracantha* befällt.

**Beschreibung:** ADULTE: Purpurbraun mit viel watteähnlichen Wachsausscheidungen bedeckt; Körper mit zahlreichen Wachsplatten, Fühler kurz, Siphonen porenartig (Abb. 96).

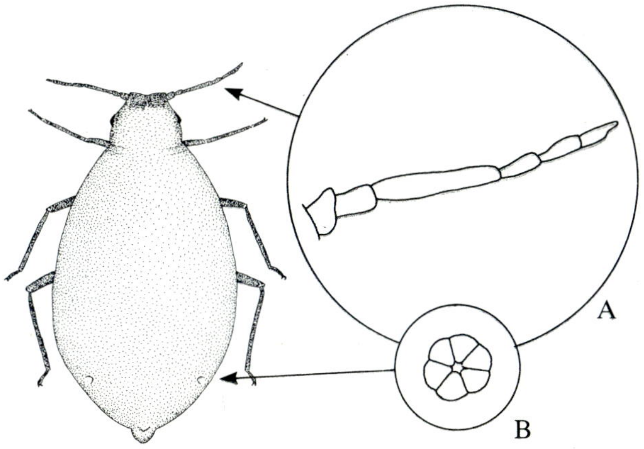

Abb. 96: Blutlaus, *Eriosoma lanigerum,* A: Fühler, B: Siphon

**Lebensweise:** Diese Art überwintert als nackte, nicht von Wachs bedeckte Nymphen an Apfelbäumen, versteckt in Rindenrissen, unter loser Rinde oder im oberen Wurzelbereich. Ende März oder im April werden sie aktiv und bilden bis Ende Mai Kolonien unter auffälligen, klebrigen, weißen Wachsflocken (Abb. 97). Diese Kolonien entwickeln sich hauptsächlich an den Kurztrieben und Zweigen, vorwiegend dort, wo die Rinde verletzt ist. Während des Sommers entsteht eine Reihe von Generationen und der Befall dehnt sich auf Neutriebe aus; besonders vom Stamm oder den Haupttrieben ausgehende Wasserschosse werden gerne befallen. Im Juli erscheinen wenige Geflügelte, die andere Apfelbäume besiedeln können, doch erfolgt die Ausbreitung hauptsächlich durch die jungen, flügellosen Nymphen, die von Baum zu Baum kriechen oder vom Wind transportiert werden. Die Zahl der Blutläuse nimmt im August ab, doch im September wieder zu und es entstehen dann ungeflügelte Weibchen, die Eier legen. Dennoch kommt es nicht zur Ausbildung einer geschlechtlichen Phase. Das Überleben der Art von Jahr zu Jahr erfolgt ausschließlich durch die ungeflügelten, viviparen Formen. In Mitteleuropa werden, anders als in Amerika, Asien, Australien und Südafrika, die Wurzeln der Apfelbäume nicht befallen (ausgenommen jene, die gelegentlich zufällig aus dem Boden ragen) und, außer bei der Überwinterung, halten sich die Blutläuse nur selten am unterirdischen Teil des Stammes auf.

Abb. 97: Blutlaus, *Eriosoma lanigerum,* an Apfel

**Schaden:** Die Blutlaus verursacht an ausgewachsenen Bäumen wenig direkten Schaden, wenngleich am befallenen Holz beulenförmige Gallen entstehen (Abb. 98); an jungen Bäumen und an Baumschulpflanzen kann die Gallbildung aber zu stark mißgebildeten Bäumen führen. Wenn die Gallen aufbrechen, ermöglichen sie das Eindringen pathogener Pilze, beispielsweise von Gloeosporium; auch der Apfelkrebs kann sich so entwickeln. Die klebrigen Wachsausscheidungen dieser Art können die Blätter und Früchte verschmutzen und bereiten zur Erntezeit oft Ärger.

Abb. 98: Blutlaus, *Eriosoma lanigerum,* Beulen an Apfelzweig

**Bekämpfung:** Eine Spritzung mit viel Spritzbrühe Ende Juni mit einem der folgenden Insektizide: Bromophos, Chlorpyrifos, Dimethoat, Endosulfan, Etrimfos, Heptenophos, Parathion, Oxydemeton-methyl oder Propoxur. Auch eine Winterspritzung mit DNOC wirkt einigermaßen. Der Befall wird oft durch die Blutlauszehrwespe *Aphelinus mali* (s. Seite 284) abgeschwächt; wenn dieser Nützling vorhanden ist, kann eine Bekämpfung überflüssig werden.

***Eriosoma ulmi*** (Linnaeus)
Johannisbeerwurzellaus
Allgemein häufig. Ihr Primärwirt ist die Ulme, aber die Läuse befallen im Sommer die Wurzeln von Johannisbeere und Stachelbeere.

**Beschreibung:** ADULTE: Grau, von weißen oder bläulichen Wachsausscheidungen umgeben; Körper mit zahlreichen Wachsplatten; Fühler geringelt (Abb. 99); Siphonen porenartig; Schwänzchen klein.

**Lebensweise:** Diese Art überwintert im Eistadium an Ulme. Im Frühjahr bilden sich zwischen verkräuselten Blättern Kolonien, die von Wachsflocken bedeckt sind. Im Juni und Juli entwickeln sich Geflügelte, die auf Johannisbeere und Stachelbeere überwandern, wo am oder im Boden Nymphen abgesetzt werden. Diese saugen an den unterirdischen Stammteilen und Wurzeln. Es entwickeln sich unter einer Schicht von „Wachswolle" Kolonien ungeflügelter Läuse und im Herbst erscheinen auch Geflügelte. Diese kehren an Ulme zurück, wo geschlechtliche, eierlegende Weibchen entstehen, die schließlich die Wintereier legen.

**Schaden:** Der Befall an Johannisbeere und Stachelbeere wird selten bemerkt und schadet den fruchttragenen Pflanzen kaum. Junge Pflanzen, vor allem in Baumschulen, werden geschwächt. Besonders junge Stachelbeerbüsche leiden unter solchem Befall und können verkümmern oder eingehen.

**Bekämpfung:** Normalerweise unnötig; es gibt keine geeignete Empfehlung.

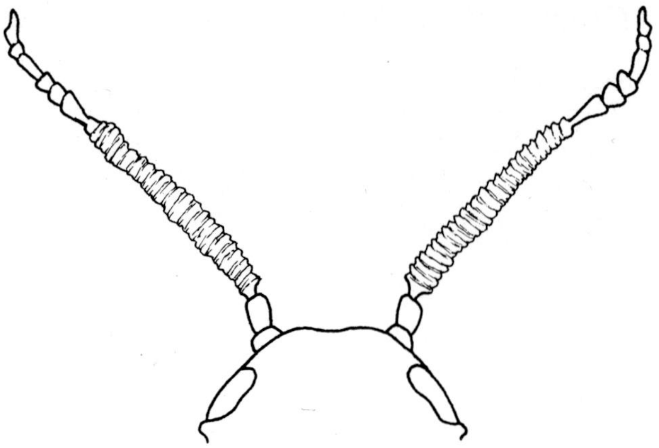

Abb. 99: Kopf und Fühler der Johannisbeerwurzellaus, *Eriosoma ulmi*

***Eriosoma lanuginosum*** (Hartig)
Birnenblutlaus
Diese nicht häufige Blutlaus befällt Birnen, bei denen sie an den Wurzeln oder am untersten Stammteil saugt. Als Schädling ist sie ohne Bedeutung. Der Primärwirt ist die Ulme, von der die Tiere im Frühsommer auf Birne überwandern, im Herbst kehren sie zurück.

## Familie Phylloxeridae
Zwergläuse

***Daktulosphaira vitifolii*** (Fitch)
Syn. ***vastatrix*** (Planchon)
Reblaus
Dieser wichtige Schädling kommt u. a. in vielen Weinbaugebieten des kontinentalen Europa vor. Gelegentlich können befallene Weinreben durch Unachtsamkeit in reblausfreie Gebiete eingeschleppt werden. Das Insekt lebt in ausgesprochenen Gallen, die grünlich oder manchmal rötlich sind (5–7 mm Durchmesser). Sie entstehen an der Blattunterseite; ähnliche Gallen können an den Wurzeln entstehen. Zum Glück sind die meisten modernen Unterlagen der Reben resistent gegen einen Befall und das Pflanzen derselben ist eine gute Vorsichtsmaßnahme, auch in reblausfreien Gebieten wie Großbritannien; vermuteter Befallsverdacht muß sofort dem Rebschutzdienst gemeldet werden.

# Überfamilie Coccoidea
(Schildläuse)

Kleine, abgeflachte, schildförmige Insekten, Weibchen an der Wirtspflanze festsitzend; die Männchen, falls solche auftreten, durchlaufen ein Puppenstadium, sind als Adulte sehr kurzlebig und tragen nur ein einziges Flügelpaar.

## Familie Diaspididae
Deckelschildläuse

Körper des Weibchens durch einen harten, schildförmigen Deckel geschützt, der aus abgestreiften Larvenhäuten und Wachs besteht.

***Quadraspidiotus ostreaeformis*** (Curtis)
Zitronenfarbige Austernschildlaus
Weitverbreitet an verschiedenen Wirtspflanzen, zu denen auch Apfel, Birne, Kirsche, Pflaume, Pfirsich und Johannisbeere gehören. Die ursprüngliche Wirtspflanze ist vermutlich die Birke.

**Beschreibung:** SCHILD DES ADULTEN WEIBCHENS: 1–2 mm Durchmesser; annähernd kreisförmig und abgeflacht; schwärzlich bis gelblich (Abb. 100). ADULTES WEIBCHEN: Flach und kissenförmig; gelblich-ockerfarben. SCHILD DES MÄNNCHENS: Dem Schild des Weibchens ähnlich, aber kleiner und länglich (Abb. 101). ADULTES MÄNNCHEN: 0,5 mm lang; organgegelb mit einem ziemlich schmalen, schwarzglänzenden Thoraxquerband und einem kurzen Stylus am Körperende (Abb. 102). EI: Winzig, oval. NYMPHE: Flach, oval und gelblich.

**Lebensweise:** Die Adulten erscheinen ab Ende April. Nach der Kopulation werden je Weibchen bis zu 100 Eier gelegt, normalerweise zwischen Ende Juni oder Anfang Juli und Ende Juli. die Männchen leben nur wenige Tage lang. Innerhalb von 3 Tagen schlüpfen die Nymphen, die noch beweglich sind, und setzen sich in der Nähe oder oft unmittelbar neben dem Mutterschild fest. Deshalb breiten sich die Kolonien nur langsam aus und seit längerer Zeit befallenes Holz wird stark durch oft verformte Schilde verkrustet, lebende Schildläuse halten sich manchmal unter mehreren Schichten von Schilden vorausgegangener Generationen auf. Einige wenige Nymphen können den Befall auf junges Holz ausbreiten. Über dem weichen Körper der Nymphe bildet sich durch Wachsausscheidungen langsam ein bräunlicher Schild, der während der folgenden Entwicklungsstadien durch die abgestreiften Nymphenhäute verstärkt wird. Im September werden die neuen Schilde auf dem Holz deutlich sichtbar. Die Überwinterung erfolgt im 2. Nymphenstadium unter den schützenden Schilden. Zu Beginn des Frühjahrs setzt sich die

Abb. 100: Weibchen-Schild der Zitronenfarbigen Austernschildlaus, *Quadraspidiotus ostreaeformis*

Abb. 101: Männchen-Schild der Zitronenfarbigen Austernschildlaus, *Quadraspidiotus ostreaeformis*

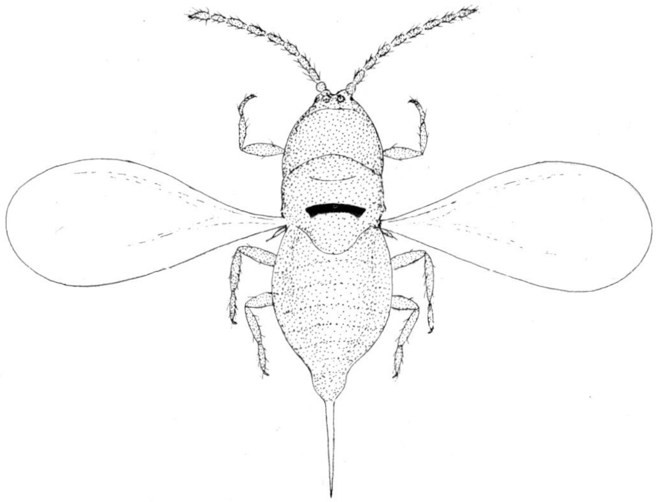

Abb. 102: Männchen der Zitronenfarbigen Austernschildlaus, *Quadraspidiotus ostreaeformis*

Entwicklung fort. Unter jedem Insekt befindet sich eine dünne Wachsschicht, die als deutlicher weißer Fleck auf der Rinde zurückbleibt, wenn ein Tier entfernt wird.

**Schaden:** Die Wirtspflanze wird bei starkem Befall geschwächt, gespritzte Bäume werden aber nur selten befallen.

**Bekämpfung:** Winterspritzungen mit viel Spritzbrühe sind wirksam: Karboöl oder DNOC+Obstbaumkarbolineum bis zum Schwellen der Knospen oder Mineralöl bis zum Ballonstadium. Andernfalls kann eine Bekämpfung der jungen Nymphen im Juli durch eine Spritzung mit Dimethoat oder Propoxur empfohlen werden, die bei starkem Befall 2 Wochen später zu wiederholten ist.

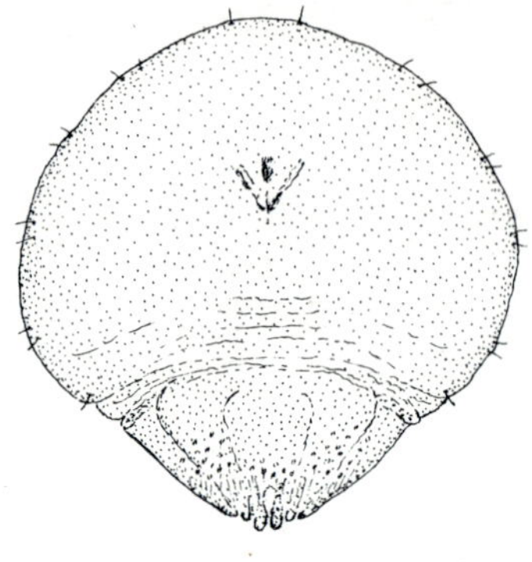

Abb. 103: Weibliche Birnen-Schildlaus, *Quadraspidiotus pyri*

***Quadraspidiotus perniciosus*** (Comstock)
San José - Schildlaus
Diese eingeschleppte Schildlaus ist gebietsweise ein gefürchteter Obstschädling, vor allem an Apfel, Birne und Johannisbeere, der auch in Teilen Mitteleuropas, einschließlich Süddeutschland, vorkommt. Im Gegensatz zu den 2 vorausgegangenen Arten sind die Weibchen lebendgebärend und jedes bringt 100–400 Nymphen zur Welt. Die junge, gelbe Nymphe wandert auf der Wirtspflanze umher, setzt sich aber bald an Trieben, Zweigen, Blättern oder Früchten fest und saugt dann im Schutz eines anfangs weißen, später graubraunen, rundlichen Schildes. Der Schild eines ausgewachsenen Weibchens hat einen Durchmesser von rund 1,5 mm; die Schilde der Männchen sind ein wenig kleiner und elliptisch. Das Pflanzengewebe nahe der Saugstelle färbt sich rot, was an befallenen Früchten besonders auffällt Der Befall führt zu beträchtlichen Ernteverlusten und die Wirtspflanze wird geschwächt, stark befallene Triebe und Zweige können absterben. Es entwickeln sich 2 bis 3 Generationen im Jahr, die Nymphen der letzten überwintern.

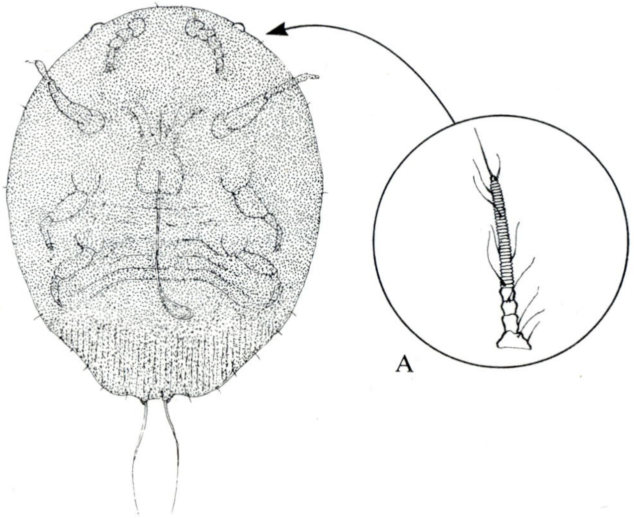


Abb. 104: Nymphe der Birnen-Schildlaus, *Quadraspidiotus pyri*, A: Fühler

**Bekämpfung:** Spritzung mit Mineralöl bis zum Ende der Blüte oder besser Sommerspritzung mit Azinphosmethyl+Dememton-S-methyl, Dimethoat, Oxydemeton-methyl+Parathion, Parathion oder Propoxur. Wo die parasitisch lebende Schlupfwespe *Propaltella perniciosi*(s. Seite 285) eingebürgert wurde, kann der Befall während des Sommers stark reduziert werden.

***Quadraspidiotus pyri*** (Lichtenstein)
Birnen-Schildlaus, Nördliche Gelbe Austernschildlaus
Gemeldet von Birne, Apfel und Pfirsich, oft zusammen mit Qu. ostreaeformis.

Abb. 105: Kolonie der Birnen-Schildlaus, *Quadraspidiotus pyri*, auf Birne

**Beschreibung:** SCHILD DES ADULTEN WEIBCHENS: 1–2 mm Durchmesser; annähernd rund und flach; schwärzlich bis grau mit einer auffallenden, exzentrischen, orangegelben Zone an der höchsten Stelle. ADULTES WEIBCHEN: Flach und kissenförmig, gelblich ockerfarben (Abb. 103). MÄNNCHEN: SCHILD: Dem Weibchenschild ähnlich, aber kleiner und länglich.

ADULTES MÄNNCHEN: 0,5 mm lang; gelb mit einem schwarzglänzenden Thorax-Querband und einem kurzen Stylus. EI: Winzig und oval. NYMPHE: Flach, oval und gelblich (Abb. 104).

**Lebensweise:** Die Biologie dieser Art ähnelt der von *Quadraspidiotus ostreaeformis,* aber die Weibchen legen weniger Eier, nur etwa 40 bis 70 und die Eiablagezeit ist länger, sie zieht sich bis September hin. Die Entwicklungsstadien überlappen sich deshalb oft und es ist nicht immer das 2. Nymphenstadium, das überwintert. Obwohl die Entwicklung auf der Rinde erfolgt, sind manchmal Schilde auf den Früchten zu finden. Solche Tiere können aber nicht überwintern.

**Schaden:** Beim Befall von Apfel- oder Pfirsichfrüchten entstehen auf der Schale rötliche Punkte, die dem Aussehen der Früchte abträglich sind. Ein starker Befall der Rinde kann die Wirtspflanze schädigen, der Schädling kommt aber gewöhnlich nur auf vernachlässigten Bäumen vor.

**Bekämpfung:** Winterspritzung mit Karboöl oder DNOC+Obstbaumkarbolineum bis zum Schwellen der Knospen oder Mineralöl bis zum Ballonstadium. Der Erfolg einer Bekämpfung im Sommer ist bei dieser Art wegen der längeren Dauer der Eiablagezeit eingeschränkt.

***Aulacaspis rosae*** (Bouché)
Kleine Weiße Rosenschildlaus
Ein lokal vorkommender, aber weit verbreiteter Schädling der Brombeere und verwandter Arten, kommt aber am häufigsten an der Rose vor.

**Beschreibung:** SCHILD DES ADULTEN WEIBCHENS: 2.0–2,5 mm Durchmesser, annähernd kreisrund, flach und gräulich weiß (Abb. 106 A). SCHILD DES MÄNNCHENS: 0.8 × 0,3 mm, flach, weiß, deutlich geriffelt (Abb. 105 B). ADULTES MÄNNCHEN: 0.7 mm lang, orangerot mit ausgeprägtem Stylus (Abb. 107). EI: Winzig, oval, rötlich. NYMPHE: Oval, flach, orange.

**Lebensweise:** Adulte treten von Mai an auf. Nach der Kopulation werden die Eier unter den Schilden der Weibchen abgelegt, meist jedoch nicht vor Juli oder Anfang August. Bald danach schlüpfen die Nymphen und beginnen zu saugen. Die männlichen Nymphen häuten sich und setzen sich vor Beginn des Winters an den Ranken fest, die Weibchen aber bleiben den ganzen Winter hindurch beweglich und häuten sich erst im Frühjahr zu einer sessilen Form.

**Schaden:** Stark befallene Ranken werden mit einer Kruste aus Schilden überzogen (Abb. 108), das Wachstum wird gehemmt und der Ertrag vermindert.

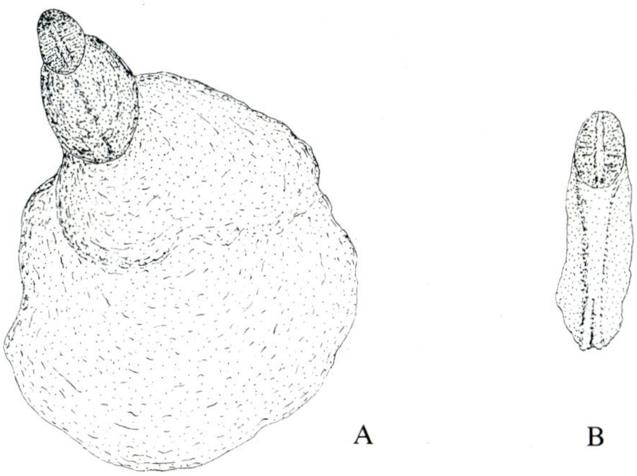


Abb. 106: Kleine Weiße Rosenschildlaus, *Aulacaspis rosae,* A: Weibchen-Schild, B: Männchen-Schild

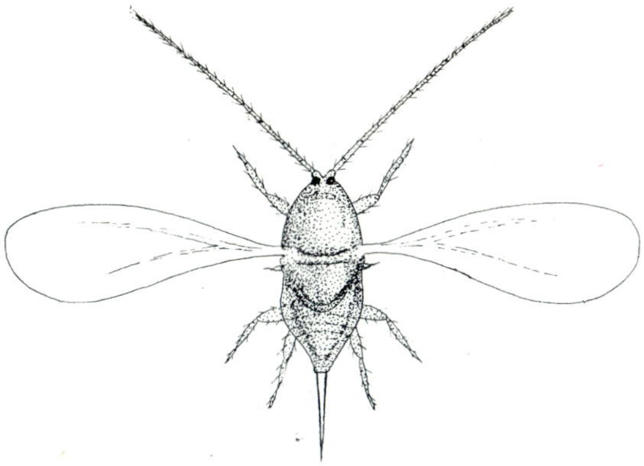

Abb. 107: Männchen der Kleinen Weißen Rosenschildlaus, *Aulacaspis rosae*

Abb. 108: Kolonie der Kleinen Weißen Rosenschildlaus, *Aulacaspis rosae*

**Bekämpfung:** Wenn erforderlich, Spritzung mit Dimethoat, Parathion oder Propoxur im Vorfrühling oder Spätsommer (nach der Ernte).

***Lepidosaphes ulmi*** (Linnaeus)
Gemeine Kommaschildlaus
Weitverbreitet und oft häufig an vielen Pflanzen, so auch auf Apfel, Birne, Kirsche, Pflaume und, weniger häufig, Johannisbeere und Stachelbeere.

**Beschreibung:** SCHILD DES ADULTEN WEIBCHENS: 2,0–3,5 mm lang; flach und muschelförmig; grau bis gelblichbraun (Abb. 109). EI: Winzig, oval, weiß. NYMPHE: Oval, bleich gelblichbraun (Abb. 110).

**Lebensweise:** Die Eier werden im Sommer abgelegt. Die Nymphen schlüpfen Ende Mai oder Anfang Juni und wandern auf der Wirtspflanze umher, bis sie sich schließlich auf der Rinde festsetzen. Dann erfolgen die Häutungen zum 2. und 3. Nymphenstadium (beide Stadien von einem muschelförmigen Schild geschützt, der aus Wachs und den nach den Häutungen abgestreiften Häuten besteht). Nach einem 3. Nymphenstadium wird im späten Juli das adulte Stadium erreicht. Ende August oder im September legen die Weibchen jeweils bis zu 80 Eier unter ihren Schilden ab und sterben danach. Die Schilde jedoch bleiben den ganzen Winter hindurch bis zum Frühjahr zum Schutz der Eier (Abb. 111) auf der Rinde angeheftet. Obwohl bei einigen Rassen dieser Art Männchen auftreten, entwickeln sich an den Obstgehölzen nur Weibchen und die Vermehrung erfolgt ausschließlich parthenogenetisch.

**Schaden:** Dieser Schädling ist selten von Bedeutung und starker Befall ist nur an alten, ungespritzten Obstbäumen zu finden. Gelegentlich können sich Nymphen auf den Früchten festsetzen und dort wegen der muschelförmigen Pusteln zu einer Abwertung der Fruchtqualität führen.

**Bekämpfung:** Winterspritzung mit Karboöl oder DNOC+Obstbaumkarbolineum bis zum Schwellen der Knospen oder Spritzung mit Dimethoat oder Propoxur Ende Mai oder Anfang Juni, bei starkem Befall Wiederholung der Spritzung 2 Wochen später.

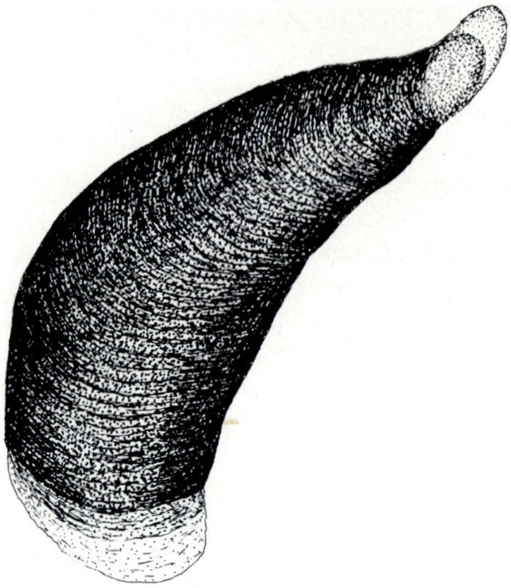

Abb. 109: Weibchen-Schild der Gemeinen Kommaschildlaus, *Lepidosaphes ulmi*

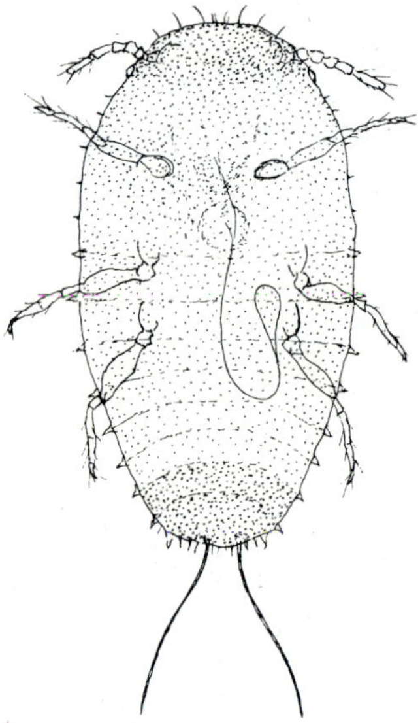

Abb. 110: Nymphe der Gemeinen Kommaschildlaus, *Lepidosaphes ulmi*

Abb. 111: Kommaschildlaus, *Lepidosaphes ulmi*, an Apfel

## Familie Coccidae

### Napfschildläuse

Der Körper des Weibchens bildet einen harten, glatten oder wachsbedeckten und oft schildkrötenförmigen Schild.

***Pulvinaria ribesiae*** Signoret
Wollige Johannisbeerschildlaus
Ein lokaler Schädling der Johannisbeere und Stachelbeere.

**Beschreibung:** SCHILD DES ADULTEN WEIBCHENS: 4–6 mm lang; dunkelbraun; annähernd oval und hochgewölbt, hinten mit deutlicher Spalte (Abb. 112). ADULTES MÄNNCHEN: 1 mm lang; ausgeprägt rosarot, mit bräunlichen Beinen und Fühlern und einem Paar langer Caudalfilamente (Abb. 113). EI: Winzig, oval, weißlich. NYMPHE: Oval, flach, bräunlich orange, mit einer deutlichen Spalte am Hinterrand.

**Lebensweise:** Im September oder Oktober erscheinen die Adulten. Die kurzlebigen Männchen sterben nach der Kopulation, die Weibchen überwintern. Sie werden zu Beginn des Frühjahrs aktiv und beginnen zu wachsen, wobei sie beträchtliche Mengen von Honigtau ausscheiden und sich deutlich hochwölben und dunkler werden, während sich ihr Rücken zu einem harten Schutzschild formt. Im Mai, wenn sie ganz erwachsen sind, spinnen die Weibchen kissenförmige Säcke aus weißen Wachsfäden, in die im Laufe von 2 oder 3 Wochen jeweils rund 1000 Eier abgelegt werden. Danach sterben die Adulten. Wenig später hebt sich der Hinterrand der Schilde unter dem Druck der riesigen Eigelege vom Zweig ab. Damit wird die Anwesenheit des Schädlings deutlich sichtbar, weil Strähnen von „Wolle“ von den Schilden her vom Wind herausgeweht werden und oft viele Triebe und Zweige der befallenen Büsche bedecken. Die Nymphen schlüpfen von Anfang Juni bis Anfang Juli, sie wandern auf den Jungtrieben und Blättern umher und saugen Pflanzensaft. Im Juli häuten sie sich das 1. Mal und verteilen sich dann schließlich auf dem einjährigen Holz und setzen sich dort fest. Mitte bis Ende August häuten sie sich zum 3. Nymphenstadium und etwa 3 Wochen später sind sie erwachsen.

A

B

Abb. 112: Weibchen-Schilde der Wolligen Johannisbeerschildlaus, *Pulvinaria ribesiae.* A: überwinternde Schilde, B: Schilde und Eisäcke

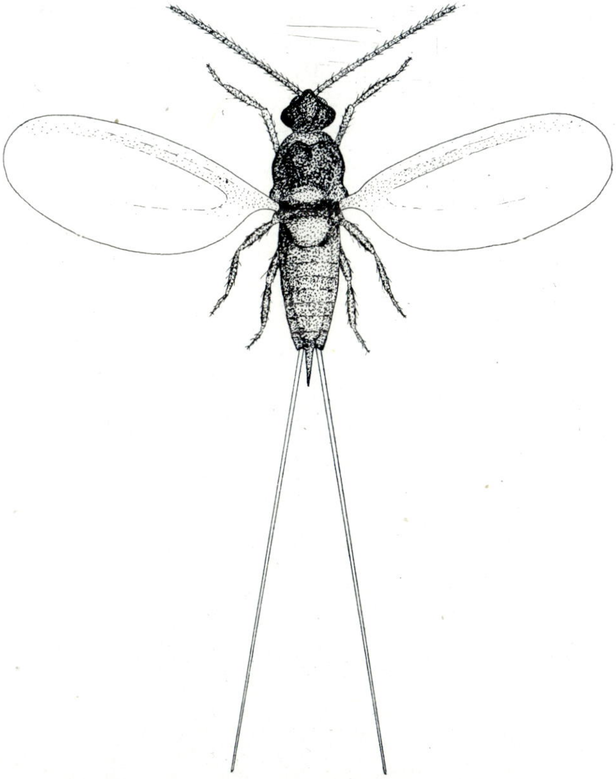

Abb. 113: Männchen der Wolligen Johannisbeerschildlaus, *Pulvinaria ribesiae*

**Schaden:** Starker Befall schwächt die Büsche. Außerdem können die Wachsausscheidungen die Früchte verschmutzen und dadurch die Ernte erschweren. Auch der ausgeschiedene Honigtau kann stören.

**Bekämpfung:** Winterspritzungen sind wirksam: Karboöl oder DNOC+Obstbaumkarbolineum bis zum Schwellen der Knospen. Andernfalls können die Büsche während des Schlüpfens der Eier mit Propoxur behandelt werden (kurze Wartezeit).

***Pulvinaria vitis*** (Linnaeus)
Wollige Napfschildlaus
Diese Art kommt manchmal an Aprikose, Birne oder an der Weinrebe vor, sowohl unter Glas als auch an geschützten Stellen im Freien. Ihre Lebensweise gleicht jener von *Pulvinaria ribesiae,* doch kann sie in Einzelheiten, je nach den Lebensbedingungen, davon leicht abweichen. Der ovale Schild des adulten Weibchens ist rötlichbraun und etwa 5–8 mm lang. Der Schädling kann durch Winterspritzungen (nur im Freien) oder Propoxurspritzungen gegen die Jungtiere bekämpft werden.

***Parthenolecanium corni*** (Bouché)
Gemeine Napfschildlaus
Weitverbreitet und häufig in ungespritzten Pflanzungen und Gärten, befällt eine große Zahl von Pflanzen, darunter auch Pflaume, Pfirsich, Johannisbeere, Stachelbeere, Brombeere und Himbeere.

**Beschreibung:** SCHILD DES ADULTEN WEIBCHENS: 4–6 mm lang; mehr oder weniger oval, ziemlich hochgewölbt und etwas runzelig; glänzend rötlichbraun oder kastanienbraun (Abb. 114). EI:: Winzig, oval und weißlich. NYMPHE: Oval, flach, hell grünlich-orange oder bräunlich (Abb. 115).

Abb. 114: Gemeine Napfschildlaus, *Parthenolecanium corni,* an Stachelbeere

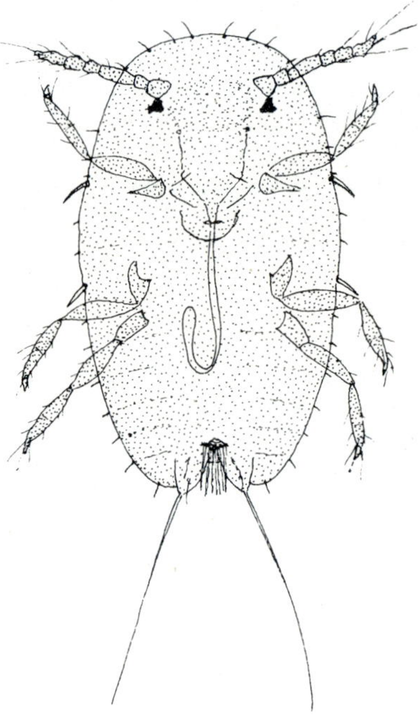

Abb. 115: Nymphe der Gemeinen Napfschildlaus, *Parthenolecanium corni*

**Lebensweise:** Die meisten Rassen dieser Art, einschließlich der an Obstgehölzen vorkommenden, pflanzen sich parthenogenetisch fort, aber in bestimmten Gegenden kommen an einigen Wirtspflanzen auch Männchen vor. Die Nymphen schlüpfen normalerweise von Mitte Juni bis Anfang oder Mitte Juli; nach wenigen Tagen wandern sie zu den jüngsten Trieben und Blättern und beginnen dort zu saugen. Das 2. Nymphenstadium, das ebenfalls mobil ist, wird im August erreicht. Diese Nymphen im 2. Stadium suchen wegen der Alterung der Blätter und des bald einsetzenden Blattfalls Zweige und kleine Äste auf und setzen sich dort zur Überwinterung fest. Während dieser Zeit nehmen die Nymphen keine Nahrung auf und ihre Farbe wechselt von grün nach orange oder bräunlich. Im März werden sie wieder aktiv und sind im April erwachsen. Sie wechseln dann ihren Platz an einem Zweig oder kleinen Ast nicht mehr und wachsen schnell, während sich ihr Rükken zunehmend hochwölbt, härter wird und den bekannten Schutzschild bildet. Im Mai und Juni legt jedes Weibchen mehrere hundert Eier und stirbt danach. Die Schilde der Weibchen bleiben erhalten, um die Eigelege zu schützen und sind oft nach mehreren Jahren noch zu finden. Einzelheiten der Lebensweise dieser Art können den Lebensbedsingungen entsprechend variieren; unter Glas ist jährlich mit 2 bis 3 Generationen zu rechnen.

**Schaden:** Starker Befall schwächt die Wirtspflanze und verursacht vorzeitigen Laubfall. An geschützten, ungespritzten Lagen kommt es bevorzugt zu starkem Befall.

**Bekämpfung:** Winterspritzungen mit Karboöl oder DNOC+Obstbaumkarbolineum bis zum Knospenschwellen. Andernfalls kann im Spätsommer oder zu Beginn des Frühjahrs, bevor die Schutzschilde gebildet sind, mit Dimethoat oder Propoxur gespritzt werden, bei starkem Befall ein 2. Mal 2 Wochen später.

Abb. 116: Große Kugelige Napfschildlaus, *Eulecanium tiliae,* an Apfel

***Eulecanium tiliae*** (Linnaeus)
Syn. ***coryli*** (Linnaeus)
Große Kugelige Napfschildlaus

Diese Art wurde an Apfel, Birne und Pflaume gefunden, ist aber nur von geringer Bedeutung. Der auffallende Schild des Weibchens ist mehr oder weniger kugelig, etwa 6 mm lang und hellbraun bis graubraun (Abb. 116). Die Lebensweise ist jener der vorausgehend beschriebenen Art ähnlich, doch schlüpfen die Nymphen später im Jahr.

# 4 Käfer

Die Käfer (Coleoptera) bilden die größte Ordnung der Insekten. Der Körper der adulten Tiere ist normalerweise in ein hartes, oft lebhaft gefärbtes Außenskelett gehüllt; die Vorderflügel, auch als Flügeldecken oder Elytren bezeichnet, sind ebenso hart und bilden eine schalenartige Decke für die häutigen Hinterflügel. Charakteristische Merkmale der Skulptur und das Aussehen des Halsschildes (Pronotum, die schildartige Decke des größten Teils des Thorax) und die Flügeldecken sind zur Unterscheidung der Arten oft hilfreich. Die Colepoteren haben kauende Mundwerkzeuge und sowohl die Adulten als auch die Larven können Pflanzenschädlinge sein. Die Larven besitzen meist 3 Paar echte Beine, die aber bei manchen Gruppen fehlen.

## Familie Carabidae

Laufkäfer

Die Laufkäfer sind bekannt als Prädatoren von Insekten und anderen Wirbellosen; die Adulten vieler Arten sind allerdings Allesfresser und einige leben weitgehend oder sogar ausschließlich von Pflanzen. Ein paar Arten greifen die sich entwickelnden Früchte der Erdbeere an und können dadurch in manchen Jahren wichtige Schädlinge sein, vor allem in verunkrauteten, dichten Pflanzungen. Ein solcher Befall tritt sporadisch auf, ist nicht vorhersehbar und verursacht oft ernste Schäden. Die Laufkäfer, die mehr als 2 Jahre alt werden können, sind nachts aktiv, vor allem bei warmem Wetter. Sie sind schnelle Läufer und rennen, wenn sie gestört werden, schnell weg und suchen Schutz unter Steinen, Erdschollen, in Grasbüscheln oder ähnlichen Verstecken. Viele Arten sind flügellos und selbst wenn Flügel vorhanden sind, können sie fluguntauglich sein. Bei sehr trockenem Wetter neigen die Käfer zur Inaktivität und fressen nichts mehr. Nach Regenfällen jedoch erreicht die Aktivität und die Nahrungsaufnahme gewöhnlich ihren Höhepunkt. Gerade unter solchen Bedingungen während der Reifezeit der Erdbeeren können leicht die erwähnten Schäden eintreten.

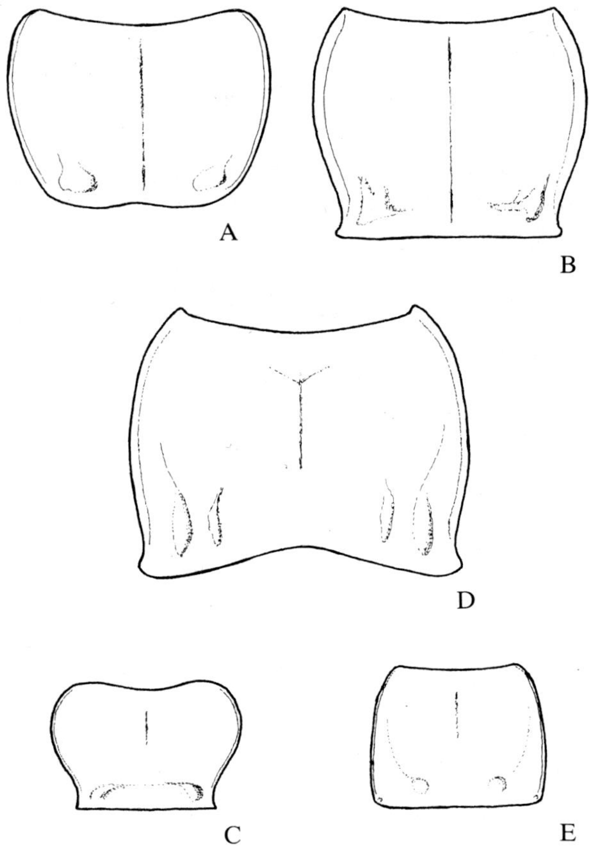


Abb. 117: Halsschilde von Laufkäfern, A: *Pterostichus madidus*, B: *Pterostichus melanarius*, C: *Nebria brevicollis*, D: *Abax ater*, E: *Calathus fuscipes*

***Pterostichus madidus*** (Fabricius)

Einer der Erdbeersamenlaufkäfer

Sehr häufig und weit verbreitet, vor allem in Wiesen, geht normalerweise nur in trockenen Sommern an Erdbeeren.

**Beschreibung:** KÄFER: 13–17 mm lang; Körper schwarz; Beine schwarz, aber gewöhnlich an der Basis rötlich; Halsschild ziemlich gerundet und zu den Flügeldecken hin schmäler werdend (Abb. 117 A, 118).

**Lebensweise:** Die jungen Käfer erscheinen im Frühsommer in Erdbeerfeldern, zur Zeit der Fruchtausbildung werden sie zahlreicher. Die Eier werden von August bis November normalerweise in Wiesen abgelegt. Die Larven leben räuberisch und fressen, ausgenommen bei sehr kaltem Wetter, den ganzen Winter hindurch. Gegen Ende des Frühjahrs sind sie ausgewachsen und verpuppen sich. die meisten Adulten sterben noch vor dem Winter, doch können einige unbeschadet überwintern und schon sehr früh im Jahr die Eier legen.

**Schaden:** Die Käfer fressen Löcher in die reifen Erdbeerfrüchte, ihr Fraß ist gewöhnlich auf den breitesten Teil der Früchte begrenzt (Abb. 119). Meist ist der Schaden oberflächlich, aber die Löcher können 5 mm Durchmesser haben und 15 mm tief sein. Manchmal dringen die Käfer so tief in die Früchte ein, daß nur noch die Spitze des Abdomens zu sehen ist. Oft weist eine einzige Frucht 2 oder mehr Fraßstellen auf, sie sind im Gegensatz zu Beschädigungen durch Vögel oder kleine Säugetiere (s. S. 250) an der dem Boden zugewandten Seite zu finden.

**Bekämpfung:** Giftköder aus Malathion mit zerquetschten Haferkörnern gemischt, oder breitwürfig ausgebrachtes Schneckenkorn wirken gut. Köder oder Körner sind möglichst bald nach dem Fruchtansatz auszubringen (Schneckenkorn mindestens 2 Wochen vor Erntebeginn) oder kurz vor dem Strohauslegen. In diesem Fall kann eine zweite Behandlung erforderlich werden, um während der ganzen Fraßzeit einen ausreichenden Schutz zu geben. (Anm. d. Übers.: Weil die Erdbeersamenlaufkäfer überwiegend räuberisch von Schädlingen leben und deshalb auch nützlich sind, wird oft vorgeschlagen, sie nicht zu vernichten, sondern nur abzulenken, beispielsweise mit der folgenden Futtermischung: Für 100 $m^2$ werden 1 bis 2 kg Sojaschrot mit ein wenig Fleischbrühe (Brühwürfel) angefeuchtet und zwischen den Reihen ausgestreut, nachdem die ersten angefressenen Früchte gefunden wurden.)

***Pterostichus melanarius*** (Illiger)
Syn. ***vulgaris*** sensu auct., nicht (Linnaeus)
Ein Erdbeersamenlaufkäfer
In Ackerland häufig, meidet trockene Gebiete. Häufig auch in manchen Jahren in Erdbeerpflanzungen und lokal ein bedeutender Schädling.

**Beschreibung:** KÄFER: 12–18 mm lang; Körper und Beine glänzend schwarz; Halsschild nicht auffallend gerundet und zu den Flügeldecken hin nur geringfügig verschmälert (Abb. 117 B).

**Lebensweise:** Ähnlich der vorhergehenden Art, doch verpuppen sich die Larven ein wenig früher.

**Schaden und Bekämpfung:** Wie bei *Pterostichus madidus* (siehe oben).

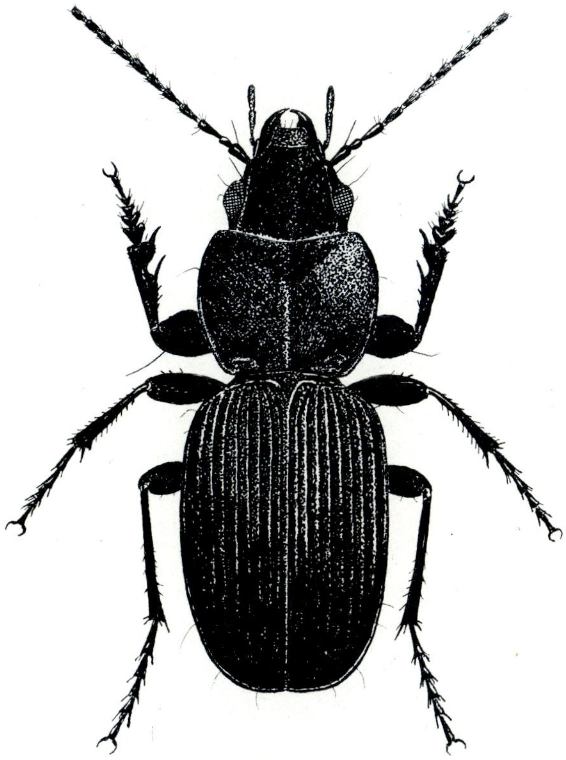

Abb. 118: *Pterostichus madidus,* ein Erdbeerlaufkäfer

Abb. 119: Von einem Erdbeersamenlaufkäfer beschädigte Frucht

***Pterostichus cupreus*** (Linnaeus)
Ein Erdbeersamenlaufkäfer
Eine lokal häufige Art, kommt meist in feuchten Gebieten vor. Die Adulten sind Tagtiere, sie überwintern und legen im Frühjahr ihre Eier ab. Ihr gelegentlicher Schaden an Erdbeeren ist unbedeutend. die Käfer sind 11–13 mm lang, metallisch grün, rötlichbraun oder purpurfarbig, selten schwarz (Abb. 120).

***Nebria brevicollis*** (Fabricius)
Dammläufer
Dieser weitverbreitete und gewöhnlich häufige Käfer kommt hauptsächlich im Wald vor, kann aber gelegentlich Erdbeeren schädigen. Die Eiablage erfolgt im Sommer, die Larven überwintern. Die Käfer sind 10–14 mm lang, dunkelbraun oder schwärzlich, mit rötlichen Beinen und Fühlern; die Flügeldecken tragen deutliche, scharf punktierte Streifen; der Halsschild ist kurz und an den Seiten konvex (Abb. 117 C).

***Abax parallelepipedus*** (Piller & Mitterpacher)
Breitkäfer
Weitverbreitet und häufig an schattigen Stellen und gelegentlich an Erdbeerfrüchten schädlich. Die Eier werden vom Frühjahr bis zum Herbst gelegt, die Larven überwintern. Die Käfer sind 18–22 mm lang und glänzend schwarz (Flügeldecken der Weibchen matt) (Abb. 121); Halsschild breit mit auffallenden Hinterekken und basal mit deutlichen, länglichen Vertiefungen (Abb. 117 D).

***Calathus fuscipes*** Goeze
Syn. ***cisteloides*** (Panzer)
Breithalskäfer
In trockenem, offenem Gelände häufig, auch auf Kulturland; er ist zwar als Schädling an reifen Erdbeeren bekannt, aber ohne Bedeutung. Die Käfer sind 10–14 mm lang und schwarz, die Beine sind rötlich; der Halsschild ist an den Seiten gerade und hat ausgeprägte hintere Winkel (Abb. 117 E).

Abb. 120: *Pterostichus cupreus,* ein Erdbeersamenlaufkäfer

Abb. 121: Breitkäfer, *Abax parallelepipedus*

***Harpalus rufipes*** (DeGeer)
Behaarter Erdbeersamenlaufkäfer
Sehr häufig und weit verbreitet, von den Laufkäfern meist der wichtigste Erdbeeerschädling.

**Beschreibung:** KÄFER: 10–17 mm lang; mattschwarz; Flügeldecken mit gelblicher Behaarung; Beine und Fühler rötlichbraun (Abb. 122).

**Lebensweise:** Die Eier werden von Juli bis Ende September oder Anfang Oktober einzeln oder in kleinen Gruppen in bewachsenen Boden gelegt. Bis zum Juli des folgenden Jahres leben die Larven im Boden, durchlaufen 3 Stadien und verpuppen sich schließlich in 15 bis 45 cm Tiefe. Die meisten Laufkäferlarven sind gierige Fleischfresser, aber die Larven von *Harpalus rufipes* leben von (keimenden) Samen und im Gegensatz zu den Adulten schädigen sie Erdbeeren nicht. Es sind hauptsächlich die Samen des Gänsefußes und des Weidelgrases und das Vorkommen dieser Pflanzen beeinflußt wesentlich die Verbreitung dieses Schädlings. Die Überwinterung der Käfer und der Larven erfolgt gewöhnlich nur an den Ecken und an grasbewachsenen Stellen in der Nähe der Erdbeerpflanzungen. Während der Ausbildung der Früchte kommen die Käfer in die Pflanzungen und sind dort vom Strohunterlegen bis nach der Ernte am häufigsten. Obwohl sie Flügel besitzen, fliegen die Käfer selten.

**Schaden:** Die Käfer entfernen die Samen der Erdbeerfrüchte insbesondere solcher Sorten, bei denen die Samen tief sitzen. Gewöhnlich ist das nicht möglich, ohne das umgebende Fruchtfleisch zu verletzen. Die Käfer fressen normalerweise nur das Endosperm und lassen die Samenschalen übrig, die auf den Boden fallen. Die von Samenlaufkäfern angerichteten Schäden entstehen gleichzeitig wie die durch (s. S. 250) Hänflinge angerichteten, für letztere aber ist typisch, daß sie die Samen vollständig entfernen und fressen und vorwiegen die obere Seite der Früchte beschädigen.

**Bekämpfung:** Wie bei *Pterostichus madidus* (Seite 67).

***Harpalus affinis*** (Schrank)
Syn. ***aeneus*** (Fabricius)
Häufig und weit verbreitet, vor allem auf landwirtschaftlich genutzten Flächen, wird in Erdbeerbeeten gewöhnlich nur in geringer Zahl gefunden und ist deshalb kaum von Bedeutung. Die Käfer sind 8–12 mm lang, glänzend metallischgrün, kupferfarben oder blau bis schwärzlich mit rötlichbraunen Beinen und Fühlern; die Flügeldecken der Weibchen sind matt. Lebensweise und Schäden sind ähnlich wie bei den vorigen Arten. *Harpalus affinis* legt die Eier vorwiegend im Sommer, die Larven überwintern; die Käfer sind gelegentlich auch tagsüber zu sehen.

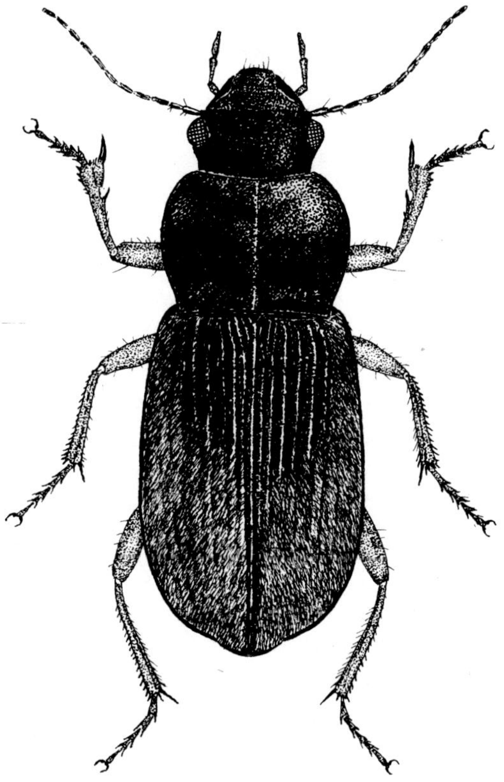

Abb. 122: Behaarter Erdbeersamenlaufkäfer, *Harpalus rufipes*

## Familie Sacarabaeidae
Blatthornkäfer

Die Blatthornkäfer sind verhältnismäßig groß und meist bunt gefärbt, mit typischen Lamellen anstelle einer Fühlerkeule. Die Larven leben im Boden von sich zersetzenden organischen Substanzen und an vielerlei Pflanzenwurzeln. Sie sind besonders häufig in leichten, gutdurchlässigen Böden in der Nähe von Heide- oder Waldgebieten. Die Larven der Blatthornkäfer sind groß und fleischig, haben einen deutlich ausgeprägten Kopf, kräftige Mundwerkzeuge und 3 Paar kräftige Beine. Das Hinterleibsende ist verdickt und der ganze Körper gewöhnlich C-förmig gekrümmt. Merkmale des Anus und Borsten auf dem letzten Abdominalsegment sind für die Bestimmung der verschiedenen Arten wichtig.

***Melolontha melolontha*** (Linnaeus)
Syn. ***vulgaris*** Fabricius
Feldmaikäfer
Weit verbreitet und einer der häufigsten europäischen Blatthornkäfer. Gelegentlich richten die Käfer Schäden in Apfelanlagen an; die Larven sind manchmal in Erdbeeranlagen schädlich.

**Beschreibung:** KÄFER: 20–30 mm lang, kastanienbraun, Kopf und Thorax dunkler, verschiedentlich weiß behaart; Flügeldecken mit je 5 Längslinien; Hinterleib endet mit einer stumpfen, abwärtsgerichteten Spitze. Fühler des Weibchens mit 6, des Männchens mit 7 Lamellen (Abb. 123). EI: Oval, weißlich oder gelblich. LARVE: (Engerling): 30–35 mm lang; Körper weiß, letztes Segment wegen des durchscheinenden Darminhalts etwas dunkel; Kopf braun und glänzend; Beine und Mundwerkzeuge kräftig; Analspalte quer und geschweift, darüber 2 parallele, längs verlaufende Borstenreihen (Abb. 124 a). PUPPE: 25–35 mm lang; weißlich bis braun.

**Lebensweise:** Die Käfer fliegen Ende April, im Mai oder auch im Juni und fressen an den Blättern verschiedener Bäume und Sträucher. Sie fliegen in der Dämmerung und kommen häufig ans Licht. Nach ein paar Wochen dringen die Weibchen in den Boden ein und legen jeweils 60 bis 70 Eier in einzelnen Gelegen zu 12 bis 30 Stück. Die Larven leben 3 bzw. 4 Jahre lang im Boden von Wurzeln und durchlaufen dabei 3 Stadien. Die Verpuppung erfolgt am Ende des 3. bzw. 4. Sommers in einer kleinen Erdhöhle in 60 oder mehr cm Tiefe. 6 Wochen später schlüpfen die Käfer, verlassen den Boden aber erst im folgenden Frühjahr.

**Schaden:** APFEL: Die Käfer fressen an den sich entwickelnden Früchtchen, ein einziger Käfer beißt mehrere Früchtchen eines Fruchtbüschels oft mehrmals an. Die Bisse reichen gelegentlich bis zum Kernhaus. Die geschädigten Früchtchen fallen oft vorzeitig ab oder sind, wenn sie reif werden, durch verkorkte Stellen der Fruchtschale entwertet. die Larven fallen manchmal über die Wurzeln frischgepflanzter Obstbäume her, doch hat die Schädigung nur geringe oder keine Folgen (es sei denn bei schwachwachsenden Unterlagen. Anm. d. Übersetzers). ERDBEERE: Jungpflanzen reagieren sehr empfindlich auf Engerlingsfraß an den Wurzeln: Sie welken und können absterben. Besonders gefährdet sind Jungpflanzen in frisch umgebrochenen Wiesen, vor allem in Waldnähe.

**Bekämpfung:** APFEL: Die Käfer in Obstanlagen können im Mai mit Phosalon bekämpft werden oder auch mit Chlorpyrifos oder Lindan (bienengefährlich). ERDBEERE: Wenn bei der Anlage von Erdbeerbeeten Engerlinge gefunden werden, kann vor dem Auspflanzen ein Lindanpräparat in den Boden eingearbeitet werden.

Abb. 123: Männchen des Feldmaikäfers, *Melolontha melolontha*

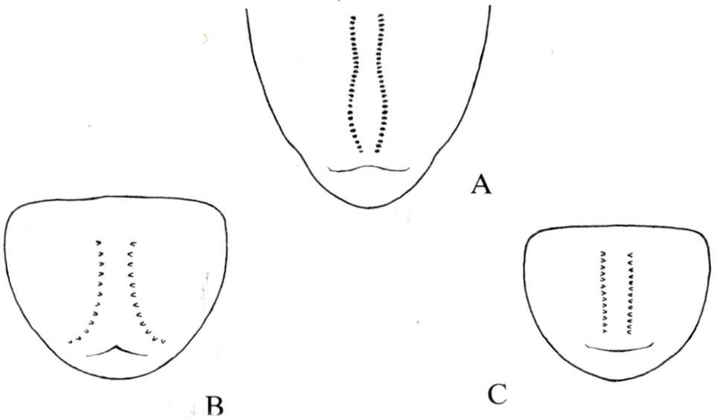


Abb. 124: Letztes Abdominalsegment von Engerlingen, A: *Melolontha melolontha*, B: *Amphimallon solstitialis*, C: *Phyllopertha horticola*

Abb. 125: Junikäfer, *Amphimallon solstitialis*

***Amphimallon solstitialis*** (Linnaeus)
Junikäfer, Brachkäfer
Meist zahlreich in wärmeren Gegenden und gelegentlich ein wenig schädlich an Erdbeeren.

**Beschreibung:** KÄFER: 14–18 mm lang, gelblich bis kastanienbraun; Flügeldecken glänzend, Körper matt und etwas behaart; Flügeldecken mit je 4 Längslinien (Abb. 135). LARVE: 25–30 mm lang: weiß mit braunem Kopf; Analspalte in einer dreieckigen Zone, darüber 2 zur Analspalte hin divergierende Borstenreihen (Abb. 124 B, 126).

**Lebensweise:** Die Käfer fliegen an warmen Abenden im Juni und Juli. Die Eier werden im Boden abgelegt und die Larven fressen an Wurzeln verschiedener Pflanzen. Normalerweise beträgt die Generationsdauer 2 Jahre.

**Schaden:** Die Larven schädigen gelegentlich Erdbeerwurzeln, doch treten sie gewöhnlich nur in geringer Zahl auf.

**Bekämpfung:** Wie beim Maikäfer (s. Seite 70).

***Phyllopertha horticola*** (Linnaeus)
Gartenlaubkäfer
Weit verbreitet; zahlreicher in leichten Böden und häufig in Wiesen. Gelegentlich verursachen die Käfer Schäden in Obstanlagen und die Larven schädigen manchmal die Wurzeln vom Beerenobst.

**Beschreibung:** KÄFER: 7–11 mm lang; Kopf und Thorax metallisch blaugrün; Flügeldecken glänzend rötlichbraun; Beine schwarz; vergleichsweise lange Behaarung des Körpers (Abb. 127). LARVE: 15 mm lang, weiß mit blaßbraunem Kopf; Analspalte quer, darüber zwei parallele Längsreihen von Borsten (Abb. 124 C, 128).

**Lebensweise:** Die Käfer fliegen im Mai und Juni bei warmem, sonnigem Wetter und sind 3 bis 4 Wochen lang aktiv. Von Ende Mai an legen die Weibchen je etwa 14 Eier. Sie werden einzeln, aber dicht nebeneinander in kleinen Erdhöhlen abgelegt. Die Larven fressen an Wurzeln, vor allem von Gräsern, und sind bis zum Winter ausgewachsen. Die Verpuppung erfolgt im Frühjahr.

**Schaden:** Die Käfer fressen häufig an Blättern von Obstbäumen und können auch Früchtchen von Apfel und Birne beschädigen. Die Larven fressen gelegentlich an den Wurzeln der Erdbeere und der Beerensträucher.

**Bekämpfung:** Wie bei *Melolontha melolontha* (s. Seite 70)

Abb. 126: Larve des Junikäfers, *Amphimallon solstitialis*

Abb. 127: Gartenlaufkäfer, *Phyllopertha horticola*

Abb. 128: Larve des Gartenlaubkäfers, *Phyllopertha horticola*

***Cetonia aurata*** (Linnaeus)
Rosenkäfer
Dieses reizvolle Insekt ist weit verbreitet, als Fruchtschädling aber nur selten gemeldet.

**Beschreibung:** KÄFER: 14–20 mm lang; Oberseite metallisch goldgrün, Unterseite purpurrot; Flügeldekken mit einigen unregelmäßigen silbrigen Flecken (Abb. 129). LARVE: 25–20 mm lang; weißlich und ziemlich plump, Kopf und Beine rötlich, am Körper rötlich, in Längsreihen stehende Haare; in Ruhe stark gekrümmt (Kopf in der Nähe des Analsegments).

**Lebensweise:** Die Käfer fliegen gewöhnlich Ende Mai bis Juni. Im Frühsommer erfolgt die Eiablage, die Larven leben 2 oder manchmal 3 Jahre lang im Boden, vorwiegend von Wurzeln, doch können sie sich auch von sich zersetzenden organischen Substanzen ernähren. Die Verpuppung erfolgt im Frühjahr.

**Schaden:** Es werden nur selten Schäden bemerkt, doch können die Larven die Wurzeln von Beerensträuchern, auch von Himbeere und Erdbeere, beschädigen.

**Bekämpfung:** Wie bei *Melolontha melolontha* (s. Seite 70).

Abb. 129: Rosenkäfer, *Cetonia aurata*

## Familie Elateridae
Schnellkäfer

Eine kleine Gruppe länglicher Käfer. Bei Störungen lassen sich die Käfer auf den Rücken fallen und stellen sich tot, schleudern sich dann aber (mit einem hörbaren Klick) in die Höhe, indem sie ihren Körper zwischen Thorax und Abdomen ruckartig biegen. Dieses Geräusch wird auch erzeugt, wenn ein Käfer von einem Räuber ergriffen wird oder wenn man ihn in der Hand hält. Die im Boden lebenden Larven sind lang, dünn, zylindrisch und harthäutig, sie werden als „Drahtwürmer" bezeichnet. Einige Arten sind in der Landwirtschaft sehr schädlich.

***Agriotes lineatus*** (Linnaeus)
Saatschnellkäfer
Ein überall häufiger landwirtschaftlicher Schädling, verursacht manchmal Schwierigkeiten bei Erdbeeren und Hopfen.

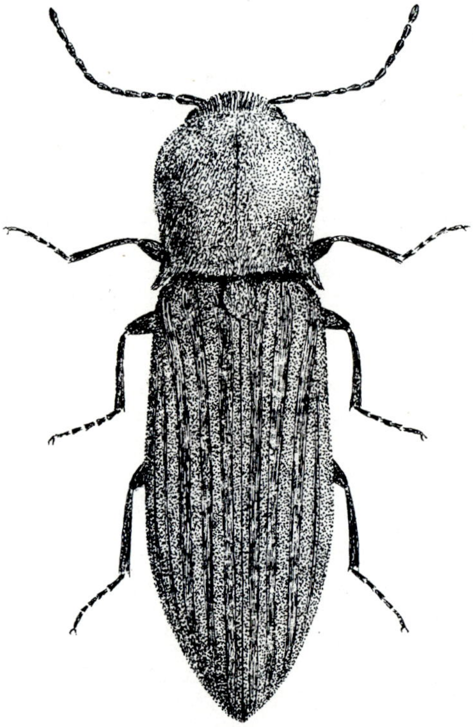

Abb. 130: *Agriotes lineatus,* ein häufiger Schnellkäfer

**Beschreibung:** KÄFER: 7–10 mm lang; dunkel gelblichbraun, Flügeldecken mit abwechselnd hellen und dunklen Längsstreifen (Abb. 130). EI: 0,6 mm Durchmesser; schwach oval, weißlich. LARVE: 25 mm lang; Körper glänzend gelblichbraun mit einem dunkleren Kopf; Körperende zugespitzt; Kiefer kräftig, Beine klein (Abb. 131).

**Lebensweise:** Im Mai und Juni werden die Eier in Gruppen in den Boden gelegt, gewöhnlich zwischen Gräser oder andere Pflanzen. Nach etwa 4 Wochen schlüpfen die Larven und beginnen, an Wurzeln oder an anderen pflanzlichen Substanzen im Boden zu fressen. Am aktivsten sind sie im Frühjahr und Herbst, aber ihre Entwicklung erfolgt langsam und erstreckt sich über 4 oder 5 Jahre. Wenn sie ganz ausgewachsen sind, gewöhnlich im Juli oder August, verpuppen sie sich einzeln in kleinen Erdkammern in 10 bis 25 cm Tiefe. Die Käfer schlüpfen etwa einen Monat später, bleiben aber normalerweise bis zum folgenden Frühjahr in ihren Erdkammern.

**Schaden:** Drahtwürmer nagen die Wurzeln durch und bohren sich in die Pflanzenbasis ein, manchmal führt das zum Welken und Absterben der Pflanze. Erdbeer- oder Hopfenpflanzen, die in umgebrochene Wiesenflächen gepflanzt werden, sind besonders stark gefährdet. Die Käfer sind allgemein harmlos, gelegentlich sind sie in Blüten von Obstbäumen und -sträuchern zu finden, hauptsächlich von Apfel und Roten Johannisbeeren, sie können dort Teile der Blüte beschädigen.

**Bekämpfung:** Wenn Erdbeeren oder Hopfen auf frisch umgebrochenen Wiesenflächen angepflanzt werden, sollte vor dem Auspflanzen Lindan in den Boden eingearbeitet werden.

***Agriotes obscurus*** (Linnaeus)
Düsterer Humusschnellkäfer
Diese Art ist allgemein verbreitet, in den nördlichen Gebieten aber häufiger, hauptsächlich in leichten Böden mit hohem Gehalt an organischer Substanz. Lebensweise und -gewohnheiten gleichen weitgehend denen von *Agriotes lineatus,* die Larve frißt ebenfalls gerne an Erdbeerwurzeln. Die Käfer sind etwa 10 mm lang und dunkelbraun.

***Agriotes sputator*** (Linnaeus)
Salatschnellkäfer
Auch diese deutlich kleinere Art (die Käfer werden nur etwa 7 mm lang) kann an Erdbeeren geringen Schaden anrichten. Ihr Verbreitungsgebiet liegt südlicher als das von *Agriotes lineatus* und *A. obscurus.*

Abb. 131: Larve von *Agriotes lineatus,* ein typischer Drahtwurm

Abb. 132: *Glischrochilus hortensis,* ein Glanzkäfer

## Familie Nitidulidae

Zu dieser Familie gehören die häufigen bekannten Glanzkäfer (*Meligethes* spp.), die stark von Blüten angelockt werden. An Obstgewächsen sind die Glanzkäfer selten schädlich, eher nützlich, weil sie sich dort an der Bestäubung beteiligen.

***Glischrochilus hortensis*** (Fourcroy)
Syn. ***hortensis*** (Geoffroy); ***quadripunctatus*** sensu auct.
Die Käfer dieser weit verbreiteten und oft häufigen Art sind 5–6 mm lang und glänzend schwarz mit 4 auffallenden, orangeroten Flecken auf den Flügeldecken (Abb. 132). Bei trockenem Wetter bohren sich die Käfer manchmal in die Erdbeerfrüchte ein, vermutlich auf der Suche nach Feuchtigkeit. Doch wenn sich auch die Käfer gerne stellenweise ansammeln und häufig vom Saft der Bäume in großer Zahl angelockt werden, ist es

unwahrscheinlich, daß die Population in Erdbeerfeldern so groß wird, daß ernste Schäden entstehen, ausgenommen vielleicht im Garten oder in kleinen Pflanzungen. Eine Bekämpfung ist unnötig, in kleinem Umfang können die Käfer abgesammelt und vernichtet werden. Eine verwandte Art wird in Kanada an Himbeeren schädlich, sie wird dort manchmal in Gefäßen mit Marmeladeköder gefangen.

## Familie Byturidae

***Byturus tomentosus*** (DeGeer)
Himbeerkäfer
Häufig und weit verbreitet; ein wichtiger Schädling an kultivierten Brombeeren, Loganbeeren und Himbeeren.

**Beschreibung:** KÄFER: 3,5–4,5 mm lang; braun, mit gelbbraunen, niederliegenden Haaren bedeckt, die später graubraun oder grau werden (Abb. 133). EI: 1,2 × 0,4 mm, glänzend cremeweiß. LARVE: 6–8 mm lang; blaß gelbbraun, auf dem Rücken dunkler braune Platten auf jedem Segment; Kopf braun; Thorakalbeine gut entwickelt; das vorletzte Abdominalsegment trägt ein Paar auffallender, dorsaler Cerci (Abb. 134, 135).

**Lebensweise:** Die Käfer treten von Mai an auf und werden sofort von Rosaceenblüten angelockt, einschließlich der Apfel, Birn- und Weißdornblüten. Sie fliegen gerne und sind besonders bei warmem, sonnigem Wetter aktiv. Am häufigsten sind sie Anfang Juni, wenn auch die meisten Käfer auf Logan- und Himbeere übergewandert sind, wo sie an Blüten und ungeöffneten Knospen zu fressen beginnen. Die Brombeere wird erst etwas später befallen. Die Kopulation erfolgt kurz nachdem die Käfer mit dem Fraß begonnen haben und etwa eine Woche später werden die ersten Eier gelegt, normalerweise in befruchtete Blüten. Ein Weibchen kann 100 oder mehr Eier legen, die in den Blüten an den Staubfäden oder am Griffel abgelegt werden, jeweils eines pro Blüte. Die Ablage der Eier kann sich über 2 oder 3 Wochen erstrecken, abhängig vom Wetter. Die Larven schlüpfen etwa 10 Tage nach der Eiablage, gewöhnlich in der Zeit zwischen dem Stadium der grünen Frucht bis zum Beginn der Rotfärbung. die Junglarve frißt zuerst an den sich entwickelnden Teilfrüchtchen in der Nähe ihrer leeren Eihülle, kriecht dann aber bald zu den basalen Früchtchen; wenn sich die Frucht rosa gefärbt hat und der Fruchtboden weicher geworden ist, wird dieser aufgesucht. Während die Larven am Fruchtboden und oberflächlich auch an den angrenzenden Teilfrüchtchen weiterfressen, durchlaufen sie 4 Entwicklungsstadien. Nach 5 bis 7 Wochen sind die Larven ausgewachsen, verlassen die Früchte, fallen zu Boden und graben sich dort ein. In einer Tiefe zwischen 5 cm und 20 cm oder mehr formen sie eine kleine Erdhöhle,

Abb. 133: Himbeerkäfer, *Byturus tomentosus*

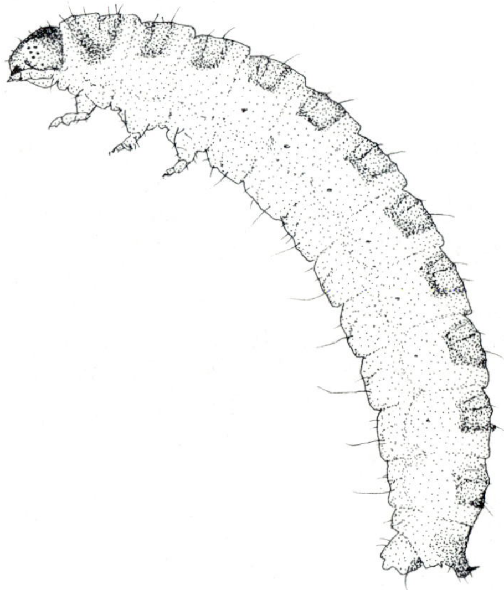

Abb. 134: Larve des Himbeerkäfers, *Byturus tomentosus*

Abb. 135: Larve des Himbeerkäfers an Brombeere

in der sie sich etwa einen Monat später verpuppen. 5 bis 6 Wochen später schlüpfen die Käfer, die aber erst im folgenden Frühjahr ihre Erdhöhle verlassen, es gibt also jährlich nur eine Generation.

**Schaden:** KÄFER: Die Bedeutung des Schadens durch die Käfer hängt von deren Lebensbedingungen ab. Wenn sie in großer Zahl vor der Blütezeit die Logan- oder Himbeere aufsuchen, kann schwerer Schaden angerichtet werden, weil viele Früchte klein bleiben oder sich verformen und so erhebliche Ertragsverluste entstehen. Knospen können vollständig zerstört werden, bei solchen die sich in die Mitte von Blütenbüscheln befinden, können die Stiele abgebissen werden und sie fallen ab. Auch offene Blüten können beschädigt werden: Die Staubblätter und Nektarien werden zerbissen und zerstört, im Extremfall wird die ganze Blüte gefressen, mit Ausnahme der Kelchblätter. LARVE: Die von den Larven angerichteten Schäden sind gewöhnlich schwerer. Befressene Früchtchen werden braun und hart, wodurch verkümmerte, verformte Beeren entstehen (Abb. 136). Außerdem kann das Vorhandensein von Larven bei der Ablieferung der Ernte an den Verarbeiter dazu führen, daß die ganze Lieferung zurückgewiesen wird.

**Bekämpfung:** Folgende Insektizide können benützt werden: Deltamethrin (bienengefährlich!), Endosulfan oder Pyrethrum + Piperonylbutoxid. BROMBEEREN: Spritzung kurz vor der Blüte; LOGANBEERE: Spritzung wenn 80% der Blüte vorüber ist, Wiederholung etwa 2 Wochen später; HIMBEERE: Kurz vor dem Beginn der Blüte; Wiederholung, wenn 80% der Blüte vorüber ist und wenn sich die ersten Früchte zu färben beginnen. Wartezeiten und Bienengefährdung berücksichtigen!

## Familie Cerambycidae
Bockkäfer

Eine große Familie von oft bunt gefärbten Käfern; die Larven leben normalerweise im Holz. Manchmal sind Bockkäfer auf Obstbäumen zu finden, weil aber die Larven nur in geschädigtem, totem oder moderndem Holz leben, sind sie allenfalls Sekundärschädlinge, wie die folgenden Beispiele zeigen: Der Widderbock *Clytus arietis* (Linnaeus), dessen Larve im Holz von Bäumen lebt, die von Borkenkäfern (Scolytidae) befallen sind (s. Seite 98), oder der Apfelholzbock *Pogonocherus hispidulus* (Piller), der Bäume befällt, die vom Apfelglasflügler (Sesiidae) geschädigt sind (s. Seite 130).

Abb. 136: Schaden durch den Himbeerkäfer an der Frucht der Loganbeere

Abb. 137: Pflaumenböckchen, *Tetrops praeusta*

***Tetrops praeusta*** (Linnaeus)
Pflaumenböckchen
Weit verbreitet und an Obstbäumen oft häufig, vor allem an Apfel und Birne, kommt aber in regelmäßig geschnittenen Obstanlagen kaum vor und ist als Schädling bedeutungslos.

**Beschreibung:** KÄFER: 3–5 mm lang, schwarz mit bräunlichgelben Flügeldecken, Körper schwarz behaart (Abb. 137).

**Lebensweise:** Diese hübschen Käfer fressen im April und Mai an den Blättern der Obstbäume; in alten, vernachlässigten Obstanlagen sind sie oft häufig. Die Larven leben in dürren Zweigen und Ästen. Das Pflaumenböckchen hat jährlich eine Generation. Die jungen Käfer verlassen im Frühjahr das Holz durch kleine, runde Schlupflöcher, die häufig am Ende abgestorbener Triebe zu finden sind.

**Schaden:** Die Käfer fressen nur an der Oberhaut der Blätter und sind ohne wirtschaftliche Bedeutung. Das trifft auch für die Larven zu, weil sie nur in bereits dürrem Holz leben.

**Bekämpfung:** Unnötig.

## Familie Chrysomelidae
Blattkäfer

Eine große Familie, zu der mehrere bekannte Schädlinge gehören, beispielsweise der Kartoffelkäfer (*Leptinotarsa decemlineata* Say) und die Erdflöhe. Die Käfer und die Larven sind phytophag, die ersteren überwintern. Die Käfer einiger Erdfloharten sind auf Obstbäumen zu finden, doch ohne Bedeutung.

***Aphthona euphorbiae*** (Schrank)
Dunkelgrüner Flachserdfloh
Dieser lokal vorkommende Erdfloh frißt im Mai und Juni an Apfel- und Erdbeerblättern, richtet aber dadurch nur geringen oder gar keinen Schaden an (Abb. 138). Die Käfer sind 1,5–2.0 mm lang, schwarz mit metallisch blauem oder grünem Glanz. Prothorax und Flügeldecken sind fein punktiert (Abb. 139).

***Longitarsus parvulus*** (Paykull)
Schwarzer Flachserdfloh
Weit verbreitet, aber lokal, fressen die Käfer im Mai und Juni manchmal an Apfelblättern. Sie sind 1,2–1,7 mm lang, schwarz oder braun mit schwachem Metallglanz. An Obstbäumen sind sie bedeutungslos.

***Chaetocnema concinna*** (Marsham)
Nordeuropäischer Rübenerdfloh
Diese häufige Art wird im April und Mai manchmal an Erdbeeren gefunden. Die Käfer naschen an den Blättern, richten aber keinen Schaden an. Sie sind 1,5–2,0 mm lang, schwarzglänzend und an einem deutlichen Dorn an den Mittel- und Hinterschienen zu erkennen (Abb. 140).

Abb. 138: Blattschaden an Erdbeere durch den Dunkelgrünen Flachserdfloh

Abb. 139: Männchen und Weibchen des Dunkelgrünen Flachserdflohs, *Aphthona euphorbiae*

Abb. 140: Nordeuropäischer Rübenerdfloh, *Chaetocnema concinna*

***Batophila aerata*** (Marsham)
Himbeererdfloh
Die Käfer dieser häufigen Art fressen Ende Mai und Juni an den Blättern verschiedener Pflanzen, auch an Brombeere, Loganbeere und Himbeere. Gewöhnlich sind sie nicht häufig und richten nur geringen oder überhaupt keinen Schaden an. Die Käfer sind 1,5–2,0 mm lang, schwarz mit grünlichem Bronzeglanz und rötlichen Beinen (Abb. 141 A).

***Bathophila rubi*** (Paykull)
Erdbeererdfloh
Die Käfer dieser Art fressen Ende Mai und Juni an Brombeere, Loganbeere, Himbeere und Erdbeere. Auch diese Art ist ohne Bedeutung. Die Käfer sind 1,5–2,0 mm lang, schwarzglänzend mit roten Beinen, sie sind ein wenig plumper als die vorigen Arten (Abb. 141 B).

***Psylliodes attenuata*** (Koch)
Hopfenerdfloh
In Hopfenanbaugebieten weit verbreitet, heutzutage aber kaum schädlich.

**Beschreibung:** KÄFER: 2–3 mm lang, schwarz mit grünlichem Bronzeglanz; Beine rötlich mit Ausnahme der Hinterschienen (Abb. 142). EI: 0,5 × 0,25 mm, blaßgelb. LARVE: 6 mm lang, Körper weißlich, Kopf, Prothorax und Analplatte rötlichbraun; 3 Paar Thorakalbeine.

**Lebensweise:** Die Käfer überwintern im Boden oder unter der Pflanzendecke und erscheinen im Spätfrühjahr. Die Eier, bis 300 pro Weibchen, werden dann um die Wirtspflanze herum in Bodenrisse gelegt. Nach 7 bis 10 Tagen schlüpfen die Larven, die rund einen Monat lang an den Wurzeln des Hopfens (und anderer Pflanzen) fressen und sich danach in Erdhöhlen verpuppen. Ab Ende Juli oder Anfang August erscheinen die Käfer der neuen Generation. Bis zum Herbst fressen sie an Blättern und suchen dann ihre Winterquartiere auf.

**Schaden:** In Vermehrungsbeeten oder bei neugepflanztem Hopfen kommt es bei Befall häufig zu Schäden. Wenn die Käfer im Mai und Anfang Juni häufig auftreten, können sie durch ihren Fraß an Blättern und Ranken das Hochwachsen der Pflanzen beeinträchtigen, vor allem wenn diese bei kaltem Wetter nur langsam wachsen. Die im Sommer geschlüpften Käfer fressen zunächst an den Blättern und können später auch die Dolden befallen. Schäden an den Dolden sind bei feuchtem Wetter am ehesten zu erwarten, weil die jungen Käfer dort einen guten Schutz und günstige Fraßplätze finden.

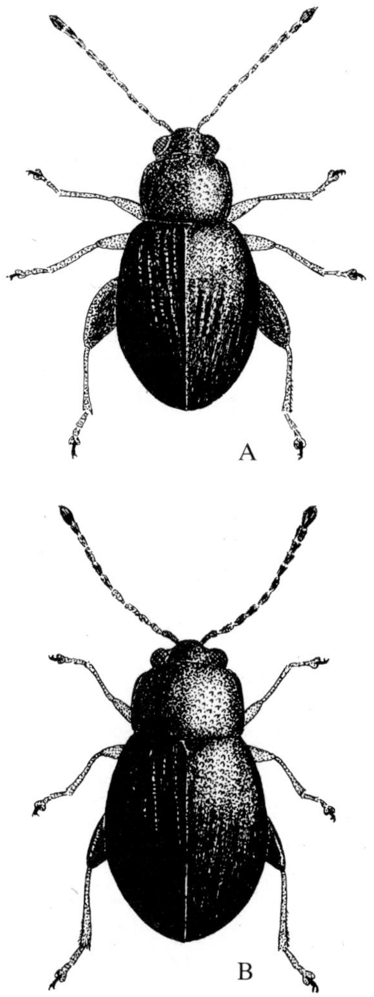


Abb. 141: Himbeererdfloh, *Batophila aerata* (A) und Erdbeererdfloh *Batophila rubi* (B)

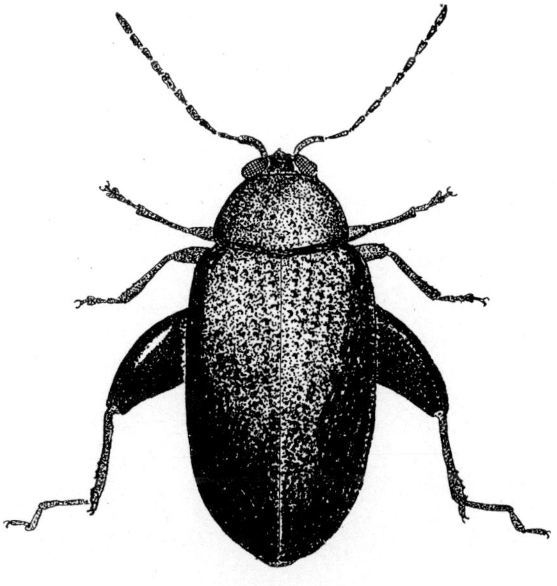

Abb. 142: Hopfenerdfloh, *Psylliodes attenuata*

**Bekämpfung:** Weil die Käfer durch Insektizidspritzungen, die sich gegen andere Schädlinge richten, ausreichend dezimiert werden, ist eine spezielle Bekämpfung selten notwendig.

## Familie Curculionidae
Rüsselkäfer

Rüsselkäfer sind sehr charakteristische Insekten, deren Kopf vorn einen oft sehr langen Rüssel (Rostrum) trägt. Die Rüsselkäferlarven sind weißliche, fußlose Maden mit deutlichem Kopf; sie liegen oft in einer C-förmigen Haltung. Spezifische Unterschiede der Käfer nahverwandter Arten sind meist so gering, daß es oft schwer oder gar unmöglich ist, die Arten zu unterscheiden. Die Käfer und die Larven sind phytophag und viele Arten sind wichtige Schädlinge an Obst oder anderen landwirtschaftlichen Kulturen.

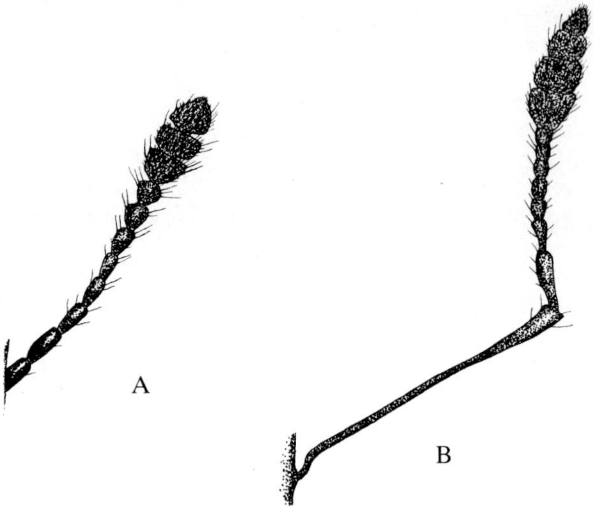


Abb. 143: Fühler von Rüsselkäfern, A: Unterfamilie Rhynchitinae, B: Unterfamilie Curculioninae

## Unterfamilie Rhynchitinae

Kleine Gruppe von Rüsselkäfern, deren Fühler ein langer Fühlerschaft fehlt, alle Fühlerglieder sind gleich lang (Abb. 143 A).

***Coenorhinus aequatus*** (Linnaeus)
Syn. ***Rhynchites***
Rotbrauner Fruchtstecher
Tritt meist lokal auf. Seine normale Wirtspflanze ist Weißdorn, aber auch der Apfel wird befallen, gelegentlich auch Birne, Kirsche und Pflaume. In intensiv gespritzten Obstanlagen ist er oft selten geworden.

**Beschreibung:** KÄFER: 2,5–4,5 mm lang; Flügeldekken rötlichbraun und behhaart; Kopf und Thorax dunkler, stark punktiert und mit Purpurbronzeglanz (Abb. 144). LARVE: 3–4 mm lang; weißlich mit einem in die Prothorakalregion eingezogenen, bräunlichen Kopf.

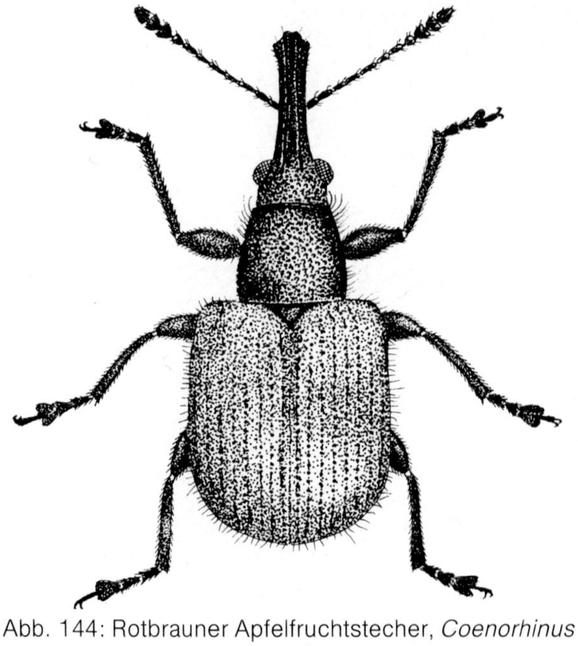

Abb. 144: Rotbrauner Apfelfruchtstecher, *Coenorhinus aequatus*

**Lebensweise:** Die Käfer kommen von Mai bis Juli an verschiedenen, zu den Rosaceen gehörenden Bäumen und Sträuchern vor, auch an Obstbäumen. Dadurch, daß sie zylindrische Löcher ins Fruchtfleisch bohren, schädigen sie die sich entwickelnden Früchtchen. Am Grund einiger solcher Bohrlöcher werden einzelne Eier gelegt. Nach ungefähr einer Woche schlüpfen die Larven, die vom umgebenden Fruchtfleisch leben und nach rund 3 Wochen ausgewachsen sind. Sie lassen sich dann zu Boden fallen und verpuppen sich einzeln in Erdhöhlen.

**Schaden:** Die Früchtchen können schwere und typische Schäden erleiden. Beim Apfel können beispielsweise 100 und mehr solcher Bohrlöcher an einem einzigen Früchtchen angebracht werden, jedes mit einem Durchmesser von 1 mm und einer Tiefe bis zu 7 mm. Beschädigte Äpfel werden fleckig und mißgebildet, auch wenn sich die Bohrlöcher während des Wachstums der Frucht schließen (Abb. 145). Bei den Pflaumen gibt es an den Bohrstellen einen beträchtlichen Gummifluß. Gelegentlich richten die Käfer schon vor dem Abfallen der Blütenblätter dadurch Schaden an, daß sie Löcher in die Knospen und Blüten beißen.

**Bekämpfung:** Spritzung mit Chlorpyrifos (bienengefährlich!) oder Phosalon im Ballonstadium.

***Coenorhinus coeruleus*** (DeGeer)
Syn. ***Rhynchites***
Zweigstecher
Lokal schädlich, an Apfelbäumen manchmal häufig. Auch Birne, Kirsche, Pflaume und andere Obstbäume können geschädigt werden.

**Beschreibung:** KÄFER: 2,5–4,5 mm lang, glänzend metallischblau, schwarz behaart (Abb. 146). EI: Oval und durchscheinend. LARVE: 3–4 mm lang; weißlich mit bräunlichem Kopf, der in die verdickte prothorakale Region eingezogen ist.

**Lebensweise:** Die Käfer tauchen ab Mai auf und sind bei warmem, sonnigem Wetter besonders aktiv. Sie fressen an Blättern und sind an jungen Apfelbäumen besonders häufig. Anfang Juni werden die Eier einzeln in das Gewebe junger Triebe etwa 10 bis 15 cm unterhalb deren Spitze gelegt. Danach werden die Triebe etwas unterhalb der Eiablagestelle durchnagt, fallen zu Boden oder bleiben, wenn sie nicht vollständig abgetrennt waren, noch eine zeitlang welkend an den Bäu-

Abb. 145: Schaden durch den Rotbraunen Apfelfruchtstecher an reifem Apfel

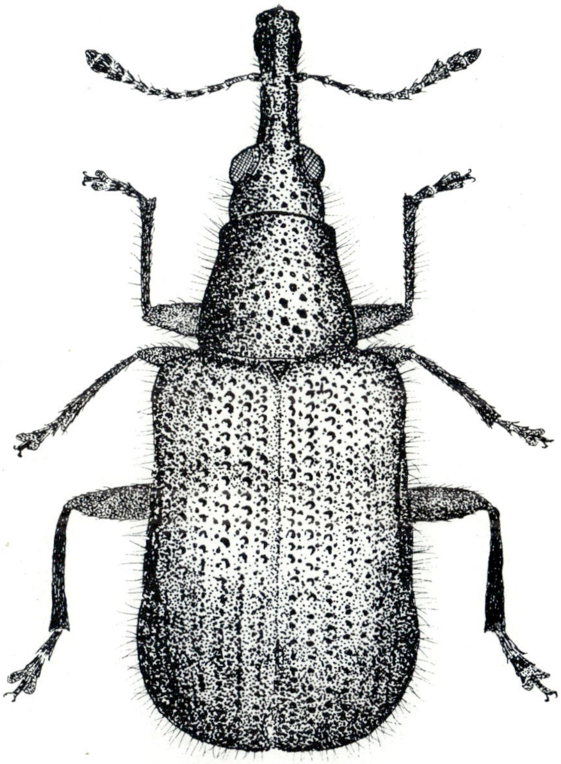

Abb. 146: Zweigstecher, *Coenorhinus coeruleus*

men hängen. Die Larven fressen 3 bis 4 Wochen lang im Mark der Triebe, dringen dann in den Boden ein und verpuppen sich in einer Erdhöhle wenige cm unter der Oberfläche. Im Spätsommer schlüpfen die Käfer, die unter trockenem Laub oder in anderen Verstecken überwintern.

**Schaden:** Im Juni machen die abgefallenen oder noch welkend an den Bäumen hängenden Triebspitzen auf die Anwesenheit des Schädlings aufmerkksam (Abb. 147). Später im Sommer entwickeln sich neben den geschädigten Spitzen Seitentriebe. Schäden an älteren Bäumen sind meist ohne Bedeutung, aber an Jungbäumen können sie wirtschaftlich bedeutend sein.

**Bekämpfung:** Wie bei *Coenorhinus aequatus* (s. Seite 79).

***Coenorhinus germanicus*** Herbst
Syn. ***minutus*** sensu Thomson, nicht Herbst
Erdbeerstengelstecher
Weit verbreitet, aber eher lokal auftretend, ein häufiger Schädling an Erdbeere. Befallen werden auch Brombeere, Loganbeere und Himbeere.

**Beschreibung:** KÄFER: 2–3 mm lang; schwarz, blaugrün schimmernd (Abb. 148). EI: 0.7 × 0,5 mm, weißlich und durchscheinend. LARVE: 2,0–2,5 mm lang; gelblich weiß mit bräunlichem Kopf, der etwas in der verdickten prothorakalen Region versenkt ist.

**Lebensweise:** Die Käfer kommen von Mitte März bis Anfang Mai aus ihren Winterverstecken. Sie fressen dann an den Blättern der Erdbeere und verschiedener *Rubus*-Arten. Zuerst fressen sie nur an jungen Blättern, später aber nagen sie Löcher in Blütenbüschel, Blattstiele und Ausläufer. Von Mitte April bis August werden die Eier abgelegt, die meisten im Mai. Früh im Jahr werden die Eier in die zuvor in Blattstiele genagten Löcher gelegt, später in die Stengel der Blütenbüschel. Bei Erdbeere sind auch die Spitzen der Ausläufer für die Eiablage geeignet. Immer werden die Eier in junges, zartes Gewebe gelegt und in einem Stengel können bis zu 4 Eier abgelegt werden, jedes aber in einer eigenen Kammer. Wenn die Eier gelegt sind, bringt das Weibchen kurz unterhalb der letzten Eikammer rings um den Stengel herum eine Anzahl punktförmiger Einstiche an. Dadurch welkt das Blütenbüschel und stirbt ab, es bleibt noch an der Pflanze hängen oder fällt zu Boden. Nach 2 bis 3 Wochen schlüpfen die Larven, die sich einige Wochen lang von dem sich zersetzenden Gewebe ernähren, bis sie ausgewachsen sind. Sie dringen dann

Abb. 147: Schaden durch den Zweigstecher an Apfeltrieb

Abb. 148: Erdbeerstengelstecher, *Coenorhinus germanicus*

in die Erde ein und verpuppen sich in einem lockeren seidenen Kokon. 2 bis 3 Wochen später wird das adulte Stadium erreicht, aber die Käfer bleiben noch den ganzen Winter hindurch in ihren Kokons, bevor sie schließlich im Frühjahr an die Oberfläche kommen.

**Schaden:** ERDBEERE: Die größten Schäden entstehen schon frühzeitig, weil der Verlust junger Blätter die Pflanzen schwächt und der Verlust von Blütenbüscheln den Ertrag schmälert. die Schäden an den Ausläufern, die später im Jahr entstehen, sind selten so schwer, daß sie die Jungpflanzengewinnung beeinträchtigen. BROMBEERE: Endständige Blütentriebe werden bevorzugt mit Eiern belegt, vor allem, solange die Knospen noch dicht zusammengedrängt sind. Ernteverluste sind jedoch vergleichsweise unbedeutend, weil normalerweise nur die endständigen Büschel der ganzen Blütenstände zerstört werden. Trotzdem können solche Schäden deshalb von Bedeutung sein, weil dadurch die frühesten Früchte verlorengehen. Die Schäden können auch zur Entwicklung von Seitentrieben führen. LOGANBEERE UND HIMBEERE: Schäden sind normalerweise auf die Spitzen von Jungtrieben begrenzt, was allerdings zur Bildung von Seitentrieben führen kann.

**Bekämpfung:** Spritzung Mitte bis Ende April vor der Blüte mit Parathion, Cypermethrin oder Deltamethrin, nachdem die ersten Schäden festgestellt wurden. Nicht in die Blüte spritzen!

## Unterfamilie Apioninae

### Spitzmäuschen

Mehr oder weniger birnenförmige Rüssekäfer; das erste (basale) Fühlerglied ist verlängert (einen Schaft bildend), es ist aber höchstens ein wenig länger als das zweite und dritte Fühlerglied zusammen. Obwohl einige Arten bestimmte landwirtschaftlich angebaute Pflanzen schädigen und an der Verbreitung von Viruskrankheiten beteiligt sind, ist keine dieser Arten ein wirklicher Obstschädling, auch wenn die Käfer manchmal zahlreich auf Obstbäumen und -büschen zu finden sind.

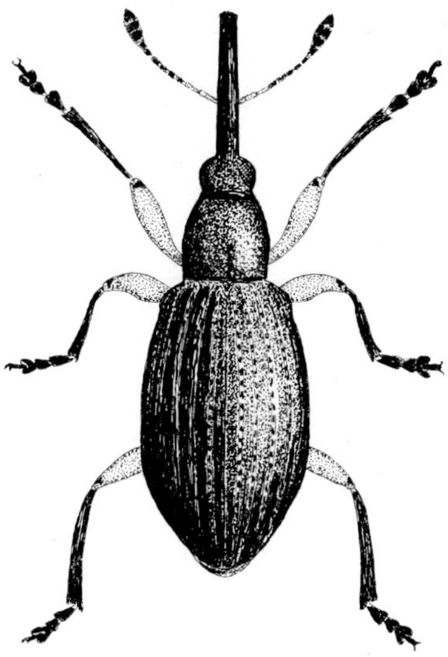

Abb. 149: Dunkles Kleespitzmäuschen, *Apion apricans*

***Apion apricans*** Herbst
Dunkles Kleespitzmäuschen
Im Mai und Juni fressen die Käfer dieser gewöhnlich weitverbreiteten und häufigen Art manchmal an Apfelblättern, wobei sie charakteristische, kleine runde Löcher in die jungen Blätter nagen. Ein solcher Schaden ist jedoch meist ohne Bedeutung. Der Käfer lebt hauptsächlich an Klee und seine Larven fressen während des Sommers an den Blütenknöpfen. Die Käfer sind 2,2–2,5 mm lang und haben einen schwarzen Körper; die Fühler sind schwarz, nur der Schaft ist orangefarben, wie auch die Beine, bei denen aber die Tarsen sowie die Mittel- und Hintertibien schwarz sind. (Abb. 149).

***Apion dichroum*** Bedel
Weißklee-Spitzmaulrüßler
Ebenfalls im Klee lebend, wurde gelegentlich an Apfelblättern festgestellt. Die Käfer sind 1,5–2,0 mm lang, der Körper ist schwarz, Fühlerschaft und das nächste und manchmal übernächste Fühlerglied sind orangefarben; Schenkel und Schienen sind ebenfalls orange, die Tarsen aber schwarz.

***Apion nigritarse*** Kirby
Dieser häufige Käfer wird im Frühjahr ebenfalls an Apfel gefunden. Er ist 1,5–1,9 mm lang, der Körper ist schwarz, die Fühler gelblich orange mit schwarzer Keule, die Beine sind vorwiegend gelborange und die Tarsen schwarz.

## Unterfamilie Curculioninae

Die Angehörigen dieser großen und wichtigsten Unterfamilie der Rüsselkäfer sind durch ihre Fühler charakterisiert, die, abweichend von denen der übrigen Rüsselkäfer, ein sehr langes Basalfühlerglied (Schaft) besitzen (Abb. 143 B).

***Otiorhynchus clavipes*** (Bonsdorff)
Rotbeiniger Dickmaulrüßler
Weitverbreitet und oft häufig, vor allem auf leichten Böden. Gemeldet als Schädling an Pflaumen, Himbeere; gelegentlich auch an Apfel, Johannisbeere, Stachelbeere und Erdbeere.

**Beschreibung:** KÄFER: 8–12 mm lang; Körper schwärzlich, oval und im vorderen Teil deutlich punktiert; Beine lang und rötlich; Thorax und Flügeldecken flach skulpturiert; flügellos (Abb. 150). EI: 0,6 mm Durchmesser; mehr oder weniger kugelig; frisch weißlich, schwarz werdend. LARVE: 8–12 mm lang; cremeweiß mit braunem Kopf; Körper plump, runzelig und stark C-förmig.

**Lebensweise:** Die Käfer erscheinen Ende April und im Mai oder von Mitte Juni bis August, abhängig vom Verpuppungstermin. Sie sind nachts aktiv und fressen an Blättern und anderen oberirdischen Teilen verschiedener Obstarten, lassen sich aber sofort fallen, wenn sie beunruhigt werden. Tagsüber verstecken sich die Käfer in Grasbüscheln, unter Steinen oder an anderen geschützten Stellen. Die Fortpflanzung erfolgt bei dieser Art geschlechtlich oder parthenogenetisch. Die Eier werden in die Erde gelegt, in der Nähe der Wirtspflanze zufällig verteilt, bis zu 300 pro Weibchen. Die Larven schlüpfen nach rund 3 Wochen, fressen an Pflanzenwurzeln und durchlaufen 5 Stadien. Sie überwintern entweder als Junglarven (und verpuppen sich im folgenden Sommer) oder als ausgewachsene Larven (und verpuppen sich dann im nächsten Frühjahr).

**Schaden:** Die Käfer nagen Löcher in die Blätter und zerstören Knospen, Blüten, sich entwickelnde Früchtchen und junge Triebe. Oft werden die oberen Blätter der Himbeerruten befressen, zu späterer Zeit schwächen oder verhindern die Käfer das Wachstum der jungen Ruten, die sie an ihrer Basis befressen. Die Larven schädigen die Wurzeln von Himbeer- und Erdbeerpflanzen; auch Johannisbeere und Stachelbeere können geschädigt werden. Der Schaden durch die Larven ist manchmal schwer, hauptsächlich im Frühjahr welken die befallenen Pflanzen und manchmal gehen sie ein.

Abb. 150: Rotbeiniger Dickmaulrüßler, *Otiorhynchus clavipes*

**Bekämpfung:** Vor dem Pflanzen anfälliger Obstarten in Befallsgebieten sollte Lindan in den Boden eingearbeitet werden. Empfohlen wird auch das Angießen der bereits angewachsenen Pflanzen mit Chlorpyrifos in der ersten Septemberwoche. Eine Behandlung befallener Pflanzen zwischen Blüte und Ernte lohnt nicht.

***Otiorhynchus ovatus*** (Linnaeus)
Erdbeerwurzelrüßler
Weitverbreitet und oft häufig. Ein Schädling verschiedener Gewächshaus- und Forstpflanzen; gelegentlich geht er auch an Himbeere und Erdbeere.

**Beschreibung:** KÄFER: 4,5–5,5 mm lang; ein wenig glänzend, dunkelbraun bis schwarz mit blaßgelber, schütterer Behaarung; Halsschild runzelig; zwischen den Punktstreifen der Flügeldecken nur schwach gekörnt; flügellos (Abb. 151 A). LARVE: 6 mm lang; cremeweiß bis bräunlich weiß, Kopf braun.

**Lebensweise:** Diese Art pflanzt sich vorwiegend parthenogenetisch fort, die Weibchen tauchen Ende April bis Mai auf. Etwa 10 Tage, nachdem der Fraß begonnen hat, werden die Eier gelegt, normalerweise in den Boden, aber manchmal auch in die Blattstiele in Bodennähe. Die Vermehrungsrate ist verhältnismäßig niedrig: Ein Weibchen legt gewöhnlich nicht mehr als 50 Eier. Nach rund 3 Wochen schlüpfen die Larven, fressen dann an Pflanzenwurzeln und verpuppen sich im Herbst in Erdkammern wenige Zentimeter unter der Oberfläche. Nach etwa 3 Wochen schlüpfen die Käfer, bleiben aber bis zum Frühjahr in ihren Kammern. Auch alte Käfer, die im Spätsommer und im Herbst noch leben, können an geschützten Stellen in der Nähe ihrer Wirtspflanzen überwintern.

**Schaden:** Ähnlich dem von *Otiorhynchus rugosostriatus* (s. Seite 84), aber gewöhnlich geringer.

**Bekämpfung:** Wie *Otiorhynchus rugosostriatus* (s. Seite 84), doch sollte sofort nach der Ernte gespritzt werden.

### *Otiorhynchus rugifrons* (Gyllenhal)

Ein Erdbeerwurzelrüßler

Weit verbreitet, aber lokal; in leichten Böden meist häufig. Gelegentlich als Erdbeerschädling gemeldet.

**Beschreibung:** KÄFER: 4,5–6,0 mm lang; mattschwarz mit gelblicher Behaarung; auf den Flügeldecken Zwischenräume der feinen Längsstreifen in Doppelreihen gekörnt; deutlich skulpturiert; flügellos (Abb. 151 B). LARVE: 6–7 mm lang; cremeweiß bis bräunlich-weiß mit braunem Kopf.

**Lebensweise:** Die Käfer dieser parthenogenetischen Art erscheinen von Mitte April an. Die Eier werden in den Boden gelegt, gelegentlich auch in Blattstiele in Bodennähe. Die Larven leben von Erdbeerwurzeln, können im ersten Stadium aber auch im Blattstiel minieren, wenn das Ei dort abgelegt war. Die Verpuppung erfolgt normalerweise im folgenden Frühjahr und 3 oder 4 Wochen später schlüpfen die Käfer.

**Schaden und Bekämpfung:** Wie bei *Otiorhynchus rugosostriatus* (s. Seite 84).

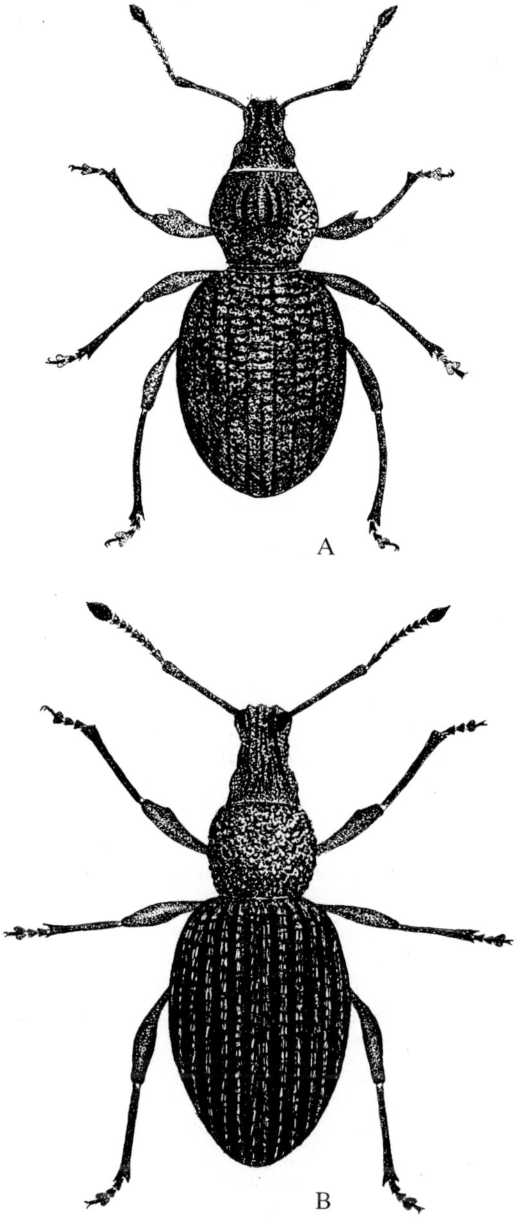


Abb. 151: Erdbeerwurzelrüßler, A: *Otiorhynchus ovatus*, B: *Otiorhynchus rugifrons*

***Otiorhynchus rugosostriatus*** (Goeze)
Ein Erdbeerwurzelrüßler

Weit verbreitet und lokal häufig, einer der am häufigsten an Erdbeere schädlichen Wurzelrüßler.

**Beschreibung:** KÄFER: 5–7 mm lang; schwärzlich- bis rötlichbraun und gelblich behaart; Flügeldecken an den Seiten parallel, hinten abgerundet; Thorax und Flügeldecken grob gekörnt; flügellos (Abb. 152). EI: Oval, zuerst weiß, später bräunlich werdend. LARVE: 8 mm lang, cremeweiß bis bräunlichweiß, mit braunem Kopf (Abb. 153).

**Lebensweise:** Diese Art ist parthenogenetisch. Die Käfer sind ab Juni aktiv. Sie legen die Eier in die Erde, manchmal auch an die untersten Blattstiele, meist in der Zeit von Ende Juli bis September. Vom Sommer an fressen die Larven an den Wurzeln; der Hauptschaden entsteht im Frühjahr. Die Verpuppung erfolgt in Erdhöhlen einige Zentimeter unter der Oberfläche. Ein paar Wochen danach schlüpfen die Käfer, bleiben aber noch etwa eine Woche lang in ihren Puppenhöhlen, bis sie ausgehärtet sind und langsam auch ihre typische dunkle Färbung bekommen haben. Bis zum Beginn des Winters sterben die meisten Käfer, einige aber können bis zum folgenden Jahr überleben, sie überwintern an geschützten Stellen unter Laub oder im Boden.

**Schaden:** Die Käfer fressen große Löcher in die Erdbeerblätter (Abb. 152), doch sind solche Schäden nicht schlimm. Die Larven sind dagegen sehr schädlich (Abb. 153), von ihnen befallene Pflanzen bleiben im Wachstum zurück, welken oder gehen sogar ein, vor allem, solange die Früchte heranwachsen. Die Bearbeitung des Bodens in der Nähe der Wurzeln solcher Pflanzen und unter den Blättern bringt gewöhnlich die verschiedenen Stadien des Schädlings ans Tageslicht.

**Bekämpfung:** Es ist zwecklos zu versuchen, den Schädling in der Zeit zwischen Blüte und Ernte zu bekämpfen. Bekämpfungsmaßnahmen sollen den Schädling vernichten und seine Ausbreitung auf neue oder benachbarte Felder verhindern. In bereits bestehenden Pflanzungen kann in der zweiten Augusthälfte mit Chlorpyrifos gegossen oder mit viel Spritzbrühe gespritzt werden, um die aus den Eiern geschlüpften Junglarven abzutöten. Eine Spritzung mit Lindan sofort nach der Ernte könnte gegen die an den Blättern fressenden Käfer wirken. Vor Neupflanzungen in einem Befallsgebiet sollte Lindan in den Boden eingearbeitet werden.

Abb. 152: Erdbeerwurzelrüßler *Otiorhynchus rugosostriatus* und geschädigtes Erdbeerblatt

Abb. 153: Schaden durch Erdbeerwurzelrüßler an Erdbeerwurzelstock

***Otiorhynchus singularis*** (Linnaeus)
Syn. ***picipes*** (Fabricius)
Grauer Lappenrüßler

Weit verbreitet und normalerweise häufig. Oft schädlich an Apfel, Birne, Johannisbeere, Himbeere und Hopfen.

**Beschreibung:** KÄFER: 6–7 mm lang; glänzendschwarz und stark skulpturiert, aber mit graubraunen Schuppen bedeckt, die dem Tier eine matte, helle und unregelmäßige Färbung verleihen, auch ist der Körper oft mit verkrusteter Erde überzogen; flügellos (Abb. 154). LARVE: 8 mm lang; cremeweiß mit braunem Kopf; plump und runzelig.

**Lebensweise:** Während des Sommers werden die Eier in den Boden gelegt. Die Larven ernähren sich dann vom Spätsommer an von den Wurzeln verschiedener Pflanzen einschließlich der Obstgewächse und des Hopfens. Die Verpuppung erfolgt schon früh im Februar. Bald danach erscheinen die Käfer. Männchen kommen sehr selten vor, die Fortpflanzung erfolgt hauptsächlich parthenogenetisch. Die Käfer fressen nachts gierig an Blättern, Knospen und Rinde und richten von April bis Juni die Hauptschäden an. Tagsüber verstecken sie sich im Boden, unter Strohdecken und anderen Stellen in unmittelbarer Nähe ihrer Futterpflanzen. Einige Käfer können mehrere Jahre lang leben, sie verbringen die Wintermonate in geschützten Verstecken.

**Schaden:** Die Larven leben an den Wurzeln von Hopfen und verschiedenen Obstgewächsen; ihre Wirtspflanzen, vor allem die Himbeere, werden manchmal sehr geschwächt. Normalerweise sind aber die Käfer wichtiger, die Art des angerichteten Schadens ist von Obstart zu Obstart verschieden. APFEL: Der Schaden wird oft im Mai und Juni angerichtet, indem an Neutrieben die Rinde großflächig und unregelmäßig weggefressen wird (Abb. 155 A); Knospen und Neuveredelungen werden ebenfalls geschädigt und es entstehen kahle Triebe; an älteren Bäumen werden die Blätter und Früchtchen angefressen und die Fruchtstiele durchgebissen. BIRNE: Der Hauptschaden wird im Mai und Juni an den Fruchtstielen und der Fruchtbasis angerichtet, erstere werden oft durchgebissen, gelegentlich werden die Langtriebe befallen und manchmal vollständig geringelt. SCHWARZE JOHANNISBEERE: Die Knospen junger Büsche werden oft im April, Mai und Juni so geschädigt, daß mißgebildete Pflanzen mit gegabelten Trieben entstehen; nachwachsende Triebe werden oft geringelt und gehen danan ein; auch werden Blattstiele und Jungtriebe zernagt, die sich dann in charakteristischer Weise zusammenfalten. STACHELBEERE: Im Mai und Juni nagen die Käfer an den Trieben, die dadurch welken und abbrechen. HIMBEERE: Im April und Mai werden oft die Basalknospen herausgefressen; später, von Mai an, werden die neuen Ruten beschädigt, die entweder absterben oder mit übermäßig verzweigtem Neuzuwachs reagieren. Vom April an werden die Jungtriebe, Fruchtbüschel und die noch geschlossenen Fruchtknospen befressen (Abb. 155 B). HOPFEN: Die Käfer sitzen teilweise an den Spitzen der Jungtriebe, verhindern das weitere Wachstum und veranlassen die Bildung zahlreicher Seitentriebe; auch werden die Ranken in Bodennähe geschädigt, wodurch die Blätter welken und die Ranken abbrechen können; der Hauptschaden entsteht im Mai an Pflanzen, die noch nicht höher als 1 m sind.

Abb. 154: Grauer Lappenrüßler, *Otiorhynchus singularis*

A

B

Abb. 155: Schaden durch den Grauen Lappenrüßler, A: an Apfel, B: an Himbeere

**Bekämpfung:** Die Käfer sind schwer bekämpfbar und es ist wenig über wirksame chemische Mittel bekannt. Bei Obstgehölzen könnte im Mai oder Juni versucht werden, durch Begießen der Basis mit Chlorpyrifos oder Etrimfos einen Erfolg zu erzielen.

***Otiorhynchus sulcatus*** (Fabricius)
Gefurchter Dickmaulrüßler
Allgemein verbreitet und oft häufig. Ein bedeutender Schädling in Gewächshäusern; schädigt auch Johannisbeere, Stachelbeere, Himbeere, Erdbeere und andere Obstarten im Freiland.

**Beschreibung:** KÄFER: 7–10 mm lang; glänzend, schwarz, Flügeldecken mit gelblich behaarten Flecken; Seiten der Flügeldecken parallel, Körper tief skulpturiert, flügellos (Abb. 156). EIER: 0.7 mm lang, mehr oder weniger kugelig; zuerst weiß, bald bräunlich werdend. LARVE: 8–10 mm lang; cremefarben bis bräunlichweiß, Kopf braun (Abb. 157). PUPPE: 7–10 mm lang, weiß, Flügelscheiden deutlich frei (Abb. 158).

**Lebensweise:** Die Weibchen dieser parthenogenetischen Art schlüpfen im Mai und Juni. Von Ende Juni an werden die Eier, mehrere Hundert pro Weibchen, nahe der Wirtspflanze in den Boden gelegt. Nach etwa 3 Wochen schlüpfen die Larven, die von Wurzeln leben und sich im Spätfrühjahr verpuppen. Einige der Käfer überwintern und können 3 Jahre lang oder noch länger Eier legen.

**Schaden:** Zusammen mit *Otiorhynchus rugosostriatus* ist diese Art oft für schwere Schäden in Erdbeerfeldern verantwortlich, weil die befallenen Pflanzen während der Zeit der Fruchtausbildung zusammenbrechen. Auch kommt es bei Schwarzer Johannisbeere und bei anderen Fruchtarten, beispielsweise bei Stachelbeere, stellenweise zu Schäden. Wenn sie auch zusammen mit anderen ungeflügelten Rüsselkäfern, die an Blättern fressen, merkliche Schäden anrichten (Abb. 159), sind die Larvenstadien am gefährlichsten. Bei Schwarzer Johannisbeere, wo die Käfer sich oft in den Büschen aufhalten, verunreinigen sie, wenn mechanisch geerntet wird, oft das Erntegut.

**Bekämpfung:** In Befallslagen sollte vor Neupflanzungen Lindan in den Boden eingearbeitet werden. SCHWARZE JOHANNISBEERE und STACHELBEERE: Das Angießen der Pflanzen mit Chlorpyrifos oder Etrimfos nach der Ernte sollte wirken, doch ist ein starker Befall bei älteren Büschen schwer zu beseitigen. ERDBEERE: Sofort nach der Ernte sollte gegen die Käfer mit Chlor-

Abb. 156: Gefurchter Dickmaulrüßler, *Otiorhynchus sulcatus*

Abb. 157: Larve des Gefurchten Dickmaulrüßlers, *Otiorhynchus sulcatus*

Abb. 158: Puppe des Gefurchten Dickmaulrüßlers, *Otiorhynchus sulcatus*

pyrifos gespritzt werden. Gegen die Larven kann Ende August oder Anfang September eine Gießbehandlung in Betracht gezogen werden.

***Phyllobius argentatus*** (Linnaeus)
Silbergrüner Laubholzrüßler
Weitverbreitet und häufig, die Käfer verursachen nur geringe Schäden an Obstbäumen, Haselnuß und Waldbäumen.

**Beschreibung:** KÄFER: 4,5–6,0 mm lang; Körper schwarz, aber leuchtend grün erscheinend durch eine Lage glänzender, goldgrüner, rundlicher Schuppen; Beine und Fühler hellbraun, teilweise ebenfalls mit goldgrünen Schuppen (Abb. 160).

**Lebensweise:** Im Frühjahr sitzen die Käfer oft massenhaft an den Blättern von Bäumen und Büschen, wo sie an Blättern und Blüten fressen. Aber auch am Beerenobst sind sie zu finden. Später im Jahr wandern sie an Heckensträucher und niedrige Pflanzen ab. Während des Frühsommers werden die Eier gelegt und die Larven fressen an den Wurzeln verschiedener Kräuter und Gräser. Sie verpuppen sich im Frühjahr in Erdhöhlen und die Käfer schlüpfen bald darauf.

**Schaden:** In Obstanlagen fressen die Käfer Löcher in die Laub- und Blütenblätter, doch der Schaden ist, wenn auch allgemein sichtbar, selten von Bedeutung, es sei denn an sehr jungen Bäumen oder in der Baumschule. Unter schlechten Lebensbedingungen verharren die Käfer oft bewegungslos im Blattwerk, sie können aber leicht entdeckt werden, wenn man Zweige über einem Tuch oder Brett abklopft. Das Ausmaß des Schadens ist von Jahr zu Jahr sehr verschieden und hängt nicht unbedingt von der Anzahl der Käfer auf den befallenen Bäumen ab.

Abb. 159: Schaden durch den Gefurchten Dickmaulrüßler an Erdbeerblättern

Abb. 160: Silbergrüner Laubholzrüßler, *Phyllobius argentatus*

**Bekämpfung:** Bei Bäumen im Ertrag nicht notwendig, Jungbäume können bei starkem Befall mit Chlorpyrifos oder Phosalon gespritzt werden.

***Phyllobius oblongus*** (Linnaeus)
Schmalbauch
Im Frühjahr auf Apfel, Birne, Kirsche, Pflaume und Walnuß sehr häufig, aber als Schädling nur von geringer Bedeutung.

**Beschreibung:** KÄFER: 3,5–6,0 mm lang; Kopf und Thorax schwarz; Flügeldecken, Beine und Fühler braun (Anm. des Übers.: Es kommen auch Käfer mit schwarzen Flügeldecken vor), mit abstehenden, hellen Haaren (Abb. 161).

**Lebensweise:** Ähnlich der von *Phyllobius argentatus* (s. Seite 87).

**Schaden und Bekämpfung:** Wie für *Phyllobius argentatus* (s. Seite 87).

***Phyllobius pomaceus*** Gyllenhal
Syn. ***alneti*** (Fabricius); ***urticae*** (DeGeer)
Weitverbreitet und häufig, vor allem an Nesseln. Die Larven können örtlich an Erdbeeren schädlich werden.

**Beschreibung:** KÄFER: 7–9 mm lang; Körper schwarz, mit grünen, manchmal gelbgrünen bis kupfergrünen Schüppchen bedeckt; Fühler schwärzlich, an der Basis rötlich; Beine schwarz. LARVE: 8–10 mm lang; cremeweiß mit braunem Kopf.

**Lebensweise:** Im Frühjahr erscheinen von Mai an die Käfer und sind an Nesseln oft häufig zu finden. Während des Frühsommers werden die Eier in den Boden abgelegt und die Larven fressen an den Wurzeln von Kräutern, gelegentlich auch an denen der Kulturerdbeere. Bis zum Frühjahr sind sie ausgewachsen, sie verpuppen sich und einige Wochen danach schlüpfen die Käfer.

**Schaden:** ERDBEERE: Es gibt oft starken Fraß am Wurzelstock, befallene Pflanzen welken im Frühjahr und sterben oft ab. Die frischgeschlüpften Käfer können an den Blütenblättern und geöffneten Blüten fressen (Abb. 162), der Schaden ist aber ohne Bedeutung.

**Bekämpfung:** Wie bei *Otiorhynchus rugosostriatus* (s. Seite 84).

Abb. 161: Schmalbauch, *Phyllobius oblongus*

Abb. 162: *Phyllobius pomaceus* an Erdbeerblüte

Abb. 163: Birngrünrüßler, *Phyllobius pyri*

***Phyllobius pyri*** (Linnaeus)
Birnengrünrüßler
Sehr häufig im Frühjahr an Obstbäumen und -sträuchern sowie an Walnußbäumen zu finden, vor allem aber an Birne und Pflaume, jedoch weitgehend bedeutungslos.

**Beschreibung:** KÄFER: 5–7 mm lang; schwarz, mit länglichen, kupfer-, gold- oder bronzegrünen Schuppen bedeckt (Abb. 163).

**Lebensweise:** Ähnlich wie die von *Phyllobius argentatus*. Im Frühsommer halten sich die Käfer vorwiegend an Nesseln auf. Gelegentlich sind die Larven in Wiesen und auf Weiden so häufig, daß sie Schaden anrichten.

**Schaden und Bekämpfung:** Wie bei *Phyllobius argentatus* (s. Seite 87).

***Polydrusus sericeus*** (Schaller)
Grüner Blattrüßler
Kommt stellenweise vor und wird gelegentlich an Obstbäumen, Nußbäumen und Erdbeeren gefunden. Häufiger an Bäumen und Büschen auf Wiesen, vor allem an Hasel und Eiche.

**Beschreibung:** KÄFER: 5–8 mm lang; Körper schwarz, aber mit grünglänzenden Schuppen bedeckt; Beine braun; im Gegensatz zu *Phyllobius* ist der Fühlerschaft gerade (vgl. Abb. 164 A, B). LARVE: 6–7 mm lang, cremeweiß mit braunem Kopf.

**Lebensweise:** Die Käfer sind im Frühjahr und Sommer aktiv und fressen an Knospen, später an Blättern einer großen Zahl von Bäumen und Sträuchern. Die Larven leben im Boden von Wurzeln, sie überwintern und verpuppen sich im Frühjahr.

**Schaden:** Obwohl die Käfer auf Obstbäumen und Erdbeeren manchmal zahlreich sind, entsteht kein ernstzunehmender Schaden, gelegentlich können die Larven Erdbeerwurzeln schädigen.

**Bekämpfung:** Wie bei *Otiorhynchus rugosostriatus* (s. Seite 84).

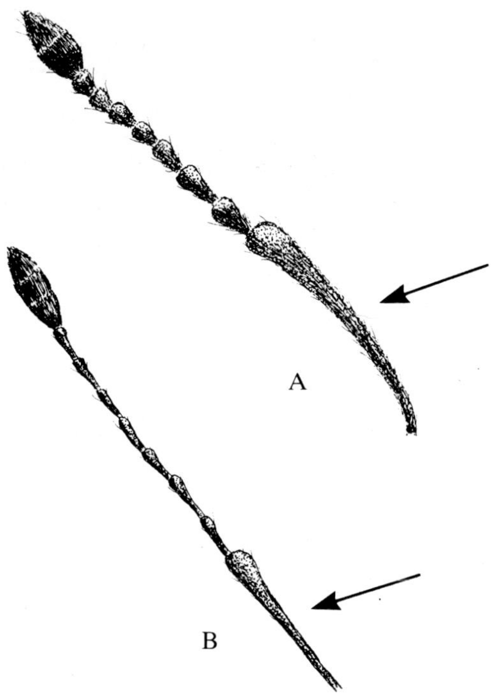

Abb. 164: Fühler von Rüssekläfern, A: Gattung *Phyllobius,* B: Gattung *Polydrusus*

***Polydrusus cervinus*** (Linnaeus)
Diese allgemein verbreitete Art frißt gelegentlich an den Blättern von Obst- und Nußbäumen, ist aber kein wichtiger Schädling. Die Art ist ein wenig kleiner als die vorausgegangenen Arten und die Käfer sind bräunlichschwarz gesprenkelt.

***Barypeithes araneiformis*** (Schrank)
Weidenknospenrüßler
Weit verbreitet und örtlich häufig, die Käfer sind an Erdbeeren und weniger häufig auch an Himbeeren zu finden, aber selten schädlich.

**Beschreibung:** KÄFER: 3–4 mm lang, glänzend und nicht sichtbar behaart, Farbe zwischen bräunlichgelb und schwarz. Körper oval, Rüssel kurz, Hinterleib deutlich punktiert (Abb. 165).

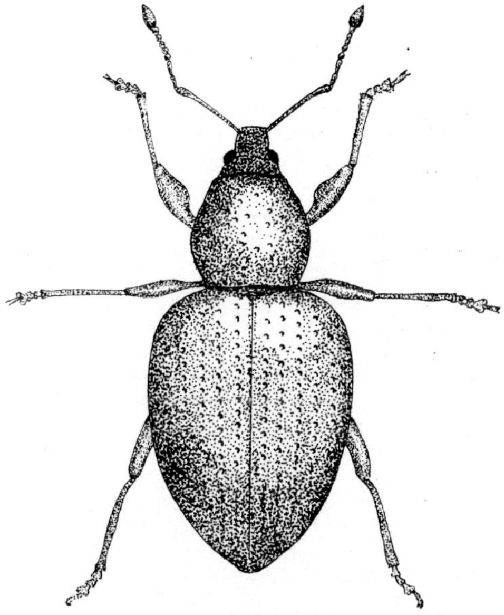
Abb. 165: Weidenknospenrüßler, *Barypeithes araneiformis*

**Lebensweise:** Die Eier werden in den Boden gelegt und die Larven fressen an den Wurzeln verschiedener Kräuter, auch an Klee. Die Käfer überwintern im Boden und treten ab Februar in den Erdbeerfeldern auf. Sie fressen an den Blättern, später auch an den sich entwickelnden Früchten. Es kann im Jahr 2 Generationen geben.

**Schaden:** Der Fraß der Käfer an Blättern ist nur von geringer oder ohne Bedeutung. An Früchten jedoch spielt der Fraß eine Rolle, denn die sich entwicklenden grünen Früchtchen werden von den Käfern angebohrt, so daß Löcher entstehen, deren Eingangsöffnung deutlich kleiner ist als der Höhlendurchmeser. Die Käfer sind manchmal auch auf Apfelbäumen zu finden, sind dort aber harmlos.

**Bekämpfung:** Z. Zt. keine zugelassenen Präparate.

***Barypeithes pellucidus*** (Boheman)
Diese lokal vorkommende Art wurde als Schädling von Himbeerblättern gemeldet und ist manchmal im Mai in Himbeerpflanzungen häufig. Die Schäden sind aber unbedeutend. Der Käfer frißt auch an Blättern der Erdbeere. Die Käfer sind denen der vorausgegangenen Art sehr ähnlich, haben aber eine deutlich längere, mehr aufgerichtete Behaarung.

***Sciaphilus asperatus*** (Bonsdorff)
Weit verbreitet, aber nur örtlich vorkommend. Gelegentlich als wenig bedeutender Schädling an Erdbeeren gemeldet.

**Beschreibung:** KÄFER: 4–6 mm lang; schwärzlich, dicht mit grauen oder gelblich-grauen Schuppen bedeckt und oft mit Metallglanz; auf den Flügeldecken starke, auffallende, aufrechtstehende Borstenreihen; Fühler rot und deutlich dünner als bei *Otiorhynchus* (Abb. 166).

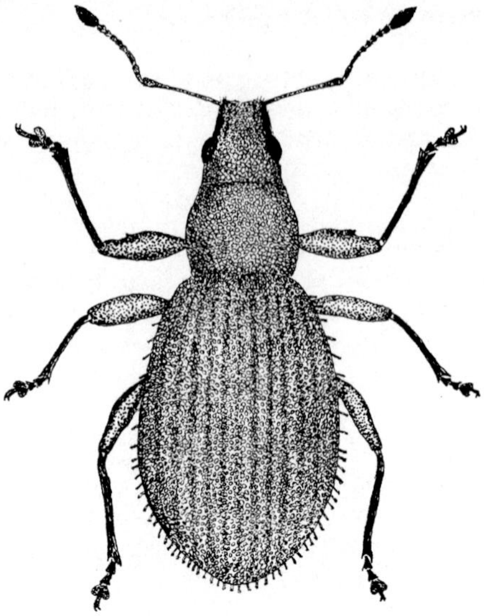

Abb. 166: *Sciaphilus asperatus,* ein Erdbeerwurzelrüßler

**Lebensweise:** Im Prinzip ähnlich der von *Otiorhynchus*-Arten, die an Erdbeerwurzeln vorkommen.

**Schaden und Bekämpfung:** Wie bei *Otiorhynchus rugosostriatus* (s. Seite 84).

***Strophosomus melanogrammus*** (Forster)
Syn.: ***coryli*** (Fabricius)
Fichtenkurzrüßler
Weitverbreitet und an wilden Haselsträuchen meist häufig. Wird gelegentlich an kultivierter Haselnuß gefunden, hat aber nur wenig oder keine wirtschaftliche Bedeutung.

**Beschreibung:** KÄFER: 4–6 mm lang, charakteristisch rundlich, schwarz oder braun, mit runden, bräunlichen oder grauen Schuppen bedeckt; flügellos (Abb. 167).

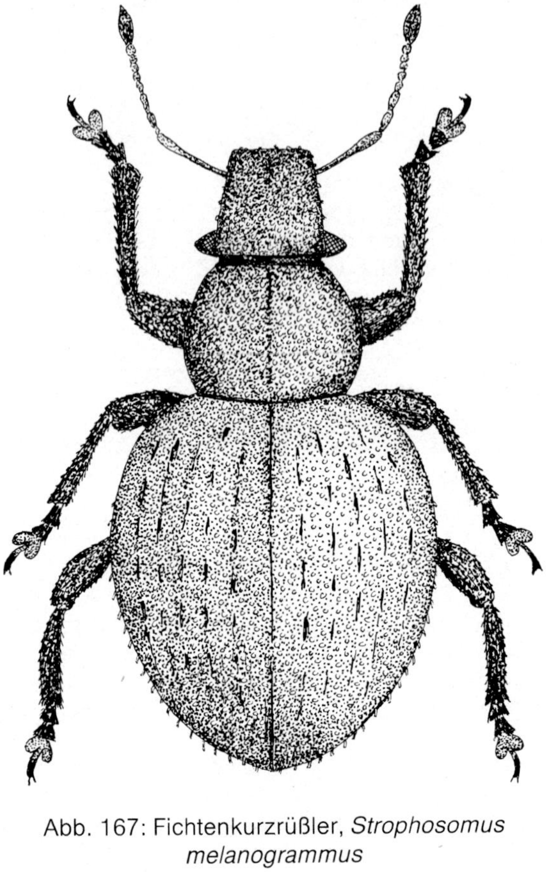

Abb. 167: Fichtenkurzrüßler, *Strophosomus melanogrammus*

**Lebensweise:** Die Käfer fressen während der Sommermonate an den Blättern der Hasel oder von Waldbäumen. Die Eier werden in den Boden gelegt und die Larven leben dort von den Wurzeln verschiedener Kräuter. Im Spätsommer verpuppen sie sich, die Überwinterung erfolgt als adulte Käfer, die im Frühjahr wieder an die Haselsträucher zurückkehren.

**Schaden:** Die Käfer fressen lediglich Löcher in die Blätter, was harmlos ist; die Entwicklung der Nüsse wird nicht beeinträchtigt.

**Bekämpfung:** Unnötig.

***Sitona lineatus*** (Linnaeus)
Gestreifter Blattrandkäfer
Weitverbreitet und häufig, stellenweise ein ernstzunehmender Leguminosenschädling. Gelegentlich fressen die Käfer an Erdbeere und anderen Obstarten, auch an Apfel.

**Beschreibung:** KÄFER: 4–5 cm lang; schwärzlich, aber mit grauen oder gelblichen, haarartigen Schuppen bedeckt, die dem Käfer ein gestreiftes Aussehen verleihen; Fühler rötlich (Abb. 168).

**Lebensweise:** Die Käfer überwintern unter Laub oder in der Streuschicht, sie erscheinen im April oder Anfang Mai. Die Eier werden in die Blätter von Leguminosen oder auf die Bodenoberfläche in deren Nähe gelegt. Die Larven schlüpfen 2 oder 3 Wochen später, dringen in den Boden ein und fressen in den Wurzelknöllchen. Nach rund 6 bis 7 Wochen verpuppen sie sich in Erdkammern wenige Zentimeter unter der Oberfläche. 2 bis 3 Wochen später schlüpfen die Käfer. Zuerst fressen sie an den Blättern ihrer Wirtspflanze, gehen aber später auch auf verschiedene nicht zu den Leguminosen gehörende Pflanzen über, bevor sie ihre Winterquartiere aufsuchen.

**Schaden:** Die Käfer nagen typische U-förmige Löcher in die Blattränder (Abb. 168). Solche Schäden werden normalerweise während des Sommers von den jungen Käfern verursacht und sind ohne Bedeutung. Am häufigsten werden solche Schäden an Erdbeerpflanzen beobachtet, besonders bei solchen, die gegenüber oder in der Nähe eines kurz vorher geernteten Erbsen- oder Bohnenfeldes stehen. Im Frühjahr können die Käfer geöffnete Obstblüten besuchen, richten dabei aber wenig oder keine Schäden an.

**Bekämpfung:** Unnötig.

***Plinthus caliginosus*** (Fabricius)
Hopfenwurzelrüßler
Gewöhnlich nicht häufig, aber aus den meisten oder gar allen Hopfenanbaugebieten gemeldet, gelegentlich als Dauerschädling; auch Himbeere und Erdbeere werden geschädigt.

**Beschreibung:** KÄFER: 5,5–9,0 mm lang; dunkelbraun bis schwarz; Beine und Fühler braun; Körper schmal, Thorax und Abdomen ungefähr gleich breit, oft mit Erde überzogen; flügellos (Abb. 169). LARVE: cremeweiß mit braunem Kopf; von *Otiorhynchus* unterscheidbar durch eine Mittellinie auf der Stirn (Abb. 170).

Abb. 168: Gestreifter Blattrandkäfer, *Sitona lineatus*

Abb. 169: Hopfenwurzelrüßler, *Plinthus caliginosus*

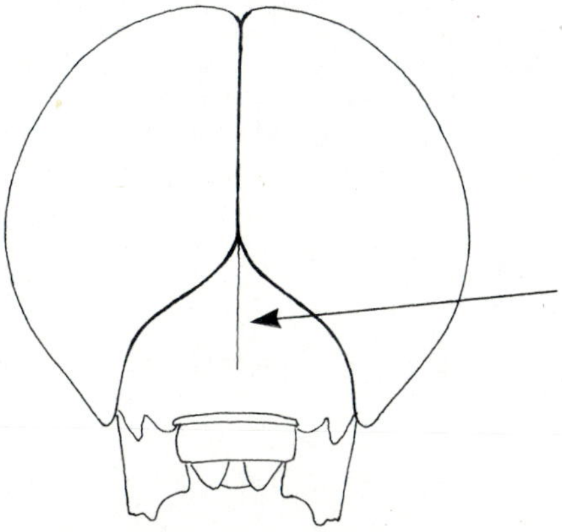

Abb. 170: Kopf der Larve des Hopfenwurzelrüßlers, *Plinthus caliginosus*

**Lebensweise:** Die Käfer sind das ganze Jahr hindurch anzutreffen, doch sind sie im Spätsommer und Herbst am häufigsten. Sie sind sehr träge, verlassen nur selten den Boden und ernähren sich durch Schabefraß an den unterirdischen Teilen des Hopfens. Die Eier werden einzeln in kleine Bohrlöcher am Wurzelstock oder, bei Neupflanzungen, in die unterirdischen Teile der Ranken abgelegt und zwar vom Spätsommer an, hauptsächlich aber zwischen September und November. Zuerst minieren die Larven in der Rinde, aber später dringen sie ins Mark ein, die Fraßgänge werden mit sich ansammelndem Kot verstopft. Nach 9 bis 18 Monaten sind die Larven ausgewachsen, sie verpuppen sich dann hauptsächlich während des Sommers in den Fraßgängen und 2 oder 3 Wochen später schlüpfen die Käfer.

**Schaden:** Der Fraß durch die Käfer kann die Ranken schwächen, ist aber annähernd bedeutungslos, weil er weitgehend auf das Ende der Wachstumszeit beschränkt ist. Die Larven aber richten beträchtliche Schäden an, vor allem in jungen oder neugepflanzten Hopfengärten. Die befallenen Hopfenranken welken und sterben in schweren Fällen ab; ein einziger befallener Wurzelstock kann 20 und mehr Larven enthalten. Die Junglarven gehen gerne in den verdickten, basalen Teil der Ranken; wenn diese für die Vermehrung geschnitten werden, kann der Befall leicht in vorher schädlingsfreie Gebiete verschleppt werden.

**Bekämpfung:** Der Schnitt kann den Befall durch die Entfernung junger Larven vermindern. Dadurch wird aber die Population nicht ausgerottet, weil sich ältere Larven im Wurzelstock befinden können. Es ist keine chemische Bekämpfungsmöglichkeit bekannt.

***Magdalis barbicornis*** (Latreille)
Birnenzweigrüßler
Überall häufig und manchmal an Birnen und anderen Obstarten geringfügig schädlich.

**Beschreibung:** KÄFER: 2,5–4,0 mm lang, mattschwarz, Fühler mit rotem Schimmer; Rüssel kurz; Weibchen mit flacher Körperbehaarung. (Abb. 171 A).

**Lebensweise:** Von Ende April bis Juni fressen die Käfer an der Unterseite von Blättern. Die Eier werden in die Rinde gelegt, unter der sich die Larven in einzelnen, parallel zur Zweig- oder Astachse angeordneten Fraßkammern ernähren. Larven treten vom Sommer an auf, sie verpuppen sich im Frühjahr.

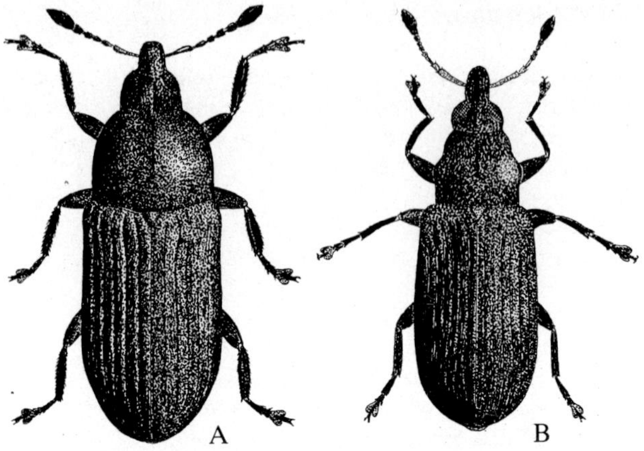


Abb. 171: A: Birnenzweigrüßler, *Magdalis barbicornis*, B: *Pflaumenzweigrüßler, Magdalis ruficornis*

**Schaden:** Der Fraß der Käfer ist oft auf einen kleinen, einen oder zwei Quadratzentimeter großen Teil der Blätter beschränkt, der dann mit vielen kleinen braunen Pünktchen gesprenkelt ist. Manchmal durchdringen die Fraßlöcher das ganze Blatt, sind aber ohne Bedeutung. Gelegentlich verdorren die von den Larven befallenen Holzteile und sterben ab, doch hat dieser Schaden nur wenig oder überhaupt keine Bedeutung.

**Bekämpfung:** Unnötig.

***Magdalis ruficornis*** (Linnaeus)
Syn. ***pruni*** (Linnaeus)
Pflaumenzweigrüßler
Weitverbreitet, kommt an Pflaume vor, gelegentlich auch an anderen Obstarten, z. B. an Apfel und Kirsche.

**Beschreibung:** KÄFER: 2,5–3,0 mm lang; mattschwarz, Fühlerschaft rot; Rüssel kurz; Thorax seitlich verdickt (Abb. 171 B).

**Lebensweise:** Im Mai und Juni fressen die Käfer auf der Unterseite von Pflaumenblättern. Die Larven entwickeln sich in einzelnen Kammern, die sie in der Rinde der Wirtspflanze aushöhlen, sie legen aber keine Fraßgänge oder Minen an. Der Befall ist weitgehend auf älteres Holz beschränkt. Die Larven fressen vom Sommer an und verpuppen sich schließlich im Frühjahr.

**Schaden:** Der Fraß durch die Larven kann zum Vertrocknen und Abfallen benachbarter Knospen führen, ist aber kaum von Bedeutung. Auch der Fraß durch die Käfer ist bedeutungslos.

**Bekämpfung:** Unnötig.

***Magdalis cerasi*** (Linnaeus)
Diese ganz schwarze, kräftig gebaute Art (3–5 mm lang) kommt manchmal auf Apfel und anderen Obstbäumen vor, ist aber als Schädling unwichtig.

***Magdalis armigera*** (Fourcroy)
Apfelzweigrüßler
Diese häufige, mattschwarze Art (3,5–4,5 mm lang) kommt hauptsächlich in vermodernden Ulmen vor, befällt aber auch Apfelbäume. Während des Frühjahrs fressen die Käfer an Blättern, die Larven leben unter loser oder sich zersetzender Rinde von Zweigen, Ästen oder Stämmen. Der Befall an Obstbäumen ist unbedeutend.

***Anthonomus piri*** Kollar
Syn. ***cinctus*** Redtenbacher; ***pyri*** auct. (orthographischer Fehler)
Birnknospenstecher
Ein wichtiger Birnenschädling in Europa; in England nur lokal und selten, auch wird dort nur der Apfel, nicht die Birne befallen.

**Beschreibung:** KÄFER: 4,5–6,0 mm lang; bräunlich oder purpurrot, mit goldenen, schwarzen, braunen und weißen Haaren bedeckt, letztere bilden ein helles Band auf den Flügeldecken (Abb. 172). EI: 0,8 × 0,6 mm; bohnenförmig und cremeweiß. LARVE: 5–7 mm lang; cremeweiß mit dunkelbraunem Kopf; Körper fleischig und ziemlich runzelig, stärker C-förmig als die Larve von *Anthonomus pomorum* (s. Seite 192).

**Lebensweise:** Der Käfer schlüpft im Mai und frißt an Triebspitzen und Blattstielen, sucht aber bald Rindenritzen oder andere Verstecke auf, in denen er den ganzen Sommer über bleibt. Erst Anfang September taucht er wieder auf und beginnt mit dem Reifungsfraß an Blatt- und Blütenknospen, die dadurch vernichtet werden. Mitte bis Ende September beginnen die Weibchen, ihre Eier einzeln in die Blütenknospen zu legen, die sie zuvor angebohrt haben. Ende Oktober oder erst im folgenden Februar oder März schlüpft die Larve, die sich vom Inhalt der Blütenknospe ernährt und sich Ende April oder Anfang Mai in der ausgehöhlten Knospe verpuppt.

In Großbritannien – und möglicherweise auch in anderen klimatisch ähnlichen Gebieten – bleibt der Käfer bis Januar in seinem Versteck und legt dann die Eier in die Blütenknospen der Apfelbäume. Die Larven verpuppen sich dort Ende Mai und die Käfer schlüpfen erst ab Ende Juni.

Abb. 172: Birnenknospenstecher, *Anthonomus piri*

Abb. 173: Apfelblütenstecher, *Anthonomus pomorum,* im Frühjahr an Apfel

**Schaden:** Durch den Reifungsfraß der Käfer im Herbst können in Befallsgebieten schwere Schäden an Birnbäumen entstehen, weil von einem einzigen Käfer viele Blüten- und auch Blattknospen zerstört werden, so daß nicht nur der Jahresertrag, sondern auch der Wuchs der Bäume gefährdet ist.

**Bekämpfung:** In lokalen Befallsgebieten kann eine Spritzung, beispielsweise mit Phosalon zur Zeit des Reifungsfraßes, also im September, angebracht sein, sofern die Birnen schon geerntet sind, andernfalls ist ein Präparat mit kurzer Wirkungsdauer zu wählen, z. B. Propoxur. Meist wird aber, wie auch in Großbritannien, eine Bekämpfung aus wirtschaftlichen Gründen nicht angebracht sein.

**_Anthonomus pomorum_ (Linnaeus)**
Apfelblütenstecher
Bevor 1946 das DDT eingeführt wurde, war dieser Rüsselkäfer einer der schlimmsten Apfelschädlinge. Heute ist er, obwohl noch immer weit verbreitet, in Erwerbsobstanlagen seltener geworden. Wilde und angepflanzte Äpfel sind die normalen Wirte, aber auch Birne und Quitte und manchmal Mispel werden befallen.

**Beschreibung:** KÄFER: 3,5–6,0 mm lang; dunkelbraun bis schwarz, mit braunen, grauen und weißen Haaren bedeckt, die auf den Flügeldecken ein weißgesprenkeltes V bilden; ein auffälliger weißer Fleck befindet sich zwischen Flügeldecken und Thorax (Abb. 173, 174). EI: 0,7 × 0,5 mm; oval, weiß und durchscheinend. LARVE: 8 mm lang, weiß mit dunkelbraunem Kopf; Körper gelblich, wenn die Larve ganz ausgewachsen ist (Abb. 175 A). PUPPE: 4–5 mm lang; blaßgelb (Abb. 175 B).

**Lebensweise:** Die Käfer überwintern unter der Rinde, in Rissen von Hölzern, in Steinhaufen und an anderen trockenen Stellen, oft suchen zahlreiche Käfer geeignete Plätze in benachbarten Wäldern, Hecken und Gräben auf. Von Februar an kommen sie wieder zurück und sind dann an warmen Tagen aktiv und fliegen umher, um Wirtsbäume zu finden. Wenn die Käfer schon vor dem Aufbruch der Knospen auf den Bäumen sind, warten sie, bis sich die Knospen geöffnet haben, bevor sie zu fressen beginnen. Vom Knospenaufbruch an werden die Eier (40 bis 50 je Weibchen) gelegt und zwar je eines pro Blütenknospe. Es wird durch ein vom Weibchen genagtes Loch an einem Staubfaden abgelegt. Innerhalb von 10 Tagen schlüpfen die Larven, die zunächst an den sich entwickelnden Staubbeuteln und Griffeln fressen und später an den Blütenblättern, um die bekannten, sich nicht öffnenden ballonförmigen Blüten zu bilden, die bald braun werden (Abb. 176). Nach etwa einem Monat sind die Larven ausgewachsen und verpuppen sich im Schutz der geschlossenen und vertrockneten Blüten. 2 oder 3 Wochen später schlüpfen die Käfer, die Mitte Juni am häufigsten sind. Rund 3 Wochen lang fressen sie an der Unterseite der Blätter, zerstreuen sich dann und suchen ihre Winterverstecke auf. Auch ein paar Käfer der Elterngeneration können überwintern.

**Schaden:** Braune, nicht geöffnete Blütenkappen, die von den Larven durch Befressen der Basis der Blütenblätter und der dadurch abgebrochenen Entwicklung derselben verursacht werden, sind für den Schädling charakteristisch (Abb. 176). Schwacher Befall ist in Jah-

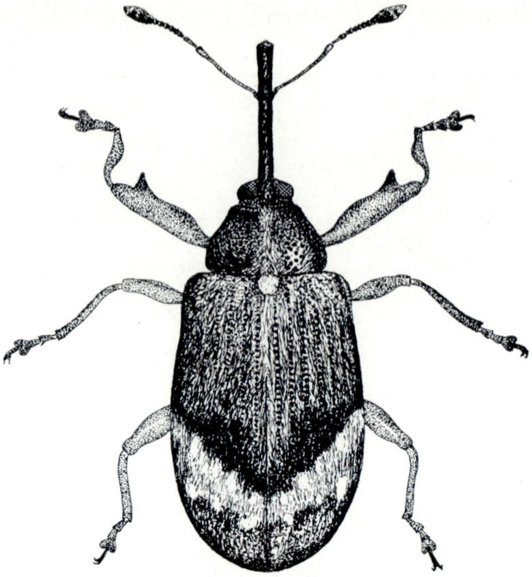
Abb. 174: Apfelblütenstecher, *Anthonomus pomorum*

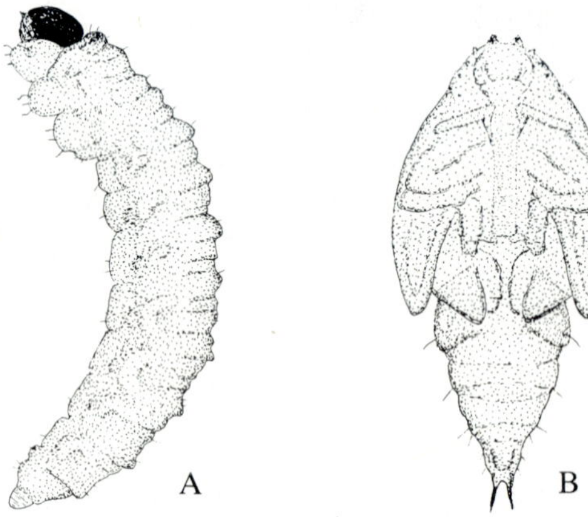

Abb. 175: Apfelblütenstecher, *Anthonomus pomorum,* A: Larve, B: Puppe

Abb. 176: Apfelblütenstecherschaden an Apfelblüten

ren mit gutem Blütenansatz wegen des Ausdünnungseffekts eher günstig. Bei starkem Befall werden aber alle, außer den frühesten Blüten der Blütenbüschel, zerstört und die Ernte ist damit vernichtet. Die Fraßstellen der Käfer sind deutlich größer als die für die Eiablage gebohrten Löcher; beim Apfel sind sie selten schädlich, an angefressene Birnenknospen aber tritt viel mehr Saft aus und es kommt zu verdrehten und schließlich welkenden und absterbenden Knospen. Der Blattfraß im Frühsommer beschränkt sich auf die Blattunterseite, die Oberhaut der Blätter bleibt unbeschädigt. Gelegentlich nagen die jungen Käfer flache Mulden in die sich entwickelnden Früchtchen, doch ist dieser Schaden unbedeutend.

**Bekämpfung:** Wenn nötig, Austriebspritzung (im Mausohrstadium) mit Eftol-, Folidol- oder Nexion-Öl oder Olio-Ekamet, oder mit Acephat, Etrimfos oder Phosalon. Wenn starker Befall zu erwarten ist, wird empfohlen, beim Aufbruch der Knospen zu spritzen.

***Anthonomus rubi*** (Herbst)
Erdbeerblütenstecher
Ein weitverbreiteter und örtlich wichtiger Erdbeerschädling. Auch Brombeere und Himbeere werden befallen.

**Beschreibung:** KÄFER: 2–4 mm lang; schwarz und schütter grau behaart; von *Coenorhinus germanicus* zumindest durch die Farbe des Körpers und durch die Fühlerform unterschieden (Abb. 177, 178). EI: 0,5 × 0,4 mm; oval, weiß und durchscheinend. LARVE: 3,5 mm lang, schmutzig cremeweiß mit hellbraunem Kopf; Körper ausgeprägt C-förmig (Abb. 179).

**Lebensweise:** Die Käfer sind von April an bei warmem, sonnigem Wetter aktiv, am häufigsten sind sie Ende Mai zu finden. Zuerst fressen sie an den Erdbeerblättern, später aber werden auch die Blüten angegriffen. Die Eier werden einzeln in noch ungeöffnete Blüten gelegt, hauptsächlich im Juni. Sobald ein Ei gelegt wurde, kriecht das Weibchen am Blütenstiel ein Stück abwärts und ringelt diesen mit ein paar kleinen Stichen. Befallene Knospen entwickeln sich nicht weiter und fallen entweder zu Boden oder bleiben am teilweise durchgetrennten Blütenstiel hängen (Abb. 180). Die Larven schlüpfen nach 5 oder 6 Tagen und ernähren sich, meist eine pro Blüte, unter der schützenden Decke von ver-

Abb. 177: Erdbeerblütenstecher, *Anthonomus rubi*, im Frühjahr an Erbeere

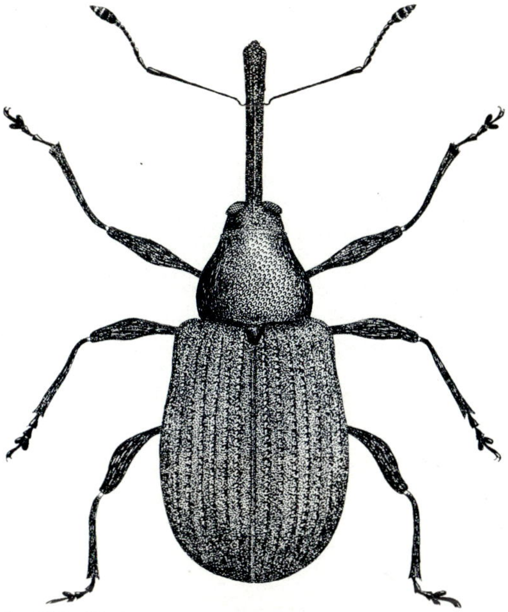

Abb. 178: Erdbeerblütenstecher, *Anthonomus rubi*

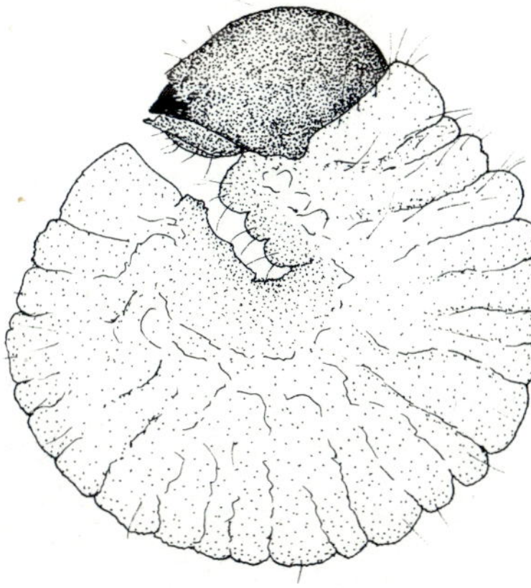

Abb. 179: Larve des Erdbeerblütenstechers, *Anthonomus rubi*

trockneten Blüten- und Kelchblättern von den welkenden Blütenteilen. Die Larven entwickeln sich rasch und sind nach etwa 2 Wochen ausgewachsen und verpuppen sich an Ort und Stelle. Wenige Wochen später schlüpfen die Käfer der neuen Generation, die unter dürren Blättern und anderen Pflanzenabfällen Schutz suchen und dort bis zum nächsten Frühjahr bleiben. Die Schäden an Brombeere und Himbeere entstehen in ähnlicher Weise, aber ein wenig später.

**Schäden:** Die Käfer fressen typische kleine Löcher in Laub- und Blütenblätter (Abb. 181), doch sind solche Beschädigungen bedeutungslos. Ernstere Schäden verursachen die Weibchen bei der Eierablage, weil sie Blütenknospen zerstören. ERDBEERE: Vor allem die ersten Blüten werden beschädigt und die Verluste bei Frühsorten können deshalb empfindlich sein. Die Schäden bei Sorten mit gleichmäßig reifenden Beeren sind dagegen weniger spürbar. Auch gibt es bei Sorten mit geringer Blütenzahl und großen Früchten schwerere Schäden, bei Sorten mit längerer Blütezeit können Verluste früher Blüten meist gut kompensiert werden. BROMBEERE UND HIMBEERE: Die meisten Schäden entstehen an den späteren Trieben, die frühen Blüten werden meist verschont, weil die Käfer diesen Wirt erst später aufsuchen.

**Bekämpfung:** Beim Sichtbarwerden der ersten Schäden mit Cypermethrin oder Deltamethrin behandeln, nicht in die Blüte spritzen; jährliche Routinespritzungen sind selten gerechtfertigt.

***Curculio nucum*** (Linnaeus
Haselnußbohrer
Allgemein verbreitet, an Hasel stellenweise häufig. Schädlich in Haselnußpflanzungen.

**Beschreibung:** KÄFER: 6–9 mm lang; glänzend schwarz, aber mit hellbraunen und graubraunen haarförmigen Schuppen bedeckt, so daß er grau-beige gesprenkelt aussieht. Körper rautenförmig; Rüssel sehr lang und gebogen (Abb. 182). EI: 0,8 × 0,5 mm; oval und glänzend weiß. LARVE: 10 mm lang, weiß mit braunem Kopf.

Abb. 180: Vom Erdbeerblütenstecher geschädigte Blütenknospe der Erdbeere

Abb. 181: Vom Erdbeerblütenstecher geschädigte Erdbeerblüte

Abb. 182: Haselnußbohrer, *Curculio nucum*

**Lebensweise:** Die Käfer schlüpfen im Mai und sind an sonnigen Tagen besonders aktiv. Die Eier werden im Juni gelegt, wenn die Nüsse etwa 10–12 mm Durchmesser aufweisen und ihre Schale noch weich ist. Das Ei wird durch ein kleines, vom Weibchen durch die Schale genagtes Loch in die Nuß gelegt. Nach ungefähr einer Woche schlüpfen die Larven, meist eine pro befallener Nuß und beginnen dann den Kern zu fressen. Sie durchlaufen 4 Stadien und sind Ende Juli oder im August ausgewachsen und verlassen die Nuß durch das jetzt stark erweiterte Eiablageloch, das während der Larvenentwicklung auch zum Kotauswurf benützt wird. Auf dem Boden angelangt graben sich die Larven ein und bauen sich 10 cm unter der Oberfläche oder auch tiefer eine kleine Erdhöhle, in der sie sich im Frühjahr verpuppen.

**Schaden:** Obwohl die Kerne der befallenen Nüsse oft vollständig zerstört sind, wird der Schaden während der Wachstumszeit meist übersehen, weil die befallenen Nüsse mehr oder weniger normal reifen. Bei der Ernte sind diese Nüsse aber sofort an einem kreisrunden Loch von 2 mm Durchmesser an der Seite der Nußschale zu erkennen (Abb. 183). Sekundäre Ernteverluste können entstehen, weil die Beschädigungen der Fruchtschalen durch den Haselnußbohrer das Eindringen des Braunrostpilzes in die Nüsse ermöglicht.

**Bekämpfung:** Eine winterliche Bodenbearbeitung rund um die Haselnußsträucher könnte viele überwinternde Larven zerstören und dadurch den Befall verringern.

***Mecinus pyraster*** (Herbst)
Kleiner Apfelblattrüßler
Dieser kleine, 3–4 mm lange, zylindische, schwarzglänzende Rüsselkäfer ist hellgrau behaart (Abb. 184). Er kommt im Juni oft zahlreich auf Apfelbäumen vor. Obwohl er an Blättern frißt, ist er harmlos. Auch an Kirsche, Birne und Pflaume wurde dieser Rüßler schon beobachtet. Die Larve lebt an den Blüten des Wegerich.

Abb. 183: Schaden des Haselnußbohrers an Haselnuß

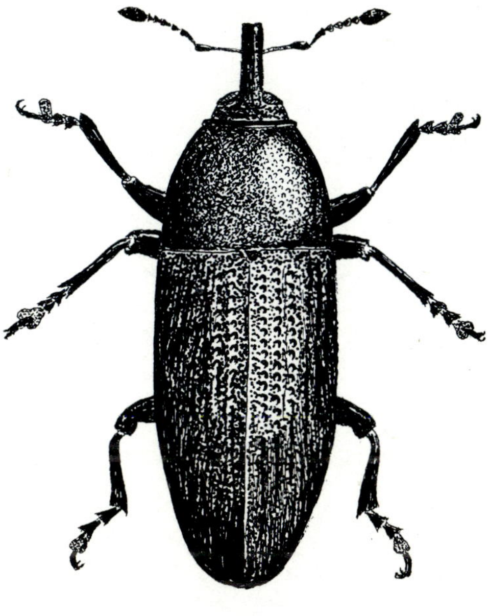

Abb. 184: Kleiner Apfelblattrüßler, *Mecinus pyraster*

## Familie Scolytidae
Borkenkäfer

Die Borkenkäfer sind von beträchtlicher wirtschaftlicher Bedeutung, vor allem für das Nutzholzgewerbe; mindestens 4 Arten befallen Obstbäume. Normalerweise kommen sie in absterbenden Zweigen vor oder in Bäumen, die wegen Wurzelschäden an Wassermangel leiden; besonders häufig ist der Befall von Pflaumenbäumen, die vom Bakterienbrand befallen sind. Totes, abgelagertes Holz wird von Borkenkäfern nicht befallen.

Die Eier sind normalerweise oval oder rundlich, perlweiß und glänzend, sie werden in den von den Käfern im Wirtsbaum angelegten Gängen gelegt. Die Larven sind weiß, wenn sie gefressen haben, manchmal mit Rosaschimmer; sie sind beinlos; sie haben einen braunen Kopf und einen sehr langen Prothorax, wodurch sie ziemlich buckelig aussehen. Die Entwicklung erfolgt ausschließlich im Wirt, die Larven durchlaufen 5 Entwicklungsstadien. Einige Arten sind von der Anwesenheit der Hyphen des Ambrosiapilzes in ihren Gängen abhängig, weil die Larven von ihnen leben.

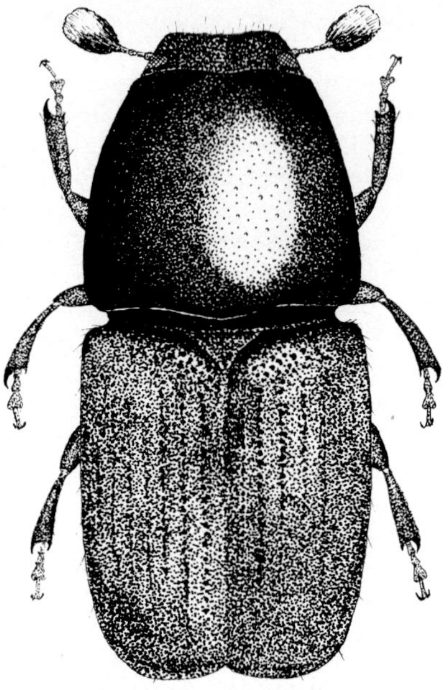

Abb. 185: Großer Obstbaumsplintkäfer, *Scolytus mali*

***Scolytus mali*** (Bechstein)
Syn: ***pruni*** (Ratzeburg)
Großer (oder Glänzender) Obstbaumsplintkäfer
Örtlich häufig, befällt Apfel, Pflaume und, weniger häufig, Birne, Kirsche und andere Obstbäume.

**Beschreibung:** KÄFER: 3,5–4,5 mm lang; Kopf und Thorax schwarz; Flügeldecken dunkelbraun; Thorax und Flügeldecken glänzend, letztere mit glatten Zwischenräumen (Abb. 185).

**Lebensweise:** Die Käfer erscheinen am Ende des Frühjahrs oder im Frühsommer, bei sonnigem Wetter fliegen sie. Wenn sie eine geeignete Wirtspflanze gefunden haben, bohren sie sich durch die Rinde bis ins saftige Holz, wo sie einen Längsgang anlegen. Die Gänge sind zwischen 5 und 12 cm lang und an der Basis unregelmäßig und leicht verbreitet, dort findet die Kopulation statt. Die Eier (gewöhnlich 50 bis 60) werden im Gang abgelegt. Die Larven legen, nachdem sie geschlüpft sind, nach oben oder unten lange, senkrechte und mehr oder weniger gerade Gänge an. Die Larvengänge liegen eng nebeneinander und enden in einer leichten Erweiterung, in der die Verpuppung erfolgt. Die Larven fressen während der Herbst- und Wintermonate und verpuppen sich im Frühjahr. Schließlich schlüpfen die Käfer, beißen sich durch die Rinde und hinterlassen zahlreiche auffällige Schlupflöcher.

**Schaden:** Typischerweise befällt der Schädling Stämme und große Äste von mehr als 20 cm Durchmesser, die dann geschwächt werden oder auch absterben. Außerdem können die Käfer an Zweigen oder an der Knospenbasis fressen, was zum Welken oder Absterben führen kann. Gewöhnlich werden nur kränkelnde Bäume befallen.

**Bekämpfung:** Borkenkäfer sind gewöhnlich von untergeordneter Bedeutung, ihre Anwesenheit zeigt normalerweise an, daß bestimmte Pflegemaßnahmen ergriffen werden sollten, um die Gesundheit der befallenen Bäume wiederherzustellen. Eine Spritzung der Stämme mit Karboöl im März oder April kann möglicherweise die Käfer aus den Bäumen vertreiben, ist aber von begrenzter Wirkung.

***Scolytus rugulosus*** (Müller)
Kleiner (oder Runzeliger) Obstbaumsplintkäfer
Häufig und weitverbreitet, befällt Apfel, Birne, Kirsche, Pflaume und andere Obstbäume.

**Beschreibung:** KÄFER: 2,0 × 2,5 mm lang; dunkelbraun bis schwarz, Beine und Fühler braun; Thorax glänzend und länger als breit; Flügeldecken matt, Zwischenräume runzelig (Abb. 186).

**Lebensweise:** Die Käfer fliegen im Frühjahr und Sommer. Zu Beginn des Befalls bohren sie sich durch die Rinde des Wirtsbaumes, bis sie das saftige Holz erreicht haben. Dann wird ein enger, 1,3–3,0 cm langer, längs verlaufender Muttergang ausgehölt, in dem das Weibchen ungefähr 50 Eier ablegt. Sobald die Larven geschlüpft sind, legen sie, vom ursprünglichen Gang ausgehend, zwischen Splintholz und Borke eine Reihe gewundener, flacher Gänge an, die sich oft kreuzen, hauptsächlich ihren Enden zu (Abb. 187). Am Ende ihrer Gänge nagen die Larven etwas tiefere Kammern, in denen sie sich verpuppen. Wenn dann die Käfer geschlüpft sind, bohren sie sich durch die Rinde nach außen, wodurch die bekannten schrotschußartigen Schlupflöcher entstehen. Normalerweise gibt es jährlich 2 Generationen, die Larven der zweiten entwickeln sich während der Wintermonate.

**Schaden:** Diese Art befällt die Stämme kleiner, gewöhnlich kränkelnder Bäume mit einem Stamm- oder Astdurchmesser ab 6 cm; ein starker Befall kann zum Absterben des Baumes führen.

**Bekämpfung:** Wie bei *Scolytus mali* (s. Seite 98)

***Xyleborus dispar*** (Fabricius)
Ungleicher Holzbohrer
Weitverbreitet, aber lokal und selten. Viele Baumarten werden befallen, auch Apfel, Birne, Kirsche und Pflaume.

**Beschreibung:** WEIBCHEN: 3,0–3,5 mm lang; dunkelbraun bis schwarz mit blaßbraunen Beinen und Fühlern; Körper gelblich behaart (Abb. 188). MÄNNCHEN: 1,5–2,0 mm lang; Thorax relativ klein, Hinterleib kurz.

**Lebensweise:** Von Mai bis Juli sind die Käfer an den Stämmen ihrer Wirtsbäume zu finden; bei heißem, sonnigem Wetter sind sie sehr aktiv. Nach der Paarung bohren sich die Weibchen in die Rinde des Wirtsbaumes, gewöhnlich an einem Riß in der Rinde beginnend, bis sie das Splintholz erreicht haben und legen dann einen Quergang nach jeder Seite an. Von diesem aus werden zylindrische Brutgänge angelegt, die senkrecht nach oben oder unten führen. An die Eingänge derselben werden die Eier gelegt, bis zu 50 während der Lebenszeit eines Weibchens. Die Larven leben von Mai oder Juni an in den Brutgängen von Ambrosiapilzen. Weil sich die Eiablage über einige Wochen erstreckt, können in diesen Kolonien zu jeder Zeit Larven unterschiedlicher Größe gefunden werden. Das ganze Jahr hindurch gibt es in den Gängen auch adulte Käfer, die meisten aber zwischen Mitte des Winters und Frühsommer. Die Männchen sind viel seltener als die Weibchen, vor allem im Sommer machen sie höchstens 10–20% der Population aus. Bevor die Käfer die Wirtsbäume verlassen, können sie in den Brutgängen dicht gepackt, einer hinter dem anderen, gefunden werden.

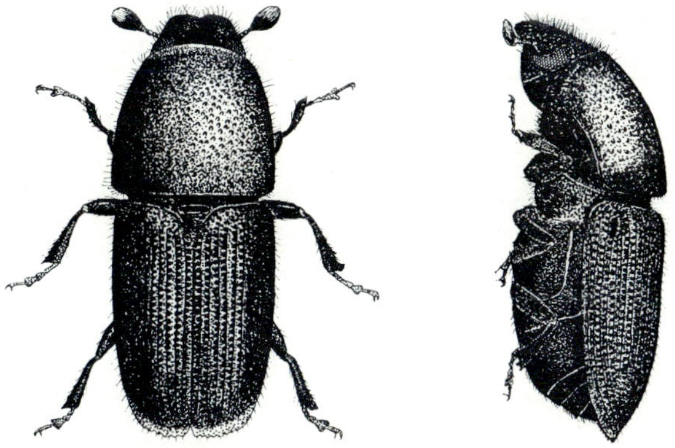

Abb. 186: Kleiner Obstbaumsplintkäfer, *Scolytus rugulosus*

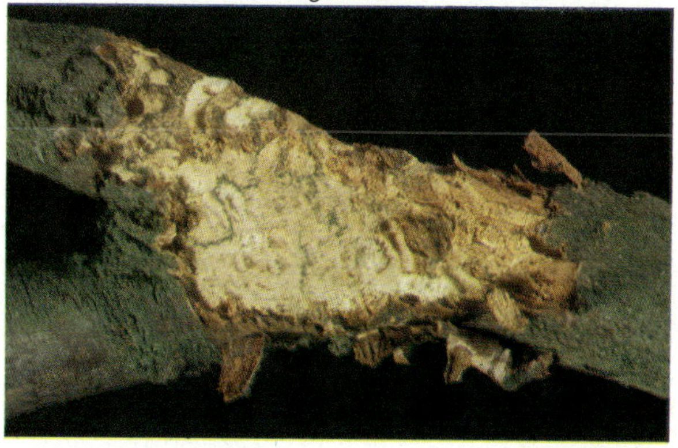

Abb. 187: Schaden durch den Kleinen Obstbaumsplintkäfer an Pflaume

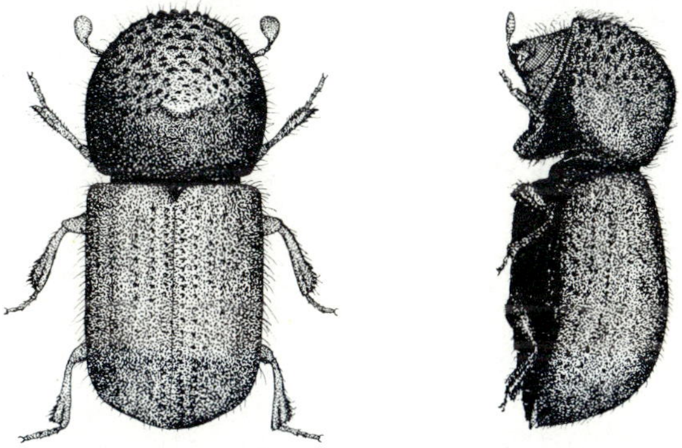

Abb. 188: Weibchen von *Xyleborus dispar*

**Schaden:** Der Befall in Obstanlagen beschränkt sich meist auf eine kleine Zahl von Bäumen, die sich oft an nassen Standorten befinden. Aber auch relativ junge, wüchsige Bäume können befallen werden. Die Käfer leben sowohl in den Stämmen als auch in dickeren Ästen und manchmal können Bäume von Gängen ganz durchlöchert sein und schließlich eingehen.

**Bekämpfung:** Wie bei *Scolytus mali* (s. Seite 98)

***Xyleborus saxeseni*** (Ratzeburg)
Syn. ***xylographus*** sensu auct., nicht (Say)
Kleiner Holzbohrer
Manchmal können Obstbäume hauptsächlich von Apfel und Kirsche von dieser lokal vorkommenden Art befallen sein; oft ist an dem Befall auch *Xyleborus dispar* beteiligt.

**Beschreibung:** KÄFER: 2,0– 2,5 mm lang; dunkelbraun, Körper gelblich behaart (Abb. 189).

**Lebensweise:** Im Frühjahr erscheinen die Käfer. Nach der Kopulation bohren die Weibchen, gewöhnlich von abgestorbenen Teilen oder oberflächlichen Verletzungen ausgehend, Gänge in den Wirtsbaum bis zum Splintholz. Dann wird der Gang transversal nach einer oder nach beiden Seiten durch Brutkammern erweitert, in denen die Eier abgelegt werden. Im Gegensatz zum Gangsystem von *Xyleborus dispar* sind die Gänge eng und flach. Sobald die Larven geschlüpft sind, erweitern sie ihre Kammern beträchtlich zu Hohlräumen von 2 cm Durchmesser und mehr. Die entstehenden Exkremente bilden einen braungelben Brei, mit dem die Wände der Kammern ausgefüttert sind und der sich in den umliegenden Gängen ansammelt, beträchtliche Mengen davon werden auch durch das anfangs hergestellte Bohrloch nach außen befördert. Dieser Brei bildet ein Substrat, auf dem sich Ambrosiapilze entwickeln können, mit denen dann die innerern Kammern bedeckt sind und die einen wichtigen Teil der Larvennahrung ausmachen. Alle Entwicklungsstadien des Käfers sind in den Brutkammern zu finden, oft dicht zusammengedrängt. Bis zu 300 Individuen finden sich manchmal in einer einzigen Kolonie und es können sich jährlich 2 Generationen entwickeln.

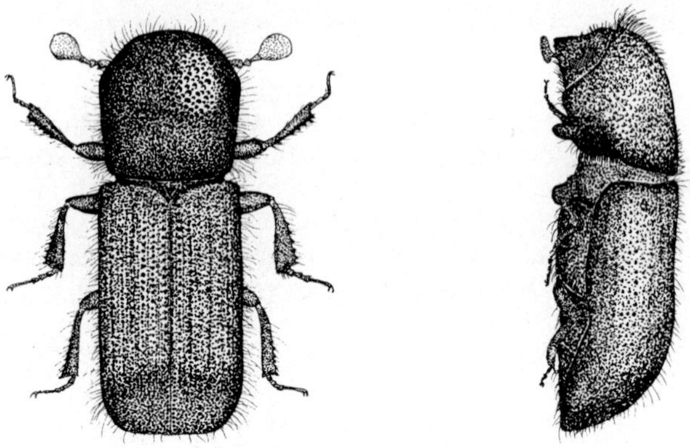

Abb. 189: Kleiner Holzbohrer, *Xyleborus saxeseni*

**Schaden:** Gesunde Obstbäume werden nicht befallen, deshalb ist der Schaden von untergeordneter Bedeutung.

**Bekämpfung:** Unnötig.

# 5 Mücken und Fliegen

Echte Mücken und Fliegen der Ordnung Diptera besitzen ein Paar entwickelte Flügel, die Hinterflügel sind zu Schwingkölbchen (Halteren) umgewandelt, die im Flug als Gleichgewichtsorgane dienen. Viele Arten besuchen Blüten, um Nektar zu saugen und manche von ihnen sind für die Bestäubung wichtig. Auch von den Säften beschädigter oder überreifer Früchte werden Fliegen angelockt und können dann die ursprünglichen Verletzungen etwas ausweiten, was aber von untergeordneter Bedeutung ist. Wenige Arten, wie beispielsweise die der Trauermücken (Sciaridae) angehörenden, leben in verrottenden Früchten und können nicht als Schädlinge bezeichnet werden. Dipterenlarven haben keine Beine und der Kopf ist oft nicht erkennbar. Einige leben räuberisch oder parasitisch und mehrere von ihnen sind wichtige Feinde von Obstschädlingen (Kapitel 10). Viele sind phytophag, aber nur wenige davon sind Obstschädlinge.

## Unterordnung Nematocera
(Mücken)

Fühler der adulten Mücken mit Fühlerschaft, Pedicellus und Fühlergeißel, die aus zahlreichen gleichartigen Gliedern besteht, deren jedes einen Haarquirl trägt.

### Familie Tipulidae
Schnaken

Schnaken sind langsamfliegende Insekten mit langgestrecktem Körper und langen Flügeln und Beinen. Ihre Larven leben im Boden, sind zähhäutig und walzenförmig.

***Tipula paludosa*** Meigen
Sumpfschnake
Sehr häufig und ein wichtiger Schädling in der Landwirtschaft. Die Larve schädigt manchmal Himbeere, Erdbeere und Hopfen.

**Beschreibung:** MÜCKE: 17–25 mm lang, Körper grau mit bräunlichem oder gelblichrotem Anflug; Thorax schwach längsgestreift; Flügel lang und schmal, 13–23 mm lang; Beine zart, braun und sehr lang; Fühler 14gliedrig (Abb. 190). EI: 1,0 × 0,4 mm, oval, glänzend schwarz. LARVE: 35–45mm lang; bräunlich grau, erscheint glanzlos, staubig und runzelig; Körper dick und nach vorn leicht konisch verjüngt mit einer weichen aber zähen, lederartigen Haut; Kopf schwarz, klein und nicht deutlich abgegrenzt; Analsegment mit einem einzigen Paar verlängerter Analpapillen (Abb. 191, 192 A). PUPPE: 20–30 mm lang; braun und langgestreckt mit paarigen Atemhörnchen am Kopf.

Abb. 190: Männchen der Sumpfschnake, *Tipula paludosa*

**Lebensweise:** Die Mücken schlüpfen von Juni an, sind aber im Spätsommer und zum Herbstanfang am häufigsten. Ein Weibchen legt durchschnittlich 300 Eier, die meisten von Mitte August bis Ende September, knapp unter die Bodenoberfläche und in Gelegen von 5 bis 6. Nach etwa 14 Tagen schlüpfen die Larven, die an oder unter der Bodenoberfläche an Wurzeln fressen. Im Winter nehmen sie keine Nahrung auf, erst wieder ab Frühjahr. Ungefähr im Juni sind die Larven ausgewachsen und verpuppen sich. Die Puppe windet sich kurz vor dem Schlüpfen soweit nach oben, daß sie gerade die Bodenoberfläche durchstößt.

**Schaden:** Die Schnakenlarven schädigen die unterirdischen Teile der Stämme, die Wurzeln und den Wurzelhals der Pflanzen. Der Schaden wird meist im Frühjahr sichtbar, wenn das Wachstum befallener Pflanzen nachläßt und diese welk werden. Schäden treten vor allem auf, wenn junge Brombeer-, Loganbeer- oder Himbeerruten, Setzlinge der Erdbeere oder des Hopfens in frisch umgebrochene Wiesen oder Hopfengärten gepflanzt werden. Besonders gerne werden junge Erdbeerpflanzen befallen, die manchmal wieder untergepflügt werden müssen. Normalerweise ist der Befall in leichten, trockenen Böden und in warmen trockenen Jahren weniger stark.

**Bekämpfung:** Beerenobst sollte nicht in Gebieten gepflanzt werden, in denen es viele Schnakenlarven gibt. Befallene Flächen sollten möglichst umgebrochen, nicht bepflanzt und unkrautfrei gehalten und erst wieder nach Mitte des Sommers bestellt werden. Spritzungen mit Lindan oder Ausbringen von Nexion-Streumittel oder Schneckenkorn kann einigen Erfolg bringen, die Probleme können aber am besten durch pflanzenbauliche Maßnahmen gelöst werden. Insektizide sind am wirksamsten, wenn sie im Herbst oder im Frühjahr bei mildem, nassem Wetter angewandt werden.

***Tipula oleracea*** Linnaeus
Kohlschnake
Diese weitverteitete Art hat ein ähnliches Wirtsspektrum wie *Tipula paludosa,* ist aber allgemein weniger häufig.

**Beschreibung:** MÜCKE: 15–23 mm lang; Körper vorwiegend grau, Thorax blaßbraun längsgestreift; Flügellänge 18–28 mm; Beine deutlich dünner als bei *Tipula paludosa* und bräunlich mit schwarzen Tarsen; Fühler 13gliedrig (Abb. 193). LARVE: 35–40 mm lang; ähnlich der von *T. paludosa,* aber mit 2 Paar verlängerten Analpapillen (Abb. 192 B).

**Lebensweise:** Ähnlich wie *Tipula paludosa,* aber die Mücken erscheinen früher, nämlich von Mai bis August. Auch die Entwicklung erfolgt schneller, die Larven sind rascher ausgewachsen und verpuppen sich oft schon vor dem Winter.

Abb. 191: Larve von *Tipula paludosa,* eine typische Schnakenlarve

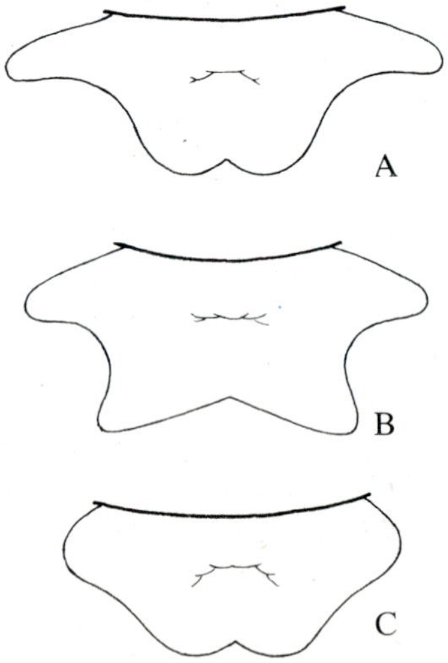


Abb. 192: Analsegmente von Schnakenlarven, A: *Tipula paludosa,* B: *Tipula oleracea,* C: *Nephrotoma appendiculata*

Abb. 193: Männchen von *Tipula oleracea,* der Kohlschnake

**Schaden:** Ähnlich wie bei *Tipula paludosa,* aber zu einem größeren Teil schon in der Zeit nach der Eiablage bis Spätherbst.

**Bekämpfung:** Wie bei *Tipula paludosa* angegeben.

***Nephrotoma appendiculata*** (Pierre)
Syn. ***maculata*** (Meigen)
Gefleckte Rutenmücke
Häufig und weitverbreitet; in Gärten manchmal die häufigste Schnake. Sie hat ein großes Wirtsspektrum und kann zusammen mit den Larven anderer Schnakenlarven Beerenfrüchte schädigen.

**Beschreibung:** MÜCKE: 12–20 mm lang; Körper gelb und schwarz, Thorax mit 3 Längsstreifen; Kopf mit einem dreieckigen schwarzen Fleck; Flügel gräulich (Abb. 194). LARVE: 20–30 mm lang; graubraun; Analpapillen gerundet (Abb. 192 C).

**Lebensweise:** Ähnlich wie *Tipula oleracea,* die Adulten fliegen von Mai bis August und legen ihre Eier ungezielt auf der Bodenoberfläche ab.

**Schaden:** Ähnlich wie durch *Tipula oleracea*

**Bekämpfung:** Wie bei *Tipula paludosa* (s. Seite 102).

Abb. 194: Weibchen der Gefleckten Rutenmücke, *Nephrotoma appendiculata*

Abb. 195: Gemeine Strahlenmücke, *Dilophus febrilis*

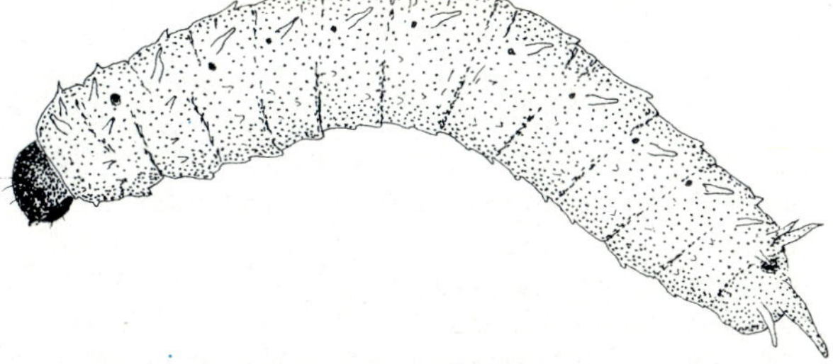

Abb. 196: Larve der Gemeinen Strahlenmücke, *Dilophus febrilis*

## Familie Bibionidae
Haarmücken

Die Mücken sind vorwiegend schwarz und behaart und sehen robust aus, die Männchen schweben in auffälligen Schwärmen oft ziemlich langsam umher. Die Larven sind zylindrisch, mit deutlichem Kopf, gutenwickelten Mundwerkzeugen und fleischigen Anhängen an allen Körpersegmenten. Sie kommen häufig in Böden vor, die reich an sich zersetzenden organischen Substanzen sind, auch in Misthaufen und dergleichen, in Böden mit hohem Gehalt an organischem Material schädigen sie manchmal Wurzeln.

***Dilophus febrilis*** (Linnaeus)
Gemeine Strahlenmücke
Die Fliegen dieser allgemein häufigen Art kommen vom Frühjahr bis zum Herbst vor, sind aber in der ersten Zeit des Frühjahrs am häufigsten; sie können oft als wichtiges Insekt für die Bestäubung der Blüten beobachtet werden. Gewöhnlich haben sie jährlich 3 Generationen, die Larven fressen manchmal an den Wurzeln von Erdbeerpflanzen oder Hopfen, wodurch geringfügiger Schaden entsteht. Ein Befall kommt oft dort zustande, wo Kompost ausgebracht wurde oder an Stellen, an denen sich vorher Misthaufen befanden. Die Mücken sind durch einen Kranz von Dornen an der Spitze der Vorderschenkel und durch eine doppelte Borstenreihe an der Thoraxvorderseite gekennzeichnet (Abb. 195). Die Larven sind rund 10 mm lang, düster bräunlich und weisen kurze Körperanhänge auf (Abb. 196); die Puppe ist weißlich und sieht ziemlich buckeling aus. Die Eier werden gruppenweise im Bo-

den oder wenigstens in sich zersetzenden pflanzlichen Substanzen abgelegt. Die Larven treten oft in großer Menge auf. Eine chemische Bekämpfung lohnt sich nicht.

## Familie Cecidomyiidae (= Itonididae)

Gallmücken

Gallmücken sind kleine, zierliche Dipteren mit breiten, oft behaarten Flügeln, deren Aderung stark reduziert ist; die Fühler sind lang und perlschnurartig; die Beine sind lang und dünn. Die kurzen Larven werden zu beiden Enden hin dünner, die Kopfpartie ist undeutlich ausgebildet; gewöhnlich besitzen sie sternal eine Spatula („Brustbein"), dessen Form für eine Gattung oder Art oft typisch ist.

***Dasyneura mali*** (Kieffer)
Apfelblatt – Gallmücke
Weitverbreitet und in den letzten Jahren zu einem ernstzunehmenden Apfelschädling geworden.

**Beschreibung:** MÜCKE: 1,5–2,5 mm lang, Körper dunkelbraun (Abdomen des Weibchens rot), Oberseite mit schwarzer Zeichnung (Abb. 197). EI: Sehr klein, zigarrenförmig und rötlich. LARVE: 2,5–3 mm lang, weiß oder cremefarbig, wird im Laufe ihrer Entwicklung rot oder orange, Spatula zweilappig (Abb. 198).

**Lebensweise:** Die Eier werden in den aufgewölbten Rand junger Apfelblätter gelegt. Nach 3 bis 5 Tagen schlüpfen die Larven und fressen, geschützt durch den gerollten Blattrand, an der Oberhaut der Blätter. Nach 2 bis 3 Wochen sind die Larven ausgewachsen und lassen sich fallen. Sie dringen flach in den Boden ein und verpuppen sich dort in einem Gespinst. Gelegentlich erfolgt die Verpuppung auch in einem gekräuselten Blatt oder in einem anderen Versteck. Etwa 2 Wochen später schlüpfen die Gallmücken. Bei ausbleibendem Regen verlassen die Larven erst später die härter gewordenen Blätter, wodurch sich die Entwicklungsdauer verlängert. Normalerweise gibt es 3 Generationen im Jahr, die Larven der dritten überwintern in ihren Kokons und verpuppen sich im folgenden Frühjahr.

**Schaden:** Befallene Blätter werden verformt und die Blattränder bleiben fest gerollt (Abb. 199). Vorwiegend Triebspitzen und Wasserschosse werden befallen. Der Schaden äußert sich in einer gewissen Wachstumshemmung, die in einer Etragsanlage nur geringe oder keine Auswirkung zeigt, wogegen in Baumschulen, an Pfropfreisern oder an kleinen Bäumchen teilweise ernste Schäden verursacht werden können.

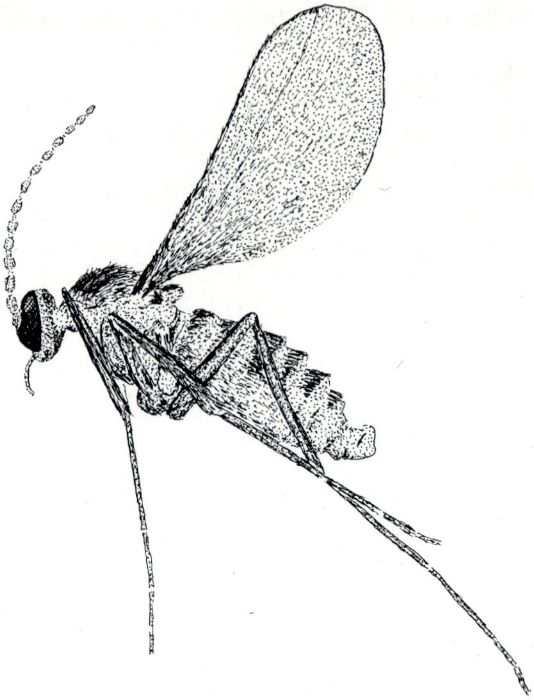

Abb. 197: Apfelblatt-Gallmücke, *Dasyneura mali*, Männchen

Abb. 198: Larven der Apfelblatt-Gallmücke, *Dasyneura mali*

Abb. 199: Schaden durch die Apfelblatt-Gallmücke *Dasyneura mali* an Apfelblatt

**Bekämpfung:** Wenn nötig bzw. wenn Blätter mit eingerolltem Rand beobachtet werden. Spritzung mit Phosphorestern gegen den Apfelwickler (s. Seite 171) wirkt auch gegen die Apfelblatt-Gallmücke.

***Dasyneura plicatrix*** ((Loew)
Brombeerblatt-Gallmücke
Weitverbreitet, befällt sowohl wilde als auch angepflanzte Brombeere, Loganbeere und Himbeere, ist aber kein wichtiger Schädling.

**Beschreibung:** MÜCKE: 1,5–2,0 mm lang; bräunlich oder gelblich; Hinterleib des Weibchens auffallend fahl (Abb. 200). EI: Sehr klein, zigarrenförmig; weißlich. LARVE: 2 mm lang, weißlich mit zweilappiger Spatula.

**Lebensweise:** Die Mücken fliegen im Mai und Juni. Die Eier werden in noch nicht entfaltete Blätter gelegt, die Larven schlüpfen wenige Tage danach. Sie fressen gesellig an der Oberseite der jungen, noch zusammengerollten Blätter und sind nach etwa 3 Wochen ausgewachsen. Sie lassen sich zu Boden fallen und verpuppen sich schließlich in einem Kokon im Boden. Die Puppenentwicklung dauert rund 3 Wochen; eine 2. Mückengeneration fliegt im Juli oder August, deren Larven sind im August und September zu finden. Die Überwinterung erfolgt als ausgewachsene Larve im Kokon.

**Schaden:** Die befallenen Blätter falten sich oft entlang der Mittelader, die sich häufig verdickt. Das Wachstum befallener Triebe wird oft gehemmt, zumindest während der Befallsdauer. Stark befallene Blätter verfärben und verdrehen sich, werden verformt und schließlich schwarz (Abb. 201).

**Bekämpfung:** Nicht nötig; es gibt keine Meldungen über wirtschaftliche Schäden.

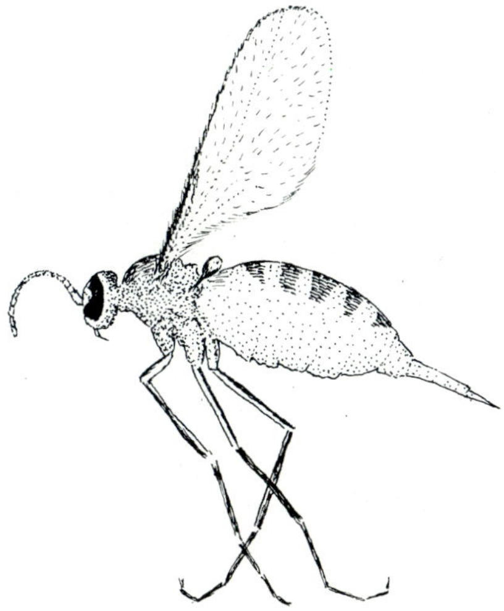

Abb. 200: Weibchen der Brombeerblatt-Gallmücke, *Dasyneura plicatrix*

Abb. 201: Schaden durch die Brombeerblatt-Gallmücke an Brombeerblatt

***Dasyneura pyri*** (Bouché)
Birnenblatt-Gallmücke
Weitvertreiteter Birnenschädling

**Beschreibung:** MÜCKE: 1,5–2,0 mm lang; braun mit schwarzen Querbändern auf dem Hinterleib. EI: Sehr klein, zigarrenförmig, weißlich. LARVE: 2 mm lang, weißlich mit zweilappiger Spatula.

**Lebensweise:** Die Mücken erscheinen ab Mitte oder Ende April, am häufigsten sind sie im August oder September. Die Eier werden in die noch eingerollten Ränder junger Birnblätter gelegt, gewöhnlich bis zu 35 pro Blatt. Nach wenigen Tagen schlüpfen die Larven, die gesellig an der Oberhaut fressen und damit verhindern, daß sich das Blatt entfaltet. Nach rund 2 Wochen sind die Larven ausgewachsen, lassen sich zu Boden fallen, spinnen sich wenige Zentimeter unter der Oberfläche einen Kokon und verpuppen sich. Wenn das Wetter sehr trocken ist, können die Larven in den dicht gerollten Blättern gefangengehalten werden und die Verpuppung kann sich infolgedessesn verzögern. Nach einem Regenschauer gibt es dann oft eine Massenabwanderung aus solchen Blättern. Das Puppenstadium dauert rund 2 Wochen. Die Zahl der sich jährlich entwickelnden Generationen (gewöhnlich 3) hängt in gewissem Umfang von der Verfügbarkeit junger Blätter ab; in sehr trockenen Jahren gibt es oft nur 2 Generationen.

**Schaden:** Bei starkem Befall sind die Blätter ziemlich verdreht und die Ränder dicht gerollt, sie treffen sich entlang der Mittelader (Abb. 202). Solche Blätter färben sich rötlich, später schwarz und sterben dann ab. Am häufigsten werden Baumschulpflanzungen, Neutriebe junger Bäume und Wasserschosse älterer Bäume befalllen. Im Frühjahr werden nur die Triebspitzen geschädigt. Später aber, wenn die Triebe länger werden, wird eine Folge von Spitzenblättern befallen, sodaß die Schäden in verschiedener Höhe der Triebe zu finden sind.

**Bekämpfung:** Spritzung mit Endosulfan nach der Blüte oder wenn die ersten Symptome bemerkt werden. Die meisten zur Apfelwicklerbekämpfung benützten Insektizide haben eine gute Nebenwirkung auf die Gallmücke (s. Seite 171).

Abb. 202: Von der Birnblatt-Gallmücke befallene Birnenblätter

***Dasyneura tetensi*** (Rübsaamen)
Johannisbeerblatt-Gallmücke
Zum ersten Mal 1931 in Kent (England) an Schwarzen Johannisbeeren beobachtet; kommt jetzt in den meisten Anbaugebieten der Schwarzen Johannisbeere in der ganzen Welt vor und ist oft ein gefürchteter Schädling.

Abb. 203: Von der Johannisbeerblatt-Gallmücke befallene Blätter der schwarzen Johannisbeere

**Beschreibung:** MÜCKE: 1–2mm lang; Körper bräunlich bis gelblich; Hinterleib blaßer gefärbt, oben mit dunkleren Querbändern, ähnelt sehr *Dasineura plicatrix* EI: 0,27× 0.7 mm, zigarrenförmig, weißlich. LARVE: 2 mm lang; gewöhnlich weiß, manchmal orangefarben; Spatula zweilappig.

**Lebensweise:** Es gibt jährlich 3 Generationen, deren Mücken von April bis August auftreten; an bestimmten Sorten der Schwarzen Johannisbeere, die noch spät im Sommer neue Blätter bekommen (z. B. „Goliath"), kann es eine teilweise 4. Generation geben. Die Eier werden in Falten junger Blätter gelegt, vor allem in solche, die sich an den Triebspitzen befinden, entweder auf deren Ober- oder Unterseite. Nach wenigen Tagen schlüpfen die Larven, die ungefähr 10 bis 14 Tage lang gesellig im Schutz der gerollten Blätter fressen, sich dann fallenlassen und sich in kleinen, seidenen Kokons wenige Zentimeter unter der Bodenoberfläche verpuppen. Die Puppenentwicklung dauert rund 2 Wochen. In jedem befallenen Blättchen sind normalerweise 4 oder 5 Larven, aber manchmal auch mehr. Die Larven der letzten Generation überwintern in ihren Kokons und verpuppen sich im Frühjahr. Die Mücken fliegen bei Windstille, bei Wind bleiben sie ruhig in den Büschen sitzen.

**Schaden:** Befallene Blätter werden verfärbt, faltig und verdreht (Abb. 203); sie können sich gewöhnlich nicht normal entfalten und werden schließlich schwarz. Im frühen Befallsstadium kann sich das Blatt in charakteristischer Weise nach einer Seite drehen, wenn es sich zu entfalten beginnt. Der Befall ist bei Büschen im Ertrag unbedeutend, weder die Erntemenge noch die Qualität wird vermindert. Bei Baumschulpflanzen aber führen die Verformungen der Neutriebe zu unansehnlichen Pflanzen und oft zu mißgestalteten Büschen. Insbesondere der Schaden an Stecklingen ist empflindlich, denn sie werden unbrauchbar. Die Verdrehungen der Blätter können außerdem die Symptome der virösen Brennesselblättrigkeit in einer Pflanzung maskieren und somit die Erkennung kranker Büsche bei den Inspektionen der Baumschulen verhindern.

**Bekämpfung:** Bei starkem Befall 2 Spritzungen mit Endosulfan im Abstand von 2 Wochen, die erste beim Öffnen der ersten Blüten (Wartezeit 60 Tage!). Später kann Dimethoat oder Propoxur verwendet werden (Wartezeit!). Bei schwächerem Befall: Sofortiger Rückschnitt der befallenen Triebspitzen.

***Lasioptera rubi*** Heeger
Himbeergallmücke
Weitverbreitet und häufig, befällt Brombeere, Loganbeere und Himbeere, ist aber kein gefährlicher Schädling.

**Beschreibung:** MÜCKE: 2 mm lang; Kopf klein, mit großen, schwarzen Augen; Thorax dunkelbraun, vorn mit silbernem Streifen; Hinterleib dunkelbraun und schwarz mit silberweißen Querbändern; Flügeladern mit schwarzen Schuppen; eine ausgeprägte klare Stelle in der Mitte der vorderen marginalen Flügelader (Abb. 204). LARVE: 2–3mm lang; orangerot, mit tief eingekerbter, zweilappiger Spatula. PUPPE: 2 mm lang; orangerot.

**Lebensweise:** Die Mücken erscheinen im Mai, Juni oder Juli und legen ihre Eier in Gelegen von bis zu 15 oder mehr an der Basis von Knospen oder Seitentrieben ab. Nach rund 10 Tagen schlüpfen die Larven, die sich durch die Epidermis in die Triebe einbohren. Die befallene Ranke schwillt an und es bildet sich innerhalb von 6 Wochen eine deutlich ausgeprägte Galle (Abb. 205). Die Larven setzen ihren Fraß noch einige Monate fort und sind im folgenden April oder Mai ausgewachsen und verpuppen sich dann. Ungefähr 3 Wochen später schlüpfen die Mücken durch Risse oder durch zerfallende Teile der Galle.

**Schaden:** Die Gallen sind dickwandig und werden mit schwarzbraunem Kot und sich zersetzendem Pflanzengewebe gefüllt. Sie sind manchmal bis 40 mm lang und entweder walnußähnlich (die Ranke vollständig umgebend) oder asymmetrisch (nur auf einer Seite der Ranke ausgebildet); es gibt auch Gallen an den Triebspitzen. Die Gallen hemmen das Wachstum der befallenen Pflanzen, was sich sowohl auf das Blatt- als auch auf das Fruchtwachstum nachteilig auswirken kann.

**Bekämpfung:** Eine ausreichende Bekämpfung sollte durch das Entfernen und Verbrennen der abgetragenen Zweige im Herbst erreicht werden. Wenn sich der Schädling trotzdem in der Anlage hält, gibt es wahrscheinlich außerhalb der Pflanzung Reservate für ihn und es sollten deshalb nahegelegene wilde Brombeerbüsche oder Hecken kontrolliert und gegebenenfalls die Gallen herausgeschnitten und verbrannt werden.

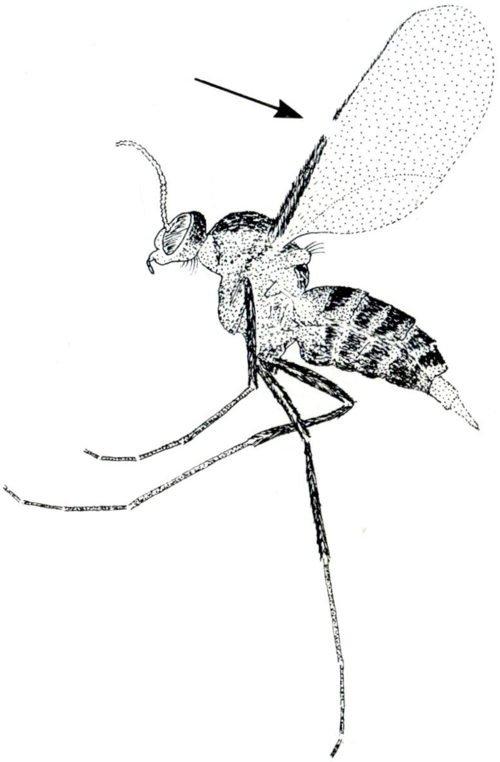

Abb. 204: Weibchen der Himbeergallmücke, *Lasioptera rubi*

Abb. 205: Galle der Himbeergallmücke an Brombeerranke

***Contarinia humuli*** (Theobald)
Hopfenzapfengallmücke
Ein nicht häufiger Schädling in verschiedenen Hopfenanbaugebieten.

**Beschreibung:** MÜCKE: 1,5–2,0 mm lang; Körper blaßgelb; Beine braun. EI: Sehr klein, zigarrenförmig und durchscheinend. LARVE: 2–3 mm lang, weißlich mit deutlicher Spatula.

**Lebensweise:** Ende Juli bis August sind die Mücken bei sonnigem, warmen und windstillem Wetter aktiv und legen ab Anfang August ihre Eier in die sich entwickelnden Dolden des Hopfens. Von Mitte August bis Anfang September fressen die Larven gesellig in den Dolden und es können sich in einer einzigen mehr als 50 befinden. Die meisten fressen im zentralen Teil der Dolden versteckt oder am Grund der Deckblätter, einige auch außerhalb. Von Ende August an verlassen die ausgewachsenen Larven die Dolden, bewegen sich hüpfend ein Stück weit auf der Bodenoberfläche fort und verstecken sich dann in der Bodenstreu, wo sie sich einen Kokon spinnen, in dem sie überwintern und sich schließlich verpuppen. Diese Art hat eine Generation im Jahr.

**Schaden:** Die Schuppen befallener Dolden werden schwärzlich und sind von Fraßgängen durchzogen. Stark befallene Dolden werden braun und ihr Wachstum ist stark gehemmt. Bei manchen Sorten kann es zu schweren Schäden kommen.

**Bekämpfung:** Es liegen keine brauchbaren Empfehlungen vor.

***Contarinia pyrivora*** (Riley)
Birnengallmücke
Ein weitverbreiteter und wichtiger Birnenschädling. Bäume in Gärten werden jedoch am schwersten geschädigt.

**Beschreibung:** MÜCKE: 2,5–4,0 mm lang; Körper grauschwarz, auf dem Thorax 2 Längsstreifen; Hinterleib der frisch geschlüpften Weibchen ockerfarben, Legebohrer sehr weit ausziehbar; Flügel dunkel. EI: Sehr klein, zigarrenförmig, weißlich und etwas durchscheinend. LARVE: 4–5 mm lang; gelblichweiß mit auffälliger, bräunlicher Spatula (Abb. 206).

**Lebensweise:** Die Mücken treten im April und Mai auf, wenn sich die Blüten der mittelfrühen Birnensorten zu öffnen beginnen. Die Eier, gewöhnlich 10 bis 30, werden in Gruppen an die Staubfäden offener oder noch nicht ganz geöffneter Blüten gelegt. Wenn mehr als ein Weibchen an dieselbe Blüte Eier legt, können sich schließlich bis zu 100 Larven in einem einzigen Früchtchen befinden. Nach 4 bis 6 Tagen schlüpfen die Larven und entwickeln sich im Fruchtfleisch des Früchtchens, in dem sich ein schwarzer Hohlraum bildet. Nach etwa 6 Wochen sind die Larven ausgewachsen. Sie dringen aus der Frucht (die schon zu Boden gefallen sein kann) nach außen und spinnen 5–8 cm unter der Bodenoberfläche einen seidenen Kokon, in dem sie überwintern und sich schließlich im Frühjahr verpuppen. Es gibt jährlich eine Generation. Die *Contarinia*-Larven können springen, indem sie ihren Körper biegen und dann plötzlich strecken; dadurch können sie sich ausbreiten, aber auch Bodenrisse und andere Stellen finden, an denen sie leicht in den Boden eindringen können.

Abb. 206: Larven der Birnengallmücke, *Contarinia pyrivora*

Abb. 207: Schaden durch die Birnengallmücke an Birnenfrüchtchen

Abb. 208: Von der Birnengallmücke befallenes Birnenfrüchtchen

**Schaden:** In den ersten 2 Wochen nach dem Befall wachsen die Früchtchen schneller als nicht befallene und werden auch deutlich rundlicher (Abb. 207) oder mißgebildet (Abb. 208). Aber wenn sie 15–20 mm Durchmesser erreicht haben, hört das Wachstum auf, sie werden runzelig, brechen auf, zersetzen sich (Abb. 209) und fallen dann zu Boden. Selbst gesunde Früchtchen können wegen der Nährstoffkonkurrenz durch das schnelle Wachstum befallener Früchte im selben Fruchtbüschel abfallen. Der Verlust an Früchten kann beträchtlich sein, vor allem bei an Hauswänden gezogenen Birnbäumen.

**Bekämpfung:** Spritzung mit Endosulfan (bienenungefährlich) ganz kurz vor der Blüte. Die Behandlung sollte im folgenden Jahr wiederholt werden, jährliche Routinespritzungen sind jedoch nicht notwendig.

Abb. 209: Rest eines Birnenfrüchtchens nach dem Befall durch die Birnengallmücke

***Contarinia rubicola*** Kieffer
Brombeerblütengallmücke
Weitverbreitet aber lokal. Als Schädling an Brombeeren unwichtig.

**Beschreibung:** MÜCKE: 1,5–1,6 mm lang; Körper dunkelgrau bis graubraun; Hinterleib des Weibchens gelblich mit breiten, graubraunen Querbändern. EI: Sehr klein, zigarrenförmig und durchscheinend. LARVE: 2–3 mm lang; weißlich mit deutlich ausgeprägter Spatula.

**Lebensweise:** Im Juni und Juli fliegen die Mücken und legen ihre Eier in die Blüten, und zwar an den Grund der Staubblätter. Die Larven fressen während Juli und August in den ungeöffneten Blüten; bis zu 27 Larven wurden in einer einzigen Blüte gefunden. Wenn sie ausgewachsen sind, lassen sie sich auf den Boden fallen. Sie überwintern im Boden in Kokons und verpuppen sich im Frühjahr. Es gibt eine Generation im Jahr.

**Schaden:** Befallene Blüten schwellen an und öffnen sich gewöhnlich nicht. Die vergrößerten Blütenblätter werden runzelig, die Staubblätter welken und werden schwarz. Wenn eine Knospe nur von wenigen Larven befallen ist, kann sich noch eine kleine, aber verformte Frucht entwickeln. Viel häufiger aber führt der Befall zum völligen Verlust der Früchte.

**Bekämpfung:** Das Absammeln und Vernichten befallener Blüten und Früchte ist als Bekämpfungsmaßnahme ausreichend.

***Resseliella oculiperda*** (Rübsaamen)
Okuliergallmücke
Weit verbreitet aber lokal. Sporadisch vorkommender Schädling an okulierten Pflanzen und Pfropfreisern bei Apfel, Birne, Pflaume und anderen Obstbäumen; besonders gut als Rosenschädling bekannt. Es gibt ausgeprägte „Apfel-“ und „Rosen“-Rassen, beide (besonders aber die letztere) mit flexibler Wirtspräferenz.

**Beschreibung:** MÜCKE: 1,4–2,1 mm lang; Körper dunkel rotbraun. LARVE: 3,0–3,5 mm lang; lachsrosa bis rot (Junglarve farblos oder weißlich) mit zweilappiger Spatula.

**Lebensweise:** Es gibt 3 Generationen im Jahr, die Mücken treten Ende Mai bis Ende Juni, im Juli bis Anfang August und Ende August bis Anfang September auf. Die Eier werden in die beim Pfropfen oder Okulieren notwendigen Schnittstellen in der Rinde gelegt. Nach etwa einer Woche schlüpfen die Larven, die in kleinen Gruppen vom Saft im Kambium zwischen Edelreis und Unterlage leben und nach 2 bis 3 Wochen erwachsen sind. Sie lassen sich dann auf den Boden fallen, graben sich ein und spinnen sich wenige Zentimeter unter der Oberfläche einen Kokon, verpuppen sich und 2 bis 3 Wochen später schlüpfen die Mücken. Die Larven der Herbstgeneration überwintern in ihren Kokons und verpuppen sich im Frühjahr. Typisch für diese Gattung ist, daß die Nachkommen eines Weibchens gleichgeschlechtlich sind.

**Schaden:** Der Fraß der Larven verhindert das Anwachsen der Edelreiser oder Knospen, so daß Reiser oder Augen vertrocknen und absterben. Selbst wenn ein Edelreis teilweise angewachsen ist, kann der Befall noch eine erfolgreiche Veredelung verhindern. Die schwersten Schäden durch den Befall von Reisern oder Augen entstehen ab August, die Schäden in unbehandelten Baumschulen können dann beträchtlich sein.

**Bekämpfung:** Der beste Schutz ist das überziehen der Edelaugen mit reichlich Petroleum-Gelee, was die Eiablage verhindert. Diese vorbeugende Maßnahme nützt aber nichts, wenn die Eier schon gelegt sind oder die Larven bereits mit ihrem Fraß begonnen haben.

***Resseliella theobaldi*** (Barnes)
Himbeerruten-Gallmücke
Auf dem europäischen Festland und in England weit verbreitet und jetzt auch überall in den schottischen Himbeeranbaugebieten zu finden, wo sie als ernstzunehmender Schädling gilt. Offenbar kommt sie in Nordamerika, Neu-Seeland und Irland nicht vor. Wenn sie auch hauptsächlich an Himbeere schädlich ist, kommt sie doch gelegentlich auch an Loganbeere vor.

**Beschreibung:** MÜCKE: 1,4–2,1 mm lang; Körper dunkel rotbraun; langbeinig und zart aussehend (Abb. 210). EI: 0,33 × 0,94 mm; glänzend und durchscheinend. LARVE: 3,0–3,5 mm lang; lachsrosa bis gelblich, als Junglarve aber noch farblos; Spatula zweilappig (Abb. 211). PUPPE: 1,3–2,0 mm lang; dunkel rotbraun mit Atemhörnern an Kopf und Thorax.

**Lebensweise:** Die Mücken schlüpfen, abhängig von den Temperaturen im Frühjahr, von Anfang Mai an (in Schottland schlüpfen sie annähernd einen Monat später als in Süd-England und in Mitteleuropa) und legt ihre Eier in Rindenrisse junger Himbeerruten, die zu dieser Zeit meist 20 bis 30 cm hoch sind. Binnen einer Woche schlüpfen die Larven, die in großen Gruppen unter der Rinde zu fressen beginnen, nahe bei Längsrissen in der Epidermis. Die Larven fressen 2 oder 3 Wochen lang und sind, nachdem sie 3 Entwicklungsstadien durchlaufen haben, ausgewachsen. Sie lassen sich fallen, dringen am Grunde der Ruten in den Boden ein und verpuppen sich in einem rund 2,1 × 1,1 mm großen, weißlichen Kokon. 2 bis 3 Wochen später schlüpfen die Mücken der zweiten Generation, deren Larven im Juli und August zu finden sind. Gewöhnlich gibt es noch eine dritte Generation im September, deren ausgewachsene Larven in ihren Kokons überwintern und sich im Frühjahr verpuppen. Typisch ist, daß die Nachkommen eines Weibchens gleichgeschlechtlich sind. Mehr als 100 Larven der 1. Generation können in einer einzigen Rute vorkommen, bei den späteren Generationen können es ein paar Hundert pro Rute sein.

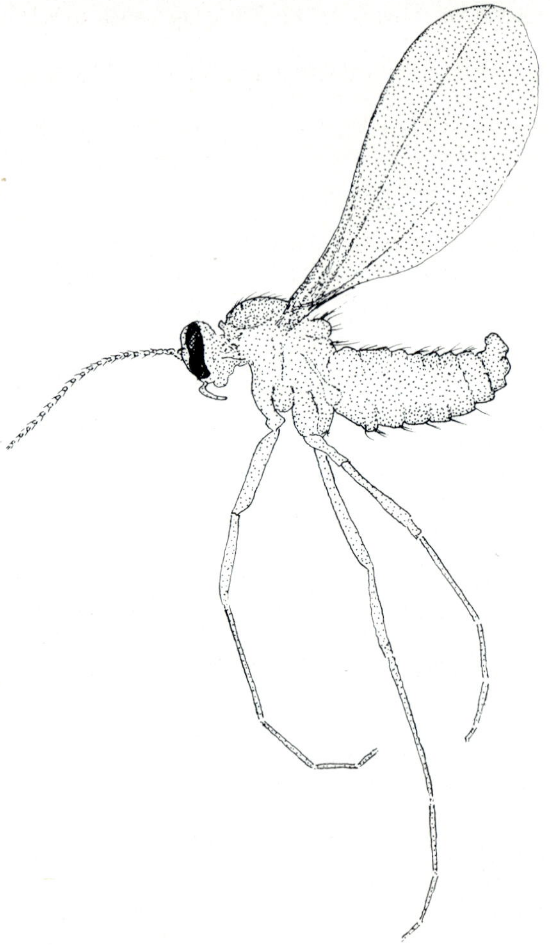

Abb. 210: Männchen der Himbeerruten-Gallmücke, *Resseliella theobaldi*

Abb. 211: Larven der Himbeerruten-Gallmücke, *Resseliella theobaldi*

**Schaden:** Die Mückenlarven verursachen an den Himbeerruten nur oberflächliche Schäden, die Gewebe an den geschädigten Stellen verfärben sich nach braun oder schwarz (Abb. 212). Mückengeschädigte Ruten sind aber bedeutend empfindlicher gegenüber einem Befall durch bestimmte pilzliche Krankheitserreger, beispielsweise *Didymella applanata, Fusarium culmorum* und *Leptosphaeria concothyrium.* Diese Pilze verursachen ein Erscheinungsbild, das als Rutenkrankheit bezeichnet wird. Diese Krankheit kann dazu führen, daß die Jungtriebe absterben und damit die Ertragserwartungen für das Folgejahr stark vermindert werden. Es bestehen merkliche Unterschiede in der Empfindlichkeit der verschiedenen Himbeersorten: Solche, bei denen die Rinde leicht rissig wird, (z. B. Malling Promise, Preußen, Schönemann) neigen viel mehr zu Schäden als solche, deren Rinde weniger reißt (z. B. Gigant, Kelleriis 5, Zeva 3) und die normalerweise kaum geschädigt werden.

**Bekämpfung:** Die Jungtriebe sollten, wenn sie 25–30 cm hoch sind, mit Lindan gespritzt werden, Wiederholung der Spritzung 2 Wochen später. Gewöhnlich ist das in der 1. und 3. Maiwoche, bei kühlem Frühjahrswetter auch etwas später (Bei Sorten, deren Rinde erst sehr spät reißt, werden 3 Spritzungen in Abständen von 10 Tagen empfohlen). Es ist wichtig, die jungen Ruten und den Boden tropfnaß zu spritzen; die tragenden Ruten brauchen jedoch nicht gespritzt werden. Bei schwachem Befall der Pflanzung sollten jährlich Routinebehandlungen nicht notwendig sein. In südlichen Gegenden kann eine Behandlung der neuen Ruten mit Lindan oder Parathion im August oder September angebracht sein, wenn die Mücken der 3. Generation fliegen; eine solche Behandlung wird dazu beitragen, die überwinternde Population und damit auch den Frühjahrsbefall zu reduzieren. Schäden durch die Himbeerruten-Gallmücke an der Sorte „Glen Clova“ können durch das Abschneiden oder Abbrennen des ersten Teils der Jungtriebe im Frühjahr verringert werden (weil die Fruchttriebe für das folgende Jahr dann vom 2. Teil der Jungtriebe gebildet werden, deren Rinde reißt zu einem späteren Zeitpunkt, an dem nur wenige eierlegende Weibchen vorhanden sind). Wenn zur Vernichtung des ersten Teils der jungen Ruten Gelböl verwendet wird, ist gleichzeitig auch eine gewisse Reduktion der überwinternden Generation im Boden zu erreichen.

# Unterordnung Cyclorhapha
(Fliegen)

Fühler der Fliegen mit Scapus (1. Fühlerglied), Pedicellus (2. Fühlerglied) und Flagellum (3. Fühlerglied), letzteres wird gewöhnlich von einem zusammengesetzten, vergrößerten Segment gebildet, das eine Borste (Arista) trägt. Die Larve ist madenförmig und oft nach vorne verjüngt; sie besitzt ausgeprägte, zum Schaben geeignete Mundhaken, der Kopf ist klein, undeutlich und kaum erkennbar. Die Verpuppung erfolgt innerhalb der letzten Larvenhaut, die zu einem schützenden, tonnenförmigen Puparium wird, aus dem schließlich die adulte Fliege schlüpft und dazu einen kreisrunden Deckel aufbricht (Operculum).

Abb. 212: Schaden durch die Himbeerruten-Gallmücke an Himbeerrute

## Familie Tephritidae
Fruchtfliegen

***Ceratitis capitata*** (Wiedemann)
Mittelmeer-Fruchtfliege
In vielen Teilen der Welt ein wichtiger Obstschädling, einschließlich einiger Anbaugebiete Südeuropas. In Großbritannien ist diese Fliege nur 1869 bei London und 1939 an Apfel in Mittel-Esex im Freien aufgetreten. (In Mitteleuropa gab es schon häufig Herde der Mittelmeerfruchtfliege, die an Kern- und Steinobst vorgekommen ist. Über Winter sind jedoch solche Vorkommen stets erloschen; Anm. d. Übers.). Lebende Larven werden aber manchmal in Sendungen importierter Früchte, beispielsweise Orangen, gefunden. Eine potentielle Gefahr für den Obstbau, insbesondere in der Nordhälfte Europas, scheint nicht zu bestehen.

**Beschreibung:** FLIEGE: 4–5 mm lang; Augen rötlichbraun; Thorax schwarz, graubraun gefleckt; Hinterleib kurz, orangegelb mit zwei silbrigen Querstreifen; Flügel durchsichtig, mit schwarzen Adern und dunklen Punkten und anderen Zeichnungen; Beine gelblich. LARVE: 7–8 mm lang; zylindrisch, aber vorn zugespitzt, mit auffallenden, schwarzen Mundhaken.

**Lebensweise:** Die Eier werden durch einen mit dem Legebohrer hergestellten Schlitz in Gruppen bis zu 9 in die Frucht gelegt. Innerhalb weniger Tage schlüpfen die Larven und richten durch ihren Fraß am Fruchtfleisch erheblichen Schaden an. Die ausgewachsenen Larven verlassen die Frucht und verpuppen sich im Boden, 2 bis 3 Wochen später schlüpfen die Fliegen. Es gibt mehrere Generationen im Jahr, deren Zahl wie auch ihre Entwicklungsgeschwindigkeit von der Temperatur abhängt.

**Schaden:** Die Eiablegestelle ist etwa 1 mm tief und gewöhnlich von einem eingesunkenen, oft blaßen Hof aus sich zersetzendem Gewebe umgeben. Der von den Larven am Fruchtfleisch angerichtete Schaden ist beträchtlich und macht die Frucht wertlos, auch wegen des nachfolgenden Befalls durch Pilze.

**Bekämpfung:** Der Befall sollte sofort dem Pflanzenschutzdienst gemeldet werden.

***Rhagoletis cerasi*** Linnaeus
Kirschfruchtfliege
Ein wichtiger Schädling, vor allem in Mittel- und Südeuropa, fehlt in Nordeuropa weitgehend.

**Beschreibung:** FLIEGE: 5 mm lang; Körper schwarz; glänzend, mit gelbem Schildchen; Flügel durchsichtig mit dunkler Zeichnung; Augen groß, grün. LARVE: 4 mm lange, weiße Made.

**Lebensweise:** Die Fliegen schlüpfen im Frühjahr und legen ihre Eier in die reifenden Kirschen. Nach wenigen Tagen schlüpfen die Larven, bohren sich sofort ins Fruchtfleisch und fressen in der Nähe des Kerns. Nach 3 bis 4 Wochen sind sie erwachsen, verlassen die Früchte und verpuppen sich im Boden. Es gibt jährlich eine Generation.

**Schaden:** Befallene Früchte werden braun und in der Nähe des Stiels weich, das Gewebe in der Nähe des Kerns zersetzt sich; die Ausbohrlöcher der Larven sind an den reifen Früchten zu erkennen.

**Bekämpfung:** Spritzung kurz nach dem Schlüpfen der Fliegen mit Dimethoat oder Fenthion; Warndienst beachten! Im Hausgarten kann das Aufhängen gelber Leimfallen genügen.

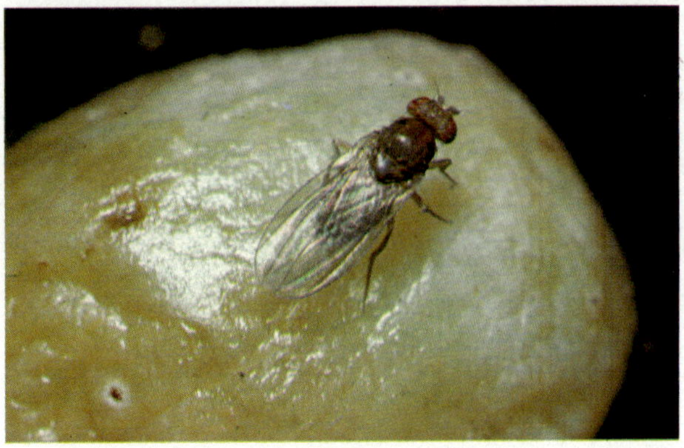
Abb. 213: Kleine Essigfliege, *Drosophila* spec. an sich zersetzender Weinbeere

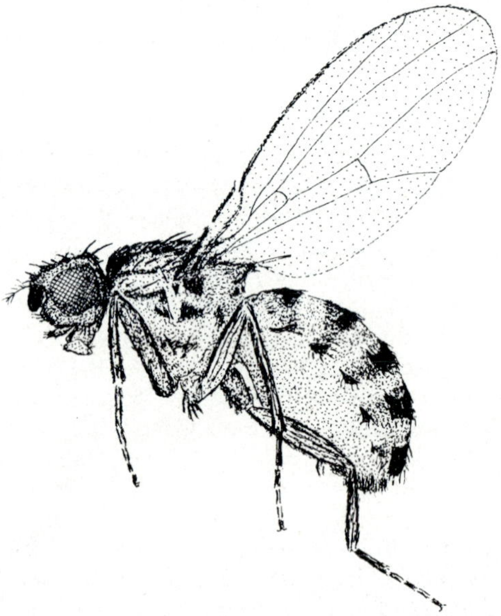
Abb. 214: Adulte *Drosophila melanogaster*

## Familie Drosophilidae
Essigfliegen

Sehr kleine und schmale Fliegen, werden stark von gärenden Fruchtsäften angelockt (Abb. 213); die Komplexaugen sind leuchtend rot und die Borste auf den Fühlern ist gewöhnlich gefiedert.

***Drosophila melanogaster*** Meigen
Eine häufige Art, kommt oft in Gärten oder Obstanlagen an überreifen oder angeschlagenen Äpfeln, Pflaumen, Himbeeren, Erdbeeren und anderen Früchten vor; an Weintrauben oft störend.

**Beschreibung:** FLIEGE: 2–3 mm lang; Thorax hauptsächlich gelblichbraun; Hinterleib gelblich mit braunen Querbändern, die in der Mitte der Oberseite des Abdomens am breitesten sind (Abb. 214). EI: 0,5 mm lang, weiß und länglich, mit einem Paar ohrenähnlicher Atemfortsätze. LARVE: 3,0–4,5 mm lang; weißlich mit ausgeprägten schwarzen Mundhaken. PUPARIUM: 3–4 mm lang; braun, vorn mit einem Paar kurzer Hörner.

**Lebensweise:** Die Überwinterung erfolgt im Puparium, die Fliegen sind von Mai bis Oktober zu finden. Die Eier werden in sich zersetzende Früchte gelegt oder in ähnliche Substrate, die sich für die Ernährung der Larven eignen. Die Entwicklung vom Ei bis zur Fliege dauert gewöhnlich rund 3 Wochen, es gibt deshalb jährlich mehrere Generationen.

**Schaden:** Die Maden entwickeln sich normalerweise in gärenden oder sich zersetzenden Substanzen und helfen lediglich am Zerfall organischen Materials mit. Gelegentlich aber kann der Befall in Weingärten von den geschädigten Beeren einer Traube auf gesunde übergreifen, deren Fruchtfleisch von den Maden restlos verzehrt wird, sodaß nur noch die leeren, wertlosen Fruchthäute übrigbleiben.

**Bekämpfung:** WEINTRAUBEN: Wo diese Fliegen als Schädlinge auftreten, sollten die beschädtigten bzw. kranken Beeren entfernt, aber keinesfalls in der Nähe liegengelassen werden.

## Familie Agromyzidae
Minierfliegen

Sehr kleine und schmale Fliegen, die Larven der meisten Arten minieren in typischer Weise in Blättern, in denen sie geschlängelte oder fleckartige Gänge anlegen.

***Agromyza potentillae*** (Kaltenbach)
Syn. ***spiraeae*** Kaltenbach
Weitverbreitet, lokal geringfügig schädlich an Himbeere und Erdbeere; befällt auch verschiedene Zierpflanzen und wilde Rosaceen.

**Beschreibung:** FLIEGE: 2 mm lang; schwarz bis grauschwarz (Abb. 215). LARVE: 3 mm lang; weißlich mit ausgeprägten schwarzen Mundhaken (Abb. 216 A). PUPARIUM: 2–3 mm lang; gelblich braun, vorn mit ausgeprägten Atemhörnchen (Abb. 216 B). BLATTMINE: Unregelmäßige, blaße Platzmine, die auf der Blattoberseite sichtbar ist (Abb. 217, 218).

**Lebensweise:** Die Fliegen erscheinen im Mai oder Juni und legen ihre Eier einzeln an die Blätter ihrer Wirtspflanzen. Die Larven fressen in den Blättern und legen dabei eine geschlängelte Mine an, die später zu einem länglichen Fleck erweitert wird. Die ausgewachsenen Larven verlassen ihre Minen und verpuppen sich in Verstecken am Boden. Es treten jährlich 2 Generationen auf, die Fliegen der zweiten erscheinen im August. Besetzte Minen gibt es somit von Juni bis Juli und nochmals von September bis Oktober.

**Schaden:** Es können sich mehrer Minen in einem Blatt befinden (Abb. 217). Der Fraß ist zwar ausgedehnt, aber der Schaden bleibt auf die Zerstörung des Gewebes in den Minen beschränkt. Bei starkem Auftreten kann der Schädling das Wachsen kleiner Erdbeerpflänzchen verzögern, der Befall an Himbeere (Abb. 218) bleibt jedoch ohne Folgen.

**Bekämpfung:** Gradationen werden gewöhnlich durch verschiedene parasitische Hymenopteren in Grenzen gehalten oder durch Insektizidverwendung gegen andere Schädlinge; spezielle Bekämpfungsmaßnahmen sind, wenn überhaupt, selten erforderlich.

Abb. 215: Adulte *Agromyza potentillae*

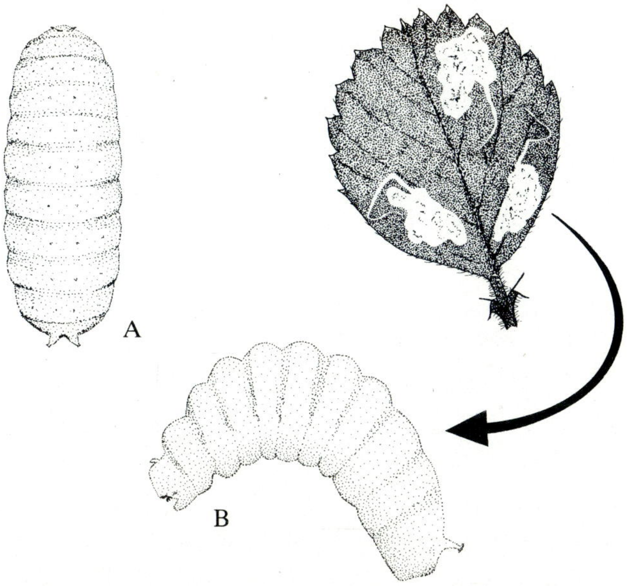


Abb. 216: *Agromyza potentillae,* A: Larve, B: Puparium

Abb. 217: Blattminen von *Agromyza potentillae* an Erdbeerblatt

## Familie Anthomyiidae

Adulte der Stubenfliege ähnlich, mehrere Arten sind wichtige landwirtschaftliche Schädlinge, die Larven schädigen Stengel und Wurzeln.

***Pegomya rubivora*** (Coquillett)
Syn. ***dentiens*** (Pandellé)
Himbeerrutenfliege
Eine örtlich verbreitete Art, die gelegentlich als weniger bedeutender Schädling an Brombeere, Loganbeere und Himbeere vorkommt.

**Beschreibung:** FLIEGE: 6 mm lang; Körper schwarzgrau (Abb. 219). Larve: 8 mm lang; weiß mit schwarzen Mundhaken. Puparium: 6 mm lang, hellbraun.

**Lebensweise:** Die Fliegen schlüpfen im April oder Mai und legen ihre Eier in die Blattachseln endständiger Blätter. Die Larven bohren sich bis ins Mark der Ruten und legen dort einen rund 10 cm langen, abwärtsgerichteten Gang an und ringeln dort die Rute etwa bis zur Epidermis. Sie leben gesellig und setzen den Fraßgang nach unten bis an die Basis der Rute fort, dort verpuppen sie sich dann von Ende Juli an. Die Puppen überwintern im Puparium.

**Schaden:** Die Spitzen der geringelten Ruten welken und sterben ab, aber der Befall ist sporadisch und nicht schwer.

**Bekämpfung:** Es dürfte ausreichen, die befallenen Ruten abzuschneiden und zu vernichten.

Abb. 218: Blattmine von *Agromyza potentillae* an Himbeere

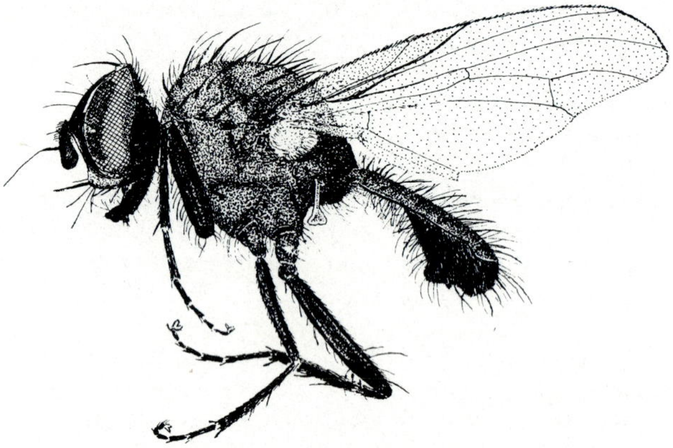

Abb. 219: Himbeerrutenfliege, *Pegomya rubivora*

# 6 Schmetterlinge

Die Schmetterlinge (Lepidoptera) sind wohlbekannte Insekten mit 2 Paar Flügeln, die von Schuppen bedeckt und oft sehr dekorativ gezeichnet sind. Im Gegensatz zu den harmlosen Adulten (es gibt bei den Noctuiden (Eulen) Falter, die Früchte beschädigen können, doch kommen solche Arten nicht in Europa vor) haben die Larven (Raupen) beißende Mundwerkzeuge und manche von ihnen sind sehr gefräßig. Sie besitzen 3 thorakale Beinpaare (echte Beine) und bis zu 5 abdominale Beinpaare (Afterfüße, Bauchfüße); letztere ähneln Saugnäpfen, sie sind mit charakteristisch angeordneten, krallenförmigen (unechten) Borsten versehen. In diesem Kapitel werden Arten beschrieben, die wirkliche Schädlinge sind, aber auch einige, die kaum oder überhaupt nicht schädlich sind, doch häufig auf angepflanzten Obstarten vorkommen.

## Familie Hepialidae

### Wurzelbohrer

Die Falter haben rudimentäre Mundwerkzeuge und kurze Fühler. Die Larven leben im Boden von den Wurzeln verschiedener wildwachsender und angebauter Pflanzen; ihre Beine sind gut entwickelt, bei den Bauchfüßen sind die Borsten in mehreren konzentrischen Kreisen angeordnet.

***Hepialus humuli*** (Linnaeus)
Hopfenwurzelbohrer
Weit verbreitet und gewöhnlich häufig, oft schädlich in Wiesen und anderen Kulturen, auch bei Himbeere, Erdbeere und Hopfen.

**Beschreibung:** WEIBLICHER FALTER: Flügelspannweite 50–70 mm; Vorderflügel gelblich ockerfarben mit orangefarbenen Flecken (Abb. 220); Hinterflügel graugelb, zur Spitze hin rosa schimmernd. MÄNNLICHER FALTER: Flügelspannweite 46–50 mm; Flügel silberweiß (Abb. 221). EI: 0,7 × 0,5 mm; kurz nach der Eiablage weiß, bald glänzend schwarz werdend. LARVE: 35–50 mm lang; Kopf und Nackenschild rötlich braun; Körper weißlich mit dunkelbraunen Warzen (Abb. 222). PUPPE: 30–45 mm lang; dunkelbraun; Abdomen dorsal mit einigen Stachelquerreihen.

**Lebensweise:** Die Falter fliegen im Juni oder Juli, manchmal auch später, in der Dämmerung. Die Weibchen streuen ihre Eier im Flug über die Pflanzendecke des Bodens aus. Nach dem Schlüpfen dringen die jungen Raupen in den Boden ein und leben dort von Würzelchen. Später gehen sie an dickere Wurzeln und können sich bis zum Wurzelhals oder den unteren Teilen der Stengel durchbeißen. Im Boden legen die Larven mit Seide gesäumte Fraßgänge an, in die sie sich zurückziehen oder bei Störung verkriechen können. Die Larve

Abb. 220: Weibchen des Hopfenwurzelbohrers, *Hepialus humuli*

Abb. 221: Männchen des Hopfenwurzelbohrers, *Hepialus humuli*

Abb. 222: Raupe des Hopfenwurzelbohrers, *Hepialus humuli*

verbraucht sehr viel Nahrung, aber sie wächst langsam und durchläuft 12 oder mehr Entwicklungsstadien. Die Entwicklung zieht sich gewöhnlich über 2, gelegentlich auch 3 Jahre hin. Die Verpuppung erfolgt normalerweise Ende April oder im Mai in einer Erdhöhle in 10–25 cm Tiefe. Die Puppe schlängelt sich, kurz bevor die Falter schlüpfen, bis an die Bodenoberfläche hoch.

**Schaden:** Dieser Schädling kommt oft in Hopfengärten vor, verursacht aber kaum ernste Schäden, wenigstens nicht an älteren Pflanzen. Werden jedoch befallene Hopfen gerodet, können die Wurzeln der nachfolgenden Pflanzen, beispielsweise der Himbeeren oder Erdbeeren, schwer geschädigt werden, die Pflanzen welken und sterben vielleicht ab. Auch Pflanzen, die in frisch umgebrochene Wiesen oder Grünfutterbestände gepflanzt werden, zeigen häufig Befallssymptome. Während des zweiten Sommers der Larvenentwicklung sind die Wurzelschäden besonders schwer.

**Bekämpfung:** Wenn während der Vorbereitung der Pflanzung von Beerenfrüchten oder Hopfen Larven des Hopfenwurzelbohrers festgestellt werden, sollte vor der Pflanzung Lindan in den Boden eingearbeitet werden. Die natürliche Mortalität der Eier und Larven, besonders der Junglarven, ist sehr hoch, sehr viele werden von Vögeln, Hundertfüßern, Maulwürfen, parasitischen Pilzen und räuberischen Insekten vernichtet.

***Hepialus lupulinus*** (Linnaeus)
Kleiner Hopfenwurzelbohrer
Weitverbreitet und gewöhnlich häufiger als die vorige Art. Eine große Zahl von Wirtspflanzen kann geschädigt werden, auch Himbeere, Erdbeere und Hopfen.

**Beschreibung:** FALTER: Flügelspannweite: 25–40 mm; Vorderflügel gelblich braun, mit variabler weißer Zeichnung, vor allem beim Männchen (Abb. 223, 224); Hinterflügel gelblichgrau, beim Weibchen dunkler. EI: 0,5 mm Durchmesser, ziemlich kugelig; weißlich, wird aber bald nach der Ablage schwarz. LARVE: 35 mm lang; Kopf und Nackenschild hellbraun; Körper weiß, glänzend und durchscheinend, der dunkle Darm gut sichtbar (Abb. 225). PUPPE: 20 mm lang; rotbraun; Abdominalsegmente ventral mit Fortsätzen, dorsal mit gezähnten Kämmen (Abb. 226).

Abb. 223: Weibchen des Kleinen Hopfenwurzelbohrers, *Hepialus lupulinus*

Abb. 224: Männchen des Kleinen Hopfenwurzelbohrers, *Hepialus lupulinus*

Abb. 225: Raupe des Kleinen Hopfenwurzelbohrers, *Hepialus lupulinus*

Abb. 226: Puppe des Kleinen Hopfenwurzelbohrers, *Hepialus lupulinus*

**Lebensweise:** Die Falter fliegen im Mai und Juni und gelegentlich im August oder September in der Dämmerung, oft in beträchtlicher Zahl über Wiesen und Weiden dahingleitend. Im Durchschnitt verstreut jedes Weibchen im Flug bis zu 300 Eier. Die Larven fressen im Boden an Wurzeln von Gräsern und vielen anderen Pflanzen, auch an solchen, die fleischig oder verholzt sind. Werden sie gestört, ziehen sie sich sofort rückwärts in ihre Fraßgänge zurück, doch sind sie bei der Bodenbearbeitung leicht aufzustöbern. Die Larven fressen den ganzen Winter hindurch und verpuppen sich gewöhnlich im April. Gelegentlich dauert die Entwicklung noch ein weiteres Jahr. Die Verpuppung erfolgt in einem locker gewebten seidenen Gang zwischen den Wurzeln der Wirtspflanze. Ungefähr sechs Wochen später schlängeln sich die Puppen an die Erdoberfläche, aus der ihre Hüllen nach dem Schlüpfen der Falter herausragen. Große Schwärme frisch geschlüpfter Falter tauchen oft nach einem Regen auf.

**Schaden:** Oft werden Erdbeerpflanzen befallen, vor allem, wenn sie in frisch umgebrochene Wiesen oder Grünfutterfelder gepflanzt wurden. Es werden breite Gänge im Bereich des Wurzelhalses gebohrt, wodurch die Pflanzen geschwächt werden und welken, stark beschädigte Pflanzen können absterben. Der Hauptschaden wird im Herbst, Winter und anfangs des Frühjahr angerichtet. Ohne Gegenmaßnahmen bleibt der Befall in bestehenden Erdbeeranlagen und wird von Jahr zu Jahr schlimmer. Wie bei *Hepialus humuli* können auch Himbeeren und Hopfen befallen werden, manchmal treten die Raupen der beiden Arten miteinander auf.

**Bekämpfung:** Wie bei *Hepialus humuli* (s. Seite 116).

## Familie Nepticulidae

Die Nepticuliden sind sehr kleine Schmetterlinge, deren Räupchen in Blättern fressen und geschlängelte oder fleckähnliche Minen anlegen. Die Räupchen sind einfarbig, durchscheinend und meist ohne Beine, die Brustbeine sind zu kurzen, ausstülpbaren Stummeln reduziert und die Abdominalbeine zu fleischigen Höckern ohne Borstenkränze; der Kopf ist keilförmig. Sie verpuppen sich gewöhnlich außerhalb der Mine in einem kleinen, pergamentartigen Kokon.

***Stigmella malella*** (Stainton)
Apfelminiermotte
Weitverbreitet und oft häufig, die Larve lebt an Apfel.

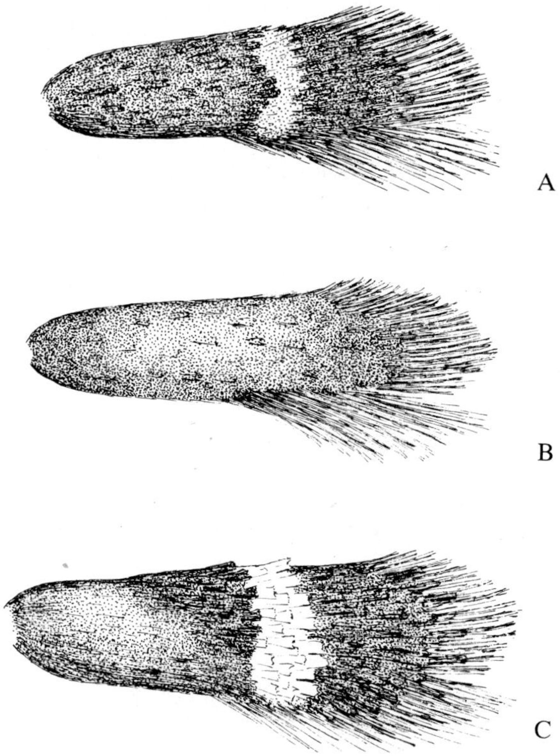


Abb. 227: Vorderflügel von Nepticulidae, A: *Stigmella malella*, B: *Stigmella pomonella*, C: *Nepticula aurella*

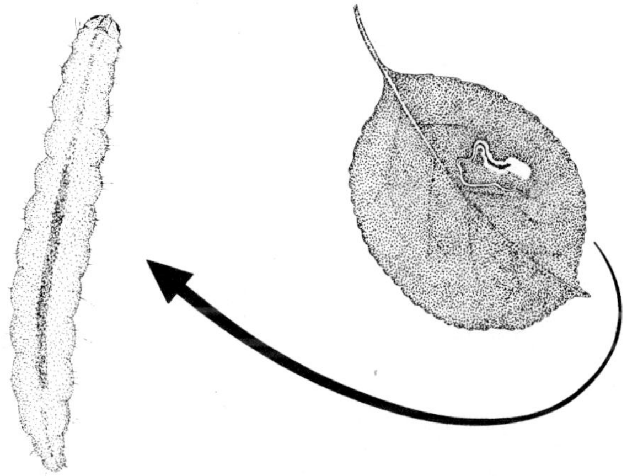

Abb. 228: Räupchen der Apfelminiermotte, *Stigmella malella*

**Beschreibung:** FALTER: Flügelspannweite 4–5 mm; Kopf dunkel ockerfarben; Vorderflügel größtenteils schwarz mit einem schmalen, glänzenden, weißlichen Querband außerhalb der Mitte (Abb. 227 A); Hinterflügel grau. RÄUPCHEN: 4 mm lang; blaßgelb mit braunem Kopf und bräunlich-rotem Darm (Abb. 228). BLATTMINE: Eine enge, geschlängelte Mine auf der

Blattoberseite, die bald deutlich breiter wird; der dunkle, rotbraune Kot liegt in einer fast ununterbrochenen Linie (Abb. 229).

**Lebensweise:** Die Eier werden im Mai und nochmals im August auf die Unterseite der Blätter, gewöhnlich in der Nähe einer Blattader, abgelegt. Die Larven findet man im Juni oder Juli, die der 2. Generation im September und Oktober. Die ausgewachsene Larve verläßt das Blattinnere auf der Oberseite und verpuppt sich an der Blattbasis oder an anderen geschützten Stellen des Baumes in einem gelblich-orangefarbenen Kokon; manchmal verpuppen sich die Larven auch am Boden.

**Schaden:** In einem Blatt können sich mehrere Minen befinden, die aber nur eine geringe oder überhaupt keine Verformung verursachen. Bei Bäumen in Obstanlagen führt der Befall selten zu Schäden, wohl aber in Baumschulen.

**Bekämpfung:** Diflubenzuron wirkt, lohnt sich aber nicht, es sei denn bei sehr starkem Befall. An Jungbäumen können die Blätter mit besetzten Minen gepflückt und zerstört werden, doch wird dieser Kleinschmetterling von seinen parasitischen Feinden weitgehend in Schach gehalten.

Abb. 229: Blattminen der Apfelminiermotte *Stigmella malella* an Apfel

***Stigmella pomella*** (Vaughan)

Diese Art wird gelgentlich in Apfelanlagen gefunden. Die Falter haben eine Flügelspannweite von 5–6 mm; die Vorderflügel sind vollkommen dunkel graubraun mit Purpurschimmer; der Kopf ist orangegelb (Abb. 207 B). Die Räupchen sind im Juni und Juli und im Oktober zu finden, die Herbstgeneration ist stärker. Die Mine beginnt als enger, gewundener Gang, wird aber bald zu einem bräunlichen Fleck ausgeweitet, in dem der Kot in unregelmäßigen Linien liegt (Abb. 230). Der Befall ist ohne Bedeutung.

Abb. 230: Blattmine von *Stigmella pomonella* an Apfel

***Nepticula aurella*** (Fabricius)

Allgemein häufig. Die Larven leben an wildwachsenden Brombeeren, vor allem an Formen mit ausdauernden Blättern. Angebaute Brombeeren, Loganbeeren und Himbeeren können aber auch befallen werden.

**Beschreibung:** FALTER: Flügelspannweite 6–7 mm; Kopf orange; Vorderflügel dunkelpurpurfarben, Basalhälfte mit Kupferschimmer und mit breitem, metallischgoldenem, sich ziemlich in der Flügelmitte befindlichen Querband (Abb. 227 C); die Hinterflügel sind dunkelgrau. RÄUPCHEN: 6 mm lang, gelblich mit grünbraunem Darm und gelblichbraunem Kopf (Abb. 231). BLATTMINE: Sehr langer, gewundener und sich allmählich verbreiternder Gang, von oben zu sehen (Abb. 232).

**Lebensweise:** Die Falter fliegen im Mai, die der 2. Generation im August. Die Eier werden einzeln gelegt, meist nur eines pro Blatt. Die Räupchen sind im Juni und Juli, die der 2. Generation von September bis März oder April zu finden. Die Verpuppung erfolgt in einem blaßgrünen oder gelblichen Kokon.

**Schaden:** Die Minen sind verhältnismäßig groß und führen zu einer gewissen Blattverfärbung, die Schäden sind aber ohne wirtschaftliche Bedeutung.

**Bekämpfung:** Unnötig.

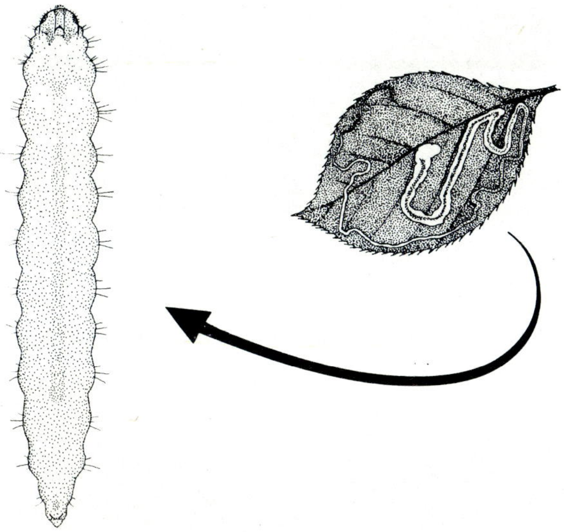

Abb. 231: Räupchen von *Nepticula aurella*

Abb. 232: Blattmine von *Nepticula aurella* an Brombeere

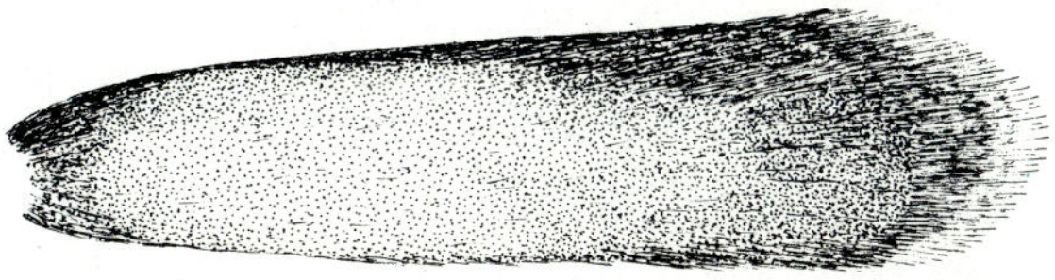

Abb. 233: Rechter Vorderflügel von *Tischeria marginea*

## Familie Tischeriidae
Schopfminiermotten

***Tischeria marginea*** (Haworth)
Häufig und weit verbreitet. Die Räupchen leben an wildwachsenden Brombeeren und Himbeeren, kommen aber gelegentlich auch in Pflanzungen vor.

**Beschreibung:** FALTER: Flügelspannweite 7–8 mm; Vorderflügel bräunlich gelb, Vorderkante (Costa) dunkel purpurfarben (Abb. 233); Hinterflügel dunkelgrau. RÄUPCHEN: 6 mm lang; gelblich grün; Kopf, Nackenschild und Analplatte grau; Kopf flach und keilförmig; Thorax breit, Abdomen nach hinten spitz zulaufend; Beine stark reduziert (Abb. 234). PUPPE: 5 mm lang; braunschwarz. BLATTMINE: Etwas runzeliger, blaßbrauner Fleck auf der Blattoberseite (Abb. 235).

**Lebensweise:** Die Falter fliegen im Mai und Juni sowie im Juli und August. Die Eier werden einzeln auf die Oberseite der Blätter gelegt. Die Larven der 1. Generation sind von Juni bis Juli, die der 2. Generation von September bis März zu finden. Die Verpuppung erfolgt in der Mine und die Puppe durchbricht beim Schlüpfen der Falter die Oberfläche.

**Schaden:** Das Räupchen verursacht eine leichte Blattverdrehung, ist aber sonst harmlos.

**Bekämpfung:** Unnötig.

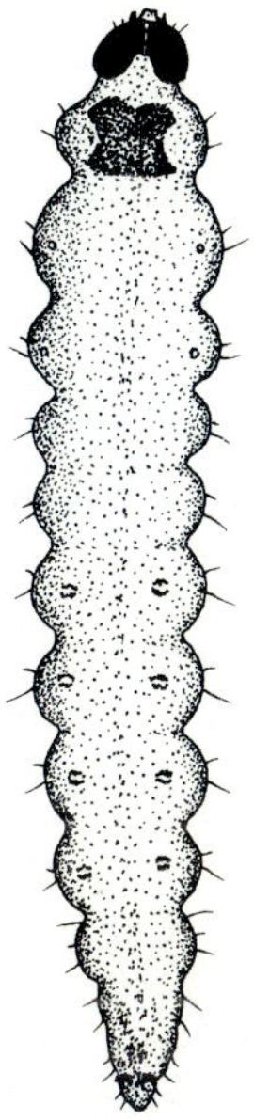

Abb. 234: Räupchen von *Tischeria marginea*, von oben

Abb. 235: Blattmine von *Tischeria marginea* an Brombeere

## Familie Incurvariidae
Miniersackmotten

***Lampronia capitella*** (Clerck)
Johannisbeermotte
Stellenweise und gewöhnlich nicht häufig. Die Räupchen leben an Johannisbeer- und Stachelbeerbüschen, hauptsächlich in Roten und Weißen Johannisbeeren und kommen am häufigsten in Gärten vor.

**Beschreibung:** FALTER: Flügelspannweite 14–18 mm; Kopf ockergelb; Vorderflügel ziemlich glänzend, dunkel purpurbraun, mit 3 mehr oder weniger dreieckigen cremeweißen Flecken und weiß bewimpertem Außenrand (Abb. 236); Hinterflügel hell purpurgrau. EI: 0,7 mm lang; zitronenförmig und annähernd farblos. RÄUPCHEN: 10 mm lang; matt olivgrün, Kopf und Nackenschild schwarz; Jungraupe weiß, beim Überwintern rötlich. PUPPE: 8 mm lang; braun.

**Lebensweise:** Die Falter treten ab Ende Mai und im Juni auf und wärmen sich gerne an sonnigen Stellen. Die Eier werden in die Früchtchen von Johannisbeere und Stachelbeere gelegt (oft mehr als eines pro Frucht) und zwar durch Schlitze, die das Weibchen mit seinem Legebohrer anfertigt. Die Räupchen ernähren sich von Juni bis Juli von den sich entwickelnden Samen, doch schon mit einer Länge von nur 2 mm verlassen sie die Früchte und spinnen sich weiter unten in den Büschen an abgestorbenen Knospen oder unter Rindenschuppen Kokons. Zu Beginn des Frühjahrs tauchen sie wieder auf und befallen Knospen oder Jungtriebe. Manche Räupchen wandern von Trieb zu Trieb und fressen mehrere Knospen an, andere können sich ins Mark eines Triebs oder Zweiges einbohren. Die Verpuppung erfolgt im April oder Mai, meist in einem lockeren Kokon, der in der Mine in einem Trieb gesponnen wird. Nach dem Schlüpfen der Falter bleibt die leere Puppe in der Rinde des Triebs stecken.

**Schaden:** Durch den Fraß der kleinen Räupchen reifen die Früchte vorzeitig, der Befall ist an den Kothäufchen in der Nähe des Einbohrloches zu erkennen. Die Fruchtschäden haben wenig oder keine Bedeutung, aber im Frühjahr können die Räupchen erhebliche Knospenschäden anrichten. Befallene Knospen werden oft von Buchfinken, Sperlingen und anderen Vögeln weggepickt. Minierte Triebe welken und vertrocknen und stark befallene Büsche können schwer geschädigt werden.

**Bekämpfung:** Die beste Bekämpfung ist das Entfernen und Vernichten befallener Triebe im Frühjahr.

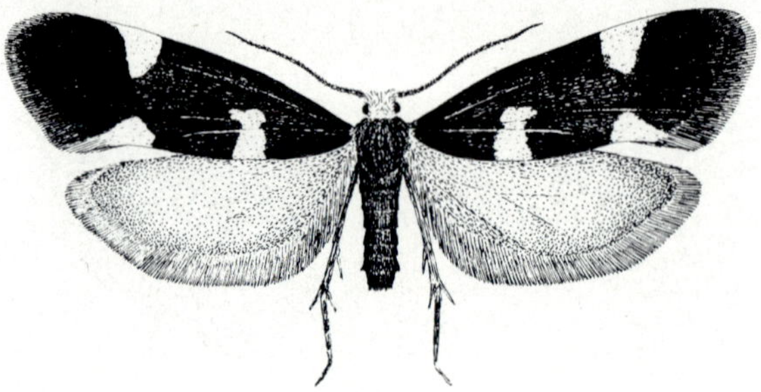

Abb. 236: Falter der Johannisbeermotte, *Lampronia capitella*

Abb. 237: Männchen der Himbeermotte, *Lampronia rubiella*

Abb. 238: Weibchen der Himbeermotte, *Lampronia rubiella*

***Lampronia rubiella*** (Bjerkander)
Himbeermotte
Weitverbreitet und stellenweise häufig. Gelegentlich ein ernster Schädling der Loganbeere und Himbeere.

**Beschreibung:** FALTER: Flügelspannweite 9–12 mm; Kopf gelb oder gelblichbraun; Vorderflügel glänzend, dunkel goldbraun, mit zahlreichen cremegelben Flecken unterschiedlicher Größe (Abb. 237, 238); Hinterflügel purpurgrau. EI: 0,35 mm lang; oval, farblos und ziemlich durchscheinend. RÄUPCHEN: 6–8 mm lang; leuchtend rot, Kopf, Nackenschild und Analplatte schwarz (Abb. 239); Körper der Junglarve vor der Überwinterung mehr oder weniger farblos. PUPPE: 5–7 mm lang; braun.

**Lebensweise:** Die Falter fliegen nachts und bei warmem Wetter im Mai und Juni (in nördlichen Regionen später). Die Eier werden, meist eines pro Blüte, in das Gewebe der Basis von Kelch- oder Blütenblättern gelegt. Nachdem die Larven geschlüpft sind, fressen sie an der Oberfläche der sich entwickelnden Früchtchen, dringen aber bald in die Fruchböden ein. Wenn sie etwa 3 Wochen alt und rund 4 mm lang sind, verlassen sie die Früchte und überwintern im Boden in der Nähe der Wurzeln ihrer Wirtspflanze. Beim Aufbruch der Knospen kommen die Räupchen wieder auf die Ruten und setzen ihren Fraß fort: Sie bohren sich in die Knospen oder in die jungen Triebe ein, an deren Basis sie eine deutliche Einbohröffnung nagen, und verzehren das Innere. In einigen Fällen entwickelt sich ein Räupchen vollständig in einer einzigen Knospe oder einem einzigen Jungtrieb und spinnt sich schließlich dort ein und verpuppt sich. Andere Räupchen aber können mehrere Knospen oder Triebe beschädigen, sie verpuppen sich dann in Kokons aus weißer Seide an Blättern, Ruten, an den Pfosten des Gerüsts oder an ähnlichen Stellen. Drei Wochen danach schlüpfen die Falter.

**Schaden:** Die Jungräupchen verursachen wenig oder keinen Schaden an den sich entwickelnden Früchten und nur selten wird ein Befall bemerkt. Aber im Frühjahr führt der Befall zum Welken ober Absterben von Knospen oder jungen Trieben, hauptsächlich in der Nähe der Triebspitzen. Wenn befallene Triebe der Pflanze aufgebrochen werden, kann man im Innern die Räupchen oder Puppen finden. Zwar können befallene Primärknospen ersetzt werden, es gibt aber keinen Ersatz mehr, wenn auch die Sekundärknospen zerstört worden sind und es kann dann nichts mehr nachwachsen. Ein schwerer Befall mindert deshalb die Erntemenge empfindlich.

**Bekämpfung:** Eine durchdringende Spritzung des Bodens und der Basis der Ruten und Pfähle mit Gelböl oder Karboöl Ende Februar oder im März ist wirksam. Andernfalls können Anfang April durch eine Behandlung mit Bromophos die nach oben wandernden Räupchen dezimiert werden. Die Wahrscheinlichkeit eines Befalls kann vermindert werden, wenn abgebrochene Pfosten, alte Ruten und sonstige Abfälle jedes Jahr aus dem Bereich der Wurzelstöcke entfernt und vernichtet werden.

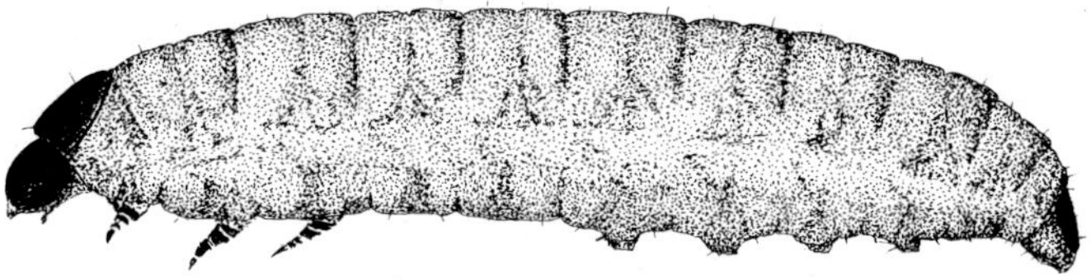

Abb. 239: Raupe der Himbeermotte, *Lampronia rubiella*

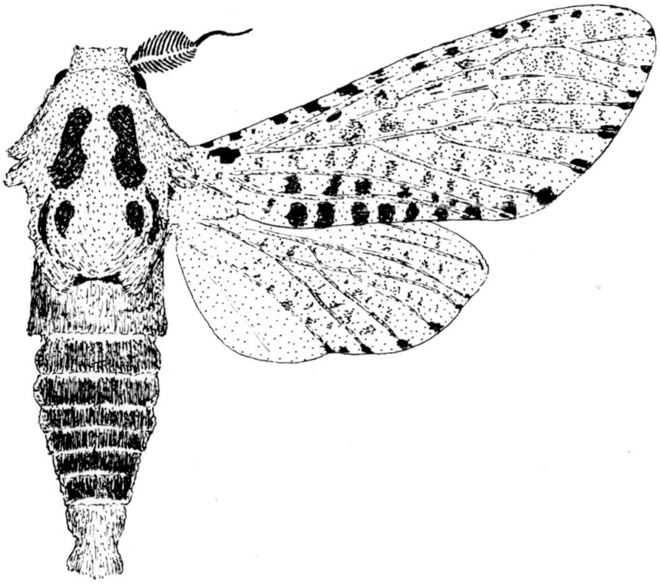

Abb. 240: Männchen des Blausiebs, *Zeuzera pyrina*

## Familie Cossidae

Große oder sehr große Schmetterlinge, deren Raupen im Holz von Stämmen oder Ästen leben.

***Zeuzera pyrina*** (Linnaeus)
Blausieb
Weitverbreitet, aber im allgemeinen nicht häufig, ausgenommen in Südeuropa. Die Raupen können sich in vielerlei Bäumen und Büschen entwickeln, auch in Apfel, Birne, Kirsche, Pflaume, Schwarzer Johannisbeere und Walnuß.

**Beschreibung:** FALTER: Flügelspannweite 45–65 mm; Flügel weiß und durchscheinend mit schwarzen oder blauschwarzen Flecken; Körper ähnlich gefärbt; Männchen deutlich kleiner als das Weibchen und mit kammartiger Fühlerbasis (Abb. 240). EI: 1 mm, oval und orangerosa. RAUPE: 50–60 mm lang; zuerst rosa (mit typischem Nackenschild, Abb. 241), später gelblichweiß mit schwarzen Punkten; Kopf und Nackenschild braun (Abb. 242). PUPPE: 25–35 mm lang, rotbraun.

**Lebensweise:** Die Eier werden im Juni und Juli in Wunden, Rindenrissen oder auch in die alten Schlupflöcher gelegt. Ein Weibchen legt einige hundert Eier ab, gewöhnlich in Gruppen. Die frischgeschlüpften Raupen zerstreuen sich von den Eigelegen aus sehr schnell, bohren sich in den Baum ein und fangen an zu fressen. Ganz junge Räupchen können von Blattstielen und Hauptblattadern, Knospen und Jungtrieben leben, später jedoch fressen sie in starken Zweigen und Ästen. Sie dringen zum Kernholz vor und legen dort Gänge bis 40 cm Länge und mehr an. Die Entwicklungsdauer beträgt 2 oder 3 Jahre. Die Larve verpuppt sich in ihrem Fraßgang in einem seidenen Kokon, der auch kleine Holzteilchen enthält. Im Frühsommer windet sich die Puppe aus dem Kokon heraus bis zur Zweigoberfläche, ihre Hülle bleibt dort nach dem Schlüpfen des Falters noch eine Zeitlang stecken.

**Schaden:** Jungbäume bis zu einem Alter von 10 oder 15 Jahren werden am häufigsten befallen und die Larven halten sich meist in Stämmen oder Ästen von weniger als 10 cm Durchmesser auf. Der Befall wird durch die Häufchen von Kot und Holzteilchen angezeigt, die aus dem Einbohrloch herausgeschafft werden und später durch das Welken und Absterben von Blättern oder Trieben. Befallene Äste können absterben und auch ganze Jungbäume, wenn deren Stämme befallen sind. Der Befall ist nach heißen Sommern, die für das Ablegen der Eier am günstigsten sind, am stärksten.

**Bekämpfung:** Wenn eine junge Raupe früh genug entdeckt wird, kann sie herausgeholt oder getötet werden, indem man mit einem Stück Draht durch das Einbohrloch im Fraßgang stochert. Jede Verletzung des Baumes sollte dann mit einer Wundverschlußsalbe behandelt werden. Auch kann man Schwefelkohlenstoff oder Paradichlorbenzol in die Fraßgänge bringen und diese sofort mit Lehm, Kitt oder Baumwachs verschließen. Äste, die bereits durch fortgeschrittenen Fraß geschädigt sind, sollten unterhalb der geschädigten Stelle abgesägt und verbrannt werden. Nach heißen Sommern sollten die jungen Obstanlagen im Herbst kontrolliert werden, dabei sind alle neubefallenen Triebe oder Äste herauszuschneiden und zu vernichten.

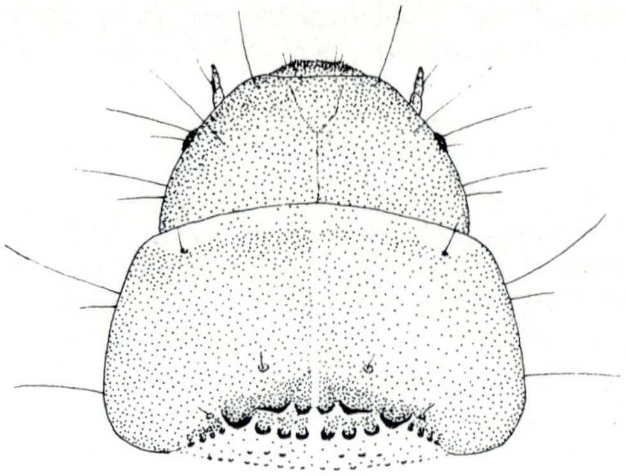

Abb. 241: Kopf und Nackenschild einer jungen Raupe des Blausiebs, *Zeuzera pyrina*

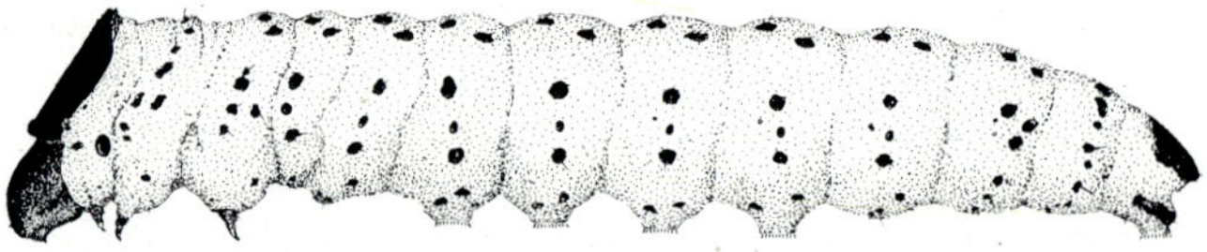

Abb. 242: Raupe des Blausiebs, *Zeuzera pyrina*

Abb. 243: Weidenbohrer, *Cossus cossus*

***Cossus cossus*** (Linnaeus)
Weidenbohrer
Weitverbreitet, aber allgemein nicht häufig. Befällt verschiedene Baumarten, auch Apfel, Birne, Kirsche, Pflaume und Walnuß.

**Beschreibung:** FALTER: Flügelspannweite 70–100 mm; Körper und Flügel matt graubraun, teilweise mit einem ockerfarbenen Anflug und unregelmäßiger schwarzer Zeichnung (Abb. 243). EI: 1,7 mm lang; oval und rotbraun. LARVE: 80–100 mm lang; in der Jugend rosa, später sind die Seiten gelblich, der Rücken ist dunkelrot; Kopf und Nackenschild sind schwarz (Abb. 244).

PUPPE: 50–60 mm lang; dunkelbraun mit einer querverlaufenden Doppelreihe von Dörnchen auf den Abdominalsegmenten.

**Lebensweise:** Die Falter fliegen im Juni oder Juli nachts, tagsüber sitzen sie am Stamm, an Baumpfählen oder ähnlichen Stellen. Die Eier werden in Gelegen von bis zu 50 an die Baumstämme geheftet, ein Weibchen kann während ihres Lebens ein paar Hundert Eier legen. Nachdem die Räupchen geschlüpft sind, bohren sie sich durch die Rinde nach innen bis zum Splintholz. Die Entwicklung dauert normalerweise 3 oder 4 Jahre, die Raupe frißt die meiste Zeit sowohl im Kern- als auch im Splintholz, den Winter verbringt sie in den Fraßgängen. Die ausgewachsene Raupe verpuppt sich direkt unter der Rinde in einem festen Seidenkokon, der auch Holzspänchen enthält. Einige Raupen kriechen von ihrem Wirtsbaum fort und verpuppen sich im Boden, manchmal werden Puppen auch in Ameisennestern gefunden.

**Schaden:** Befall in Obstanlagen kommt selten vor und betrifft allenfalls 1 oder 2 Bäume, die vielleicht absterben, bei Kirsche kommt das am häufigsten vor. Die Fraßgänge sind sehr weit ausgedehnt und bedeutend größer als diejenigen des Blausiebs, die Raupen bohren nach allen Richtungen sowohl ins Splint- als auch ins Kernholz. Normalerweise ist der Befall durch Weidenbohrerraupen auf die Stämme ausgewachsener Bäume beschränkt, selten befallen sie Äste und Zweige. Verschiedentlich tritt aus der Rinde der Wirtsbäume Saft aus, ein brauchbarer (wenn auch kein diagnostischer) Anhaltspunkt für die Anwesenheit des Schädlings. Die Raupe scheidet einen unangenehmen Bocksgeruch, (manchmal auch als Essiggeruch empfunden) aus, der beim Öffnen der Gänge leicht wahrzunehmen ist.

**Bekämpfung:** Stark befallene Bäume sollten gefällt und verbrannt werden; wenn der Befall aber nur leicht ist, sind die für die Bekämpfung von *Zeuzera pyrina* (s. Seite 122) empfohlenen Maßnahmen ausreichend.

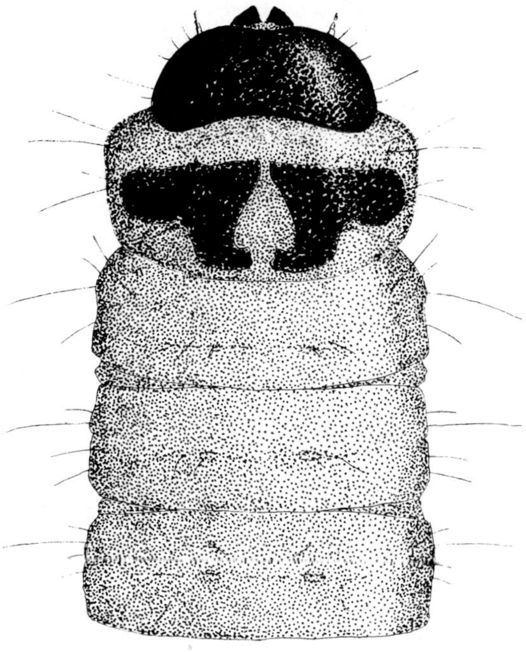

Abb. 244: Kopf und erste Segmente der Raupe des Weidenbohrers, *Cossus cossus*

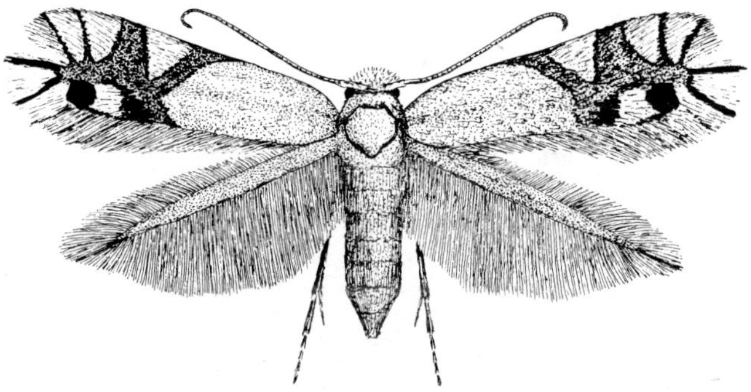

Abb. 245: Fleckenminiermotte, *Leucoptera malifoliella*

## Familie Lyonetiidae

***Leucoptera malifoliella*** (Costa)
Syn. ***scitella*** (Zeller)
Fleckenminiermotte

Diese weitverbreitete, aber nur stellenweise auftretende Art kommt an Schlehe, Holzapfel, Weißdorn und Eberesche vor, gelegentlich wird sie in Apfel- und Birnenanlagen geringfügig, in Südeuropa zuweilen sehr schädlich.

**Beschreibung:** FALTER: Flügelspannweite 6–8 mm; Vorderflügel glänzend metallisch grau, mit orangefarbenen, weißen und schwarzen Zeichnungen und jeweils zur Spitze hin mit einem purpur-goldenen, schwarz gesäumten Fleck (Abb. 245); Hinterflügel bleigrau. EI: Durchmesser: 0,3 mm, flach und bräunlich. LARVE: 4 mm lang; blaßgrün, plump und nach hinten leicht konisch; fünf Paar Abdominalbeine mit vollständigen Borstenkränzen; seitliche Warzen am letzten Segement des Thorax und an den ersten 2 Abdominalsegmenten

(Abb. 246). PUPPE: 3 mm lang; dunkelbraun. Blattmine: Ein ziemlich kreisrunder, bräunlicher Fleck mit dunkler Spiralzeichnung (Abb. 247).

**Lebensweise:** Die Falter findet man vor Ende April oder Mai bis Juni oder Juli. Die Eier werden einzeln auf der Blattunterseite abgelegt, manchmal mehr als eines pro Blatt. Die Räupchen fressen in einem an der Oberseite des Blattes entstehenden Fleck. Im August oder September verlassen die ausgewachsenen Räupchen ihre Minen und spinnen sich in weißen, bootförmigen Kokons in Rindenrissen oder in der Bodenstreu ein und verpuppen sich dann. Es gibt eine Generation jährlich.

**Schaden:** Befallen Blätter weisen oft mehrere Minen auf, die zunächst braun, später purpurbraun und schließlich schwarz sind. Die befallenen Blätter werden nicht verformt, können aber vorzeitig abfallen. Erwachsene Bäume sind in Mitteleuropa selten gefährdet, doch kann der Befall von Jungbäumen oder in Baumschulen gewisse Schäden verursachen.

**Bekämpfung:** Bei starkem Befall an Jungbäumen spritze man gründlich vor der Blüte, also Ende April oder Anfang Mai, mit Diflubenzuron; eine Nachblütespritzung kann ebenfalls notwendig sein. Bei leichtem Befall in Baumschulen kann das Absammeln befallener Blätter von Hand eine ausreichende Bekämpfungsmethode sein.

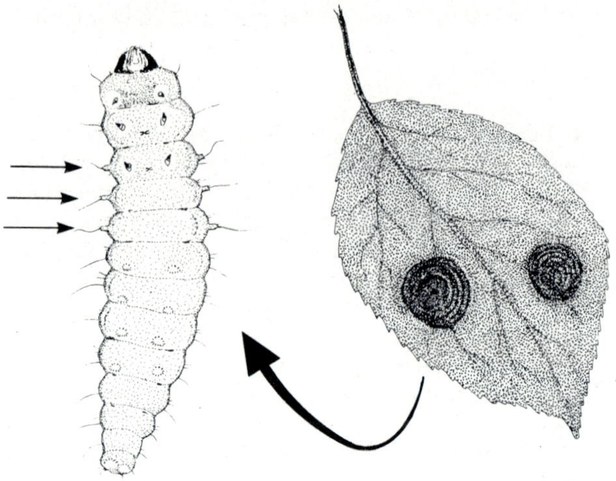

Abb. 246: Raupe der Fleckenminiermotte, *Leucoptera malifoliella,* von unten

Abb. 247: Mine der Fleckenminiermotte, *Leucoptera malifoliella,* an Apfel

Abb. 248: Falter der Obstbaumminiermotte, *Lyonetia clerkella,* frisch aus der Puppe geschlüpft

***Lyonetia clerkella*** (Linnaeus)
Obstbaumminiermotte
Normalerweise häufig, die Räupchen kommen an verschiedenen Bäumen vor, auch an Birke, Holzapfel und Weißdorn, häufig auch in Obstanlagen auf Apfel, Kirsche und manchmal auf anderen Obstarten.

**Beschreibung:** FALTER: Flügelspannweite 8–9 mm; Vorderflügel glänzend weiß (aber oft teilweise oder ganz bräunlich durchsetzt), zur Spitze hin mit einem dunklen Fleck und einigen schwarzen Streifen, die bis in die Fransen-Umrandung der Flügel reichen (Abb. 248); Hinterflügel dunkelgrau. Räupchen: 7–8 mm lang; grün, durchscheinend und perlschnurartig; Kopf und Beine braun; 5 Paar Abdominalbeine (Abb. 249). Puppe: 3,5 mm lang; blaßgrün mit gelbbraunen Flügelscheiden. Blattmine: Sehr lang, sich langsam erweiternd über die gesamte Länge hinweg; blaß gefärbt, in der Mitte eine dunkle Linie von Kot (Abb. 250).

**Lebensweise:** Die Falter überwintern unter loser Rinde, zwischen trockenen Halmen, in Scheunen, Schuppen oder an anderen geschützten Stellen, sie kommen im April wieder zum Vorschein. Die Eier werden gewöhnlich einzeln in kleine, mit dem Legebohrer angefertigte Vertiefungen in der Blattunterseite gelegt. Rund zwei Wochen später schlüpfen die Räupchen und beginnen damit, unter der Blattoberfläche zu minieren.

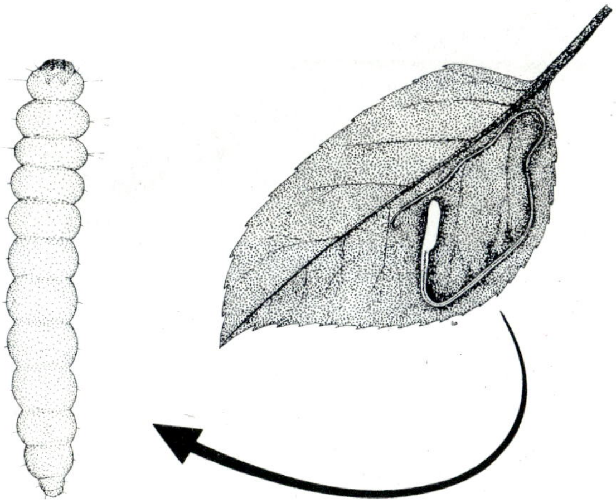

Abb. 249: Räupchen der Obstbaumminiermotte, *Lyonetia clerkella*

Abb. 250: Minen der Obstbaumminiermotte, *Lyonetia clerkella,* A: an Apfel, B: an Kirsche

Nach 3-bis 4 Wochen wird der Fraß beendet. Die Raupe beißt sich nach außen durch und kriecht einige Stunden lang im Blattwerk umher, bevor sie sich in einem, wie eine Hängematte (Abb. 248) an Blättern oder auf rauher Rinde (Abb. 251) aufgehängten Kokon verpuppt. Die Falter schlüpfen rund 2 Wochen später. Normalerweise gibt es 3 Generationen im Jahr, die Falter sind im Juni, im August und von Oktober bis April zu finden.

**Schaden:** Das Blattgewebe in der Nähe der Minen entfärbt sich; wenn sich mehrere Minen auf dem Blatt befinden, kann dieses vielleicht welken und dürr werden.

**Bekämpfung:** Gewöhnlich nicht nötig, der Schädling wird durch eine Routinebehandlung gegen den Frostspanner (s. Seite 177) ausreichend bekämpft. An Jungbäumen und in Baumschulen könnte es gut sein, die befallenen Blätter zu entfernen und zu vernichten. Eine Alternative wäre die Behandlung mit Diflubenzuron.

Abb. 251: Puppenkokons der Obstbaumminiermotte, *Lyonetia clerkella,* auf der Rinde eines Kirschbaumes

## Familie Gracilariidae

Kleine Schmetterlinge mit schmalen Flügeln, die von langen Fransen gesäumt sind. Die Räupchen haben 14 Beine (am 6. Abdominalsegment fehlen die Beine); es sind hauptsächlich Blattminierer, sie haben in den ersten Entwicklungsstadien einen auffallend abgeflachten Kopf. Die Puppe ragt nach dem Schlüpfen der Falter in typischer Weise aus dem Kokon heraus.

***Callisto denticulella*** (Thunberg)
Syn. ***guttea*** (Haworth)
Apfelblattrandmotte
An wildwachsenden Äpfeln weitverbreitet. Auf ungespritzten Apfelbäumen oft häufig, vor allem in Gärten; kein wichtiger Schädling.

**Beschreibung:** FALTER: Flügelspannweite 10–12 mm, Vorderflügel schwärzlich mit 4 dreieckigen, cremeweißen Flecken am Vorderrand (Costa) und 2 Flecken dorsal am Hinterrand (Abb. 252). Hinterflügel grau. LARVE: 7 mm lang; blaßgelb mit scharzem Kopf (Abb. 253). PUPPE: 5 mm lang; hellbraun.

**Lebensweise:** Die Falter erscheinen im Mai und Juni. Die Eier werden dann einzeln an die Blätter gelegt. Die Räupchen, die hauptsächlich im Juli und August fressen, minieren zuerst in den Blättern und verursachen dadurch unregelmäßige Flecke; später fressen sie außerhalb im Schutze eines nach unten gefalteten Stückes des Blattrandes, der mit Seide dicht mit der Blattunterseite versponnen ist (Abb. 254). Die Verpuppung erfolgt in einem dichten, braunen Kokon in der Bodenstreu.

**Schaden:** Die von dieser Art gefalteten Blattränder sind sehr typisch, aber Schäden entstehen dadurch nicht.

**Bekämpfung:** Diese Art wird durch die Bekämpfung des Apfelwicklers (s. Seite 171) miterfaßt.

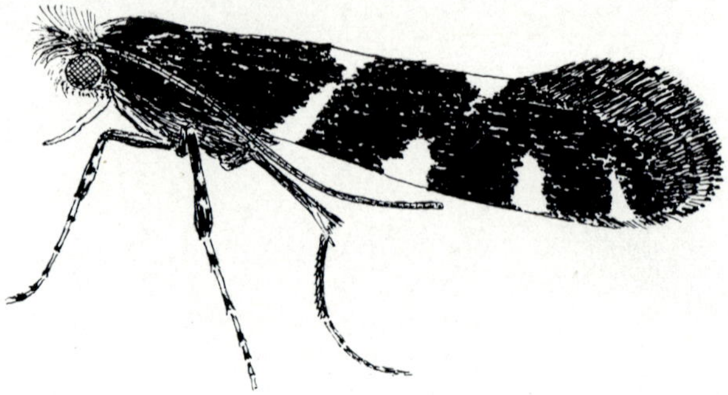

Abb. 252: Falter der Apfelblattrandmotte, *Callisto denticutella*

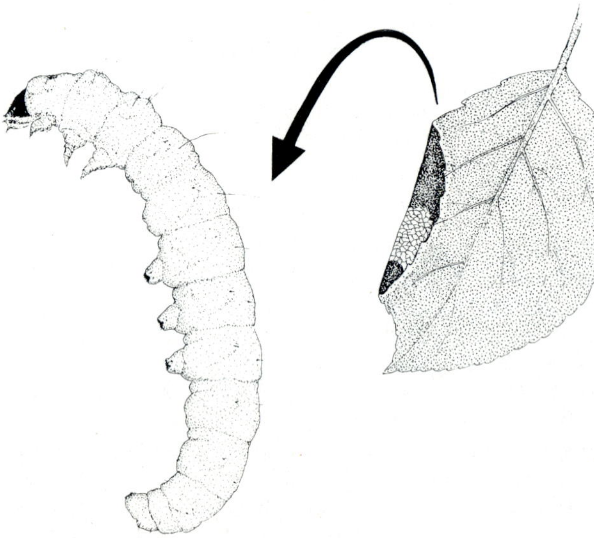

Abb. 253: Raupe der Apfelblattrandmotte, *Callisto denticutella*

Abb. 254: Wohngespinst der Apfelblattrandmottenraupe, *Callisto denticutella,* an Apfelblatt

***Phyllonorycta blancardella*** (Fabricius)
Syn. ***Lithocolletis; concomitella*** (Blankes)
Allgemein verbreitet und oft häufig, befällt sowohl wildwachsende als auch kultivierte Apfelbäume, ist aber kein wichtiger Schädling.

**Beschreibung:** FALTER: Flügelspannweite 8–9 mm; Vorderflügel dunkel kupferbraun mit glänzend weißer, dunkelgerandeten Zeichnungen (Abb. 255 A, 256); Hinterflügel dunkelgrau; Fühler weiß, braun geringelt; Thorax kupferbraun. RAUPE: 4–5 mm lang; Kopf blaßbraun; Körper gelb und weißglänzend, die rötlich durchscheinende Dorsallinie ist gut zu sehen (Abb. 257). PUPPE: 3,0–3,5 mm lang; dunkelbraun. MINE: Ein Fleck auf der Blattunterseite, mit einem charakteristischen, mosaikartigen Muster der Oberhaut, das von oben her sichtbar ist (Abb. 258, 159).

**Lebensweise:** Die ersten Falter erscheinen im Mai und legen ihre Eier einzeln auf die Unterseite der Blätter. 2 bis 3 Wochen später schlüpfen die Räupchen, bohren sich sofort in das Blatt ein und beginnen zu fressen. Zuerst nimmt das Räupchen Saft auf, es hat einen sehr langen Thorax und einen großen, keilförmigen Kopf mit saugenden Mundwerkzeugen; später wird der Körper normaler in der Form und das Räupchen frißt direkt Pflanzenzellen und vergrößert schnell seine Mine. Nach 4 bis 6 Wochen ist das Räupchen ausgewachsen und verpuppt sich in der Mine. 3 bis 4 Wochen später, normalerweise im August, schlüpfen die Falter und lassen die aus der Mine herausragende Puppenhülle zurück. Eine 2. Generation entwickelt sich im September und Oktober. Die Überwinterung erfolgt dann als Puppe in den Minen der am Boden liegenden Blätter.

**Schaden:** Aus Seide gesponnene Bänder in der Mine verursachen eine gewisse Verdrehung der Blattfläche, der Schaden ist aber, obwohl sich in einem Blatt mehrere Minen befinden können, selten von Bedeutung.

**Bekämpfung:** Gewöhnlich nicht nötig, wenn jedoch erforderlich, kann mit Diflubenzuron gespritzt werden oder man entfernt und vernichtet die befallenen Blätter.

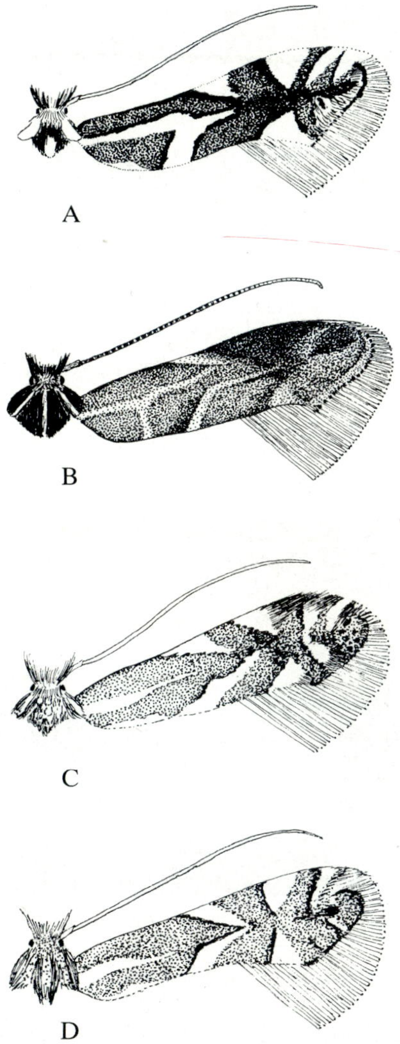


Abb. 255: Vorderflügel von *Phyllonorycta* – Arten, A: *Phyllonorycta blancardella,* b: *Phyllonorycta corylifoliella,* C: *Phyllonorycta coryli,* D: *Phyllonorycta pomonella*

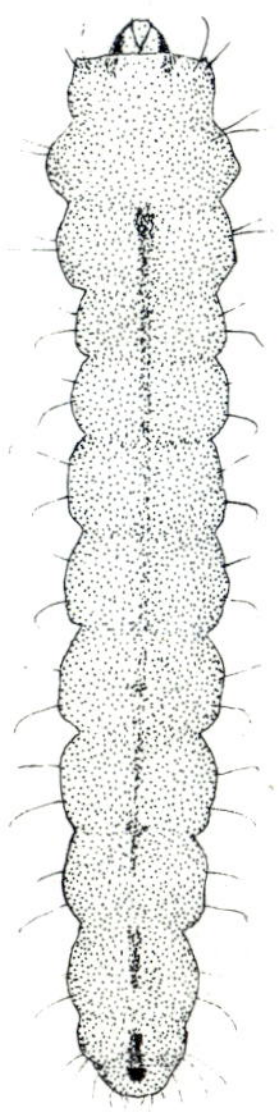

Abb. 257: Räupchen von *Phyllonorycta blancardella*

Abb. 258: Mine von *Phyllonorycta blancardella* an Apfel

Abb. 256: Falter von *Phyllonorycta blancardella*

Abb. 259: Mosaikmuster der Mine von *Phyllonorycta blancardella* auf der Oberseite des Blattes

***Phyllonorcyta corylifoliella*** (Hübner)
Häufig und weitverbreitet, kommt auf Weißdorn, Hasel und Eberesche, wildwachsenden und kultivierten Äpfeln und Birnen vor. In Gärten oft zahlreich, aber kein wichtiger Schädling.

**Beschreibung:** FALTER: Flügelspannweite 8–10 mm; Vorderflügel kastanienbraun, teilweise schwarz durchsetzt, mit verhältnismäßig unauffälligen, weißlichen oder blaßbraunenen Zeichnungen (Abb. 25 B); Hinterflügel dunkelbraun; Thorax braun mit blassem Mittelstreif. RÄUPCHEN: 5 mm lang; Kopf braun; Körper blaß schmutzig weiß, glänzend und durchscheinend. PUPPE: 3,5 mm lang; dunkelbraun. MINE: Großer, blaß lederfarbener Fleck auf der Blattoberseite, charakteristisch rostfleckig (Abb. 260).

**Lebensweise:** Ähnlich der vorigen Art, doch werden die Eier auf der Blattoberseite gelegt.

**Schaden:** Befallene Blätter werden verdreht, aber der Schaden ist selten ernst. Auf unbehandelten Bäumen können auf demselben Blatt Minen von *Phyllonorycta blancardella* und *Phyllonorycta corylifoliella* gleichzeitig gefunden werden.

**Bekämpfung:** Wie bei *Phyllonorycta blancardella.*

***Phyllonorycta coryli*** (Nicelli)
Im allgemeinen häufig, das Räupchen miniert in der Oberseite der Blätter wildwachsender und angebauter Hasel. Die Falter haben eine Flügelspannweite von 6–8 mm; die Vorderflügel sind düster bronzegelb mit weißer Zeichnung (Abb. 255 C). Sie fliegen im Mai und August; die blaßgelben Räupchen sind im Juli und im September und Oktober zu finden. Oft befinden sich mehrere Minen auf einem Blatt, das dann ziemlich verformt wird, doch ist dieser Kleinschmetterling ohne wirtschaftliche Bedeutung.

***Phyllonorycta pomonella*** (Zeller)
Syn. ***spinicolella*** (Zeller)
Diese häufige Art lebt an Schlehe und an kultivierter Pflaume. Die weißlichen Platzminen werden an der Unterseite der Blätter gebildet (Abb. 261) und verursachen manchmal beachtliche Verdrehungen, doch ist der Befall ohne Bedeutung. Die Falter (Abb. 255 D) fliegen im Mai und August und die Räupchen findet man im Juli und im Herbst.

Abb. 260: Mine von *Phyllonorycta corylifoliella* in Birnblatt

Abb. 261: Mine von *Phyllonorycta pomonella* in Pflaumenblatt

## Familie Sesiidae

### Glasflügler

Die Falter sind ungewöhnliche, wespenähnliche Schmetterlinge; die Raupen leben im Holz der Bäume und Büsche.

***Synanthedon tipuliformis*** (Clerck)
Syn. ***salmachus*** (Linnaeus)
Johannisbeerglasflügler
Allgemein verbreitet und stellenweise häufig. Die Raupen leben an Schwarzer Johannisbeere; auf Rote Johannisbeere und Stachelbeere werden befallen.

**Beschreibung:** FALTER: Flügelspannweite 17–21 mm; Flügel vorwiegend durchsichtig, mit braunschwarzen Adern und Rändern; Vorderflügel zur Spitze hin teilweise orangebraun; Körper metallisch blauschwarz (wenn der Falter noch jung ist), mit 3 (Weibchen) oder 4 (Männchen) schmalen, gelben Querbinden (Abb. 262). EI: 0,6 × 0,4 mm; oval und gelblichweiß. RAUPE: 15 mm lang; glänzend cremeweiß mit hellbraunem Kopf (Abb. 263). PUPPE: 10–12 mm lang, hellbraun.

**Lebensweise:** Der Falter fliegt von Ende Mai bis Juli bei sonnigem Wetter, hauptsächlich in den Morgenstunden und sonnt sich gerne, auf den Blättern seiner Wirtspflanze sitzend. Die Eier werden einzeln an die Rinde in der Nähe einer Knospe oder eines Seitentriebes gelegt, normalerweise eines pro Zweig. Nach rund 10 Tagen schlüpfen die Räupchen, die sich sofort bis zum Mark einbohren und zu fressen beginnen. Normalerweise bohrt sich eine Larve durchs Mark zum jüngeren Holz hin, sie hält sich sowohl in Jungtrieben als auch in älterem Holz auf. Sie frißt den ganzen Sommer und Herbst hindurch und ihre Entwicklung ist zu Beginn des Winters beendet. Im April oder Mai beißt sich die Raupe einen Gang zur Oberfläche, der aber durch ein dünnes Fenster in der Rinde verschlossen bleibt. Ganz in der Nähe wird dann im ausgehöhlten Mark aus Seide ein zäher Kokon gesponnen, der auch dunkle Kotkrümel enthält; die Raupe verpuppt sich danach. Manchmal werden die Puppenkokons in der Nähe von Schlupflöchern einer früheren Generation gesponnen. Einige Wochen später schiebt sich die Puppe aus ihrem Kokon bis zur Oberfläche der Rute. Nach dem Schlüpfen des Falters bleibt die leere Puppenhülle im Schlupfloch stecken, die leeren Fühlerscheiden in typischer Weise nach rückwärts gerichtet.

**Schaden:** Die Blätter befallener Jungtriebe können welken und Fruchtruten können sich nicht entwickeln, doch außer den Schlupflöchern (Abb. 264) ist an den Büschen vom Befall äußerlich nichts zu sehen. Das Mark befallener Triebe oder Zweige ist dunkelbraun oder schwarz, sie sind geschwächt und brechen leicht ab, wenn sie gebogen werden; bei den Schutzmaßnahmen gegen Spätfröste brechen beispielsweise befallene Triebe leicht ab, weil sie durch Eis zu schwer geworden sind. Der Schädling wird oft übersehen und meist erst während des Winterschnitts entdeckt.

**Bekämpfung:** Geschädigte Zweige sollten herausgeschnitten und vernichtet werden. Wenn nötig, kann man sofort nach der Ernte eine „High Volume"-Spritzung mit Dimethoat durchführen (Anm. d. Verf.: Sehr wirksam ist es, beim Schnitt keine Zapfen stehen zu lassen und überhaupt wenig Schnittstellen anzubringen).

Abb. 262: Johannisbeerglasflügler, *Synanthedon tipuliformis,* frisch aus der Puppe geschlüpft

Abb. 263: Raupe des Johannisbeerglasflüglers, *Synanthedon tipuliformis*

Abb. 264: Schlüpfloch des Johannisbeerglasflüglers, *Synanthedon tipuliformis,* an einem Zweig der Schwarzen Johannisbeere

***Synanthedon myopaeformis*** (Borkhausen)
Apfelglasflügler
Stellenweise, normalerweise nicht häufig; die Raupe lebt an Apfel, Birne, Kirsche und Pflaume, aber es werden gewöhnlich nur alte und ungepflegte Bäume befallen.

**Beschreibung:** FALTER: Flügelspannweite 20–25 mm; Flügel überwiegend durchsichtig mit braunschwarzen Adern und Rändern; Körper schwarz, Hinterleib mit einer breiten, roten Querbinde (Abb. 265). RAUPE: 15–17 mm lang; matt cremeweiß mit deutlich sichtbarem Rückengefäß; Körper etwas abgeflacht, vom breiten Thorax aus nach hinten etwas verjüngt; Kopf glänzend rotbraun und einziehbar; Nackenschild braun; Bauchfüße kurz (Abb. 266). PUPPE: 10–13 mm lang; blaßbraun.

**Lebensweise:** Die Falter erscheinen im Juli, manchmal auch schon früher, sie sind bei warmem, sonnigem Wetter sehr aktiv. Die Eier werden in Rindenrisse am Stamm oder an die Basis der Hauptäste geeigneter Bäume gelegt, oft in der Nähe von Wunden oder bereits vorhandenen Befallsstellen. Auch können Rindenpartien belegt werden, die bereits vom Rindenwickler (s. Seite 166) beschädigt worden sind. Sofort nach dem Schlüpfen dringen die jungen Räupchen in die Zweige ein und bohren sich in der Rinde oder knapp darunter unregelmäßig gewundene Gänge. Die Raupenentwicklung dauert rund 20 Monate und es kommen oft ein- und zweijährige Raupen im selben Baum vor. Wenn sie ausgewachsen sind, meist im Juni des 2. Jahres, spinnen sich die Raupen zähe, graue Kokons und verpuppen sich. Diese Kokons befinden sich dicht unter der Oberfläche der Rinde zwischen sich zersetzendem Holz und Raupenkot. Rund 2 Wochen später verläßt die Puppe den Kokon und schiebt sich an die Rindenoberfläche, dort bleibt nach dem Schlüpfen des Falters die Puppenhülle aus dem Schlupfloch herausragend stecken.

**Schaden:** Die Rinde befallener Stellen eines Baumes löst sich leicht ab und dadurch ermöglicht dieser Schädling ein leichteres Eindringen pflanzenschädlicher Pilze. Starker Befall führt zu weichen, schwärzlichen Flecken auf der Rinde, aus denen größere Mengen klebrigen Saftes ausfliessen können. Der Schädling befällt jedoch vorwiegend kränkelnde Bäume und ist deshalb meist von zweitrangiger Bedeutung.

**Bekämpfung:** Gewöhnlich unnötig. Das Bestreichen der Befallstellen mit 10%igem Karboöl im Mai ist eine alte Empfehlung, doch kann der Kontakt dieses Mittels mit dem Laub zu starken Verbrennungen führen.

Abb. 265: Apfelglasflügler, *Synanthedon myopaeformis*

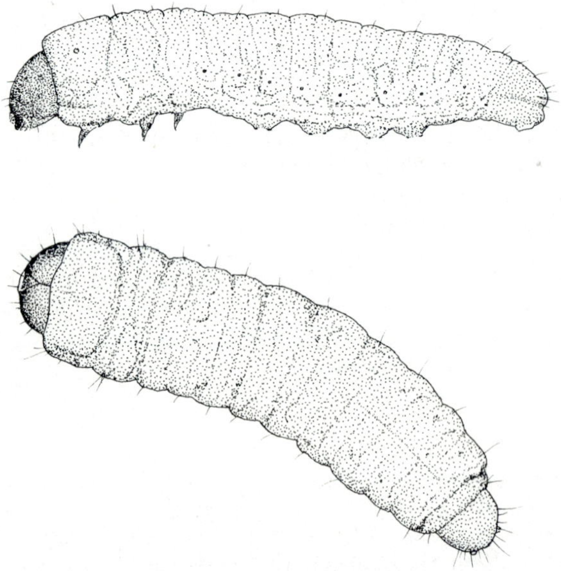

Abb. 266: Raupe des Apfelglasflüglers, *Synanthedon myopaeformis*

## Familie Choreutidae

***Eutromula pariana*** (Clerck)
Syn. ***Simaethis*** Leach
Apfelblattmotte
Stellenweise häufig, befällt Apfel, Birne und Kirsche, wird aber selten auf gespritzten Bäumen gefunden.

Abb. 267: Falter der Apfelblattmotte, *Eutromula pariana*

Abb. 268: Raupe der Apfelblattmotte, *Eutromula pariana*

**Beschreibung:** FALTER: Flügelspannweite 11–13 mm; Vorderflügel braun, grau bereift, mit dunklen, welligen Querlinien; Fransen braun (Abb. 267). RAUPE: 14 mm lang; gelblich bis blaßgrün mit auffälligen schwarzen Warzen auf allen Segmenten; Kopf gelblich braun; Beine verhältnismäßig lang (Abb. 268). PUPPE: 5–6 mm lang; braun.

**Lebensweise:** Die Falter überwintern im Stroh, unter dürren Blättern, in Hecken u. s. w. und fliegen wieder von der Zeit des Knospenaufbruchs an. Die Eier werden im April an Blätter gelegt und ab Mai fressen dort die Räupchen, zuerst an der Blattoberfläche in der Nähe der Hauptader, später rollen sie die Blattränder ein und setzen ihren Fraß im Schutze eines lockeren, seidenen Gewebes fort (Abb. 269). Wenn die Räupchen gestört werden, schlängeln sie sich heftig und fallen dann zu Boden. In etwa 3 Wochen sind sie ausgewachsen und verpuppen sich in weißen, dichten, zigarrenförmigen Kokons von rund 9 mm Länge, die an der Blattunterseite angeheftet werden (Abb. 270), zwischen welken Blättern oder in der Bodenstreu. Wenige Wochen später schlüpfen die Falter, normalerweise im Juli oder Anfang August, die Raupen der 2. Generation findet man ab August. Aus ihnen geht nach der Verpuppung schließlich im September oder Oktober die überwinternde Faltergeneration hervor.

**Schaden:** Es ist bezeichnend für die Räupchen, daß sie nur das Oberflächengewebe der Blätter fressen, die tieferen Schichten bleiben unbeschädigt (Abb. 271). Solche Beschädigungen sind zwar oft auffällig, aber selten groß genug, um wirklichen Schaden zu verursachen. Wichtiger sind die Räupchen der 2. Generation, weil sie auch an der Fruchtoberfläche schaben, was eine gewisse Berostung hervorruft.

**Bekämpfung:** Gewöhnlich nicht nötig, wenn jedoch erforderlich, können die befallenen Apfelbäume sofort nach der Blüte mit einem Insektizid gespritzt werden, beispielsweise mit Chlorpyrifos, Endosulfan oder Phosalon.

Abb. 269: Gespinst und Jungräupchen der Apfelblattmotte, *Eutromula pariana* auf einem Apfelblatt

Abb. 270: Puppenkokon der Apfelblattmotte, *Eutromula pariana,* an einem Apfelblatt

Abb. 271: Schaden durch die Apfelblattmotte an Apfelblatt

## Familie Yponomeutidae
Gespinstmotten

***Argyresthia conjugella*** Zeller
Ebereschenmotte
Weit verbreitet, aber nur stellenweise vorkommend. Die Räupchen, die normalerweise an Eberesche leben, kommen manchmal an Apfel vor, vor allem in Nordeuropa (Skandinavien).

**Beschreibung:** FALTER: Flügelspannweite 10–12 mm; Vorderflügel dunkel purpurbraun, Vorderrand mit weißer Zeichnung, zur Basis hin ein breiter weißer Streif am Hinterrand und ein dunkles, schräges Querband (Abb. 272 A); Hinterflügel grau. EI: 0,5 × 0,3 mm, oval, flach und weißlich. RÄUPCHEN: 6–7 mm lang; glanzlos, blaßgelb; Kopf und, weniger deutlich, Nackenschild und Analplatte blaßbraun. PUPPE: 5 mm lang, braun.

**Lebensweise:** Die Falter fliegen im Juni. Sie sitzen auffällig auf den Blättern ihrer Wirtspflanze: Der Kopf mit seitwärts gespreizten Fühlern befindet sich dicht an der Blattoberfläche und der Körper mit angelegten Flügeln und Hinterbeinen ist unter einem Winkel von rund 45° von der Unterlage abgespreizt. Die Eier, pro Weibchen etwa 20–30, werden an die Früchtchen gelegt, nach 10–14 Tagen schlüpfen die Räupchen, die sich sofort ins Fruchtfleisch bohren. Gewöhnlich befinden sich mehrere Räupchen in einer Frucht; sie sind im September oder Oktober ausgewachsen. Dann verlassen sie die Frucht, um sich zu verpuppen. Entweder fallen sie mit den Früchten vom Baum oder seilen sich an einem seidenen Faden ab. Jedes Räupchen spinnt sich einen seidenen Kokon mit einer hauchdünnen, netzartigen Außenschicht und einer dichten, weißen inneren Hülle, dann erfolgt die Verpuppung. Normalerweise liegen die Kokons 3–5 cm tief im Boden, sie sind aber auch in der Bodenstreu oder in Rindenrissen an den Stämmen der Wirtsbäume zu finden.

**Schaden:** Befallene Früchte sind von Gängen durchzogen und ihre Haut weist kleine, verfärbte, eingesunkene Flecke auf (Abb. 273). Später, wenn die ausgewachsenen Räupchen die Frucht verlassen haben, ist die Fruchtschale von zahlreichen Schlupflöchern übersät, deren Durchmesser 1 bis 2 mm beträgt. Befallene Früchte faulen bald und es kann zu erheblichen Ernteverlusten kommen. Der Befall durch diesen Schädling wird oft bis kurz vor der Ernte übersehen; er erfolgt häufig in Obstanlagen an Waldrändern und in Jahren, in denen der Fruchtansatz der Ebereschen schlecht ist.

**Bekämpfung:** Wenn die Apfelwicklerbekämpfung (s. Seite 171) früh genug (im Juni) erfolgt ist, sollte damit dieser Schädling ausreichend dezimiert sein.

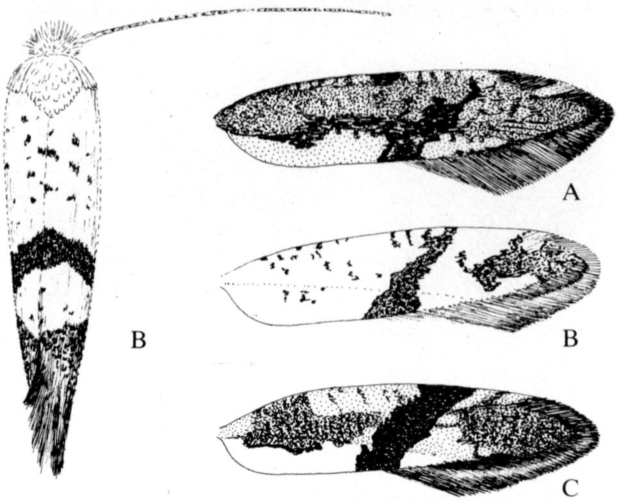


Abb. 272: Vorderflügel von *Argyresthia* – Arten, A: *Argyresthia conjugella*, B: *Argyresthia cornella*, C: *Argyresthia pruniella*

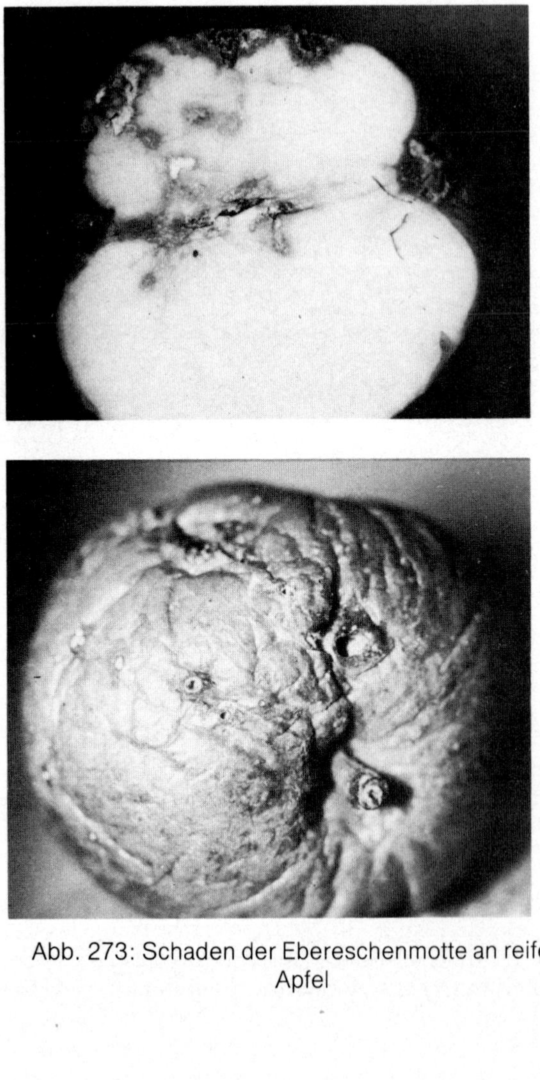

Abb. 273: Schaden der Ebereschenmotte an reifem Apfel

***Argyresthia cornella*** (Fabricius)
Apfelknospenmotte
Allgemein verbreitet und an Apfel oft häufig. In ungepflegten, ungespritzten Anlagen manchmal zahlreich, aber normalerweise kein wichtiger Schädling.

**Beschreibung:** FALTER: Flügelspannweite 10–12 mm; Vorderflügel vorwiegend glänzend weiß, an der Spitze bronzebraune Zeichnung und meist ein ebenso gefärbtes, schräges und konisches Querband (Abb. 272 B, 274); Hinterflügel grau. EI: Flach und dunkel. RÄUPCHEN: 8 mm lang; weißlich mit blaßbräunlichem Kopf (Abb. 275).

**Lebensweise:** Die Falter fliegen im Juni und Juli und halten sich in der bei der vorigen Art beschriebenen Weise auf Apfelbäumen auf. Die Eier werden an die Lang- und Kurztriebe gelegt, wo sie überwintern. Die Räupchen schlüpfen im April, dringen in die sich öffnenden Blütenknospen ein und fressen an den Blüten. Im Mai sind sie ausgewachsen, gehen zur Bodenoberfläche und verpuppen sich im Boden in einem Kokon. Die Falter schlüpfen einige Wochen später.

**Schaden:** Die Räupchen zerstören die Blüten, an deren Samenanlagen und anderen Teilen sie fressen; an Bäumen mit schlechtem Blütenansatz sind die Schäden am größten.

**Bekämpfung:** Gewöhnlich unnötig, der Schädling wird durch die Vorblütespritzung gegen den Frostspanner (s. Seite 177) ausreichend bekämpft.

Abb. 274: Falter der Apfelknospenmotte, *Argyresthia cornella*

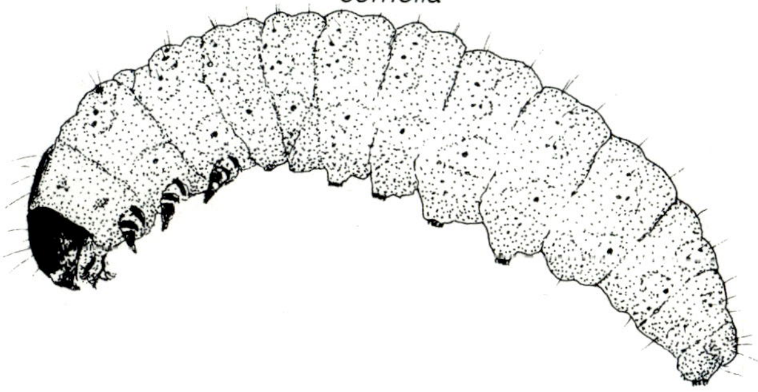

Abb. 275: Raupe der Apfelknospenmotte, *Argyresthia cornella*

Abb. 276: Kirschenblütenmotte, *Argyresthia pruniella*

***Argyresthia pruniella*** (Clerck)
Syn. ***ephippella*** (Fabricius)
Kirschblütenmotte[1]
Im allgemeinen häufig, befällt Kirsche und Pflaume, hauptsächlich in Kirschenpflanzungen von Bedeutung.

**Beschreibung:** FALTER: Flügelspannweite 10–12 mm; Vorderflügel blaßbraun und in der dorsalen Hälfte mit mehr oder weniger ausgedehnter, weißer Zeichnung, der hellere Bereich von einem blassen, gelbbraunen Querband durchzogen, das kurz vor der Flügelspitze endet (Abb. 272 C, 276); Hinterflügel grau. EI: 0,5 × 0,3 mm; braun bis grau oder olivgrün; flach, birnenförmig mit netzartiger Struktur. RÄUPCHEN: 10 mm lang, blaßgrün bis grünlich gelb; Kopf und, weniger deutlich, Nackenschild und Analplatte braun. PUPPE: 5 mm lang; braun mit grünlichem Schimmer.

**Lebensweise:** Die Falter fliegen Ende Juni und im Juli. Sie sitzen an Blättern oder Baumstämmen in der auch für andere Arten dieser Gattung typischen Weise. Bei Störungen fliegen sie tagsüber schnell auf. Die Eier werden an Blattnarben, unter Knospenschuppen und an anderen geschützten Stellen an den Lang- und Kurztrieben abgelegt, meist höher als 2–3 m über dem Boden, wo sich die Falter meist aufhalten. Die Räupchen schlüpfen zu Beginn des Frühjahrs (sie können auch schon früher schlüpfen, dann überwintern die Räupchen neben den leeren Eiern in einem seidenen Kokon). Die Larven dringen in die Blütenknospen ein, oft schon bevor sich diese geöffnet haben. Sie fressen das Gewebe der sich entwickelnden Knospen und dringen

[1] Früher wurde *Argyresthia curvella* (Linnaeus) (Syn. nitidella (Fabricius) für die Kirschblütenmotte gehalten. Sie lebt aber an Weißdorn und ihre Bezeichnung als Kirschenschädling beruhte auf einer Fehlbestimmung.

später in die Blüten ein, wo sie meist in der ausgehöhlten Samenanlage des jungen Früchtchens verborgen sind. Wenn sie Mitte bis Ende Mai ausgewachsen sind, seilen sich die Räupchen an seidenen Fäden ab, dringen in den Boden ein und verpuppen sich in einer Tiefe von ein paar Zentimetern in einem doppelwandigen Kokon aus einer dichten Innenwand und einer dünneren, netzartigen Außenschicht. Ein paar Wochen später schlüpfen die Falter.

**Schaden:** Zuerst werden die Staubblätter und die noch zusammengefalteten Blütenblätter gefressen; später höhlen die Räupchen die Samenanlagen und die jungen Früchtchen aus. Ertragsverluste können, insbesondere in Kirschenanlagen, beträchtlich sein.

**Bekämpfung:** Eine Spritzung mit Karboöl im Dezember oder Januar kann einen gewissen Erfolg versprechen, wirksamer sind aber Behandlungen im Frühjahr. Den besten Erfolg bringt eine Spritzung Ende März, wenn sich die Knospen öffnen, mit Azinphosmethyl- +Demeton-S-methylsulfon. Bei starkem Befall kann ein zweites Mal kurz vor der Blüte behandelt werden.

Abb. 277: Apfelbaumgespinstmotte, *Yponomeuta malinellus*

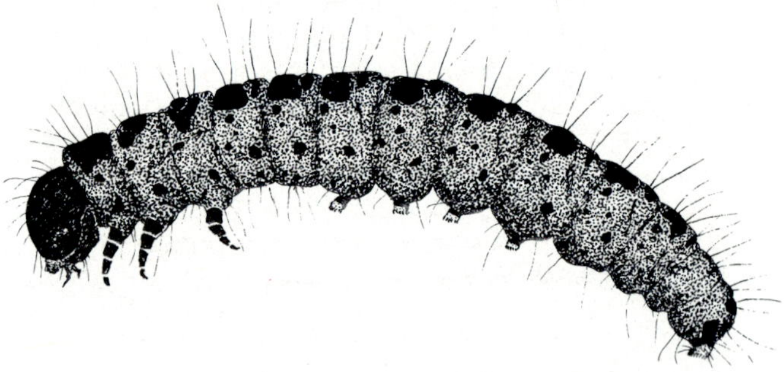

Abb. 278: Raupe der Apfelbaumgespinstmotte, *Yponomeuta malinellus*

***Yponomeuta malinellus*** Zeller
Apfelbaumgespinstmotte
Überall verbreitet als wenig wichtiger Schädling bei Apfel, kommt aber in regelmäßig gespritzten Apfelanlagen selten vor.

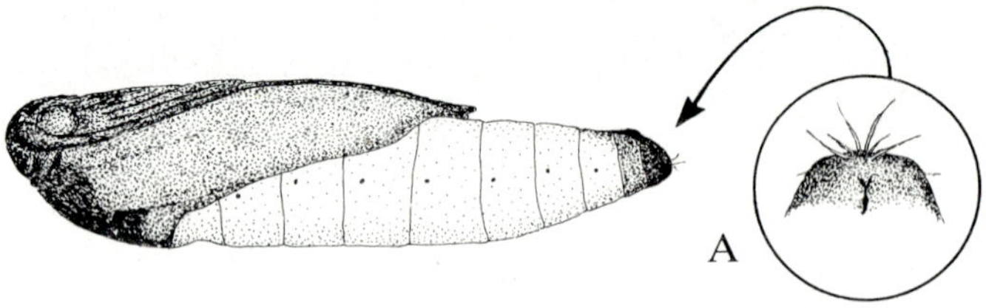


Abb. 279: Puppe der Apfelbaumgespinstmotte, *Yponomeuta malinellus,* A: Cremaster

**Beschreibung:** FALTER: Flügelspannweite 18–22 mm; Vorderflügel grauweiß oder weiß mit schwarzen Punkten (Abb. 277); Hinterflügel dunkelgrau. EI: Flach, dunkel purpurgrau. RAUPE: 15–22 mm lang; schmutzig gelbgrau mit schwarzen Punkten und schwarzem Kopf (Abb. 278). PUPPE: 10 mm lang; gelblich, Kopfpartie, Thorax, Flügelscheiden und Hinterende dunkler; Cremaster mit 6 Borsten (Abb. 279).

**Lebensweise:** Die Falter fliegen im Juli und August, sie fallen auf, wenn sie auf ihrer Wirtspflanze sitzen oder um sie herumfliegen. Die Eier werden in einige Millimeter langen Gruppen auf die Rinde meist zweijähriger Triebe gelegt. Oft enthält 1 Gelege 40–80 Eier, sie sind ziegelförmig angeordnet und von einer Sekretschicht bedeckt, die schnell hart wird. Frische Eigelege sind blaßgelb und auffällig, sie dunkeln aber schnell und nehmen die Farbe der Zweige an. Die Larven schlüpfen im Herbst und überwintern unter dem schützenden Dach ihres Eigeleges. Erst zur Zeit des Austriebs kommen sie heraus und bohren sich ins Gewebe der jungen Knospen ein. Danach gehen sie an die Blätter, in denen sie, gesellig fressend, Platzminen anlegen. Später fressen sie äußerlich an Blättern (Abb. 280) und Blüten. Sie fertigen dann gemeinschaftlich dichte, graue oder weiße Gespinste um die befallenen Blätter und Zweige herum an

Abb. 280: Gespinst und Jungräupchen der Apfelbaumgespinstmotte, *Yponomeuta malinellus,* auf Apfelblatt

(Abb. 281). Gegen Juni können die Gespinste sehr ausgedehnt sein, bei starkem Befall bedecken sie oft einen ganzen Ast oder sogar den ganzen Baum. Die Verpuppung erfolgt Ende Juni innerhalb dieser Gespinste in dichten, weißen, durchscheinenden Kokons, die oft nebeneinander in Gruppen angeordnet sind.

**Schaden:** Durch das Minieren der Jungraupen in den Blättern entstehen rötliche oder braune Flecken, diese Schäden sind aber weitgehend bedeutungslos. Der gesellige Fraß der älteren Raupen in ihren Gespinsten kann zu beträchtlichen Blattverlusten und völligem Ertragsausfall führen. Auch kann das Wachstum der Bäume in den Jahren nach einem starken Befall vermindert sein.

**Bekämpfung:** Wirksam ist eine Spritzung mit Karboöl im Dezember oder Januar oder mit DNOC + Obstbaumkarbolineum beim Austrieb (März). Andernfalls kann vor oder nach der Blüte (wenn die Räupchen ihr Winterquartier verlassen, aber ihre Schutzgespinste noch nicht angefertigt haben) mit einem Insektizid gespritzt werden, z. B. mit Azinphos-methyl + Demeton-S-methylsulfon, Chlorpyrifos, Diflubenzon, Phosalon oder aber auch mit einem *Bacillus thuringiensis*-Präparat.

Abb. 281: Gespinst der Apfelbaumgespinstmotte, *Yponomeuta malinellus*, an Apfel

Abb. 282: Falter von *Paraswammerdamia spinella*

Abb. 283: Raupe von *Paraswammerdamia spinella*

### ***Paraswammerdamia spinella*** (Hübner)

Überall verbreitet und häufig, hauptsächlich auf Schlehe. Die Räupchen werden gelegentlich in Apfel- oder Pflaumenanlagen gefunden, sind aber bedeutungslos.

**Beschreibung:** FALTER: Flügelspannweite 12 mm; Kopf und Thorax vorwiegend weiß; Vorderflügel überwiegend dunkel purpurgrau und weißlich bereift mit je einem hellen Fleck am Vorderrand nahe der Flügelspitze und einer dunklen Querlinie bzw. 2 miteinander verbundene Flecke. Flügelfransen kupferfarben (Abb. 282). RAUPE: 6–8 mm lang; egelähnlich, rötlich braun mit blaßer, unvollständiger Rückenlinie und breitem, gelblichweißem Streifen auf jeder Seite (Abb. 283). PUPPE: 4 mm lang; dunkelbraun.

**Lebensweise:** Die Falter fliegen im Mai und im Juli und August. Die Larven fressen im Juni einzeln oder in kleinen Gruppen unter einem lockeren Gespinst und verpuppen sich im Juli in weißen Kokons. Eine 2. Generation von Larven gibt es im September.

**Schaden:** Die Larven verursachen nur Schabefraß an der Blattoberfläche.

**Bekämpfung:** Unnötig.

***Swammerdamia pyrella*** (Villers)
Syn. ***cerasiella*** (Hübner)
Diese Art lebt an Apfel. Die Falter sind denen von *Paraswammerdamia spinella* sehr ähnlich (s. Seite 135), aber die dunkle Binde auf den Vorderflügeln ist nicht in zwei Flecke geteilt. Die Falter fliegen im Mai und im Juli und August. Die Räupchen sind blaßgelb mit dunklem, rötlichbraunem Rückenstreifen. Sie sind im Juni und Juli bzw. im September zu finden und ohne Bedeutung.

***Ypsolopha scabrella*** (Linnaeus)
Die leuchtend grüne Raupe (Abb. 284) dieser im Mai und Juni an Holzapfel und Weißdorn stellenweise häufigen Art ist, wenn sie gestört wird, äußerst lebhaft. Sie kommt auch in unbehandelten Apfelanlagen vor und verursacht leichten, aber unbedeutenden Blattschaden. Sie frißt unter einem lockeren Gespinst und verpuppt sich schließlich in einem bootförmigen Kokon am Boden oder unter Rindenschuppen. Die düster gefärbten Falter (Flügelspannweite 19–22 mm) gleichen Stückchen trockenen Holzes (Abb. 285). Sie fliegen von Juli bis Anfang September.

Abb. 284: Raupe von *Ypsolopha scabrella*

Abb. 285: Falter von *Ypsolopha scabrella*

## Familie Schreckensteiniidae

***Schreckensteinia festaliella*** (Hübner)
Eine weitverbreitete und oft häufige Art, die an wilden Brombeeren und Himbeeren lebt. Obwohl die Schäden manchmal sehr schwer sind, gibt es nur eine einzige Meldung (aus Morayshire in Schottland) über Raupenschäden an angepflanzten Beerensträuchern. Die Falter sind klein (Flügelspannweite 10–12 mm) und überwiegend blaßbraun gefärbt (Abb. 286); sie fliegen im Mai und Juni und im August. Die hellgrüne Raupe (Abb. 287) frißt an den Blättern der jungen, nichttragenden Ruten die Oberhaut und das Gewebe zwischen den Adern. Befressene Blätter werden fleckig oder völlig weiß und sind zur Photosynthese nicht mehr in der Lage.

Abb. 286: Falter von *Schreckensteinia festaliella*

Abb. 287: Raupe von *Schreckensteinia festaliella*

Abb. 288: Falter von *Coleophora coracipennella*

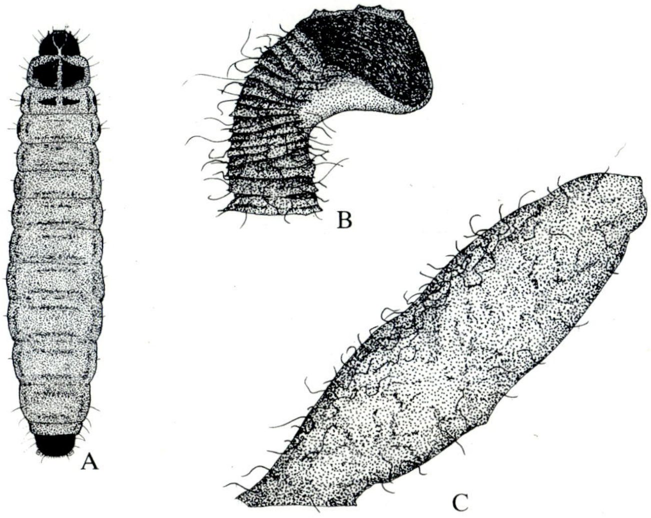


Abb. 289: *Coleophora coracipennella,* A: Raupe, B: erster Sack, C: späterer Sack

## Familie Coleophoridae
Sackträger

Die Falter haben sehr lange, schmale und einfarbige Flügel, die Räupchen, wenn sie nicht mehr ganz jung sind, leben in typischen tragbaren „Säcken", in denen sie sich auch verpuppen.

***Coleophora coracipennella*** (Hübner)
Syn. ***nigricella*** (Stephens)
Gewöhnlich häufig, die Raupen fressen an Apfel, Kirsche, Pflaume, Schlehe und Weißdorn; kein wichtiger Schädling in Obstanlagen.

**Beschreibung:** FALTER: Flügelspannweite 10–12 mm; Vorderflügel dunkel braungrau und glänzend; Hinterflügel dunkelgrau; Fühler weiß, dunkelgrau geringelt (Abb. 288). EI: Winzig, weiß, flach und oval. RAUPE: 5 mm lang; braun mit dunkelbraunem Kopf; Bauchfüße stark rückgebildet, ausgenommen das letzte Paar (Abb. 289 A). SACK: 5–6mm lang; mehr oder weniger zylindrisch, hell- bis dunkelbraun; Sack der jüngeren Raupe pistolenförmig (Abb. 289 B, 289 C).

**Lebensweise:** Die Falter fliegen im Juni und Juli. Die Eier werden einzeln, meist auf der Blattunterseite, abgelegt. Nach etwa 2 Wochen schlüpfen die Larven und beginnen, an den Blättern zu fressen. Später minieren sie in den Blättern, kommen danach aber heraus und bedecken sich mit einem kleinen, pistolenförmigen Sack aus Seidengespinst und Blattgewebe. Im Herbst wandert die im Sack wohnende Raupe auf Zweige oder Stengel, an denen sie sich befestigt und bis zum Frühjahr überwintert. Während des Austriebs werden die Räupchen wieder aktiv und setzen ihren Fraß an den sich öffnenden Knospen und jungen Blättern fort. Aus einem neuen Blattstückchen bauen sie sich einen größeren, zylindrischen Sack, der kleinere bleibt verlassen in den Nähe liegen (Abb. 290). Bis Mai wird der Fraß fortgesetzt, dann kommen die Raupen aus ihren Säcken heraus und fressen eine Reihe von Platzminen in die Blätter (Abb. 291). Wenn die Raupe ausgewachsen ist,

Abb. 290: Der verlassene erste Sack der Raupe von *Coleophora coracipennella;* zum Bau des neuen Sackes wurde ein längliches Blattstück abgebissen

Abb. 291: Platzmine und Sack der Raupe von *Coleophora coracipennella*

heftet sie den Sack an einem Zweig oder am Stamm des Baumes fest und verpuppt sich. Etwa zwei Wochen später schlüpfen die Falter.

**Schaden:** Die von den Sackträgerraupen stammenden Platzminen sind typsich, sie weisen stets dort ein kreisrundes Loch auf, wo die Raupe in die Minie eingedrungen ist (und wo auch während des Fraßes der Sack befestigt war). Minierte Blätter sind nicht verformt und die Schäden an Obstbäumen sind selten von Bedeutung.

**Bekämpfung:** Chlorpyrifos und verschiedene andere Insektizide, die gegen den Frostspanner (s. Seite 177) empfohlen werden, sollten wirksam sein, wenn sie kurz nach dem Mausohrstadium gespritzt werden.

***Coleophora anatipennella*** (Hübner)
Stellenweise an Apfel, Kirsche, Schlehe und Weißdorn; gelegentlich an Obstbäumen, gewöhnlich an Kirsche gefunden, aber kein wichtiger Schädling.

**Beschreibung:** FALTER: Flügelspannweite 13–17 mm; Vorderflügel weiß, gelblichgrau bereift; Hinterflügel dunkelgrau (Abb. 292). EI: Winzig, rund und geriffelt. RAUPE: 8–10 mm lang; orange mit schwärzlichem Kopf. SACK: 8–10 mm lang; pistolenförmig; braun, grau oder schwarz und ein wenig glänzend (Abb. 293).

**Lebensweise:** Ähnlich wie *Coleophora coracipennella,* aber die Falter erscheinen im Sommer etwas später.

**Schaden:** Ähnlich wie von *Coleophora coracipennella;* gelegentlich minieren die jungen Raupen außer in Blättern auch in Früchten.

**Bekämpfung:** Wie bei *Coleophora coracipennella* (siehe oben).

Abb. 292: Falter von *Coleophora anatipennella*

Abb. 293: Sack von *Coleophora anatipennella*

Abb. 294: Falter von *Esperia sulphurella*

## Familie Oecophoridae

***Esperia sulphurella*** (Fabricius)
Diese im allgemeinen häufige Art lebt in sich zersetzendem oder totem Holz. Die Larve findet man oft in toten oder absterbenden Obstbäumen, sie wird manchmal mit der des Rindenwicklers (s. Seite 166) verwechselt. Die schwarz-gelben Falter (Flügelspannweite 12–16 mm) (Abb. 294) fliegen im April und Mai bei sonnigem Wetter. Die verhältnißmäßig schlanken, blaß braungrauen und glänzenden Räupchen (Länge 10–15 mm) fressen den ganzen Sommer, Herbst und Winter hindurch und hinterlassen große Mengen von braunem Kot. Die Verpuppung erfolgt in dem im März oder April gebohrten Fraßgang in einem seidenen Kokon. Die Puppe (8–12 mm lang) ist braun und hat ein charakteristisches 8-borstiges Cremaster (Abb. 295 A). Im Gegensatz zum Rindenwickler greift diese Art gesundes Holz nicht an und verursacht nicht das Absterben von Bäumen.

***Carcina quercana*** (Fabricius)
Weitverbreitet und häufig, befällt oft Birke und Eiche. Die Raupe kommt auch an Obstarten vor, darunter Apfel, Birne, Pflaume, Brombeere und Himbeere, ist aber kein wichtiger Schädling.

**Beschreibung:** FALTER: Flügelspannweite 15–20 mm; Vorderflügel leuchtend gelb, größtenteils graurosa bereift; Hinterflügel blaß; Fühler länger als die Flügel (Abb. 296). EI: Gelb, Schale mit Wärzchen. RAUPE: 12–15 mm lang; leuchtend apfelgrün mit 2 gelblichen Rückenlinien; Körper etwas abgeflacht; Kopf ziemlich groß und quadratisch (Abb. 297). PUPPE: 8 mm lang; braun.

**Lebensweise:** Die Raupe frißt im Mai und Juni einzeln auf der Blattunterseite unter einem durchsichtigen Gespinst aus Querfäden. Ab Mitte Juni verpuppen sich die Raupen unter durchscheinenden Gespinsten. Die Falter schlüpfen im Juli und Augsut.

**Schaden:** Die Jungräupchen beißen oft Stückchen aus der Unterseite der Blätter heraus, doch bleibt die Oberseite meist unbeschädigt. Später aber werden in der Nähe der Gespinste ganze Löcher herausgefressen, sowohl in der Mitte als auch am Blattrand. Die Raupengespinste verformen die Blätter nicht merklich und der Schaden ist nicht ernst.

**Bekämpfung:** Unnötig.

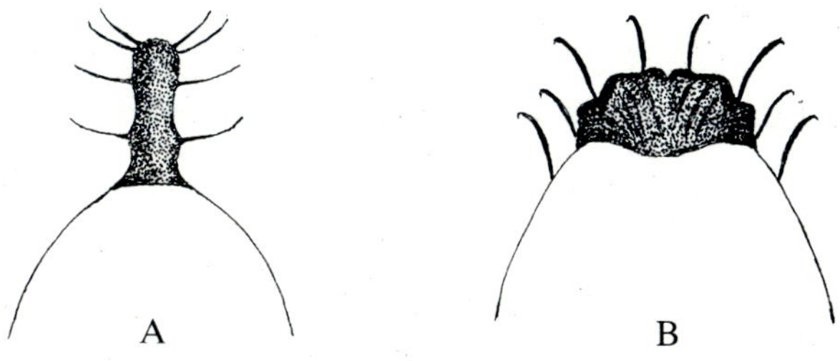


Abb. 295: Cremaster der Puppen von *Esperia sulphurella* (A) und von *Enarmonia formosana* (B)

Abb. 296: Falter von *Carcina quercana*

Abb. 297: Räupchen von *Carcina quercana*

## Familie Gelechiidae
Palpenmotten

***Recurvaria leucatella*** (Clerck)
Weitverbreitet an Holzapfel und Weißdorn; wird gelegentlich an kultivierten Apfel- und Birnbäumen gefunden, ist aber kein wichtiger Schädling.

**Beschreibung:** FALTER: Flügelspannweite 13–14 mm; Kopf und Thorax cremeweiß; Vorderflügel schwärzlich, mit einigen erhöhten schwarzen Pünktchen (Schuppenbüschel), einer breiten, weißen Querbinde zur Flügelbasis hin und einer unregelmäßigen, weißen Querlinie in der Nähe der Flügelspitze (Abb. 298). RAUPE: 8–11 mm lang; bräunlich mit rosarotem Schimmer; Kopf, Nackenschild und Analplatte dunkelbraun bis schwarz. PUPPE: 5 mm lang; braun.

Abb. 298: Rechter Vorderflügel von *Recurvaria leucatella*

**Lebensweise:** Die Falter fliegen im Juli. Die Eier werden einzeln oder in kleinen Gruppen auf die Blattunterseite gelegt, meist ganz in der Nähe der Mittelader. Die jungen Räupchen minieren im Spätsommer in den Blättern und überwintern in seidenen, zwischen dürren Blättern gesponnenen Kokons. Im Frühjahr fressen die Räupchen an Blüten und Blättern, wobei sie sich tagsüber durch kleine Gewebe schützen. Die Verpuppung erfolgt im Juni in kleinen, zwischen dürren Blättern oder in der Bodenstreu versteckten Kokons. Nach dem Schlüpfen der Falter ragt die Puppe nicht aus dem Kokon hervor.

**Schaden:** Aus angefressenen Blüten können sich vielleicht keine Früchte entwickeln, doch kommt der Schädling normalerweise nur in geringer Zahl vor, der Fraß an Blättern ist von geringer bzw. ohne Bedeutung.

**Bekämpfung:** Die routinemäßigen Vorblütespritzungen gegen den Frostspanner (s. Seite 177) wirken normalerweise gegen diesen Kleinschmetterling, eine spezielle Bekämpfung ist unnötig.

***Recurvaria nanella*** (Denis & Schiffermüller)
Grauköpfige Obstbaummotte
Auf dem europäischen Festland ist dies ein Schädling an Apfel, Pflaume und anderen Obstbäumen, in Großbritannien kommt er nur stellenweise vor und ist daher von geringer oder überhaupt ohne Bedeutung. Die Lebensweise ist ähnlich der vorigen Art, aber die gelblichgrüne bis bräunliche Raupe frißt in Knospen, zerstört Blüten und verursacht erhebliche Verkräuselungen.

## Familie Blastobasidae

***Blastobasis decolorella*** (Wollaston)
Dieser Kleinschmetterling stammt aus Madeira. In Großbritannien wurde er erstmals 1946 gefunden und nur in der Umgebung Londons, jetzt ist er weit verbreitet und stellenweise häufig. Obowhl er normalerweise in pflanzlichen Abfällen lebt und harmlos ist, kam es neuerdings zu ersten Schäden an Apfelbäumen.

**Beschreibung:** FALTER: Flügelspannweite 18–21 mm; Vorderflügel blaß ockergelb mit je 4 dunkleren Stellen und verstreut dunklen Schuppen (Abb 299); Hinterflügel blaßer. EI: 0,7 mm lang; oval, weißlich. RÄUPCHEN: 10–13 mm lang; purpurbraun und glänzend, Kopf und Nackenschild dunkler; ziemlich plump (Abb. 300).

**Lebensweise:** Die Falter fliegen von Juni an bis in den Spätsommer. An Apfel wurden ab Juli Räupchen gefunden, unter abgestorbenen Blättern oder an anderen geschützten Stellen versteckt, vor allem aber in der Nähe der Fruchtstiele reifender Äpfel. Die Verpuppung erfolgt in kleinen Kokons in der Bodenstreu.

Abb. 299: Falter von *Blastobasis decolorella*

Abb. 300: Raupe von *Blastobasis decolorella*

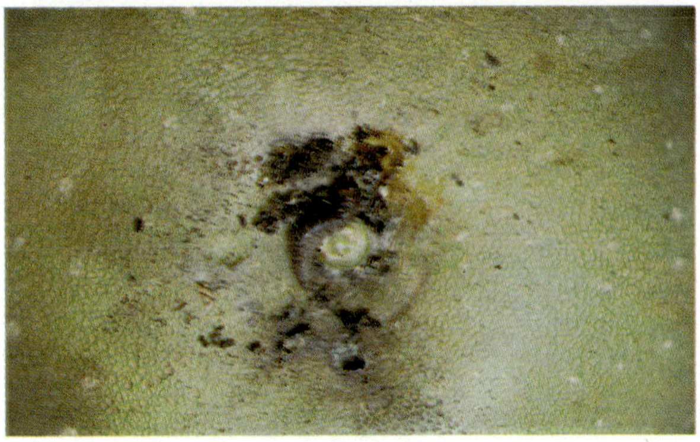

Abb. 301: Schaden in der Umgebung des Stiels eines reifen Apfels durch das Räupchen von *Blastobasis decolorella*

**Schaden:** Äpfel, die eng in Fruchtbüscheln hängen, sind besonders gefährdet, weil die Larven außer dem Fruchtfleisch in der Nähe des Stiels auch jenes an den Berührungsstellen benachbarter Früchte fressen. Große Stücke der Schale und des sich darunter befindlichen Fruchtfleisches werden verzehrt, aus den Wunden tritt Saft aus und sie sind bald mit einer klebrigen Schicht schwarzen Kots bedeckt (Abb. 301). Wenn auch die Räupchen im Inneren vertrockneter Früchte fressen können, dringen sie nicht bis zum Kernhaus reifender

Äpfel vor. So beschädigte Äpfel sind aber für die Lagerung oder Vermarktung untauglich und die Ernteverluste können deshalb außerordentlich hoch sein. Die Räupchen sind auch in der Lage, die Rinde zu beschädigen, doch ist solcher Fraß unbedeutend.

**Bekämpfung:** Chlorpyrifos hat sich als Sommerspritzung bewährt.

## Familie Momphidae

***Blastodacna atra*** (Haworth)
Apfelmarkschabe
Weit verbreitet, aber lokal; früher ein ständiger Apfelschädling, vor allem in jungen Anlagen, wird aber heute auf regelmäßig gespritzten Bäumen nur noch selten gefunden.

**Beschreibung:** FALTER: Flügelspannweite 10–14 mm; Vorderflügel schmal, vorwiegend bräunlich, mit schwarz durchsetzt und mit je 2 schwarzen Schuppenbüscheln (Abb. 302); Hinterflügel grau. EI: 0,6 × 0,3 mm; oval, blaß gelblich oder bräunlich. RÄUPCHEN: 7–10 mm lang; bräunlichrosa, Kopf und Nackenschild schwarz, ebenso die 3 Analplatten (Abb. 303). PUPPE: 5–7 mm lang, goldbraun, schlank, mit langen Flügelscheiden, Cremaster bildet 2 röhrenförmige, schräg nach vorn gerichtete Fortsätze (Abb. 304).

**Lebensweise:** Am häufigsten fliegen die Falter von Ende Juli bis Anfang August. Die Eier werden in Blattachseln, an die Basis von Blattstielen oder kleinen Blütenknospen gelegt. Rund 2 Wochen später schlüpfen die winzigen Räupchen und dringen sofort in die Rinde ein, meist unmittelbar neben einer Knospe, und hinterlassen ein mit gelbbraunem Kot umgebenes Bohrloch. Die ganzen Herbst- und Wintermonate hindurch minieren die Räupchen in den Lang- oder Kurztrieben (Abb. 305). In diesem Stadium gibt es kaum äußerliche Zeichen für den Befall, aber im Frühjahr sind große Mengen von Kot zu sehen, die aus den beim Schwellen der beschädigten Knospe entstehenden Rissen nach außen dringen. Im Juni ist die Raupe ausgewachsen, sie bohrt sich an die Oberfläche und durchbricht die Rinde, meist ganz dicht bei einer Seiten- oder Endknospe oder genau unter einem Blütenbüschel. Die Verpuppung erfolgt noch im Bohrgang der Raupe, rund 1 Monat später schlüpft der Falter.

Abb. 302: Falter der Apfelmarkschabe, *Blastodacna atra*

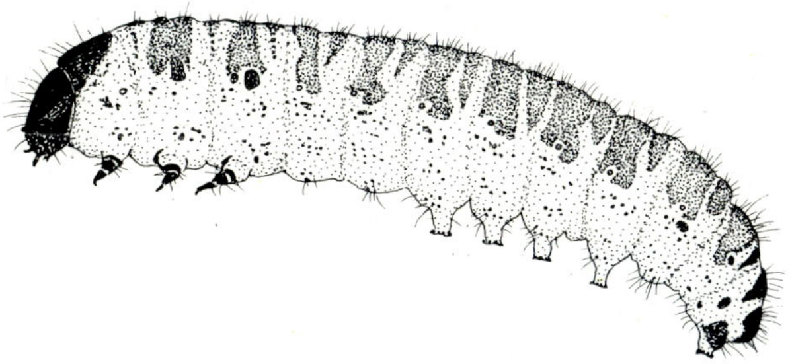

Abb. 303: Räupchen der Apfelmarkschabe, *Blastodacna atra*

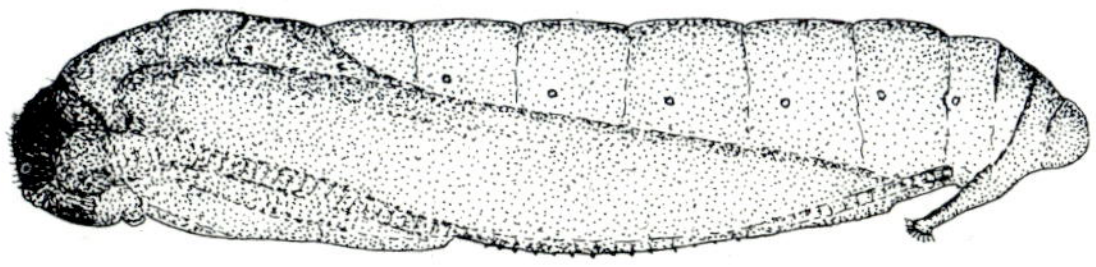

Abb. 304: Puppe der Apfelmarkschabe, *Blastodacna atra*

Abb. 305: In einem Apfeltrieb minierendes Räupchen der Apfelmarkschabe, *Blastodacna atra*

**Schaden:** Die Blätter und Blütenbüschel befallener Triebe welken und werden braun, meist kurz vor der Vollblüte (Abb. 306). Auch Endknospen können absterben, es entwickeln sich dann schwache Seitentriebe. Bei starkem Befall ist der Fruchtansatz stark vermindert. Außerdem kommen durch die geschädigte Rinde leicht Infektionen durch den Obstbaumkrebs zustande. Selten kommt es auch vor, daß junge Larven in reifende Früchte eindringen und im Fruchtfleisch minieren.

**Bekämpfung:** Bei schwachem Befall können die geschädigten Triebe herausgeschnitten und vernichtet werden. Bei starkem Befall kann zwischen der Ablage der Eier und dem Schlüpfen der Räupchen (August) mit Diflubenzuron gespritzt werden. Manchmal wird behauptet, eine Winterspritzung mit Karboöl sei wirksam, weil sich aber die Räupchen im Holz aufhalten, sind sie mit chemischen Mitteln außerordentlich schwer zu vernichten. Viele aber fallen der parasitischen Schlupfwespe *Copidosoma flavomaculatum* (s. Seite 183) zum Opfer.

Abb. 306: Von der Apfelmarkschabe geschädigter Apfeltrieb

## Familie Tortricidae
### Wickler

Eine große und wichtige Gruppe von Kleinschmetterlingen, zu der auch einige gut bekannte Schädlinge gehören. Die Raupen haben 5 Paar Abdominalbeine, jedes Bein trägt einen vollständigen Kranz annähernd gleichgroßer Borsten; viele Arten haben einen Analkamm, mit dem die Kotteilchen ausgeworfen werden. Die Raupen fressen oft in versponnenen oder zusammengerollten Blättern und schlängeln nach Störungen schnell rückwärts. Die Raupen können sich an ihrem Fraßort oder anderswo verpuppen, die Puppenhülle ragt nach dem Schlüpfen der Falter aus dem Kokon heraus.

***Pandemis cerasana*** (Hübner)
Syn. ***ribeana*** (Hübner)
Weit verbreitet und örtlich häufig. Die Larven sind polyphag und kommen an vielerlei Bäumen und Sträuchern vor, auch an Apfel, Birne, Kirsche, Pflaume, Johannisbeere, Brombeere, Himbeere und Walnuß.

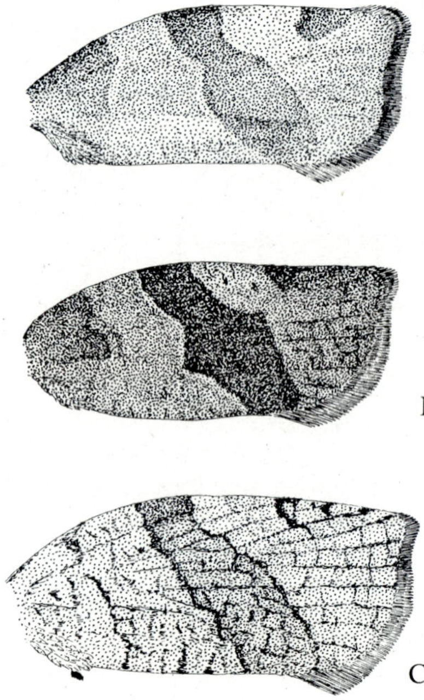


Abb. 307: Vorderflügel von *Pandemis* – Arten, A: *Pandemis cerasana*, B: *Pandemis heparana*, C: *Pandemis corylana*

**Beschreibung:** FALTER: Flügelspannweite 16–24 mm; Vorderflügel blaß gelblich bis gelbbraun mit blaßbrauner Zeichnung, die kastanienbraun gesäumt ist; Hinterflügel graubraun; Fühler des Männchens an der Basis eingekerbt (Abb. 307A, 308, 309). EI: Flach und oval; in ovalen, fischschuppenartigen Eispiegeln. RAUPE: 20 mm lang; ziemlich dünn und abgeflacht; hellgrün, Oberseite dunkler, Warzen blaßgrün; Kopf hell- bis bräunlichgrün; Nackenschild grün oder gelbgrün mit dunklem Seiten- und Hinterrand; Analplatte grün, schwarz punktiert; Analkamm gelblich mit 6–8 Zähnen; die ersten und die letzten Stigmen elliptisch und deutlich größer als die anderen (anders bei *Pandemis heparana* und *P. corylana*) (Abb. 310). PUPPE: 8–13 mm lang; braun oder schwarzbraun; Cremaster länger als breit.

**Lebensweise:** Die Falter fliegen von Juni bis August. Die Eigelege werden auf Blättern oder Zweigen abgelegt, einige schlüpfen nach einigen Wochen, andere erst im folgenden Frühjahr. Die jungen Sommerräupchen fressen eine Weile an Blättern und fertigen sich dann, obwohl sie noch sehr klein sind, seidene Schutzgespinste an den Zweigen an, in denen sie überwintern. Während des Austriebs kommen sie wieder zum Vorschein und zu dieser Zeit schlüpfen auch die Räupchen aus den überwinterten Eigelegen. Bis Mai oder Anfang Juni fressen die Räupchen in zusammengefalteten oder -gerollten Blättern und verpuppen sich dann in einem weißlichen Kokon am Fraßort der Raupe oder in einem zusammengefalteten Blatt.

**Schaden:** Der Blattschaden ist normalerweise ohne Bedeutung, weil die Raupen kaum in größerer Zahl gleichzeitig auftreten, aber der Fraß an Blüten und Früchtchen im Frühjahr kann beschädigte Früchte im Ernteobst zur Folge haben.

**Bekämpfung:** APFEL: Spritzung im Mausohrstadium mit Azinphosmethyl+Demeton-S-methylsulfon, Chlorpyrifos, Deltamethrin, Diflubenzuron oder Phosalon. BIRNE: Spritzung wie beim Apfel mit Azinphosmethyl+Demeton-S-methylsulfon, Chlorpyrifos, Diflubenzuron oder Phosalon. ANDERE OBSTARTEN: Eine chemische Bekämpfung ist selten notwendig, notfalls mit Chlorpyrifos spritzen (nicht Kirschen).

***Pandemis heparana*** (Denis & Schiffermüller)
Allgemein verbreitet und häufig, die Raupen leben an vielerlei Bäumen und Sträuchern, einschließlich Apfel, Birne, Pflaume, Johannisbeere und Himbeere; in Nord- und Mitteleuropa kein bedeutender Schädling.

**Beschreibung:** FALTER: Flügelspannweite 16–24 mm; Vorderflügel rötlich ockerfarben bis rotbraun mit dunklerer Zeichnung (Abb. 307 B, 311); Hinterflügel dunkel bräunlichgrau; Fühler des Männchens an der Basis eingekerbt. Ei: Flach und oval; in kleinen, fischschuppenartigen Eispiegeln. Raupe: 25 mm lang; leuchtend grün, an den Seiten heller; Kopf und Nackenschild grün bis braun; Analplatte grün; Analkamm weißlich und gewöhnlich mit 6–8 Zähnen (Abb. 312). Puppe: 10–12 mm lang; braunschwarz; Cremaser ebenso lang wie breit.

Abb. 308: Weiblicher Falter des Fruchtschalenwicklers *Pandemis cerasana*

Abb. 309: Männlicher Falter des Fruchtschalenwicklers *Pandemis cerasana*

Abb. 310: Raupe des Fruchtschalenwicklers *Pandemis cerasana*

Abb. 311: Weibchen des Fruchtschalenwicklers *Pandemis heparana*

**Lebensweise:** Die Falter fliegen von Ende Juni bis August, im Norden etwas später. Die Eier werden auf der Blattoberseite abgelegt, meist in Spiegeln von 30–50. Nach 2 oder 3 Wochen schlüpfen die Räupchen, fressen für kurze Zeit und überwintern an den Zweigen in seidenen Schutzgespinsten. Im Frühjahr, im Mai und Juni, setzen die Räupchen den Fraß fort, entweder in eingerollten Blättern an Jungtrieben oder in einem Gespinst auf der Unterseite der Blätter. Sie verpuppen sich in versponnenen Blättern in der Nähe der Spitze befallener Triebe oder am Fraßplatz der Raupe.

**Schaden:** Die Beschädigung der Blätter ist gewöhnlich unbedeutend, aber im Frühjahr fressen die Räupchen manchmal an den Blüten und Früchtchen, die möglicherweise abfallen, zumindest aber deformiert oder beschädigt werden. Außerdem können die jungen Sommerräupchen leichten, oberflächlichen Schaden an reifenden Äpfeln, Birnen oder Pflaumen anrichten.

**Bekämpfung:** Wie bei *Archips podana* (s. Seite 147).

Abb. 312: Raupe von *Pandemis heparana*

Abb. 313: Weibchen von *Pandemis corylana*

***Pandemis corylana*** (Fabricius)
Diese stellenweise häufige Art kommt manchmal auf angepflanzter Walnuß und anderen Obstbäumen vor, ist aber wirtschaftlich unbedeutend. Die Falter fliegen von Juli bis September. Sie gleichen *Pandemis cerasana,* sind aber größer (Flügelspannweite 18–24 mm) und haben deutlicher genetzte Vorderflügel und blassere Hinterflügel (Abb. 307 C, 313). Die ziemlich schlanken Raupen sind 25 mm lang, grün und besitzen einen gutentwickelten Analkamm mit bis zu neun Zähnen; die Larven fressen von Mai bis Juni oder Juli zwischen zusammengesponnenen oder in längsgefalteten Blättern.

***Archips crataegana*** (Hübner)
Allgemein verbreitet, aber lokal, leben die Larven an verschiedenen Baum- und Straucharten, gelegentlich auch an Apfel, Birne, Kirsche, Pflaume; diese Art ist kein wichtiger Schädling.

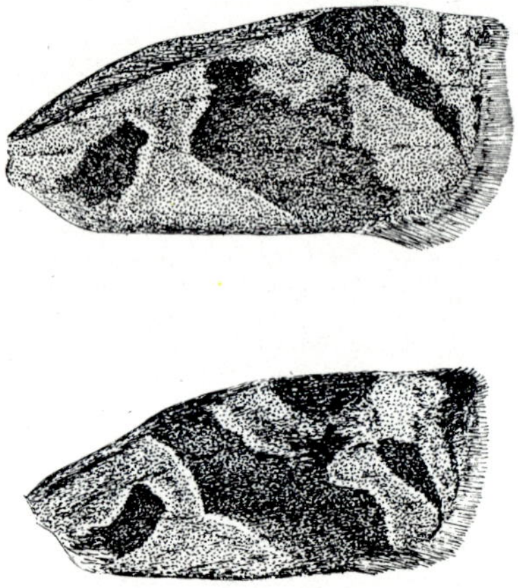



Abb. 314: Vorderflügel von A: *Archips crataegana* (Männchen), B: *Archips xylosteana*

**Beschreibung:** WEIBLICHER FALTER: Flügelspannweite 23–27 mm; Vorderflügel braun mit schokoladefarbener Zeichnung; Hinterflügel braungrau. MÄNNLICHER FALTER: Flügelspannweite 19–22 mm; Vorderflügel heller als die des Weibchens (Abb. 314 A). EI: 0,6 × 0,4 mm, zylindrisch, in weißen Gelegen. RAUPE: 23 mm lang, matt schwarzgrün; Kopf und großer Nackenschild glänzend schwarz; Analkamm schwarz mit 6–8 Zähnen. PUPPE: 9–12 mm lang; mattschwarz; Cremaster länglich.

**Lebensweise:** Diese Art hat 1 Generation, ihre Falter fliegen von Ende Juni bis August. Die Eier werden in auffälligen Gelegen von etwa 30 Stück an Stämme und Hauptäste gelegt und dann mit einer weißen, hartwerdenden Masse überzogen, die sie wie Vogelkot erscheinen läßt. Im April oder Anfang Mai schlüpfen die winzigen Räupchen, die sehr aktiv sind und rasch auf den Baum steigen und an den Blattunterseiten zu fressen beginnen. Später fressen sie innerhalb eines eng eingerollten Blattrandes, meist an ganz ausgewachsenen Blättern an der Spitze der Triebe. In diesen Blattrollen oder zwischen zwei zusammengesponnenen Blättern verpuppen sie sich und ein paar Wochen später schlüpfen die Falter.

**Schaden:** Der Fraß ist hauptsächlich auf die ausgewachsenen Blätter beschränkt und der Schaden ist, auch wenn die Raupen sehr zahlreich auftreten, bedeutungslos.

**Bekämpfung:** Gewöhnlich nicht nötig; wenn doch erforderlich, kann im Frühjahr wie gegen *Archips podana* gespritzt werden (s. Seite 147). Wegen der guten Verstekke der Raupen ist eine erfolgreiche Bekämpfung kaum möglich.

Abb. 315: Weibchen des Obstbaumwicklers, *Archips podana*

Abb. 316: Männchen des Obstbaumwicklers, *Archips podana*

***Archips podana*** (Scopoli)
Obstbaumwickler
Weit verbreitet und häufig, die polyphagen Raupen fressen an vielerlei Bäumen und Sträuchern, einschließlich Apfel, Birne, Kirsche, Pflaume, Schwarze Johannisbeere, Brombeere, Himbeere und Hopfen. Normalerweise einer der häufigsten und wichtigsten Schädlinge unter den Blatt- und Fruchtschalenwicklern in Apfelanlagen.

**Beschreibung:** Weiblicher Falter: Flügelspannweite 20–28 mm; Vorderflügel purpur-ockerfarben mit braunem Netzmuster, dunklerer Zeichnung und einem dunklen Fleck an der Flügelspitze (Abb. 315); Hinterflügel braungrau, zur Spitze hin mit orange durchsetzt. Männlicher Falter: Flügelspannweite 19–23 mm; Vorderflügel purpur- bis purpurockerfarben, mit dunkelrotbrauner, samtartiger Zeichnung und dunklem Fleck an der Spitze (Abb. 316); Hinterflügel gräulich, zur Spitze hin orange getönt. Ei: Durchmesser 0,6–0,7 mm; flach und meist kreisrund; grün und fischschuppenartig in großen Eispiegeln. Raupe: 14–22 mm lang; hellgrün bis graugrün, Oberseite dunkler (Körper der Jungraupe gelb oder schmutziggelb), Warzen etwas heller; Kopf und Nackenschild kastanienbraun, letzterer an den Seiten und hinten dunkler, Vorderrand blaß, mit dünner Mittellinie, Analplatte grün oder grau, Brustbeine braunschwarz oder schwarz; Prothorakalstigma elliptisch und letztes Abdominalstigma deutlich größer als die übrigen (Abb. 317, 318). Puppe: 9–14 mm lang; dunkel gelbbraun bis schwarzbraun.

Abb. 317: Halberwachsene Raupe des Obstbaumwicklers, *Archips podana*

Abb. 318: Raupe des Obstbaumwicklers, *Archips podana,* im letzten Entwicklungsstadium

**Lebensweise:** Die Falter fliegen von Juni bis September, sind aber normalerweise im Juli am häufigsten. Die Eier werden an den Blättern in flachen, ovalen Eispiegeln abgelegt, sie enthalten bis zu 50 Eier, die sich dachziegelartig überlappen; das Gelege wird dann mit einer schützenden Wachsausscheidung bedeckt, die schnell hart wird. Diese Gelege sind außerordentlich schwer zu finden, weil sie fast die Farbe der Blätter haben. Nach rund 3 Wochen schlüpfen die Raupen. Die winzigen Jungräupchen spinnen sich, meist auf der Blattunterseite und in der Nähe der Adern, Seidengewebe, unter deren Schutz sie zu fressen beginnen. Nach ein paar Tagen häuten sie sich und halten sich danach zwischen 2 zusammengesponnenen Blättern auf. Besondes am Apfel leben oft mehrere Raupen unter einem lockeren Gespinst an der Berührungsstelle von 2 oder mehr Früchten beieinander, auch in der Kelchgrube der Früchte sind sie zu finden. Der größere Teil der Räupchen geht allerdings erst nach der Häutung zum 3. Entwicklungsstadium an die Früchte. Die meisten Raupen überwintern in diesem Stadium im Schutz eines dichten, seidenen Überwinterungsgespinstes, das unter einer Knospenschuppe, zwischen einem dürren Blatt und einem Zweig oder an ähnlich geschützten Stellen gesponnen wird. Gelegentlich sind auch überwinternde Raupen im 2. Stadium zu finden; in günstigen Jahren, wenn die Falter früher schlüpfen und auch die Eiablage früher beginnt, können die Raupen eher ausgewachsen sein und sich verpuppen, es gibt dann eine teilweise 2. Generation von Faltern im August und September. Die meisten Raupen, auch die Nachkommen aus den von den Weibchen der 2. Generation gelegten Eiern beenden ihre Entwicklung im Frühjahr. Die überwinternden Räupchen kommen im März oder April aus der Winterruhe und bohren sich in die sich öffnenden Knospen hinein. Bald erreichen sie das 4. Stadium und nach einer weiteren Häutung befallen sie die Blüten. Diese Raupen im 5. Stadium können auch an den kleinen Früchtchen fressen. Die Raupen des 6. und 7. Stadiums halten sich aber an den Blättern auf. Einzeln spinnen sie zu ihrem Schutz 2 oder mehr Blätter zusammen oder heften als Versteck ein dürres Blatt an ein grünes oder an einen Zweig. Dieses letzte Raupenstadium ist von Mai bis Anfang Juni zu finden. Dann findet am letzten Aufenthaltsort oder in dessen Nähe zwischen neuerdings versponnenen Blättern die Verpuppung statt. Die Falter schlüpfen nach 3 Wochen oder später.

**Schaden:** Im Herbst schädigen die Jungräupchen oft reife oder reifende Äpfel, indem sie unregelmäßige Vertiefungen in deren Schale fressen (Abb. 319). Solche Wunden, auch wenn sie nur oberflächlich sind und selten tiefer als 1–2 mm ins Fruchtfleisch reichen, können die Vermarktung solcher Früchte ernstlich gefährden, auch ermöglichen sie Infektionen von Pilzkrankheiten während der Lagerung. Ähnliche Schäden werden, wenn auch nicht so oft, an Birnen und Pflaumen verursacht. Bei der Ernte werden die Räupchen manchmal in die Lager oder Verpackungsräume verschleppt, wo sie

Abb. 319: Schaden durch den Obstbaumwickler an reifen Äpfeln

unter günstigen Bedingungen weiterfressen und dadurch die Fruchtschäden noch vergrößern. Im Frühjahr kann der Fraß an Knospen beträchtlich sein, sie werden oft von den überwinterten Raupen völlig vernichtet. Der Fraß durch die Raupen oder ihre Gespinste können die Entwicklung der jungen Blätter und der Blüten behindern. Der Befall vollkommen entwickelter Blätter von Obstbäumen und -sträuchern ist normalerweise harmlos, angefressene Früchtchen aber können entweder vorzeitig abfallen oder es bilden sich verkorkte Stellen oder Pusteln, wodurch die Handelsqualität der Früchte gemindert wird. (Abb. 320).

**Bekämpfung:** APFEL: Die besten Erfolge wurden durch Sommerspritzungen mit Azinphos-methyl + Demeton-S-methylsulfon, Chlorpyrifos, Cypermethrin, Deltamethrin, Diflubenzuron, Fenvalerat, Permethrin oder Phosalon erzielt. Solche Behandlungen verhindern Fruchtschäden durch die jungen Raupen und verringern stark die Notwendigkeit von Spritzungen im Frühjahr. Die Behandlungen können mit denen zur Bekämpfung des Apfelwicklers (s. Seite 171) kombiniert werden, 2 oder 3 Spritzungen werden im Abstand von 2 oder 3 Wochen durchgeführt, abhängig vom verwendeten Pflanzenschutzmittel und von der Befallsstärke. Zur Bekämpfung beider Schädlinge ist die erste Spritzung gewöhnlich Ende Juni Anfang Juli notwendig, je nach den Bedingungen des Jahres auch früher oder später. Die Männchen von *Archips podana* werden in Pheromonfallen von cis-11, trans-11-tetra-decenylacetat angelockt. Die Fallen können im Sommer Aufschluß über die Notwendigkeit einer Behandlung und über deren besten Zeitpunkt geben. Wenn eine Spritzung im Frühjahr erforderlich ist, kann eines der obengenannten Mittel im Mausohrstadium verwendet werden; damit wird auch der Frostspanner bekämpft (s. Seite 176). BIRNE: Bekämpfung wie beim Apfel mit Azinphos-methyl + Demeton-S-methylsulfon, Chlorpyrifs, Cypermethrin, Diflubenzuron, Fenvalerat oder Phosalon. ANDERE OBSTARTEN: Eine chemische Bekämpfung ist selten notwendig, sollte sie einmal nötig sein, kann Chlorpyrifos verwendet werden (nicht bei Kirsche).

Abb. 320: Schaden durch den Obstbaumwickler an reifen Äpfeln

Abb. 321: Männchen des Heckenwicklers, *Archips rosana*

Abb. 322: Raupe des Heckenwicklers, *Archips rosana*

## ***Archips rosana*** (Linnaeus)

Heckenwickler

Allgemein verbreitet und meist häufig; kommt vor allem in Obstanlagen und in Gärten vor. Die polyphagen Raupen sind auf vielen Baum- und Straucharten zu finden, auch Apfel, Birne, Pflaume und gelegentlich Schwarze Johannsibeere und Himbeere werden befallen.

**Beschreibung:** WEIBLICHER FALTER: Flügelspannweite 17–24 mm; Vorderflügel dunkler braun und Zeichnung diffuser als beim Männchen; Hinterflügel grau, zur Spitze hin orangegelb. MÄNNLICHER FALTER: Flügelspannweite 15–18 mm; Vorderflügel hellbraun bis purpurbraun mit dunkelbrauner, oft rötlich getönter Zeichnung (Abb. 321); Hinterflügel grau. EI: 0,9 × 0,7 mm; flach, oval und graugrün, in größeren Eispiegeln. RAUPE: 22 mm lang; hellgrün, oben dunkler und unten heller; Kopf und Nackenschild hellbraun bis schwarz, Analplatte grün oder blaßbraun (Abb. 32). PUPPE: 9–11 mm lang, dunkelbraun.

**Lebensweise:** Die Eier werden im August und September an die Stämme der Wirtspflanzen gelegt. Im Frühjahr schlüpfen die Räupchen und fressen an den Knospen und später in versponnenen Blättern oder in einem zusammengerollten Blatt. Auch Blüten und junge Früchtchen werden angefressen. Von Juni an verpuppen sich die Raupen an Ort und Stelle, von Juli bis Anfang September fliegen die Falter.

**Schaden:** Der Fraß an Blättern ist von geringer Bedeutung, aber an Blüten und Früchtchen kann ernster Schaden entstehen, entweder durch direkte Ernteverluste oder dadurch, daß, wie beim Apfel häufig, berostete oder stark verformte Früchte entstehen, die unverkäuflich sind.

**Bekämpfung:** Frühjahrsspritzung wie gegen *Archips podana* (s. Seite 147).

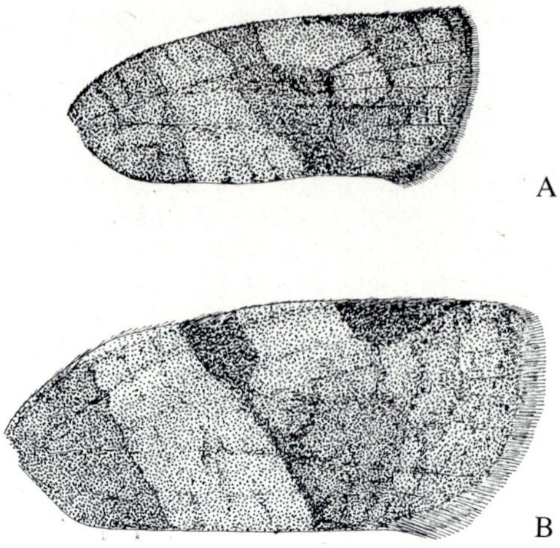
A
B

Abb. 323: Vorderflügel von *Choristoneura diversana* (A) und von *Choristoneura hebenstreitella* (B)

***Archips xylosteana*** (Linnaeus)
Allgemein verbreitet, die Raupen kommen an sehr vielen verschiedenen Bäumen und Sträuchern vor, gelegentlich sind sie an Obstbäumen, wie Apfel, Birne und Pflaume zu finden, aber nicht als wichtiger Schädling.

**Beschreibung:** FALTER: Flügelspannweite 15–23 mm; Vorderflügel weißlich-ockerfarben mit rotbrauner, scheckiger Zeichnung (Abb. 314 B); Hinterflügel grau. EI: Zylindrisch, in dichten, purpurbraunen Gelegen. RAUPE: 16–22 mm lang; weißlichgrau, manchmal grau oder bläulichgrau mit helleren Seiten; Kopf schwarzglänzend, Nackenschild schwarz oder dunkelbraun, mit weißlicher Mittellinie und ebensolchem Rand; Analkamm vorhanden. PUPPE: 9–12 mm lang; dunkelbraun oder schwarz; Cremaster länglich.

**Lebensweise:** Die Falter sind im Juli am häufigsten. Die Eier werden in Gelegen an Stämme oder Äste gelegt und mit einer bräunlichen Ausscheidung bedeckt, wodurch sie auf der Rinde gut getarnt sind. Im April oder Anfang Mai schlüpfen die Räupchen und leben ähnlich wie die von *Archips crataegana;* sie verpuppen sich im Juni.

**Schaden:** Der Fraß beschränkt sich hauptsächlich auf vollentwickelte Blätter und ist ohne große Bedeutung.

**Bekämpfung:** Man kann eine Frühjahrsspritzung wie gegen *Archips podana* (s. Seite 147) durchführen.

A
B

Abb. 324: Falter von *Cacoecimorpha pronuba,* A: Weibchen, B: Männchen

***Choristoneura diversana*** (Hübner)

Diese örtlich vorkommende, polyphage Art wird manchmal in Apfel-, Birnen- und Pflaumenanlagen gefunden. Die Falter (Flügelspannweite 15–23 mm) sind hellbraun mit dunkler Zeichnung (Abb. 323 A) und fliegen im Juli. Die grünen, flachen, ovalen Eier werden in großen, schildförmigen Gelegen an den Blättern abgelegt. Im August und September schlüpfen die Räupchen. Nach der Überwinterung fressen die graugrünen oder gräulichen Raupen (mit kastanienbraunem Kopf, ebenso gefärbtem Nackenschild und gelben Warzen) in zusammengesponnenen Blättern und sind im Mai oder Anfang Juni ausgewachsen. In diesen oder auch in neuerdings zusammengesponnenen Blättern verpuppen sie sich. Vor der Überwinterung können die jungen Räupchen an reifenden Früchten naschen, doch wird dieser Kleinschmetterling an gespritzten Bäumen selten gefunden. Der Fraß an Blättern im Frühjahr ist bedeutungslos.

Abb. 325: Eigelege des Mittelmeer-Nelkenwicklers, *Cacoecimorpha pronuba*

***Choristoneura hebenstreitella*** (Müller)

Allgemein verbreitet und in stark bewaldeten Gebieten häufig. Die Räupchen kommen auf vielerlei Bäumen und Sträuchern vor, auch an Apfel, Birne und Pflaume, sie sind aber als Schädling nicht wichtig. Die Falter sind denen von *Choristoneura diversana* ähnlich, aber viel größer (Flügelspannweite 20–29 mm). Die Zeichnung der Vorderflügel ist deutlich olivbraun (Abb. 323 B). Die Falter fliegen im Juni und Juli. Vor der Überwinterung fressen die Räupchen ein wenig, sie sind aber erst im folgenden Frühjahr ausgewachsen und dann dunkel graugrün mit helleren Warzen (der Kopf ist schwarz oder dunkelbraun, der Nackenschild braun mit gerader, weißer Vorderkante und stellenweise schwarzen Seiten, die Analplatte ist gelblichbraun).

Abb. 326: Raupe des Mittelmeer-Nelkenwicklers, *Cacoecimorpha pronuba*

***Cacoecimorpha pronubana*** (Hübner)

Mittelmeer-Nelkenwickler

Weitverbreitet und stellenweise häufig. Die Raupe ist sehr polyphag und ein wichtiger Schädling an Zierpflanzen unter Glas. Er wurde auch an Erdbeeren unter Folie und im Freiland beobachtet und in Himbeerpflanzungen. Möglicherweise ein ernstzunehmender Beerenobstschädlig. In der Bundesrepublik Deutschland Quarantäneschädling.

**Beschreibung:** Weiblicher Falter: Flügelspannweite 18–22 mm; Vorderflügel blaß orangebraun, dunkler braun genetzt (Abb. 324); Hinterflügel vorwiegend orange. Männlicher Falter: Flügelspannweite 12–17 mm; Vorderflügel orangebraun mit variabler, rötlichbrauner und schwärzlicher Zeichung; Hinterflügel leuchtend orange mit schwarzem Rand. Ei: Flach, oval, hellgrün und in großen, schildähnlichen Gelegen (Abb. 325). Raupe: 15–20 mm lang; olivgrün bis leuchtend grün, unten blaßer und mit ein wenig helleren Warzen. Kopf gelbgrün oder gelbbraun mit dunkelbrauner Zeichnung; Nackenschild und Analplatte grün, dunkel gezeichnet; Analkamm grün, normalerweise mit 6 Zähnen (Abb. 326). Puppe: 9–12 mm lang; braunschwarz bis schwarz; Cremaster länglich und konisch, mit 8 starken, hakenförmigen Dornen.

**Lebensweise:** Obwohl dieser Kleinschmetterling eigentlich 2 Generationen hat, gibt es so starke Überlappungen, daß alle Stadien gleichzeitig vorkommen können. Die Falter fliegen von April bis Oktober oder noch später, sind aber von Mai bis Juni und Ende August bis September am häufigsten. Die Männchen haben einen typischen, unsteten Flug und sind bei sonnigem Wetter besonders aktiv. Die Eier werden in großen Gelegen an Blättern abgelegt, sie sind dachziegelartig angeordnet. Nach 2 bis 3 Wochen schlüpfen die Raupen. Sie durchlaufen 7 Entwicklungsstadien und fressen in zusammengesponnenen Blättern (Abb. 327), Blütentrieben oder an den Früchten. Am letzten Aufenthaltsort der Raupe, in einem frisch versponnenen Blatt oder zwischen zusammengesponnenen Blättern, erfolgt die Verpuppung, bald danach schlüpfen die Falter. Den Winter verbringen sie als junge Räupchen im Schutze eines seidenen Gespinstes an ihren Wirtspflanzen.

**Schaden:** Die Raupen sind sehr gefräßig und richten an Blättern, Blüten und Früchten beträchtliche Schäden an. Oft werden Erdbeeren kurz vor der Ernte befallen, die Räupchen bohren sich dann im Schutze der Kelchblätter in die Früchte ein. Besonders gefährdet sind Erdbeeren unter Folie.

**Bekämpfung:** Wegen der vorgeschriebenen Wartezeiten ist kurz vor der Ernte eine Bekämpfung kaum möglich, allenfalls mit Propoxur.

Abb. 327: Von der Raupe des Mittelmeer-Nelkenwicklers, *Cacoecimorpha pronuba,* zusammengesponnenes Erdbeerblatt

***Syndemis musculana*** (Hübner)

Die Raupen dieser häufigen Art leben normalerweise an Birke, Eiche und wilder Brombeere, kommen aber gelegentlich auch an Apfel vor, sie sind dort von Juli bis September oder Oktober zu finden. Die älteren Raupen (Abb. 328) sind 18–22 mm lang und können reife Früchte beschädigen, indem sie diese zwar nur oberflächlich (Abb. 329), aber oft in großer Zahl anfressen. Die Falter (Flügelspannweite 15–22 mm) sind weiß bis hellgrau mit dunkelbrauner Zeichnung; sie fliegen im Mai und Juni.

Abb. 328: Raupe von *Syndemis musculana*

**Bekämpfung:** Bei der Spritzung gegen *Archips podana* (s. Seite 147) wird auch dieser Schädling erfaßt.

***Clepsis spectrana*** (Treitschke)
Syn. ***costana*** Fabricius

Im allgemeinen häufig, hauptsächlich in Fenn- und Küstengebieten. Die Larven sind polyphag an krautigen Pflanzen und manchmal an Schwarzen Johannisbeeren, Brombeeren, Erdbeeren und Hopfen zu finden.

**Beschreibung:** FALTER: Flügelspannweite 15–24 mm (Männchen deutlich kleiner als Weibchen); Vorderflügel hell ockerfarben bis gelblich mit variabler, dunkelbrauner bis schwärzlicher Zeichnung (Abb. 331); Hin-

Abb. 329: Schaden durch *Syndemis musculana* an reifem Apfel

terflügel hellgrau. EI: Orange, flach und oval. RAUPE: 18–25 mm lang; braun bis grau-olivgrün, Rücken heller, Warzen weißlich, hellere und verwaschene Seitenlinie; Kopf und Nackenschild glänzend schwarz oder schwarzbraun; Analplatte weißlich, schwarz oder braun gezeichnet; Analkamm mit 6–8 langen Zähnen (Abb. 332). PUPPE: 10–14 mm lang; matt schwarz; Cremaster kräftig und länglich.

**Lebensweise:** Diese Art hat 2 Generationen. Die Falter der 1. Generation fliegen von Anfang Juni bis Juli, manchmal auch schon früher. Die Eier werden in kleinen Gruppen an den Futterpflanzen abgelegt. Nach 2 bis 3 Wochen schlüpfen die Räupchen und fressen unter einem Gespinst oder im Schutz zusammengesponnener junger Blätter oder ungeöffneter Blüten. Wenn sie ausgewachsen sind, verpuppen sie sich am Fraßort, in versponnenen oder dürren Blättern in einem weißen, seidenen Kokon. Die 2. Generation fliegt im August und September. Die Raupen dieser Generation fressen nur kurze Zeit, und spinnen sich dann zur Überwinterung fest, gewöhnlich an ihrer Futterpflanze. Die Räupchen setzen ihre Entwicklung im Frühjahr fort und verpuppen sich normalerweise im Mai oder Juni.

**Schaden:** An Schwarzer Johannisbeere, Brombeere und Hopfen können die Raupen beträchtliche Blattschäden anrichten, hauptsächlich an Jungtrieben. Besondes der Neuzuwachs von mechanisch geernteten Schwarzen Johannisbeeren ist gefährdet. An Erdbeeren entsteht der Schaden im Frühjahr sehr schnell, vor allem beim Anbau unter Folie; die Raupen werden besonders von den Blüten angelockt, an denen sie im Schutz der versponnenen Blütenblätter an den Staubblättern und am Griffel fressen, wodurch oft der Verlust oder eine Mißbildung der Früchte verursacht wird.

**Bekämpfung:** SCHWARZE JOHANNISBEERE: Vor der Blüte mit Endosulfan oder Propoxur, nach der Blüte mit Dimethoat, Parathion oder Propoxur spritzen. BROMBEERE: Spritzung vor der Blüte mit Endosulfan. ERDBEERE: Spritzung vor der Blüte mit Azinphos-methyl+Demeton-S-methylsulfon, Cypermethrin oder Endosulfan. HOPFEN: Eine Spritzung mit Acephat sollte wirken.

Abb. 330: Falter von *Syndemis musculana*

Abb. 331: Weibchen von *Clepsis spectrana*

A

B

Abb. 332: Raupe von *Clepsis spectrana*, A: an Schwarzer Johannisbeere, B: an Erdbeere

***Epiphyas postvittana*** (Walker)

Außer einigen mit Äpfeln aus Neuseeland eingeführten Tieren war dieser wichtige australische Apfelschädling in Europa nicht bekannt, bis er 1936 in England an Ziersträuchern in Newquay, Cornwall, gefunden wurde. Obwohl er inzwischen in Devon und in Cornwall und auch noch östlich davon heimisch geworden ist und an einer großen Zahl von Pflanzenarten vorkommt, ist er bis jetzt noch nicht an Apfel oder anderen Obstarten beobachtet worden. Sachverständige aus Australien meinen, daß dieser Kleinschmetterling in Großbritannien wahrscheinlich kein wirtschaftlich wichtiger Apfelschädling werden kann, ausgenommen vielleicht in den mildesten Gegenden von Cornwall und South Devon. In England gibt es 2 Generationen im Jahr. Die gelblich bis braun gefärbten Falter mit einer Flügelspannweite von 16–25 mm (Abb. 333) fliegen von Mai bis Oktober und die gelblichgrünen Raupen sind im Juni und Juli sowie vom September bis April zu finden.

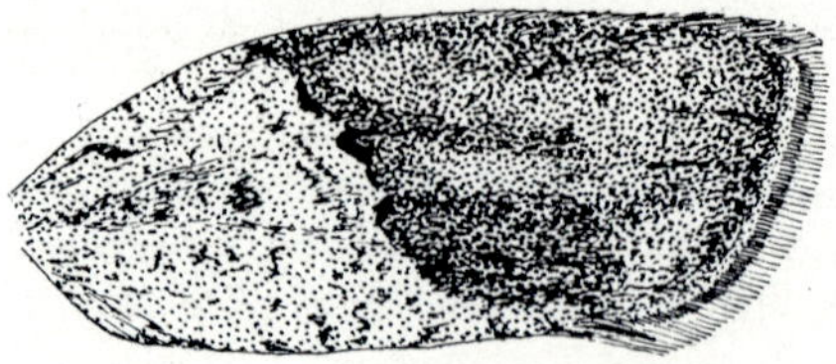

Abb. 333: Rechter Vorderflügel von *Epiphyas postvittana*

Abb. 334: Weibchen des Apfelschalenwicklers, *Adoxophyes orana*

***Adoxophyes orana*** (Fischer von Röslerstamm)
Syn. ***reticulana*** (Hübner)
Apfelschalenwickler

Diese Art hat ihren Lebensraum auf dem europäischen Festland bemerkenswert ausgeweitet, kommt an verschiedenen Obstarten vor und ist ein wichtiger Schädling. In Großbritannien wurde diese Art zum ersten Mal 1950 in einer Obstanlage in Teynham (Kent) gefunden; jetzt ist sie in Kent und noch einigen anderen Teilen Südostenglands wie im gesamten übrigen Europa an Apfel und Birne schädlich. Auch an Kirsche und Pflaume wurde sie gefunden.

Abb. 335: Männchen des Apfelschalenwicklers, *Adoxophyes orana*

**Beschreibung:** WEIBLICHER FALTER: Flügelspannweite 18–22 mm; Vorderflügel graubraun, Zeichnung weniger deutlich und mehr netzartig als beim Männchen (Abb. 334). MÄNNLICHER FALTER: Flügelspannweite 15–19 mm; Vorderflügel hell graubraun mit Ockeranflug, dunkelbraun gezeichnet (Abb. 335); Hinterflügel grau. EI: Flach und oval, zitronengelb und in schildförmigen Eispiegeln. RAUPE: 18–20 mm lang; gelbgrün, olivgrün oder dunkelgrün mit kleinen, gelblichen Warzen; Kopf und Nackenschild gelbbraun; Thorakalfüße hellbraun (Abb. 336). PUPPE: 10–11 mm lang, dunkelbraun.

Abb. 336: Raupe des Apfelschalenwicklers, *Adoxophyes orana*

**Lebensweise:** Diese Art hat jährlich 2 Generationen. Die Falter der 1. Generation fliegen im Juni. Die Eier werden dann in Spiegeln von bis zu 150 Stück an den Blättern abgelegt. Nach rund 10 Tagen schlüpfen die Räupchen und fressen unter seidenen Gespinsten an der Blattunterseite, meist dicht an der Mittelader. Später fressen sie zwischen versponnenen Blättern, besonders an den Triebspitzen. Im Juli und August können die älteren Raupen auch die reifenden Früchte anfressen. Die Art hat 5 Larvenstadien, die Verpuppung erfolgt gewöhnlich im August. Die im August und September fligende Faltergeneration ist zahlreicher, die Eier werden wiederum an die Blätter, manchmal auch an die Früchte gelegt. Die Raupen dieser Generation fressen noch einige Wochen lang, bevor sie dann im 2. oder 3. Entwicklungsstadium überwintern. Sie verstecken sich auf dem Baum, wo sie sich Überwinterungsgespinste zwischen dürren Blättern, an Fruchtmumien oder an Ästen spinnen. Ende März oder im April erscheinen die Räupchen wieder und fressen an den sich öffnenden Knospen. Später gehen sie an die Blütenbüschel und schließlich an die Blätter der Jungtriebe. Im Mai oder Anfang Juni sind sie ausgewachsen und verpuppen sich zwischen versponnenen Blättern.

**Schaden:** Die Blattschäden (Abb. 337) sind unwichtig, aber die Raupen können die Früchte von Apfel und Birne schwer schädigen, ältere Raupen fressen die Schale und das darunter liegende Fruchtfleisch, so daß große, flache, unregelmäßig geformte Mulden entstehen. Diese Stellen verkorken meist, die Früchte werden dadurch aber nicht mehr verformt, weil die Beschädigung so spät erfolgt.

**Bekämpfung:** Die zur Bekämpfung von *Archips podana* empfohlenen Spritzungen wirken auch gegen diesen Schädling und verhüten Fruchtschäden; Diflubenzuron wirkt ungenügend. Die notwendige Bestimmung des besten Zeitpunkts für die Spritzung ist durch die Benützung von Pheromonfallen möglich, die als Lockstoff cis-9, cis-11-tetradecenylacetat enthalten.

Abb. 337: Schaden an Apfelblättern durch die Raupe von *Adoxophyes orana*

Abb. 338: Falter von *Ptycholoma lecheana*

Abb. 339: Raupe von *Ptycholoma lecheana*

***Ptycholoma lecheana*** (Linnaeus)
Weitverbreitet und oft häufig. Die Raupen sind polyphag und fressen an verschiedenen Bäumen und Sträuchern, auch an Apfel, Birne, Kirsche und Pflaume.

**Beschreibung:** FALTER: Flügelspannweite 16–22 mm; Vorderflügel schwarzbraun bis goldbraun, vor allem an der Basis grüngelb durchsetzt, metallisch silberner Fleck an der Spitze (Abb. 338); Hinterflügel schwarzbraun mit hellen Fransen. EI: 1,0 × 0,7 mm, oval, flach und blaßgrün. RAUPE: 18–20 mm lang; Oberseite blaugrün mit dunklerer Rücken- und Seitenlinie; Unterseite blaß gelbgrün; Warzen gelblich; Kopf gelbbraun bis schwarz; Nackenschild hellgelb bis schwarz, Analkamm klein; Thorakalfüße schwarz (Abb. 339). PUPPE: 9–11 mm lang; schwarz; Cremaster apikal mit hakenartigen Borsten, die einen deutlichen Fortsatz bilden.

**Lebensweise:** Die Falter fliegen im Juni und Juli, manchmal auch schon früher. Die Raupen fressen den Sommer hindurch an Blättern, sind aber noch sehr klein, wenn sie in seidenen Kokons, angesponnen an die Rinde von Zweigen und Kurztrieben, überwintern. Zu Beginn des Frühjahrs kommen sie aus ihrem Winterlager und fressen an sich öffnenden Knospen und jungen Blättern. Später fressen sie in zusammengerollten Blättern weiter und sind im Mai oder Anfang Juni ausgewachsen. An ihrem Fraßort oder zwischen neu zusammengerollten Blättern verpuppen sie sich dann.

**Schaden:** Selten kommen die Raupen in so großer Zahl vor, daß sie wirtschaftlichen Schaden anrichten können.

**Bekämpfung:** Wie bei *Archips podana* (s. Seite 147).

***Lozotaenia forsterana*** (Fabricius)
Allgemein verbreitet; kommt an vielen Pflanzen vor, gelegentlich auch an angepflanzter Himbeere und Erdbeere; gewöhnlich von geringer Bedeutung.

**Beschreibung:** FALTER: Flügelspannweite 20–29 mm, Weibchen größer als Männchen; Vorderflügel blaß graubraun mit dunkelbrauner Zeichnung (Abb. 340); Hinterflügel grau. RAUPE: 20–25 mm lang; mattgraugrün, oben dunkler; Kopf braun oder schwarz; Nackenschild blaßgrün oder braun; Analplatte gräulich, an den Seiten schwarz gezeichnet; Analkamm vorhanden; Thorakalfüße braun (Abb. 341). PUPPE: 12–14 mm lang, dunkelbraun.

**Lebensweise:** Die Falter fliegen ab Ende Juni bis Juli. Die Eier werden an Blätter gelegt, im September schlüpfen die Räupchen. Sie fressen noch eine Zeitlang, bevor sie überwintern. Im April kommen sie wieder zum Vorschein und fressen einzeln in dicht zusammengesponnenen Blättern. Während der Blütezeit können sie auch an Blüten fressen. Im Juni verpuppen sie sich zwischen versponnenen Blättern.

**Schaden:** Wenn die Raupen zahlreich sind, können sie ernsten Schaden durch Fraß an Blättern anrichten, was aber selten vorkommt. Zusammen mit anderen an Erdbeere lebenden Arten können sie durch das Befressen der Blüten Ertragsverluste oder mißgebildete Früchte verursachen.

**Bekämpfung:** Gewöhnlich nicht nötig; wenn erforderlich, kann im Frühjahr vor der Blüte mit Azinphosmethyl+Demeton-S-methylsulfon, Cypermethrin oder Propoxur gespritzt werden oder nach der Ernte im Herbst mit Cypermethrin, Dimethoat oder Endosulfan.

A

B

Abb. 340: Falter von *Lozotaenia forsteriana*. A: Weibchen, B: Männchen

Abb. 341: Raupe von *Lozotaenia forsteriana*

***Ditula angustiorana*** (Haworth)
Weitverbreitet und stellenweise häufig. Die Raupen sind polyphag und kommen an Bäumen, Sträuchern und an krautigen Pflanzen vor, auch an Apfel, Birne, Pflaume, Himbeere und Weinrebe; kein wichtiger Schädling.

**Beschreibung:** WEIBLICHER FALTER: Flügelspannweite 14–18 mm; blaß ockerbraun bis weißlich ockerfarben, braun gezeichnet (Abb. 343); Hinterflügel braun. MÄNNLICHER FALTER: Flügelspannweite 12–16 mm; graubraun bis ockerbraun, Zeichnung deutlich dunkel purpurbraun und schwarz (Abb. 343); Hinterflügel dunkelbraun; EI: Blaßgelb, flach und ziemlich kreisrund, in schildförmigen Eispiegeln abgelegt. RAUPE: 12–18 mm lang; Körper schlank, blaß gelblich bis bräunlichgrün oder graugrün, Oberseite dunkler, hellgrüne Warzen; Kopf grünlichgelb oder gelbbraun, schwarzbraun ge-

Abb. 342: Raupe von *Ditula angustiorana*

zeichnet; Nackenschild gelbgrün, hellbraun oder dunkelbraun; Analkamm grünlich oder bräunlich, mit 4 Zähnen; Thorakalbeine grün, mit schwarzbraunen Punkten; Stigmen klein, das letzte hat den doppelten Durchmesser der übrigen (Abb. 342). PUPPE: 8 mm lang; hellbraun; Cremaster länglich, mit 8 stark hakenförmigen Borsten.

**Lebensweise:** Die Falter fliegen im Juni und Juli, vor allem die Männchen oft bei Sonne. Die Eier werden in mäßig großen Eispiegeln an Blättern abgelegt. Die Jungräupchen fressen an den Blättern und nach der ersten Häutung auch an Früchten. Im Herbst, wenn sie ziemlich klein sind, spinnen sie sich seidene Überwinterungsgespinste an Knospen oder Kurztrieben, in denen sie bis zu Beginn des Frühjahrs bleiben. Danach fressen sie an Knospen, jungen Blättern, später auch an Blütenbüscheln und Früchtchen, sie sind dabei meist in versponnenen Blättern versteckt. Wenn die Raupen gestört werden, reagieren sie sehr lebhaft. Die Verpuppung erfolgt im Mai oder Juni in einem Kokon, der in einem zusammengefalteten Blatt gesponnen wird oder auch zwischen versponnenen Blättern, dürrem Laub oder am Boden.

**Schaden:** Selten sind die Raupen so zahlreich, daß an den Blättern, Blüten oder jungen Früchtchen wirtschaftliche Schäden entstehen können und der Schabefraß an reifen Früchten von Apfel und Birne ist nur oberflächlich.

**Bekämpfung:** Normalerweise unnötig, falls doch erforderlich, wie gegen *Archips podana* spritzen (s. Seite 147).

Abb. 343: Falter von *Ditula angustiorana*, A: Weibchen, B: Männchen

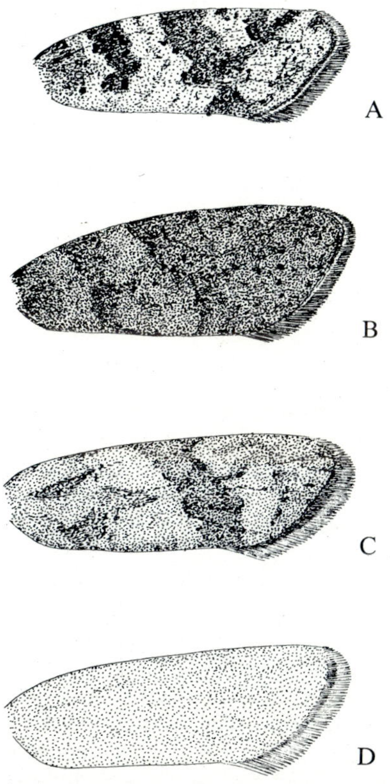


Abb. 344: Vorderflügel von *Cnephasia*. A: *Cnephasia incertana*, B: *Cnephasia interjectana*, C: Weibchen von *Cnephasia longana*, D: Männchen von *Cnephasia longana*

### *Cnephasia incertana* (Treitschke)

Schattenwickler

Allgemein verbreitet und häufig. Die Raupen sind polyphag an krautigen Pflanzen und werden manchmal an kultivierten Erdbeeren, vor allem in Gärten, gefunden.

**Beschreibung:** FALTER: Flügelspannweite 14–18 mm, Vorderflügel grauweiß, graubraun überstäubt, mit graubrauner, schwarz durchsetzter Zeichnung (Abb. 344 A, 345); Hinterflügel vorwiegend grau. EI: Olivbraun oder grünlich, flach und oval. RAUPE: 11–14 mm lang; matt dunkelgrün mit deutlichen schwarzen Warzen; Kopf bräunlich mit schwarzem Hinterrand; Nackenschild schwarz mit weißer Vorderseite; Analplatte groß und schwarz (Abb. 346). PUPPE: 7–8 mm lang; matt schwärzlich, die Borsten am Cremaster enden in leicht verdickten Haken (vergl. *Cnephasia interjectana*, Seite 156).

**Lebensweise:** Die Falter fliegen im Juni und Juli. Die Eier werden entweder einzeln oder in kleinen Gelegen an krautige Pflanzen oder Baumstämme abgelegt. Nach rund 3 Wochen schlüpfen die Räupchen, die sich an geeigneten, geschützten Stellen in der Nähe sofort kleine Überwinterungskokons spinnen, nachdem sie vorher nur ein wenig an ihren Eischalen gefressen haben. Zu Beginn des Frühjahrs werden sie wieder aktiv und minieren zunächst in fleckförmigen, unregelmäßigen Gängen in den Blättern. Später frißt die Larve zwischen zusammengesponnenen Blättern oder an einer Blüte, deren Blütenblätter sie so verspinnt, daß sie sich nicht mehr öffnen kann (Abb. 34). Bei Störungen rollt sich die Raupe C-förmig eng zusammen und läßt sich zu Boden fallen. Die Verpuppung erfolgt Ende Mai oder Anfang Juni in einem umgeschlagenen Blattrand oder in der Bodenstreu.

**Schaden:** Der Fraß an Blättern ist ohne Bedeutung, die Beschädigung der Staubbeutel und Griffel der Blüten aber kann zum Abfallen oder zu Mißbildungen der Früchte führen. Auch können Raupen unter den Kelchblättern direkt die Früchte anfressen.

**Bekämpfung:** Wenn nötig, kann unmittelbar vor der Blüte mit Azinphos-methyl+Demeton-S-methylsulfon, Chlorpyrifos, Cypermethrin oder Trichlorfon gespritzt werden.

Abb. 345: Falter des Schattenwicklers *Cnephasia incertana*,

Abb. 346: Raupe des Schattenwicklers *Cnephasia incertana*

Abb. 347: Fraßplatz der Raupe des Schattenwicklers *Cnephasia incertana* in Erdbeerblüte

***Cnephasia interjectana*** (Haworth)
Syn. ***virgaureana*** (Treitschke)

Weitverbreitet und allgemein häufig. Die Raupen leben polyphag an krautigen Pflanzen und sind manchmal an Johannisbeere, Himbeere und Erdbeere schädlich.

**Beschreibung:** FALTER: Flügelspannweite 15–18 mm; Vorderflügel weißgrau, schwärzlich bestäubt mit dunkel gelbbrauner, schwarzgerandeter Zeichnung (Abb. 344 B, 348), Hinterflügel graubraun. EI: Grünlichgelb; flach und oval. RAUPE: 12–14 mm lang; grau- oder bläulichweiß bis dunkel cremefarben oder graugrün, mit deutlichen schwarzen Warzen; Kopf blaß- oder gelblichbraun, schwarz gezeichnet; Nackenschild hellbraun bis dunkelbraun, schwarz gezeichnet wie auch die gelbbraune Analplatte; Analkamm mit meist 6 langen Zähnen. Thorakalbeine hell- bis dunkelbraun; Bauchfüße grau oder schwarz gezeichnet (Abb. 349). PUPPE: 7–8 mm lang; hellbraun, Borsten des Cremaster enden in kräftigen Haken (vergl. *Cnephasia incertana,* Seite 155).

Abb. 348: Falter von *Cnephasia interjectana*

**Lebensweise:** Ähnlich wie die von *Cnephasia incertana,* aber die Larvenentwicklung endet etwas später, die Falter fliegen deshalb erst im Juni, Juli und August.

**Schaden:** Wie bei *Cnephasia incertana* beschrieben (s. Seite 156), die Raupen schädigen oft die Blüten (Abb. 350).

**Bekämpfung:** JOHANNISBEERE: Wenn notwendig, mit Chlorpyrifos spritzen. HIMBEERE: Selten nötig, wenn doch erforderlich, mit Chorpyrifos behandeln. ERDBEERE: Wenn nötig, vor der Blüte mit Azinphos-methyl+Demeton-S-metyhlsulfon spritzen.

Abb. 349: Raupe von *Cnephasia interjectana*

Abb. 350: Schaden durch *Cnephasia interjectana* an Erdbeerblüte

***Cnephasia longana*** (Haworth)

Weitverbreitet und örtlich häufig. Die Raupen leben polyphag an vielen niedrigen Pflanzen; wenn diese Art auch kein wichtiger Obstschädling ist, so wurde sie doch schon an Apfel, Birne, Schwarzer Johannisbeere, Himbeere und Erdbeere gefunden.

**Beschreibung:** WEIBLICHER FALTER: Flügelspannweite 15–22 mm; Vorderflügel weißlich ockerfarben mit gelbbrauner Zeichnung (Abb. 344 C); Hinterflügel hellgrau. MÄNNLICHER FALTER: Flügelspannweite 15–22 mm; Vorderflügel blaß oder bräunlich ockerfarben (Abb. 344 D); Hinterflügel hellgrau. EI: Lachsrosa, flach und oval. RAUPE: 14–18 mm lang; ziemlich plump, grünlichgrau oder gelblichgrau, mit helleren Längslinien auf dem Rücken und an den Seiten; Kopf hellbraun; Nackenschild hellbraun oder grünlich; Analplatte hellbraun; Analkamm hellbraun, mit 6 bis 8 langen Zähnen (Abb. 351). PUPPE: 7–8 mm lang; hellbraun.

Abb. 351: Raupe von *Cnephasia longana*

**Lebensweise:** Die Falter fliegen im Juli. Die Eier werden einzeln oder in kleinen Gelegen an die Futterpflanze oder an rauhe Pfosten oder Baumstämme gelegt. Ende Juli oder im August schlüpfen die Raupen. Nachdem sie ihre Eischalen verzehrt haben, spinnen sie seidene Kokons, in denen sie überwintern. Zu Beginn des Frühjahrs verlassen die Räupchen ihr Winterquartier und beginnen zu fressen, wobei sie oft, nachdem sie dünne Seidenbänder gesponnen haben, vom Wind an andere Pflanzen verweht werden. Die Raupen fressen zwischen versponnenen Blättern, besondes an Triebspitzen, an denen sie das Laub dicht zusammenweben. Sie befallen auch Blüten und Blütenbüschel und können sich in die Triebspitzen einbohren. Die Verpuppung erfolgt im Juni in einem dünnen Kokon in der Streuschicht oder zwischen dürren Blättern. Die Falter schlüpfen 2 oder 3 Wochen später.

aber das Räupchen bei Apfel, Birne und Schwarzer Johannisbeere in die Triebe einbohrt, können schwere Wachstumsstörungen entstehen. Bei Erdbeeren frißt die Raupe gewöhnlich an den Blüten, was deren Absterben oder mißgebildete Früchte verursacht. Am häufigsten werden verunkrautete Gärten und Pflanzungen befallen.

**Bekämpfung:** Der Befall kann nicht vorhergesehen werden und ist meist schon erfolgt, bevor wirksame Bekämpfungsmaßnahmen ergriffen werden können. Eine Vorblütespritzung mit einem der folgenden Mittel sollten aber wirken. APFEL und BIRNE: Azinphos-methyl-+Demeton-S-methylsulfon, Chlorpyrifos, Permethrin oder Phosalon. SCHWARZE JOHANNISBEERE und HIMBEERE: Chlorpyrifos. ERDBEERE: Azinphos-methyl-+Demeton-S-methylsulfon oder Cypermethrin.

Abb. 352: Falter des Nördlichen Erdbeerwicklers, *Acleris comariana*

***Acleris comariana*** (Lienig & Zeller)
Syn. ***potentillana*** (Wilkinson)
Nördlicher Erdbeerwickler

Weitverbreitet und örtlich häufig, hauptsächlich in tieferen Lagen. Die Raupen fressen an Sumpfblutauge, Bachnelkwurz und Walderdbeere und sind oft auch an kultivierten Erdbeeren häufig. Meldungen dieser Art als Erdbeerschädling beruhen aber auf der Verwechslung mit *Acleris latifasciana* (s. Seite 159).

Abb. 353: Raupe des Nördlichen Erdbeerwicklers, *Acleris comariana*

**Beschreibung:** FALTER: Flügelspannweite 13–18 mm; Vorderflügel graubraun bis gelblich- oder rötlichbraun, oft mit weißer Zeichnung, manchmal mit schwarzen Schuppenbüscheln und oft mit einem auffälligen Costalfleck (Abb. 352); Hinterflügel grau. EI: 0,8 × 0,6 mm; flach und oval, blaßgelb bis rötlich. RAUPE: 11–15 mm lang; weißlichgrün bis stumpf grün, Rücken etwas dunkler; Warzen braun; Kopf gelblichbraun mit schwärzlicher Zeichnung; Nackenschild blaß gelbbraun mit dunkelbraunem oder schwärzlichem Hinterrand; Analplatte grün; Thorakalbeine braun; die ersten Entwicklungsstadien hell cremefarben bis blaß bräunlich mit schwarzem oder braunem Kopf (Abb. 353). PUPPE: 6,0–7,5 mm lang; blaß braun; Cremaster kurz und breit mit kurzen seitlichen Hörnern (Abb. 354).

Abb. 354: Puppe des Nördlichen Erdbeerwicklers, *Acleris comariana*

**Lebensweise:** Diese Art hat jährlich 2 Generationen, die Überwinterung erfolgt im Eistadium, und zwar werden die Eier einzeln und vorwiegend auf die Unterseite alter Blätter gelegt. Daß die Eier an Blütenblätter und

Nebenblätter abgelegt werden, trifft für die heutigen Erdbeersorten nicht zu. Im April oder Anfang Mai schlüpfen die Räupchen und gehen sofort an die noch nicht entfalteten, jungen Blätter. Später fressen sie in zusammengesponnenen Blättern (Abb. 355), die manchmal an Blütenstielen oder an kleine Früchtchen angeheftet sind. Auch fressen die Raupen direkt in den Blüten im Schutze der ein wenig nach unten festgesponnenen Blütenblätter. Die Raupen der 1. Generation haben Anfang bis Mitte Juni ihre 6 Entwicklungsstadien durchlaufen und sind ausgewachsen. Sie verpuppen sich dann in einem seidenen Kokon in gefalteten oder zwischen versponnenen Blättern. Die Falter schlüpfen von Mitte Juni bis Juli. Sie legen ihre Eier ebenfalls einzeln an die Blätter. Nach 10 bis 14 Tagen schlüpfen die Räupchen der 2. Generation, die von Ende Juli bis September zu finden sind. Sie verpuppen sich dann und die neuen Falter schlüpfen von September an bis Anfang November.

**Schaden:** Die meisten Raupen fressen an den Blättern, was bei starkem Befall zu schweren Blattverlusten führen kann, vor allem, wenn die Räupchen der 2. Generation die im Sommer neu zuwachsenden Blätter schädigen. Der Schaden an Blüten oder jungen Früchtchen führt zu deren Verlust oder zu Mißbildungen, doch sind Blüten- und Fruchtschäden durch die Raupen verglichen mit anderen an Erdbeere schädlichen Wicklern normalerweise gering.

**Bekämpfung:** Die Bedeutung dieses Schädlings wird oft überschätzt und in vielen Anbaugebieten werden die Populationen durch natürliche Feinde niedergehalten, vor allem durch die Erzwespe *Litomastix aretas* (s. Seite 283). Wenn es erforderlich ist, kann gegen die jungen Räupchen im Frühjahr oder im Sommer Azinphos-methyl+Demeton-S-methylsulfon oder *Bacillus thuringiensis* gespritzt werden.

Abb. 355: Fraßplatz der Raupe des Nördlichen Erdbeerwicklers, *Acleris comariana*

Abb. 356: Falter des Azaleenwicklers, *Acleris latifasciana*

Abb. 357: Raupe des Azaleenwicklers, *Acleris latifasciana*

### ***Acleris latifasciana*** (Haworth)

Azaleenwickler

Weitverbreitet und häufig; die Raupe lebt an Weißdorn, Rose, Weide und verschiedenen anderen Sträuchern; gelegentlich wird sie auch auf angebauter Brombeere, Loganbeere und Himbeere gefunden.

**Beschreibung:** FALTER: Flügelspannweite 15–20 mm; Vorderflügel variieren von silberweiß bis ockerfarben oder olivgelb mit einem grauen und schwarzen Anflug und schwarzer, brauner oder roter Zeichnung (Abb. 356)[1]; Hinterflügel grau. EI: Grünlich grau, flach und oval. RAUPE: 12–15 mm lang; weißlichgrün; Kopf braun; Nackenschild blaßbraun oder grünlichbraun (Abb. 357). PUPPE: 7–8 mm lang; rotbraun; Cremaster kurz und breit, mit kurzen seitlichen Hörnern.

[1] Im ganzen Erscheinungsbild ist diese variable Art ähnlich *Acleris comariana.* Am besten unterscheiden sich diese 2 Arten durch ihre verschiedenen Wirtspflanzen und Lebensweisen.

**Lebensweise:** Diese Art hat nur 1 Generation. Ende August und im September werden die Eier einzeln an die Basis von Knospen gelegt. Im Frühjahr schlüpfen die Räupchen. Sie fressen zwischen zusammengesponnenen Blättern, können aber auch Blüten beschädigen. Im Juli verpuppen sie sich in gefalteten Blättern in Seidenkokons, rund 3 Wochen später schlüpfen die Falter.

**Schaden:** Schaden an den Blütenbüscheln kann Ernteverluste oder Mißbildungen der Früchte zur Folge haben, doch treten die Raupen nur selten zahlreich auf. Die Blattschäden sind bedeutungslos.

**Bekämpfung:** Wenn es erforderlich ist, kann im Frühjahr mit Dimethoat oder einem anderen zugelassenen Insektizid gespritzt werden. Spätere Behandlungen lohnen sich selten.

Abb. 358: Falter des Blattbüschelwicklers, *Acleris rhombana*

### *Acleris rhombana* (Denis & Schiffermüller)

Blattbüschelwickler

Weitverbreitet und oft häufig. Die Raupe frißt an Weißdorn, Weide und gewissen anderen Bäumen und Sträuchern, darunter auch Apfel, Birne und Pflaume; kein wichtiger Schädling.

**Beschreibung:** FALTER: Flügelspannweite 13–19 mm; Vorderflügel mit ausgeschweiften Spitzen, dunkelbraun bis ockerfarben mit dunklerer Zeichnung, Netzmuster und manchmal einem deutlichen Schuppenbüschel in der Mitte (Abb. 358); Hinterflügel hellgrau, beim Weibchen dunkler. EI: 0,8 × 0,5 mm; flach, oval und gelbgrün. RAUPE: 12–14 mm lang; blaßgrün oder gelblichgrün mit helleren Warzen; Nackenschild rötlichbraun oder grün, Analplatte blaßgrün; Analkamm gelblich, Thorakalbeine schwarz (Abb. 359). PUPPE: 7–9 mm lang; rötlichbraun oder dunkelbraun; Cremaster kurz und breit.

Abb. 359: Raupe des Blattbüschelwicklers, *Acleris rhombana*

**Lebensweise:** Die Falter fliegen von August bis Oktober. Die Eier werden einzeln oder in kleinen Gelegen an die Rinde von Stämmen oder Ästen gelegt. Im Frühjahr schlüpfen die Räupchen, die sofort in die sich öffnenden Knospen eindringen. Später fressen sie in zusammengesponnenen Blättern, meist an den Triebspitzen (Abb. 360). Auch Blütenbüschel können sie zerfressen. Im Juni oder Anfang Juli verpuppen sie sich in einem Kokon, gewöhnlich im Boden. Das Puppenstadium dauert ziemlich lange, 6 bis 8 Wochen oder mehr.

Abb. 360: Räupchen des Blattbüschelwicklers, *Acleris rhombana,* an Pflaume

**Schaden:** Auf Verluste von Blattgewebe und die dadurch bedingte Verkräuserlung bei jungen Blättern beschränkt (Abb. 361), deshalb von geringer oder überhaupt ohne Auswirkungen für das Wachstum des Baumes.

**Bekämpfung:** Normalerweise unnötig, wenn doch erforderlich, spritzen wie gegen *Archips podana* (s. Seite 147).

***Acleris variegana*** (Denis & Schiffermüller)
Weitverbreitet und oft häufig. Die Raupe lebt an verschiedenen Rosaceen, einschließlich Apfel, Birne, Kirsche, Brombeere und Himbeere, ist aber kein wichtiger Schädling.

**Beschreibung:** FALTER: Flügelspannweite 14–18 mm, Vorderflügel weißlich ockerfarben bis purpur, unterschiedlich stark grau bereift, häufig mehr als die basale Hälfte weiß und mit auffallenden, oft schwarzen Schuppenbüscheln (Abb. 362); Hinterflügel grau. RAUPE: 12–14 mm lang; blaßgrün oder gelbgrün, Kopf und Nakkenschild gelbbraun oder grünbraun; Analplatte grün; Thorakalbeine gelbbraun. PUPPE: 7–8 mm lang; hellbraun.

**Lebensweise:** Die Falter fliegen von Juni bis Spetember. Die Eier werden auf der Blattober- oder -unterseite und meist in der Nähe der Mittelader in Gruppen abgelegt. Die Räupchen schlüpfen im Frühjahr und fressen von Mai bis Ende Juni oder Anfang Juli in lokker versponnenen Blättern oder gefalteten Blatträndern und verpuppen sich dann an ihrem Fraßort oder zwischen dürrem Laub am Boden.

**Schaden:** Die Jungräupchen skelettieren die Blätter, die späteren Stadien aber fressen ganz normal am Blattwerk, der Schaden ist jedoch nicht groß und beeinflußt das Wachstum der Wirtspflanze nicht.

**Bekämpfung:** Gewöhnlich unnötig; falls doch erforderlich, können Brombeere und Himbeere beispielsweise mit Propoxur oder Pyrethrum gespritzt werden.

Abb. 361: Schaden durch den Blattbüschelwickler, *Acleris rhombana,* an Pflaumenblättern

Abb. 362: Falter von *Acleris variegana*

***Olethreutes lacunana*** (Denis & Schiffermüller)
Erdbeerknospenwickler
Allgemein verbreitet und oft häufig. Die Raupen sind polyphag an niedrigen Pflanzen und örtlich in Erdbeeranlagen oft zahlreich; unter Folientunnels kann es starken Befall geben. Gelegentlich auch in Himbeeranlagen zu finden und selten sogar an Apfel.

**Beschreibung:** FALTER: Flügelspannweite 15–18 mm; Vorderflügel blaß- oder gräulich ockerfarben, mit olivbraunen und grünlichschwarzen Zeichnungen (Abb. 363); Hinterflügel dunkel graubraun. EI: Flach und oval, gelblich. RAUPE: 14 mm lang; ziemlich schlank, gewöhnlich dunkel purpurbraun, Warzen schwärzlich, mit grünlichem Schimmer zwischen den

Abb. 363: Falter des Erdbeerknospenwicklers, *Olethreutes lacunana*

Segmenten und auf der Unterseite; Kopf, Nackenschild, Analplatte und Analkamm schwarzbraun oder dunkel purpurbraun; markanter Analkamm mit 5 langen Zähnen: Thorakalbeine dunkelbraun (Abb. 364, 365). PUPPE: 8–10 mm lang; dunkelbraun; Cremaster stumpf, mit 8 langen, hakenartigen Borsten.

**Lebensweise:** Diese Art hat jährlich 2 Generationen. die Falter der 1. Generation fliegen im Mai und Juni. Die Eier werden in Gruppen von 2 oder 3 auf der Oberseite der Blätter, meist in der Nähe der Blattadern, abgelegt. Nach 10 bis 21 Tagen schlüpfen die Raupen, sie fressen an den Blättern und durchlaufen 5 Entwicklungsstadien. Wenn sie gestört werden, bewegen sie sich sehr lebhaft, schlängeln sich rasch rückwärts und schlegeln heftig mit dem Körper. Die Verpuppung erfolgt in versponnenen Blättern Ende Juli oder im August. Die Falter der 2. Generation fliegen im August und September. Die aus den Eiern der Falter schlüpfenden Räupchen fressen nur noch kurze Zeit im September und Oktober, dann überwintern sie, gewöhnlich im 2. oder 3. Stadium, in einem durch ein Gespinst zusammengefalteten Blattrand. Zu Beginn des Frühjahrs setzen sie ihren Fraß an den Blättern fort, aber während der Blütezeit fressen sie im Schutze zusammengesponnener Blütenblätter auch an Blüten. Im April oder Mai verpuppen sie sich und bald danach schlüpfen die Falter.

**Schaden:** Zusammen mit anderen an Erdbeere fressenden Wicklerraupen trägt diese Art zu Blattverlusten bei und durch den Fraß an Blüten kommt es zum Verlust von Beeren oder zu mißgebildeten Früchten.

**Bekämpfung:** APFEL und HIMBEERE: Unnötig. ERDBEERE: Spritzung zu Beginn des Frühjahrs oder später, wenn nötig, mit Azinphosmethyl+Demeton-S-methylsulfon oder einem anderen zugelassnen Insektizid.

Abb. 364: Raupe des Erdbeerknospenwicklers, *Olethreutes lacunana*

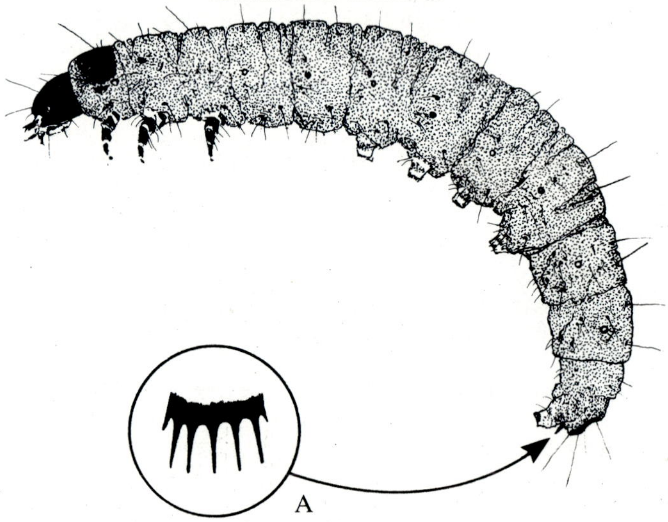


Abb. 365: Raupe des Erdbeerknospenwicklers, *Olethreutes lacunana,* A: Analkamm

Abb. 366: Falter des Grauen Knospenwicklers, *Hedya nubiferana*

***Hedya nubiferana*** (Haworth)
Syn. ***variegana*** (Hübner)
Grauer Knospenwickler

Überall verbreitet und häufig, die Raupen leben an verschiedenen Bäumen und Sträuchern, auch an Weißdorn, Schwarzdorn, Apfel, Birne, Kirsche und Pflaume. Gewöhnlich von geringerer Bedeutung, in ungespritzten Obstgärten manchmal häufig.

**Beschreibung:** FALTER: Flügelspannweite 15–21 mm; Vorderflügel im äußeren Teil weißlich, leicht ockerfarben getönt, mit silbrigen und ockergrauen Flecken, der Rest der Flügel ist dunkelbraun, blaugrau und schwarz marmoriert (Abb. 366); Hinterflügel graubraun. EI: 0,85 × 0,65 mm, oval flach und wäßrig. RAUPE: 18–20 mm lang, olivgrün bis dunkelgrün mit schwarzen Warzen. Kopf, Nackenschild, Analplatte und Analkamm dunkelbraun oder schwarz; Thorakalbeine schwarz. PUPPE: 8–10 mm lang; mattschwarz, Cremaster konisch, hinten mit einem Büschel von 8 hakigen Borsten.

**Lebensweise:** Die Falter fliegen im Juni und Juli. Wenn sie ruhig sitzen, sehen sie fast wie Vogelkot aus. Die Eier werden einzeln oder in kleinen Gruppen vorwiegend auf der Unterseite der Blätter gelegt. Nach etwa 2 Wochen schlüpfen die Räupchen, fressen noch einige Wochen lang an Blättern und überwintern dann, noch sehr klein, in dicht gesponnenen Kokons in Rindenrissen oder unter alten Knospenschuppen. Ende März oder im April kommen sie aus ihrem Winterquartier und suchen die sich öffnenden Knospen, Blütenbüschel, Blätter und Jungtriebe auf, wo sie oft zwischen zusammengesponnenen Blättern versteckt sind. Ende Mai oder im Juni erfolgt dort auch die Verpuppung und die Falter schlüpfen 3 oder 4 Wochen danach.

**Schaden:** Im Sommer können die Raupen an Apfel und Birne oberflächlichen Schabefraß verursachen und im Frühjahr beteiligen sie sich an den Blatt- und Blütenschäden, den andere Raupenarten anrichten. Auch können sie sich in die Jungtriebe einbohren, die danach welken oder deren Spitzen absterben.

**Bekämpfung:** Wie bei *Archips podana* angegeben (s. Seite 147).

***Hedya pruniana*** (Hübner)
Pflaumenknospenwickler
Weitverbreitet und oft häufig. Die Raupe lebt an Schwarzdorn und angepflanzten Pflaumenbäumen, wird aber gelegentlich auch an Apfel, Kirsche und Walnuß gefunden.

**Beschreibung:** FALTER: Flügelspannweite 14–18 mm; Vorderflügel zur Spitze hin teilweise weiß, der Rest dunkelbraun, graubraun und schwarz gesprenkelt (Abb. 367). Hinterflügel grau. RAUPE: 15–18 mm lang; leuchtend olivgrün mit schwarzen Warzen: Kopf, Nackenschild, Analplatte und Analkamm schwarz oder schwarzbraun (Abb. 368). PUPPE: 8–10 mm lang; schwarzbraun oder schwarz.

**Lebensweise:** Ähnlich wie bei *Hedya nubiferana,* schädigt aber mehr die Blätter und Jungtriebe der Pflaume.

**Bekämpfung:** PFLAUME: Zwischen Knospenaufbruch und Ballonstadium mit Chlorpyrifos oder Deltamethrin spritzen. ANDERE OBSTARTEN: Unnötig.

***Epinotia tenerana*** (Denis & Schiffermüller)
Syn. ***penkleriana*** sensu auct.
Haselnußwickler
Weitverbreitet und sehr häufig. Die Raupen leben an Erle und Hasel; manchmal ein wenig schädlich in ungespritzten Nußpflanzungen.

**Beschreibung:** FALTER: Flügelspannweite 12–16 mm; Vorderflügel zur Basis hin graubraun, nach außen orangebraun, mit dunklem, eckigem Basalfleck, bleigrauen

Abb. 367: Falter des Pflaumenknospenwicklers, *Hedya pruniana*

Abb. 368: Raupe des Pflaumenknospenwicklers, *Hedya pruniana*

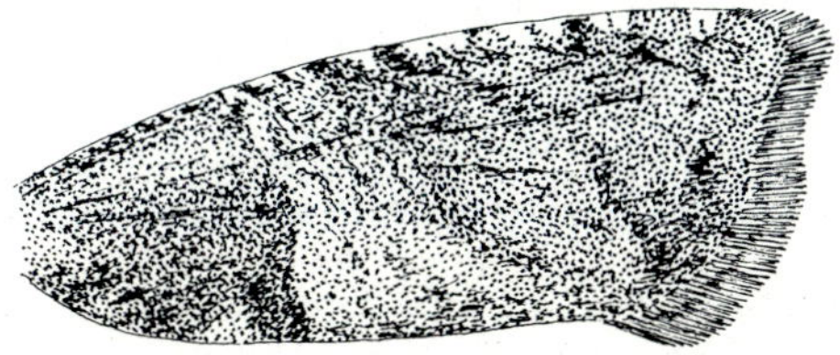

Abb. 369: Rechter Vorderflügel des Haselnußwicklers, *Epinotia tenerana*

Zeichnungen und an der Spitze mit weißen Streifen (Abb. 369); Hinterflügel blaugrau, an der Basis heller. EI: 0,6 × 0,5 mm, flach, oval und blaßgelb. RAUPE: 8–10 mm lang; graugrün, Kopf und Nackenschild hellbraun. PUPPE: 5 mm lang, dunkelbraun.

**Lebensweise:** Die Falter schlüpfen Ende Juni oder im Juli. Sie sind sehr langlebig und erst ab September legen sie ihre Eier einzeln oder in Gruppen von 2 oder 3 an die Knospen. Rund einen Monat später schlüpfen die Räupchen und bohren sich sofort in Blatt- oder Kätzchenknospen ein. Dort fressen sie den Herbst und Winter hindurch, im Frühjahr werden auch Blätter angefressen. Im Mai sind die Raupen ausgewachsen und verpuppen sich im Boden.

**Schaden:** Die Raupen verursachen das Absterben von Blattknospen und der sich entwickelnden Kätzchen, es entstehen oft beträchtliche Verdrehungen.

**Bekämpfung:** Wenn nötig, Spritzung mit Endosulfan oder Phosalon.

***Rhopobota naevana*** (Hübner)
Syn. ***unipunctana*** (Haworth)
Grauer Obstbaumwickler

Weitverbreitet und häufig. Die Raupen fressen an verschiedenen Wildpflanzen, darunter auch Schwarzdorn, sie können auch an Apfel- und Birnbäumen vorkommen.

**Beschreibung:** FALTER: Flügelspannweite 12–15 mm; Vorderflügel unter der Spitze eingebuchtet, dunkelgrau, schwärzlich und dunkelrostbraun gezeichnet, einige weißliche Streifen an der Vorderader (Abb. 370); Hinterflügel grau. EI: 0,7 × 0,5 mm; flach und oval, weißlich und durchscheinend, später gelblich bis rötlich. RAUPE: 10–12 mm lang; gelbgrün bis grünbraun; Kopf, Nackenschild und Afterplatte braun; Analkamm meist mit 2 dunklen Zähnen; Thorakalbeine braun (Abb. 371). PUPPE: 5–7 mm lang; gelblichbraun; Spitze mit 2 dornenförmigen Borsten und mit einer kleinen Beule hinter der Analspalte.

**Lebensweise:** Die Art überwintert im Eistadium. Die Eier findet man einzeln an der glatten Rinde der Stämme und Zweige. Im Frühjahr schlüpfen die Räupchen, gewöhnlich während der Blütezeit. Die junge Larve frißt dann unter einem kleinen Gespinst an jungen Blättern (Abb. 372), auch geht sie an ungeöffnete und offene Blüten. Wenn die Raupe im Juni ausgewachsen ist, verpuppt sie sich in einem weißen Kokon in einem zusammengefalteten Blatt, zwischen dürren Blättern oder in der Bodenstreu. Die Falter schlüpfen rund 3 Wochen danach und legen im Juli und August ihre Eier.

**Schaden:** Die Raupe schädigt junge Blätter und Blüten, gelegentlich auch junge Früchtchen, auch kann sie Seitentriebe vernichten.

**Bekämpfung:** Die Eier sind empfindlich gegen Winterspritzungen und die Raupen werden im Frühjahr bei Spritzungen gegen andere Wickler (z. B. *Archips podana,* Seite 147) oder gegen den Frostspanner erfaßt; nur sehr selten wird eine spezielle Bekämpfung dieses Schädlings notwendig sein.

Abb. 370: Falter des Grauen Obstbaumwicklers, *Rhopobota naevana*

Abb. 371: Raupe des Grauen Obstbaumwicklers, *Rhopobota naevana*

Abb. 372: Fraßschaden durch die Jungraupe des Grauen Obstbaumwicklers an Pflaume

***Epiblema uddmanniana*** (Linnaeus)
Brombeertriebwickler

Ein weitverbreiteter und oft bedeutender Schädling, dessen Raupe an wilden und angepflanzten Brombeeren, auch an Loganbeere, frißt.

**Beschreibung:** FALTER: Flügelspannweite 15–20 mm; Vorderflügel hell graubraun mit einem Anflug von olivgrün und mit je einem dreieckigen, abgerundeten, rotbraunen Fleck (Abb. 373); Hinterflügel grau. EI: 0,65

Abb. 373: Falter des Brombeertriebwicklers, *Epiblema uddmanniana*

× 0,5 mm; oval und flach, weißlich bis blaß cremeweiß. RAUPE: 14–15 mm lang; ziemlich plump; matt dunkelbraun, Warzen, Nackenschild und Analplatte schwarz oder schwarzbraun (Abb. 374). PUPPE: 6–10 mm lang; rötlichbraun; Hinterende stumpf.

**Lebensweise:** Die Falter fliegen von Ende Juni bis Ende Juli. Ein Weibchen legt bis zu 300 Eier einzeln an Blätter in der Nähe der Spitzen junge Ranken. Nach rund 2 Wochen schlüpfen die Jungräupchen, die sofort die Triebspitzen befallen. Meist ist eine Ranke nur von einem einzigen Räupchen besetzt, das die 2 Hälften eines noch nicht ganz entfalteten Blattes zusammenspinnt und der Ranke entlang weiterwandert, wenn ihm das gerade bewohnte Blatt zu hart geworden ist. Auch frißt die Raupe direkt an den Vegetationspunkten der Ranke, doch nach etwa 3 Wochen, wenn sie noch ziemlich klein ist, spinnt sie sich im unteren Bereich der Pflanze einen festen Kokon zwischen der Ranke und einer Blattbasis, in dem sie überwintert. Die meisten Raupen gehen schon vor Ende August, im 3. Stadium, in ihre Winterquartiere, aus denen sie Ende März oder im April wieder herauskommen. Die Raupen spinnen dann Blätter der fruchtenden Seitentriebe oder an den Spitzen der Ranken zusammen oder dringen in die Blütenknospen ein. Die Raupen befallen auch neue Ranken und machen sich dort durch Zusammenweben ganzer Büschel von Blättern der Triebspitzen zeltähnliche, feste Verstecke (Abb. 375). Gewöhnlich ist ein Gespinst nur von einer einzigen Raupe bewohnt, doch sammelt sich in diesem Gewebe einen große Menge von Kot an. Auch die an den Fruchttrieben fressenden Raupen wandern nach der Blüte an Jungtriebe ab und bauen sich ebenfalls die typischen Verstecke. Die Raupen bleiben die meiste Zeit im Schutze ihrer Gespinste, doch suchen sie nachts auch nach jüngeren Blättern an anderen Stellen der Pflanze. Nachdem sie 5 Entwicklungsstadien durchlaufen haben, verpuppen sie sich von Ende Mai an, normalerweise in ihren Blattverstecken. Rund 3 Wochen später schlüpfen die Falter.

**Schaden:** Vor der Überwinterung sind die Räupchen harmlos. Im Frühjahr kann es aber zu ernsten Schäden kommen. Befallene Blütenknospen werden ausgehöhlt und es bleibt nur eine Hülle aus Blüten- und Kelchblättern. Später werden die Endknospen an den versponnenen Triebspitzen vernichtet, wodurch das Wachstum gehemmt und die Ranken verdreht werden. Aus den schlafenden Knospen entwickeln sich Seitentriebe. Es werden also schwache Ranken gebildet und die Ertragserwartung für das folgende Jahr ist vermindert.

**Bekämpfung:** Spritzung zur Zeit des Austriebs mit Endosulfan oder einem Austriebspritzmittel.

Abb. 374: Raupe des Brombeertriebwicklers, *Epiblema uddmanniana*

Abb. 375: Zeltartiges Gespinst des Brombeertriebwicklers an Loganbeere

***Spilonota ocellana*** (Denis & Schiffermüller)
Roter Knospenwickler
Allgemein häufig. Die Raupen kommen an verschiedenen wilden Wirtspflanzen und vielen Obstgewächsen vor, beispielsweise an Apfel, Birne, Kirsche, Pflaume, Brombeere und Himbeere. Manchmal ein ernstzunehmender Schädling.

**Beschreibung:** FALTER: Flügelspannweite 12–16 mm; Vorderflügel annähernd rechteckig, weißlich und mehr oder weniger grau durchsetzt, zur Spitze hin metallisch blaugrau und schwarz gezeichnet und am Hinterrand mit einem dreieckigen Fleck und schwärzlich ausgefülltem, basalem Flügelwinkel (Abb. 376); Hinterflügel dunkelgrau. EI: Flach und mehr oder weniger kreisrund; blaß gelblich. RAUPE: 9–12 mm lang; dunkel purpurbraun mit helleren Warzen; Kopf, Nackenschild und Analplatte glänzend schwarz oder schwarzbraun (Abb. 377). PUPPE: 6–7 mm lang; braun, die Umrandungen der Flügelscheiden deutlich dunkler als der Hinterleib; dessen Ende ist stumpf.

**Lebensweise:** Die Falter fliegen von Mitte Juni bis Mitte August. Die Eier werden einzeln oder in kleinen Gruppen an die Blätter der Futterpflanze gelegt, 50 bis 100 pro Weibchen. Die winzigen Räupchen schlüpfen 1 bis 2 Wochen später und fressen im August und September auf der Blattunterseite, wo sie röhrenförmige Gespinste anlegen. Sie fressen hauptsächlich Blattgewebe, an Apfel und Birne kommt es aber vor, daß ein Blatt an einer Frucht festgesponnen wird, an deren Oberhaut die Raupe dann ebenfalls nagt. Im Laufe des Oktober spinnen sich die noch sehr kleinen Räupchen Überwinterungsverstecke in Rindenrissen. Im April tauchen die Räupchen wieder auf, fallen über die sich öffnenden Knospen her und später über Blüten und Blätter. Die Räupchen schützen sich während des Fraßes durch Gespinste, in die normalerweise dürre Blatt- oder Blütenteile einbezogen sind. Ende Mai und im Juni verpuppen sich die Raupen an Ort und Stelle oder zwischen dürren Blättern und 2 bis 3 Wochen später schlüpfen die Falter.

**Schaden:** Die jungen Räupchen verursachen während des Sommers nur geringen oder überhaupt keinen Schaden und der Fraß an Apfel- oder Birnenfrüchten ist nur oberflächlich. Wichtiger ist der Befall im Frühjahr, weil die ausgehöhlten Knospen absterben. Auch Blüten können geschädigt werden, dagegen ist der Schaden an Blättern und Jungtrieben verhältnismäßig unwichtig.

**Bekämpfung:** Eine frühe Spritzung, wie sie gegen andere Wickler (s. Seite 147) oder den Frostspanner (s. Seite 177) ausgebracht wird, wirkt auch gegen den Roten Knospenwickler, wenn auch eine Spritzung im August wirksamer wäre.

Abb. 376: Falter des Roten Knospenwicklers, *Spilonota ocellana*

Abb. 377: Raupe des Roten Knospenwicklers, *Spilonota ocellana*

***Enarmonia formosana*** (Scopoli)
Syn. ***woeberiana*** (Denis & Schiffermüller)
Rindenwickler

Weitverbreitet und örtlich häufig. Die Raupe befällt verschiedene Obstbäume, so auch Apfel, Birne, Kirsche, Pflaume, sie wird aber normalerweise nur an älteren Bäumen gefunden.

**Beschreibung:** FALTER: Flügelspannweite 15–18 mm; Vorderflügel braun mit Purpurschein und mit feinen, unregelmäßigen, orangegelben Linien und silberweißen Randstreifen (Abb. 378); Hinterflügel dunkelbraun. EI: 0,7 × 0,6 mm; flach und oval, weißlich bis rötlich. RAUPE: 8–11 mm lang; bräunlich bis lachsrosa, mit braunen Warzen; Kopf hellbraun, Nackenschild und Analplatte hell graubraun. PUPPE: 7–9 mm lang; hellbraun, am Ende stumpf (Abb. 296B) (vgl. *Esperia sulphurella*, Seite 138).

Abb. 378: Falter des Rindenwicklers, *Enarmonia formosana*

**Lebensweise:** Die Falter erscheinen von Mai oder Anfang Juni bis September, diese sehr lange Schlupfperiode läßt 2 Generationen vermuten. Die Falter fliegen gerne bei sonnigem Wetter und machen oft wiederholt kurze Flüge von den befallenen Stämmen oder Zweigen aus und wieder zurück, sind aber auf der Rinde sitzend schwer zu finden. Die Eier werden einzeln oder in Gruppen zu 2 oder 3 gewöhnlich an bereits befallene oder sonstwie beschädigte Stellen der Bäume gelegt. Die 2 bis 3 Wochen später schlüpfenden Räupchen dringen in die Rinde ein und leben unter deren Oberfläche. Normalerweise sind die Raupen im folgenden Frühjahr oder Frühsommer ausgewachsen und in ihrem 5. Stadium. Sie verpuppen sich in ihren Fraßgängen in einem seidenen Kokon. Nach dem Schlüpfen der Falter ragen die leeren Puppenhüllen zum Teil aus der Rinde heraus.

**Schaden:** Die Raupen fressen unregelmäßige und oft tiefe Gänge in die Rinde, die von den Raupen nachfolgender Generationen noch beträchtlich erweitert werden. Der Hauptfraß erfolgt in der Rinde, das darunterliegende Kambium kann zwar auch geschädigt werden, aber die Gänge gehen nicht bis ins Holz. Normalerweise werden ältere Bäume befallen, oft solche, die bereits befallen waren. Der Befall beginnt oft an Rindenstellen, die Frostschäden aufweisen und an größeren Wunden, die beim Schneiden oder durch andere mechanische Einflüsse entstanden sind. Manchmal kommen die Raupen zusammen mit denen des Apfelglasflüglers (s. Seite 130) vor. Speziell bei Kirsche und Pflaume setzt an den befallenen Stellen ein beträchtlicher Gummifluß ein, was, zusammen mit dem aus Rindenrissen herausgepreßten, hellbraunen und mit Gespinststücken durchsetzten Kot ein erster Hinweis für den Befall sein kann. Kirschbäume werden gewöhnlich in der Nähe der Stammbasis befallen, wogegen Apfelbäume, insbesondere große, häufig zwischen den Hauptästen in der Nähe des Stammes oder im oberen Bereich des Stammes befallen werden. Der Befall verursacht Risse, Anschwellungen und ermöglicht Obstbaumkrebsinfektionen; Äste oder ganze Bäume können absterben.

**Bekämpfung:** Im Bereich der Befallstellen sollte im März, noch während der Winterruhe, die lockere Rinde abgekratzt und der Stamm und die Hauptäste mit unverdünntem Obstbaumkarbolineum getränkt werden. Zumindest bei Apfel könnte eine Spritzung der befallenen Rindenteile mit Trichlorphon in hoher Konzentration (High-Volume-Behandlung) vor der Blüte wirksam sein.

Abb. 379: Falter des Bodenseewicklers, *Pamene rhediella*

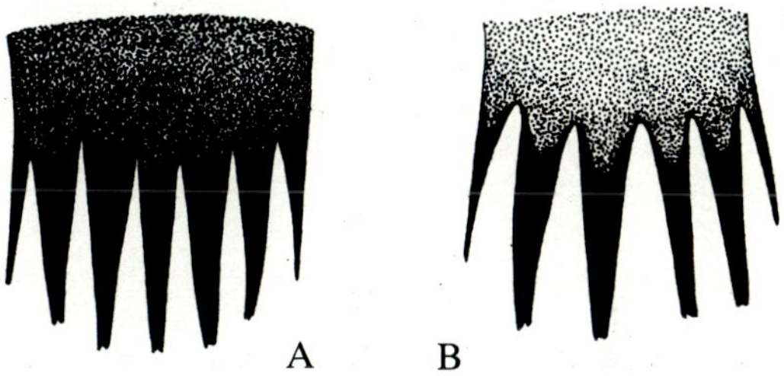


Abb. 380: Analkämme der Raupen von A: *Pamene rhediella* und B: *Cydia funebrana*

***Pammene rhediella*** (Clerck) (auch ***Pamene***)
Bodenseewickler

Allgemein verbreitet und häufig. Lebt normalerweise an Weißdorn, ist aber manchmal ein bedeutender Schädling in Apfelanlagen, seltener an Pflaume. Zumindest auf dem europäischen Festland wird auch Birne und Kirsche befallen.

**Beschreibung:** FALTER: Flügelspannweite 9–11 mm; Vorderflügel dunkel metallisch-purpurfarben, mit orangefarbener Spitze (Abb. 379); Hinterflügel dunkelbraun. EI: 0,7 × 0,6 mm; flach und oval; durchscheinend weiß. RAUPE: 5–6 mm lang; ziemlich plump; weißlich mit mäßig großen, hellbraunen Warzen; Kopf, Nackenschild und Analplatte braun; Analkamm mit fester Basis (Abb. 380 A). PUPPE: 4–5 mm lang; hellbraun.

**Lebensweise:** Die Falter fliegen im Mai und Juni. Bei Sonnenschein sind sie aktiv und fliegen oft in Höhe der Bäume oder etwas niedriger. Die Eier werden einzeln auf die Unterseite von Blättern in der Nähe von Blüten- oder Fruchtbüscheln gelegt. Nach rund 2 Wochen schlüpfen die Räupchen, die sofort an die kleinen Früchte gehen oder auch vorher noch die Staubblätter und Stempel von Blüten schädigen, die sie mit Seidenfäden zusammenspinnen. Wird ein einzelstehendes Früchtchen befallen, heftet die Raupe zu ihrem Schutz ein Blatt an die Fruchtoberfläche. Bis Ende Juni oder Anfang Juli fressen die Raupen im Innern der Früchtchen und spinnen, wenn sie ausgewachsen sind, einen Kokon unter Rindenschuppen am Stamm oder an starken Ästen, wo sie überwintern und sich im Frühjahr verpuppen.

**Schaden:** APFEL: Der Befall an Früchtchen erfolgt meist, wenn diese etwa 2 cm Durchmesser erreicht haben. Zunächst frißt das Räupchen unter seiner Eischale und spinnt außerhalb derselben ein festes Gewebe, in dem sich bald brauner Kot ansammelt. Der Fraß erstreckt sich auf das Gebiet um den Stiel herum und auf die Berührungsstellen mit anderen Früchten (Abb. 381). Eine Raupe kann mehrere Früchtchen desselben Büschels beschädigen. Durch den Fraß in der Stielgrube wird der Stiel oft locker und das betreffende Früchtchen kann vorzeitig zu Boden fallen, doch bleibt es manchmal, von Gespinsten gehalten, an Ort und Stelle hängen. Der Hauptgang, der im Fruchtfleisch angelegt wird, verläuft normalerweise vom Stiel zum Kernhaus und dann wieder schräg nach außen; er ist gewöhnlich nicht weiter als 2 mm, so gut wie frei von Kot und von einer weißlichen Linie durchzogen, die aus einer Zuckerausscheidung besteht, auf der sich Hefepilze entwickeln. Oberflächlich befressene Früchtchen haben oft seitlich 2 Gruben von etwa 2 mm Tiefe, die mit der Zeit verheilen; an der reifen Frucht sind dann eine oder mehrere unregelmäßige verkorkte Stellen zu finden. Auch neigen solche Früchte zu Verformungen. PFLAUME: Die Raupen fressen Gänge ins Fruchtfleisch, wodurch beträchtlicher Gummifluß einsetzt, was auch in den umgebenden Gespinsten zu sehen ist (Abb. 382). Wie beim Apfel verbleibt nur recht wenig Kot in den Gängen (vgl. Schaden durch die Raupe des Pflaumenwicklers, Seite 169), und die befallenen Früchte fallen vorzeitig ab oder bleiben, wenn sie nur oberflächlich geschädigt sind, mit verheilten Wunden bis zur Reife hängen.

**Bekämpfung:** APFEL: Wo erfahrungsgemäß dieser Schädling von größerer Bedeutung ist, kann beim Abfallen der Blütenblätter mit Diflubenzuron oder 2 Wochen später mit Fenvalerat oder Permethrin gespritzt werden. Wenn die ersten Fruchtschäden zu sehen sind, ist es für eine Bekämpfung zu spät. Die männlichen Falter werden von den ursprünglich für den Fang des Apfelwicklers (s. Seite 171) vorgesehenen Pheromonfallen angelockt, wenn man diese Fallen schon im Mai aufhängt, das ist eine gute Möglichkeit, rechtzeitig vor dem Bodenseewickler gewarnt zu werden. PFLAUME: Es gibt hier keine allgemeine Empfehlung, wenn nötig, kann die für Mitte Juni gegen den Pflaumenwickler vorgesehene Spritzung (s. Seite 169) erfolgreich sein.

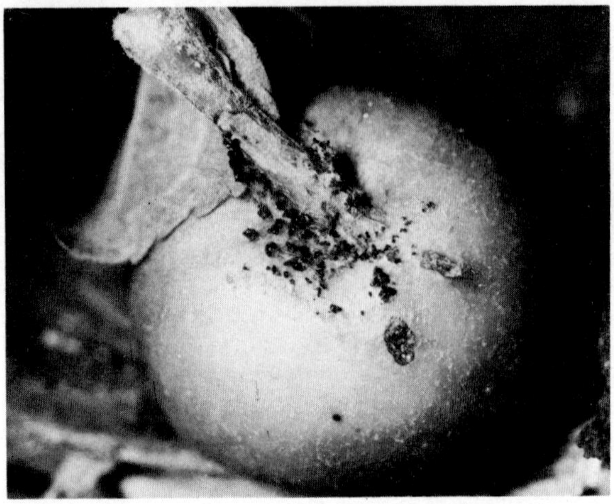

Abb. 381: Schaden durch den Bodenseewickler an Apfel

Abb. 382: Schaden durch den Bodenseewickler an Pflaume

***Cydia funebrana*** (Treitschke)
Pflaumenwickler
Weitverbreitet und häufig, kommt an Schlehe vor; vor allem in wärmeren Anbaugebieten ein wichtiger Schädling der Pflaume und Zwetschge.

**Beschreibung:** FALTER: Flügelspannweite 11–15 mm; Vorderflügel matt purpurgrau mit dunkler, verschwommener Zeichnung und unregelmäßigem, aschgrauem Anflug (Abb. 383); Hinterflügel graubraun. EI: 0,7 × 0,6 mm; flach, oval und durchscheinend. RAUPE: 10–12 mm lang; rötlich mit dunkelbraunem Kopf (bei früheren Entwicklungsstadien ist der Körper weiß); Nackenschild und Analplatte hellbraun, dunkler gezeichnet; Analkamm mit weicher Basis (Abb. 380 B, 384). PUPPE: 6–7 mm lang; hellbraun.

**Lebensweise:** Die Falter fliegen im Mai und Juni. Die Weibchen beginnen 2 bis 4 Wochen nach dem Abfall der Blütenblätter ihre Eier einzeln an die noch kleinen Früchte zu legen, meist in der Nähe der vom Stiel zur Spitze verlaufenden Vertiefung und auf der nach unten gerichteten Hälfte der Frucht. Nach 10–14 Tagen schlüpfen die Räupchen, die sich meist in der Nähe ihrer leeren Eischale ins Fruchtfleisch einbohren. Sie leben vom Fruchtfleisch und die befallenen Früchtchen färben sich bald bläulich oder violett und fallen zu Boden. Die Raupen vollenden dort ihre Entwicklung, verlassen die Früchte im 5. Entwicklungsstadium und verpuppen sich in einem Kokon hinter losen Rindenstükken oder in der Bodenstreu. Von Anfang Juli bis Ende August fliegen die Falter der 2. Generation, die ihre Eier in die jetzt schon halbreifen Früchte legen. Gelegentlich werden an einer Frucht mehrere Eier abgelegt, doch überlebt normalerweise nur 1 Raupe. Nach einigen Tagen schlüpfen die Räupchen, die sich ebenfalls wieder vom Fruchtfleisch ernähren und nach 3 bis 4 Wochen ausgewachsen sind. Sie verlassen dann die Früchte, die entweder noch auf den Bäumen hängen, oder schon abgefallen sind und spinnen sich hinter Rindenschuppen der Stämme ihre Überwinterungskokons, in denen sie sich im Frühjahr verpuppen. In kühleren Anbaugebieten Nordeuropas einschließlich Großbritanniens gibt es oft nur in warmen Sommern eine teilweise 2. Generation, deren Falter im August oder September fliegen.

**Schaden:** Die Räupchen fressen in schon verhältnismäßig großen Früchtchen, der Befall erfolgte somit beträchtlich später als der Befall durch die Pflaumensägewespe (s. Seite 212). Das Räupchen bohrt sich beim Eindringen ins Fruchtfleisch einen engen, gewundenen Gang von der Einbohrstelle zum Fruchtstiel. Dieser Gang wird bald braun und ist dann leicht durch die Fruchthaut hindurch sichtbar. Von der Stielnähe aus wird der Gang zur Fruchtmitte hin ausgedehnt und mit dem Wachsen der Raupe wird das Fruchtfleisch um den Stein herum zunehmend gefressen und durch eine große Menge nassen Kots ersetzt (Abb. 384). Die ausgewachsene Raupe verläßt die Frucht durch ein Loch von rund 2 mm Druchmesser an der Seite der Frucht (Abb. 385). Der Kot wird von der Raupe des Pflaumenwicklers nicht aus der Frucht entfernt (vgl. Bodenseewickler, Seite 168 und Pflaumensägewespe, Seite 212), aber die befallenen Früchte reifen vorzeitig und sind gegenüber den nicht befallenen leicht zu erkennen. Bei den Räupchen der 2. Generation verläuft der Eintrittsgang direkt von der Einbohrstelle zum Stein. Verluste durch den Pflaumenwickler entstehen fast nur bei schwachem Fruchtansatz und durch die Raupen der 2. Generation. Doch schon ein geringer Befall der Früchte kann wichtig sein, wenn diese für die Konservenindustrie vorgesehen sind, weil die ganze Sendung zurückgewiesen werden kann, wenn einige befallene Früchte gefunden werden.

Abb. 383: Falter des Pflaumenwicklers, *Cydia funebrana*

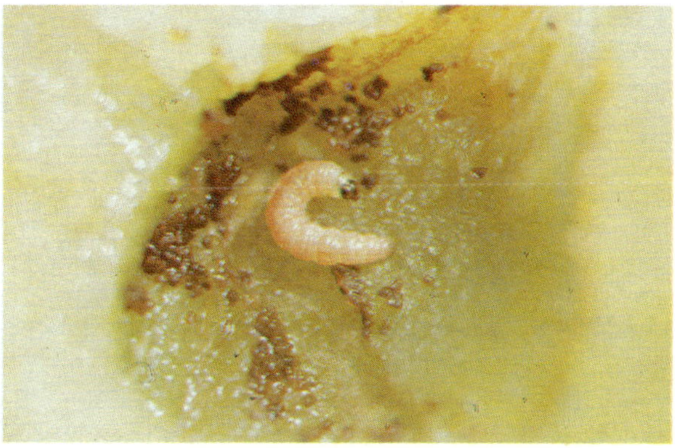

Abb. 384: Raupe des Pflaumenwicklers, *Cydia funebrana*

Abb. 385: Ausbohröffnung der Raupe des Pflaumenwicklers in befallener Pflaume

**Bekämpfung:** Eine Bekämpfung der ersten Generation wird häufig überflüssig sein. Wichtig in Befallsgebieten ist aber eine Spritzung gegen die zweite Generation Ende Juli und eine 2. Spritzung im Abstand von 12 bis 14 Tagen, aber spätestens 4 Wochen vor der Ernte. Geeignete Präparate sind Deltamethrin, Etrimfos, Fenvalerat, Parathion, Permethrin, Pyrethrum und Propoxur. Der Flugverlauf kann durch die Benützung von Pheromonfallen mit cis-8-dedecenylacetat (Abb. 386) überwacht werden. Bei niedrigen Fangzahlen kann eine einzige Spritzung ausreichen, vor allem in Jahren mit gutem Fruchtansatz.

***Cydia pomonella*** (Linnaeus)
Apfelwickler
Weitverbreitet und oft häufig, ein wichtiger, weltweit verbreiteter Schädling an Apfel und gelegentlich an Birne.

**Beschreibung:** FALTER: Flügelspannweite 15–22 mm; Vorderflügel schwärzlich braun, mehr oder weniger aschgrau überdeckt, mit einem großen, metallischglänzenden, bronze-schwarzen Spiegel nahe der Spitze (Abb. 387); Hinterflügel braun. EI: 1,3 × 1,0 mm; flach, oval und durchscheinend. RAUPE: 18–20 mm lang; blaß weißrosa mit dunklen Warzen (bei jüngeren Stadien weißlich); Kopf und Nackenschild braun, Analplatte blaß; ohne Analkamm (Abb. 388). PUPPE: 8–10 mm lang; gelbbraun bis dunkelbraun.

**Lebensweise:** Die Falter der 1. Generation schlüpfen meist gegen Ende Mai. Die Eier werden einzeln an die Früchte gelegt, anfangs auch an die Blätter in der Nähe von Fruchtbüscheln. Das erfolgt in der Abenddämmerung, wenn die Temperatur mindestens 15 °C beträgt. Nach 10 bis 14 Tagen, bei kaltem Wetter auch später, schlüpfen die Räupchen und bohren sich in die Früchtchen ein. Bei Birnen und kleinen Apfelfrüchtchen dringt das Räupchen gewöhnlich durch die Kelchgrube ein, bei größeren Äpfeln aber an den Seiten oder in Stielnähe. Die Raupen durchlaufen 5 Entwicklungsstadien und sind nach rund 4 Wochen ausgewachsen und verlassen die Früchte, die teils noch an den Bäumen hängen, teils zu Boden gefallen sind. Hinter Borkenschuppen der Stämme, in Ritzen der Baumpfähle und an ähnlichen geeigneten Stellen spinnen sie sich einen Kokon. Wenn das schon früh im Juli erfolgt, kann sich ein großer Teil der Raupen bis Anfang August verpuppt haben und es gibt eine starke 2. Generation. Bei kühlem Wetter im Mai und Juni werden die meisten oder alle Raupen überwintern und sich erst im folgenden Frühjahr verpuppen. Letzteres dürfte im nördlichen Teil Europas die Regel sein, wogegen sich in Südeuropa regelmäßig 2 vollständige Generationen entwickeln und nicht selten auch 3. In manchen Jahren fliegen die Falter der 2. Generation fast bis zur Ernte und oft befinden sich in den geernteten Früchten noch Raupen, die sich häufig in Lagerräumen, in Ritzen der Obstkisten und an ähnlichen Stellen einspinnen.

**Schaden:** APFEL: Normalerweise entwickelt sich in einem Apfel nur eine einzige Raupe. Das Räupchen bohrt sich oft unter der Eischale oder nicht weit von ihr entfernt in die Frucht ein und nagt zuerst direkt unter der Fruchtschale einen kleinen, spiralförmigen Gang, der nach einigen Tagen ins Fruchtfleisch hinein bis zum Kernhaus genagt wird. Der Rand der inzwischen erweiterten Eingangsöffnung färbt sich, vor allem bei bestimmten Sorten und späterem Befall, auffällig rot und wird mit trockenem Kot verstopft. Innerhalb der Frucht frißt die Raupe einen großen Teil des Fruchtfleisches und nagt auch die Kerne an. Die Hohlräume füllen sich

Abb. 386: Pheromonfalle zum Fang des Pflaumenwicklers, *Cydia funebrana,* in einer Pflaumenanlage

Abb. 387: Falter des Apfelwicklers, *Cydia pomonella*

Abb. 388: Raupe des Apfelwicklers, *Cydia pomonella* (Obstmade)

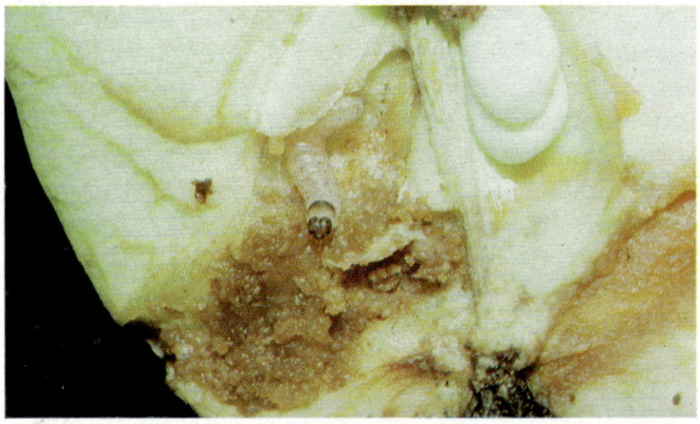

Abb. 389: Schaden durch den Apfelwickler, *Cydia pomonella*

mit braunem Kot (Abb. 389). Durch Wegfressen von Fruchtfleisch wird die Eingangsöffnung beträchtlich erweitert (Abb. 390) und die Raupe verläßt schließlich die Frucht durch eine kleine, offene Ausgangsöffnung. Manchmal, vor allem in der 2. Generation, dringt die Raupe noch in eine 2. Frucht desselben Fruchtbüschels ein, bevor sie ausgewachsen ist. Die befallenen Früchte reifen früher und fallen vorzeitig. Der Befall kann sehr stark sein, besonders wenn es zu einer 2. Generation kommt, er ist oft auch in der Nähe von Obstlagern oder Verpackungsstellen stärker und auch dort, wo die leeren Obstkisten des vorhergehenden Jahres gelagert werden. Der Befall durch die Obstmade erfolgt später und an größeren, also älteren Früchtchen als der Befall durch den Bodenseewickler (Seite 168) oder die Apfelsägewespe (Seite 213); beim Apfelwickler ist auch außerhalb der Frucht kaum Kot zu sehen, der meist in den Fraßgängen bleibt. BIRNE: Die Raupe verursacht ähnliche Schäden (Abb. 391) wie beim Apfel, nur ist der Befall meist schwächer.

**Bekämpfung:** APFEL: In vielen Anbaugebieten der Nordhälfte Europas ist der Befall in regelmäßig gespritzten Obstanlagen gewöhnlich niedrig und regelmäßige Spritzungen gegen den Apfelwickler sind dort oft unnötig. Wo es allerdings merklichen Befall gibt, sind wegen der langen Eiablagezeit und damit Schlüpfzeit der Raupen 2 oder 3 Spritzungen notwendig. In der Mehrzahl der Jahre ist der richtige Termin für die erste Spritzung Mitte bis Ende Juni, bei sehr kühlem Wetter auch Anfang Juli (abhängig vom Schlüpfen der Räupchen). In Abständen von 2 bis 4 Wochen (je nach verwendetem Präparat) können eine oder 2 weitere Spritzungen notwendig sein. Bei sehr starkem Befall, oder wenn eine starke 2. Generation auftritt, können weitere Behandlungen erforderlich werden. Die günstigsten Spritztermine variieren von Anlage zur Anlage beträchtlich, ebenso von Jahr zu Jahr; die Eiablage, das Schlüpfen der Räupchen usw., alles wir durch kaltes, ungünstiges Wetter verzögert. Eine große Hilfe bei der Bestimmung der Spritztermine bietet die Verwendung von Pheromonfallen (Lockstoff = trans-8, trans-10-dodecadien-1-01) zur Erfassung des Flugverlaufs und auch zur Abschätzung der voraussichtlichen Befallsstärke und der rechtzeitigen Feststellung des Auftretens einer 2. Generation. In vielen Obstanlagen, in denen der Apfelwickler nur ein Nebenschädling ist, kann die Bekämpfung mit der anderer Wickler (s. Seite 147) verbunden werden, die erste Obstmadenspritzung ist dann um etwa 7 bis 10 Tage verspätet. Wirksame und empfohlene Spritzmittel sind: Azinphos-methyl + Demeton-S-methylsulfon, Bromophos, Chlorpyrifos, Deltamethrin, Diflubenzuron, Dimethoat, Fenvalerat, Parathion und Phosalon. Die Eier des Apfelwicklers werden oft von Ohrwürmern (s. Seite 251) gefressen und viele der überwinternden Larven holen die Vögel, hauptsächlich Spechte und Meisen (s. Seite 292). Abgebrochene Baumpfähle, Stützen mit Rissen und lose Borke sollten so gut wie möglich aus der Anlage entfernt werden, um gute Überwinterungsplätze zu reduzieren und in gewissem Umfang können am Fuß der Stämme Anfang Juli Wellpappegürtel (Breite: etwa 10 cm) angebracht werden, so können viele ausgewachsene Raupen, die sich darin versteckt haben, nach der Obsternte eingesammelt und vernichtet oder den insektenfressenden Vögeln überlassen werden. BIRNE: Die meisten der für den Apfel empfohlenen Mittel gegen die Obstmade können auch in Birnenpflanzungen verwendet werden, aber dort sind Spritzungen seltener notwendig.

Abb. 390: Ausbohröffnung der Obstmade aus befallenem Apfel

Abb. 391: Schaden durch die Obstmade an Birne

## Familie Pyralidae
Zünsler

Die Falter haben einen mäßig langen, schmalen Körper, markante Palpen, verhältnißmäßig schmale Vorderflügel und breite Hinterflügel. Die Raupen besitzen 5 Paar Bauchfüße und sind normalerweise nur schwarz behaart; wenn sie gestört werden, reagieren sie mit außerordentlich raschen Bewegungen.

***Udea prunalis*** (Denis & Schiffermüller)
Syn. ***nivealis*** (Fabricius)
Häufig und weit verbreitet. Gelegentlich werden die polyphagen Raupen in Anlagen von Schwarzen Johannisbeeren, Brombeeren und Erdbeeren gefunden, sind aber kaum schädlich.

**Beschreibung:** FALTER: Flügelspannweite 22–26 mm; Flügel bräunlich weißgrau, rot mit unscharfen, schwärzlichen und aschgrauen Zeichnungen (Abb. 392). RAUPE: 25 mm lang; hellgrün und glänzend, auf dem Rücken 2 weißglänzende Längslinien; Kopf hell. PUPPE: 10 mm lang; braun; Cremaster stumpf, länglich, mit 8 langen Endborsten.

**Lebensweise:** Die Falter fliegen im Juni und Juli und die Eier werden an die Blätter vieler verschiedener Pflanzenarten gelegt. Die Raupen fressen den Oktober hindurch an der Unterseite der Blätter und überwintern dann in einem am Blattrand angesponnenen Kokon. Im Frühjahr setzt sich die Entwicklung fort und die Raupe faltet und spinnt Blätter zusammen. Bei Störungen windet sie sich rasch aus ihrem Versteck heraus und läßt sich fallen. Die Verpuppung erfolgt im Mai oder Juni in einem durch einen umgefalteten Blattrand geschützten Kokon.

**Schaden:** Im Herbst verursacht das Räupchen durch seinen Schabefraß nur flache Gänge auf der Blattunterseite, im Frühjahr aber ist es schon größer und beißt das Blattgewebe ganz durch. Selten aber sind die Raupen zahlreich genug, um an Obstgewächsen schädlich zu werden, wenn sie auch an Schwarzen Johannisbeeren manchmal etwas häufiger vorkommen.

**Bekämpfung:** Normalerweise nicht notwendig; bei Schwarzer Johannisbeere, wenn erforderlich, kurz vor der Blüte mit Propoxur spritzen.

***Udea olivalis*** (Denis & Schiffermüller)
Die Raupe dieser weitverbreiteten und häufigen Art wird gelegentlich in Erdbeerpflanzungen gefunden. Die Falter sind denen von *Udea prunalis* ähnlich, aber mehr grau und die Flügel sind dunkler gezeichnet (Abb. 392 A, 393). Die Raupen sind blaßgrün oder blaßgelb mit dunklerer Rückenlinie, glänzend schwarzen Punkten und einem hellbraunenn Kopf (Abb. 394). Die Lebensweise beider Arten ist ähnlich, aber *U. olivalis* entwikkelt sich ein wenig früher. Der Befall an Erdbeeren ist unbedeutend.

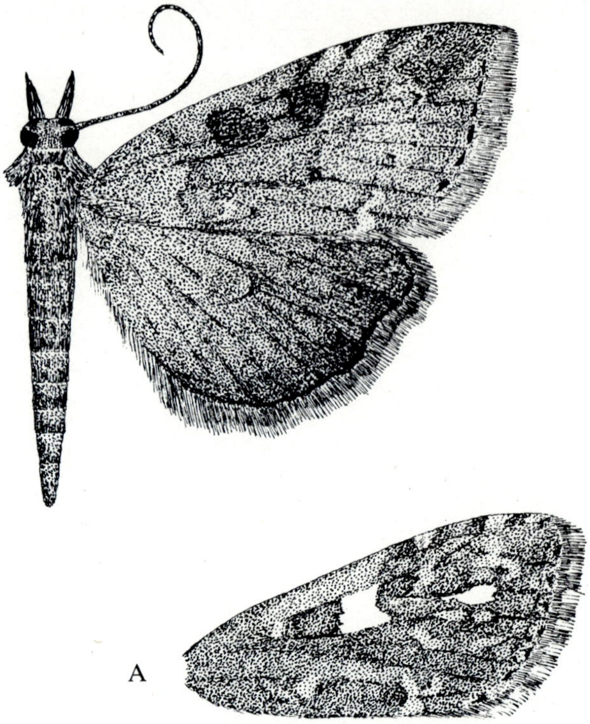

Abb. 392: Falter von *Udea prunalis*, A: Rechter Vorderflügel von *Udea olivalis*

Abb. 393: Falter von *Udea olivalis*

Abb. 394: Raupe von *Udea olivalis*

## Familie Lasiocampidae
Glucken

Mittelgroße bis sehr große Falter; die Männchen haben stark gefiederte Fühler und sind normalerweise deutlich kleiner als die Weibchen derselben Art.

***Poecilocampa populi*** (Linnaeus)
Pappelspinner
Allgemein häufig, aber lokal. Die Raupen leben gewöhnlich an Birke, Weißdorn, Linde, Eiche und anderen Laubbäumen, fressen aber auch Apfelblätter. Die ziemlich haarigen Falter (Flügelspannweite 35–45 mm) haben einen braunen Körper und braune, grau und ockerfarben gezeichnete Flügel (Abb. 395); sie fliegen im November und Dezember, manchmal auch etwas früher. Die flaumbedeckte Raupe wird 45 mm lang, sie ist vorwiegend grau und schwarz (unten aber ockerfarben und schwarz) mit einer roten Querlinie hinter dem braunen Kopf (Abb. 396). Die Raupen sind von Ende April bis Juni zu finden, werden aber kaum schädlich, weil sie auf Obstbäumen nicht häufig vorkommen.

***Malacosoma neustria*** (Linnaeus)
Ringelspinner
Weitverbreitet und oft häufig. Die Raupen kommen an verschiedenen Bäumen und Sträuchern vor, auch an Apfel, Birne, Kirsche, Pflaume und Himbeere, aber es werden meist nur Obstgewächse in Gärten und ungespritzten Anlagen befallen.

**Beschreibung:** FALTER: Flügelspannweite 30–40 mm, Flügel und Körper hell ockerfarben bis dunkelbraun, Vorderflügel mit 2 Querlinien, oft (hauptsächlich beim Weibchen) dazwischen ein dunkleres Band (Abb. 397). Ei: 0,5 mm Durchmesser, zylindrisch und in großen Gelegen (Abb. 398). Raupe 40–50 mm lang; graublau mit weißem Rückenstreifen und orangeroten, schwarzgerandeten Streifen auf dem Rücken und an den Seiten, ganzer Körper rotbraun behaart, Kopf blau mit 2 schwarzen Flecken (Abb. 399). Puppe: 18 mm lang, schwarzbraun und behaart.

**Lebensweise:** Die Falter fliegen von Ende Juli bis September. Das Weibchen legt rund 100 bis 200 Eier bandförmig um Zweige der Futterpflanze mit einem Durchmesser zwischen 6 und 14 mm (Abb. 398). Die Gelege, die von einer durchsichtigen, lackartigen Ausscheidung des Weibchens überzogen sind, überdauern den Winter, die Jungraupen schlüpfen Ende April und im Mai. Sie sind schwärzlich, bekommen aber bald leuchtende Farben. Im Schutze eines gemeinsam gewebten, zeltähnlichen Gespinstes, das mit dem Wachstum und dem größer werdenden Fraßplatz ständig erweitert wird, leben sie gesellig. Die Raupen sonnen sich häufig und halten sich oft gruppenweise außerhalb ihres Gespinstes auf benachbarten Zweigen auf. Wenn die Blätter innerhalb des Gespinstes oder in dessen Umgebung

Abb. 395: Männchen des Pappelspinners, *Poecilocampa populi*

Abb. 396: Raupe des Pappelspinners, *Poecilocampa populi*

Abb. 397: Männchen des Ringelspinners, *Malocosoma neustria*

Abb. 398: Eigelege des Ringelspinners, *Malacosoma neustria,* an Apfelzweig

aufgefressen sind, suchen die Raupen an einer anderen Stelle des Baumes oder auf einem benachbarten Baum einen günstigen Platz für ein neues Gespinst. Diese „Zelte“ können bis 30 cm lang werden und sind sehr auffällig. Ende Juni oder Anfang Juli sind die Raupen ausgewachsen und verpuppen sich in weißen oder gelblichen, doppelwandigen Kokons zwischen Blättern, in Rindenrissen oder in der Bodendecke. Die Falter schlüpfen rund 3 Wochen später.

**Schaden:** Der Blattverlust kann oft erheblich sein, befallene Äste und oft ganze Bäume werden kahlgefressen und sind von Gespinsten überzogen. Wachstum und Fruchtansatz werden dadurch stark beeinträchtigt.

**Bekämpfung:** Während des Winters sollten die Eigelege abgesammelt und vernichtet werden, auch können Anfang Mai die Gespinste mit den Jungraupen herausgeschnitten und verbrannt werden. Solche Maßnahmen eignen sich gut in Gärten und kleinen Obstanlagen. Wenn in Erwerbsobstanlagen eine Bekämpfung notwendig werden sollte, kann Chlorpyrifos im ULV-Verfahren angewandt werden, solange die Räupchen noch klein sind. Auch Diflubenzuron ist wirksam.

Abb. 399: Raupe des Ringelspinners, *Malacosoma neustria*

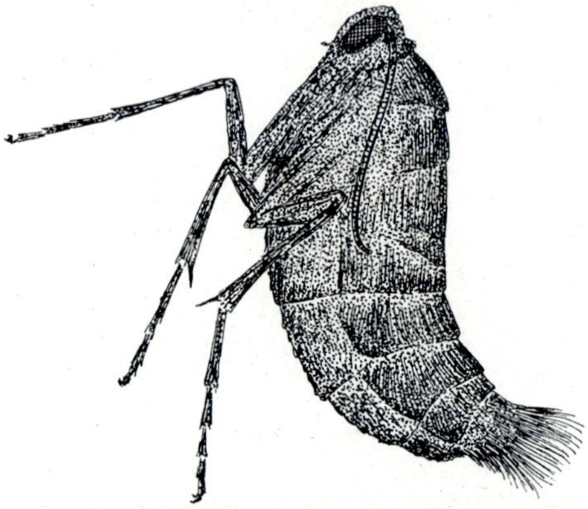

Abb. 400: Weibchen des Roßkastanienfrostspanners, *Alsophila aescularia*

## Familie Geometridae
Spanner

Die Falter dieser großen Familie haben einen mäßig schlanken bis schlanken Körper und verhältnismäßig große Flügel; die meisten sind keine guten Flieger. Die Raupen besitzen normalerweise nur 2 Paar Bauchfüße im Bereich des Körperendes und bewegen sich deshalb in der typischen „spannenden“ Weise; einige Arten sind leuchtend gefärbt, andere aber ganz unscheinbar und haben große Ähnlichkeit mit einem Zweigstückchen.

***Alsophila aescularia*** (Denis & Schiffermüller)
Roßkastanienfrostspanner
Weitverbreitet und oft häufig. Die Raupen haben ein weites Wirtsspektrum, sie leben an Waldbäumen, Apfel, Birne, Kirsche, Pflaume und manchmal an Johannisbeere, jedoch ist ein starker Befall von Obstbäumen ungewöhnlich.

Abb. 401: Männchen des Roßkastanienfrostspanners, *Alsophila aescularia*

**Beschreibung:** ADULTES WEIBCHEN: Flügellos; Körper 8 mm lang, glänzend, graubraun, hinten mit langem Haarbüschel (Abb. 400). MÄNNLICHER FALTER: Flügelspannweite 25–30 mm, Vorderflügel mit ziemlich geraden Rändern, hellgrau bis bräunlichgrau, mit heller Querlinie (Abb. 401). EI: Dunkelbraun, in großen Gelegen (Abb. 402). RAUPE: 25 mm lang; blaßgrün mit dunkler grüner Rückenlinie und gelblichen Seitenlinien, eine davon unterhalb der Stigmen; ein Paar rudimentäre Bauchfüße am fünften Abdominalsegment (Abb. 403). PUPPE: 10 mm lang; braun und gedrungen; Cremaster mit 2 gebogenen, divergierenden Borsten.

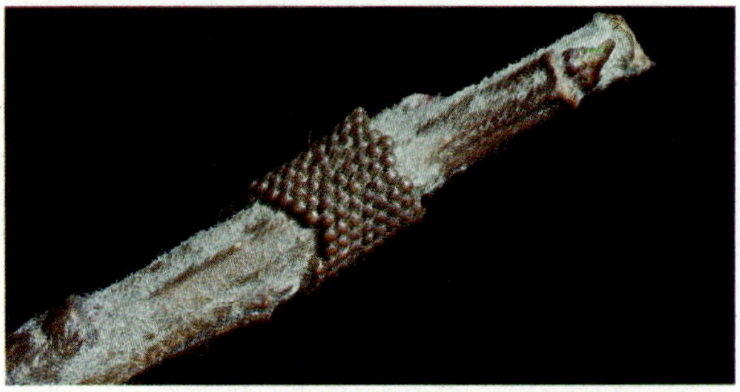

Abb. 402: Eigelege des Roßkastanienfrostspanners, *Alsophila aescularia*

**Lebensweise:** Die Adulten sind von Mitte Februar bis Mitte April zu finden. Das Weibchen legt seine Eier in einem großen Band um den Zweig herum ab (Abb. 402) und bedeckt sie dann mit den Haaren des Analbüschels. Die Raupen schlüpfen und fressen an Blättern und Blütentrieben, oft gemeinsam mit den Raupen des Frostspanners (s. Seite 176). Letzterer allerdings ist normalerweise viel häufiger. Wenn die Raupen im Mai oder Juni ausgewachsen sind, dringen sie in den Boden ein und verpuppen sich dort in seidenen Kokons.

**Schaden und Bekämpfung:** Wie für *Operophtera brumata* (s. Seite 177).

Abb. 403: Raupe des Roßkastanienfrostspanners, *Alsophila aescularia*

***Eulithis prunata*** (Linnaeus)
Pflaumenspanner

Diese allgemein verbreitete, aber lokale Art kommt oft in Gärten an Schwarzer Johannisbeere, Roter Johannisbeere und Stachelbeere vor, ist aber als Schädling von geringer Bedeutung. Die Falter (Abb. 404) fliegen im Juli und August, die Eier werden auf die Zweige und Triebe der Büsche gelegt und überwintern dort. Die kräftige, grüne bis bräunliche Raupe wird 35–40 mm lang und hat auf dem Rücken eine Längsreihe von dreieckigen, weißlichen und purpurgerandeten Flecken. Das 3. Körpersegment ist verdickt und trägt ein dunkles Querband. Die Raupe lebt von Ende März oder Anfang April bis Mitte Juni am Blattwerk und verpuppt sich zwischen 2 Blättern.

Abb. 404: Männchen des Pflaumenspanners, *Eulithis prunata*

***Chloroclysta truncata*** (Hufnagel)

Eine allgemein häufige und extrem variable Art, die manchmal in Pflanzungen von Johannisbeeren, Himbeeren und Erdbeeren vorkommt, aber nur geringen oder gar keinen Schaden verursacht. Die Raupen sind schlank, grünlich, haben eine dunkelgrüne Rückenlinie und darunter 2 gelbe Linien, manchmal auch noch einen durchlaufenden oder unterbrochenen, rötlichen Streifen an den etwas warzigen Seiten; das letzte Segment trägt ein Paar zugespitzter Fortsätze (Abb. 405). Die Falter (Abb. 406) fliegen im Mai und Juni und im Spätsommer. Die Raupen leben von September bis April und von Ende Juni bis Anfang August.

Abb. 405: Raupe von *Chloroclysta truncata* in ihrer typischen Ruhestellung

Abb. 406: Falter von *Chloroclysta truncata*

***Epirrita dilutata*** (Schiffermüller)
Nordischer Birkenspanner
Diese Art ist in bewaldeten Gegenden häufig, die Falter fliegen im Oktober und November. Außer an Birke, Ulme, Weißdorn, Eiche und anderen wilden Futterpflanzen kommen die Raupen auch an Apfel, Pflaume und anderen Obstbäumen vor. Sie fressen von April bis Juni, sind aber als Obstschädlinge ohne Bedeutung. Die Falter (Flügelspannweite 32–38 mm) sind matt grau bis schwärzlich mit schwach welligen Querlinien (Abb. 407); die Raupen sind 30 mm lang; ziemlich plump, leuchtend samtig-grün, unten etwas weißlich und oft mit purpurroten, querschraffierten, rautenförmigen Zeichnungen auf dem Rücken, darunter auf jeder Seite eine Längslinie; auch an den Seiten können sich purpurrote Zeichnungen befinden (Abb. 408).

Abb. 407: Falter des Nordischen Birkenspanners, *Epirrita dilutata*

***Operophtera brumata*** (Linnaeus)
Kleiner Frostspanner
Allgemein häufig und oft ein wichtiger Schädling von Waldbäumen und Obstbäumen und -büschen, darunter auch Apfel, Birne, Pflaume, Johannisbeere, Stachelbeere und Walnuß.

Abb. 408: Raupe des Nordischen Birkenspanners, *Epirrita dilutata*

**Beschreibung:** ADULTES WEIBCHEN: Flügel zu Stummeln rückgebildet; Körper 5–6 mm lang; dunkelbraun, gelbgrau gesprenkelt (Abb. 409). MÄNLICHER FALTER: Flügelspannweite 22–28 mm; Vorderflügel abgerundet, graubraun mit dunklen, welligen Querlinien (Abb. 410). EI: 0,5 × 0,4 mm; oval, blaß gelblichgrün, bald orangerot werdend, Oberfläche punktiert. RAUPE: 25 mm lang; ziemlich plump, hellgrün mit dunkelgrüner Rückenlinie und mehreren weißlichen oder cremegelben Längslinien am Rücken und an den Seiten einschließlich einer hellgelben Linie den Stigmen entlang (Abb. 411). PUPPE: 7–8 mm lang, braun und gedrungen; Cremaster mit 1 Paar nach der Seite gerichteter Borsten.

Abb. 409: Weibchen des Kleinen Frostspanners, *Operophtera brumata*

**Lebensweise:** Die Adulten sind von Oktober bis Januar zu finden und im November und Dezember am häufigsten. Das spinnenähnliche Weibchen kriecht, nachdem es die Puppe verlassen hat, an einem Baumstamm hoch und legt nach der Kopulation 100 bis 200 Eier einzeln in Vertiefungen der Rinde von Zweigen. Die Raupen schlüpfen im Frühjahr vom Aufbrechen der Knospen an bis fast zur Blütezeit, die frischgeschlüpften Räupchen befallen die sich entwickelnden Blätter. In diesem Stadium werden die winzigen Räupchen oft vom Wind von Baum zu Baum getragen und der Befall kann sich dadurch von Wäldern der Umgebung aus auf vorher raupenfreie Bäume ausdehnen. Bis Ende Mai oder Anfang Juni fressen die trägen Raupen ununterbrochen, manchmal spinnen sie 2 Blätter locker zusammen oder weben die Blütenblätter aneinander,

Abb. 410: Männchen des Kleinen Frostspanners, *Operophtera brumata*

um im Schutz der entstehenden Kuppel zu fressen. Außer an Lang- und Fruchttrieben fressen die späteren Raupenstadien auch die Früchtchen an. Wenn sie ausgewachsen sind, verlassen sie den Baum und verpuppen sich im Boden in einem lockeren Kokon in etwa 8 bis 10 cm Tiefe.

**Schaden:** Wenn die Raupen schon vor dem Knospenaufbruch erscheinen, können noch geschlossene Knospen zerstört werden, aber der Hauptschaden entsteht später im Frühjahr, wenn die Blätter wahllos verschlungen werden. Auch der Schaden an Blüten ist oft beträchtlich und wenn der Befall überdurchschnittlich stark ist, werden alle Blüten und alles Grün der Futterpflanze aufgefressen. Die Raupen fressen häufig Löcher in die Früchtchen, die entweder vorzeitig abfallen oder mißgebildet werden, verkorkte Stellen, Vertiefungen oder manchmal tiefe Höhlen aufweisen, die sich bis zum Kernhaus erstrecken (Abb. 412). Der Schaden durch den Frostspanner ist gewöhnlich kombiniert mit dem durch andere Spannerarten, meist durch den Roßkastanienfrostspanner (s. Seite 174) und den Großen Frostspanner (s. Seite 185).

**Bekämpfung:** Eine Winterspritzung mit DNOC oder DNOC+Obstbaumkarbolineum verspricht einen gewissen Erfolg, wirksamer sind aber spätere Behandlungen. APFEL: Spritzung zwischen dem späten Mausohrstadium bis zum Ballonstadium mit Azinphos-methyl + Demeton-S-methylsulfon, Bromophos, Chlorpyrifos, Diflubenzuron, Endosulfan, Etrimfos, Methomyl, Parathion oder Phosalon. Bei spätem Befall kann zusätzlich noch eine Spritzung mit Endosulfan notwendig sein. BIRNE: Spritzung zwischen spätem Mausohrstadium bis zum Ballonstadium mit Azinphos-methyl+Demeton-S-methylsulfon, Chlorpyrifos, Diflubenzuron, Endosulfan, Etrimfos, Methomyl, Parathion oder Phosalon. KIRSCHE und PFLAUME: Spritzung im Ballonstadium mit Chlorpyrifos (nicht bei Kirsche), Deltamethrin, Endosulfan, Etrimfos (nicht bei Kirsche) oder Parathion. JOHANNISBEEREN und STACHELBEEREN: Für Beerenobst sind Spritzungen weniger oft erforderlich, wirksam sind bei Bedarf Endosulfan, Parathion oder Pyrethrum. Leimringe, die Anfang Oktober um die Stämme gelegt werden, hindern die Weibchen daran, ihre Eier in der Baumkrone abzulegen, sofern die Leimringe dicht anliegen und keine Brücken durch dürre Blätter u. s. w. vorhanden sind. Außer den erwähnten Spritzungen kann auch eine Austriebspritzung zum Mausohrstadium mit Eftol-Öl, Folidol-Öl-Spritzmittel u. s. w. Erfolg bringen, ebenso bei warmem Wetter eine Behandlung mit einem *Bacillus thuringiensis*-Präparat.

Abb. 411: Raupe des Kleinen Frostspanners, *Operopthera brumata*

Abb. 412: Schadbild des Kleinen Frostspanners an reifen Äpfeln

***Eupithecia assimilata*** Doubleday
Weitverbreitet und oft häufig. Manchmal an Johannisbeerbüschen geringfügig schädlich, speziell in Gärten; kommt auch an Hopfen vor.

**Beschreibung:** FALTER: Flügelspannweite 18–22 mm; Körper und Flügel olivbraun mit schwärzlicher Zeichnung; Vorderflügel mit rötlichem Anflug und mit je einem schmalen, schwarzen Strich hinter der Vorderkante, der in einem deutlichen, weißen Fleck endet (Abb. 413). RAUPE: 20 mm lang, gelblichgrün mit 3 dunkleren Rückenlinien, von denen die mittlere am besten ausgeprägt ist und manchmal eine Reihe von 6 purpurroten, V-förmigen Zeichnungen enthält (Abb. 414). PUPPE: 7–8 mm lang; goldbraun.

**Lebensweise:** Die Falter fliegen im Mai und Juni und im August. Die Eier werden an die Blätter der Futterpflanzen gelegt, an denen die Raupen im Juni und Juli sowie im August und September fressen. Die Verpuppung erfolgt in einem lockeren Gespinst unter einem Blatt oder in der Bodenstreu.

**Schaden:** Die Raupen fressen einzeln und nagen große Löcher in die Blätter. Das Schadbild ist sehr auffallend und manchmal auch ausgedehnt, doch ist diese Art selten von wirtschaftlicher Bedeutung.

**Bekämpfung:** Normalerweise unnötig; falls erforderlich, mit Chlorpyrifos oder Pyrethrum spritzen.

Abb. 413: Falter von *Eupithecia assimilata*

Abb. 414: Raupe von *Eupithecia assimilata*

***Chloroclystis rectangulata*** (Linnaeus)
Apfelblütenspanner
Häufig und weitverbreitet am Holzapfel. Manchmal Dauerschädling an Apfel- und Birnenanlagen; gelegentlich lebt die Raupe auch an Kirsche und an anderen Obstarten.

**Beschreibung:** FALTER: Flügelspannweite 18 mm; dunkelgrün bis schwärzlich mit zahlreichen grauen, quer verlaufenden Wellenlinien auf den Flügeln (Abb. 415). RAUPE: 18–20 mm lang; gedrungen und durchscheinend, hell gelbgrün mit dunkelglrüner oder roter Rükkenlinie, manchmal mit rötlichen Intersegmentalringen (Abb. 416). PUPPE: 7 mm lang; dick; gelblich mit olivgrünem Anflug und rotem Hinterende.

**Lebensweise:** Die Falter fliegen im Juni und Juli. Die Weibchen legen je 100 Eier an die ruhenden Knospen, wo sie überwintern. Ende März oder im April schlüpfen die Räupchen, die an den Knospen fressen. Später gehen sie an die Blüten und an die sich entfaltenden Blätter. Anfang Juni sind die Raupen erwachsen und verpuppen sich im Boden. Rund 2 Wochen später schlüpfen die Falter.

Abb. 415: Falter des Apfelblütenspanners, *Chloroclystis rectangulata*

Abb. 416: Raupe des Apfelblütenspanners, *Chloroclystis rectangulata*

**Schaden:** Die Raupen fressen die Staubblätter und andere Teile der Blüte und verursachen dadurch beträchtliche Verformungen. Da jede Raupe mehrere Blüten beschädigen kann und der Schädling gelegentlich in größerer Zahl auftritt, kann der Fruchtansatz deutlich verringert werden. Normalerweise aber kommt der Schädling vereinzelt vor und wird meist übersehen. Die befallenen Blätter sind oft nur auf einer Seite befressen, das Gewebe wird also nicht ganz durchgebissen.

**Bekämpfung:** Eine Vorblütespritzung, wie sie gegen den Kleinen Frostspanner (s. Seite 177) empfohlen wurde, wird wirksam sein.

***Chloroclystis v-ata*** (Haworth)
Syn. ***coronata*** (Hübner)

Allgemein verbreitet, außer an verschiedenen wildwachsenden Futterpflanzen werden die Raupen manchmal an Brombeere gefunden, an denen sie Blüten und Blätter schädigen. Wenn auch die Schäden nur leicht sind, so können die Raupen doch von einiger Bedeutung sein, wenn sie unbeabsichtigt in die geernteten Früchte geraten, die zur Verarbeitung abgeliefert werden sollen. Die Falter fliegen von Mai bis August, am häufigsten jedoch im Mai; ihre Vorderflügel sind grün und tragen eine typische V-förmige Zeichnung (Abb. 417). Die Raupen sind im Juni und Juli zu finden und im Herbst gibt es eine 2. Generation. Sie sind 20 mm lang und gelbgrün; normalerweise haben sie 3 Rükkenlinien, von denen die mittlere oft in eine Reihe breiter, dreieckiger oder rautenförmiger Muster unterteilt ist (Abb. 418).

**Bekämpfung:** Propoxur ist wirksam, doch ist eine Spritzung selten angebracht.

***Gymnoscelis pumilata*** (Hübner)

Diese Art ist häufig und weitverbreitet, ihre Raupen kommen oft auf ungespritzten Apfelbäumen als unbedeutender Schädling an Blüten und jungen Blättern vor. Sie sind 15–20 mm lang, hell gelbgrün mit dunkler Zeichnung auf dem Rücken (Abb. 419) und treten in 2 sich überschneidenden Generationen von Mai bis September auf. Die düster aussehenden Falter (Abb. 420) haben eine Flügelspannweite von 18–20 mm und sind im April und Mai sowie im Juli und August am häufigsten.

Abb. 417: Falter von *Chloroclystis v-ata*

Abb. 418: Raupe von *Chloroclystis v-ata*

Abb. 419: Raupe von *Gymnoscelis pumilata*

Abb. 420: Falter von *Gymnoscelis pumilata*

***Abraxas grossulariata*** (Linnaeus)
Stachelbeerspanner, Harlekin
Allgemein verbreitet, ein häufiger Schädling der Johannisbeere und Stachelbeere, kommt gewöhnlich nur in Gärten vor. Gelegentlich befällt er auch die Pflaume.

**Beschreibung:** FALTER: Flügelspannweite 35–40 mm; Flügel weiß mit variabler schwarzer Zeichnung; Vorderflügel mit orangegelbem Querband und ebensolchem Basalfleck; Körper orangegelb mit schwarzen Punkten (Abb. 421). EI: Oval, glatt und cremeweiß. RAUPE: 35–40 mm lang; cremeweiß, vorn leicht orangefarben, mit gelben Seitenstreifen; Kopf klein und schwarz (Abb. 422). PUPPE: 15 mm lang; schwarz, gelb geringelt, Cremaster mit 3 Haken (Abb. 433).

**Lebensweise:** Die Falter fliegen im Juli und August. Die Eier werden einzeln oder in kleinen Gelegen an die Unterseite der Blätter gelegt, nach etwa 2 Wochen schlüpfen die Raupen, die sich, schon fast erwachsen, im Herbst ein Überwinterungsgespinst weben. Im Frühjahr, schon beim Aufbrechen der Knospen, setzen sie ihren Fraß fort, somit früher als die Larven der Stachelbeerblattwespe (s. Seite 218), mit denen sie manchmal verwechselt werden. Bei Störungen lassen sie sich zu Boden fallen, oder schweben, an einem seidenen Faden hängend, in U-förmiger Haltung in der Luft (Abb. 424). Die ausgewachsenen Raupen verpuppen sich unter den Blättern oder an anderen Stellen der Futterpflanze, die Puppe hängt in einem lockeren, durchscheinenden Kokon. Normalerweise gibt es eine einzige Generation jährlich, doch entwickelt sich gelegentlich eine teilweise zweite.

**Schaden:** Die Raupen verursachen einen gewissen Blattverlust. Sie sind aber viel seltener und weit weniger schädlich als die Larven der Stachelbeerblattwespe.

**Bekämpfung:** Pyrethrum und einige andere Insektizide sind wirksam, aber eine Spritzung ist selten gerechtfertigt; in Gärten ist das Absammeln und Vernichten der Raupen angebracht.

Abb. 421: Falter des Stachelbeerspanners, *Abraxas grossulariata*

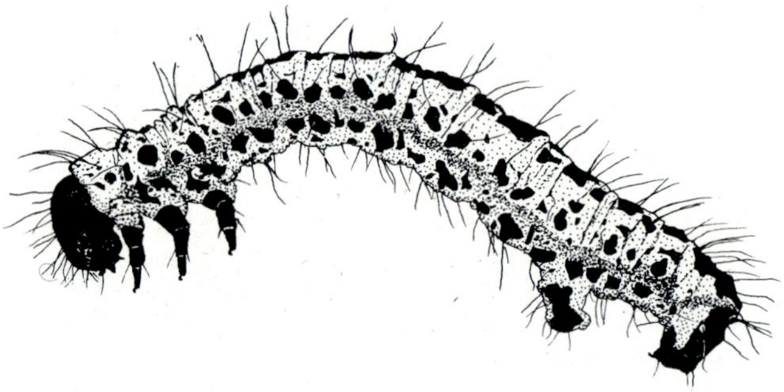
Abb. 422: Raupe des Stachelbeerspanners, *Abraxas grossulariata*

Abb. 423: Puppe des Stachelbeerspanners, *Abraxas grossulariata*

***Semiothisma wauaria*** (Linnaeus)
Johannisbeerspanner
Weitverbreitet und in der Umgebung von Johannisbeer- und Stachelbeerbüschen oft häufig, aber kein ernster Schädling. Die Raupe lebt von April bis Juni hauptsächlich an Jungtrieben. Sie verpuppt sich dann in einem lockeren Kokon im Blattwerk und im Juli oder August schlüpft der Falter. Er hat eine Flügelspannweite von 25–27 mm und ist graubraun mit dunkler Zeichnung (davon eine typische V-förmige) entlang der Vorderkante der Vorderflügel (Abb. 425). Die ziemlich plumpe Raupe ist rund 22 mm lang, grau oder grünlich mit 4

Abb. 424: Gestörte Raupe des Stachelbeerspanners, *Abraxas grossulariata*

Abb. 425: Falter des Johannisbeerspanners, *Semiothisma wauaria*

Abb. 426: Falter des Weißdornspanners, *Opistograptis luteolata*

Abb. 427: Raupe des Weißdornspanners, *Opistograptis luteolata*

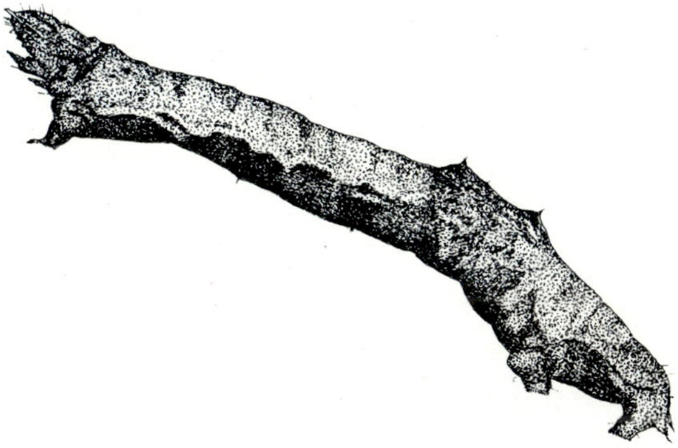

Abb. 428: Raupe von *Selenia dentaria*

Abb. 429: Männchen von *Selenia dentaria*

weißen Rückenlinien und einem breiten, gelben, unterbrochenen Seitenstreifen. Die auffälligen schwarzen Warzen sind von zahlreichen kurzen Borsten besetzt. Auf den ersten Blick gleichen sie den Larven der Stachelbeerblattwespe (s. Seite 218), sind aber zumindest auf Grund der Zahl der Abdominalfüße zu unterscheiden.

***Opisthograptis luteolata*** (Linnaeus)
Weißdornspanner
Diese allgemein häufige Art lebt an Schlehe, Weißdorn und manchmal an Obstbäumen, hauptsächlich an Pflaume. Die überwiegend gelben, orangegezeichneten Falter (Abb. 426) haben eine Flügelspannweite von 32–35 mm und fliegen von April bis August, sind aber im Mai und Juni am häufigsten. Die Raupen sind 25 mm lang, gedrungen, bräunlich und einem Ästchen ähnlich, mit 4 Paar benützbaren Bauchfüßen (Abb. 427). Sie sind im Frühjahr, Sommer und Herbst zu finden, fressen an Blättern, sind aber keine wirklichen Obstschädlinge, weil sie normalerweise nur in geringer Zahl auftreten.

***Selenia dentaria*** (Fabricius)
Syn. ***bilunaria*** (Esper)
Die orangebraunen bis rötlichbraunen, zweigähnlichen Raupen (Abb. 428) dieser weitverbreiteten und oft häufigen Art sind 35 bis 40 mm lang und leben an verschiedenen Bäumen und Sträuchern, sie kommen auch auf Apfelbäumen vor. Sie treten im Mai und Juni und im August und September auf, sind aber normalerweise auf Obstbäumen selten. Die Falter haben eine Flügelspannweite von 32–40 mm und sind vorwiegend gelborange gefärbt mit dunklerer Zeichung (Abb. 429). Sie fliegen im April und Anfang Mai und mit einer weniger zahlreichen zweiten Generation im Juli und August. Bekämpfungsmaßnahmen sind unnötig.

Abb. 430: Raupe des Hagebuchenspanners, *Colotois pennaria*

A

B

Abb. 431: Hagebuchenspanner, *Colotois pennaria*, A: Weibchen, B: Männchen

**Colotois pennaria** (Linnaeus)
Hagebuchenspanner
Diese Art ist in bewaldeten Gegenden häufig und kommt manchmal auch auf Obstbäumen vor. An den Trieben der Bäume werden im Oktober oder November längliche, aus 100 bis 200 olivgrünen, glattschaligen Eiern bestehende Eispiegel abgelegt, die überwintern. Diese Tatsache sollte beim Winterschnitt beachtet werden. Die plumpen Raupen (40 bis 45 mm lang) sind purpur-schiefergrau, gezeichnet mit undeutlichen, gelblichen Rauten auf dem Rücken und ähnlich gefärbten Punkten an den Seiten; das Analsegment trägt 2 Fortsätze mit roten Spitzen (Abb. 430). Von April bis Juni fressen sie, ohne viel zu schaden. Der blaß orangefarbene bis hellgelbe Falter mit einer Flügelspannweite von 40 mm erscheint im Spätherbst; die Männchen haben ausgeprägt kammartige Fühler (Abb. 431).

Abb. 432: Männchen des Kirschenspanners, *Lycia hirtaria*

**Lycia hirtaria** (Clerck)
Kirschenspanner
Die Raupen dieser weitverbreiteten Art leben an Ulme, Linde, Weide und Obstbäumen, hauptsächlich an Pflaume, sind aber nicht so zahlreich, daß sie schädlich wären. Die ziemlich behaarten, grauen bis schwärzlichen und ockerfarbig gezeichneten Falter mit einer Flügelspannweite von 40 bis 45 mm (Abb. 432) fliegen im März und April. Die Raupen findet man von Mai bis Juli, dann verpuppen sie sich im Boden. Sie sind kräftig, 50 mm lang, purpurgrau bis rotbraun, mit dunklen Sprenkeln und einem Wellenmuster gezeichnet, die Körpersegmente 5 bis 8 tragen auffällige gelbe Punkte und unmittelbar hinter dem Kopf befindet sich eine gelbe Querlinie. Der Kopf ist klein, schwarz gezeichnet und in der Nähe der Mandibeln gelb (Abb. 433).

Abb. 433: Raupe des Kirschenspanners, *Lycia hirtaria*

***Biston betularia*** (Linnaeus)
Großer Birkenspanner
Allgemein häufig, lebt an einer großen Zahl von Baum- und Straucharten, einschließlich Apfel, Kirsche, Pflaume, Johannisbeere und Hopfen.

**Beschreibung:** FALTER: Flügelspannweite 42–55 mm; Körper und Flügel weiß, schwarz gesprenkelt; es gibt auch schwarze Falter und Zwischenformen; Fühler des Männchens gefiedert (Abb. 434). EI: 0,7 × 0,5 mm; weißlichgrün. RAUPE: 50 mm lang; braun oder grün, rosa gezeichnet, Stigmen rötlich; zweigähnlich, mit einem Paar dunkelpurpurfarbiger Vorsprünge auf dem 5. Abdominalsegment; Kopf purpurbraun mit deutlicher Mittelnaht (Abb. 435). PUPPE: 20–22 mm lang; schwarzbraun, hinten spitzig.

**Lebensweise:** Die Falter fliegen im Mai, Juni und Juli und legen ihre Eier an verschiedenen Pflanzenarten. Von Juli bis September oder Oktober fressen die Raupen an den Futterpflanzen, in Ruhe klammern sie sich so an einen Zweig, daß ihr Körper mit dem Zweig einen Winkel von etwa 45° bildet, ein abgebrochenes Ästchen nachahmend. Wenn sie erwachsen sind, verpuppen sich die Raupen im Boden, die Falter schlüpfen im folgenden Jahr.

**Schaden:** Weil die Raupen erst so spät auftreten und keine Früchte anfressen, sind sie harmlos, doch können sie bei der mechanischen Ernte der Schwarzen Johannisbeere mit abgeschüttelt werden und somit das Erntegut verunreinigen.

**Bekämpfung:** Normalerweise nicht notwendig, wenn es bei Schwarzer Johannisbeere doch nötig sein sollte, mit Pyrethrum spritzen.

A

B

Abb. 434: Großer Birkenspanner, *Biston betularia,* A: Weibchen, B: Männchen

A

B

Abb. 435: Raupe des Großen Birkenspanners, *Biston betularia,* A: braune Form, B: grüne Form

***Agriopis marginaria*** (Fabricius)
Häufig und weitverbreitet, die Raupen leben an vielerlei Bäumen und Sträuchern, beispielsweise an Birke, Schlehe, Weißdorn, Eiche und Weide. Auch Apfel, Kirsche und Pflaume werden befallen, aber nicht ernstlich geschädigt.

**Beschreibung:** ADULTES WEIBCHEN: Flügel zu wenige Millimeter langen Stummeln zurückgebildet, das hintere Paar etwas länger; Körper 7 bis 10 mm lang; graubraun, schwarz gesprenkelt (Abb. 436). MÄNNLICHER FALTER: Flügelspannweite 30 bis 35 mm; Vorderflügel gelbbraun mit dunklen Querlinien und einer Reihe dunkler Punkte entlang des Außenrandes (Abb. 437). Hinterflügel blaß. EI: Oval, lindgrün. RAUPE: 30 mm lang; schlank, mit auffälligem Kopf; olivgrün oder bräunlich, mit blassen, oft gelblichen Flecken an den Seiten, manchmal mit schwärzlichen, X-förmigen Zeichnungen auf dem Rücken (Abb. 438). PUPPE: 10–13 mm lang; braun, verhältnismäßig schlank, mit einem Paar auseinanderweichender Borsten am Hinterende.

**Lebensweise:** Die Adulten erscheinen im März und April. Die Eier werden einzeln auf die Rinde der Futterpflanze gelegt. Von April bis Ende Mai oder Anfang Juni fressen die Raupen an den Blättern. In Ruhe sitzen sie bewegungslos und spreizen den Körper in einem Winkel von etwa 45° vom Zweig ab, ein kleines Ästchen nachahmend. Die Verpuppung erfolgt ganz flach im Boden.

**Schaden:** Die Raupen beteiligen sich am Blattfraß des Frostspanners (s. Seite 177).

Abb. 436: Weibchen von *Agriopia marginaria*

Abb. 437: Männchen von *Agriopia marginaria*

***Agriopis aurantiaria*** (Hübner)
Orangegelber Frostspanner
Weitverbreitet und örtlich häufig; die Raupen leben auf Birke, Eiche und anderen wildwachsenden Bäumen und kommen auch auf Apfel, Kirsche, Pflaume und Walnuß vor. Die Flügel der weiblichen Falter sind zu 2 bis 4 mm langen Stummeln reduziert; der Körper ist etwa 8 mm lang, gelbbraun und schwarz gesprenkelt und weist auf dem Rücken zahlreiche gelbe Schuppen auf (Abb. 439). Die männlichen Falter, mit einer Flügelspannweite von 35– 40 mm, haben gefiederte Fühler, blaß goldgelbe Vorderflügel mit purpurroten Flecken und Querlinien (Abb. 440) und blassen Hinterflügeln. Die Raupen sind 35 mm lang und graugelb oder bräunlich, mit Purpurlinien und schwärzlichen Flecken gezeichnet (Abb. 441). Sie fressen von April bis Ende Mai oder Anfang Juni, sind dann ausgewachsen und verpuppen sich in der Bodenstreu. Die Adulten schlüpfen im Oktober und November. Die Bekämpfung des Frostspanners (s. Seite 177) wirkt auch gegen diese Art.

Abb. 438: Raupe von *Agriopia marginaria*

Abb. 439: Weibchen des Orangegelben Frostspanners, *Agriopis aurantiaria*

Abb. 440: Männchen des Orangegelben Frostspanners, *Agriopis aurantiaria*

Abb. 441: Raupe des Orangegelben Frostspanners, *Agriopis aurantiaria*

***Erannis defoliaria*** (Clerck)
Großer Frostspanner
Allgemein häufig und oft für beträchtliche Blattschäden in Wäldern und auf Obstbäumen verantwortlich, auch Johannisbeere und Stachelbeere werden befallen.

**Beschreibung:** ADULTES WEIBCHEN: Flügellos, Körper 10–15 mm lang, von schwarzen, gelben und manchmal weißen Schuppen gesprenkelt (Abb. 442). MÄNNLICHER FALTER: Flügelspannweite 35–38 mm; Vorderflügel blaßgelb bis rötlichbraun, mehr oder weniger fein schwarz bestäubt und oft mit variablen, dunkleren Querbändern (Abb. 443). EI: 0,9 × 0,5 mm; oval, gelblich bis grau und meist glatt. RAUPE: 35 mm lang; rotbraun mit gelben oder cremeweißen Feldern an den Seiten der Abdominalsegmente 1 bis 7 (Abb. 444). PUPPE: 12–14 mm lang; braun,

**Lebensweise:** Die Adulten sind von Mitte Oktober bis Mitte Januar zu finden, manchmal auch noch länger. Aus den Eiern, die in Vertiefungen der Rinde gelegt werden, schlüpfen die Räupchen Anfang April, sie fressen dann gierig bis Juni. Sie werden leicht gestört und bleiben dann eine Zeitlang an einem seidenen Faden an ihrer Futterpflanze hängen, Kopf und Thorax zum Abdomen angewinkelt. Die ausgewachsene Raupe verpuppt sich ein paar Zentimeter unter der Bodenoberfläche.

**Schaden und Bekämpfung:** Wie bei *Operophtera brumata* (s. Seite 177).

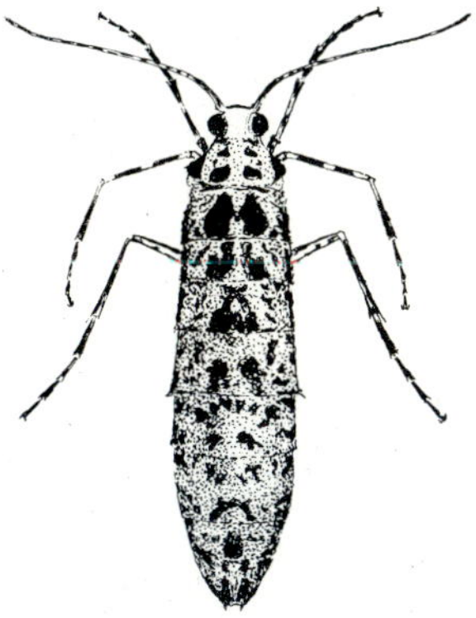

Abb. 442: Weibchen des Großen Frostspanners, *Erannis defoliaria*

Abb. 443: Männchen des Großen Frostspanners, *Erannis defoliaria*

Abb. 444: Raupe des Großen Frostspanners, *Erannis defoliaria*

***Campaea margaritata*** (Linnaeus)
Die Raupen dieser weitverbreiteten blaßgrünen Art (Abb. 445) werden manchmal auf Apfelbäumen festgestellt, sie kommen aber viel häufiger auf Waldbäumen vor, beispielsweise auf Birke, Ulme und Eiche. Die Falter fliegen im Juni und Juli, die Eier werden in Eispiegeln auf der Unterseite der Blätter abgelegt. Die Raupen leben von September bis Mai. Während des Winters nagen sie die Rinde junger Triebe ab bis zum Holz; in Ruhe liegen sie ausgestreckt flach an den Zweigen. Zu Beginn des Frühjahrs fressen die Raupen die jungen Knospen und nach dem Austrieb die Blätter an. Der angerichtete Schaden ist aber unbedeutend. Die ausgewachsene, ziemlich flache Raupe ist 30 bis 35 mm lang, grünlichbraun bis purpurbraun und hat im Gegensatz zu den meisten Spannerraupen 3 Paar funktionstüchtige Bauchfüße.

Abb. 445: Falter von *Campaea margaritata*

## Familie Sphingidae
Schwärmer

Falter mit großem Körper und langen Vorderflügeln; sehr gute Flieger. Die Raupen sind gedrungen und besitzen ein vom achten Abdominalsegment ausgehendes, schräg nach hinten gerichtetes Horn. – Alle europäischen Schwärmer stehen unter Naturschutz.

***Smerinthus ocellata*** (Linnaeus)
Abendpfauenauge
Allgemein verbreitet und stellenweise häufig. Die Raupe kommt an Apfel, Pappel und Weide vor, ist aber an Obstbäumen nur von geringer Bedeutung.

Abb. 446: Weibchen des Abendpfauenauges, *Smerinthus ocellata*

**Beschreibung:** FALTER: Flügelspannweite 75–85 mm; Vorderflügel braun mit wolkiger, rosafarbener Zeichnung; Hinterflügel braun, mit rotem Anflug und je einem großen, blau, grau und schwarz gezeichneten Augenfleck (Abb. 466). EI: 1 × 2 mm; oval, flach und blaßgrün. RAUPE: 60–70 mm lang; grün, mit kleinen, erhabenen Pünktchen bedeckt und mit 7 weißen, schrägen Linien an den Seiten, Horn bläulichgrün (Abb. 447). PUPPE: 35–40 mm lang; dunkelbraun bis schwärzlich, ziemlich plump, glänzend.

**Lebensweise:** Die Falter fliegen im Mai, Juni und Juli. Ein Weibchen kann einige hundert Eier legen, die einzeln oder in kleinen Gruppen an Blätter und Triebe abgelegt werden. Die geschlüpften Raupen fressen den Juli und August hindurch an den Blättern und graben sich, wenn sie ausgewachsen sind, in den Boden ein und verpuppen sich in einem lockeren Erdkokon in rund 10 cm Tiefe. Gelegentlich kann es eine teilweise 2. Generation geben, die Larven findet man dann im Spätsommer und im Herbst.

Abb. 447: Raupe des Abendpfauenauges, *Smerinthus ocellata*

**Schaden:** Die Raupen fressen schnell Triebe und Zweige kahl und verschlingen dabei auch die Hauptadern der Blätter. Wenn auch manchmal in Baumschulen oder an kleinen Bäumen empfindlicher Schaden entsteht, so sind diese Raupen für größere Bäume harmlos.

**Bekämpfung:** Das Absammeln der Raupen ist ausreichend.

Abb. 448: Falter des Mondflecks, *Phalera bucephala*

Abb. 449: Raupen des Mondflecks, *Phalera bucephala*

## Familie Notodontidae
Zahnspinner

***Phalera bucephala*** (Linnaeus)
Mondfleck

Verbreitet und manchmal häufig. Ein vereinzelt an Apfel, Birne, Kirsche, Pflaume, Himbeere oder Walnuß auftretender Schädling. Die Raupe kommt auch an vielen anderen Bäumen und Sträuchern vor.

**Beschreibung:** Falter: Flügelspannweite 50–60 mm; Vorderflügel asch- bis silbergrau mit dunkelbrauner und rotbrauner Zeichnung und einem großen, blaßgelben Fleck an der Spitze (Abb. 448); Hinterflügel hellgelb bis weißlich. Ei: 1 mm Durchmesser; halbkugelig mit flacher Basis; blaß weißblau, oben mit einer etwas dunkleren, zentralen Zone, unten grün. Raupe: 50–55 mm lang; flaumig und gelb, mit einigen unterbrochenen, schwarzen Längslinien und orangefarbenen, intersegmentalen Querlinien, Kopf schwarz (Abb. 449). Puppe: 25–28 mm lang; dunkel purpurbraun; Cremaster mit 2 Paar kurzen Borsten.

**Lebensweise:** Die Falter fliegen von Ende Mai bis Juli; die Eier werden in Gruppen von etwa 50 auf die Unterseite der Blätter abgelegt. Die Raupen fressen während des Sommers gesellig und sind im Frühherbst ausgewachsen. Sie dringen in den Boden ein und verpuppen sich knapp unter der Oberfläche ohne einen Kokon anzufertigen.

**Schaden:** Die Raupen fressen gierig Triebe und Zweige kahl. Oft entstehen am Boden unter befallenen Bäumen oder Büschen große Ansammlungen von schwärzlichem Kot.

**Bekämpfung:** Pyrethrum oder *Bacillius thringiensis* wirkt, doch ist eine Bekämpfung selten notwendig. Das Ausschneiden ober Ausbrechen der Triebe mit den auffälligen Raupen und vernichten derselben sollte genügen. Oft werden die Raupen von den Jungen des Kukkucks geholt.

***Diloba caeruleocephala*** (Linnaeus)
Blaukopf

Weitverbreitet und stellenweise häufig. Außer an wildwachsenden Futterpflanzen wie Schlehe und Weißdorn kommen die Raupen manchmal auch an Obstbäumen vor, hauptsächlich an Apfel, Kirsche und Pflaume, sie sind aber meist nicht häufig.

**Beschreibung:** Falter: Flügelspannweite 30–35 mm; Vorderflügel graubraun mit je einem großen, blaß grüngelben, unregelmäßigen Fleck in Form einer 8 (Abb. 450); Hinterflügel weißlich mit dunklerer Zeichnung. Ei: Grau bis grau- oder grünbraun; halbkugelig mit radialen Rippen und flacher Basis. Raupe: 35 mm lang; plump, graublau mit zahlreichen erhabenen schwarzen Punkten, einem unterbrochenen, gelben Rückenband und je einem gelben Seitenstreifen; Kopf blau mit 2 schwarzen Punkten (Abb. 451). Puppe: 15 mm lang, matt rotbraun; Cremaster 2 unregelmäßige, abgeflachte, seitliche Auswüchse bildend, deren jeder 4 kurze Dornen trägt.

**Lebensweise:** Die Falter fliegen im Herbst, gewöhnlich im Oktober und November. Die Eier werden einzeln oder in kleinen Gruppen an Triebe, Zweige oder Stämme gelegt (oft auch an die Basis neuer Triebe) und teilweise mit braunen Haaren bedeckt, die vom Hinterende des Weibchens stammen. Im Frühjahr, zur Zeit des Austriebs, schlüpfen die Raupen und fressen an der Blattunterseite. Bis Ende Juni sind sie alle ausgewachsen und jede spinnt sich einen langen Kokon am Baum oder in der Bodenstreu in der Nähe und verpuppt sich. Meist sind Blatt- oder Rindenstücke in die Wand des Kokons mit eingewebt.

**Schaden:** Die Raupen fressen schnell, aber vereinzelt und können ernsten Kahlfraß verursachen.

**Bekämpfung:** Routinespritzungen gegen den Frostspanner (s. Seite 177) sind normalerweise wirksam und eine spezielle Bekämpfung ist kaum nötig.

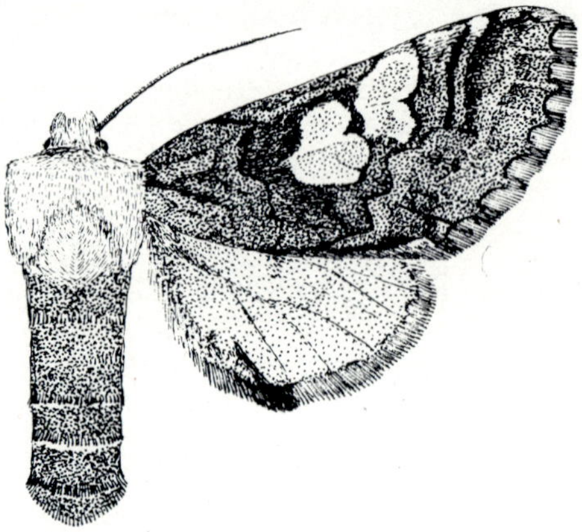

Abb. 450: Falter des Blaukopfs, *Diloba caeruleocephala*

Abb. 451: Raupe des Blaukopfs, *Diloba caeruleocephala*

## Familie Lymantriidae
Wollspinner

Der Körper der adulten Tiere ist behaart, die Fühler der Männchen sind gefiedert. Die Raupen tragen lange Haare, die oft büschelförmig angeordnet sind.

### *Orgyia antiqua* (Linnaeus)
Schlehenspinner

Weitverbreitet und in städtischen Gebieten besonders häufig. Diese Art kommt oft an Bäumen und Sträuchern in Parks und Gärten vor, die Raupen befallen auch viele Obstarten, beispielsweise Apfel, Birne, Kirsche, Pflaume und Himbeere.

**Beschreibung:** Adultes Weibchen: Völlig flügellos; Körper 10–15 mm lang, dunkel gelbgrau, dick und sackförmig (Abb. 452). Männlicher Falter: Flügelspannweite 25–33 mm, Flügel ocker- oder kastanienbraun; Vorderflügel mit dunklerer Zeichnung und mit je einem großen, weißen Fleck in der Nähe der hinteren Ecke (Abb. 453). Ei: 0,9 mm Durchmesser; rundlich, braun-

Abb. 452: Weibchen des Schlehenspinners, *Orgyia antiqua*

Abb. 453: Männchen des Schlehenspinners, *Orgyia antiqua*

grau bis rötlichgrau mit einem Punkt in der Mitte und einem dunklen, kreuzförmigen Band (Abb. 454). RAUPE: 25 mm lang; grau oder violett, mit verschiedenen roten, schwarzen und gelben Zeichnungen; stark behaart und mit 4 bürstenartigen, gelben Haarbüscheln auf dem Rücken und langen, schwarzen Haarpinseln in Kopfnähe und ähnlichen braunen Haarbüscheln am Thorax (Abb. 455). PUPPE: Glänzend schwarzbraun und ziemlich haarig.

**Lebensweise:** Die Männchen fliegen von Juli bis September oder noch etwas länger bei sonnigem Wetter. Die Weibchen sind träge und bleiben neben ihren Puppenkokons, auf denen sie nach der Kopulation ihre 100 bis 300 Eier als auffällige Eigelege absetzen. Die Larven schlüpfen nach und nach im Mai und Juni des folgenden Jahres, sie sind sehr lebhaft und fressen an den Blättern desselben Baumes oder wandern auf Nachbarbäume über. Die ausgewachsene Raupe spinnt sich an Zweigen, Trieben oder anderen geeigneten Unterlagen einen dichten, seidenen, auch Haare enthaltenden Kokon und verpuppt sich darin. Einige Wochen später schlüpfen die Adulten. Normalerweise hat diese Art nur eine Generation im Jahr, es kann aber eine teilweise 2. entstehen.

**Schaden:** Die Raupen fressen normalerweise nur an den Blättern und sind selten wirklich schädlich.

**Bekämpfung:** Wenn während des Winterschnitts Eigelege gefunden werden, können diese vernichtet werden. Auch Winterspritzungen wirken gegen die Eier und die Raupen fallen zum größten Teil Spritzungen zum Opfer, die gegen verschiedene andere Raupen gerichtet sind. Wenn eine spezielle Bekämpfung notwendig sein sollte, wird Diflubenzuron oder Pyrethrum empfohlen.

Abb. 454: Eigelege des Schlehenspinners, *Orgyia antiqua*

Abb. 455: Raupe des Schlehenspinners, *Orgyia antiqua*

Abb. 456: Männchen des Streckfußes, *Calliteara pudibunda*

***Calliteara pudibunda*** (Linnaeus)
Streckfuß
Weitverbreitet und oft häufig. Ein wenig wichtiger Schädling an Hopfen, wird gelegentlich an Apfel gefunden.

**Beschreibung:** FALTER: Flügelspannweite 45–55 mm; Vordflügel silbergrau mit dunklerer Zeichnung; Hinterflügel blaß, mit dunklerer Zeichnung (Abb. 456). RAUPE: 40–50 mm lang, blaßgrün oder gelblich mit variabler schwarzer Zeichnung; auf dem 1. bis 4. Abdominalsegment bürstenförmige Büschel weißgelber Haare und auf Segment 8 ein Büschel langer, roter Haare; Unterseite schwarz. PUPPE: 25 mm lang; purpurbraun und haarig.

**Lebensweise:** Die Falter fliegen im Mai und Juni. Die Larven leben von Juli bis Oktober von Blättern, spinnen sich dann im Blattwerk voluminöse seidene Kokons, in denen sie sich verpuppen und überwintern.

**Schaden:** Zwar fressen die Raupen eine beträchtliche Menge Blätter, weil das aber relativ spät im Jahr geschieht, ist der entstehende Schaden unbedeutend.

**Bekämpfung:** Nicht notwendig.

**_Euproctis chrysorrhoea_** (Linnaeus)
Syn. **_phaeorrhoeus_** (Haworth)
Goldafter

In Mittel- und Südeuropa weitverbreitet und stellenweise schädlich. Die Raupen leben an verschiedenen Bäumen und Sträuchern und befallen in bestimmten Gegenden häufig auch Apfel, Birne, Pflaume und manchmal Erdbeere.

**Beschreibung:** FALTER: Flügelspannweite 30–38 mm; Flügel weiß; Vorderflügel des Männchens manchmal mit ein paar schwarzen Punkten; Kopf und Thorax weiß und flaumig, Abdomen fast ganz dunkelbraun mit einem großen, goldbraunen Haarbüschel am Ende (Abb. 457). RAUPE: 35–40 mm lang; schwarz mit langen, gelbbraunen, von bräunlichen Warzen ausgehenden Haarbüscheln, 2 Reihen leuchtendrote Striche auf dem Rücken und auf dem oberen Teil der Seiten eine Reihe weißer, flaumiger Flecke; Abdominalsegmente 6 und 7 mit je einem dorsalen, leuchtend orangeroten, fleischigen Wärzchen; Kopf schwärzlich (Abb. 458); jüngere Raupen sind dunkler und weniger stark behaart (Abb. 459). PUPPE: 18 mm lang, schwarzbraun und haarig.

**Lebensweise:** Die Falter fliegen Ende Juli und im August. Die Eier werden in länglichen Gelegen an Blättern und Stämmen abgelegt und mit braunen Haaren vom analen Haarbüschel des Weibchens bedeckt. Die Räupchen schlüpfen von Mitte August bis Anfang September und spinnen sich sofort ein starkes, zeltartiges Gespinst, in dem sie bei schlechtem Wetter Schutz finden. Bei sonnigem Wetter verlassen die Raupen ihr Gespinst und fressen in dessen Umgebung gesellig an den Blättern. Mit fortschreitender Zeit kommen immer weniger Raupen aus ihrem Gespinst und gegen Ende Oktober – die Räupchen sind dann im 2. Entwicklungsstadium – bewegen sie sich kaum noch. Das Gespinst ist bis dahin zu einem dichten, durchscheinenden und auffälligen grauen Gewebe aus Seidenfäden geworden und etwa 10 × 20 cm groß (Abb. 460). Die Raupen überwintern in diesen Zelten und werden erst im April wieder aktiv. Sie kommen dann aus ihren Gespinsten heraus und sonnen sich (Abb. 461), fressen aber bis Mai nur wenig oder gar nichts, dann aber verschlingen sie gierig die jungen Blätter. Im Laufe ihrer weiteren Entwicklung wandern sie immer weiter von ihrem Winterquartier weg und spinnen dabei weitere, aber weniger dichte Gespinste und Seidebänder den Ästen entlang. Mit einer Länge von etwa 25 mm streben sie auseinander und setzen ihren Fraß meist einzeln fort. Ende Juni sind sie ausgewachsen, spinnen sich zwischen 2 oder mehr Blättern einen Kokon und verpuppen sich. Die Kokons sind teils einzeln, teils in großer Zahl beieinander. Nach etwa 2 Wochen schlüpfen die Falter.

Abb. 457: Frisch geschlüpftes Goldaftermännchen, *Euproctis chrysorrhoea*, bevor die Flügel ganz entfaltet sind

Abb. 458: Raupe des Goldafters, *Euproctis chrysorrhoea*, im letzten Entwicklungsstadium

Abb. 459: Jungraupe des Goldafters, *Euproctis chrysorrhoea*

**Schaden:** Die Raupen fressen sehr viel Blattmasse, wodurch sowohl das Wachstum als auch der Ertrag der Bäume beeinträchtigt wird. Außerdem sind die oft verbreiteten Gespinste störend, weil sie Raupenhaare enthalten, die auf der Haut starken Juckreiz und schmerzende Ausschläge verursachen.

**Bekämpfung:** Die Raupengespinste an Obstbäumen oder benachbarten Futterpflanzen, wie beispielsweise an Weißdornhecken, sollten während des Winters herausgeschnitten und verbrannt werden.[1] Andernfalls können die Raupen auf nichttragenden Bäumen mit Diflubenzuron oder Trichlorphon bekämpft werden. Der beste Bekämpfungserfolg ist mit einer Spritzung bei sonnigem Wetter Mitte September zu erzielen, wenn alle Raupen geschlüpft und die Schutzgespinste noch dünn sind. Auch eine Spritzung Mitte Mai ist wirksam, doch können jene Raupen, die sich im Gewebe aufgehalten haben, überleben. High-Volume-Behandlungen im Juni bringen nur Teilerfolge.

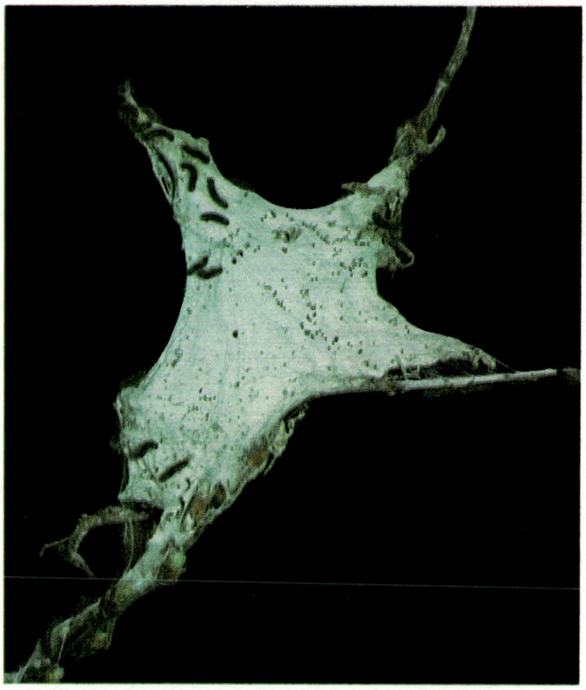

Abb. 460: Überwinterungsgewebe der Goldafterraupen

***Euproctis similis*** (Fuessly)
Syn. ***chrysorrhoea*** sensu Haworth
Schwan

Allgemein verbreitet und stellenweise häufig. Die Raupen leben an mancherlei Bäumen und Sträuchern, vor allem an Weißdorn, und kommen als Nebenschädling auch an Apfel, Birne, Kirsche, Pflaume, Himbeere und Walnuß vor.

**Beschreibung:** FALTER: Flügelspannweite 30–46 mm, Weibchen merklich größer als das Männchen; Flügel weiß, Männchen mit schwarzem oder braunem Fleck an der Hinterkante der Vorderflügel; Körperende mit auffälligem, gelbem Haarbüschel (Abb. 462). Raupe: 35 mm lang; schwarz mit leuchtendrotem Rückenstreifen, in dessen Mitte eine dünne, schwarze Linie, die an einigen Segmenten verdickt und erhöht ist (mit weißer Spitze bei Abdominalsegment 2) und mit einem weißen, unterbrochenen Seitenband und einem roten, knapp oberhalb der Beine verlaufenden Längsstreifen; Behaarung schwärzlich, Kopf schwarzglänzend (Abb. 463). Puppe: 16 mm lang, dunkelbraun, plump und schwach behaart.

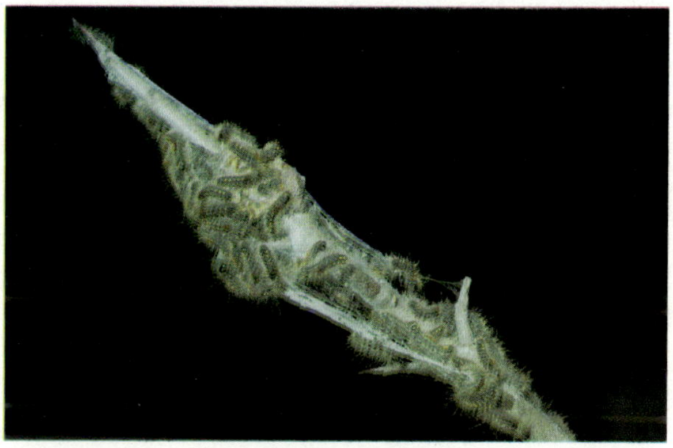

Abb. 461: Junge Goldafterraupen verlassen ihr Wintergespinst

Abb. 462: Männchen des Schwan, *Euproctis similis*

[1] Weil viele Leute den Brennhaaren gegenüber sehr empflindlich sind, sollten die Raupen und die Haare auf den Eigelegen und den Schutzgespinsten nicht berührt werden.

**Lebensweise:** Die Falter fliegen Ende Juli und im August. Die Eier werden in Gelegen abgesetzt und mit Haaren vom Hinterende des Weibchens bedeckt. Nach 7 bis 10 Tagen schlüpfen die Räupchen, die noch kurze Zeit fressen und dann annähernd ovale, graue Kokons (etwa 6 mm lang) unter Borkenschuppen oder an anderen geschützten Stellen spinnen. Darin überwintern die Räupchen und fangen Ende März oder im April wieder an, Blätter zu fressen bis etwa Juni. Sie spinnen sich dann ovale, graubraune Kokons, in deren Wände Haare eingewebt sind. Dann verpuppen sie sich und ein paar Wochen später schlüpfen die Falter. Im Gegensatz zur vorigen Art leben die Raupen einzeln und fertigen keine Schutzgespinste an.

**Schaden:** Die Raupen verursachen leichte Blattschäden und können im Frühjahr auch Früchtchen anfressen.

**Bekämpfung:** Spritzungen gegen andere Schädlinge, beispielsweise gegen den Frostspanner (s. Seite 177) wirken auch gegen diese Art.

Abb. 463: Raupe des Schwan, *Euproctis similis*

Abb. 464: Falter des Braunen Bär, *Arctia caja*

## Familie Arctiidae
Bären

Die Falter sind mittelgroß bis groß und oft bunt gefärbt. Die Raupen sind stark behaart.

***Arctia caja*** (Linnaeus)
Brauner Bär
Die bekannte Raupe dieser häufigen und weitverbreiteten Art lebt an verschiedenen, niedrigen, krautigen Pflanzen, darunter auch Loganbeere und Himbeere. Schäden an Obstgewächsen sind aber harmlos. Die Falter (Flügelspannweite 60–75 mm) haben braun und cremeweiß gemusterte Vorderflügel und orangerote, blau gezeichnete Hinterflügel (Abb. 464). Sie fliegen im Juli und Anfang August. Die Raupen findet man im August und im September vor ihrer Überwinterung und wieder im Frühjahr; Ende Juni verpuppen sie sich. Die ausgewachsenen Raupen sind etwa 40 mm lang, vorwiegend schwärzlich und dicht und lang, graubeige behaart (Abb. 465).

Abb. 465: Raupe des Braunen Bär, *Arctia caja*

***Spilosoma luteum*** (Hufnagel)
Gelbe Tigermotte
Weitverbreitet und allgemein häufig, lebt gewöhnlich an niedrigen Pflanzen. Manchmal frißt die Raupe auch an Apfel, Himbeere und Erdbeere, ist aber als Schädling unbedeutend.

Abb. 466: Männchen der Gelben Tigermotte, *Spilosoma lutea*

**Beschreibung:** FALTER: Flügelspannweite 36–42 mm; blaß gelblich bis ockerfarben mit variabler schwarzer Zeichnung (Abb. 466). EI: Halbkugelförmig, glatt und glänzend, weißlichgrün. RAUPE: 32 mm lang; Körper bräunlich mit helleren Seiten und einer undeutlichen, rötlichen Rückenlinie; frühe Entwicklungsstadien sind blaßgelb (Abb. 467), schwarzbraun, auffallend büschelig behaart, Kopf hellbraun und glänzend (Abb. 469). PUPPE: 16–18 mm lang; rotbraun und glänzend; Cremaster mit 2 eng beieinanderstehenden Borsten.

**Lebensweise:** Die Falter fliegen im Juni und legen ihre Eier in großen Gelegen an Blätter verschiedener Pflanzen. Die Raupen fressen dort den Sommer hindurch und verpuppen sich im Herbst in seidenen Kokons an Blättern oder in der Bodenstreu. An Erdbeeren unter Folie kann sich eine teilweise 2. Generation entwickeln, ihre Raupen sind im Herbst, Winter und Frühjahr zu finden.

**Schaden:** Der Fraß bleibt auf Blätter beschränkt und die Raupen sind selten zahlreich genug, um schädlich zu werden.

**Bekämpfung:** Gewöhnlich unnötig, falls erforderlich, Propoxur oder Pyrethrum nach der Ernte.

Abb. 467: Jungraupe der Gelben Tigermotte, *Spilosoma lutea*

Abb. 468: Ausgewachsene Raupe der Gelben Tigermotte, *Spilosoma lutea*

## Familie Nolidae
Zahnspinner

Die Falter sind düster gefärbt und verhältnismäßig klein; die Vorderflügel tragen je 3 Schuppenbüschel. Die Raupen sind von langen Haarbüscheln bedeckt und haben 4 Paar Bauchfüße.

### ***Nola cucullatella*** (Linnaeus)
Kapuzenbärchen

Dieser Falter kommt örtlich häufig vor, seine Raupe lebt an Schlehe, Weißdorn und verschiedenen anderen Bäumen und Sträuchern. Sie geht auch an Apfel, Birne, Pflaume und andere Obstarten, ist aber kein wichtiger Schädling. Die Falter (Flügelspannweite 20 mm) sind überwiegend grau mit weißen, bräunlichen und schwarzen Zeichnungen auf den Vorderflügeln (Abb. 469). Die Raupen (14 mm lang) sind hellgrau, an den Seiten bräunlich mit rötlichen Warzen; sie sind lang grau behaart (Abb. 470). Im Spätsommer und Herbst und nach ihrer Überwinterung im April und Mai sind sie zu finden. Sie verpuppen sich in einem festen Kokon, die Falter schlüpfen im Juli.

Abb. 469: Falter des Kapuzenbärchens, *Nola cucullatella*

Abb. 470: Raupe des Kapuzenbärchens, *Nola cucullatella*

## Familie Noctuidae

Eulen

Eine große Familie meist mittelgroßer, gedrungener und nicht sehr bunt befärbter Falter; ein nierenförmiger Fleck und ein kleiner Kreis sind oft auf den Vorderflügeln zu bemerken (manchmal ist dieses Muster betont). Die Eier sind mehr oder weniger halbkugelig, mit abgeflachter Basis und gerippter oder genetzter Schale. Die Raupen der meisten Arten besitzen 5 Paar Bauchfüße, es gibt aber Gruppen mit weniger. Die Borsten der Bauchfüße sind gleichgroß und in einem Halbkreis angeordnet.

Abb. 471: Falter des Ausrufezeichens, *Agrotis exclamationis*

Abb. 472: Raupe des Ausrufezeichens, *Agrotis exclamationis*

### *Agrotis exclamationis* (Linnaeus)

Ausrufezeichen

Diese oft häufige Art ist manchmal an Erdbeere schädlich, ihre Raupen (gewöhnlich als Erdraupen bezeichnet) fressen an Wurzeln und oberirdischen Teilen. Obwohl sie an Gemüse ernste Schäden anrichten, sind sie für Obstgewächse selten schädlich. Die Falter (Flügelspannweite 38–40 mm) haben weißlichbraune bis dunkelbraune, schwarz gezeichnete Vorderflügel (Abb. 471); die Hinterflügel der Männchen sind weißlich. Die Raupen sind etwa 40 mm lang, bräunlich bis grünbraun mit dunkelgerandeter Längszeichnung auf dem Rücken und deutlichen, schwarzen Stigmen (Abb. 472). Sie sind den ganzen Sommer und Herbst hindurch zu finden, im Frühjahr verpuppen sie sich normalerweise. Die Falter schlüpfen im Juni oder Juli, manchmal auch im September.

**Bekämpfung:** Siehe bei *Noctua pronuba* (Seite 196).

Abb. 473: Falter der Erdeule *Agrotis puta*

Abb. 474: Raupe der Erdeule *Agrotis puta*

### *Agrotis puta* (Hübner)

Diese Erdraupenart ist weitverbreitet und oft häufig an niedrigen Pflanzen wie beispielsweise Löwenzahn und Vogelknöterich. Manchmal befallen die Raupen angepflanzte Erdbeeren und fressen zuerst an den Blättern, später an den Wurzeln und am Wurzelstock, sie sind aber selten zahlreich und gewöhnlich keine ernste Gefahr. Die Falter (Flügelspannweite 30 mm) sind hellbraun mit dunklerer Flügelzeichnung (Abb. 473), die Männchen haben weißliche Hinterflügel. Die Raupen sind dick und gedrungen (15–20 mm lang), matt graubraun mit dunkler Rückenlinie und V-förmigen Zeichnungen auf dem Rücken und einer Reihe schräger Streifen auf den Seiten (Abb. 474). Man findet sie im Sommer und Herbst, die Falter von Mai bis August.

**Bekämpfung:** Siehe bei *Noctua pronuba* (Seite 196).

Abb. 475: Falter der Wintersaateule, *Agrotis segetum*

***Agrotis segetum*** (Denis & Schiffermüller)
Wintersaateule

Diese Erdraupenart ist oft ein gefürchteter Schädling im Gemüsebau; gelegentlich frißt die Raupe auch an den Wurzeln und an den oberirdischen Teilen der Erdbeere. Die Falter (Flügelspannweite 38–44 mm) sind braun bis schwärzlich (Abb. 475) und haben weiße Hinterflügel. Die Raupen sind plump (40–45 mm lang) und glänzend graubraun mit gelblichem oder rosa Schimmer, schwärzlichen Warzen und undeutlichen, dunklen Rücken- und Seitenlinien (Abb. 476). Sie sind träge und fressen den ganzen Sommer und Herbst hindurch, tagsüber in der Nähe der Pflanzen im Boden ruhend. Obwohl sie im Herbst ausgewachsen sind, verpuppen sie sich erst im Frühjahr. Die Falter sind im Juni am zahlreichsten; im Herbst gibt es manchmal eine teilweise 2. Generation.

Abb. 476: Raupe der Wintersaateule, *Agrotis segetum*

**Bekämpfung:** Siehe bei *Noctua pronuba* (Seite 196).

***Noctua pronuba*** (Linnaeus)
Hausmütterchen

Weitverbreitet und im allgemeinen häufig, kommt an einer großen Zahl verschiedener niedrig wachsender, wilder und kultivierter Pflanzen vor. An Erdbeere werden die Raupen oft schädlich, vor allem in neu angelegten Pflanzungen und in Gärten.

**Beschreibung:** FALTER: Flügelspannweite 50–60 mm; Vorderflügel gelbbraun, graubraun bis dunkel rostbraun; Hinterflügel gelb mit einem schwarzbraunen Band am Rand entlang (Abb. 477). EI: Cremeweiß bis purpurgrau. RAUPE: 50 mm lang; kräftig, nach vorn schmäler werdend bis zu dem verhältnismäßig kleinen, hellbraunen, schwarz gezeichneten Kopf; Körper graubraun, matt gelblich oder grünlich mit helleren Rückenlinien, die äußeren mit kurzen schwärzlichen Strichen auf jedem Abdominalsegment gerandet (Abb. 478). PUPPE: 22 mm lang; plump und rotbraun. Cremaster mit 2 starken, auseinanderweichenden Borsten.

Abb. 477: Falter des Hausmütterchens, *Noctua pronuba*

**Lebensweise:** Im Juni und Juli sind die Falter am häufigsten. Die Eier werden in großen Gruppen oft an die Blattspitzen gelegt. Nach etwa 10 Tagen schlüpfen die Räupchen und halten sich an den Blättern ihrer Futterpflanze auf (meist unter den Blättern verborgen) oder im Boden, wo sie von Wurzeln leben oder von Pflanzenteilen an der Bodenoberfläche oder knapp darüber. Sie sind dort den ganzen Sommer und Herbst hindurch und verpuppen sich im Frühjahr in der Nähe der Futterpflanzen. Obwohl die Falter Nachttiere sind, lassen sie sich tagsüber leicht aufscheuchen und fliegen dann wild durch die Luft und setzen sich schnell wieder.

**Schaden:** ERDBEERE: Die Schäden an den Blättern sind ohne Bedeutung, aber der Fraß an Wurzeln und am Wurzelhals kann die Pflanze zum Welken und Absterben bringen. Unter warmen, trockenen Bedingungen sind die Raupen am gefährlichsten.

**Bekämpfung:** Es sind zur Zeit keine chemischen Mittel für die Bekämpfung der Erdraupen in Erdbeeren ausgewiesen. Auf kleinen Flächen kann ein Teil der Raupen beim Nachgraben in der Nähe der geschädigten Pflanzen vernichtet werden.

Abb. 478: Raupe des Hausmütterchens, *Noctua pronuba*

Abb. 479: Raupe der Kohleule, *Mamestra brassicae*

***Mamestra brassicae*** (Linnaeus)
Kohleule
Diese Art ist an Kohlgewächsen sehr schädlich. Die bräunliche, grünliche oder rosafarbene, düster gezeichnete Raupe ist 35–43 mm lang (Abb. 479) und frißt von Juli bis Oktober an vielerlei niedrigen Pflanzenarten. Die Raupe ist kein wichtiger Obstschädling, sie kommt aber manchmal an Johannisbeerbüschen, Erdbeeren und anderen Obstarten vor. Die Falter (Flügelspannweite 45 mm) sind matt graubraun mit weißer Zeichnung (Abb. 480); sie fliegen hauptsächlich im Juni und Juli.

Abb. 480: Falter der Kohleule, *Mamestra brassicae*

***Melanchra persicariae*** (Linnaeus)
Flohkrauteule
Weitverbreitet und stellenweise häufig. Die Raupe kommt an einer großen Zahl von Pflanzenarten vor, auch an Apfel, Kirsche, Pflaume, Johannisbeere, Stachelbeere und Himbeere; normalerweise von geringer Bedeutung.

**Beschreibung:** FALTER: Flügelspannweite 38–48 mm; Vorderflügel bläulich schwarz mit je einem auffallenden, weißen Nierenfleck (Abb. 481). RAUPE: 35–45 mm lang; hellgrün oder hellbraun mit dunklen, dreieckigen Mustern auf dem Rücken und den Seiten und einer dünnen, helleren Rückenlinie; am Abdominalsegment 8 ein kegelförmiger Vorsprung (Abb. 482). PUPPE: 17 mm lang, dunkel kastanienbraun; Cremaster mit 2 knapp herausragenden Haken.

Abb. 481: Falter der Flohkrauteule, *Melanchra persicariae*

**Lebensweise:** Die Falter fliegen im Juni, Juli und August. Die Eier werden an die Blätter verschiedener Pflanzen gelegt und die Raupen fressen vom Juli bis September oder Oktober, sind dann ausgewachsen und verpuppen sich im Boden. Die Falter schlüpfen im nächsten Sommer.

**Schaden:** Die Raupen verschlingen eine große Menge Blätter und es kann an den Zweigen schnell Kahlfraß geben. Die Schäden sind aber gewöhnlich nur an Jungpflanzen, oder wo der Schädling zahlrich auftritt, von Bedeutung. Gelegentlich können Früchte angefressen werden, bei Äpfel beispielsweise nagen die Raupen große, unregelmäßige Flächen aus der Fruchtschale.

**Bekämpfung:** Gewöhnlich nicht notwendig, wenn eine Spritzung doch erforderlich ist, kann ein entsprechendes Insektizid verwendet werden. In Gärten ist das Absammeln der Raupen ausreichend.

***Orthosia gracilis*** (Denis & Schiffermüller)
Weitverbreitet und stellenweise häufig. Die Raupen leben an wilder Brombeere, Salweide und verschiedenen anderen Pflanzen, auch an Apfel, Himbeere und Erdbeere, sind aber als Obstschädling von geringer Bedeutung.

**Beschreibung:** FALTER: Flügelspannweite 35–40 mm; Vorderflügel weißlich braun, mehr oder weniger grau bestäubt und mit einigen schwarzen Punkten und einer gelblichen oder rosafarbenen, etwas innerhalb des Außenrandes verlaufenden Linie gezeichnet (Abb. 483); Hinterflügel weißlich. EI: 0,6 mm Durchmesser, gelblich und glänzend. RAUPE: 40–45 mm lang; gelbgrün mit einigen weißen Punkten und 3 helleren Rückenlinien und einem breiten gelben, unten grünlichschwarz gerandeten Seitenstreifen; Kopf gelbbraun (Abb. 484). PUPPE: 15–17 mm lang; rotbraun; Cremaster mit 2 leicht auseinanderweichenden Borsten.

**Lebensweise:** Die Falter erscheinen erst im April und Mai, erheblich später als die anderen Arten der Gattung. Die Raupen leben von Mai bis Juli und verpuppen sich dann im Boden ohne Kokon.

**Schaden:** APFEL und HIMBEERE: Die Raupen fressen an Blüten und Blättern, sind aber selten so zahlreich, daß merklicher Schaden entsteht. ERDBEERE: Die jungen Räupchen vernichten manchmal Blüten, die sie im Schutz der zusammengesponnenen Blütenblätter ausfressen (Abb. 485); dabei werden die Räupchen oft mit denen von Wicklerarten verwechselt, besonders mit *Cnephasia longana* (s. Seite 157); die älteren Raupen fressen an Blättern und stellenweise kann der Blattverlust erheblich sein.

**Bekämpfung:** Gewöhnlich unnötig. Eine Bekämpfung von *Acleris comariana* wirkt auch gegen diese Eulenraupen.

Abb. 482: Raupe der Flohkrauteule, *Melanchra persicariae*

Abb. 483: Falter der Frühlingseule *Orthosia gracilis*

Abb. 484: Junge Raupe der Frühlingseule *Orthosia gracilis*

Abb. 485: Erdbeerblüte, von *Orthosia gracilis* versponnen

***Orthosia incerta*** (Hufnagel)
Violettbraune Frühlingseule
Weitverbreitet und häufig, die Raupen leben an vielerlei Bäumen und Sträuchern, beispielsweise an Ulme, Weißdorn, Linde, Eiche, Pappel und Weide. Gelegentlich wichtiger Schädling an Apfel; andere Obstarten, einschließlich Himbeere, werden ebenfalls befallen.

**Beschreibung:** FALTER: Flügelspannweite 34–40 mm; Vorderflügel hellgrau bis rotbraun oder purpurbraun mit dunklerer Zeichnung und hellerer, teilweie braun gerandeter Linie vor dem Außenrand (Abb. 486); Hinterflügel grau. EI: 0,7 mm Durchmesser, schmutzig cremeweiß mit purpurfarbenem Band und Mikropyle. RAUPE: 35–40 mm lang; schwarzgrün, blaugrün oder hellgrün, mit weiß durchsetzt, 3 auffällige, weiße, dunkelrandige Rückenlinien und 1 breiter, weißer Seitenstreifen, der oben schwarzgrün und unten oft gelb gerandet ist; Kopf blaß glaugrün oder gelbgrün (Abb. 487). PUPPE: 14 mm lang; glänzend, dunkel rötlichbraun; Cremaster mit 2 Borsten.

**Lebensweise:** Die Falter fliegen von März bis Ende Mai oder Anfang Juni, sind aber im April und Anfang Mai am häufigsten. Die Eier werden in Gruppen in Risse und Vertiefungen der Rinde gelegt. Nach 10 bis 14 Tagen schlüpfen die winzigen, sehr lebhaften Räupchen, die sofort die sich öffnenden Knospen und noch nicht entfalteten Blätter aufsuchen. Die Räupchen im ersten Stadium bewegen sich wie Spannerraupen, weil die vordersten Bauchfußpaare noch nicht funktionsfähig sind. Bei Störungen lassen sie sich fallen, bleiben aber eine Zeitlang an einem Seidenfaden an ihrer Futterpflanze hängen. Die Jungräupchen sind bei ihrem Fraß in Blütenbüchseln oder in teilweise noch zusammengerollten Blättchen verborgen, die älteren Raupen aber sitzen ganz ungeschützt. Sie durchlaufen 6 Entwicklungsstadien und sind im Juni rund 6 Wochen alt, dringen in den Boden ein und verpuppen sich wenige Zentimeter unter der Bodenoberfläche.

**Schaden:** Selten sind die Raupen so zahlreich, daß ihr Fraß an Blütenbüscheln und Blättern schädlich werden könnte. Doch die Raupen im 5. und 6. Stadium beißen große Stücke Fruchtfleisch aus den Früchtchen; diese Schäden können schwer sein, weil sie zu stark mißgebildeten und nicht vermarktbaren Früchten führen, viele mit großen Korkstellen oder tiefen Löchern, die bis zum Kernhaus reichen (ähnliche Schäden wie durch die Frostspannerraupen, Seite 177).

Abb. 486: Falter der Violettbraunen Frühlingseule, *Orthosia incerta*

Abb. 487: Raupe der Violettbraunen Frühlingseule, *Orthosia incerta*

**Bekämpfung:** Spritzung sofort oder bald nach Abfallen der Blütenblätter mit Diflubenzuron; einige andere Insektizide, die bei der Vorblütespritzung gegen den Frostspanner (s. Seite 177) angewandt werden, sollten ebenfalls wirken.

***Orthosia gothica*** (Linnaeus)
Bräunlichgraue Frühlingseule
Die charakteristisch gezeichneten Falter dieser weitverbreiteten Art (Abb. 488), mit einer Flügelspannweite von 32–34 mm, sind im März und April oft häufig. Die grünen, gelbgestreiften Raupen (Abb. 489) von 35 mm Länge kommen manchmal auf Apfel und Himbeere vor, werden aber selten schädlich, ausgenommen in einigen Gegenden, in denen sie oft beträchtliche Schäden am Blattwerk und an den Früchten anrichten.

Abb. 488: Falter der Bräunlichgrauen Frühlingseule, *Orthosia gothica*

***Orthosia stabilis*** (Denis & Schiffermüller)
Rotgelbe Frühlingseule
Diese allgemein häufige Art kommt gelegentlich auf Apfel vor, lebt aber normalerweise in Wäldern und Hecken. Die hell rötlichockerfarbenen bis hellgrauockerfarbenen Falter (Abb. 490) haben eine Flügelspannweite von 32–35 mm und fliegen im März und April, etwas früher als *Orthosia incerta* (s. Seite 198). Die Raupen sind plump, 40 mm lang, gelblichgrün und fein gelb punktiert, sie haben 3 gelbe Rückenlinien, einen breiten, gelben Querstrich auf dem 1. und einen weitern auf dem letzten Körpersegment; der Kopf ist bläulichgrün (Abb. 491). Die Raupen findet man von April bis Juni, aber sie sind in Apfelanlagen selten.

**Bekämpfung:** Wie bei *Orthosia incerta* (s. Seite 198).

Abb. 489: Raupe der Bräunlichgrauen Frühlingseule, *Orthosia gothica*

Abb. 490: Falter der Rotgelben Frühlingseule, *Orthosia stabilis*

***Allophyes oxyacanthae*** (Linnaeus)
Weißdorneule
Weitverbreitet und oft häufig, die Raupen leben an Schlehe, Weißdorn und an wilden und kultivierten Äpfeln. Sie richten am Obst allerdings keine ernsten Schäden an.

**Beschreibung:** FALTER: Flügelspannweite 38–40 mm; Vorderflügel hellbraun bis schokoladebraun mit hellerer Zeichnung (Abb. 492); Hinterflügel grau. RAUPE: 40–45 mm lang; rotbraun oder graubraun mit weißen, grünlichen, dunkelgrauen und schwarzen Zeichnungen sowie 3 dunklen Linien und einer Reihe rautenförmiger Flecke auf dem Rücken; das 8. Abdominalsegment mit leichtem Höcker; Kopf rotbraun (Abb. 493). PUPPE: 15–17 mm lang, braun und plump; Cremaster mit einigen als Haken endenden Borsten.

Abb. 491: Raupe der Rotgelben Frühlingseule, *Orthosia stabilis*

**Lebensweise:** Die Raupen fressen im April und Mai an Blättern. Dann verpuppen sie sich im Boden in einem lockeren Seidenkokon, die Falter schlüpfen im Herbst.

**Schaden:** Die Raupen tragen zu dem von anderen Arten verursachten Blattfraß bei, sind aber nie so zahlreich, daß sie schädlich werden könnten.

**Bekämpfung:** Die Vorblütespritzung gegen den Frostspanner (s. Seite 177) sollte auch gegen diese Raupen wirken.

Abb. 492: Falter der Weißdorneule, *Allophyes oxyacantha*

Abb. 493: Raupe der Weißdorneule, *Allophyes oxyacantha*

***Acronicta psi*** (Linnaeus)
Pfeileule
Häufig und weitverbreitet, die Raupen leben auf verschiedenen Bäumen und Sträuchern, auch auf Apfel, Birne, Pflaume, Himbeere und Erdbeere. Normalerweise am Obst ein Nebenschädling.

**Beschreibung:** FALTER: Flügelspannweite 38–42 mm; Vorderflügel hellgrau mit schwarzen, pfeilähnlichen Zeichnungen (Abb. 494); Hinterflügel weißlich. RAUPE: 35 mm lang; schwarzgrau mit breitem, gelbem Rükkenstreifen und einem blauen, durch schwarzgesäumte, rote Flecken unterbrochenen Seitenstreifen; auf dem 1. Abdominalsegment ein auffälliges, schwarz punktiertes Horn und auf dem 8. einen kleinen Höcker; Kopf schwarz (Abb. 495). PUPPE: 15 mm lang, braun und ziemlich schlank, zum Ende spitz zulaufend; Cremaster mit einigen starken Borsten.

**Lebenweise:** Die Falter fliegen von Ende Mai bis Juli. Die Eier werden einzeln an die Blätter gelegt und die Raupen sind von Juli bis September oder Oktober zu finden. Wenn sie ausgewachsen sind, verpuppen sie sich in graubraunen Kokons in Rindenritzen oder an anderen Stellen der Futterpflanze, oft unter dürren Blättern.

**Schaden:** Die Blattverluste bei Apfel, Birne und Pflaume sind von geringer oder überhaupt ohne Bedeutung, dagegen können an Himbeere, vor allem in Gärten, ernstere Schäden entstehen.

**Bekämpfung:** Gewöhnlich unnötig. Wenn bei Himbeere doch erforderlich, Propoxur- oder Pyrethrumspritzung.

Abb. 494: Falter der Pfeileule, *Acronicta psi*

Abb. 495: Raupe der Pfeileule, *Acronicta psi*

**Acronicta tridens** (Denis & Schiffermüller)
Dreizackeule
Dies häufige Art (Abb. 496) hat eine ähnliche Lebensweise wie *Acronicta psi.* Die Falter der beiden Arten sehen fast gleich aus, aber ihre Raupen sind verschieden. Die von *A. tridens* sind schwarz mit einem breiten, roten, weiß durchsetzten Rückenstreifen, einem roten, schwarz unterteilten Seitenband, einem schmalen Hökker am 1. Abdominalsegment und einem breiteren am 8. (Abb. 497). Die Raupen kommen von Juli bis September oft auf Obstbäumen vor, sind aber harmlos.

Abb. 496: Falter der Dreizackeule, *Acronicta tridens*

Abb. 497: Raupe der Dreizackeule, *Acronicta tridens*

**Acroncta rumicis** (Linnaeus)
Ampfereule
Die Raupen dieser allgemein verbreiteten und häufigen Art leben an vielen niedrigen und krautigen Pflanzen. Gelegentliche Schäden an den Blättern von Brombeere, Himbeere und Erdbeere, die von Juli bis September entstehen können, sind unbedeutend. Die Überwinterung erfolgt als Puppe in einem Kokon im Boden, die Falter schlüpfen im Juni, aber manchmal schon früher. Gelegentlich gibt es eine 2. Generation, deren Falter im August und September fliegen. Die buntgefärbten Raupen werden rund 35 mm lang, sind behaart, dunkel graubraun mit einer Reihe roter Punkte in schwarzen Flecken auf dem Rücken und mit weißen Punkten an den Seiten; unter den Stigmen befindet sich eine cremeweiße Linie mit erhöhten, roten Punkten; das 1. und 8. Abdominalsegment trägt einen flachen Höcker; der Kopf ist schwarz (Abb. 498). Die Falter (Flügelspannweite 38 mm) sind überwiegend schwärzlich und grau (Abb. 499), die Hinterflügel hellbraun.

Abb. 498: Raupe der Ampfereule, *Acronycta rumicis*

Abb. 499: Falter der Ampfereule, *Acronycta rumicis*

**Amphipyra pyramidea** (Linnaeus)
Pyramideneule
Diese lokale Art lebt gewöhnlich an Waldbäumen und in Hecken, kann aber auch in Apfel- und Pflaumenanlagen vorkommen. Die Falter, die von Ende Juli bis September oder Oktober fliegen, haben eine Flügelspannweite von 45–55 mm; die Vorderflügel sind braun

mit schwarzer und hell gelbgrauer Zeichnung (Abb. 500); die Hinterflügel sind kupferrot. Die Raupen sind von April bis Juni zu finden. Sie sind ziemlich plump (45 mm lang), grün und gelb punktiert; sie haben 3 unvollständige, weiße Rückenlinien und eine ebensolche Seitenlinie; das 8. Abdominalsegment trägt einen Höcker mit einem nach hinten gerichteten, hornähnlichen Fortsatz (Abb. 501). Ihre Zahl an Obstbäumen ist normalerweise gering und der Schaden ohne Bedeutung.

Abb. 500: Falter der Pyramideneule, *Amphipyra pyramidea*

***Hydraecia micacea*** (Esper)
Weitverbreitt und vor allem in küstennahen Gebieten häufig. Oft an Zwiebel, Kartoffel, Rhabarber und Zuckerrübe schädlich, schädigt auch Hopfen und, seltener, Himbeere und Erdbeere.

Abb. 501: Raupe der Pyramideneule, *Amphipyra pyramidea*

**Beschreibung:** FALTER: Flügelspannweite 40–45 mm; Vorderflügel rötlichbraun, nach innen etwas dunkler (Abb. 502); Hinterflügel blaß, mit einer dunklen Querlinie. RAUPE: 40–45 mm lang; dunkelrosa mit etwas dunklerer Rückenlinie und einigen dunklen Warzen, jede mit einer rosabraunen Borste; Kopf und Nackenschild gelbbraun (Abb. 503). PUPPE: 20 mm lang; hell gelbbraun; Cremaster mit einem einzigen Dorn.

**Lebensweise:** Die Falter fliegen von Ende Juli bis Oktober, sie sind im Herbst am häufigsten. Die Eier werden ganz unten an die Stengel verschiedener Pflanzen gelegt, vorwiegend an Gräser. Im Frühjahr schlüpfen die Räupchen, die sich in Wurzeln oder Stengel geeigneter Futterpflanzen einbohren. Dort fressen sie von April oder Mai bis Juli oder August, dann verpuppen sie sich einige Zentimeter unter der Bodenoberfläche.

Abb. 502: Falter der Graswurzeleule, *Hydracia micacea*

**Schaden:** Der Befall ist gewöhnlich in der Nähe von Rainen, Böschungen und in verunkrauteten Lagen schwerer. HIMBEERE: Die Raupen fressen im unteren Teil der jungen Ruten knapp unter der Epidermis Gänge, was zum Welken der Ruten führt. ERDBEERE: Die Raupen minieren im Wurzelhals unter dem Boden; befallene Pflanzen können welken und absterben, vor allem bei Trockenheit. HOPFEN: Die jungen Raupen fressen die Ranken in etwa 30 cm Höhe an und bohren sich bis ins Mark. Im Juni verlassen sie die Ranken durch ein deutliches Loch, dringen in den Boden ein und fressen am Wurzelhals. Die befallenen Ranken schlitzen oft oder brechen in der Nähe des Ausgangsbohrloches der Raupen, wodurch die Krankheitsanfälligkeit erhöht wird; der Befall kann zu deutlichen Ertragsverlusten führen. Außerdem können jüngere Pflanzen im Wuchs stark gehemmt und neugepflanzte Hopfen auch vernichtet werden.

Abb. 503: Raupe der Graswurzeleule, *Hydracia micacea*

**Bekämpfung:** Die Wahrscheinlichkeit eines Befalls kann durch eine gute Unkrautbekämpfung im Sommer und Herbst stark vermindert werden. In Hopfengärten, in denen dieser Schädling häufiger auftritt, sollte mit dem Auslichten und Anbinden der Hopfenranken so lange wie möglich gewartet werden, damit möglichst viele Raupen mit den überzähligen Ranken entfernt werden.

***Phlogophora meticulosa*** (Linnaeus)
Braune Achateule
Allgemein verbreitet und häufig, kommt an zahlreichen niedrigen und krautigen Pflanzen vor. Oft an Pflanzen in Gewächshäusern schädlich, gelegentlich etwas schädlich an Erdbeere unter Folie und im Freiland.

**Beschreibung:** FALTER: Flügelspannweite 40–50 mm; Vorderflügel hell braunrosa, mit je einer großen, zur Vorderkante hin offenen, olivgrünen Dreieckszeichnung (Abb. 504); Hinterflügel hell. EI: 0,8 mm Durchmesser, hellgelb. RAUPE: 35–40 mm lang; egelförmig, aber ziemlich plump; gelblichgrün oder bräunlich und fein weiß getüpfelt, mit heller Rückenlinie, die beiderseits von einer Reihe feingezeichneter, V-förmiger Muster begrenzt ist, und mit einer hellen Seitenlinie (Abb. 505, 506). PUPPE: 18 mm lang; braun und plump; Cremaster mit einem Paar langer Borsten.

**Lebensweise:** Die Falter fliegen von Mai bis Oktober, hauptsächlich im Mai und Juni und als 2. Generation in Herbst. Die Eier werden einzeln oder in kleinen Gruppen an den Blättern abgelegt. Die Raupen sind mehr oder weniger zahlreich in den meisten Monaten des Jahres zu finden, am häufigsten aber von Juli bis September. Sie verpuppen sich in einem lockeren Kokon im Boden.

**Schaden:** Die Raupen können bedeutende Blattschäden verursachen und auch Blütenknospen und Blütentriebe schädigen.

**Bekämpfung:** Verschiedene Insektizide, die auch zur Bekämpfung von *Acleris comariana* (s. Seite 159) empfohlen werden, sind wirksam.

Abb. 504: Falter der Braunen Achateule, *Phlogophora meticulosa*

Abb. 505: Raupe der Braunen Achateule, *Phlogophora meticulosa*, grüne Form

Abb. 506: Raupe der Braunen Achateule, *Phlogophora meticulosa*, braune Form

# 7 Blatt- und Sägewespen, Ameisen und Faltenwespen

Die Blatt- und Sägewespen, Ameisen und Faltenwespen gehören zur Insektenordnung der Hymenoptera (Hautflügler), eine der größten Insektenordnungen, zu der auch die Bienen und viele Tausend parasitisch lebender Arten gehören. Die Adulten haben beißende Mundwerkzeuge, die allerdings bei einigen Gruppen (Bienen, soziale Wespen) für das Aufsaugen von Säften umgewandelt sind; ihre Flügel sind normalerweise durchsichtig und häutig und besitzen verhältnismäßig wenige Adern. Viele Arten sind für den Obstbauern als Parasiten von Schädlingen (Kapitel 10) oder zur Bestäubung der Blüten nützlich; nur wenige Arten, hauptsächlich die Blatt- und Sägewespen, sind Schädlinge.

## Unterordnung Symphyta
Pflanzenwespen

Bei den adulten Wespen ist der Thorax und das erste Abdominalsegment gleich breit (keine Wespentaille); die Weibchen haben gut entwickelte Legebohrer. Die Larven sind hauptsächlich Pflanzenfresser und gleichen den Raupen der Schmetterlinge; die meisten besitzen Bauchfüße, die aber, im Gegensatz zu denen der Raupen (Kapitel 6), keine Borstenkränze aufweisen. Zu dieser Unterordnung gehören auch die Holzwespen, die aber für Obstgewächse nicht schädlich sind.

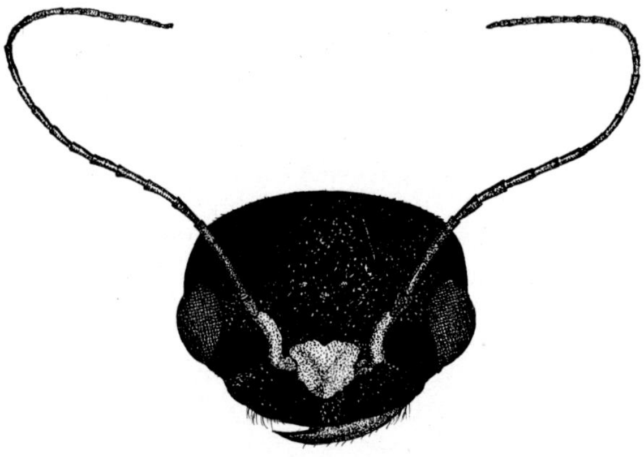

Abb. 507: Kopf und Fühler der Birnengespinstwespe, *Nephrotoma saltuum*

### Familie Pamphiliidae
Gespinstblattwespen

Eine kleine Gruppe primitiver Pflanzenwespen mit flachem, breitem Abdomen. Diese Wespen fliegen schnell und lieben sonnige Lagen; ihre Fühler sind lang, dünn und vielgliedrig (zwischen 18 und 24 Glieder). Die Larven besitzen keine Bauchfüße, sie können Gewebe spinnen und leben oft gesellig.

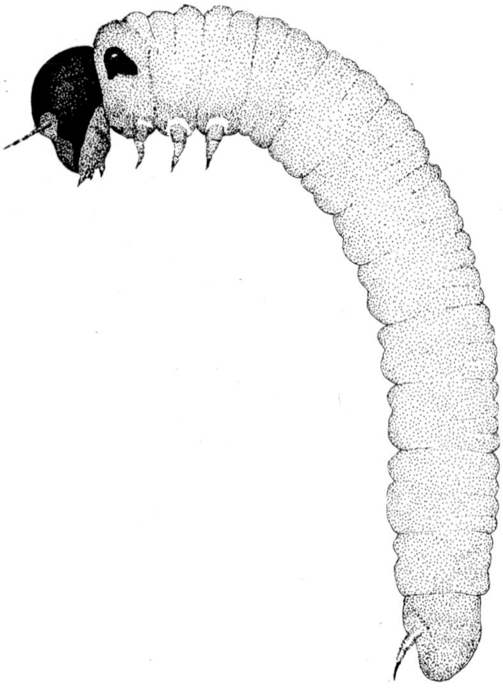

Abb. 508: Larve der Birnengespinstwespe, *Nephrotoma saltuum*

***Neurotoma saltuum*** (Linnaeus)
Syn. ***flaviventris*** (Retzius in DeGeer)
Birnengespinstwespe
Lokal auftretender Birnenschädling, kommt gelegentlich auch an Kirsche und Pflaume vor.

**Beschreibung:** WESPE: 11–14 mm lang; Kopf schwarz mit gelbem Fleck zwischen den Fühlern; Thorax schwarz mit gelben Tegulae; Hinterleib unten schwarz, oben orange und die Seiten mit gelber, dreieckiger Zeichnung; Beine und basale Glieder der Fühler gelb (Abb. 507). EI: 1,5 mm lang; gelb und länglich. LARVE:

20–25 mm lang; Körper orangegelb, oben dunkler, mit hellem Seitenstreifen; Kopf und 1 Paar rundlicher, seitlicher Nackenschilder glänzend schwarz; 3 Paar Brustfüße; Fühler und anale Cerci deutlich (Abb. 508, 509).

**Lebensweise:** Die Wespen fliegen im Mai und Juni. Die Eier werden in rechteckigen Gelegen von bis zu 50 Stück an die Unterseite der Blätter gelegt und mit einem klebrigen Sekret bedeckt. Nach dem Schlüpfen leben die Larven gesellig in Gespinsten. Wenn auch ein einzelnes Gespinst nicht länger als 10 bis 20 cm sein mag, so kann doch ein ganzer Ast umsponnen sein, wenn die Larven sehr zahlreich auftreten. Diese sind sehr lebhaft und in ihrem Schutzgespinst ständig in schlängelnder Bewegung; wenn sie beunruhigt werden, können sie aus einer Drüse hinter dem Kopf einen Tropfen einer roten Schutzflüssigkeit absondern. Sie fressen im Juni und Juli und sind nach wenigen Wochen ausgewachsen. An Spinnfäden seilen sie sich ab und verpuppen sich tief im Boden in lockeren Seidenkokons. Es gibt nur eine Generation jährlich.

**Schaden:** Die Gespinste sind meist an noch jungen Bäumen zu finden und die Larven können die umsponnenen Teile der Äste völlig kahl fressen (Abb. 510). Zum Glück tritt die Wespe meist nur vereinzelt auf.

**Bekämpfung:** Die Gespinste sollten, sobald sie bemerkt werden, sofort herausgeschnitten und verbrannt werden. Der Befall ist nicht so schwer und verbreitet, daß der Einsatz chemischer Pflanzenschutzmittel gerechtfertigt wäre.

Abb. 509: Larve der Birnengespinstwespe, *Nephrotoma saltuum*

Abb. 510: Gespinst der Birnengespinstwespe, *Nephrotoma saltuum*, an Birne

## Familie Tenthredinidae
Blattwespen

Wichtigste Familie der Pflanzenwespen. Die Blattwespen sind den Faltenwespen sehr ähnlich (wenn auch ohne Wespentaille), die Weibchen besitzen einen typischen, sägeartigen Legebohrer; die Fühler sind 7- bis 15gliedrig (gewöhnlich aber mit 9 Gliedern). Die Larven weben meist keine Gespinste und fressen Blätter von Bäumen und Sträuchern, sie haben 8 Paar Bauchfüße.

### ***Empria tridens*** (Konow)
Weitverbreitet und häufig; die Larve lebt an wilden Himbeeren und tritt gelegentlich als unbedeutender Schädling in Himbeerpflanzungen auf.

**Beschreibung:** WESPE: 5,5–7,0 mm lang; Körper schwarz, Hinterleib mit einigen weißen Makeln auf der Seite. LARVE: 13–15 mm lang, graugrün, unten heller; Kopf grün- oder gelbbraun; 8 Paar Bauchfüße.

**Lebensweise:** Die Wespen fliegen von Ende April bis Juni und sind sehr aktiv. Die Eier werden gewöhnlich in Schnitte an Blattstielen oder Blatträndern junger Blätter gelegt. Nach etwa 2 Wochen schlüpfen die Larven und fressen an der Blattunterseite; bei Störungen rollen sie sich kugelförmig zusammen und lassen sich zu Boden fallen. In 4 bis 6 Wochen (normalerweise im Juli) sind sie ausgewachsen, verlassen die Futterpflanze und suchen in Stümpfen abgeschnittener Ruten, markigen Stengeln benachbarter Pflanzen, in lebendem oder totem Holz Überwinterungsverstecke, in denen sie sich ovale Höhlen anfertigen und sich schließlich im Frühjahr verpuppen.

**Schaden:** Die Larven fressen längliche Blattstücke zwischen den Adern junger Blätter, die dadurch farnartig aussehen. Die Entwicklung der Pflanzen wird aber nicht beeinträchtigt.

**Bekämpfung:** Unnötig.

***Ametastegia glabrata*** (Fallén)
Ampferblattwespe
Eine häufige Art, die Larven leben an Kräutern, sind aber auch geringfügig an Apfel und Weinrebe schädlich.

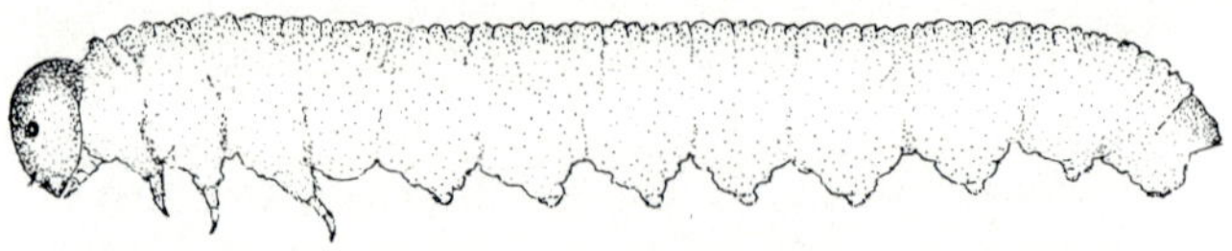

Abb. 511: Larve der Ampferblattwespe, *Ametastegia glabrata*

Abb. 512: Schaden durch die Ampferblattwespe an reifem Apfel

**Beschreibung:** WESPE: 5,5–8,0 mm lang; Körper schwarz, purpurbronzefarben glänzend; Beine vorwiegend rot. LARVE: 13– 18 mm lang; Kopf bräunlich; Körper apfelgrün; 8 Paar Bauchfüße (Abb. 511).

**Lebensweise:** Die Wespen fliegen während des ganzen Sommers, es gibt 2 und manchmal 3 Generationen jährlich. Die Eier werden an Blättern von Kräutern wie Ampfer, Weißer Gänsefuß, Vogelknöterich und anderen Knöterichgewächsen abgelegt. Die Larven fressen an den Blättern und bohren sich zur Verpuppung in die hohlen oder markhaltigen Stengel der wilden Brombeere und anderer Pflanzen ein. Die Larven der Herbstgeneration überwintern dort und verpuppen sich erst im Frühjahr. Larven, die sich an Kräutern in Obstanlagen entwickelt haben, können sich im Herbst in Äpfel einbohren, finden diese aber ungeeignet und wandern in andere Winterquartiere ab.

**Schaden:** Äpfel enthalten selten Blattwespenlarven, doch sind die von ihnen angerichteten Schäden typisch. Die befallenen Früchte weisen ein rundes Einbohrloch von etwa 2 mm Durchmesser auf, das von einem roten Ring umgeben ist (Abb. 512). Der Gang ins Fruchtfleisch ist manchmal kurz, er kann aber bis 5 cm tief sein. Gewöhnlich verläuft er gerade. So beschädigte Früchte können leicht von verschiedenen Pilzkrankheiten infiziert werden. Die Larven können auch junge Apfel-, Pflaumen- und andere Obstbäume und Weinreben befallen, sie minieren dort im Mark der Zweige, gewöhnlich dringen sie an Schnittstellen ein. Auch können sie Bewässerungsleitungen aus Kunststoff beschädigen.

**Bekämpfung:** In unkrautfreien Obstanlagen macht dieser Schädling selten Schwierigkeiten und in verunkrauteten wird er meist durch Insektizidspritzungen gegen den Apfelwickler (s. Seite 271) und andere Schädlinge niedergehalten. Wo Schäden auftreten und der Boden nicht unkrautfrei gehalten werden kann, wird eine Spritzung mit Malathion oder Pyrethrum Mitte Juli und nochmals Anfang August wirksam sein. Wie stets ist die Verordnung zum Schutze der Bienen zu beachten.

***Allantus cinctus*** (Linnaeus)
Weißgegürtelte Rosenblattwespe
Ein weitverbreiteter, häufiger und wohlbekannter Rosenschädling, der auch an Himbeere und Erdbeere, hauptsächlich in Gärten, vorkommt.

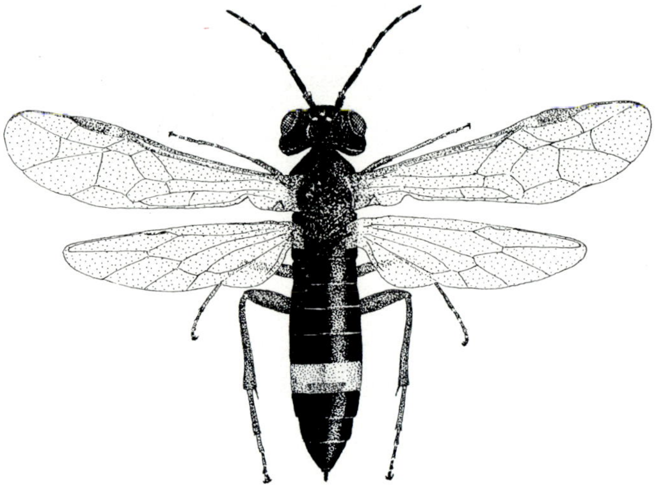

Abb. 513: Weißgegürtelte Rosenblattwespe, *Allantus cinctus*

**Beschreibung:** WESPE: 7–10 mm lang; vorwiegend schwarzglänzend, Weibchen mit einem deutlichen weißen oder cremefarbenen Band um das 5. Abdominalsegment; Flügel blaßgelb mit braunen Adern (Abb. 513). LARVE: 12 mm lang; Kopf hell gelbbraun; Körper oben graugrün, unten hell gelbgrün; 8 Paar Bauchfüße (Abb. 514).

**Lebensweise:** Die Wespen schlüpfen im Mai. Sie sind gute Flieger und bei sonnigem Wetter sehr aktiv. Die Eier werden in Schlitze gelegt, die in die Hauptader auf der Unterseite der Blätter der Futterpflanze „gesägt“ werden. Meist wird 1 Ei, manchmal auch 2 oder mehr pro Blatt abgelegt. Nach der Ablage schwillt das Ei beträchtlich an, so daß auf der Blattoberseite auffällige Beulen entstehen. Die Larven schlüpfen nach rund 2 Wochen. Wenn sie gestört werden, lassen sie sich zu Boden fallen. Nach 3 oder 4 Wochen sind sie erwachsen, nachdem die Männchen 6, die Weibchen 7 Entwicklungsstadien durchlaufen haben. Die Larven verlassen dann ihre Futterpflanzen und bohren sich in morsches Holz, ins Mark geschnittener Triebe oder in Reste der zurückgeschnittenen, abgetragenen Fruchtruten des Vorjahres ein. Dort verpuppen sie sich in flaumigen, etwas durchscheinenden, grünlichen Kokons. Einige Wochen später schlüpfen die Wespen. Es entwickelt sich eine 2. Generation von Larven im August, die im Herbst ihre Kokons spinnen, sie verpuppen sich jedoch erst im Frühjahr.

**Schaden:** Zunächst fressen die Larven nur auf der Blattunterseite und lassen die Oberseite unbeschädigt. Später beißen sie unregelmäßige Löcher in die Blätter, aber der Schaden ist meist gering.

**Bekämpfung:** Unter wirtschaftlichen Bedingungen unnötig. Bei starkem Befall in Gärten kann mit Pyrethrum gespritzt werden; am besten können die Larven der 1. Generation bekämpft werden. Der Befall in Himbeeranlagen kann gewöhnlich vermieden werden, wenn während des Winters die alten Reste vom Rückschnitt der Ruten unter den Stöcken entfernt und vernichtet werden.

Abb. 514: Larve der Weißgegürtelten Rosenblattwespe, *Allantus cinctus*

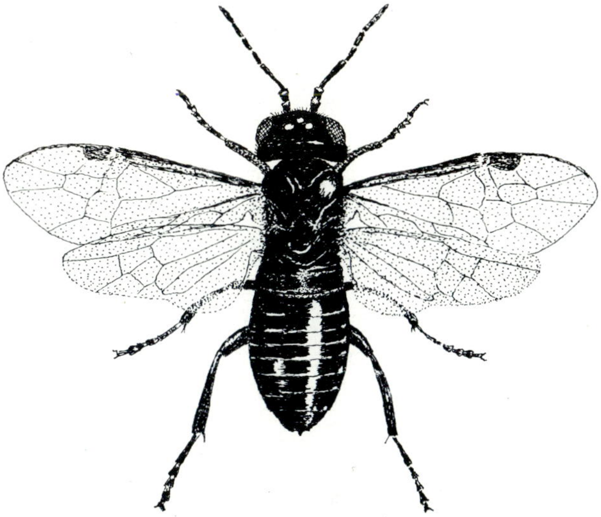

Abb. 515: Kirschblattwespe, *Caliroa cerasi*

***Caliroa cerasi*** (Linnaeus)
Syn. ***limacina*** (Rethius in DeGeer)
Kirschblattwespe

Weitverbreitet und stellenweise häufig. Ein Schädling der Birne und Kirsche (einschließlich Zierkirsche) und besonders in Gärten häufig. Andere Obstarten, auch Apfel und Pflaume, werden gelegentlich geschädigt.

**Beschreibung:** WESPE: 4–6 mm lang; schwarzglänzend (Abb. 515). LARVE: 8–10 mm lang; Körper zuerst weiß, wird aber bald grüngelb bis orangegelb, zeitweise während ihrer Entwicklung mit olivschwarzem Schleim bedeckt; Körper birnenförmig, zum Hinterleibsende schmäler werdend; Kopf, Brustbeine und die 7 Paar Bauchfüße unauffällig (Abb. 516).

**Lebensweise:** Die Wespen der 1. Generation fliegen von Ende Mai bis Juni. Männchen sind sehr selten, die Entwicklung erfolgt ganz parthenogenetisch. Die Eier werden in kleine Schlitze an der Blattunterseite gelegt, oft zwischen 2 und 5 ins selbe Blatt. Die Larven fressen die Epidermis der Blattoberseite und sind im Juli ausgewachsen. Die Verpuppung erfolgt im Boden in kleinen, schwarzen Kokons etwa 10 cm unter der Oberfläche. Ende Juli erscheint eine 2. Generation, in günstigen Jahren kann sich im Herbst noch eine 3. entwickeln.

Abb. 516: Larve der Kirschblattwespe, *Caliroa cerasi*

Die Larven sind sehr träge, aber gefräßig. Sie können während des ganzen Sommers bis in den Herbst hinein gefunden werden.

**Schaden:** Der Fraß der Larven beschränkt sich auf die Oberhaut der Blattoberfläche (Abb. 517), die bald skelettiert ist, die Unterseite wird dann braun. Starker Befall kann schwere Blattschäden bewirken mit Verfärbungen und vorzeitigem Blattfall, so daß im folgenden Jahr das Wachstum darunter leidet.

**Bekämpfung:** BIRNE: Spritzung im Juni mit Dimethoat, Lindan, Oxydemeton-methyl oder Pyrethrum. KIRSCHE: Spritzung im Juni mit Dimethoat oder Pyrethrum.

Abb. 517: Schaden durch die Larve der Kirschblattwespe an Birnblatt

***Metallus pumilus*** (Klug)
Himbeerminierwespe

Tritt stellenweise auf, befällt Himbeere und andere *Rubus*-Arten, wird mit *Metallus albipes* (Cameron) verwechselt, die ebenfalls an *Rubus* vorkommt, jedoch seltener ist und auch nicht als schädlich gilt.

**Beschreibung:** WESPE: 2,5–4,0 mm lang; Körper schwarzglänzend; Flügel etwas rauchig, Hinterbeine gelb mit dunkleren Schenkeln. LARVE: 8–10 mm lang; Körper schmutzig weiß und flach, Thorax breit, Hinterleib zum Ende hin schmäler; Kopf hellbraun, Bauchfüße schwach entwickelt; eine dunkle Rückenzeichnung kann vorhanden sein, aber nicht mehr im letzten Larvenstadium (Abb. 518). BLATTMINE: Unregelmäßiger brauner Fleck an der Blattoberseite (Abb. 519).

**Lebensweise:** Die Wespen fliegen im späten Frühjahr und Frühsommer und die 2. Generation im Spätsommer. Die Eier werden an die Blätter von Brombeere, Loganbeere und Himbeere gelegt. Im Juli und August, bzw. im Herbst, minieren die Räupchen in den Blättern und bilden große, unregelmäßige Platzminen. Im Gegensatz zu gewissen anderen Blattminierern wird viel Kot durch einen Schlitz aus der Mine entfernt.

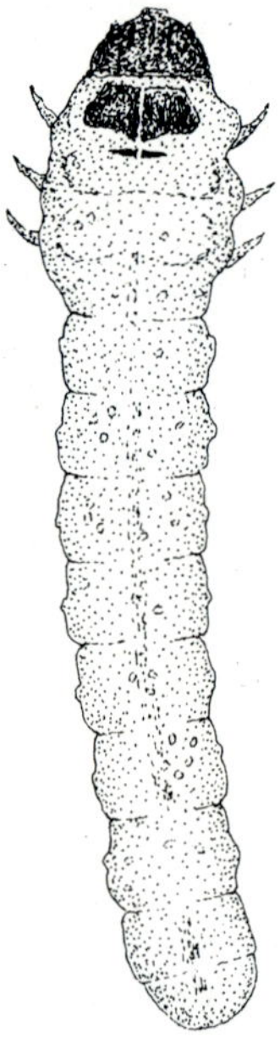

Abb. 518: Larve der Himbeerminierwespe, *Metallus pumilus*

**Schaden:** Eine einzige Mine kann größer als das halbe Blatt sein, doch sind die Larven so gut wie nie zahlreich und das Wachstum der befallenen Pflanzen wird nicht gefährdet. Im Prinzip werden Loganbeere und Himbeere mehr geschädigt als Brombeere, aber wirtschaftliche Schäden entstehen nicht.

**Bekämpfung:** Unnötig.

Abb. 519: Mine der Himbeerminierwespe, *Metallus pumilus,* an Himbeere

***Cladius difformis*** (Panzer)
Eine Rosenblattwespe
Weitverbreitet und häufig. Gelegentlich befallen die Larven Erdbeerpflanzen, sie sind aber ziemlich unbedeutend und treten häufiger als Rosenschädling auf.

**Beschreibung:** WESPE: 5–7 mm lang; Körper schwarz; Beine gelblichweiß; Fühler des Männchens mit charakteristischen, langen Fortsätzen an den 2 basalen Gliedern und kleineren Fortsätzen am 3. und 4. Segment (Abb. 520 A, 521); Weibchen mit schwachen Fortsätzen an den ersten beiden Fühlergliedern. LARVE: 10–12 mm lang; Körper etwas abgeflacht, gelblich bis grünlich und durchscheinend, mit 2 dunkleren Rückenlinien und schwärzlichen Haaren; Kopf hellbraun, 7 Paar Bauchfüße (Abb. 522).

**Lebensweise:** Die Wespen fliegen im Mai und im August, die Eier werden einzeln in Blattstiele gelegt. Nach dem Schlüpfen fressen die Larven an der Unterseite der Blätter, sie bevorzugen voll entfaltete Blättchen. Nach 4 bis 5 Wochen sind sie ausgewachsen und verpuppen sich in doppelwandigen, graubraunen Kokons an den Blättern oder in der Bodenstreu. Die Wespen schlüpfen 2 oder 3 Wochen später. Im August und September sind die Larven der Herbstgeneration zu finden, sie überwintern in ihren Kokons und verpuppen sich im folgenden Frühjahr.

**Schaden:** Die Larven beißen unregelmäßige, längliche Löcher in die Blattfläche und fressen auch manchmal von den Rändern her, die Hauptadern jedoch lassen sie stehen. In Erdbeeranlagen treten sie oft an den Endpflanzen der Reihen gehäuft auf. Obwohl der Befall manchmal auffällig ist, besonders in Beeten im Garten, sind die Larven kaum jemals so zahlreich, daß sie ernsthaft schädlich sind.

**Bekämpfung:** Pyrethrum wirkt, doch ist eine Behandlung selten notwendig.

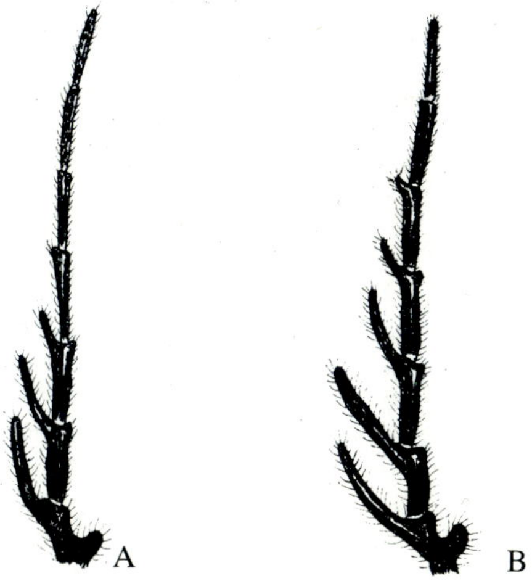


Abb. 520: Fühler der Männchen von Rosenblattwespen: A: *Cladius difformis*, B: *Cladius pectinicornis*

Abb. 521: Männchen der Rosenblattwespe *Cladius difformis*

Abb. 522: Larve der Rosenblattwespe *Cladius difformis*

***Cladius pectinicornis*** (Geoffroy in Fourcroy)
Eine Rosenblattwespe
Diese Art ist allgemein häufig. Wie *Cladius difformis* lebt sie hauptsächlich an Rose und kann Erdbeeren befallen; die Lebensweise der beiden Arten ist ähnlich. Die männlichen Wespen unterscheiden sich dadurch, daß die Fortsätze an den Fühlern von *C. pectinicornis* zahlreicher sind (Abb. 520). Die Weibchen sind kaum zu unterscheiden.

***Priophorus morio*** (Lepeletier)
Syn. ***brullei*** Dahlbom; ***tener*** (Zaddach)
Weitverbreitet und stellenweise häufig, die Larven leben hauptsächlich an Himbeere (aber auch an Stachelbeere, Brombeere, Loganbeere und Berg-Esche) und kommen gelegentlich in Pflanzungen vor, besonders in Gärten.

**Beschreibung:** WESPE: 4,5–7,0 mm lang; Körper mehr oder weniger schwarz, Mitte des 1. Abdominalsegments heller; Beine, ausgenommen deren Basis, heller; Fühler zur Spitze hin deutlich dünner (Abb. 523); von unten gesehen ist die Spitze der Scheide des Legebohrers erweitert und endet stumpf. LARVE: 12 mm lang; zylindrisch; Körper oben braun- oder graugrün, unten weißlich, mit kurzen Haaren auf kleinen Warzen; Kopf glänzend und behaart mit schwarzer Zeichnung; 7 Paar Bauchfüße (Abb. 524).

Abb. 523: Adulte *Priophorus morio*

**Lebensweise:** Die Wespen fliegen von Mai bis August, weil sich jährlich 2 oder mehr Generationen entwickeln. Männchen sind selten, die Fortpflanzung erfolgt parthenogenetisch. Die Eier werden auf der Blattunterseite abgelegt. Dort frißt auch die Larve und vollendet ihre Entwicklung oft an einem einzigen Blatt, an dem auch die abgestreiften Exuvien (Larvenhäute) der früheren Stadien zu finden sind. In einem durchscheinenden, doppelwandigen, hellbraunen Kokon, der an die Blätter geheftet oder mit der Bodenstreu verwebt ist, verpuppt sich die Larve.

Abb. 524: Larve von *Priophorus morio*

**Schaden:** Befallene Blätter weisen längliche, ganz durchgebissene Löcher auf, doch ist der Schaden, wenn auch auffällig, selten von Bedeutung.

**Bekämpfung:** Gewöhnlich unnötig, falls doch erforderlich, wirkt eine Spritzung mit Pyrethrum.

Abb. 525: Schaden durch *Priophorus morio* an einem Blatt der Loganbeere

***Priophorus pallipes*** (Lepeletier)
Pflaumenblattwespe
Häufig und weitverbreitet, ein häufiger, aber gewöhnlich unbedeutender Schädling von Birne und Pflaume.

**Beschreibung:** WESPE: 5–8 mm lang; Körper schwarz oder dunkelbraun; Beine gewöhnlich weiß, aber variabel; von oben gesehen, ist die Spitze der Scheide des Legebohrers nicht erweitert, ihre Seiten verlaufen parallel. LARVE: 10 mm lang; Kopf behaart, gewöhnlich orange und mit deutlicher dorsaler Zeichnung; Körper grün oder grau, an den Seiten und unten heller; kurze Haare auf Warzen; 7 Paar Bauchfüße (Abb. 526).

**Lebensweise:** Die Wespen fliegen im Mai und Juni und den ganzen Sommer hindurch, sie legen ihre Eier einzeln an die Unterseite von Birn- und Pflaumenblättern und an verschiedene andere Pflanzen. Dort fressen die Larven dann im Schutz der Blätter und lassen sich sofort fallen, wenn sie beunruhigt werden. die Entwicklung vom Ei bis zur erwachsenen Wespe dauert rund 5 Wochen und es gibt jährlich etwa 3 Generationen. Die Larven der letzten Generation überwintern in dunkelbraunen Kokons im Boden und verpuppen sich im Frühjahr. Im Gegensatz zur vorigen Art sind die Männchen häufig.

**Schaden:** Die ganz jungen Larven schaben nur an der Blattunterseite, aber später werden immer größere Löcher in die Blätter gefressen. Die Schäden sind im September und Oktober, wenn die Herbstgeneration aktiv ist, am deutlichsten. Gelegentlich wird sowohl an Birne wie an Pflaume beträchtlicher Blattfraß verursacht, doch ist der Schaden kaum von Bedeutung.

**Bekämpfung:** Gewöhnlich unnötig, wenn aber erforderlich, kann mit Oxydemeton-methyl gespritzt werden.

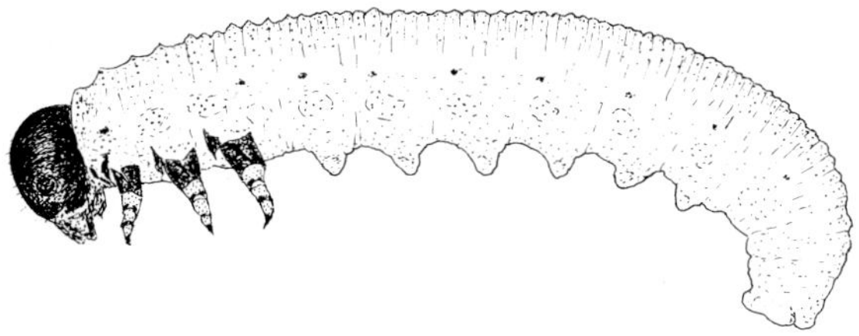

Abb. 526: Larve der Pflaumenblattwespe, *Priophorus pallipes*

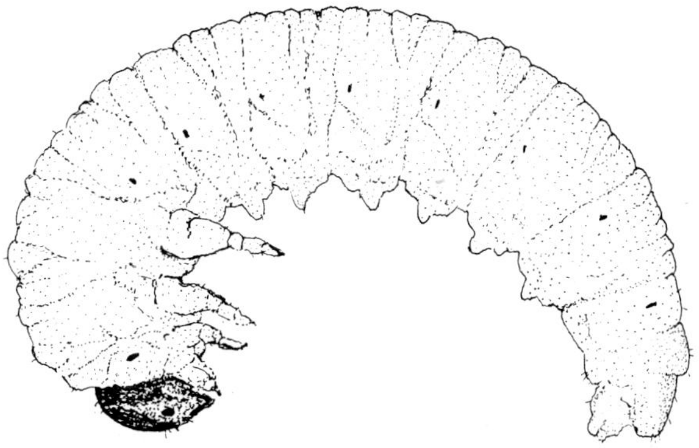

Abb. 527: Larve der Birnensägewespe, *Hoplocampa brevis*

***Hoplocampa brevis*** (Klug)
Birnensägewespe
Ein wichtiger und auf dem europäischen Festland weitverbreiteter Birnenschädling; in Großbritannien nicht häufig und erst seit 1934 beobachtet.

**Beschreibung:** WESPE: 5,0–5,5 mm lang; Kopf und Thorax dorsal mit hellbraunen Flächen; Hinterleib oben schwarz, unten gelb; Beine gelb, Flügel klar mit gelben Adern. EI: 0,7 × 0,3 mm; weiß und durchscheinend. LARVE: 7–9 mm lang; Kopf braun; Körper blaßgrün, 7 Paar Bauchfüße (Abb. 527); frühe Entwicklungsstadien haben einen weißlichen Körper und braune Platten an den letzten 2 oder 3 Segementen.

**Lebensweise:** Diese Art hat nur 1 Generation. Die Wespen fliegen im April und werden hauptsächlich von den Birnenblüten angelockt. Die Eier werden einzeln an den Fruchtboden junger Früchtchen gelegt, und zwar genau unter den Kelchblättern. Sie entwickeln sich in einer auffallenden, blasenartigen Höhlung und die jungen Larven schlüpfen innerhalb einer Woche. Sie bohren sich in das Fleisch der sich entwickelnden Früchtchen ein. Die Larvenentwicklung verläuft rasch durch 5 Stadien und ist Ende Mai oder Anfang Juni abgeschlossen. Während ihrer Entwicklung kann eine Larve mehrere Früchtchen zerstören. Die Larven dringen dann in den Boden ein und spinnen in 5 bis 20 cm Tiefe einen ovalen, dunkelbraunen, etwa 6 mm langen Kokon, in dem sie überwintern und sich im Frühjahr verpuppen. Die Männchen sind selten, die Fortpflanzung erfolgt vorwiegend parthenogenetisch.

**Schaden:** Die befallenen Teile eines Früchtchens werden schwarz und aus einer kleinen, schwarzgerandeten Öffnung des Fraßganges dringt nasser, schwarzer Kot. Alle Früchtchen eines Büschels können von einer einzigen Larve vernichtet werden.

**Bekämpfung:** Spritzung innerhalb einer Woche nach dem Abfallen der Blütenblätter mit Oxydemeton-methyl oder Dimethoat.

***Hoplocampa flava*** (Linnaeus)
Syn. ***ferruginea*** (Fabricius)
Gelbe Pflaumensägewespe
Stellenweise häufig; manchmal ein gefährlicher Schädling der Pflaume und Zwetschge.

**Beschreibung:** WESPE: 3,5–5,5 mm lang; Kopf und Thorax matt bräunlich, letzterer mit schwarzer Zeichnung; Hinterleib glänzend gelb; Fühler und Beine gelblich; Vorderflügel basal gelblich mit gelben Adern (Abb. 528); Hinterflügel klar. EI: 0,6 × 0,3 mm; wenn frisch gelegt länglich, doch bald anschwellend; weißlich. LARVE: 9–11 mm lang; Kopf gelbbraun bis hellorange; Körper cremeweiß mit (ausgenommen letztes Stadium) gelblichbraunen Platten an den letzten 2 oder 3 Körpersegmenten; 7 Paar Bauchfüße (Abb. 529).

**Lebensweise:** Die Wespen schlüpfen im April. Sie sind bei sonnigem Wetter aktiv und werden von den Pflaumenblüten stark angelockt. Männchen sind häufig und bald nach dem Schlüpfen erfolgt die Kopulation. Die Eier werden dann einzeln durch längliche, schartige, im Fruchtboden der jungen Früchtchen angebrachten Schlitze gelegt, gewöhnlich eines pro Frucht. Gelegentlich werden die Eier direkt in die Blüten gelegt. Nach dem Schlüpfen bohren sich die Larven in die sich entwickelnden Früchte ein und fressen dort etwa 9 Tage lang. Nach der Häutung befallen sie ein anderes Früchtchen, in dem sie rund 1 Woche bleiben. Die späteren Larvenstadien wandern ebenfalls auf immer neue Früchte über, bohren sich durchs Fruchtfleisch und fressen an den Steinen. Sie sind nach 4 bis 5 Wochen erwachsen, lassen sich zu Boden fallen und spinnen sich braune, 5,5 × 2,5 mm große Kokons in einer Tiefe von 5 bis 25 cm. Die Larven überwintern in ihren Kokons, verpuppen sich im folgenden Frühjahr und nach etwa 3 Wochen schlüpfen die Wespen. Einige Larven verpuppen sich erst nach einem 2. Winter. Die Wespen leben etwa 2 Wochen lang.

**Schaden:** Die Befallstärke in einer Obstanlage schwankt von Jahr zu Jahr stark. In Extremfällen wird 90% der Ernte oder mehr vernichtet, doch kann ein ungewöhnlich schwacher Befall im nächsten Jahr folgen. Befallene Früchte fallen vorzeitig, gewöhnlich, wenn die Larven sie verlassen haben. Sie sind an der deutlich sichtbaren Einbohröffnung zu erkennen (Abb. 530) und durch die Ansammlung von ausgeschiedenem Gummi und feuchtem, schwarzem Kot. Mehrere, wenn nicht alle Früchtchen eines Büschels können zerstört werden, einige davon sind vielleicht nur oberflächlich angefressen worden und reifen mehr oder weniger normal. Einige Pflaumensorten (z. B. „Czar" und „Victoria") sind anfälliger als andere. Frühblühende und spätblühende Sorten werden oft nur leicht geschädigt, offenbar, weil der Hauptflug der vergleichsweise kurzlebigen Sägewespen außerhalb ihrer Blütezeit liegt.

**Bekämpfung:** Spritzung 7 bis 10 Tage nach dem Abfallen der Blütenblätter mit einem der folgenden Mittel: Azinphos-methyl+Dememton-S-methylsulfon, Chlorpyrifos, Deltamethrin, Dimethoat oder Oxydemeton-methyl.

Abb. 528: Gelbe Pflaumensägewespe, *Hoplocampa flava*

Abb. 529: Larve der Gelben Pflaumensägewespe, *Hoplocampa flava*

Abb. 530: Schaden durch die Pflaumensägewespe an jungen Früchtchen

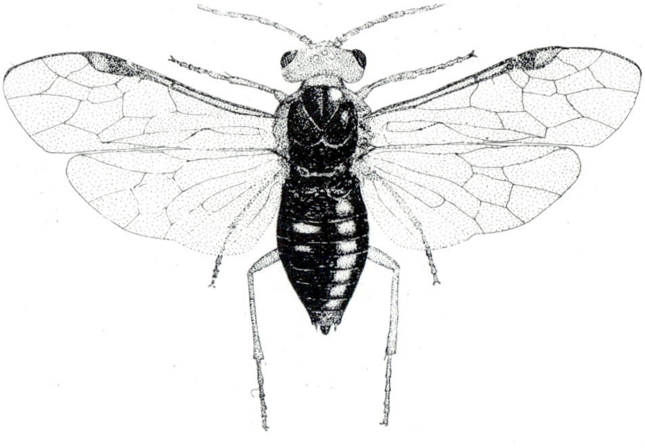

Abb. 531: Apfelsägewespe, *Hoplocampa testudinea*

***Hoplocampa testudinea*** (Klug)
Apfelsägewespe
Weitverbreitet und oft ein wichtiger Apfelschädling

**Beschreibung:** Wespe: 6–7 mm lang; Körper hauptsächlich orange mit auf der Oberseite glänzend schwarzem Thorax und Abdomen (ausgenommen die Tegulae und die letzten Abdominalsegmente); Kopf mit auffälligem Fleck in der Mitte; Flügel ziemlich klar mit dunkelbraunen Adern (Abb. 531). Ei: 0,8 mm lang; weiß, länglich und leicht gekrümmt. Larve: 9–11 mm lang; Kopf gelbbraun; Körper weißlich (die frühen Larvenstadien mit schwarzem Kopf und schwarzen Dorsalplatten auf den letzten 3 Körpersegmenten) (Abb. 532 A); Thorax merklich dicker als das Abdomen, letzteres zum Hinterende hin schmäler werdend; 7 Paar Bauchfüße (Abb. 532 B).

**Lebensweise:** Die Wespen erscheinen in den Apfelanlagen im April oder Mai und fliegen bei sonnigem Wetter während der Blütezeit rasch umher. Am lebhaftesten sind sie vormittags bzw. gegen Mittag. Nach der Kopulation legen sie ihre Eier einzeln in die Blüten. Zuerst bringt das Weibchen mit seiner Säge einen Schnitt im Blütenboden an, genau unter den Kelchblättern. Dann wird eine kleine Höhlung an der Oberseite des Blütenbodens innerhalb der Staubgefäße gemacht und von unten ein Ei hineingelegt. Gelegentlich werden allerdings Eier auch direkt von oben in die Blüte gelegt. Bald nach der Ablage schwellen die Eier an und nach 1 oder 2 Wochen schlüpfen die Larven, bei kaltem Wetter kann sich die Entwicklung verzögern. Die Larve bohrt sich zwischen 2 benachbarten Kelchblättern in das Früchtchen ein, gelegentlich kann sie aber auch durch die Kelchhöhle eindringen. In den meisten Fällen bohrt sich die Larve bis zum Kernhaus vor und frißt einen oder mehr Kerne und verhindert damit die Weiterentwicklung der befallenen Frucht. Wenn die Larve das Kernhaus verfehlt, stirbt sie meistens und die Frucht kann sich bis zur Reife weiterentwickeln. Nach etwa zweiwöchigem Fraß ist das 3. Larvenstadium erreicht, die Larve verläßt das Früchtchen und dringt in ein anderes ein, meist auf der basalen Hälfte; diese später befallene Frucht enthält oft 2 oder mehr Larven. Wiederum frißt sich die Larve tief ins Fruchtfleisch und schädigt dabei das Innere der Frucht schwer. Es kann noch eine 3. Frucht befallen werden, davor oder aber danach lassen sich die Larven zu Boden fallen. Ende Juni oder Anfang Juli sind die Larven ausgewachsen und dringen tief in den Boden ein. Sie spinnen sich einen pergamentartigen, erdfarbigen, 8 × 4 mm großen Kokon in einer Tiefe von 25 cm oder mehr. Dort überwintern sie und verpuppen sich im Frühjahr und 3 oder 4 Wochen danach schlüpfen die Wespen. Ein Teil der Larven kann jedoch noch einen 2. oder 3. Winter im Boden verbringen.

A
B

Abb. 532: Larve der Apfelsägewespe, *Hoplocampa testudinea:* A: frühes Stadium, B: letztes Larvenstadium

A
B

Abb. 533: Schadbild der Apfelsägewespe;
A: an jungen Früchtchen,
B: an reifem Apfel

**Schaden:** Der Eiablageschlitz am Fruchtboden wird, bald nachdem er angebracht wurde, braun. Das ist ein leicht sichtbares Zeichen für einen Befall; die Eier können in der Blüte gesehen werden, nachdem die Staubfäden entfernt sind. Die Larven, die unangenehm nach Wanzen riechen, fressen in dem Früchtchen große Hohlräume und schaffen durch ein etwa 1,5 mm großes Loch, das jedes befallene Früchtchen aufweist, erhebliche Mengen des feuchten, schwarzen Kots nach außen (Abb. 532 A). Außerdem verursachen die Larven jene bandförmigen Narben, die oft auf jungen oder reifen Früchten zu sehen sind. Früchte, die von den 1. und 2. Larvenstadien befallen sind, bleiben klein, sind deformiert und von dunkler Farbe und wegen ihrer abgebrochenen Entwicklung auffällig behaart. Gewöhnlich fallen sie ab, nachdem die Larve zu einem größeren Früchtchen übergewandert ist, einige aber bleiben verkümmert am Baum hängen. Kleine, befallene Früchtchen können auch lange, offene Narben aufweisen, die in der Nähe der Kelchblätter beginnen (Abb. 533 A). Diese spiralförmigen Narben entstehen dadurch, daß die Oberhaut der Frucht über Fraßgängen der Larve abstirbt, wenn diese unter der Fruchtschale verlaufen, bevor sie tiefer ins Fruchtfleisch führen; wenn die Larve eingeht, ohne das Kernhaus beschädigt zu haben, kann sich der Apfel bis zur Reife entwickeln, dabei wird die verkorkende Narbe immer breiter und erhält ihr typisches Aussehen (Abb. 533 B), das sie von verkorkten Wunden unterscheidet, die durch andere Schädlinge, beispielsweise Schmetterlingsraupen oder bestimmte Wanzen, verursacht wurden. An Früchten, die als 2. befallen werden, entstehen derartige Narben nicht. Die Ernteverluste können außerordentlich hoch sein, sowohl in Obstanlagen als auch in Gärten. Einige Sorten sind sehr anfällig für den Befall, beispielsweise James Grieve und Goldparmäne, andere Sorten, darunter die meisten Wirtschaftsäpfel, werden gewöhnlich nur schwach befallen.

**Bekämpfung:** Der Befall in regelmäßig gespritzten Apfelanlagen wird gewöhnlich durch Spritzungen mit Organophosphaten kurz nach dem Abfallen der Blütenblätter gegen andere Schädlinge verhindert. Solche Präparate sind: Azinphos-methyl+Demeton-S-methylsulfon, Bromophos, Chlorpyrifos+Dimethoat, Cypermethrin, Dimethoat, Endosulfan, Etrimfos, Oxydemeton-methyl, Parathion und Propoxur. Für eine spezielle Sägewespenbekämpfung sollte sofort nach dem Abfall der Blütenblätter mit einem der genannten Präparate gespritzt werden. Dabei kann die Sorte Goldparmäne für die Terminbestimmung dienen, später blühende Sorten müßten entsprechend später gespritzt werden.

Abb. 534: Birkenblattwespe, *Croesus septentrionalis*

Abb. 535: Larve der Birkenblattwespe, *Croesus septentrionalis*

***Croesus septentrionalis*** (Linnaeus)
Birkenblattwespe
Häufig und weit verbreitet, lebt an verschiedenen Bäumen und Sträuchern, auch an Hasel. Manchmal ein weniger wichtiger Schädling in Haselnußpflanzungen.

**Beschreibung:** WESPE: 8–10 mm lang; Kopf und Thorax schwarz; die ersten 2 und die letzten 2 oder 3 Segmente des Abdomens schwarz, die restlichen rotbraun (Abb. 534). LARVE: 22 mm lang; Kopf schwarzglänzend. Körper gelb- bis blaugrün, mit variabler orangegelber und schwarzer Zeichnung; 7 Paar Bauchfüße (Abb. 535).

**Lebensweise:** Die Wespen fliegen im Mai und Juni mit einer 2. Generation im August (ausgenommen in nördlichen Gebieten). Die Eier werden in Schlitze gelegt, die in die Blattadern gesägt wurden. Die Larven fressen nach dem Schlüpfen gesellig in einer Reihe an den Blättern, dabei halten sie sich mit den Vorderbeinen fest, den Körper über den Kopf gewölbt. Bei Störungen schlegeln sie mit ihrem Körper heftig in der Luft herum. Wenn sie ausgewachsen sind, gehen sie in den Boden und verpuppen sich knapp unter der Oberfläche in länglichen, braunen Kokons. Die Larven der 2. Generation überwintern in ihren Kokons und verpuppen sich erst im Frühjahr. Von Mitte Juni bis Ende September können die Larven an den Blättern gefunden werden.

**Schaden:** Die Larven sind gefräßig und können schnell einen Zweig kahlfressen. Der Befall ist aber, ausgenommen bei kleinen Büschen, nicht schlimm.

**Bekämpfung:** Befallene Blätter kleinerer Büsche oder Bäumchen sollten entfernt und die Larven vernichtet werden; eine chemische Bekämpfung ist nicht nötig.

Abb. 536: Kleine Stachelbeerblattwespe, *Pristiphora pallipes*

A

Abb. 537: Larve der Kleinen Srachelbeerblattwespe, *Pristiphora pallipes;* A: Larve in frühem Entwicklungsstadium frißt Stachelbeerblatt

***Pristiphora pallipes*** (Lepeletier)
Syn. ***appendiculata*** (Hartig)
Kleine Stachelbeerblattwespe

Verhältnismäßig häufig und weit verbreitet, ein Nebenschädling der Roten Johannisbeere und der Stachelbeere.

**Beschreibung:** WESPE: 4,5–5,5 mm lang; Körper vorwiegend schwarz, Hinterleib breit; Beine gelblichweiß; irisierende Flügel (Abb. 536). EI: 1,1 × 0,4 mm; elliptisch, weißlich und durchscheinend. LARVE: 10 mm lang; Kopf dunkelbraun; Körper blaßgrün oder gelbgrün, verhältnismäßig lang und schlank, Oberseite deutlich gerunzelt; 7 Paar Bauchfüße (Abb. 537).

**Lebensweise:** Die Wespen fliegen von April an, sie haben bis zu 4 Generationen im Jahr. Die Eier werden normalerweise an die Ränder der Blätter gelegt, meist eines pro Blatt. Nach rund 10 Tagen schlüpfen die Larven; sie fressen mit längs dem Blattrand ausgestrecktem Körper, das Hinterleibsende leicht abwärts gebogen (Abb. 537 A). Nach 2 bis 3 Wochen verpuppen sie sich in seidenen Kokons zwischen gefalteten Blättern, in anderen Verstecken am Busch oder in der Bodenstreu. Die Wespen schlüpfen nach 2 bis 3 Wochen. Die Larven der Herbstgeneration gehen in den Boden und überwintern in ihrem Kokon in 5 bis 10 cm Tiefe, sie verpuppen sich im Frühjahr. Im Gegensatz zu anderen Stachelbeerblattwespen (Gattung *Nematus*) pflanzt sich diese Art vorwiegend parthenogenetisch fort, die Männchen sind ziemlich selten, es gibt somit auch kein aktives Präpuppenstadium im Entwicklungszyklus.

**Schaden:** Die Larven kommen oft in Büschen vor, die von der Gelben Stachelbeerblattwespe *Nematus ribesii,* Seite 217) befallen sind, aber gewöhnlich nicht in großer Zahl. Bei starkem Befall können die Larven schwere Blattschäden anrichten, doch sind ernste Schäden selten. Sorten mit stark behaarten Blättern werden weniger stark befallen, weil das Ablegen der Eier dort schwieriger ist.

**Bekämpfung:** Eine chemische Bekämpfung ist selten notwendig; falls erforderlich, kann eines der Insektizide verwendet werden, die zur Bekämpfung der Gelben Stachelbeerblattwespe empfohlen werden (s. Seite 218).

***Nematus leucotrochus*** Hartig
Syn. ***consobrinus*** Vollenhoven
Weitverbreitet, aber nicht häufig. Ein wenig wichtiger Schädling an Stachelbeere, kommt gelegentlich auch an Roter und Weißer Johannisbeere vor.

**Beschreibung:** WESPE: 6–7 mm lang; Kopf und Thorax vorwiegend schwarz; Hinterleib orangegelb, aber an der Basis oben schwarz; Beine gelblich; Fühler oben und unten schwärzlich; Flügel glasklar, irisierend, Adern braun. EI: 1,25 mm lang, hell gelblichweiß. LARVE: 15 mm lang; Kopf grün, schwarz gesprenkelt; Körper vorwiegend grün, aber das 1. und die 2 letzten Segmente gelblich; Warzen mit Haaren, jedoch nicht in Gruppen angeordnet wie bei *Nematus olfaciens;* 7 Paar Bauchfüße (Abb. 538). PRÄPUPPE: Kopf blaßbraun; Körper hellgrün, die Segmente des Thorax und die letzten 2 des Abdomens leicht gelblich (Abb. 539).

**Lebensweise:** Im Gegensatz zu *Nematus olfaciens* und *N. ribesii* hat diese Art nur 1 Generation. Die Wespen schlüpfen Anfang Mai und leben etwa 2 Wochen. Nach der Kopulation werden die Eier einzeln auf der Blattoberfläche abgelegt, pro Weibchen 30 bis 40. Nach 10 bis 14 Tagen schlüpfen die Larven, die im Mai und Juni zu finden sind. Innerhalb von 2 oder 3 Wochen sind sie ausgewachsen, dabei durchlaufen die Männchen 4, die Weibchen 5 Larvenstadien, danach folgt ein bewegliches Präpuppenstadium ohne Nahrungsaufnahme. Die Präpuppen dringen einige cm tief in den Boden ein und spinnen dort einen braunen, pergamentartigen Kokon, in dem im Frühjahr die Verpuppung erfolgt, kurz bevor die Wespen schlüpfen.

**Schaden:** Die Junglarven fressen Löcher in die Blattfläche, die nach einigen Tagen den Blattrand erreichen, danach fressen sie den Blatträndern entlang. Die Larven kommen gewöhnlich nur in geringer Zahl vor und die Schäden sind selten von Bedeutung.

**Bekämpfung:** Unnötig.

Abb. 538: Larve der Blattwespe *Nematus leucotrochus*

Abb. 539: Präpuppe von *Nematus leucotrochus*

Abb. 540: Weibchen der Blattwespe *Nematus olfaciens*

***Nematus olfaciens*** Benson
Als Schädling der Schwarzen Johannisbeere weitverbreitet; auch Rote Johannisbeere und Stachelbeere werden befallen. Erst 1952 als selbständige Art erkannt, vorher irrtümlich zu *Nematus ribesii* (Seite 217) gerechnet, die aber nicht an Schwarzer Johannisbeere vorkommt.

**Beschreibung:** WESPE: 5,0–6,5 mm lang; Kopf und Thorax vorwiegend schwarz; Hinterleib hauptsächlich orangegelb, aber an der Basis oben schwarz; Fühler schwärzlich; Beine gelb; Flügel glasklar, Adern braun (Abb. 540). LARVEN: 20 mm lang; Kopf grün, schwarz gesprenkelt; Körper grün, das erste und die beiden letzten Segmente teilweise gelb; mit Ausnahme des letzten Segments stehen die Haare auf schwarzen Warzen, die zu mehreren in deutlichen Gruppen zusammengerückt sind; 7 Paar Bauchfüße (Abb. 541). PRÄPUPPE: In der Farbe zwischen *Nematus leucotrochus* und *N. ribesii* (Abb. 542).

**Lebensweise:** Die Wespen fliegen Ende April und im Mai. Die Eier werden an die Blätter der Schwarzen Johannisbeere und manchmal anderer Ribes-Arten gelegt. Die Larven sind im Mai und Juni zu finden, das Männchen durchläuft 4, das Weibchen 5 Larvenstadien. Die beweglichen Präpuppen verlassen die Büsche und spinnen sich zur Verpuppung einen Kokon im Boden. Die Wespen der nächsten Generation schlüpfen von Ende Juni an, ihre Larven findet man im Juli und August. Gelegentlich tritt eine 3. Generation auf. Die Präpuppen der letzten Generation überwintern in ihren Kokons und verpuppen sich im Frühjahr.

**Schaden:** Die Larven entblättern die Büsche und der Schaden kann sehr schwer sein. Außerdem können Larven zufällig als unerwünschte Verunreinigung ins Erntegut gelangen.

**Bekämpfung:** Gegen die jungen Larven kann eine Spritzung im Mai oder Juni mit Phyrethrum oder Propoxur ausgebracht werden. Wenn es erforderlich ist, sollte diese Behandlung 2 Wochen später wiederholt werden. Für einen guten Bekämpfungserfolg ist es notwendig, daß genügend Wirkstoff in das Innere der Büsche gelangt (am besten im High-Volume-Verfahren sprühen).

***Nematus ribesii*** (Scopoli)

Gelbe Stachelbeerblattwespe

Häufig und weit verbreitet, oft ein gefährlicher Schädling der Stachelbeere. Auch Rote und Weiße Johannisbeere (nicht Schwarze) werden befallen.

**Beschreibung:** WEIBLICHE WESPE: 6–7 mm lang; Kopf schwarz, Körper gelb, am Thorax schwarze Muster; Fühler oben dunkel, unten hell; Flügel durchsichtig, Adern braun (Abb. 543). MÄNNLICHE WESPE: 5–6 mm lang; Kopf und Thorax vorwiegend schwarz; Hinterleib gelb, aber oben vorwiegend schwarz; Fühler oben und unten dunkel. EI: 1,2 mm lang, hell grünlichweiß (Abb. 544). LARVE: 20 mm lang; Kopf glänzend schwarz; Körper grün, aber das 1., ein Teil des 2. und die beiden letzten Segmente orange; Körper mit großen, schwarzen Warzen mit je einem oder mehreren Haaren; Analsegment mit schwarzen Haaren und einem markanten, schwarzen Fleck; Analcerci schwarz; Brustbeine

Abb. 541: Larve der Blattwespe *Nematus olfaciens*

Abb. 542: Letztes Larvenstadium der Blattwespe *Nematus olfaciens*

Abb. 543: Weibchen der Gelben Stachelbeerblattwespe, *Nematus ribesii*

Abb. 544: Eier der Gelben Stachelbeerblattwespe, *Nematus ribesii*

schwarz; 7 Paar Bauchfüße (Abb. 545). PRÄPUPPE: Kopf hell; Körper blaß blaugrün, aber das 1. und die 2 letzten Segmente blaß orange (Abb. 546).

**Lebensweise:** Die ersten Wespen fliegen im April und Mai. Die Eier werden in Reihen auf der Unterseite der Blätter abgelegt und zwar in Einschnitte, die an der Hauptader angebracht werden. Die Larven schlüpfen 8 bis 10 Tage später und leben dann gesellig von den Blättern. Sie entwickeln sich schnell und brauchen dazu nur etwa 3 Wochen. Meist werden die Eier an die unteren Blätter im Innern der Büsche gelegt. Halb ausgewachsen zerstreuen sich die Larven über die ganzen Büsche. Die Männchen durchlaufen 4, die Weibchen 5 Larvenstadien, danach häuten sie sich zur aktiven, aber keine Nahrung aufnehmenden Präpuppe. Diese bohrt sich 10 bis 15 cm tief in den Boden ein und spinnt sich einen etwa 8 bis 10 mm langen, ovalen, dunkelbraunen und pergamentartigen Kokon. Nach rund 1 Woche verpuppt sie sich und nach etwa einer weiteren Woche schlüpfen die Wespen der nächsten Generation. Die Larven kann man von Mai bis Oktober finden, es gibt aber deutlich 3 Generationen: Mai/Juni, Juli und August/September. Die Präpuppe der Herbstgeneration überwintert in ihrem Kokon und verpuppt sich im Frühjahr.

**Schaden:** Die Junglarven fressen, obwohl sie gesellig leben, einzelne Löcher in die Blattfläche (Abb. 545). Solche Blätter sehen wie durchschossen aus, aber bald ist die ganze Blattfläche (mit Ausnahme der Mittelader) aufgefressen. Der Erstbefall erfolgt hauptsächlich tief unten in der Mitte der Büsche. Die Larven fressen gierig und befallene Büsche sind schnell kahlgefressen. Es werden meist Büsche in Gärten und junge, 2 oder 3 Jahre alte Büsche befallen.

**Bekämpfung:** Verschiedene Insektizide sind wirksam, beispielsweise Bromophos, Dimethoat, Endosulfan, Pyrethrum und Propoxur. Eine Spritzung (am besten in High-Volume Technik) sollte im Mai oder Juni ausgebracht werden, einmal, wenn die Larven zu schlüpfen begonnen haben und ein 2. Mal 2 Wochen später. Bei schwächerem Befall ist 1 Spritzung ausreichend, wenn sie ausgeführt wird, nachdem alle Larven geschlüpft sind. Es ist wichtig, das Innere der Büsche gründlich zu spritzen.

A

Abb. 545: Larven der Gelben Stachelbeerblattwespe, *Nematus ribesii* A: Larve in frühem Entwicklungsstadium an Stachelbeerblatt

Abb. 546: Letztes Larvenstadium der Gelben Stachelbeerblattwespe *Nematus ribesii*

# Unterordnung Apocrita

Die Angehörigen der Apocrita sind an einer engen, taillenförmigen Einschnürung (Petiolus) zwischen Thorax und Abdomen („Wespentaille“) zu erkennen. Die Larven (Maden) sind weißlich und ohne Füße, haben aber einen gut entwickelten Kopf. Die Unterordnung wird in 2 Hauptgruppen aufgeteilt: Die Terebrantes (oder Parasitica), zu denen viele wichtige Parasiten von Fruchtschädlingen gehören (Kapitel 10) und die Aculeata (Ameisen, Bienen, Echte Wespen). Die Bienen, sowohl die sozial als auch die solitär lebenden, sind nützlich für die Bestäubung und somit von größter Bedeutung für die Obstbauern. Ein paar Angehörige der Apocrita gelten jedoch als Nebenschädlinge von Obstgewächsen.

Abb. 547: Ameise an Blütenknospen des Apfels

## Familie Formicidae
Ameisen

Die Ameisen steigen oft auf die Obstbäume oder -büsche, um den von Blattläusen oder Blattsaugern ausgeschiedenen Honigtau zu sammeln. Seltener verbeißen sie die jungen Blättchen und Knospen (Abb. 547); dieser Schaden ist aber ohne Bedeutung und wird meist bei trockenem Wetter beobachtet. Auch können die Ameisen Apfelblüten dadurch beschädigen, daß sie einige Blütenblätter aufbeißen, um an die Nektarien zu gelangen und dort Nektar zu holen. Solche Schäden sind offenbar auf bestimmte Sorten beschränkt und auch auf besonders trockene Wetterbedingungen. Die Arbeiterinnen der Schwarzgrauen Wegameise, *Lasius niger* (Linnaeus), sind oft die Missetäter, aber auch andere Arten können daran beteiligt sein.

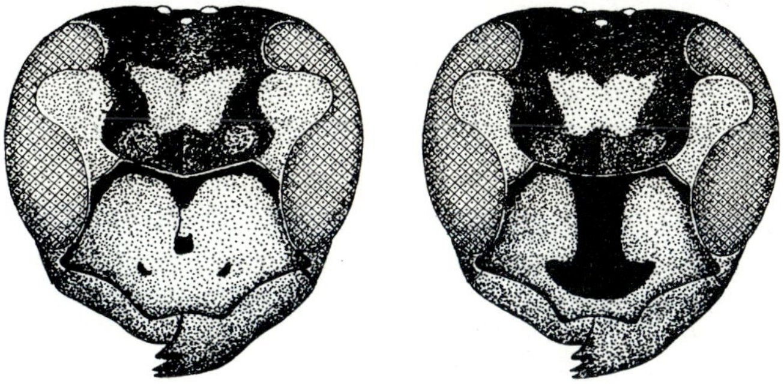


Abb. 548: Kopf weiblicher Wespen; a: *Vespula germanica*, B: *Vespula vulgaris*

## Familie Vespidae
Soziale Faltenwespen

***Vespula germanica*** (Fabricius) (= ***Paravespula*** Blüthgen)
Deutsche Wespe
Häufig und weit verbreitet, die Arbeiterinnen verursachen oft Schäden an Apfel, Birne, Pflaume, Weintrauben und anderen Früchten. Während des Frühjahrs und Sommers aber, wenn sie schädliche Raupen und andere Schädlinge vertilgen, sind sie oft nützlich für den Obstbauern.

**Beschreibung:** KÖNIGIN: 20 mm lang; leuchtend schwarz und gelb; mit Wespentaille, einem spitz zulaufenden Hinterleib und einem Stachel; Flügel lang, schmal und ziemlich dunkel; Clypeus (unterer Teil der Stirn) mit 2 schwarzen Punkten (Abb. 548 A). ARBEITERIN: Der Königin ähnlich, aber kleiner. MÄNNCHEN: 15–18 mm lang; dem Weibchen (Königin und Arbeiterin) ähnlich, Hinterleib aber nicht so spitz zulaufend und ohne Stachel, Fühler deutlich länger.

**Lebensweise:** Die jungen, befruchteten Königinnen überwintern in den verschiedensten Verstecken. Im Frühjahr tauchen sie wieder auf und fangen an, aus mit Speichel vermischtem, zerkautem Holz Nester zu bauen, sobald sie dafür einen geeigneten Platz, beispielsweise eine kleine Höhle im Boden, gefunden haben. Das neue Nest besteht gewöhnlich aus 4 abwärtsgerichteten Papierzellen, die in einer durchscheinenden, grauen Überdachung aufgehängt sind. In jede Zelle wird ein Ei gelegt, die geschlüpften Larven werden vorwiegend mit Eiweißnahrung gefüttert, beispielsweise mit toten Insekten. Wenn sie ausgewachsen sind, verschließen sie ihre Zellen und verpuppen sich. Bald schlüpfen die Arbeiterinnen und helfen ihrer Mutter bei den verschiedenen Arbeiten. Die Zahl der Brutzellen nimmt ständig zu und die äußere Hülle wird ebenfalls erweitert, so daß das ganze Nest schließlich die Größe eines Fußballs annimmt. In einer erfolgreichen Kolonie haben sich einige Tausend Arbeiterinnen entwickelt und später, im Sommer, entwickeln sich auch Männchen und junge Königinnen. Im Gegensatz zu den Larven fressen die erwachsenen Wespen hauptsächlich Kohlehydrate, beispielsweise Nektar und verschiedene andere süße Substanzen wie Honigtau oder Fruchtsäfte. Besonders zahlreich kommen sie im Sommer und Frühherbst an solche Futterquellen, wenn ihre Population den Höhepunkt erreicht hat. Im Herbst nimmt die Zahl der Wespen in den Kolonien langsam ab, weil die alten Königinnen und die Männchen sterben und nur die jungen, befruchteten Königinnen den Winter überleben.

**Schaden:** Der Hauptschaden wird im Sommer und Herbst angerichtet, wenn zahlreiche Wespen, meist Arbeiterinnen, gierig an reifen und überreifen Früchten fressen (Abb. 549). Der Fraß konzentriert sich auf Früchte, die vorher von Vögeln oder aus anderen Gründen beschädigt wurden oder auf solche, die rissig sind. Wo jedoch einmal eine Futterquelle vorhanden ist, werden auch gesunde Früchte beschädigt (besonders Äpfel mit weichem Fruchtfleisch, Weintrauben und spätreifende Erdbeeren). Wespen kommen manchmal in die Obstanlagen, um Honigtau zu fressen und sie erscheinen oft in riesiger Zahl an Weiden in Windschutzhecken, die von der Großen Weidenblattlaus, *Tuberolachnus salignus* (Gmelin), besiedelt sind; Fruchtschäden auf Bäumen in der Nähe solcher Hecken sind oft schwer. Die Anwesenheit von Wespen in den Obstanlagen während der Obsternte ist auch für die Pflücker gefährlich und sollte verhindert werden, auch wenn die Schäden auf Fallobst und bereits vorher beschädigte Früchte beschränkt sind.

**Bekämpfung:** Die besten Erfolge werden durch die systematische Zerstörung der Nester erzielt. Die Vernichtung einzelner Wespen, auch der überwinterten Königinnen, ist erfolglos. Zerstörung der Nester: Während der Dämmerung kann in das Nest Tetrachlorkohlenstoff eingespritzt und der Eingang mit Erde verschlossen werden. Auch kann Pyrethrum-Staub in oder an der Eingangsöffnung ausgestreut werden, wenn die Wespen sehr aktiv sind und abends die Arbeiterinnen heimkehren und der Staub aufgewirbelt und ins Innere des Nests getragen wird (man kann dazu einen an einen langen Stock gebundenen Löffel benützen). Wenn sich das Nest hinter Mauerwerk befindet, kann die Umgebung des Eingangs mit einer hochkonzentrierten Insektizidlösung bestrichen werden.

A

B

Abb. 549: Wespen an reifen Früchten; A: Apfel, B: Pflaume

Abb. 550: Arbeiterin der Gemeinen Wespe, *Vespula vulgaris*

***Vespula vulgaris*** (Linnaeus) (= ***Paravespula*** Blüthgen)
Gemeine Wespe

Diese häufige Wespe (Abb. 550) ist in Obstanlagen ebenfalls oft schädlich, ihr Entwicklungszyklus und ihre Lebensweise ist gleich wie bei *Vespula germanica*. Die beiden Arten können durch kleine, aber nicht immer deutliche Unterschiede des schwarzen Musters auf dem Hinterleib und den Vergleich der schwarzen Zeichnung auf dem Clypeus unterschieden werden; letztere hat bei *V. vulgaris* die Form eines breiten, beilförmigen Flecks (Abb. 549 B).

**Bekämpfung:** Wie bei *Vespula germanica* (siehe oben).

# 8 Milben

Milben kommen in großer Zahl im Boden vor und spielen beim Abbau organischer Substanzen eine wesentliche Rolle. Viele Arten aber sind Vorratsschädlinge oder Pflanzenschädlinge, auch im Obstbau, einige von ihnen übertragen Viruskrankheiten. Andere leben räuberisch und können in Obstanlagen oder in anderen Pflanzungen für den Bauern von beträchtlichem Nutzen sein (Kapitel 10).

## Ordnung Prostigmata

Milben, bei denen sich die Stigmen (Atemöffnungen) zwischen den Cheliceren befinden und die auf dem Propodosoma 1 oder 2 Paar sensorische Trichobothrien (Tasthaare) tragen. Zu dieser Ordnung gehören die meisten der phytophagen Milben.

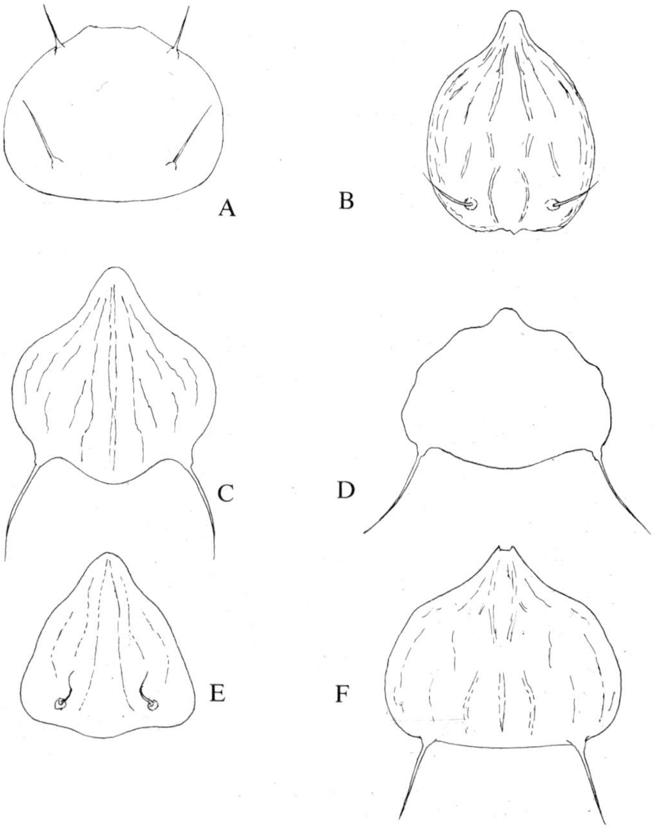


Abb. 551: Prodorsalschild der Eriophyidae:
A: *Phytocoptella avellanae*,
B: *Phytoptus pyri*, C: *Acalitus essigi*,
D: *Acalitus phloeocoptes*,
E: *Phyllocoptes gracilis*,
F: *Aculus schlechtendali* (Protogyne)

### Familie Phytoptidae
Gallmilben

Winzige, wurst- oder birnförmige Milben mit 2 Beinpaaren; Beine mit verästelter Federklaue; Körper mehr oder weniger geringelt, mit deutlichem Prodorsalschild, der 3 oder 4 Borsten trägt; Federklauen einfach. Eier winzig, oval und durchscheinend. Die Nymphen ähneln gewöhnlich den Adulten, sind aber kleiner.

***Phytocoptella avellanae*** (Nalepa)
Haselnußknospengallmilbe
Häufig und weit verbreitet an Hasel, jedoch von geringer Bedeutung.

**Beschreibung:** ADULTES WEIBCHEN: 0,25–0,3 mm lang; Körper länglich, weißlich und fein quergestreift, gleich viele Tergite wie Sternite; Prodorsalschild mit je einem Paar frontaler und dorsaler Borsten (Abb. 551 A). PROTONYMPHE und WINTER-DEUTONYMPHE: Ähnlich dem adulten Weibchen, nur kleiner. SOMMER-DEUTONYMPHE: Körper flach mit wenigen Tergiten, diese sehr breit mit seitlichen Fortsätzen.

**Lebensweise:** Während der Wintermonate können alle Entwicklungsstadien der Milbe in den vergrößerten Knospen („Rundknospen") gefunden werden (Abb. 552). Die Milben kommen auch an den weiblichen Blüten und den männlichen Kätzchen vor. Im März und April wandern die adulten Weibchen auf die Blattunterseite und legen dort ihre Eier ab. Aus ihnen schlüpfen die aktiven Protonymphen, die sich schließlich zu den mehr oder weniger seßhaften Deutonymphen häuten, die normalerweise längs der Blattadern zu finden sind. Im Juli häuten sich diese ungewöhnlichen Deutonymphen (siehe obige Beschreibung) zu normalen Adulten, die in neue Endknospen eindringen. Befallene Knospen beginnen bald anzuschwellen und die „Rundknospen" fallen vom September an auf. Die Fortpflanzung setzt sich während des Herbstes und Winters in den Knospen fort.

**Schaden:** Befallene Knospen schwellen an und öffnen sich nicht. Sie sind fleischig und enthalten warzige Innenräume und eine Menge dichtgepackter Haare. Befallene weibliche Blüten können absterben und befallene Kätzchen werden verformt und brüchig und geben wenig Pollen. Durch den Befall treiben die Triebspitzen nicht aus, was aber den Ertrag nur wenig beeinflußt.

**Bekämpfung:** Unnötig.

Abb. 552: Haselnußknospengallmücke, *Phytocoptella avellanae,* Gallen (Rundknospen) an Hasel

## Familie Eriophyidae

Gall- und Rostmilben

Die Eriophyidae sind den Phytoptidae ähnlich, doch haben sie auf dem Dorsalschild nur 2 Borsten oder gar keine, die Federklauen sind entweder einfach oder geteilt.

***Cecidophyopsis ribis*** (Westwood)

Johannisbeergallmilbe

Weitverbreitet und häufig. Ein wichtiger Schädling und Virusüberträger an Schwarzer Johannisbeere; kommt auch an Stachelbeere, Roter und Weißer Johannisbeere vor.

**Beschreibung:** ADULTES WEIBCHEN: 0,25 mm lang; Körper weißlich, länglich und fein quergestreift, Zahl der Tergite und Sternite gleich groß; Prodorsalschild ohne Borsten (Abb. 553).

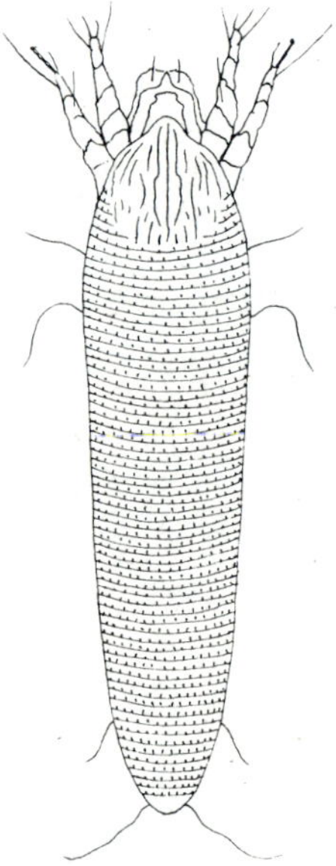

Abb. 553: Johannisbeergallmilbe, *Cecidophyopsis ribis*

**Lebensweise:** Die Milben leben und vermehren sich in den Knospen der Schwarzen Johannisbeere und verursachen dadurch die Bildung der „Rundknospen" (Abb. 554). Ende März oder im April, zur Zeit des Austriebs der Blütenknospen, tauchen sie in großer Zahl außerhalb der Knospen auf. Sie kriechen dann von Blatt zu Blatt und von Zweig zu Zweig und werden auch von Regen und Wind oder durch Insekten weit verschleppt. Diese Zeit der Ausbreitung kann sich bis Juni oder Juli erstrecken, hat aber ihren Höhepunkt im Mai vom Beginn der Blüte bis zum Beginn der Ausbildung der Beeren. Im Juni oder Anfang Juli dringen die Milben in die neuen Knospen ein und die Eiablage beginnt. Die Entwicklung der Eier und Nymphen erfolgt sehr schnell, die Milben leben im Schutz der anschwellenden Knospen von deren Gewebe. Im September erreicht die Vermehrung einen Höhepunkt und beginnt, nach einer Pause zu Anfang des Winters, im Januar erneut und erreicht im Vorfrühling einen 2. Höhepunkt. Zu dieser Zeit können sich in einer einzigen Knospe mehrere Tausend Milben aufhalten. Im Frühjahr können die Milben auch die Vegetationspunkte der jungen Triebspitzen befallen.

Abb. 554: Johannisbeergallmilbe, *Cecidophyopsis ribis,* Gallen (Rundknospen) an Schwarzer Johannisbeere

**Schaden:** Befallene Knospen der Schwarzen Johannisbeere beginnen sich während des Sommers zu vergrößern, sie werden bald rundlich und verdreht; ganz auffällig werden sie nach dem Blattfall. Im folgenden Frühjahr schwellen sie weiter an, ergeben aber, obwohl sie sich öffnen, weder Blätter noch Blüten. Es gibt Rundknospen mit einem Durchmesser von 15 mm und mehr; sie bleiben bis Juni oder Juli an den Büschen, schließlich vertrocknen sie und sterben ab. Es ist möglich, daß einige befallene Knospen nicht anschwellen, sondern nur vertrocknen, gewöhnlich ist das beim Befall von Stachelbeere und Roter oder Weißer Johannisbeere der Fall[1]. Die Blätter, die sich an befallenen Endtrieben entwickeln, sind oft stark mißgebildet und die Hauptabschnitte der Blattspreite haben einen rundlichen Umriß. Schwerer Befall von Knospen und Trieben beeinflußt die Entwicklung der Büsche und vermindert den Ertrag. Von größerer Bedeutung ist aber die Rolle dieser Milbe als Überträger des „Brennesselblatt"-Virus. Das Einschleppen dieser Krankheit kann die Wirtschaftlichkeit einer Pflanzung in Frage stellen. Befallene Büsche neigen zu starkem Wachstum, der Ertrag aber verringert sich beträchtlich.

**Bekämpfung:** SCHWARZE JOHANNISBEERE IM ERTRAG: Für eine chemische Bekämpfung sind zur Zeit keine Pflanzenschutzmittel zugelassen. Lediglich bei Roter Johannisbeere und Stachelbeeren kann bei Befall mit Endosulfan behandelt werden, das 1. Mal beim Öffnen der Blüten, das 2. Mal 14 bis 18 Tage später und das 3. Mal bei Beginn des Fruchtansatzes (meist 10 bis 14 Tage nach der 2. Spritzung). Die Wartezeit beträgt 21 Tage (bei Schwarzer Johannisbeere 90 Tage, deshalb keine Anwendung möglich). Im Hausgarten oder in kleineren Anlagen können die Rundknospen im Laufe des Winters und Frühjahrs herausgebrochen und vernichtet werden. Wirksam wären auch Spritzungen mit Netzschwefel, die jedoch von manchen Sorten nicht vertragen werden. SCHWARZE JOHANNISBEERE IN BAUMSCHULEN (nicht im Ertrag): Spritzungen mit Endosulfan ab Austrieb im Abstand von 10 bis 14 Tagen (insgesamt bis zu 5 Behandlungen).

### *Cecidophyopsis vermiformis* (Nalepa)

Diese Art überwintert (als Inquiline) in den von der Haselnußknospengallmilbe (s. Seite 221) verursachten Rundknospen, besitzt jedoch keine Borsten auf dem Prodorsalschild, was eine Unterscheidung ermöglicht. Während des Sommers lebt diese Milbe auf der Unterseite der Blätter, verursacht aber nur Mißbildungen der Blatthaare und ist deshalb bedeutungslos.

### *Anthocoptes ribis* Massee

Diese Milbe ist eine Inquiline (Mitbewohner) der von der Johannisbeergallmilbe (s. Seite 222) verursachten Rundknospen. Sie besitzt 1 Paar Borsten auf dem Prodorsalschild, die auf Warzen an dessen Hinterrand stehen und hat nur wenige, vorwiegend sehr breite, Tergite.

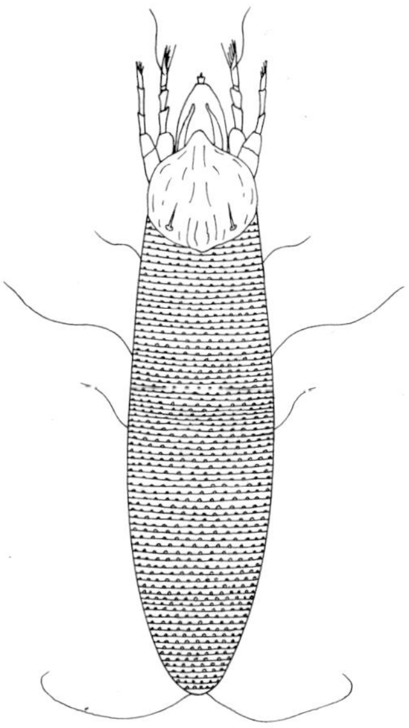

Abb. 555: Rebenblattfilzmilbe, *Colomerus vitis*

### *Colomerus vitis* (Pagenstecher)
Rebenblattfilzmilbe

In vielen Teilen der Welt weit verbreitet und im Zusammenhang mit dem Weinbau häufig. In Nordeuropa nicht häufig, aber gelegentlich aus Rebschulen als weniger wichtiger Schädling gemeldet; kommt auch in Weingärten vor.

**Beschreibung:** ADULTES WEIBCHEN: 0,16–0,2 mm lang; Körper weißlich bis cremefarben; Prodorsalschild mit einem Paar mäßig langer, nach vorn gerichteter Borsten, die auf Warzen in der Nähe des Hinterrandes stehen (Abb. 555).

**Lebensweise:** Die Milben überwintern unter Knospenschuppen. Im Frühjahr wandern sie auf die Blätter über und leben dort in filzähnlichen Massen von Haaren, die in Gallen auf der Unterseite der Blätter gebildet werden. Während des Sommers entwickeln sich mehrere Generationen, bis die Milben schließlich die Blätter verlassen und ihre Winterquartiere aufsuchen.

**Schaden:** Es sind 3 physiologisch unterschiedliche Formen dieser Milbe bekannt: Eine Knospen-Form, eine Blattverkräuselungsform und eine gallbildende Form. In England ist nur der letztgenannte Stamm gemeldet. Dieser verursacht auf der Blattunterseite Filzgallen von einigen Millimetern Durchmesser

[1] Ein solcher Befall wird einem Stamm von *C. ribis* zugeschrieben, der keine Gallen bildet und dessen Milben an den grünen Knospenschuppen leben.

(Abb. 556). Die Gallen sind zuerst weißlich, werden dann gelblich und später rot- bis dunkelbraun. Durch das Entstehen großer Blasen, die schließlich rotbraun werden, ist ihre Lage von der Blattoberseite her zu erkennen (Abb. 557). Stark befallene Blätter verkräuseln, aber das ist von geringer Bedeutung. Einige Sorten sind resistent gegen den Befall durch diese Milbe.

**Bekämpfung:** Wenn zur Bekämpfung des Mehltaus Schwefel verwendet wird, wirkt dieser wahrscheinlich ausreichend.

Abb. 556: Rebenblattfilzmilbe, *Colomerus vitis,* Gallen an Weinblatt

***Phytoptus pyri*** Pagenstecher
Birnenpockenmilbe
Weitverbreitet und oft häufig als weniger wichtiger Schädling der Birne, gelegentlich auch des Apfels.

**Beschreibung:** Adultes Weibchen: 0,2–0,24 mm lang; Körper schmal und länglich, weißlich bis hellbraun; Prodorsalschild mit einem Paar langer, nach vorn gerichteter Borsten, die auf Warzen in der Nähe des Hinterrandes stehen (Abb. 551 B).

Abb. 557: Rebenblattfilzmilbe, *Colomerus vitis,* Gallen an Weinblättern

**Lebensweise:** Männchen und Weibchen dieser Art überwintern unter den äußeren Knospenschuppen. Sie werden im Frühjahr beim Schwellen der Knospen aktiv und dringen tiefer in diese ein, um an den inneren Knospenschuppen zu saugen und an deren Basis Eier abzulegen. Später ernähren sich die Milben an den Blättern und an den sich entwickelnden Blütenknospen. Zuerst halten sich die Milben vorwiegend auf der Blattunterseite auf und verursachen dort die Bildung von Pusteln. Nach dem Absterben des Gewebes unter den meist oberflächlichen Pocken können die Milben aber ins Blatt eindringen. Dort werden ausgeprägte, taschenartige Gallen gebildet, deren jede einen kleinen Ausgang besitzt. In diesen Gallen erfolgt den ganzen Sommer hindurch die Vermehrung. Gelegentlich werden ältere Gallen verlassen, wenn sie abgestorben und damit unbewohnbar geworden sind. Junge adulte Milben verteilen sich oft über die Jungtriebe und verursachen dort neue Pocken, die sich ebenso zu Gallen entwickeln. Auch Früchtchen können von den Milben befallen werden. Im Herbst endet die Vermehrung und die jungen Adulten suchen ihre Winterquartiere an den Knospen auf.

Abb. 558: Birnenpockenmilbe, *Phytoptus pyri,* Schadbild an Birnblättern

**Schaden:** Im Frühjahr werden die Gallen sichtbar, sobald sich die Blätter entfalten. Zunächst sehen die Gallen wie grünliche Pickel aus, die sich bald gelblich verfärben und später zu rötlichen Blasen von 2 bis 4 mm Durchmesser an der Blattunterseite werden (Abb. 558). Besonders zahlreich sind sie auf beiden Seiten der Mittelader; wenn der Befall zunimmt, können sie aber den größten Teil der Blattfläche bedecken. Diese Blasen werden schließlich braun und dann schwarz, stark befallene Blätter sterben ab und fallen zu Boden. Der Befall kann sich auf die jungen Früchtchen und auf die Fruchtstiele ausdehnen, die dann rötliche, braune oder schwarze Punkte aufweisen. Befallene Früchtchen sind oft verdreht und fallen vorzeitig ab.

**Bekämpfung:** Wirksam sind 2 bis 3 Spritzungen mit Endosulfan im Abstand von 10 Tagen ab Beginn des Austriebs.

***Phytoptus similis*** (Nalepa)
Pflaumenblatt-Beutelgallmilbe
Weitverbreitet, aber nicht häufig. Gelegentlich ein wenig wichtiger Schädling der Pflaume; kommt auch an Vogelkirsche und Schlehe vor.

**Beschreibung:** ADULTES WEIBCHEN: 0,2 mm lang; Körper weißlich; Prodorsalschild mit einem Paar kurzer, einwärts gerichteter Borsten, die auf Warzen in der Nähe des Hinterrandes stehen.

**Lebensweise:** Die Weibchen überwintern unter Knospenschuppen oder in Rindenrissen. Im Frühjahr gehen sie an die jungen Blätter; auch Blüten oder junge Früchtchen können befallen werden. An den Blättern entstehen charakteristische Gallen, in denen sich die Milben entwickeln. Während des Sommers gibt es mehrere, sich überschneidende Generationen. Die Entwicklung vom Ei bis zur adulten Milbe dauert, je nach Temperatur, 2 bis 5 Wochen. In den Gallen sind alle Entwicklungsstadien und beide Geschlechter zu finden; vor dem Blattfall suchen die Weibchen ihre Winterverstekke auf.

**Schaden:** Die Gallen sind beutelförmig und treten oft gehäuft entlang der Mittelader oder an den Blatträndern auf (Abb. 559). Sie sind an der Blattoberseite gelb, weißlich oder rosa, aber auf der Unterseite grünlich mit rotem Anflug und ein wenig behaart. Bei dichtem Besatz können sie eine leichte Verdrehung der Blattfläche bewirken, was aber ziemlich harmlos ist. Milbenschäden direkt an den Früchten können aber erheblich sein, weil deren Oberfläche dann sehr uneben wird, es entstehen erhöhte und eingesunkene Zonen. Einige Sorten sind resistent gegen Befall, andere sehr anfällig.

**Bekämpfung:** Gewöhnlich nicht notwendig, ausgenommen bei Bäumen mit schweren Fruchtschäden, dort kann ab Austriebsbeginn 2 Mal mit Endosulfan gespritzt werden.

Abb. 559: Pflaumenblatt-Beutelgallmilbe, *Phytoptus similis,* Gallen an Pflaumenblättern

Abb. 560: Pflaumenblatt-Gallmilbe, *Phytoptus padi,* Gallen an Pflaumenblättern

***Phytoptus padi*** (Nalepa)
Pflaumenblatt-Gallmilbe
Bezüglich der Verbreitung, des Aussehens und der Lebensweise ist diese Art der Pflaumenblatt-Beutelgallmilbe sehr ähnlich, kommt aber weniger häufig vor. Sie verursacht rote bis dunkelrote, fingerförmige Gallen auf der Oberseite der Pflaumenblätter. Die Gallen stehen oft in größerer Zahl sehr dicht nebeneinander, doch verursacht das nur eine geringe oder überhaupt keine Blattkräuselung (Abb. 560).

***Eriophyes erineus*** (Nalepa)
Walnußfilzgallmilbe
An Walnuß sehr häufig, aber von geringer oder ohne Bedeutung.

**Beschreibung:** ADULTES WEIBCHEN: 0,2–0,24 mm lang, Körper weißlich und langgestreckt; Prodorsalschild mit einem Paar mäßig langer, von Warzen in der Nähe des Hinterrandes ausgehender, nach hinten gerichteter Borsten.

**Lebensweise:** Die Weibchen überwintern unter Knospenschuppen. Im Frühjahr wandern sie auf die Blätter über und halten sich dort auf der Unterseite zwischen den Blatthaaren auf, wo auffällige Gallen entstehen, in denen alle Entwicklungsstadien und Geschlechter zu finden sind. Während der Sommermonate gibt es einige sich überschneidende Generationen und neue Blätter werden gleich nach ihrem Erscheinen befallen. Vor dem Laubfall suchen die Weibchen ihre Überwinterungsplätze unter Knospenschuppen auf.

**Schaden:** Auf der Unterseite der befallenen Blätter entstehen große, rötliche Beulen, deren jede eine große Menge filzartiger Haare enthält, die von oben zu sehen sind (Abb. 561). Solche Gallen entstehen oft an sämtlichen Blättern eines Baumes, anscheinend aber haben sie keinerlei Einfluß auf das Wachstum und auf den Ertrag desselben. Stark befallene Baumschulpflanzen können allerdings verunstaltet werden.

**Bekämpfung:** Unnötig.

Abb. 561: Walnußfilzgallmilbe, *Eriophyes erineus*, Gallen an Walnuß

***Acalitus essigi*** (Hassan)

Brombeermilbe

Weitverbreitet und häufig an wildwachsenden Brombeeren und manchmal bei angepflanzten Brombeeren schädlich.

**Beschreibung:** ADULTES WEIBCHEN: 0,16–0,18 mm lang; Körper weißlich und langgestreckt; Prodorsalschild geriffelt und mit einem Paar langer, nach hinten gerichteter Borsten, die auf Warzen in der Nähe des Hinterrands stehen (Abb. 551 C).

**Lebensweise:** Die Milben überwintern in geringer Zahl unter Knospenschuppen und in Fruchtmumien an jungen Ruten des Vorjahres. Im März und April kommen sie aus ihren Winterquartieren und halten sich zwischen den Haaren der Blattstiele und der Blattunterseite auf. Sie vermehren sich sehr stark, wenn die Temperatur ansteigt und es gibt einige sich überlappende Generationen während des Sommers. Zur Blütezeit befallen sie die Blüten und saugen an den sich entwickelnden Teilfrüchtchen, hauptsächlich an jenen, die an der Fruchtbasis durch die Kelchblätter geschützt sind. Vom Herbst an nimmt die Populationsdichte stark ab, weil die natürliche Sterblichkeit zu dieser Zeit sehr groß ist und es gelangen daher nur wenige Tiere zu ihren Winterverstecken an den Knospen.

Abb. 562: Brombeermilbe, *Acalitus essigi*, Schadbild an Brombeere

**Schaden:** Die Milben sind an den Blättern und Blüten harmlos, aber durch die beim Saugen in die Teilfrüchtchen ausgeschiedenen Toxine reifen die Früchte ungleichmäßig. Die befallenen Früchtchen bleiben rot odere rotgrün und hart (Abb. 562). Solche unreifen Früchtchen gibt es am häufigsten an der Basis der Beeren, von denen nur ein Teil der Einzelfrüchtchen die übliche schwarze Farbe reifer Früchte erlangt. Die Fruchtschäden in einer Brombeerpflanzung nehmen während der Erntezeit zu und spätreifende Sorten neigen zu einem stärkeren Befall.

**Bekämpfung:** Spritzungen mit Endosulfan Ende April oder Anfang Mai und im Abstand von 10 bis 14 Tagen noch zweimal bis zum Beginn der Blüte. Die Bekämpfung dürfte nicht in jedem Jahr notwendig sein.

***Acalitus phloeocoptes*** (Nalepa)
Pflaumenrinden-Gallmilbe
Diese stellenweise vorkommende Art wird manchmal an Pflaume gefunden, ist aber kein ernstzunehmender Schädling.

**Beschreibung:** ADULTES WEIBCHEN: 0,13–0,15 mm lang, Körper weißlich und langgestreckt; Prodorsalschild glatt mit einem Paar langer, nach hinten gerichteter Borsten, die auf Warzen am Hinterrand stehen (Abb. 551 D).

**Lebensweise:** Im Frühjahr befallen die adulten Weibchen die noch geschlossenen Knospen und saugen unter den basalen Knospenschuppen. Dabei werden Anschwellungen verursacht, die von Mai an deutlich sichtbar werden. Dann beginnen die Weibchen ihre Eier in Hohlräume dieser Gallen zu legen. Die Entwicklung erfolgt weiterhin in den Gallen und erfordert, abhängig von der Temperatur, 3 bis 4 Wochen vom Ei bis zur adulten Milbe. Die Gallen werden mit zunehmendem Alter härter und die überlebenden Weibchen bleiben den Winter über darin eingeschlossen und wandern schließlich im Frühjahr durch Risse im toten, trockenen Gewebe nach außen.

**Schaden:** Die Gallen sind bräunlich, mehr oder weniger rund und haben einen Durchmesser von 1–2 mm, später werden sie warzenähnlich. Sie stehen gewöhnlich in dichten Gruppen von bis zu 30 Gallen rund um die Basis der Neutriebe (Abb. 563). Die Gallen sind durch fleischige Wände aus oft purpurfarbenen oder rötlichen Zellen in mehrere Kammern unterteilt und von einer äußeren Schutzwand umgeben, die oft trocknet und verkorkt. Der Befall scheint harmlos zu sein.

**Bekämpfung:** Unnötig.

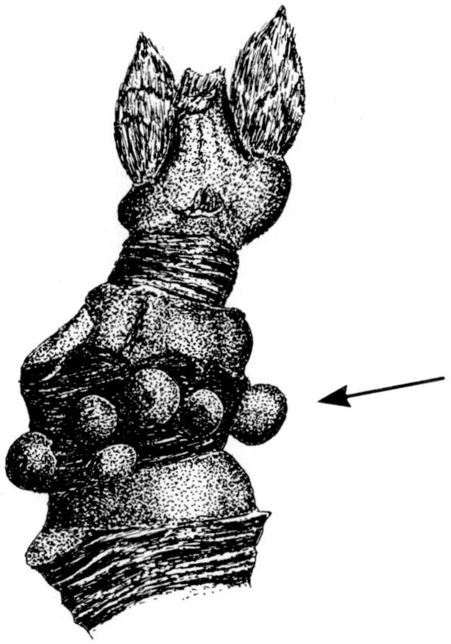

Abb. 563: Pflaumenrinden-Gallmilbe, *Acalitus phloeocoptes,* Gallen an Pflaume

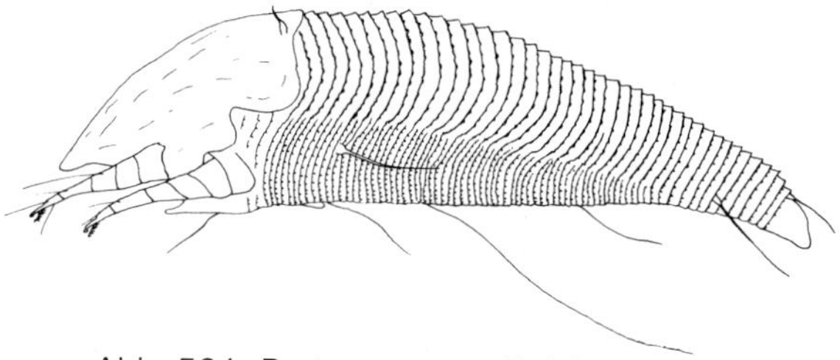

Abb. 564: Protogyne von *Epitrimerus piri*

Abb. 565: Deutogyne von *Epitrimerus piri*

***Epitrimerus piri*** (Nalepa)
Syn. ***pyri*** (Nalepa)
Weitverbreitet an Birne, der Befall nimmt zu, wahrscheinlich, weil nach der Einführung nichtakarizider Fungizide praktisch keine Schwefelkalkbrühe mehr verwendet wird.

**Beschreibung:** PROTOGYNE: (Sommer-Weibchen): 0,14–0,16 mm lang; Körper gelblich und ziemlich flach, mit einem Kamm in der Rückenmitte; Prodorsalschild mit einem Paar kurzer, einwärtsgerichteter Borsten auf Warzen am Hinterrand; Prodorsalschild mit ausgeprägtem Vorderlappen; Körper mit winzigen Wärzchen bedeckt (Abb. 564). DEUTOGYNE: (Winter-Weibchen): Ähnlich der Protogyne, aber kleiner; Prodorsalschild mit kleinem Vorderlappen, Körper ohne Wärzchen (Abb. 565).

**Lebensweise:** Diese Art ist deuterogen.[1] Deutogyne überwintern hinter Knospenschuppen, hauptsächlich an den kleinen, permanent schlafenden Knospen der Kurztriebe an den Hauptästen. Einige Deutogyne überwintern auch unter lockeren Rindenschuppen oder in Blatt- und Fruchtknospen. Im Frühjahr erscheinen sie, beginnen an den beim Abfallen der Schuppen frisch entstandenen Narben rund um die Basis der austreibenden Fruchtknospen zu saugen und dort Eier zu legen. Auch auf die Blüten wandern einige Milben über und später befallen sie die Blätter. Die Milben sind freilebend (sie bilden keine Gallen) und halten sich vorwiegend an der Blattunterseite auf. Sie kommen aber auch auf Früchten vor, hauptsächlich in der Umgebung der Kelchgrube unter den Resten der Kelchblätter. Aus den von den Deutogynen gelegten Eiern entwickeln sich Männchen und Protogyne. Es gibt mehrere sich überlappende Generationen im Jahr und die Entwicklung vom Ei bis zur adulten Milbe dauert, abhängig von der Temperatur, 1 bis 2 Wochen oder auch weniger. Die Entwicklung der primären Formen dauert bis zum September, aber es entstehen den ganzen Sommer hindurch in zunehmender Zahl auch die überwinternden Deutogynen. Von Juli an, wenn die Blätter härter werden, dringen die überwinternden Milben in die Knospen ein.

**Schaden:** Bei starkem Befall wird die Blattunterseite bräunlich, auch können die befallenen Früchte berostet werden, wobei der Schaden um die Kelchgrube herum auftritt. Auf dem europäischen Festland sind die von dieser Milbe verursachten Schäden schwerer als in Großbritannien.

**Bekämpfung:** Eine chemische Bekämpfung ist selten erforderlich, wenn notwendig, sollte eine Spritzung mit Endosulfan am Ende der Blüte ausreichen.

***Phyllocoptes gracilis*** (Nalepa)
Himbeeerblattmilbe
Ein weitverbreiteter und oft häufiger Himbeerschädling; auch Brombeere wird befallen, ist aber als Wirtspflanze von geringerer Bedeutung.

**Beschreibung:** Adultes Weibchen: 0,11–0,13 mm; Körper bräunlich und langgestreckt, Prodorsalschild mit einem Paar Borsten mittlerer Länge, die auf Warzen in der Nähe des Hinterrandes stehen (Abb. 551 E).

[1] Deuterogene Arten haben 2 Formen adulter Weibchen, Protogyne und Deutogyne, die sich morphologisch und physiologisch unterscheiden. Die weibliche Protogyne und das Männchen sind die ursprünglichen Formen; die sich normalerweise fortpflanzen. Für Deutogyne gibt es kein entsprechendes männliches Stadium, sie legen nur nach ihrer Überwinterung Eier ab.

Abb. 566: Schadbild der Himbeerblattmilbe, *Phyllocoptes gracilis,* an Himbeere

**Lebensweise:** Die weiblichen Milben überwintern unter Knospenschuppen oder, weniger häufig, in Rindenrissen. Sie kommen zur Zeit des Austriebs zum Vorschein, wandern auf die Blattunterseite über und legen zwischen den Blatthaaren Eier. Dort erfolgt auch in mehreren, sich überlappenden Generationen die weitere Entwicklung und erreicht an den Fruchtruten zur Mitte des Sommers ihren Höhepunkt. An den neu zuwachsenden Ruten, die schon im Frühsommer befallen werden, wenn die Blätter der Fruchtruten härter werden, sind die Milben im Spätsommer oder Herbst am zahlreichsten. Besonders bei starkem Befall wandern die Milben auch auf Blüten und sich entwickelnde Früchte über. Im Herbst, wenn die Vermehrung aufhört, nimmt die Zahl der Milben schnell ab und die Weibchen suchen ihre Winterverstecke auf. Die Mortalität der überwinternden Milben ist oft groß, weil viele von ihnen zwischen den Schuppen der sich vor dem Austrieb ausdehnenden Knospen zerquetscht werden.

**Schaden:** Der Befall scheint an geschützten Stellen und in heißen, trockenen Sommern schwerer zu sein. Himbeere: Das Saugen der Milben an den Blättern verursacht eine Verkräuselung und Gelbfleckung der Blattoberseite (Abb. 566); die Entwicklung der Behaarung unter den gelben Flecken ist nicht normal, diese Stellen sehen grau bis blaßgrün aus. Manchmal werden die Endknospen junger Ruten zerstört, wodurch sich schwache Seitentriebe bilden. Starker Befall der Früchte führt zu einer ungleichmäßigen Reife der Einzelfrüchtchen und dadurch zu mißgebildeten Beeren; die Fruchtschäden werden jedoch durch feuchtes, kühles Wetter während der Fruchtentwicklung vermindert. Die einzelnen Sorten sind in ihrer Anfälligkeit sehr verschieden. Brombeere: Die Milben befallen die Blätter und verursachen eine Mißbildung der Haare auf der Blattunterseite; im Spätsommer oder Herbst kann ein starker Befall zu mehltauartigen Flecken auf der Blattoberseite führen.

**Bekämpfung:** HIMBEERE: Spritzung mit Endosulfan, wenn die Blätter der Fruchtruten ganz entfaltet sind und ein 2. Mal kurz vor Beginn der Blüte. Die Milben werden oft von Prädatoren in Schach gehalten, beispielsweise von der Raubmilbe *Typhlodromus pyri* (s. Seite 286), jährliche Bekämpfungsmaßnahmen sind normalerweise nicht erforderlich. BROMBEERE: Unnötig.

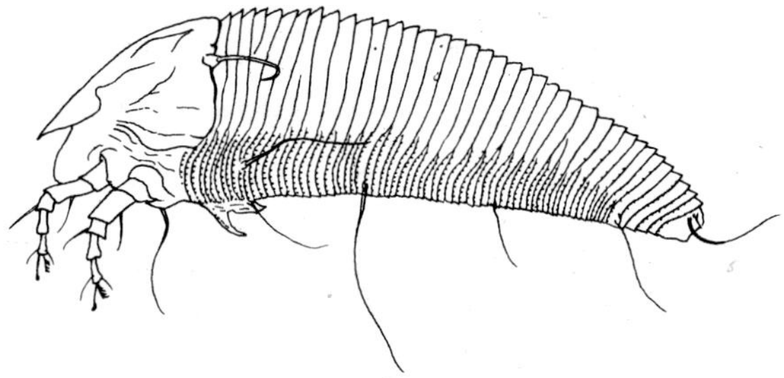

Abb. 567: Protogyne der Pflaumenrostmilbe, *Aculus fockeui*

***Phyllocoptes malinus*** (Nalepa)
Diese Art, die manchmal für eine Form der Weißdornblattmilbe *Phyllocoptes goniothorax* (Nalepa) gehalten wird, verursacht auf der Unterseite der Apfelblätter weiße Flecke oder Haarbüschel, zwischen denen sich die Milben aufhalten und saugen. Diese Art ist ohne wirtschaftliche Bedeutung.

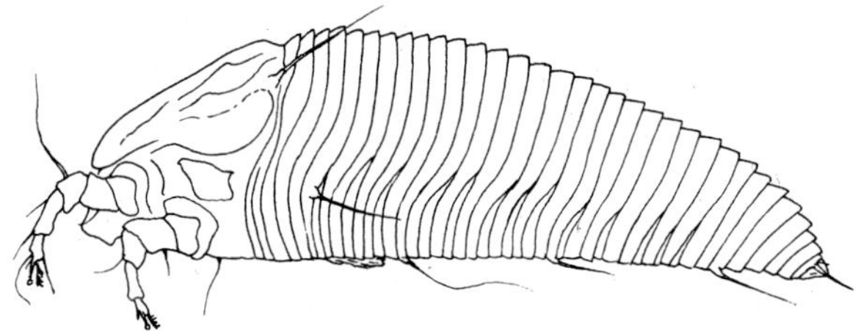

Abb. 568: Deutogyne der Apfelrostmilbe, *Aculus schlechtendali*

***Aculus fockeui*** (Nalepa & Trouessart)
Pflaumenrostmilbe
Weitverbreitet und häufig an Pflaume, aber nur gelegentlich schädlich; befällt auch Kirsche.

**Beschreibung:** PROTOGYNE (Sommer-Weibchen): 0,16–0,17 mm lang; Körper bräunlichweiß und etwas abgeflacht; Prodorsalschild mit Vorderlappen, 2 kurzen, nach vorn gerichteten Dornen und einem Paar nach hinten gerichteten Borsten, die auf Warzen am Hinterrand stehen (Abb. 567). DEUTOGYNE (Winter-Weibchen): Ein wenig kleiner als die Protogyne; Prodorsalschild ohne die 2 nach vorn gerichteten Dorne.

**Lebensweise:** Diese Art ist deuterogen (s. Fußnote Seite 228). Die Deutogynen überwintern unter Knospenschuppen, hauptsächlich am einjährigen Holz. Im Frühjahr und Sommer leben die Milben frei auf der Blattunterseite. Es gibt mehrere sich überlappende Generationen von Protogynen und Männchen, in den späteren Generationen entwickeln sich mehr und mehr Deutogyne.

**Schaden:** Befallene Blätter sind gesprenkelt und können einwärtsgerollt und brüchig sein, die Blattunterseiten werden braun und die Blattoberseiten silberig. Bei starkem Befall können die Endknospen absterben und die Triebe wachsen verdreht und gestaucht. Schwere Schäden gab es an Bäumen im Ertragsalter bei der Sorte „Victoria" und weniger schwere bei der Sorte „Czar", gewöhnlich aber ist der Befall nur bei Baumschulpflanzungen von Bedeutung.

**Bekämpfung:** Wenn notwendig, kann zur Zeit des Austriebs mit Endosoulfan gespritzt werden.

***Aculus schlechtendali*** (Nalepa)
Apfelrostmilbe
Weitverbreitet und häufig an Apfel, aber nur selten wirklich schädlich; kommt auch an Birne vor.

**Beschreibung:** PROTOGYNE (Sommer-Weibchen): 0,16–0,18 mm lang; Körper gelbbraun mit zahlreichen winzigen Wärzchen, Zahl der abdominalen Tergite und Sternite annähernd gleich groß; Prodorsalschild mit 2 kurzen, den Vorderlappen überragenden Dornen und einem Paar nach hinten gerichteter Borsten, die auf Warzen am Hinterrand stehen (Abb. 551 F). DEUTOGYNE (Winter-Weibchen): Körper mit verhältnismäßig wenigen Tergiten, deren jeder 1 oder 2 Sternite überdeckt, Tergite ohne winzige Wärzchen (Abb. 568).

**Lebensweise:** Die Deutogynen dieser deuterogenen Art (s. Fußnote Seite 228) überwintern in Gruppen unter lockerer Borke, in Rindenrissen in der Nähe der Knospen und unter Knospenschuppen, hauptsächlich schlafender Knospen, sie sind auch unter Moosen und Algen auf der Rinde zu finden oder unter alten Schilden der Komma-Schildlaus. Vom Knospenaufbruch an tauchen die Milben auf, die an den Blättern der Blütenknospen und auch an den Blüten saugen. Es werden aber auch Blattknospen befallen. Die Eier werden auf den Blättern von Frucht- und Blattknospen abgelegt und im Mai schlüpfen die Männchen und Protogynen der 1. Generation. Es folgen mehrere weitere, sich überlappende Generationen von Primärformen, aber von Ende Juni oder Anfang Juli an entwickeln sich mehr und mehr Deutogyne. Die Zunahme der Population erfolgt rasch, unter normaler Sommertemperatur dauert die Entwicklung vom Ei bis zur adulten Milbe nur eine oder 2 Wochen. Die meisten Milben sind auf der Blattunterseite im August zu finden (oft einige Hundert pro Blatt). Dann nimmt die Milbenzahl auf den Blättern ab, die Vermehrung hört auf und die Deutogynen suchen ihre Winterverstecke auf.

**Schaden:** Die Milben verursachen oft fleckenweise eine filzige Mißbildung und Gelbfärbung der Haare auf der Blattunterseite, die Blattoberseite ist gesprenkelt und sieht blaß und glanzlos aus. Stärker befallene Blätter werden silberig und können schließlich braun werden (Abb. 569); schwer geschädigte Blätter können vertrocknen und das Triebwachstum kann darunter leiden. Unter bestimmten Bedingungen verursachen die Milben auch eine Berostung der Früchte.

**Bekämpfung:** Normalerweise ist eine chemische Bekämpfung nicht notwendig. Falls jedoch erforderlich, kann vor der Blüte mit Endosulfan oder im Sommer mit Dicofol gespritzt werden. Die gegen Spinnmilben ausgebrachten Akarizide wirken meist auch gegen diese Milbenart.

***Diptacus gigantorhynchus*** (Nalepa)
Pflaumentriebspitzenmilbe
Diese ziemlich große Milbe lebt frei an Pflaume und verursacht ähnliche Blattsymptome wie *Aculus fockeui* (s. Seite 229). Die Adulten sind rund 0,2 mm lang; der Körper hat leichte Längsrillen und zeigt, mit Ausnahme des vorderen Teils, weniger Abdominaltergite als -sternite; der Prodorsalschild trägt 1 Paar sehr kurzer Borsten, die auf Warzen direkt vor dem Hinterrand stehen. Diese Milbenart ist ohne wirtschaftliche Bedeutung.

Abb. 569: Durch Apfelrostmilben geschädigtes Apfelblatt

## Familie Tarsonemidae
Weichhautmilben

Kleine, elliptische, hellbraune bis weißliche Milben mit einem deutlichen, kopfähnlichen Gnathosoma, kurzen, nadelförmigen Cheliceren und einem ausgeprägten Sexualdimorphismus; die Hinterbeine der Weibchen sind ohne Klauen, die der Männchen als Klammern ausgebildet. An Obstgewächsen kommen mehrere Arten vor, aber nur eine ist als Schädling von Bedeutung.

***Tarsonemus pallidus fragariae*** Zimmermann[1]
Erdbeermilbe
Ein weitverbreiteter und manchmal gefährlicher, aber meist sporadisch auftretender Erdbeerschädling.

**Beschreibung:** ADULTES WEIBCHEN: 0,25 mm lang; Körper hellbraun, länglichoval und etwas tonnenförmig; Hinterbeine sehr dünn, am Ende mit je einer langen, geißelförmigen Borste (Abb. 570). ADULTES WEIBCHEN: 0,2 mm lang; Körper hellbraun und oval; Hinterbeine breit, innen rundlich ausgebuchtet und am Ende mit einer starken Klaue (Abb. 571). EI: 0,125 × 0,075 mm, elliptisch, durchscheinend und weißlich. LARVE: Weißlich, hinterer Teil des Körpers dreieckig, 6 Beine.

[1] Die Erdbeermilbe wird oft als identisch mit der Cyclamenmilbe, *Tarsonemus pallidus* Banks, betrachtet, aber die an Erdbeere lebenden Milben pflanzen sich normalerweise nicht fort, wenn sie auf andere Wirtspflanzen übertragen werden; ebenso ist für *T. pallidus*-Milben von Astern, Alpenveilchen und Efeu die Erdbeere als Wirtspflanze ungeeignet. Es ist nicht sicher, ob es sich um 2 verschiedene Arten handelt, die Erdbeermilbe wird hier als Unterart behandelt.

**Lebensweise:** Eine kleine Zahl adulter Weibchen überwintert tief an den Blattscheiden der Herzblätter der Pflanzen. Im Frühjahr beginnen sie sehr früh an der Basis noch zusammengefalteter und sich entfaltender Blättchen zwischen den Haaren zu saugen. An jungen Blättchen sind sie an deren Oberseite am häufigsten. Aus den Eiern, die zwischen den Blatthaaren abgelegt werden, schlüpfen bald die Larven. Diese saugen nur für eine kurze Zeit und erreichen dann ein Ruhestadium, das sich in der nun aufgeblähten Larvenhaut zur adulten Milbe häutet. Es gibt mehrere sich überlappende Generationen im Jahr, die Entwicklung vom Ei bis zur adulten Milbe dauert im Sommer 2 bis 3 Wochen. Die Milben pflanzen sich vorwiegend parthenogenetisch fort, die Männchen machen normalerweise nur etwa 5% der Sommerpopulation aus, sie überwintern nicht oder nur vereinzelt. Die lichtscheuen Milben halten sich vorwiegend an den jungen, fleischigen Herzblättern auf und sind an den älteren Blättern nicht zu finden, weil sie diese verlassen, sobald sie entfaltet und härter geworden sind. Die Population baut sich im Frühjahr meist nur langsam auf, entwickelt sich aber im Sommer bei höheren Temperaturen rasch und erreicht ihren Höhepunkt im August oder September. Dann endet die Vermehrung, die Milbenzahl verringert sich und die jungen Weibchen suchen ihre Winterverstecke auf.

**Schaden:** Beim Saugen scheiden die Milben Toxine in die Pflanzenzellen aus, wodurch die Blätter struppig, verkräuselt, verfärbt und brüchig werden (Abb. 572). Stark befallene Pflanzen verkrüppeln und können absterben. Der Schaden wird vor allem von Juli an sichtbar. Die Symptome an der Pflanze werden oft mit den durch Blattälchen (s. Seite 243) verursachten Schäden verwechselt, die jedoch im Gegensatz zu den Milbenschäden im Frühjahr am deutlichsten zu sehen sind. Bei einigen Sorten verursachen die Milben Blattkräuselungen und manchmal sind dann die Blattränder fest nach unten eingerollt. Im allgemeinen werden meist ältere Erdbeeranlagen befallen und die geschädigten Flächen werden von Jahr zu Jahr größer und auffälliger. Die Adulten können von Pflanze zu Pflanze kriechen, wenn diese sich berühren, sich aber nicht am oder im Boden fortbewegen; einzelne Milben werden auch durch Insekten, landwirtschaftliche Maschinen, durch den Wind u.s.w., verschleppt. Wichtiger jedoch ist die Verbreitung durch Jungpflanzen, die von befallenen Mutterpflanzen aus über die Ausläufer ebenfalls von den Milben erreicht werden. Der Fruchtansatz im Herbst für das folgende Jahr leidet erheblich unter dem Einfluß der Milben und nach Jahren mit starkem Befall kommt es zu schweren Ernteausfällen. Die Früchte befallener Pflanzen bleiben klein, matt in der Farbe und lederig. Die Milbenpopulationen im Frühjahr und Frühsommer sind gewöhnlich zu klein, um den Früchten zu schaden, an zweimal tragenden Sorten aber können die Herbstfrüchte welken, braun werden und nicht ausreifen.

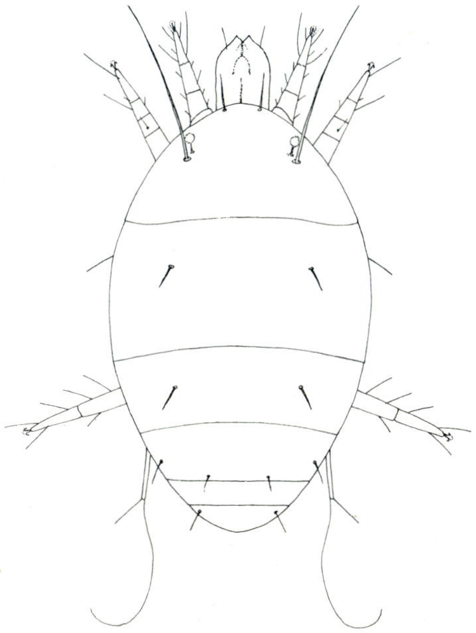

Abb. 570: Weibchen der Erdbeermilbe, *Tarsonemus pallidus fragariae*

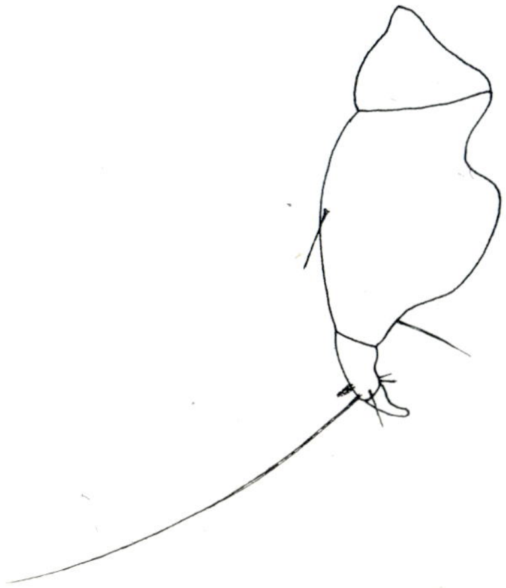

Abb. 571: Hinterbein der Erdbeermilbe, *Tarsonemus pallidus fragariae*

Abb. 572: Schaden durch die Erdbeermilbe an Erdbeere

**Bekämpfung:** Befallene Erdbeerbeete sollten nach der Ernte 2 Mal im Abstand von 14 Tagen mit Endosulfan behandelt werden. Zuvor muß das alte Laub abgemäht und verbrannt und der Neutrieb der Pflanzen abgewartet werden. Jungpflanzen nehme man niemals von befallenen Pflanzen. Wenn nicht sicher ist, daß die Jungpflanzen milbenfrei sind, sollten sie nach dem Anwachsen ebenfalls 2 Mal im Abstand von 14 Tagen mit Endosulfan gespritzt werden.

## Familie Tetranychidae
Spinnmilben

Die Tetranychiden sind spinnenähnlich, sie haben lange, nadelförmige Cheliceren und Greifklauen an den Palpen. Bei der Entwicklung vom Ei bis zur adulten Milbe werden 1 Larvenstadium, 2 Nymphenstadien und dazwischen 3 Ruhestadien durchlaufen.

***Bryobia rubrioculus*** (Scheuten)[1]
Braune Spinnmilbe
Wird gelegentlich an Apfel und Birne gefunden, besonders an Birnbäumen, die an Mauern stehen; Kirsche und Pflaume können ebenfalls befallen werden.

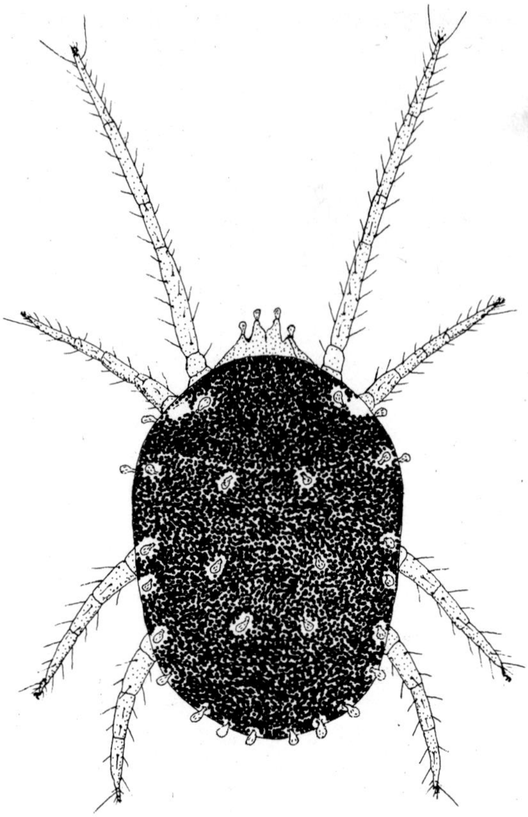

Abb. 573: Weibchen der Braunen Spinnmilbe, *Bryobia rubrioculus*

**Beschreibung:** ADULTES WEIBCHEN: 0,7 mm lang; dunkel rotbraun oder rot; Körper oval und ziemlich flach, mit spatelförmigen Borsten auf dem Rücken; erstes Beinpaar sehr lang (Abb. 573). EI: 0,2 mm Durchmesser; annähernd rund, dunkelrot und ohne Mittelborste (vergl. *Panonychus ulmi,* Seite 234). LARVE: Hell orangerot, 6 Beine. NYMPHE: Dunkelrot, braun oder dunkelgrün; 8 Beine.

**Lebensweise:** Bei dieser Art überwintern die Eier, die in Gruppen an Kurztriebe, Zweige und Stämme gelegt werden. die Larven schlüpfen Anfang April, mehrere Wochen vor denen der Obstbaumspinnmilbe (s. Seite 234). Die Larven saugen an der Unterseite noch zusammengefalteter Blättchen. Die Entwicklung vom Ei bis zur adulten Milbe dauert rund 6 Wochen. Bei sonnigem Wetter wandern sie oft auf der Blattober- und -unterseite umher, doch halten sie sich meist auf der Rinde auf, wo sie auch bei kaltem und feuchtem Wetter Schutz suchen. Ansammlungen von Milben auf der Rinde sind Ende Mai und im Juni zu beobachten, ebenso im August und September. Auch zu den Häutungen kommen die Milben zusammen und zwar auf der Unterseite der Triebe und Äste, wo als deutliches Zeichen des Befalls große Mengen der grauweißen, abgestreiften Häute zu finden sind (*Bryobia*-Arten spinnen keine Schutzgewebe). Gewöhnlich ist mit 3 sich überlappenden Generationen im Jahr zu rechnen, die Sommereier werden an die Triebe gelegt, seltener an Blätter oder Blattstiele. Männchen sind nicht bekannt, die Fortpflanzung erfolgt ausnahmslos parthenogenetisch. Die Sommereier brauchen eine etwa dreiwöchige Entwicklungszeit, bis die Larven schlüpfen; die Wintereier, die im Sommer und Herbst an die Rinde gelegt werden, überdauern bis zum nächsten Frühjahr.

[1] Diese und die folgenden Arten wurden früher mit der Art *Byobia praetiosa* Koch verwechselt, aber alle 3 werden jetzt als selbständig anerkannt. Die an Efeu vorkommende *Bryobia-Art* (sie heißt jetzt *Bryobia kissophila* van Eyndhoven) wurde ebenfalls für eine Rasse der *B. praetiosa* gehalten; sie befällt keine Obstbäume.

**Schaden:** Die Blätter aus befallenen Knospen werden oft kleiner als normal, mißgebildet und am Grund der Blattadern blaß gefleckt. Schwer geschädigte Blätter werden blaß und silberig und später braun, verdreht und brüchig (Abb. 574). Befallene Birnblätter können einen klebrigen Saft ausscheiden.

**Bekämpfung:** *Bryobia*-Milben auf Obstbäumen werden normalerweise durch die Spritzungen gegen Spinnmilben ausreichend bekämpft (s. Seite 235). Sollte eine spezielle Bekämpfung notwendig sein, kann vor der Blüte mit einem akariziden Organophosphat gespritzt werden, beispielsweise mit Chlorpyrifos, Dimethoat, Malathion oder Oxydemeton-S-methyl. Bei dieser Spritzung werden auch Blattläuse erfaßt. Stark befallene Büsche müssen schon beim Austrieb gespritzt werden, sobald die ersten Milben auf den Knospen gesehen werden.

Abb. 574: *Bryobia*-Schaden an Kirschblättern

***Bryobia ribis*** Thomas
Rote Stachelbeermilbe

Weitverbreitet und früher ein wichtiger Schädling an Stachelbeere, hauptsächlich im Garten. Heutzutage ziemlich selten.

**Beschreibung:** Sieht ähnlich aus wie *Bryobia rubrioculus* (s. Seite 232), aber die Lebensweise ist anders.

**Lebensweise:** Die überwinternden Eier findet man unter Rindenschuppen. Von Ende Februar oder Anfang März bis etwa Mitte April schlüpfen die Larven. Sie halten sich auf der Blattunterseite auf und sind bei sonnigem, warmem Wetter besonders lebhaft. Sie spinnen keine Gewebe und wandern bei kaltem und nassem Wetter von den Blättern auf die Rinde ab. Im Frühjahr suchen die Milben zunächst die untersten Zweige auf, verteilen sich aber bald über die ganzen Büsche. Wenn sie erwachsen sind, legen die adulten Milben ihre Wintereier ab, es gibt nur 1 Generation im Jahr, die Hauptaktivität dieser Art endet im Juni. Männchen sind nicht bekannt, die Entwicklung erfolgt nur parthenogenetisch.

**Schaden:** Bei starkem Befall werden die Blätter innerhalb weniger Tage blaßgrün. Diese Blätter färben sich schließlich braun, welken und fallen ab, so daß die Büsche kahl werden. Die Früchte stark befallener Büsche bleiben klein und sind von minderer Qualität.

**Bekämpfung:** Eine Spritzung im April bei warmem Wetter, kurz bevor sich die Blüten öffnen und wenn sich die Milben auf den Blättern aufhalten mit Bromophos, Dimethoat, Malathion oder Oxydemeton-S-methyl; diese Behandlung wirkt auch gegen Blattläuse. Bei stark befallenen Büschen sollte die Spritzung schon früher erfolgen, sobald die ersten Milben an den Knospen beobachtet werden.

***Bryobia cristata*** (Dugès)
Grasmilbe

Diese Art wird an Obstgewächsen selten schädlich, sie lebt das ganze Jahr über an Gräsern und manchen Kräutern. Die Adulten unterscheiden sich von denen der Braunen Spinnmilbe (s. Seite 232) durch ihre schmäleren Rückenborsten und andere mikroskopisch kleine Details. Im Mai wandern die Weibchen manchmal auf Bäume und Sträucher ab, auch auf Apfel- und Birnbäume. Dort können sich 2 Sommergenerationen entwikkeln, bevor die Milben wieder zu ihren normalen Wirtspflanzen zurückkehren.

**Bekämpfung:** Akarizide sind als Sommerspritzung wirksam, aber eine Bekämpfung wird selten erforderlich sein.

***Panonychus ulmi*** (Koch)
Obstbaumspinnmilbe
Ein weitverbreiteter und wichtiger Schädling von Apfel- und anderen Obstbäumen, beispielsweise Pflaume und, weniger häufig, Kirsche und Birne. Kommt auch an Johannisbeere, Stachelbeere, Loganbeere, Himbeere, Walnuß und vielen wildwachsenden Wirtspflanzen vor.

**Beschreibung:** ADULTES WEIBCHEN: 0,4 mm lang; Körper oval, stark gewölbt und dunkelrot mit langen Borsten auf hellen Warzen; Beine kurz und hell (Abb. 575). ADULTES MÄNNCHEN: Dem Weibchen ähnlich, aber kleiner, gelbgrün bis hellrot und mehr oder weniger birnenförmig, hinten schmäler (Abb. 176). EI: 0,17 mm Durchmesser, dunkelrot bis rot; kugelig, mit einer dünnen Borste in der Mitte (zwiebelförmig). ENTWICKLUNGSSTADIEN: Gelblichgrün bis hellrot; Larve mit 6 Beinen.

**Lebensweise:** Die Eier überwintern auf der Rinde und sind dort meist zahlreich an den kleineren Ästen und Zweigen zu finden. Manchmal werden sie auch an Jungtrieben, an Knospen oder am Stamm abgelegt. Ende April oder im Mai beginnen die Larven zu schlüpfen, was bis Mitte Juni andauern kann; weil es aber früh- und spätschlüpfende Milbenstämme gibt, kann das Datum für den Höhepunkt des Schlüpfens von Obstanlage zu Obstanlage verschieden sein. Nach dem Schlüpfen gehen die Larven auf die Unterseite der Blätter und beginnen zu saugen. Auch während der Häutungen bleiben die Milben auf den Blättern und die abgestreiften Häute sammeln sich in den größer werdenden Kolonien an. Die Sommereier, die blaßer als die Wintereier sind, werden auf der Unterseite der Blätter abgelegt, die Entwicklung vom Ei bis zur adulten Milbe dauert annähernd 4 Wochen und oft wird das Deutonymphenstadium übersprungen. In Mitteleuropa kann mit 5 sich überlappenden Generationen jährlich gerechnet werden. Wie bei anderen Spinnmilben haben die Weibchen männliche und weibliche Nachkommen (aus unbefruchteten bzw. befruchteten Eiern), aber unbegattete Weibchen legen Eier, aus denen nur Männchen schlüpfen. Adulte Weibchen wandern oft von Blatt zu Blatt und breiten so den Befall über den ganzen Baum aus. Obwohl diese Milben keine gemeinschaftlichen Gespinste anfertigen, kann eine einzelne Milbe einen Seidefaden spinnen und sich vom Wind auf einen benachbarten Baum tragen lassen. Im September, wenn die Tage kürzer werden und die Temperatur sinkt, beginnen die Spinnmilben, Wintereier zu legen und schließlich hört die weitere Vermehrung auf. Unter schlechten Lebensbedingungen, beispielsweise bei schweren Blattschäden durch starken Spinnmilbenbefall, werden schon von August an Wintereier gelegt.

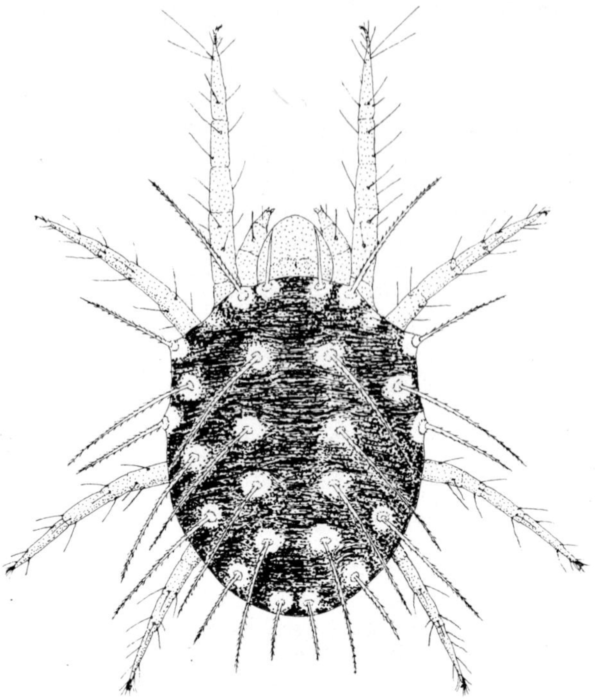

Abb. 575: Weibchen der Obstbaumspinnmilbe, *Panonychus ulmi*

Abb. 576: Männchen der Obstbaumspinnmilbe, *Panonychus ulmi*

**Schaden:** Zuerst verursachen die Entwicklungsstadien und die adulten Milben eine leichte Sprenkelung der Blätter (Abb. 577). Später, wenn die Milbenpopulation und damit auch die Schädigung größer geworden ist, werden die Blätter mattgrün, bräunlich und schließlich silberig bronzefarben. Solche Blätter sind brüchig und fallen oft vorzeitig ab. die Blattsymptome sind gewöhnlich von Juli bis September am deutlichsten und der Befall ist in heißen, trockenen Sommern am stärksten; eine Bronzefärbung der Blätter kann aber schon im Juni auftreten, wenn bei einer hohen Wintereizahl und günstigem Wetter im Frühjahr eine rasche und starke Milbenvermehrung erfolgt. Schwerer Befall beeinträchtigt den Ertrag und die Bildung von Fruchtknospen, so daß auch der Ertrag im folgenden Jahr vermindert ist.

Abb. 577: Schaden durch die Obstbaumspinnmilbe an Apfelblättern

**Bekämpfung:** APFEL: Vorblütespritzung mit Mineralöl (nur bei sehr hoher Zahl der Wintereier) bringt einen gewissen Erfolg, aber Sommerbehandlungen sind wirksamer. Verschiedene Organophophate sind für Spritzungen im Sommer brauchbar, beispielsweise Azinphos-methyl+Demeton-S-methylsulfon, Chlorpyrifos, Dimethoat, Malathion, Oxydemeton-methyl, Phosalon. (Einige dieser Präparate wirken sich fördernd auf die Spinnmilbenvermehrung aus oder töten Raubmilben; Anm. d. Übers.). Oft ist die Anwendung anderer, spezieller Spinnmilbenmittel vorzuziehen, beispielsweise Azocyclotin, Cyhexatin oder Fenbutatin-oxid unmittelbar nach dem Schlüpfen der Larven aus den Wintereiern. Der beste Zeitpunkt für eine solche Spritzung ist bei mäßigem Besatz an Wintereiern, wenn 90% der Larven geschlüpft sind. Bei starkem Wintereibesatz sollten 2 Spritzungen erfolgen: Die 1., wenn 25% der Larven geschlüpft sind, die 2., wenn 90% geschlüpft sind. Sollten spätere Bekämpfungsmaßnahmen notwendig werden, können die Spritzungen wiederholt (keine Wirkung auf Sommereier!) bzw. andere zugelassene Akarizide verwendet werden, z. B. Dicofol. In einigen Obstanbaugebieten ist die Resistenz gegenüber Organophophaten und anderen Wirkstoffen schon weit fortgeschritten, die Erfahrung des Obstbauern wird deshalb die Wahl des am besten geeigneten Präparats weitgehend mitbestimmen. Oft wird der Befall durch die Verwendung akarizider Mehltaumittel (Binapacryl, auch Netzschwefel) niedergehalten, doch ist auch dabei mit Resistenz zu rechnen. Auch bei den Schorffungiziden gibt es solche, die eine Nebenwirkung gegen Spinnmilben haben. (Manche aber fördern die Spinnmilben oder ihre zunächst hemmende Wirkung schlägt in eine fördernde um; Anm. d. Übers.). Gewisse Pflanzenschutzmittel schonen nützliche Prädatoren mehr als andere (s. Seite 302) und in manchen Obstanlagen kann eine ausreichende Spinnmilbenbekämpfung durch die Schonung ihrer natürlichen Feinde erreicht werden, vor allem der Raubmilbe *Typhlodromus pyri* (s. Seite 286). BIRNE: Eine chemische Bekämpfung ist selten notwendig, wenn nötig, kann während des Schlüpfens der Larven aus den Wintereiern mit Azocyclotin, Cyhexatin oder Fenbutatinoxid gespritzt werden oder während des Sommer mit Azinphos-methyl+Demeton-S-methylsulfon,Chlorpyrifos, Dicofol, Dimethoat, Malathion oder Phosalon. KIRSCHE: Eine Bekämpfung ist selten notwendig, wenn doch erforderlich, kann Dimethoat, Malathion oder Oxydemeton-methyl verwendet werden. PFLAUME UND ZWETSCHGE: Spritzung, wenn 80% der Larven aus den Wintereiern geschlüpft sind, mit Chlorpyrifos, Dimethoat, Malathion, Oxydemeton-methyl oder Phosalon, Wiederholung der Behandlung nach 3 Wochen; bei weniger starkem Besatz an Wintereiern reicht 1 Spritzung aus, die 10 Tage nachdem 80% der Larven aus den Wintereiern geschlüpft sind, ausgebracht werden sollte. ANDERE OBSTGEWÄCHSE: Unnötig.

***Tetranychus urticae*** Koch
Gemeine Spinnmilbe
Diese allgemein häufige Art hat viele Wirtspflanzen und ist ein wichtiger Schädling in Gewächshäusern. Auch befällt sie Hopfen, Walnuß und viele Obstarten, darunter Schwarze Johannisbeere, Stachelbeere, Brombeere, Himbeere und Erdbeere; manchmal ernstzunehmender Schädling von an Mauern stehenden Obstbäumen in Gärten, hauptsächlich Aprikose, Nektarine und Pfirsich. Weniger häufig tritt diese Milbe an Apfel, Birne, Kirsche und Pflaume auf, gewöhnlich aber nicht in gespritzten Anlagen. Sie kommt an verschiedenen wildwachsenden Bäumen, Sträuchern und Kräutern vor, am häufigsten aber an Ulme.

**Beschreibung:** ADULTES WEIBCHEN: 0,6 mm lang; hell gelblich oder grünlich, mit 2 dunklen Flecken am Körper (die überwinternde Form ist orange- bis ziegelrot); Körper oval mit mäßig langen dorsalen Borsten; die Riffelung am Hysterosoma bildet ein rautenförmiges Muster (Abb. 578). ADULTES MÄNNCHEN: Dem Weibchen ähnlich aber kleiner, schmäler und hinten spitziger. EI: 0,13 mm Durchmesser; kugelförmig und durchscheinend, vor dem Schlüpfen der Larve blaßrot. ENTWICKLUNGSSTADIEN: Blaß grünlich mit dunklerer Zeichnung; Larve mit 6 Beinen.

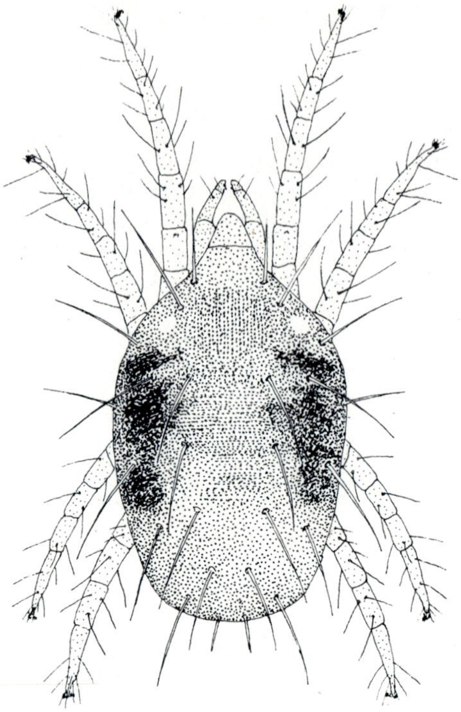

Abb. 578: Weibchen der Gemeinen Spinnmilbe, *Tetranychus urticae*

**Lebensweise:** Die Weibchen überwintern in Strohmulch oder unter dürrem Laub, in trockenen Bodenporen, in Rissen von Pfählen und Latten und an ähnlichen Orten. Im März oder April kommen sie aus ihren Verstecken und gehen an die Blätter, auf deren Unterseite sie sich gewöhnlich aufhalten und dort auch Eier legen. Nach etwa 2 Wochen schlüpfen die Larven, aber unter 12°C erfolgt die Entwicklung wesentlich langsamer.
Es gibt mehrere (oft bis zu 7) sich überlappende Generationen im Jahr, bei ihrer Entwicklung durchlaufen sie Ei-, Protonymphen- und Deutonymphenstadien bis zu den adulten Milben. Die Männchen, die rund 20% der Sommerpopulation ausmachen, überspringen oft das Deutonymphenstadium. Die Entwicklung vom Ei bis zu den Adulten dauert im Sommer 3 bis 4 Wochen, besonders rasch erfolgt die Entwicklung bei heißem, trockenem Wetter, Milbenkolonien treten vor allem auf der Blattunterseite auf, geschützt durch ein dünnes Gespinst. Bei starkem Befall kann dieses Gespinst die Blätter völlig bedecken und sich bis zum Stamm erstrekken. Die Adulten leben im Sommer etwa einen Monat lang, das Weibchen legt während dieser Zeit rund 100 Eier. Aus den von begatteten Weibchen abgelegten Eiern kommen Männchen und Weibchen (aus unbefruchteten bzw. befruchteten Eiern) und wie bei anderen Spinnmilben ergeben die Eier von nichtbegatteten Weibchen nur Männchen. Ausgelöst durch die abnehmende Tageslänge entwickeln sich von September an Winterweibchen, die sich orange und später rot färben, kopulieren und dann ihre Winterquartiere aufsuchen. Die Männchen und die Sommerweibchen sterben und die Entwicklung endet für dieses Jahr.

Abb. 579: Schaden durch die Gemeine Spinnmilbe an Erdbeerblättern

**Schaden:** Die Milben saugen Saft aus den Zellen der Pflanzen. Solche Zellen werden weißlich und sind auf der Blattoberseite zu erkennen (Abb. 579). Stärkerer

Befall verursacht eine deutliche Sprenkelung, die Blätter werden silberig oder bronzefarben, manchmal welken sie und fallen vorzeitig ab. SCHWARZE JOHANNISBEERE: Im Frühjahr nimmt der Befall oft sehr rasch zu und es kommt zur Bronzefärbung der Blätter (Abb. 580), die oft vorzeitig abfallen, der Ertrag und das Wachstum der Büsche wird vermindert. ERDBEERE: Starker Befall erfolgt gewöhnlich erst nach der Ernte, aber wenn es im Frühjahr sehr warm ist, oder beim Anbau unter Folie, können die Pflanzen schon vor dem Reifen der Früchte stärker befallen werden. Dadurch werden oft Ertrag und Qualität vermindert; bei trockenem, heißem Wetter wird auch das Wachstum der Pflanzen gehemmt. Gewöhnlich ist der Befall in älteren Beeten am stärksten, besonders, wenn Stroh oder ähnliches Material (das gute Überwinterungsmöglichkeiten bietet) von einem zum anderen Jahr liegen bleibt. Die Sorten sind unterschiedlich anfällig für Spinnmilbenbefall. HOPFEN: Starker Befall führt zu silberigen Blättern und Bronzefärbung (Abb. 581), die Dolden werden braun, Ertrag und Qualität vermindert. Auch Neupflanzungen sind gefährdet.

**Bekämpfung:** Viele Populationen von *Tetranychus urticae* sind resistent gegenüber den üblicherweise angewandten Pflanzenschutzmitteln, einschließlich gewisser Organophosphate, Dicofol und speziellen Akariziden. Das wird die Wahl eines brauchbaren Bekämpfungsmittels stark beeinflussen, vor allem bei Erdbeeren und Hopfen. Abgesehen von der Resistenz treten schlechte Bekämpfungserfolge oft wegen einer zu geringen Aufwandmenge auf; um eine gute Benetzung der Blattunterseiten zu erzielen, werden High-Volume-Behandlungen empfohlen. APRIKOSE, NEKTARINE und PFIRSICH: Spritzung Mitte Mai mit Oxydemeton-methyl oder Fenbutadin-oxid, wenn erforderlich, nach 2 bis 3 Wochen wiederholen. SCHWARZE JOHANNISBEERE: Sofort nach der Blüte oder nach der Ernte mit Dimethoat oder Oxydemeton-methyl spritzen oder im Abstand von einer Woche 2 bis 3 Mal mit Pyrethrum behandeln. Auch 1 Behandlung mit Fenbutatin-oxid nach der Ernte wird empfohlen. STACHELBEERE: Spritzungen wie für Schwarze Johannisbeere angegeben. BROMBEERE, LOGANBEERE und HIMBEERE: Bekämpfung selten nötig, gegen Spinnmilben ist zur Zeit kein Mittel zugelassen. ERDBEEREN UNTER FOLIE: Hier sind 2 Vorblütespritzungen Anfang April und 10 bis 14 Tage später erforderlich, eine weitere Spritzung, nachdem nach der Ernte das alte Laub gemäht oder abgebrannt wurde, ist eine gute Vorsichtsmaßnahme, wenigstens, wenn eine weitere Ernte erwartet wird. Stets sollten die Spritztröpfchen angetrocknet sein, bevor die Pflanzen wieder bedeckt werden. Zur Bekämpfung eignet sich Azocyclotin, Cyhexatin oder Fenbutatin-oxid. Eine andere Möglichkeit ist die biologische Bekämpfung mit der Raubmilbe *Phytoseiulus persimilis* (s. Seite 288), die bereits im Handel erhältlich ist. ERDBEEREN IM FREILAND: Wo die Spinnmilben noch nicht resistent sind, können mit Organophosphaten kurz vor der Blüte Spinnmilben und Blatt-

Abb. 580: Schaden durch die Gemeine Spinnmilbe an Blättern der Schwarzen Johannisbeere

Abb. 581: Schaden durch die Gemeine Spinnmilbe an Hopfenblättern

läuse gleichzeitig bekämpft werden (s. Seite 46) (verwendbar sind beispielsweise Azinphos-methyl+Demeton-S-methylsulfon, Dimethoat, Malathion, Oxydemeton-methyl oder Phosphamidon), wo es aber angebracht ist, kann ein spezifisches Akarizid, beispielsweise Azocyclotin, Cyhexatin oder Fenbutatin-oxid verwendet werden. Wenn sich erst später eine Spinnmilbenpopulation aufbaut, kann nach der Ernte und der Entfernung des alten Laubs der Neuzuwachs mit den genannten Präparaten behandelt werden. Zwischen dem Beginn der Blüte und dem Abschluß der Ernte sind keine gegen Spinnmilben wirksame Mittel zugelassen. ERDBEERVERMEHRUNGSBEETE: Die routinemäßige Verwendung von Organophosphaten hält normalerweise die Spinnmilbenpopulation niedrig, doch sollte im Sommer, wenn und wann es notwendig ist, ein spezielles Akarizid aus einer anderen Wirkstoffgruppe verwendet werden. Die Pflanzen für Vermehrungsbeete sollten möglichst von milbenfreien Pflanzen stammen. HOPFEN: Wenn nötig, sollten die Ranken im Mai gespritzt werden, wenn sie 1,5 bis 2 m hoch sind. Empfohlen werden Azinphosäthyl+Omethoat, Binapacryl oder Cyhexatin. Wenn es notwendig ist, muß die Behandlung wiederholt werden. Dicofol wirkt gegen alle Milbenstadien und ist das am schnellsten wirkende dieser Präparate, aber manche Populationen sind ihm gegenüber resistent.

### *Tetranychus viennensis* Zacher
Weißdornspinnmilbe

Wird an ungespritzten Apfel-, Birn- und Pflaumenbäumen gefunden, ist aber kein gefährlicher Schädling.

**Beschreibung:** ADULTES WEIBCHEN: 0,6 mm lang; rotbraun (Überwinterungsform leuchtend rot) mit hellen Rückenborsten; Hinterleib quer geriffelt. ADULTES MÄNNCHEN: 0,37 mm lang; grünlich. EI: 0,17 mm Durchmesser, annähernd kugelförmig, aber etwas abgeflacht, blaßgrün, vor dem Schlüpfen bernsteinfarben. ENTWICKLUNGSSTADIEN: Blaßgelb bis blaßgrün; Larve mit 6 Beinen.

**Lebensweise:** Die adulten Weibchen überwintern unter Borkenschuppen und an ähnlichen Verstecken auf den Bäumen, manchmal gesellig in größerer Zahl. Vom Mai an werden Eier auf die Blattunterseite gelegt. Die Milben leben in kleinen, rundlichen Kolonien unter einem lockeren Gespinst. Es entwickeln sich jährlich rund 5 Generationen.

**Schaden:** Die Milben verursachen blaßgesprenkelte Bereiche auf den Blättern, die von oben sichtbar sind, schädigen aber nicht merklich.

**Bekämpfung:** Eine spezielle Bekämpfung ist meist nicht nötig, falls doch erforderlich, kann Dicofol verwendet werden.

### *Eotetranychus carpini* (Oudemans)
Weißbuchenspinnmilbe

Diese Art kommt stellenweise auf ungespritzten Apfelbäumen vor und ist auf Sorten mit stark behaarten Blättern am häufigsten. Sie kommt auch an wilden Brombeeren und auf Hainbuche vor. Die Milben sehen ähnlich aus wie *Tetranychus urticae* (s. Seite 236), sind aber deutlich kleiner (rund 0,4 mm lang) und blaßgrün bis grünlich gelb, aber nie rot oder orange. Die kugeligen Eier sind klein (Durchmesser 0,1 mm) und während ihrer ganzen Entwicklung blaßgrün. Die adulten Weibchen überwintern in Rindenrissen oder unter Borkenschuppen und kommen im Frühjahr wieder auf die Blätter. Die Milben leben auf der Blattunterseite in kleinen, dichten Kolonien unter Gespinsten. Von April bis Oktober können sich 6 Generationen entwickeln. Die Populationen werden ständig von Raubmilben und anderen Prädatoren dezimiert, die oft die Gespinste mitbewohnen. Durch das Saugen der Milben entstehen blasse Flecke, die von unten sichtbar sind, aber der Schaden ist unbedeutend.

## Familie Tenuipalpidae
Unechte Spinnmilben

Unterscheiden sich von den Tetranychidae durch das Fehlen einer Greifklaue an den Palpen.

### *Cenopalpus pulcher* (Canestrini & Fanzago)
Ziegelrote Spinnmilbe

Diese kleine, bis 0,32 mm lange, leuchtend rote, abgeflachte und sehr kurzbeinige Milbe (Abb. 582) kommt auf ungespritzten Apfel- und Birnbäumen vor. Die Weibchen überwintern an der Rinde und kommen schon früh im Frühjahr an die jungen Blätter. Die Eier werden anfangs oft an die Rinde gelegt, später entlang den Adern auf der Blattunterseite. Im Mai sind meist alle Milben an den Blättern und die Weibchen legen Eier bis Mitte Juli. Die Larven schlüpfen von Ende Juni an und die ersten jungen Adulten tauchen etwa einen Monat später auf. Die Milben leben in kleinen Gruppen auf der Blattunterseite im Schutze der Behaarung, haben aber im Gegensatz zu den Echten Spinnmilben keine Gespinste. Die Kopulation erfolgt im August und September, Männchen und Weibchen sind in etwa gleicher Zahl vorhanden. Danach sterben die Männchen und die begatteten Weibchen überwintern; es entwickelt sich also nur eine Generation jährlich. Diese Milbe ist, obgleich sie manchmal in großer Zahl vorkommt, harmlos.

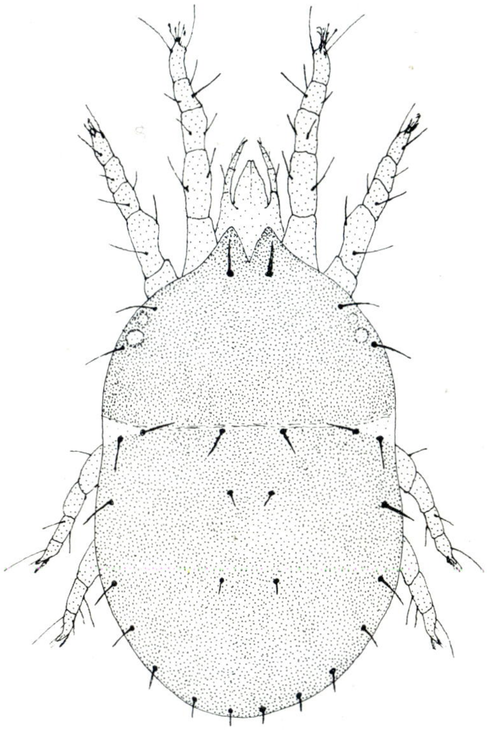

Abb. 582: Weibchen der Ziegelroten Spinnmilbe, *Cenopalpus pulcher*

# Ordnung Cryptostigmata

Die meisten Milben dieser Gruppe leben in der oberen Bodenschicht oder in der sich zersetzenden Laubschicht, einige aber kommen an Pflanzen vor. Diese Milben haben einen dunklen Körper, einen harten Chitinpanzer und sind mehr oder weniger kugelförmig; daher kommt wohl ihre Bezeichnung „Käfermilben". Die Cheliceren sind gabelförmig.

## Familie Mycobatidae

***Humerobates rostrolamellatus*** Grandjean
Diese weitverbreitete Art ist oft an ungespritzten Obstbäumen häufig, hauptsächlich an Apfel, Kirsche und Pflaume. Die Adulten sind dunkel, glänzend rötlich bis schwarz und rund 1 mm lang (Abb. 583); wenn sie in Gruppen auf der Rinde sitzen oder in Kolonien auf Zweigen, Ästen oder am Stamm überwintern, werden sie oft für Eier gehalten. Wenn sie auch manchmal in großer Zahl an geplatzten reifen Kirschen, Pflaumen und anderen Früchte zu sehen sind, greifen diese Milben keine gesunden Früchte an. Ihre normale Nahrung sind Moose, Algen oder Flechten, die an den Bäumen wachsen, sie sind also harmlos.

Abb. 583: Ansammlung von *Humerobates rostrolamellatus* – Milben auf Apfelrinde

# 9 Verschiedene andere Schädlinge

Obwohl Insekten und Milben die wichtigsten Obstschädlinge sind, können Tiere aus verschiedenen anderen Gruppen lästig werden. Die meisten von ihnen sind von geringer Bedeutung, aber Schäden durch Nematoden (einige von ihnen sind Virusüberträger) und durch Vögel können erheblich sein.

## Tausendfüßer

### Familie Blaniulidae

***Blaniulus guttulatus*** (Bosc)
Tüpfeltausendfuß
Allgemein häufig und gelegentlich schädlich an Erdbeeren, hauptsächlich in Gärten.

**Beschreibung:** ADULTE: 8–18 mm lang, weißlich, auf jeder Seite eine Reihe auffallender, orangeroter Punkte; Körper zylindrisch, schlangenartig, mit etwa 50 Segmenten, die meisten mit 2 Paar kurzen Beinen; Kopf mit einem Paar keulenförmiger Fühler (Abb. 584).

**Lebensweise:** Die Eier werden im Frühjahr und Sommer in Hohlräume im Boden abgelegt. Daraus schlüpfen kleine Nymphen mit nur wenigen Körpersegmenten und 3 Beinpaaren. Die Entwicklungsstadien der Tiere fressen im Boden organische Substanzen. Bei jeder Häutung nimmt die Zahl der Körpersegmente und Beinpaare zu und die Tiere sind nach ungefähr einem Jahr erwachsen, nachdem sie mehrere Entwicklungsstadien durchlaufen haben. Tausendfüßer lieben eine hohe Luftfeuchtigkeit und scheuen das Licht; besonders häufig sind sie in Laubmulch, frischen Komposthaufen und in Böden mit einem hohen Anteil organischer Stoffe.

**Schaden:** Besonders bei trockenem Wetter können Tausendfüßer reife Erdbeerfrüchte anfressen, wahrscheinlich, um an Feuchtigkeit zu kommen. Die Schäden sind auf Beeren beschränkt, die den Boden berühren und auf solche von Pflanzen, die mit viel Humus umgeben sind. Obwohl einzelne Früchte verlorengehen, sind die Schäden wirtschaftlich unbedeutend.

**Bekämpfung:** Unnötig.

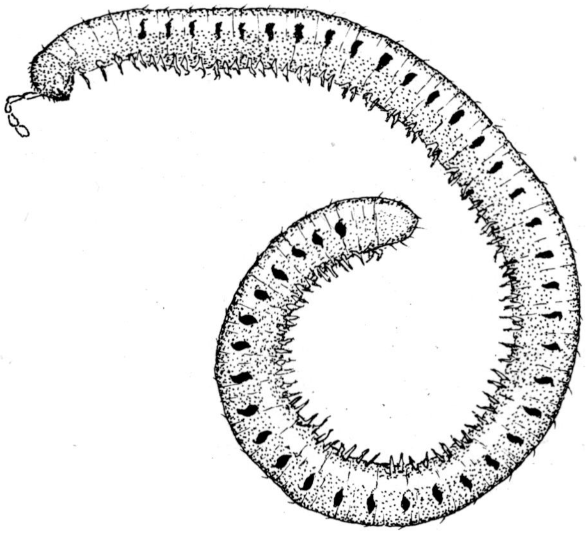

Abb. 584: Tüpfeltausendfuß, *Blaniulus guttulatus*

## Zwergfüßer

### Familie Scutigerellidae

***Scutigerella immaculata*** (Newport)
Gewächshauszwergfüßer
Weitverbreitet, greift verschiedene Pflanzen in Gewächshäusern und im Freiland an. An Erdbeere sind Schäden manchmal von Bedeutung.

**Beschreibung:** ADULTE: 5–9 mm lang, weiß, mit langen Fühlern, 12 Paar Beinen und einem Paar spitzer Analcerci (Abb. 585). EI: Weiß, kugelig und sculpturiert. NYMPHE: weiß, erst 6, später 10 Beinpaare (nach jeder Häutung 1 Paar mehr).

**Lebensweise:** Die Tiere entwickeln sich das ganze Jahr hindurch, die Eier werden in Gruppen bis zu 20 nahe der Bodenoberfläche abgelegt. Nach einer bis 3 Wochen schlüpfen die Nymphen, die einige Monate später erwachsen sind. Nymphen und Adulte fressen an Pflanzenwurzeln, wenn der Boden warm und feucht ist, bei Trockenheit wandern sie in tiefere Schichten ab. Die Lebensdauer kann mehrere Jahre betragen.

**Schaden:** Befallene Erdbeerpflanzen leiden, wenn die feinen Wurzelhaare weggefressen werden. Bei starkem Befall können Pflanzen absterben.

**Bekämpfung:** Wenn bekannt ist, daß Schäden auftreten werden, kann Lindan vor dem Pflanzen in den Boden eingearbeitet werden.

Abb. 585: Gewächshauszwergfüßler, *Scutigerella immaculata*

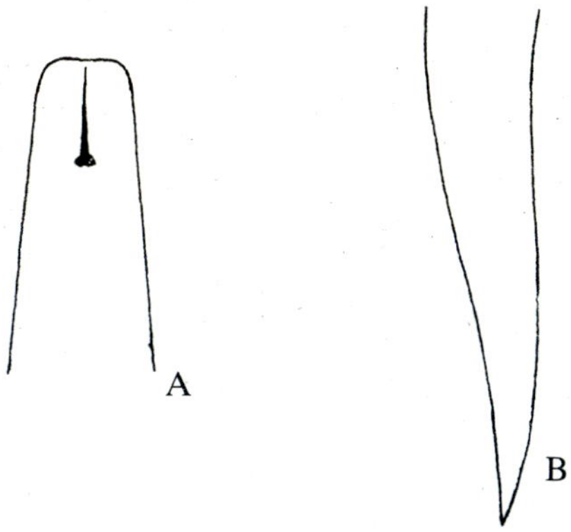


Abb. 586: Stengelälchen, *Ditylenchus dipsaci;* A: Kopf mit Stilett, B: Schwanz

# Nematoden
Älchen

An Pflanzen lebende Arten besitzen einen nadelartigen Mundstachel, mit dem sie die Pflanzenzellen anstechen; einige leben in den Pflanzen, andere sind freilebend.

## Ordnung Tylenchida

### Familie Tylenchidae

***Ditylenchus dipsaci*** (Kühn) Filipjev
Stengelnematode
Ein weitverbreiteter und gefährlicher Schädling vieler Pflanzen, einschließlich der Erdbeere. Auch verschiedene Unkräuter werden befallen. Es gibt verschiedene biologische Rassen, jede mit einem ganz bestimmten Kreis von Wirtspflanzen; die Erdbeere wird von 3 dieser Rassen befallen: Von der Rotklee-, der Narzissen- und der Haferrasse. Letztere befällt auch Pferdebohne, Zwiebel, Pastinak, Rhabarber und gewisse andere Pflanzen.

**Beschreibung:** ADULTE: 1,0–1,3 mm lang, Körper verhältnismäßig dick und in einem sehr spitzigen Schwanz endend; Mundstachel gedrungen, etwa 0,01 mm lang, mit deutlichen Basalknöpfen (Abb. 586).

**Lebensweise:** Die Nematoden sind vorwiegend Endoparasiten und kommen, mit Ausnahme der Wurzeln, in allen Teilen der Erdbeerpflanze vor. Die Entwicklung verläuft ununterbrochen und nach der Kopulation kann das Weibchen mehrere Hundert Eier legen. Man kennt 4 juvenile Stadien, das 1. entwickelt sich in der Eischale; die Entwicklung vom Ei bis zum adulten Älchen dauert, je nach Temperatur, 3 oder mehr Wochen. Das junge Gewebe wird bereits im Knospenstadium angegriffen, die Ausläufer sind oft schon befallen, bevor sie sich von der Mutterpflanze entfernen. Jungpflanzen können aber auch vom Boden her befallen werden; die Älchen bewegen sich im Oberflächenwasser von einer Pflanze zur anderen oder im Boden auf Wasserfilmen. Einzeltiere können im Boden von einem zum nächsten Jahr aktiv bleiben oder noch länger, vor allem in schweren Böden. Sie ballen sich oft, meist im 4. Entwicklungsstadium, in großer Zahl zu trockenen, wollknäuelähnlichen Gebilden zusammen; in diesem Zustand können sie mehrjährige Trockenzeiten überleben.

**Schaden:** Die Blätter befallener Pflanzen sind stark gekräuselt und ziemlich brüchig, sie sind manchmal dunkler grün als bei gesunden Pflanzen, oft sind die Blattränder nach unten gerollt und die Zahl der Kerben im Blattrand ist verringert. Befallene Ausläufer, Blatt- und Blütenstiele sind verdickt, verkürzt und verkrüppelt (Abb. 587); bei manchen Sorten färben sich die Blattstiele ein wenig rot. Stellenweise bilden sich manchmal gallenähnliche Verdickungen an den Blattadern und Blattstielen, hauptsächlich beim Befall durch die Kleerasse. Stark befallene Pflanzen sind meist sehr verkrüppelt („Stockkrankheit"), sie wachsen kaum mehr und gehen schließlich ein. Der Befall wird durch nasses, kaltes Wetter begünstigt und die Schäden sind vor allem im Frühjahr und Herbst zu sehen, wenn die Pflanzen nur langsam wachsen, die Nematoden sich aber rasch vermehren.

**Bekämpfung:** Befallene Flächen können mit Dichloropropen behandelt werden, sie können frühestens 6 Wochen danach bepflanzt werden, besser ist es, befallene Pflanzen unterzupflügen und sie mindestens 6 Monate verrotten zu lassen, am besten den Winter über, bevor eine solche Behandlung und spätere Bepflanzung erfolgt. In Vermehrungsbeständen können die Jungpflanzen 7 bis 10 Tage nach dem Auspflanzen oder sobald das Wachstum wieder beginnt, mit Aldicarb-Granulat behandelt werden. Auf so behandelten Flächen dürfen frühestens 1 Jahr nach der Behandlung Früchte entnommen oder Frucht- und Wurzelgemüse angebaut werden, Blatt- und Sproßgemüse erst 2 Jahre nach der Behandlung. In Ertragsflächen ist die Anwendung von Aldicarb verboten! Die Älchen in den Ausläufern können vor dem Pflanzen durch eine Warmwasserbehandlung abgetötet werden (7 Minuten lang eintauchen bei 46 °C), dabei ist aber Vorsicht nötig, um Schäden an den Pflanzen zu vermeiden. Wenn möglich, sollten Jungpflanzen nur von gesunden Mutterpflanzen genommen und nicht in verseuchte Beete ausgepflanzt werden.

## Familie Heteroderidae

### Zystennematoden

Obwohl einige Arten gefährliche Schädlinge bestimmter Kulturpflanzen sind, ist kein Obstschädling unter ihnen, nur eine Art kommt am Hopfen vor.

***Heterodera humuli*** Filipjev
Hopfenzystennematode
Diese Art ist in Hopfengärten nicht selten. Die zitronenförmigen weiblichen Zysten sind braun und etwa 0,5–0,7 mm lang. Sie sind an den dünnen Faserwurzeln des Hopfens zu finden, während des Winters am häufigsten. Freilebende, juvenile Stadien sind im April und Mai, in abnehmender Zahl bis September zu finden, die meisten befallen die Wurzeln im Spätfrühjahr und Frühsommer. Später entwickeln sich die Weibchen zu neuen Zysten, die ab Juli an den Wurzeln zu sehen sind. Der Befall schädigt die Hopfenpflanzen nicht merklich und

Abb. 587: Schaden durch Stengelälchen an Erdbeere

dieses Älchen überträgt keine Viruskrankheiten (auch wenn das manchmal vermutet wird; vgl. *Xiphinema diversicaudatum,* Seite 245).

## Familie Hoplolaimidae

***Pratylenchus penetrans*** (Cobb) Sher & Allen
Weitverbreitet in leichten Gartenböden (als Gegensatz zu Ackerböden), vor allem, wenn diese viel organische Substanz enthalten. Lebt in den Wurzeln verschiedener Pflanzen, auch in denen der Himbeere und Erdbeere; in Teilen des europäischen Festlandes und Nordamerikas gehört Apfel und Kirsche zu den wichtigen Wirtspflanzen.

**Beschreibung:** ADULTE: 0,3–0,8 mm lang; Körper langgestreckt mit konischem, abgerundetem und glatt endendem Schwanz; Mundstachel kräftig, etwa 0,013–0,017 mm lang mit deutlichen, runden Basalknöpfen; Speiseröhre in spitzem Winkel vom Mitteldarm abgegrenzt.

**Lebensweise:** Während des Frühjahrs und Sommers werden die Eier einzeln im Boden oder in den Wurzeln der Wirtspflanze abgelegt. Die Entwicklung vom Ei bis zum adulten Älchen dauert, je nach Temperatur, einen bis 3 Monate, sie erfolgt über 4 Entwicklungsstadien, das 1. wird in der Eihülle durchlaufen. Die Älchen leben vorwiegend innerhalb der Rinde der Wurzeln und überdauern den Winter als Adulte oder im 4. Stadium.

**Schaden:** HIMBEERE: Schwerer Befall der Wurzeln kann die Höhe der Ruten vermindern, vor allem, wenn gleichzeitig noch pflanzenpathogene Pilze anwesend sind; es ist jedoch schwer herauszufinden, ob diese Nematoden den Himbeeren wirklich schaden. ERDBEERE: Stark befallene Pflanzen zeigen deutliche Wachstumshemmungen der Wurzel und auch der oberirdischen Pflanzenteile. Bei Pflanzen, die von der *Verticillium*-Welke infiziert sind, ist der Schaden größer. Ausgeprägte, langgestreckte, nekrotische Wunden entstehen an den befallenen Wurzeln, das geschädigte Gewebe verbindet sich oft zu braunen Flecken, die ringförmig kleinere Wurzeln umgeben können. Langsam wachsende Wurzeln werden meist stärker befallen.

**Bekämpfung:** Jungpflanzen sollen nicht in befallenen Boden gepflanzt werden. In Versuchen zeigten Himbeerruten, die in mit Dazomet behandelten Boden gepflanzt wurden, verstärktes Wachstum.

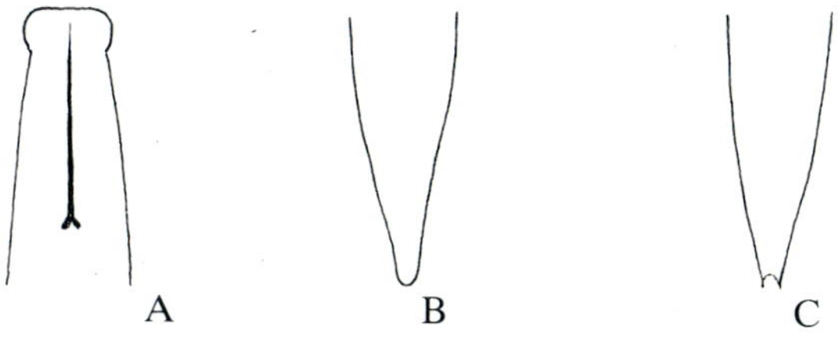


Abb. 588: Blattälchen: A: Kopf und Stilett von *Aphelenchoides fragariae*, B: Schwanz von *Aphelenchoides fragariae*, C: Schwanz von *Aphelenchoides ritzemabosi*

Abb. 589: Schaden durch Blattälchen an Erdbeere

***Aphelenchoides fragariae*** (Ritzema Bos) Christie (Blattnematode)
Weitverbreitet und häufig an verschiedenen Kräutern und Zierpflanzen, hauptsächlich an Farnen. Häufiger Schädling an Erdbeere.

**Beschreibung:** ADULTE: 0,5–0,9 mm lang; Körper dünn, mit langem Schwanz, der stumpf endet; Schwanz des ruhenden Männchens um 45 bis 90 Grad abgebogen; Mundstachel kurz, rund 0,01 mm lang, mit sehr kleinen Basalknöpfen, Lippenregion durch eine schwache Einschnürung abgesetzt (Abb. 588 A, B).

**Lebensweise:** An Erdbeere leben diese Älchen meist ektoparasitisch am jungen Gewebe im Herzen der Pflanzen, an Vegetationspunkten und an der Spitze der Ausläufer. Oft halten sie sich in Gruppen in den Blattfalten und an der Mittelader auf und werden beim Wachsen des Blattstiels nach oben getragen. Beim Entfalten der Blättchen wandern die Älchen wieder ins Herz der Pflanze zurück, sobald ihnen das ein Wasserfilm auf den Pflanzenteilen ermöglicht. Sie entwickeln sich das ganze Jahr hindurch, doch ist ihre Zahl im Frühjahr am größten. Viele Eier werden in die Knospen und Blattachseln gelegt, nach 2 bis 4 Wochen sind die Nematoden erwachsen. Wenn sich die Älchen auch in dünnen Wasserfilmen auf der ganzen Pflanze verbreiten können, dringen sie vermutlich nicht weit in den Boden ein.

**Schaden:** Die Blätter befallener Pflanzen sind beträchtlich gekräuselt und verdreht, die Blattkerben sind mißgestaltet, ihre Zahl ist vermindert und manchmal fehlen sie; die Blattstiele sind oft extrem lang, dünn, erscheinen unbehaart und werden zur Blattbasis hin deutlich dünner (Abb. 589). Manchmal fehlen die Blättchen oder sind sehr schmal. Bei starkem Befall können die Blütenstiele absterben, wodurch sich der Ertrag stark vermindert. Auch die zentralen Herzen der Pflanzen können absterben. Wo sich dann später neue Herzen entwickeln, sind diese schwach und ihre Blätter unnormal. Besonders starken Befall gibt es nach einem nassen Herbst und Winter, am deutlichsten sind die Symptome zu Beginn des Frühjahrs, weniger deutlich im Herbst, nachdem der Neutrieb begonnen hat. Wenn die Pflanzen am Ende des Frühjahrs und im Frühsommer stark wachsen, ist der Befall meist maskiert. Die Blattschäden werden manchmal mit den Symptomen des Blattkräuselvirus verwechselt.

**Bekämpfung:** Die Ausläufer sollten nur von gesunden Pflanzen genommen werden. Wenn das nicht möglich ist, können sie vor dem Auspflanzen für 10 Minuten in Wasser von 46° C eingetaucht werden, dies sollte sorgfältig erfolgen, damit keine Pflanzenschäden entstehen oder die Pflanzen eingehen.

***Aphelenchoides ritzemabosi*** (Schwartz), Steiner & Buhrer
Weitverbreitet und häufig an verschiedenen Kräutern, hauptsächlich an Korbblütlern, ein wichtiger Schädling der Chrysantheme und einiger anderer Zierpflanzen; schädlich auch an Schwarzer Johannisbeere und Erdbeere.

**Beschreibung:** ADULTE: 0,7–1,2 mm lang; Körper dünn mit schlankem Schwanz, der stiftförmig endet und 2 bis 4 kurze Anhänge aufweist, Schwanz des ruhenden Männchens um 180° umgeschlagen; Mundstachel kurz, etwa 0,012 mm lang, mit sehr kleinen Basalknöpfen: Lippenregion durch eine schwache Einschnürung abgesetzt (Abb. 588 C).

**Lebensweise:** Zusammen mit *Aphelenchoides fragariae* befällt dieses Älchen oft Erdbeeren. Der Entwicklungszyklus beider Arten ist sehr ähnlich. An Schwarzer Johannisbeere leben diese Nematoden vorwiegend ektoparasitisch in den geschlossenen Knospen, in die sie in geringer Zahl während des Frühjahrs und Sommers eindringen. Die Vermehrung erfolgt den ganzen Winter hindurch, bis die Knospen schließlich abgestorben sind und die Älchen ein Ruhestadium erreicht haben, in dem sie in baumwollartigen Massen dicht zusammengedrängt verweilen. Wenn Wasser in das abgestorbene Gewebe eindringt, werden sie wieder aktiv; auf Wasserfilmen wandern sie dann an andere Stellen der Büsche und einigen gelingt es, in neue Knospen einzudringen.

**Schaden:** SCHWARZE JOHANNISBEERE: Befallene Knospen sterben ab, vertrocknen und öffnen sich im Frühjahr nicht, so daß an den Büschen Stücke kahlen Holzes entstehen. Einige Sorten, beispielsweise „Daniels September“, sind besonders anfällig. ERDBEERE: Die Schäden sind ähnlich wie bei der vorherigen Art beschrieben, zusätzlich entstehen aber an den Befallsstellen typische graue oder silberige Zonen an der Basis der Mittelader an der Blattoberfläche. Am deutlichsten sind diese Symptome im Frühjahr, sie werden manchmal mit den erst später auftretenden Schäden der Erdbeermilbe (s. Seite 231) verwechselt. Wo *Aphelenchoides ritzemabosi* zusammen mit dem Bakterium *Corynebacterium fasciens* auftritt, kann es zu starken Anschwellungen und Verkrüppelungen der Blatt- und Blütenstiele kommen, wodurch die Pflanzen fleischig und blumenkohlähnlich werden, eine Erscheinung, die als „Blumenkohlkrankheit“ bezeichnet wird. Die Hauptursache dieser Krankheit ist das Bakterium, die typischen Symptome entstehen aber nur bei Anwesenheit dieses Älchens.

**Bekämpfung:** SCHWARZE JOHANNISBEERE: Vermehrungsholz sollte nur von gesunden Büschen geschnitten werden und in problematischen Gebieten sollten keine Sorten gepflanzt werden, deren Anfälligkeit bekannt ist. ERDBEERE: Wie für *Aphelenchoides fragariae* angegeben.

# Ordnung Dorylaimida

## Familie Dorylaimidae

***Longydorus elongatus*** (de Man) Thorne & Swanger
Weitverbreitet und besonders häufig in grobkörnigen, gut drainierten Böden. Ein Ektoparasit an den Wurzeln vieler Kulturpflanzen (auch an Himbeere und Erdbeere) und verschiedener Kräuter. Kann als Virusüberträger bei verschiedenen Obstarten wichtig sein.

**Beschreibung:** ADULTES WEIBCHEN: 5–6 mm lang; Körper lang und dünn, in einem konischen, stumpf gerundeten Schwanz endend; Mundstachel dünn, rund 0.095 mm lang, mit dem Bewegungsapparat des Mundstachels einfach verbunden. JUVENILE: Den Adulten ähnlich, aber kleiner, mit einem Ersatzmundstachel.

**Lebensweise:** Die Eier werden, gewöhnlich zur Zeit des besten Wurzelwachstums der Wirtspflanzen, im Boden abgelegt. Es entwickelt sich meist nur eine Generation im Jahr, dabei werden 4 juvenile Stadien durchlaufen, was rund 3 Monate dauert. Die Fortpflanzung erfolgt hauptsächlich parthenogenetisch, in den meisten Populationen sind Männchen selten oder fehlen ganz. Diese Älchen leben oft in großer Zahl an den Wurzelspitzen oder kurz dahinter.

**Schaden:** Die befallenen Wurzeln schwellen zu auffälligen Gallen an, schwerer Befall führt zu einem verkrüppelten Wurzelsystem und zu schwachen, verkrüppelten Pflanzen. Die Älchen (vor allem die jüngeren juvenilen Stadien) können den schottischen Stamm des Himbeer-Ringfleckenvirus (RRV) auf Rote Johannisbeere, Brombeere, Himbeere und Erdbeere übertragen und das Tomaten-Schwarzringvirus (TBRV) auf Kirsche, Pfirisch, Himbeere und Erdbeere. Ertragsverluste durch diese Virosen sind von größerer Bedeutung als die Schäden, die von den Älchen direkt an den Wirtspflanzen verursacht werden. Zum Glück sind in vielen Anbaugebieten, wenigstens in Großbritannien, die wenigsten der von diesen Älchen bewohnten Böden virusverseucht.

**Bekämpfung:** Dichloropropen kann verwendet werden, doch ist eine langfristige Verminderung der Nematodenzahlen nur erreichbar, wenn die Flächen 2 Jahre lang brachliegen. In Himbeer- und Erdbeerpflanzungen kann Dazomet vor der Pflanzung zur Bekämpfung von nicht virusübertragenden, wandernden Wurzelnematoden verwendet werden (bei Bodenentseuchungsmitteln: Wasserschutzauflagen beachten!).

***Longidorus macrosoma*** Hooper

Stellenweise häufig in Laubwäldern, Gärten, Hecken und Beerenobstanlagen. Ein Ektoparasit an Wurzeln verschiedener Pflanzen, einschließlich Kirsche, Schwarze Johannisbeere, Himbeere und Erdbeere; kann auch als Virusüberträger wichtig sein.

**Beschreibung:** ADULTE: 7–12 mm lang; Körper robust, mit stumpf gerundetem Schwanz; Mundstachel dünn, etwa 0,12 mm lang, Verbindung zum Bewegungsapparat gegabelt. JUVENILE: Den Adulten ähnlich aber kleiner, mit Ersatzmundstachel und spitzigerem Schwanz.

**Lebensweise:** Die Eier werden im Frühsommer im Boden abgelegt und die Juvenilen schlüpfen rund 4 Wochen später. Die Entwicklung zu Adulten verläuft langsam und dauert 2 Jahre; es gibt 4 Juvenilstadien. Die Adulten leben lange, gewöhnlich mehrere Jahre. Gewöhnlich sind Männchen vorhanden und die Entwicklung ist geschlechtlich. Sowohl die juvenilen als auch die adulten Nematoden leben an den Wurzeln, hauptsächlich an deren Spitzen.

**Schaden:** Befallene Wurzelspitzen schwellen an; Himbeerwurzeln reagieren sehr empfindlich und bilden manchmal ausgesprochene Gallen. Befallene Wurzeln wachsen oft von diesen Gallen weg oder bilden neue, gesunde Seitenwurzeln. Unter Freilandverhältnissen können Adulte und Juvenile den englischen Stamm des Himbeer-Ringfleckenvirus (RRV) auf Rote Johannisbeere, Brombeere, Himbeere und Erdbeere verschleppen. Diese Älchen sind auch an der Übertragung des Kirschen-Blattrollvirus (CLRV) beteiligt.

**Bekämpfung:** Wie *Longidorus elongatus* (s. Seite 244).

***Longidorus attenuatus*** Hooper

Diese Art kommt stellenweise in gut drainierten, leichten, sandigen Böden vor, gewöhnlich an Zuckerrübe. Sie kann aber auch an Erdbeeren schädlich werden, indem sie Wurzelgallen verursacht und ist auch ein möglicher Überträger des englischen Stamms des Tomaten-Schwarzringvirus (TBRV) auf Kirsche, Pfirsich, Himbeere und Erdbeere. Die adulten Weibchen sind etwa 6 mm lang, ziemlich dünn, mit konischem Schwanz und verdickter Lippenregion; Männchen kommen sehr selten vor.

***Longidorus profundorum*** Hooper

Dieser Nematode hat Verdrehungen, Gallen und Nekrosen an Apfelwurzeln verursacht. Der Befall erfolgt vor allem dort, wo Gräser (die Hauptwirtspflanzen dieser Art) durch Herbizide bekämpft wurden und die Bäume dann auf dem nackten Boden standen. Bis jetzt ist allerdings die Bedeutung eines solchen Befalls noch unbekannt.

***Xiphinema diversicaudatum*** (Micoletzky) Thorne

Weitverbreitet und vor allem häufig in Ackerland, Laubwald, Hecken und Dauerweiden, aber selten in trockenen, sandigen Böden. Ektoparasitisch an den Wurzeln holziger und krautiger Pflanzen, einschließlich Kirsche, Pflaume, Himbeere, Erdbeere und Hopfen. Ein wichtiger Virusüberträger.

**Beschreibung:** ADULTE: 4,0–6,2 mm lang; Körper lang, Schwanz stumpf, stiftförmig gerundet; Mundstachel etwa 0,14 mm lang und nadelförmig, Mundstachelauszug etwa 0,08 mm; JUVENILE: Ähnlich den Adulten, aber kleiner und mit einem Ersatzmundstachel; Schwanzstift nur im letzten Juvenilstadium deutlich.

**Lebensweise:** Die Eier werden im April und Mai, manchmal auch später, im Boden abgelegt. Die Entwicklung zum erwachsenen Nematoden erfolgt langsam und dauert manchmal 3 Jahre. Die adulten Weibchen können 5 Jahre alt werden, selbst ohne Wirtspflanze können sie 3 Jahre überleben. Die Älchen findet man normalerweise in der Nähe zügig wachsener Wurzeln der Wirtspflanze.

**Schaden:** Der Befall verursacht Wurzelgallen, aber die direkten Schäden an größeren Wirtspflanzen sind harmlos und das Wachstum wird nicht beeinträchtigt. Bei Erdbeere kann jedoch starker Befall erhebliche Verkrüppelungen hervorrufen und zum Zusammenbruch und Absterben der Pflanze führen; befallene Erdbeerwurzeln ändern ihre Farbe von weiß nach grau. Dieser Nematode ist vor allem als Virusüberträger wichtig, auch des Arabis-Virus (AMV), das leicht auf Kirsche, Schwarze Johannisbeere, Himbeere, Erdbeere und Hopfen übertragen wird und des latenten Erdbeer-Ringfleckenvirus (SLRV), das Kirsche, Pfirisch, Pflaume, Schwarze Johannisbeere, Himbeere und Erdbeere befällt. Der Hopfen-Stamm des AMV (AMV-H) führt zur Entwicklung der Nesselkopfkrankheit und Schlitzblättrigkeit bei Hopfen.

**Bekämpfung:** Wie bei *Longidorus elongatus* angegeben (s. Seite 244).

## Familie Trichodoridae

***Trichodorus viruliferus*** Hooper
Kommt hauptsächlich in leichten, sandigen Böden Westeuropas vor und befällt die Wurzeln vieler Pflanzenarten, auch von Zuckerrübe, Weizen, verschiedenen Gemüsearten und, beispielsweise in Kent, Apfel.

**Beschreibung:** ADULTE: 0,6–0,9 mm lang; Körper kurz und gedrungen, mit stumpfer, abgerundeter Schwanzspitze, Mundstachel etwa 0,045 mm lang und typisch gebogen.

**Lebensweise:** Lebt das ganze Jahr hindurch an Apfel, die Entwicklung vom Ei bis zum adulten Älchen dauert rund 6 bis 7 Wochen. Die Tiere halten sich an den wachsenden Wurzeln auf, nur 1 bis 3 mm von deren Spitzen entfernt, wo sie oft in großer Zahl zu finden sind.

**Schaden:** Befallene Wurzeln werden braun. Die oberen Zellschichten brechen auf und 5 bis 15 Tage nach Befallsbeginn hört das Wurzelwachstum auf. Die Beschädigungen scheinen aber für die Bäume harmlos zu sein.

**Bekämpfung:** Unnötig.

# Schnecken

## Familie Arionidae

Körper ohne richtigen Kiel, Fuß breiter als der übrige Körper; Atemloch rechts im vorderen Teil des Mantelschilds, Reste der Schale (Kalkkörner) unter dem Mantelrand.

***Arion ater*** (Linnaeus)
Schwarze Wegschnecke
In Nordeuropa (einschließlich Norddeutschland) weit verbreitet in feuchten Lagen, manchmal schädlich an Erdbeeren und anderen Gartenpflanzen.

Abb. 590: Wegschnecke *Arion ater*

Abb. 591: Schneckenschaden an Erdbeere

**Beschreibung:** ADULTE: Bis 150 mm lang, manchmal auch noch länger, oben schwarz oder dunkelbraun, unten grau; Körper von Wärzchen bedeckt (Abb. 590). SCHLEIMSPUR: Weiß, später schillernd. EI: 5 × 4 mm; perlweiß und opak. JUVENILE: gelblichweiß mit dunklen Tentakeln.

**Lebensweise:** Die Adulten treten meist im Spätsommer und Herbst auf und können einige Jahre alt werden. Die Eier werden in Gruppen bis zu 150 Stück im Boden abgelegt. Die jungen Schnecken schlüpfen im Winter oder zu Anfang des Frühjahrs, sie entwickeln sich schnell und sind im Spätsommer ausgewachsen. Diese Art ist träge und sondert sehr viel klebrigen Schleim ab.

**Schaden:** In reifende Erdbeeren können große Löcher gefressen werden (Abb. 591), aber die Schwarze Wegschnecke ist in Erdbeerbeeten nicht so häufig, daß merkliche Ertragsverluste entstehen.

**Bekämpfung:** Normalerweise nicht nötig, wirksam wäre Metaldehyd oder Mercaptodimethur (Anwendungsvorschrift beachten!)

***Arion hortensis*** Férussac

Garten-Wegschnecke

Weitverbreitet und an feuchten Stellen häufig, vor allem in Haus- und Schrebergärten. Die Schnecken fressen an verschiedenen Gemüsearten und können an Erdbeere und Hopfen ein wenig schädlich werden.

**Beschreibung:** ADULTE: 25–30 mm lang; Körper oben schwarz oder bräunlich, unten gelb oder orange; Körper zähhäutig und hinten abgerundet (Abb. 592 A, 593). SCHLEIMSPUR: Gelblich. EI: 2,5 × 2,0 mm; gelblich und klebrig.

**Lebensweise:** Diese Art hat jährlich eine Generation und legt meist Mitte bis Ende des Sommers im Boden ihre Eier ab und zwar in Gruppen von 10 bis 50 Stück; nach 2 bis 3 Wochen schlüpfen die jungen Schnecken, zum Winter hin dauert es länger. Nach 6 bis 12 Monaten sind sie erwachsen.

**Schaden:** Manchmal werden Löcher in reifende Erdbeeren gefressen, hauptsächlich in Früchte in Bodennähe. Der Zuwachs an Hopfenranken kann auch beschädigt werden, vor allem an verunkrauteten Stellen nach Herbizidanwendung.

**Bekämpfung:** Wenn nötig, kann Metaldehyd oder Mercaptodimethur angewandt werden (Anwendungsvorschriften beachten!).

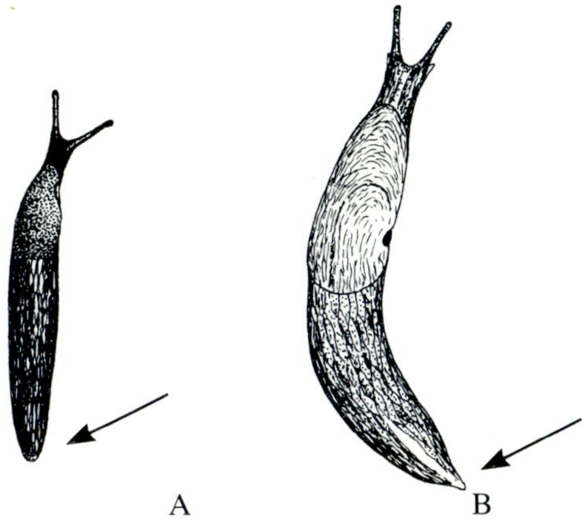


Abb. 592: A: Garten-Wegschnecke *Arion hortensis,* B: Genetzte Ackerschnecke, *Deroceras reticulatum*

Abb. 593: Garten-Wegschnecke *Arion hortensis*

Abb. 594: Genetzte Ackerschnecke, *Deroceras reticulatum*

## Familie Limacidae

Körper mit deutlichem Kiel in Rückenmitte; Atemloch links in der hinteren Hälfte des Mantelschilds; unter dem Mantelschild ein ovales Kalkplättchen.

***Deroceras reticulatum*** (Müller)

Genetzte Ackerschnecke

Weitverbreitet und häufig, vor allem in schweren Böden. Ein Schädling vieler Kulturpflanzen, einschließlich Schwarzer Johannisbeere, Stachelbeere, Himbeere, Erdbeere und Hopfen.

**Beschreibung:** ADULTE: 30–40 mm lang; hellgrau bis hell gelblich- oder rötlichbraun und oft gesprenkelt; Körper weich, hinten spitz zulaufend (Abb. 592 B, 594). SCHLEIMSPUR: Milchweiß, EI: 3,0 × 2,5 mm, weißlich und durchscheinend, durch weiße Absonderungen gesprenkelt.

**Lebensweise:** Eier werden das ganze Jahr über gelegt, vor allem aber im April und Mai und im Herbst, wenn die Adulten besonders zahlreich sind, denn es gibt 2 sich überlappende Generationen. Ein Weibchen kann jährlich 300 bis 500 Eier legen und zwar in den Boden in Gruppen oder Bändern von 10 bis 30 Stück. Nach wenigen Wochen schlüpfen die jungen Schnecken, die unter günstigen Bedingungen in etwa 2 Monaten erwachsen sind, oft aber dauert die Entwicklung fast 1 Jahr. Sie fressen am meisten in warmen, feuchten Nächten, einzelne Tiere sind aber auch bei niedrigen Temperaturen aktiv. Den Winter verbringen diese Schnecken in halbstarrem Zustand unter Steinen, Holzstücken und ähnlichen Verstecken. Die adulten Schnecken können mehrere Jahre alt werden.

**Schaden:** Die Schnecken leben unterirdisch oder an der Bodenoberfläche und können auch oberirdische Pflanzenteile anfressen. SCHWARZE JOHANNISBEERE: In Pflanzungen stören die Schnecken manchmal, wenn sie in die Büsche gekrochen sind und bei der mechanischen Ernte als Verunreinigung in das Ernteobst geraten; dieses Problem ist aber vorwiegend auf verunkrautete Lagen beschränkt. STACHELBEERE: Zur Blütezeit wird die Basis der Kelchblätter angefressen, wodurch die Blüten absterben und abfallen; diese Schäden werden oft Spätfrösten oder Vögeln (s. Seite 250) zugeschrieben. HIMBEERE: Im Mai und Juni fressen die Schnecken manchmal unregelmäßige, längliche Rindenstücke an den jüngsten Ruten, diese oberflächlichen Schäden sind eigentlich nicht schlimm, aber sie erleichtern das Eindringen pflanzenschädlicher Pilze und der Himbeerruten-Gallmücke(s. Seite 110). ERDBEERE: Oft werden kleine Löcher in die Blätter gefressen, doch ist das harmlos, gefährlicher ist es, wenn sich der Fraß auf die reifenden Früchte konzentriert und große Löcher ins Fruchtfleisch gefressen werden (Abb. 591). Besonders schlimm können die Fruchtschäden bei im Herbst tragenden Sorten unter Folie sein. HOPFEN: Im Frühjahr zerstören die Schnecken oft die zarten, jungen Triebe, vor allem in verunkrauteten Hopfengärten nach Herbizidanwendung.

**Bekämpfung:** Wie bei *Arion hortensis* angegeben (s. Seite 247).

Abb. 595: Gefleckte Weinbergschnecke, *Helix aspersa*

## Familie Helicidae

Landschnecken mit gut entwickelter Schale

***Helix aspersa*** Müller
Gefleckte Weinbergschnecke
Weitverbreitet in Westeuropa und im Mittelmeergebiet, in Mitteleuropa vorwiegend in Flußtälern und am Bodensee; manchmal störend in Pflanzungen von Schwarzen Johannisbeeren und Erdbeeren.

**Beschreibung:** ADULTE: 50–60 mm lang; Körper gelbgrau bis schwarzgrün mit einer hellen Rückenlinie von der Basis der Tentakel bis zur Schale (Abb. 595). SCHALE: 30–32 mm hoch; groß und rund; graubraun bis gelblich braun, mit 5 dunkelbraunen, unterbrochenen Bändern (Abb. 595).

**Lebensweise:** Die juvenilen und adulten Schnecken überwintern, oft gesellig, in geeigneten, relativ trockenen Verstecken, die Schalenöffnung wird dabei mit Schleim verschlossen. Im Frühjahr kommen sie aus ihren Winterquartieren und beginnen, an vielerlei pflanzlichen Stoffen zu fressen. Bei feuchtem Wetter und nachts sind sie besonders aktiv. Im Spätsommer und Frühherbst werden die Eier in kleinen Gruppen im Boden abgelegt, wenige Wochen danach schlüpfen die jungen Schnecken, die nach etwa einem Jahr erwachsen sind. Die Adulten werden mehrere Jahre alt.

**Schaden:** SCHWARZE JOHANNISBEERE: Wie andere Schnecken kann auch diese Art manchmal ins Erntegut gelangen und dadurch lästig sein (siehe unten). ERDBEERE: Gelegentlich werden in die Blätter oder in die sich entwickelnden Früchte Löcher gefressen, hauptsächlich in Gärten.

**Bekämpfung:** SCHWARZE JOHANNISBEERE: Wie für *Capaea hortensis* empfohlen (siehe unten). ERDBEERE: Wie für *Arion ater* angegeben (s. Seite 247).

***Trichia striolata*** (Pfeiffer)

Weitverbreitet und häufig, besonders unter Laub und in der Krautschicht, frißt an den verschiedensten Pflanzen, an Stachelbeere und Erdbeere manchmal schädlich.

**Beschreibung:** ADULTE: 20 mm lang; Körper aschgrau bis gelbbraun mit dunkelbraunen Rückenstreifen von der Basis der Tentakel bis zur Schale. SCHALE: 8 mm hoch und 12 mm breit; etwas abgeflacht; grau bis braun oder rötlichbraun, letzte Windung stumpfkantig (Abb. 596). EI: Mehr oder weniger oval, durchscheinend und ziemlich weich.

**Lebensweise:** Die Eier werden im Spätsommer und Frühherbst in Gruppen in den Boden gelegt. Die meisten der jungen Schnecken schlüpfen ein paar Wochen danach, sie entwickeln sich langsam und sind während des Winters kaum aktiv. nach etwa einem Jahr sind sie ausgewachsen. Die Schnecken fressen vorwiegend nachts, sind aber bei warmem Wetter nach einem Regen auch tagsüber aktiv.

**Schaden:** Junge Blätter und sich entwickelnde Früchte von Stachelbeere und Erdbeere werden geschädigt. In Gärten mit bedecktem Boden und an Pflanzen und Büschen, die von viel Unkraut umgeben sind, entstehen die meisten Schäden.

**Bekämpfung:** Wie für *Arion hortensis* empfohlen (s. Seite 247). Die Population wird vermindert, wenn das Land frei von Mulch und Unkraut gehalten wird.

Abb. 596: *Trichia striolata*

Abb. 597: Garten-Schnirkelschnecke, *Cepaea hortensis*

***Cepaea hortensis*** (Müller)

Garten-Schnirkelschnecke

Weitverbreitet und häufig. Die rundliche Schale (15 mm hoch und 18 mm breit) ist weiß, grau, gelblich, rosa oder braun und hat bis zu 5 dunkle Bänder; die Lippe ist normalerweise weiß (Abb. 597). Die Schnecken fressen an verschiedenen Pflanzen und werden in Anlagen mit Schwarzer Johannisbeere manchmal lästig, wenn sie sich zur Erntezeit in den Büschen aufhalten oder in den Ritzen von Obstkörben und -kisten Schutz suchen. Direkt schädlich sind sie nicht, wenn sie aber in Obstlieferungen an die verarbeitende Industrie enthalten sind, führt das oft zur Rücksendung solcher Lieferungen.

**Bekämpfung:** Die größten Probleme gibt es in verunkrauteten Anlagen, deshalb wird eine gründliche Unkrautbekämpfung in den Pflanzungen das Risiko solcher Schwierigkeiten stark vermindern. Eine langfristige Senkung des Schneckenbesatzes kann durch die Anwendung von Schneckenködern auf benachbarten Böschungen u.s.w. erreicht werden. In stark befallenen Lagen wird eine Behandlung der ganzen Pflanzung, vielleicht sogar im Frühjahr und im Sommer, angebracht sein. Das Eindringen von Schnecken in die für das geerntete Obst bestimmten Behälter kann verhindert werden, wenn diese in Plastikhüllen aufbewahrt oder an Plätzen ohne Kontakt mit dem Boden oder der Vegetation aufbewahrt werden.

***Cepaea nemoralis*** (Linnaeus)

Hain-Schnirkelschnecke

Sehr ähnlich *Cepaea hortensis,* aber mit einer etwas größeren, weniger glänzenden Schale und mit gewöhnlich dunkler, die Schalenöffnung umgebender Lippe. Auch in Pflanzungen von Schwarzen Johannisbeeren häufig und möglicherweise als Verunreinigung im Erntegut zu finden.

# Vögel

Die Vögel können wichtige Obstschädlinge sein und Gartenfreunden und Berufsobstbauern viel Ärger bereiten. Im Winter und Vorfrühling werden die ruhenden Knospen von Birne, Kirsche, Pflaume und anderen Obstarten oft von Dompfaffen geplündert. Andere Finken, Meisen und Haussperlinge machen das auch, sind aber gewöhnlich weniger schädlich. Auch die Blüten der Obstbäume und -büsche können von Vögeln zerstört werden, es bleiben auffallende und verräterische Häufchen frisch abgebissener Kelch- und Blütenblätter in der Nähe der Bäume oder Büsche zurück (vergl. Schneckenschäden an Stachelbeerblüten, Seite 248). Während des Sommers und im Herbst fressen Vögel an reifen oder reifenden Früchten aller Art und richten in ungeschützten Gärten und Obstanlagen oft große Schäden an. Amseln, Drosseln und Stare sind häufig für Fruchtschäden verantwortlich, aber auch verschiedene andere Arten, beispielsweise Krähen und Eichelhäher, können Schwierigkeiten bereiten. Löcher, die in die Früchte von Birnen, Pflaumen und anderen Obstarten gepickt werden (Abb. 598), ermöglichen oft den Ohrwürmern (s. Seite 16), Wespen (s. Seite 219) und anderen Insekten, am freiliegenden Fruchtfleisch zu fressen und so die ursprünglichen Wunden zu vergrößern, wodurch die primär Schuldigen manchmal übersehen werden. Hänflinge fallen oft über Erdbeerbeete her und picken die Samen (Nüßchen) von der nach oben gerichteten Seite der reifenden Beeren heraus. Dieser Schaden kann mit dem von Erdbeersamenlaufkäfern (s. Seite 69) angerichteten verwechselt werden, aber die Hänflinge holen die Nüßchen normalerweise heraus, ohne dabei das umgebende Fruchtfleisch zu verletzen.

Vögel können durch verschiedenartige Schreck-Vorrichtungen und durch physikalische Barriern abgehalten werden, ein vollkommener Schutz der Früchte durch Netze oder Käfige ist nur kleinflächig möglich. Der Fang oder Abschuß bestimmter Arten wäre nur von begrenztem Wert. Repellents für Vögel, wie etwa das Anthrachinon, sind allgemein unwirksam. Die Benützung von Giftfallen oder -spritzungen ist keine vertretbare Bekämpfungsmethode.

Abb. 598: Vogelschaden an reifem Apfel

# Säugetiere

Kaninchen und Hasen nagen oft die Rinde von Obstbäumen an, besonders, wenn während strenger Winter die Nahrung knapp ist. In schweren Fällen kann bei Jungbäumen die Rinde vollkommen geringelt werden und die Bäume gehen ein. Das Einzäunen der Pflanzungen und das Anlegen schützender Draht- oder Plastikhosen kann Schäden verringern. Wenn jedoch der Schnee hoch liegt, können Kaninchen und Hasen die üblichen Schutzvorrichtungen überwinden und die Stämme oberhalb des geschützten Bereichs benagen. Einen gewissen Schutz vor Kaninchen und Hasen bieten verschiedene spezielle Repellents, mit denen Stämme und Hauptäste bestrichen werden.

Eichhörnchen schädigen die Rinde von Obstbäumen während deren Winterruhe und zu Beginn des Frühjahrs fressen sie manchmal an den Knospen und vernichten diese. Auch können sie reife Früchte wegtragen, das ist aber nur von lokaler Bedeutung, außerdem sind sie heutzutage nicht mehr so häufig.

Feldmäuse und andere Kleinsäuger schädigen manchmal die Erdbeeren und Häufchen abgebissener Früchte sind oft am Eingang ihrer Baue zu finden. Doch sind Schäden dieser Art ohne oder von nur geringer Bedeutung.

# 10 Parasiten und Prädatoren

Den in den vorausgegangenen Kapiteln beschriebenen Schädlingen steht eine große Zahl von Parasiten und Prädatoren gegenüber. Diese natürlichen Feinde sind außerordentlich wichtig, weil sie Schädlingspopulationen reduzieren oder im Zaum halten können. Viele von ihnen halten sich aber nicht in Gebieten, in denen Pflanzenschutzmittel angewandt werden. Einige dieser chemischen Stoffe gelten jedoch als harmlos oder wenigstens relativ harmlos gegenüber gewissen nützlichen Arten (s. Seite 302).

## Insekten

## Ordnung Dermaptera
Ohrwürmer

Die Bedeutung der Ohrwürmer als Nützlinge wird oft übersehen, wahrscheinlich, weil sie auch schädlich sein können (siehe Kapitel 2). Sie sind jedoch wichtige Prädatoren von Obst- und Hopfenschädlingen, der größte Teil ihrer Nahrung besteht aus Blattläusen; auch Milben und Insekteneier, einschließlich der Eier des Apfelwicklers, werden gefressen.

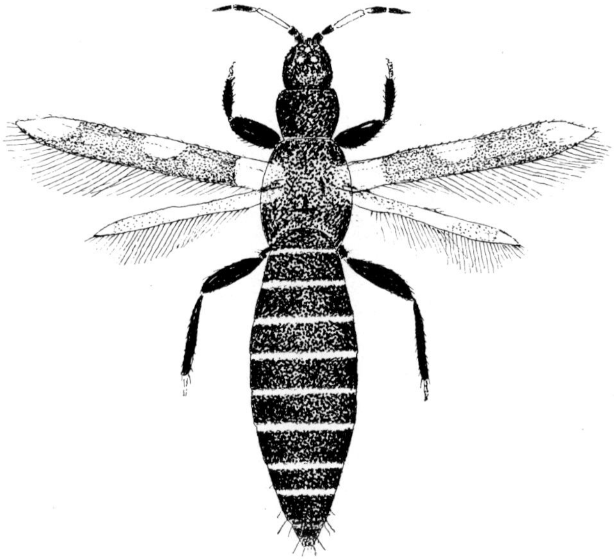

Abb. 599: Weibchen von *Aeolothrips melaleucus*

## Ordnung Thysanoptera
Blasenfüße

Die Blasenfüße (Thripse) leben hauptsächlich phytophag, aber Vertreter aus 2 Familien sind wirksame Prädatoren im Obstbau.

### Familie Aeolothripidae

***Aeolothrips melaleucus*** Bagnall
Diese Art ist weit verbreitet, die adulten Weibchen treten von Mai bis August auf. Gelegentlich fressen sie die noch nicht erwachsenen Spinnmilben, doch tritt dieser Blasenfuß nur in kleiner Zahl auf. Die adulten Weibchen sind 1,4–1,8 mm lang, Körper und Beine sind dunkel, die Fühler 9gliedrig, ihr 3. Segment ist weiß und die 5 Endglieder stehen eng beieinander; die Vorderflügel sind durchsichtig und haben je 2 dunkle Querbänder, die mit einem dunklen Band am Hinterrand vereinigt sind (Abb. 599).

### Familie Thripidae

***Thrips tabaci*** Lindeman
Zwiebelblasenfuß
Normalerweise ist diese Art phytophag (s. Seite .192), aber manchmal fressen diese Blasenfüße auf Apfelbäumen juvenile Obstbaumspinnmilben; auch die Erdbeermilbe und andere Milben an Erdbeere werden gefressen.

# Ordnung Hemiptera
## Unterordnung Heteroptera
## Wanzen

### Familie Pentatomidae

Schildwanzen

***Pentatoma rufipes*** (Linnaeus)
Rotbeinige Baumwanze
Obwohl diese Wanze manchmal schädlich ist (s. Seite 19, Abb. 10), jagt sie Insekten, darunter auf Obstbäumen schädliche Raupen.

### Familie Nabiidae

Eine Gruppe sehr lebhafter und gefräßiger Räuber, oft als Sichelwanzen bezeichnet. Im Gegensatz zu den Blumenwanzen (Anthocoridae) (siehe unten) und den Weichwanzen (Miridae) (s. Seite 255) ist der Saugrüssel gebogen und liegt in Ruhe nicht unter dem Körper.

***Himacerus apterus*** (Fabricius)
Weitverbreitet, stellenweise auf Bäumen. Gelegentlich ein wichtiger Räuber kleiner Arthropoden, beispielsweise von Blattläusen, Milben und Räupchen auf Obstbäumen; in ungespritzten Anlagen gewöhnlich viel häufiger.

**Beschreibung:** ADULTE: 8–11 mm lang; braun, mit langen Beinen und Fühlern; kurzflügelig, die Flügel bedecken den Hinterleib nur teilweise (Abb. 600). EI: 2,8 × 0,7 mm; flaschenförmig, mit kragenartiger Mikropyle. NYMPHE: Dunkelbraun.

**Lebensweise:** Die Eier werden tief ins Gewebe junger Apfeltriebe gelegt, wo sie überwintern. Im Mai und Juni schlüpfen die Nymphen, die sehr gefräßig über ihre Beutetiere herfallen und im Juli oder August erwachsen sind; die adulten Wanzen bleiben noch bis Oktober aktiv.

***Aptus mirmicoides*** (Costa)
Diese Raubwanze kommt in warmen, trockenen Lagen vor. Oft ist sie in Himbeeranlagen zu finden, wo sie von Blattläusen, kleinen Raupen und anderen schädlichen Arthropoden lebt. Die Nymphen sind dunkelbraun und ähneln Ameisen (Abb. 601); die Adulten sind 7–8 mm lang und meist kurzflügelig. Die Nymphen treten ab Mitte Juni, die Adulten im August und September auf und überwintern. Sie legen im Frühjahr ihre Eier, es entwickelt sich nur 1 Generation im Jahr.

Abb. 600: Sichelwanze *Himacerus apterus*

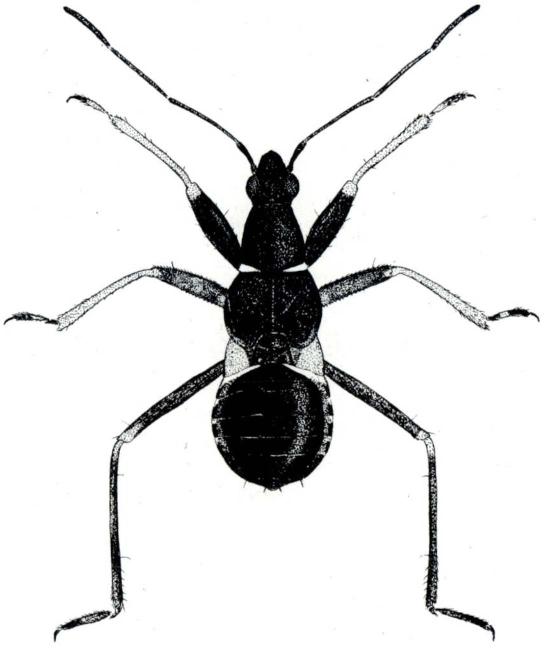

Abb. 601: Sichelwanze *Himacerus mirmicoides*

### Familie Anthocoridae

Blumenwanzen

Die Blumenwanzen treten auf Obstbäumen und auf Hopfen häufig auf. Ihre Adulten und Nymphen sind Räuber kleiner Arthropoden. Sie unterscheiden sich von den Sichelwanzen durch einen geraden Saugrüssel, der in Ruhe unter den Körper geklappt wird und von den Weichwanzen durch 1 Paar Ocellen zwischen den Komplexaugen.

***Anthocoris nemorum*** (Linnaeus)
Weitverbreitet und häufig, lebt als gefräßiger Räuber auf vielen Kräutern, Bäumen und Sträuchern, auch auf Obstbäumen, an Beerenobst und auf Hopfen. Die Nymphen und Adulten haben vielerlei Beutetiere, beispielsweise Räupchen, Mückenlarven, Blattsauger, Käferlarven und -puppen und Spinnmilben; im Frühjahr und im Herbst vernichten sie zahlreiche Eier der Obstbaumspinnmilbe. Bei Nahrungsmangel verschonen sie auch ihre Artgenossen nicht.

**Beschreibung:** ADULTE: 3–4 mm lang; dunkelbraun mit hellerer und dunklerer Zeichnung; Kopf und Pronotum schwarz; Fühler verhältnismäßig lang, das 2. und der größte Teil des 3. Gliedes heller; Vorderflügel vollständig glänzend (Abb. 602, 603 A). EI: 0,8 × 0,3 mm; weiß und flaschenförmig mit runder Mikropyle. NYMPHE: Körper flach und dunkelrot bis schwarzbraun; Rüssel und Beine gelblich oder grau; Fühler blaß, mit Ausnahme der Spitze, Pronotum des letzten Nymphenstadiums mit blassen Hinterecken (Abb. 604).

**Lebensweise:** Die adulten Wanzen, vorwiegend die Weibchen, überwintern zwischen dürren Blättern, unter Rindenschuppen und an ähnlichen Stellen. Im März und April wandern sie oft auf die Kätzchen verschiedener Weidenarten über, bevor sie sich auf andere Pflanzen verteilen. Die Eier werden in die Blätter gelegt, meist unter die Oberhaut der Blattadern, die Mykropyle ragt noch hervor; manchmal werden sie auch in Knospen oder in Blütenteile gelegt. Ein Weibchen legt nach der Überwinterung in der Zeit von Anfang März bis Juni bis zu 200 Eier. Etwa 10 Tage nach der Eiablage schlüpfen die Nymphen, die sich in rund 6 Wochen zu adulten Wanzen entwickeln. Die ersten Adulten der Sommergeneration tauchen im Mai auf, später entwickelt sich noch eine 2. Generation von Nymphen. Die Generationen überschneiden sich aber stark, deshalb kommen zwischen April und September sämtliche Entwicklungsstadien vor. Es werden 5 Nymphenstadien durchlaufen.

***Anthocoris confusus*** Reuter
Eine weitverbreitete und auf Eichen und anderen Bäumen häufige Art und oft in Obstanlagen jeder Art zu finden. Die Nymphen und Adulten fressen alle Stadien der Spinnmilben. Die Adulten sind 3,3–4,0 mm lang, braun und schwarz; die Fühler sind mäßig lang, das 2. Glied ist in der Mitte heller; bei den Vorderflügeln ist Clavus, Corium, der innere Teil des Emboliums und der Innenwinkel des Cuneus typisch matt (Abb. 603 B, 605 A). Die Nymphen sind orangerot bis dunkelbraun und glänzend, mit braunen Fühlern. Die Lebensweise ist ähnlich wie die der vorherigen Arten, doch werden die Eier vorwiegend in die Mittelader der Blätter und in die Blattstiele gelegt.

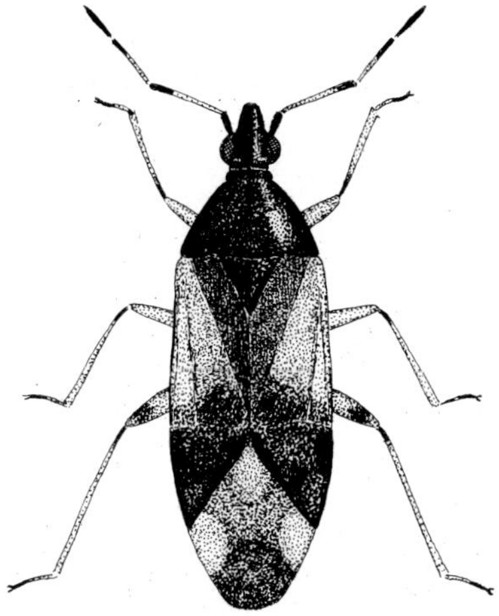

Abb. 602: Blumenwanze *Anthocoris nemorum*

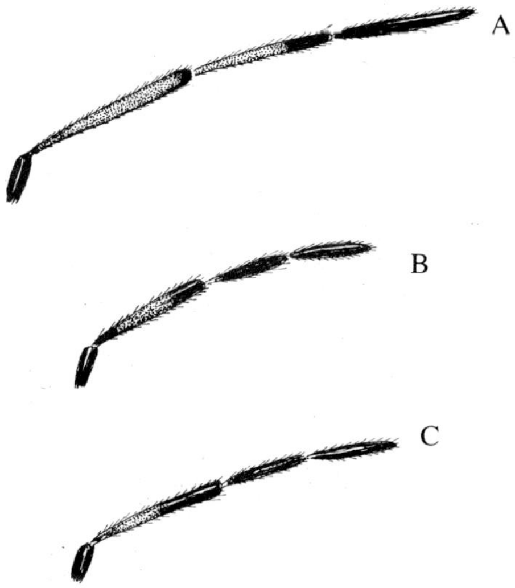


Abb. 603: Fühler von Anthocoridae: A: *Anthocoris nemorum,* B: *Anthocoris confusus,* C: *Anthocoris nemoralis*

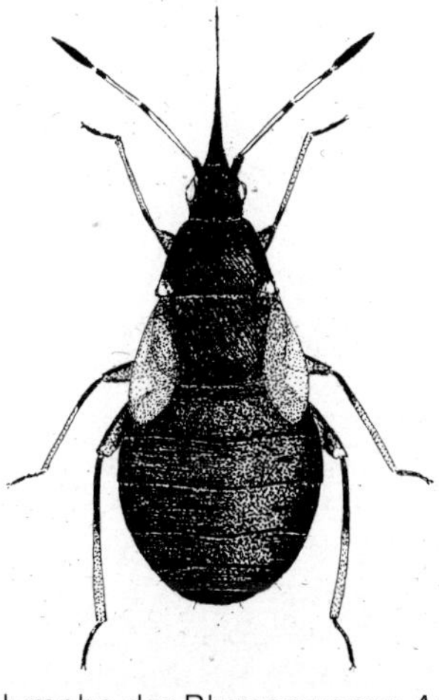

Abb. 604: Nymphe der Blumenwanze *Anthocoris nemorum*

**_Anthocoris nemoralis_** (Fabricius)
Allgemein häufig und weit verbreitet an verschiedenen Bäumen, als Räuber kleiner Arthropoden oft in Obstanlagen zu finden. Die Adulten ähneln jenen von *Anthocoris nemorum* (s. Seite 253), doch sind ihre Fühler kürzer und meist dunkler, nur Clavius und Corium der Vorderflügel sind matt (Abb. 603 C, 605 B). Die Nymphen sind braun bis dunkelbraun, die Fühler braun und relativ kurz. Der vorigen Art ähnlich ist auch die Lebensweise, aber die Eier werden meist ins Gewebe zwischen den Blattadern gelegt.

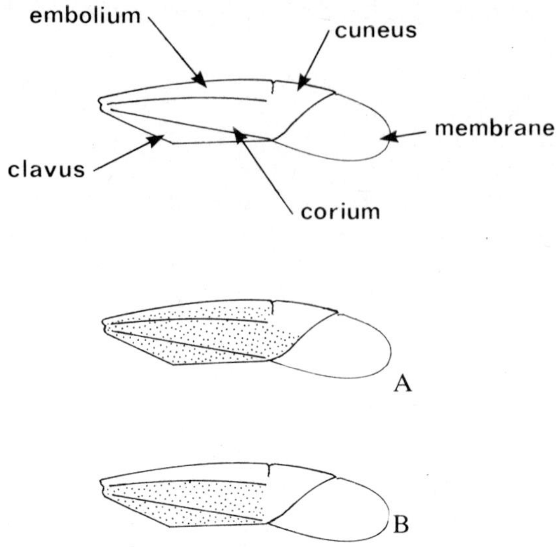

Abb. 605: Rechter Vorderflügel (Flügeldecke) von Anthocoriden: A: *Anthocoris confusus,* B: *Anthocoris nemoralis;* matte Stellen punktiert

**_Orius majusculus_** (Reuter)
Weitverbreitet und allgemein häufig; in Erwerbsobstanlagen und unbehandelten Obstpflanzungen ein oft in großer Zahl auftretender, wichtiger Nützling. Seine Nahrung besteht hauptsächlich aus Blattläusen und Spinnmilben.

**Beschreibung:** ADULTE: 2,6–3,8 mm lang; elliptisch; schwarzbraun mit helleren Vorderflügeln und Beinen. EI: 0,6 × 0,25 mm; cremeweiß und flaschenförmig. NYMPHE: Mattbraun und plump, Beine und Fühler kurz.

**Lebensweise:** Die Adulten kommen im März und April aus ihren Winterquartieren. Die Eier werden in Gruppen zu 3 oder 4 in getrennte Höhlungen in die Mittelader auf der Blattunterseite gelegt, die Mikropylen ragen noch heraus. Zwischen April und August sind alle Stadien zu finden, weil es 2 sich überschneidende Generationen gibt, die Entwicklung vom Ei bis zur adulten Wanze dauert etwa einen Monat.

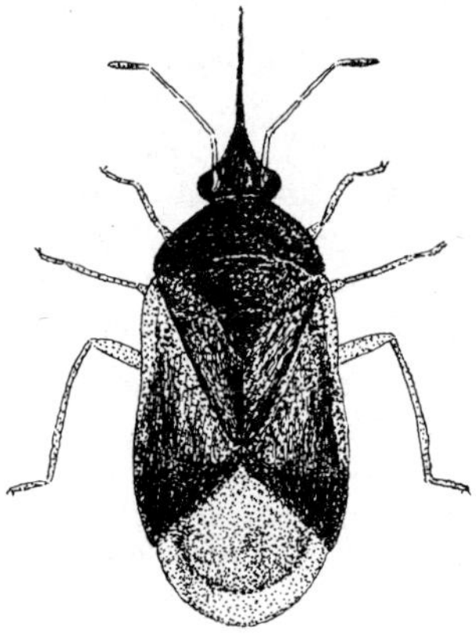
Abb. 606: Blumenwanze *Orius vicinus*

**_Orius vicinus_** (Ribaut)
Diese Art ist im Aussehen und in der Lebensweise *Orius majusculus* ähnlich, aber kleiner (Adulte 2,2–2,5 mm lang) (Abb. 606). Sie ist häufig und lebt von Blattläusen und anderen kleinen Insekten, Spinnmilben und anderen Milben.

## Familie Microphysidae

**_Loricula elegantula_** (Baerensprung)
Weitverbreitet und auf Obstbäumen und -büschen allgemein häufig als nicht besonders wichtiger Räuber kleiner Arthropoden.

**Beschreibung:** ADULTES WEIBCHEN: 1,5–1,8 mm lang, Kopf und Thorax hell orangerot; Hinterleib breit gerundet, glänzend schwarzbraun, Flügel stark reduziert (Abb. 607). NYMPHE: hellrot.

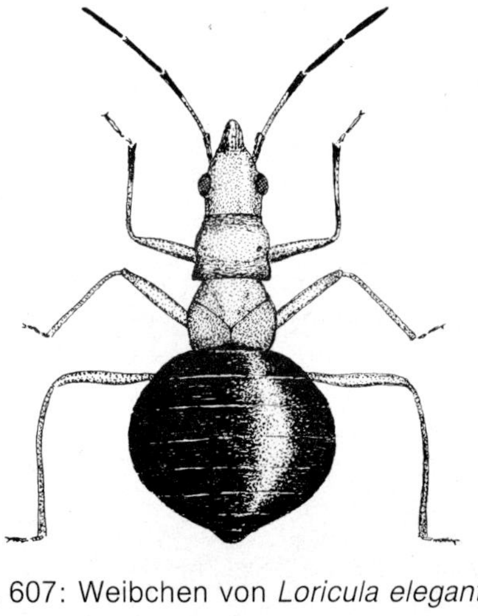
Abb. 607: Weibchen von *Loricula elegantula*

**Lebensweise:** Die Eier werden im Sommer in Rindenrisse und Flechtenpolster gelegt. Die Nymphen schlüpfen erst im folgenden Juni und entwickeln sich bis Mitte Juli zu Adulten, die bis September zu finden sind. Im Gegensatz zu den Weibchen sind die Männchen flugfähig, aber kurzlebig.

## Familie Miridae

### Weichwanzen

Die Weichwanzen, auch als Capsiden oder Blindwanzen bezeichnet, sind wichtige Prädatoren, aber einige Arten sind Pflanzenschädlinge (Kapitel 3). Die Adulten und Nymphen sind meist sehr aktive, gefräßige Räuber. Der gerade Saugrüssel ist, wenn er nicht benützt wird, unter den Körper gelegt, wie bei den Blumenwanzen. Im Gegensatz zu Letzteren besitzen die Miriden keine Ocellen. Die Eier werden normalerweise ins Pflanzengewebe eingesenkt, sie überwintern. Die Entwicklung vom Ei bis zu den Adulten erfolgt in 5 Entwicklungsstadien.

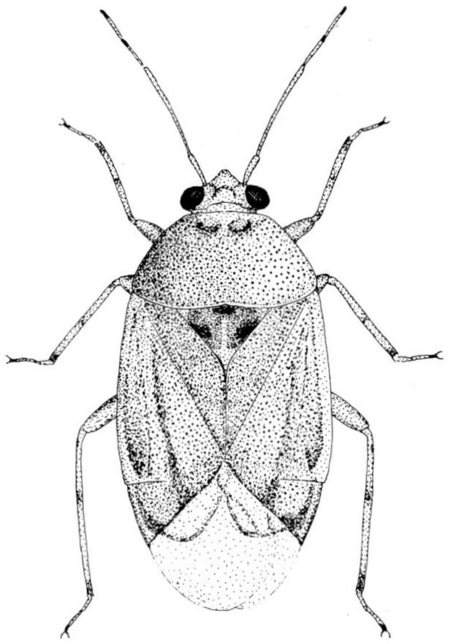

Abb. 608: Weichwanze *Deraeocoris lutescens*

***Deraeocoris lutescens*** (Schilling)
Weitverbreitet, aber lokal, auf verschiedenen Bäumen, auch auf Brennessel und anderen Pflanzen. Manchmal ein weniger wichtiger Nützling in Erwerbs-Apfelanlagen und auf unbehandelten Apfelbäumen, häufiger aber auf benachbarten Hecken zu finden. Die Wanze ist teilweise phytophag, lebt aber hauptsächlich von Blattläusen, Spinnmilben und kleinen Räupchen.

**Beschreibung:** ADULTE: 3,8–4,6 mm lang; Körper breit; hellbraun mit dunklerer Zeichnung, glänzend; Beine und Fühler verhältnismäßig kurz (Abb. 608). NYMPHE: Gedrungen, Beine und Fühler kurz, hell graugrün oder weißlich, mit roter Zeichnung und mit schwarzen Haaren.

**Lebensweise:** Die Adulten überwintern, sie sind von Juli bis Mai zu finden. Im Frühjahr werden die Eier in junge Triebe gelegt, die Nymphen sind bis Juli oder August erwachsen und die adulten Wanzen verhältnismäßig träg.

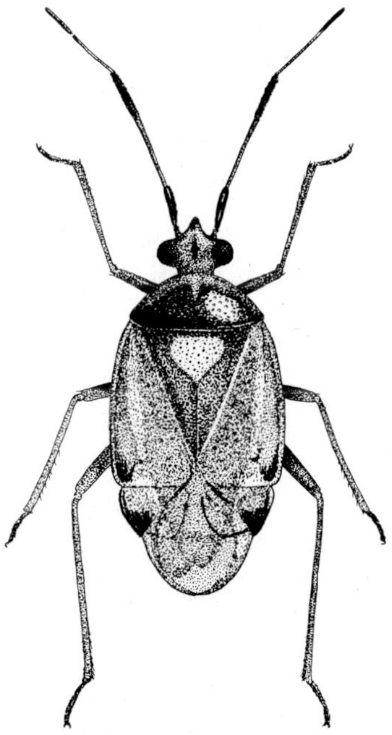

Abb. 609: Weichwanze *Deraeocoris ruber*

***Deraeocoris ruber*** (Linnaeus)
Auf Bäumen und in der bodennahen Krautschicht häufig, ein weniger wichtiger Räuber in Apfelanlagen und auf Obstbäumen in Gärten, aber häufiger im Unterwuchs, vor allem an Brennessel, zu finden. Die Wanzen leben ausschließlich räuberisch von Blattläusen und vielen anderen Insekten, greifen auch verschiedene Prädatoren an, im Notfall auch ihre Nachkommen.

**Beschreibung:** ADULTE: 6,5–7,5 mm lang; Körper breit; hellbraun mit verschiedenen roten und schwarzen Zeichnungen (Abb. 609). EI: 2 mm lang; bananenförmig. NYMPHE: Dunkel purpurrot, auffällig schwarz behaart (Abb. 610, 611).

**Lebensweise:** Im Spätsommer werden die Eier tief ins junge Holz gelegt. Die Nymphen schlüpfen von Mitte Mai bis Ende Juni und sind gefräßige Räuber. Von Anfang Juli bis Ende August sind die adulten Wanzen zu finden.

***Psallus ambiguus*** (Fallén)
Weitverbreitet an Erle, Weißdorn, Weide und Apfel; oft ein häufiger Räuber in Obstanlagen, vor allem auf unbehandelten Bäumen. Die Wanzen leben von Spinnmilben, Blattläusen und anderen kleinen Insekten und können auch Pflanzensaft saugen.

**Beschreibung:** ADULTE: 4–5 mm lang; dunkel rotbraun bis schwärzlich, Cuneus der Vorderflügel rotorange, Fühlerspitzen hell (Abb. 612). EI: 1 mm lang; länglich, gebogen und zwischen Mitte und Mikropyle deutlich verengt. NYMPHE: Blaugrün, Fühler dunkel geringelt.

**Lebensweise:** Die Eier werden im Frühsommer einzeln in junges Holz gelegt, meist an der Basis von Knospen oder an Verzweigungen der Zweige und Triebe. Im folgenden April und Mai, früher als bei den meisten anderen Arten, schlüpfen die Nymphen. Sie entwickeln sich rasch und sind ab Mai bis Ende Juni erwachsen.

***Atractotomus mali*** (Meyer-Duer)
Häufig aber lokal; kommt auf Weißdorn und Apfel vor. Die Wanzen ernähren sich von den aktiven Stadien der Spinnmilben, aber auch von anderen Milben und kleinen Insekten; sie sind teilweise phytophag und auf unbehandelten Bäumen am häufigsten.

**Beschreibung:** ADULTE: 3–4 mm lang; dunkel rotbraun bis schwarz; Basalglied der Fühler dreieckig, 2. Fühlerglied deutlich verdickt, beide dicht schwarz behaart; Beine und Fühler verhältnismäßig lang

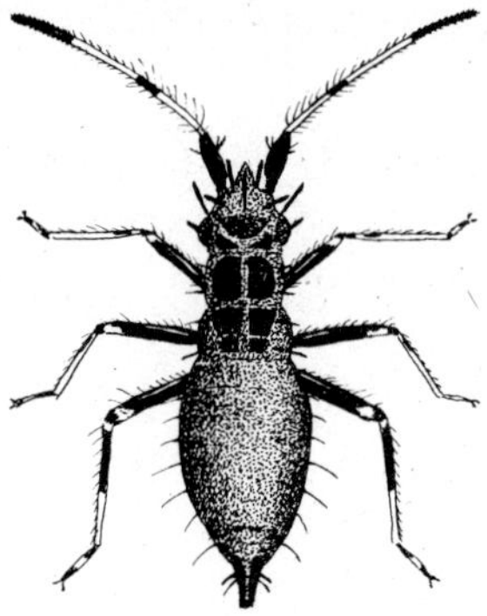

Abb. 610: Junge Nymphe von *Deraeocoris ruber*

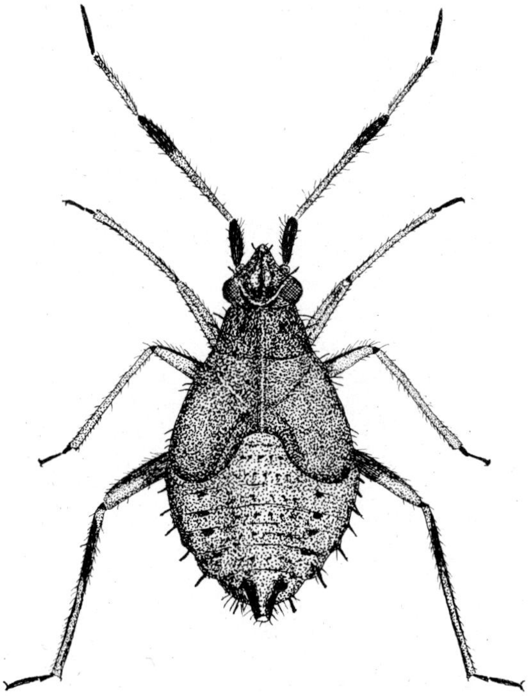

Abb. 611: Nymphe von *Deraeocoris ruber* im letzten Entwicklungsstadium

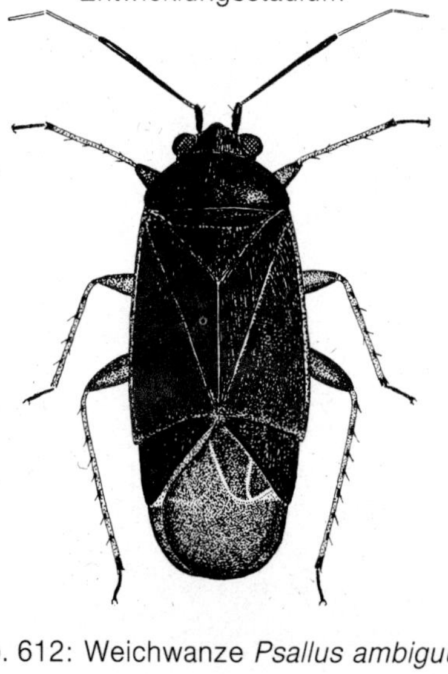

Abb. 612: Weichwanze *Psallus ambiguus*

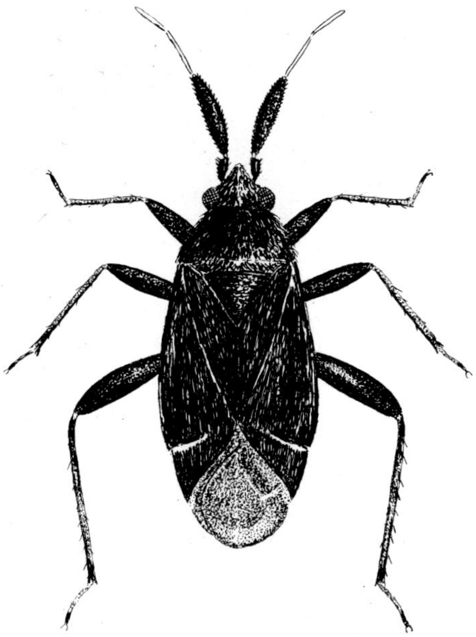

Abb. 613: Weichwanze *Atractotomus mali*

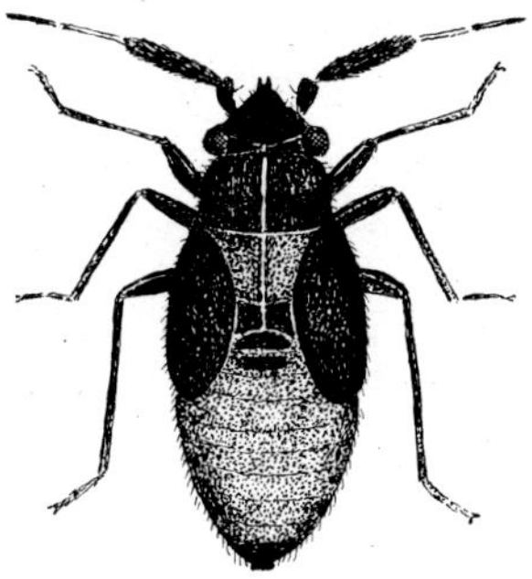

Abb. 614: Nymphe von *Atractotomus mali*

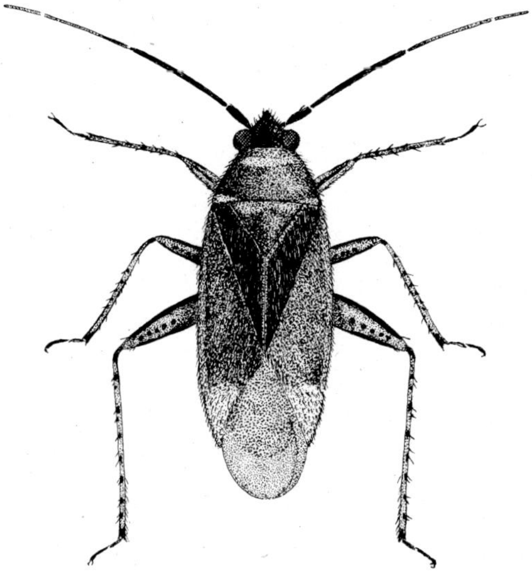

Abb. 615: Weichwanze *Plagiognathus arbustorum*

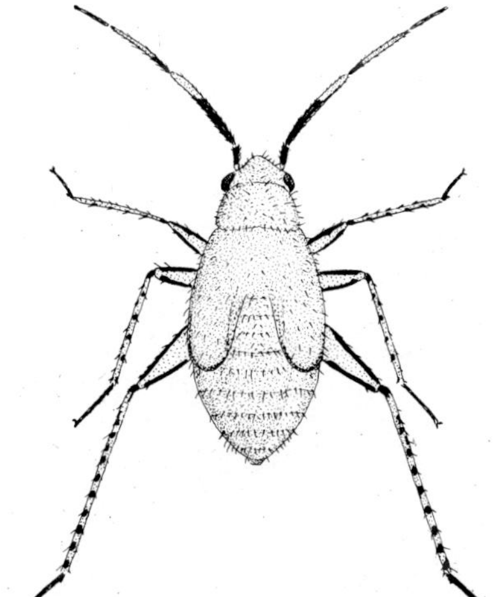

Abb. 616: Nymphe von *Plagiognathus arbustorum*

(Abb. 613). EI: 1 mm lang; langgestreckt und gebogen, mit großer Mikropyle. NYMPHE: Rot, vorderer Teil dunkelbraun; Körper kurz weiß behaart; Fühler wie die der Adulten (Abb. 614).

**Lebensweise:** Die Eier werden in Gruppen tief ins junge Holz gelegt. Die Nymphen schlüpfen im Frühjahr, die Adulten erscheinen im Juni und Juli, es gibt nur 1 Generation im Jahr.

***Plagiognathus arbustorum*** (Fabricius)
Weitverbreitet und allgemein häufig an vielerlei Pflanzen, aber am häufigsten auf Brennessel. Manchmal auf Apfel als nützlicher Räuber von Spinnmilben zu finden, teilweise auch phytophag.

**Beschreibung:** ADULTE: 4,0–4,5 mm lang; hellbraun oder gelbbraun bis schwärzlich; Thorax und Vorderflügel schwarz behaart; die 2 basalen Fühlerglieder vorwiegend schwarz; Beine schwarz gezeichnet und mit schwarzen Borsten (Abb. 615). NYMPHE: Blaugrün, Fühlerbasis dunkel; Beine mit schwarzer Zeichnung und schwarzen Borsten (Abb. 616).

**Lebensweise:** Im Herbst werden die Eier ins junge Holz von Apfelbäumen gelegt. Im Mai beginnen die Nymphen zu schlüpfen. Die Adulten sind von Ende Juni bis September zu finden.

***Campylomma verbasci*** (Meyer-Duer)
Stellenweise verbreitet, kommt gewöhnlich auf Eiche oder Apfel vor. Manchmal wichtiger Nützling in Erwerbsobstanlagen, selten aber in vernachlässigten. Die Wanzen leben hauptsächlich von Spinnmilben, können aber auch Blattläuse fressen.

**Beschreibung:** ADULTE: 2,8–3,1 mm lang; graugrün bis orangegelb; Beine mit schwarzen Punkten und schwarzen Borsten (Abb. 617). EI: 0,7 × 0,2 mm, bananenförmig und unterhalb der Mikropyle verengt. NYMPHE: Gedrungen und deutlich kleiner als andere an Apfel lebende Arten; hell blaugrün; Beine mit schwarzen Punkten und schwarzen Borsten, Körper schwarz und weiß behaart.

**Lebensweise:** Die Eier im jungen Holz überwintern. Im Mai schlüpfen die Nymphen, die sich in rund 4 Wochen zu Adulten entwickeln, die von Juni bis August zu finden sind. Sie legen Sommereier in Jungtriebe und es gibt eine 2. Nymphengeneration von Ende Juli bis Anfang September und Adulte von Mitte August bis Ende Oktober. Die Wanzen sind im August und September am häufigsten.

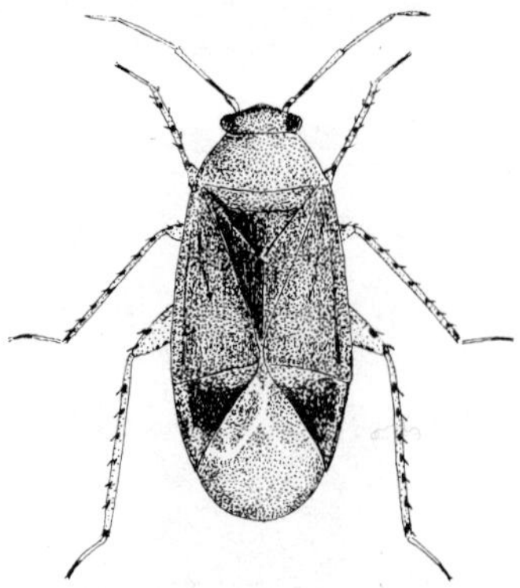

Abb. 617: Weichwanze *Campylomma verbasci*

***Campyloneura virgula*** (Herrich-Schaeffer)
Weitverbreitet auf vielen Baumarten einschließlich Weißdorn, Hasel und Eiche. Manchmal wichtiger Nützling an Apfel- und besonders in Birnenanlagen, vor allem auf unbehandelten Bäumen. Die Wanzen leben von verschiedienen kleinen Arthropoden, können aber auch an Pflanzen saugen.

**Beschreibung:** ADULTE: 4,0–4,7 mm lang, Körper schlank, hellgelb mit bräunlicher oder rötlicher Zeichnung, Fühler verhältnismäßig lang (Abb. 619). NYMPHE: Schlank, blaßgelb mit roter Zeichnung an Fühlern, Kopf, Pronotum und Flügelansätzen (Abb. 619).

**Lebensweise:** Die Eier überwintern tief im jungen Holz. Die Nymphen schlüpfen im Frühjahr, sie sind sehr gefräßig und entwickeln sich von Mai bis August. Adulte kommen von Juni bis September vor, die Männchen sind selten und die Fortpflanzung erfolgt normalerweise parthenogenetisch.

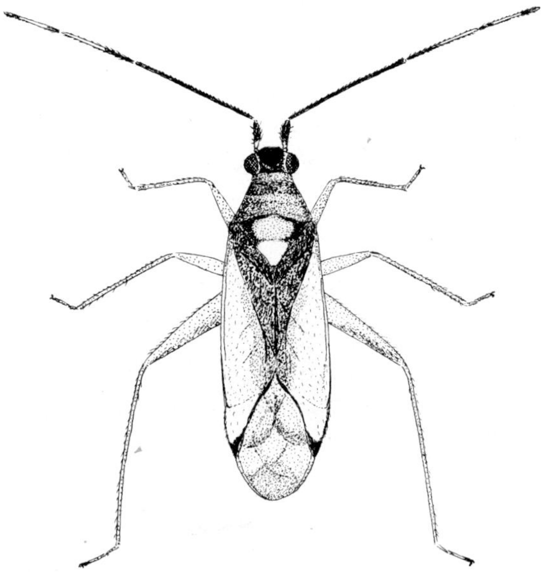

Abb. 618: Weichwanze *Campyloneura virgula*

***Pilophorus perplexus*** (Douglas & Scott)
Häufig an Eiche und anderen Laubbäumen, oft wichtiger Räuber auf Obstbäumen, vor allem in ungespritzten Anlagen. Adulte und Nymphen leben von Blattläusen, Schmetterlingseiern, Jungraupen, Spinnmilben und verschiedenen anderen Arthropoden, sind aber nicht ausschließlich karnivor.

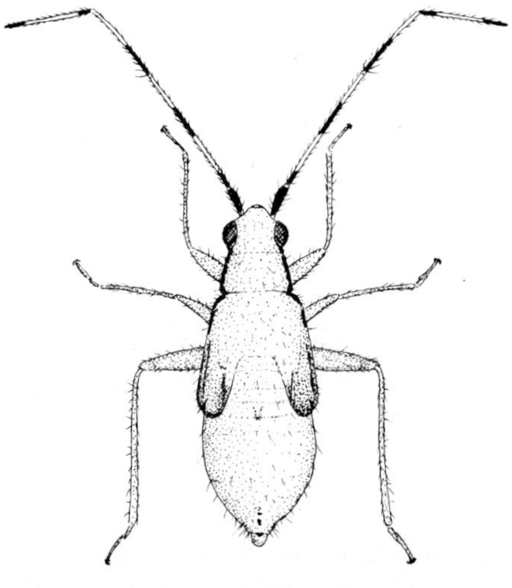

Abb. 619: Nymphe von *Campyloneura virgula*

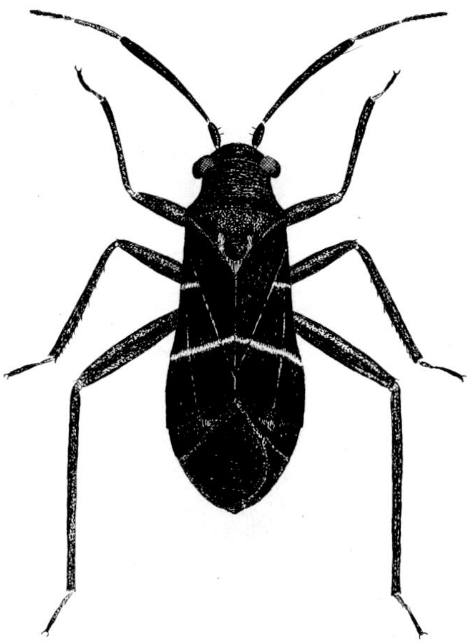

Abb. 620: Weichwanze *Pilophorus perplexus*

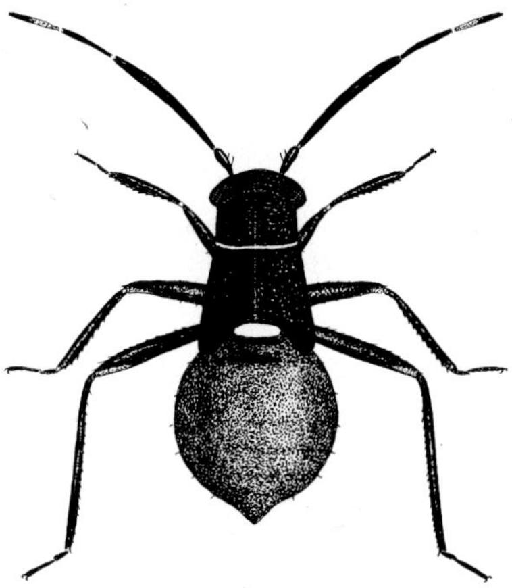

Abb. 621: Nymphe von *Pilophorus perplexus*

**Beschreibung:** ADULTE: 4–5 mm lang, dunkelbraun und einer Ameise ähnlich; Vorderflügel schokoladebraun mit 2 auffallenden, weißen Querbändern (Abb. 620). EI: 1,3 × 0,3 mm, langgestreckt und zur Mikropyle hin allmählich dünner werdend. NYMPHE: Dunkelbraun und ameisenähnlich, mit 2 weißlichen Querbändern (Abb. 621).

**Lebensweise:** Die Eier überwintern tief im jungen Holz. Die Nymphen treten von Juni an auf, die Adulten sind von Juli bis September zu finden. Diese Wanze ist sehr flink und aktiv.

***Malacocoris chlorizans*** (Panzer)
Weitverbreitet und an Hasel häufig, aber auch zahlreich an verschiedenen anderen Sträuchern und Bäumen, einschließlich Apfel, Pflaume und Johannisbeere. Oft ist diese Wanze ein wichtiger Feind der Spinnmilben, kann sich aber auch von anderen kleinen Arthropoden ernähren und saugt manchmal Pflanzensaft; sie kommt vor allem auf unbehandelten Bäumen vor.

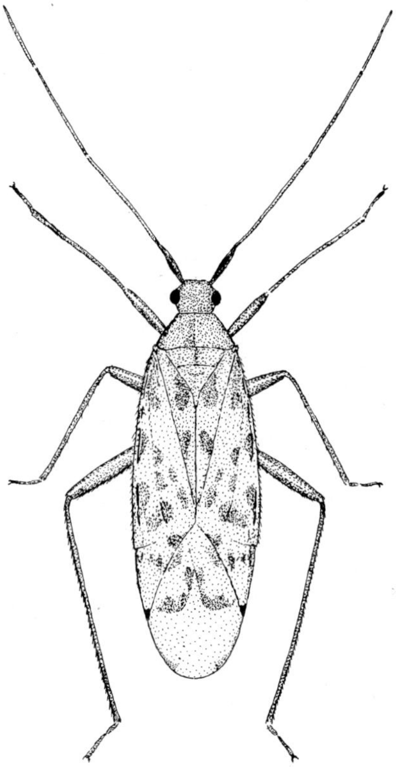

Abb. 622: Weichwanze *Malacocoris chlorizans*

**Beschreibung:** ADULTE: 3,8–4,3 mm lang; Körper schlank, deutlicher Zwischenraum zwischen Augen und Halsschild; blaß, grün gesprenkelt (Abb. 622). EI: 0,75 × 0,3 mm; matt gelb, rundlich und leicht abgeflacht. NYMPHE: Blaßgrün und zart, ohne Zeichnung; Beine und Fühler relativ lang.

**Lebensweise:** Die Eier, die einzeln in kleinen Höhlungen der Rinde abgelegt werden, überwintern. Anfang Mai schlüpfen die Nymphen und von Mitte Juni an sind die Adulten zu finden. Die Weibchen legen dann auf der Blattunterseite ihre Eier gruppenweise ab, meist dicht an der Mittelader. Aus diesen Sommereiern schlüpfen von Mitte Juli bis Anfang August die Nymphen der 2. Generation und von Ende August an erscheinen die Adulten, von denen die Wintereier gelegt werden.

***Heterotoma planicornis*** (Pallas)

Syn. ***merioptera*** auct., nicht (Scopoli)

Weitverbreitet, lebt auf Bäumen, Sträuchern und in der bodennahen Vegetation, häufig an Brennessel. Oft wirksamer Spinnmilbenfeind in Erwerbsapfelanlagen sowie im Beerenobst, kann sich auch von Blattläusen ernähren und saugt gelegentlich Pflanzensaft.

**Beschreibung:** ADULTE: 4,6–5,5 mm lang; Körper schmal und sehr langgestreckt; glänzend purpur- bis schwarzbraun, Beine heller braun, Schenkel grünlich; 2. Fühlerglied stark vergrößert und abgeflacht (Abb. 623). EI: 1 mm lang; länglich, unterhalb des großen Mikropylenbereichs eingeschnürt. NYMPHE: Rötlich mit typisch vergrößtertem und flachem 2. Fühlerglied.

**Lebensweise:** Im Sommer werden die Eier in junges Holz gelegt, die Mikropyle ragt etwas hervor. Von Ende Mai an schlüpfen die Nymphen, die vorwiegend karnivor sind, aber auch an Blättern und Beeren saugen. Die Adulten sind von Juni bis September zu finden.

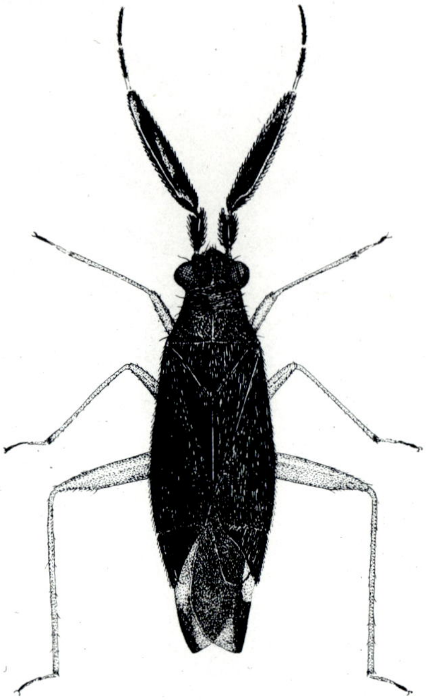

Abb. 623: Weichwanze *Heterotoma planicornis*

***Blepharidopterus angulatus*** (Fallén)

Weitverbreitet und allgemein häufig, wichtiger Nützling auf Apfel, Kirsche, Pflaume; kommt auch auf Erle, Birke, Ulme, Weißdorn, Hasel, Eiche und verschiedenen anderen Bäumen vor. Adulte und Nymphen sind gefräßige Spinnmilbenräuber, sie bevorzugen die adulten Weibchen, die Eier verschonen sie meist. Auch Blattläuse und andere kleine Insekten gehören zu ihren Opfern.

**Beschreibung:** ADULTE: 5–6 mm lang, grün, Basis der Schienen (am „Knie") auffällig schwarz; Beine und Fühler verhältnismäßig lang (Abb. 625, 626). EI: 1,02–0,35 mm; cremeweiß und leicht gebogen. NYMPHE: Grün bis gelblich, Augen rot, auffallender schwarzer Fleck an der Basis der Schienen, orangefarbene Dorsaldrüse auf der Oberseite des Hinterleibs, lange Fühler (Abb. 627).

**Lebensweise:** Die Überwinterung erfolgt im Eistadium, die Eier werden von Juli bis Oktober, am häufigsten im August, ins Holz ein- bis zweijähriger Triebe gelegt, meist in Kurztriebe mit weicher und etwas schwammiger Rinde, die Mikropyle ragt gerade noch bis an die Oberfläche. Bei der Eiablage wird oft das Pflanzengewebe beschädigt, was zur Bildung einer kleinen, aber deutlichen Beule führt. Ein Weibchen kann während seines Lebens etwa 40 Eier legen, aus denen von Mitte oder Ende Mai bis Ende Juli oder Anfang August die Nymphen schlüpfen. Deren Entwicklung dauert einige Wochen und von Ende Juni an gibt es

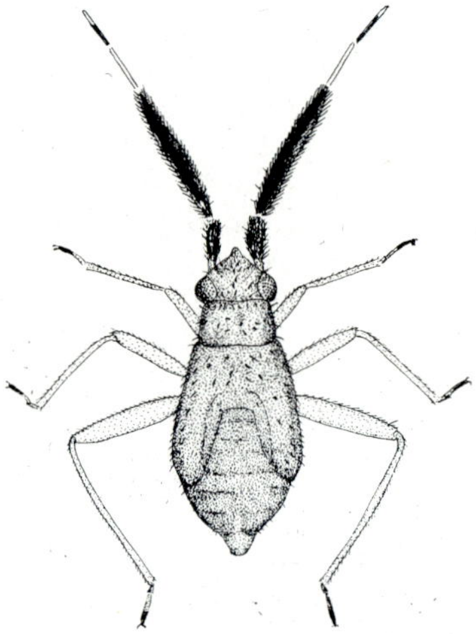

Abb. 624: Nymphe von *Heterotoma planicornis*

Abb. 625: Weichwanze *Blepharidopterus angulatus*

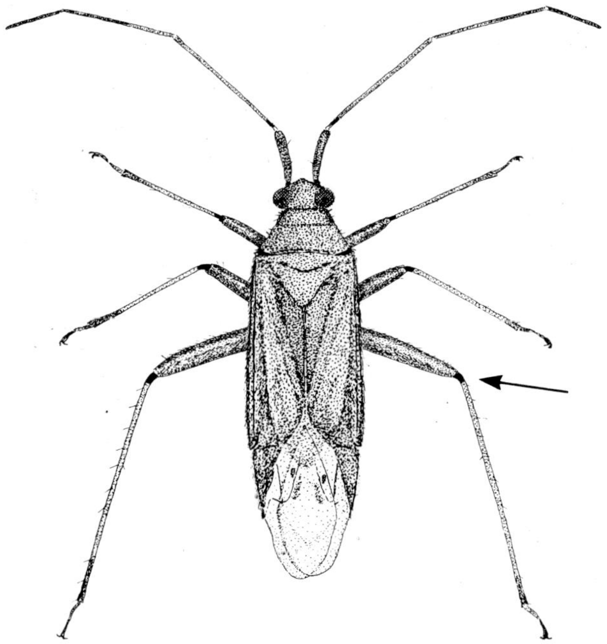

Abb. 626: Weichwanze *Blepharidopterus angulatus*

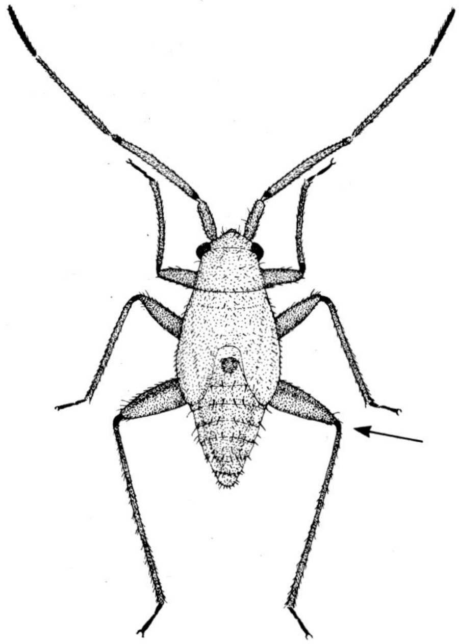

Abb. 627: Nymphe von *Blepharidopterus angulatus*

adulte Wanzen. Eine Nymphe kann während ihrer Entwicklung bis zu 3000 Spinnmilben vernichten, ein adultes Weibchen ebensoviele, wenn nicht mehr. Außerdem saugen die Wanzen manchmal an der Pflanze, was aber zu keinerlei merklichen Schäden führt, selbst wenn dabei Früchtchen angestochen werden.

***Orthotylus marginalis*** Reuter

Weitverbreitet, häufig und auf Erle und Weidenarten oft zahlreich; wichtiger Nützling in Apfelanlagen, am häufigsten aber in ungespritzten; kommt auch an Johannisbeere vor. Diese Wanze ist ein gefräßiger Räuber von Blattläusen, Spinnmilben und verschiedenen anderen kleinen Arthropoden, sie ist auch teilweise phytophag.

**Beschreibung:** ADULTE: 5,8–7,0 mm lang; leuchtend grün und schlank; Kopf und Thorax gewöhnlich mit gelber Zeichnung; Halsschild glänzend und ohne deutlichen Halsring (Abb. 628). EI: 1,1 × 0,3 mm; gebogen und gedrungen, aber zur großen, halskrauseähnlichen Mikropyle hin deutlich eingeschnürt. NYMPHE: Grün, orangefarbene Dorsaldrüse auf dem Hinterleib deutlich sichtbar; die älteren Stadien mit blauem Schimmer.

**Lebensweise:** Im Spätsommer werden die Eier in junges Holz gelegt. Die meisten Nymphen schlüpfen im Mai, annähernd einen Monat vor denen der Art *Blepharidopterus angulatus* (s. Seite 260), mit denen sie manchmal verwechselt werden. Ihre Entwicklung dauert einige Wochen, ab Mitte Juni bis Ende August sind die Adulten zu finden. Das Vorkommen dieser Art auf Apfel und Johannisbeere ist vergleichsweise neu, möglicherweise haben sich ihre Lebensgewohnheiten geändert wie jene der Weichwanze *Lygocoris pabulinus* (s. Seite 20).

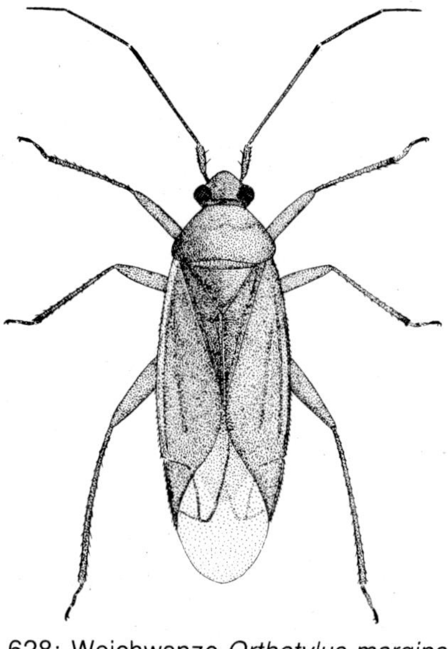

Abb. 628: Weichwanze *Orthotylus marginalis*

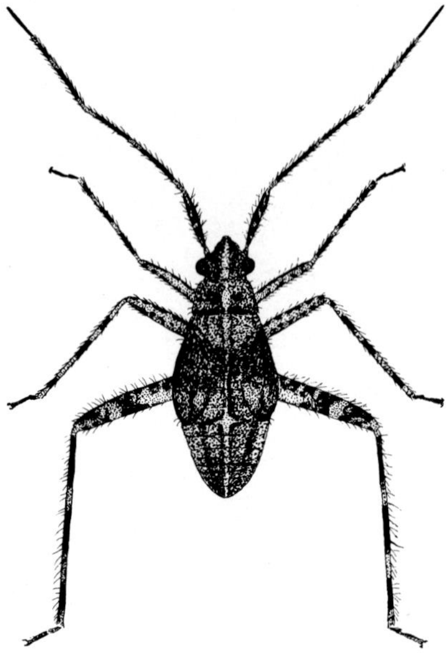

Abb. 629: Nymphe von *Phytocoris reuteri*

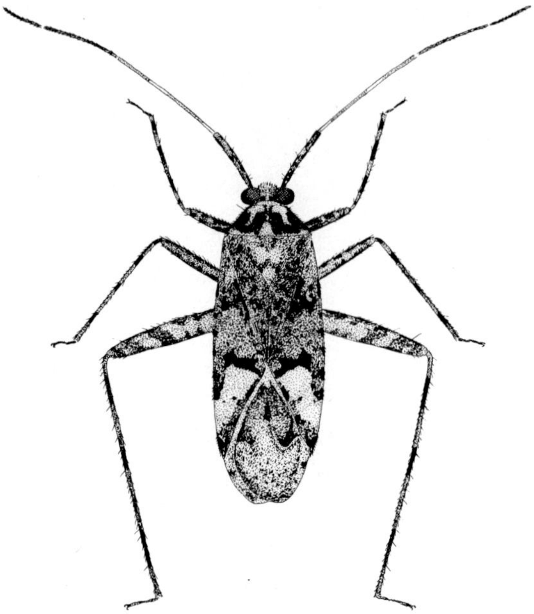

Abb. 630: Weichwanze *Phytocoris tiliae*

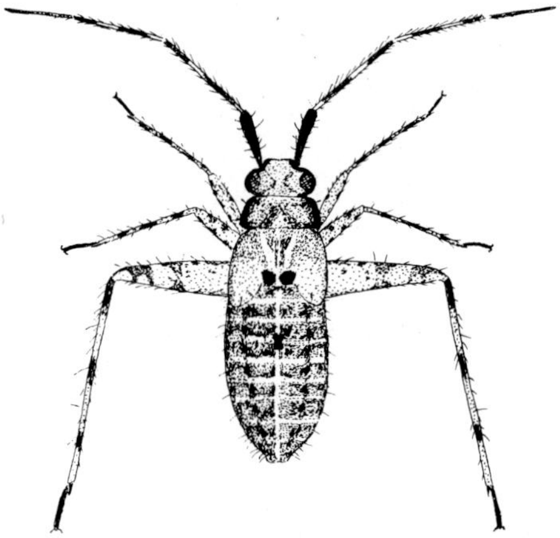

Abb. 631: Nymphe von *Phytocoris tiliae*

***Phytocoris reuteri*** Saunders
Weitverbreitet auf verschiedenen Laubbäumen, auch auf Apfel; kommt oft in Erwerbsobstanlagen als wichtiger Räuber von Blattläusen, Räupchen, Spinnmilben, Blattsaugern und verschiedenen anderen kleinen Arthropoden vor, ist aber auf ungespritzten Bäumen häufiger.

**Beschreibung:** ADULTE: 5,5–6,5 mm lang; grau mit dunkelbrauner oder rötlicher Zeichnung und rotgebänderten Beinen und Fühlern. EI: 1,3 × 0,3 mm; bananenförmig mit deutlicher Mikropyle. NYMPHE: Ähnlich gefärbt wie die Adulten, aber heller (Abb. 629).

**Lebensweise:** Ähnlich wie *Phytocoris tiliae* (siehe unten), aber die Nymphen schlüpfen im Juni und Juli und die Adulten leben von Anfang Juli bis Ende September. Die Wanzen sind gefräßige Räuber.

***Phytocoris tiliae*** (Fabricius)
Weitverbreitet und auf Laubbäumen häufig. Oft in Apfelanlagen sehr nützlich, vor allem auf unbehandelten Bäumen zahlreich. Die Beutetiere dieser Wanze sind Räupchen, Spinnmilben und verschiedene andere Schädlinge, aber auch Marienkäferpuppen und allerlei andere Nützlinge.

**Beschreibung:** ADULTE: 6–7 mm lang; Körper länglich; hell gelbgrün mit graubrauner oder schwarzer Zeichnung; Beine und Fühler sehr lang, hellgrün mit dunkler Zeichnung (Abb. 630). EI: 1,3 × 0,4 mm; zur Mikropyle hin leicht konisch. NYMPHE: Ähnlich gefärbt wie die Adulten, Beine und Fühler ebenfalls sehr lang (Abb. 631).

**Lebensweise:** Im Spätsommer und Herbst werden die Eier ins junge Holz abgelegt und überwintern. Die Nymphen schlüpfen von Anfang Juni bis Anfang August und entwickeln sich rasch, die Adulten sind von Juli bis Oktober zu finden. Diese Art ist ein gefräßiger Räuber und flieht bei Störungen äußerst schnell.

***Phytocoris ulmi*** (Linnaeus)
Diese weitverbreitete Weichwanze ist auf Weißdorn besonders häufig, tritt aber gelegentlich auf Apfel als Räuber von Blattläusen, Spinnmilben und anderen Schädlingen auf. Die Adulten (6,5–8,0 mm lang) und Nymphen sind rotbraun, gleichen aber sonst den vorausgegangenen Arten. Die Lebensweise ist ebenfalls ähnlich, aber die Nymphen von *Phytocoris ulmi* schlüpfen gewöhnlich im Mai und die Adulten treten von Ende Juni bis Anfang Oktober auf.

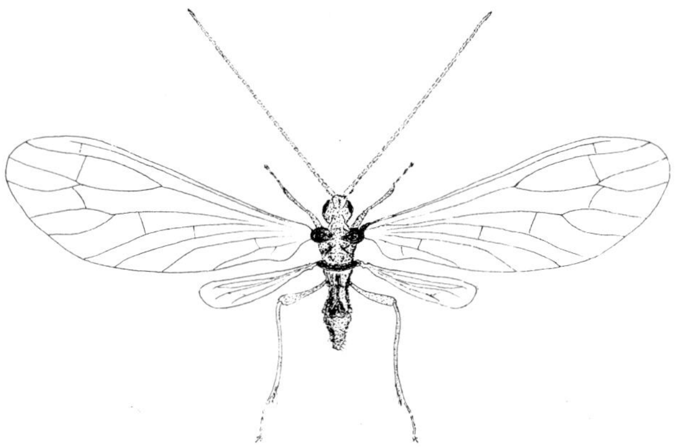

Abb. 632: Adulte *Conwentzia psociformis*

# Ordnung Neuroptera
Netzflügler

Die Angehörigen dieser Ordnung haben reichgeäderte Flügel, die Adern verzweigen sich häufig, bevor sie die Flügelränder erreichen. Zu dieser Ordnung gehören auch die Florfliegen, Insekten von beträchtlicher wirtschaftlicher Bedeutung, deren Entwicklung 1 Ei-, 3 Larven-, 1 Vorpuppen- und 1 Puppenstadium umfaßt. Einige Arten überwintern als Adulte, andere als Vorpuppe. Die Adulten fressen normalerweise ihre Beutetiere, die Larven saugen deren Körperinhalt mit ihren zangenförmigen Mundwerkzeugen aus. Einige Arten leben räuberisch von Obstschädlingen.

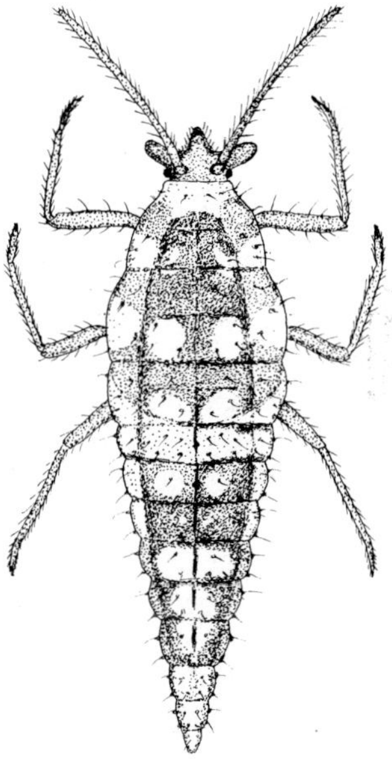

Abb. 633: Larve von *Conwentzia psociformis*

## Familie Coniopterygidae

Kleine, oft gesellig lebende Netzflügler, deren Körper und Flügel mit weißem Wachsstaub bereift sind.

***Conwentzia pineticola*** Enderlein
Weitverbreitet und oft nützlicher Räuber auf verschiedenen Baumarten, auch auf Obstbäumen, vor allem nach dem Ausbruch von Übervermehrungen der Obstbaumspinnmilbe.

**Beschreibung:** ADULTE: Flügelspannweite 7–8 mm; Körper gewöhnlich braun bis schwarzbraun; Fühler mit 32 bis 33 Gliedern, Vorderflügel ganz entwickelt, aber Hinterflügel verkümmert. EI: 0,5 mm lang; langoval, weißlich bis cremeweiß. LARVE: 3,0–3,5 mm lang; gedrungen, weiß mit rosa Zeichnung; Fühler relativ kurz.

**Lebensweise:** Die Überwinterung erfolgt als Vorpuppe in einem kleinen Kokon, Verpuppung im März. Von April bis November treten Adulte auf, denn es entwickeln sich 2 oder 3 Generationen im Jahr. Die Eier werden auf Blätter oder auf der Rinde der Triebe abgelegt, Larven sind von Mai bis Dezember zu finden. Dieser Netzflügler tritt vor allem in heißen Sommern auf und ist von Juli bis September am häufigsten.

***Conwentzia psociformis*** (Curtis)
Weitverbreitet und oft häufig auf Laub- und Nadelbäumen und anderen immergrünen Pflanzen, vor allem auf Stechpalme; häufig auf Obstbäumen und -büschen als Räuber von Milben, wird manchmal nur als Form der vorausgegangenen Art betrachtet.

**Beschreibung:** ADULTE: Flügelspannweite 7–8 mm; hellgrau bis blaß cremeweiß; Fühler mit mehr als 40 Gliedern; Vorderflügel voll entwickelt, Hinterflügel verkümmert (Abb. 632). EI: 0,5 mm lang; langoval; weißlich bis cremeweiß. LARVE: 3,0–3,55 mm lang; Körper schlank; weiß mit bräunlicher Zeichnung; Fühler relativ lang (Abb. 633).

**Lebensweise:** Adulte treten von April bis Oktober auf, es gibt 2 sich überschneidende Generationen. Die Eier werden einzeln oder in kleinen Gruppen an Blattadern oder Rinde gelegt. Die Larven schlüpfen nach etwa 2 Wochen, sind nach einigen Wochen ausgewachsen und spinnen sich dann doppelwandige Kokons. Die Kokons der 1. Generation werden an Blättern angeheftet, die der 2. Generation sind in Rindenrissen oder Höhlungen in der Rinde zu finden.

***Semidalis aleyrodiformis*** (Stephens)
Diese Art tritt örtlich auf den meisten Baumarten auf, manchmal auch an Obstbäumen als weniger wichtiger Räuber von Spinnmilben.

**Beschreibung:** ADULTE: Flügelspannweite 7–8 mm; Flügel annähernd gleich; von der vorausgegangenen Art leicht durch die Aderung der Vorderflügel zu unterscheiden (Abb. 634 A). EI: 0,5 mm lang; langoval, weiß bis hellgrau. LARVE: 2,0–2,5 mm lang lang; relativ gedrungen; Körper weiß mit schwarzer oder schwarzbrauner Zeichnung; Beine grau und kurz.

**Lebensweise:** Die Adulten treten im Mai und Juni auf, die einer 2. Generation von Juli bis September. Die Eier werden einzeln an den Blatträndern abgelegt. Nach 2 oder 3 Wochen schlüpfen die Larven, die nach einigen Wochen ausgewachsen sind und sich doppelwandige Kokons spinnen, deren Innenwand etwa 2 mm und deren Außenwand 3–4 mm Durchmesser aufweist. Im Sommer und anfangs Herbst können alle Entwicklungsstadien dieser Art gleichzeitig auftreten.

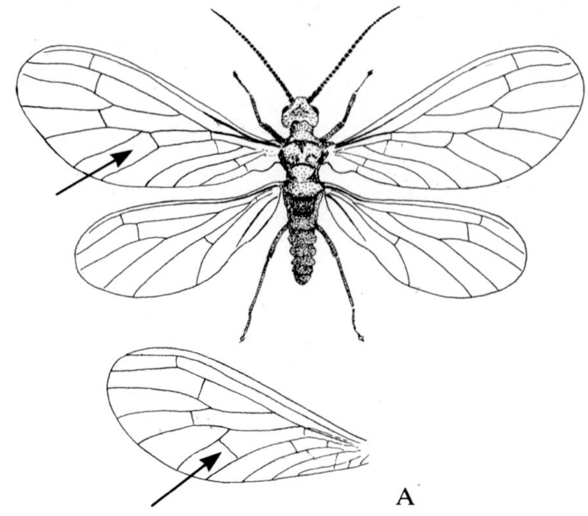


Abb. 634: Adulte *Coniopteryx tineiformis*.
A: Vorderflügel von *Semidalis aleyrodiformis*

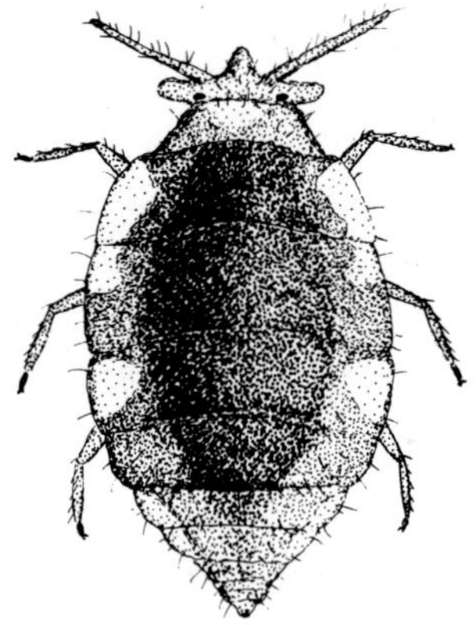

Abb. 635: Larve von *Coniopteryx tineiformis*

***Coniopteryx tineiformis*** Curtis
Weitverbreitet auf den meisten Baumarten, hauptsächlich auf Weißdorn, Eiche und Weide; manchmal ein häufiger Spinnmilbenfeind auf Obstbäumen.

**Beschreibung:** ADULTE: Flügelspannweite 6–7 mm; Hinterleib gelb; Vorder- und Hinterflügel annähernd gleich (Abb. 634), EI: 0,45 mm lang; weiß mit gelbem Schimmer. LARVE: 2,5 mmm lang; weiß bis gelblich mit rosa- oder orangefarbener Zeichnung; Beine relativ lang (Abb. 635).

**Lebensweise:** Die Adulten treten im Mai und Juni auf, die einer 2. Generation im Juli und August. Die Eier werden einzeln an Blättern abgelegt. Die Larven sind während des ganzen Sommers und Herbstes zu finden, sie huschen rasch über die Blätter und lecken oft Honigtau, auch den von Blattsaugerlarven. Sie verpuppen sich in 3 mm langen, doppelwandigen Kokons, die an Blättern oder an der Rinde festgesponnen sind. Unter günstigen Bedingungen kann sich eine teilweise 3. Generation entwickeln.

## Familie Hemerobiidae

### Blattlauslöwen

Kleine, graue oder bräunliche Netzflügler mit fadenförmigen Fühlern.

***Eumicromus paganus*** (Linnaeus)
Diese weitverbreitete Art kommt auf verschiedenen Baumarten in Wäldern, Hecken und Gärten vor und ist gelegentlich auf Obstbäumen nützlich. Die gelblichbraunen Adulten (Flügelspannweite 15–20 mm) besitzen breitovale Flügel, die Larven sind 8–9 mm lang, cremefarben, graubraun oder purpurbraun mit undeutlicher, dunkler Zeichnung in Form von 2 Rückenlinien; Beine an der Verbindungsstelle von Schenkel und Schiene deutlich schwarz (Abb. 636).

Abb. 636: Larve von *Eumicromus paganus*

Abb. 637: Blattlauslöwe *Hemerobius humulinus*

**_Hemerobius humulinus_** Linnaeus
Weitverbreitet und auf Laubbäumen häufig, besonders auf Hasel; in Obstgärten oft nützlich als Vertilger von Blattläusen und Blattsaugerlarven.

**Beschreibung:** ADULTE: Flügelspannweite 15–18 mm; graubraun; Thorax oben mit dunkelbraun umrandetem, hellgelbem Band; Vorderflügel hellgrau, gelblichgrau oder hellbraun gezeichnet und mit schwarzer Basalader zwischen Subcosta und Radius; Hinterflügel hellgrau und transparent (Abb. 637, 639 B). EI: 0,7 mm lang; langoval und cremeweiß. LARVE: 7–8 mm lang; Körper schlank und sehr langgestreckt; cremeweiß mit einer Doppelreihe mehr oder weniger dreieckiger, rotbrauner Flecke auf dem Rücken (Abb. 638).

**Lebensweise:** Diese Art überwintert in Kokons, die zwischen dürren Blättern oder an anderen Verstecken festgesponnen sind, die Verpuppung erfolgt im Frühjahr. Ende März, im April oder im Mai schlüpfen die Adulten. Im Mai oder Juni legen sie Eier, meist einzeln auf der Blattober- oder -unterseite und entlang der Mitteleader. nach 2 oder 3 Wochen schlüpfen die Larven, die nach 2 oder 3 Wochen ausgewachsen sind und Kokons für die Verpuppung spinnen. Es gibt mehrere Generationen und die Adulten sind bis Oktober zu finden. Im Sommer dauert die Entwicklung vom Ei bis zu den Adulten etwa 4 bis 6 Wochen.

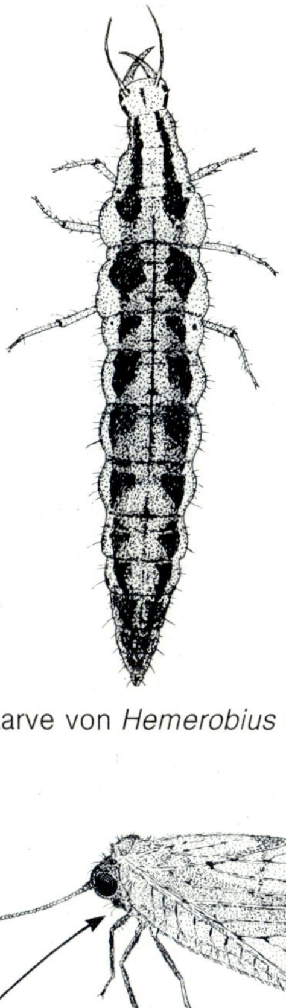

Abb. 638: Larve von *Hemerobius humulinus*

**_Hemerobius lutescens_** Fabricius
Diese häufige Art kommt manchmal zusammen mit *Hemerobius humulinus* auf Obstbäumen vor. Die Adulten von *H. lutescens* sind etwas heller und die Basalader zwischen Subcosta und Radius ist hell (Abb. 639, 639 A). Die Larven beider Arten ähneln sich sehr, gewöhnlich sind aber die von *H. lutescens* heller und weniger glänzend.

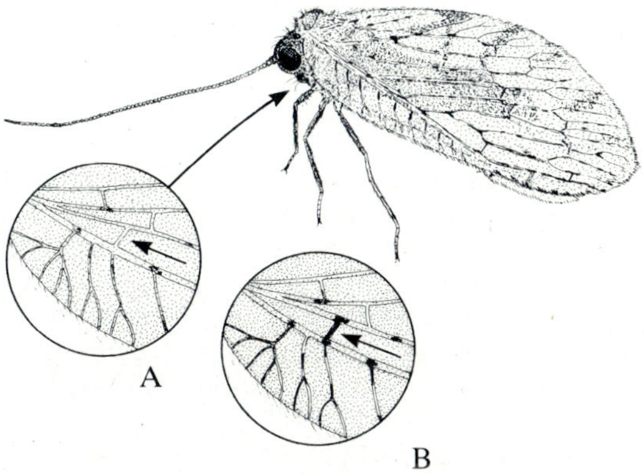


Abb. 639: *Hemerobius lutescens.* Basalader zwischen Subcosta und Radius bei *Hemerobius lutescens* (A) und *H. humulinus* (B)

## Familie Chrysopidae

### Florfliegen

Große bis mittelgroße Netzflügler mit fadenförmigen Fühlern.

***Cunctochrysa(=Anisochrysa)albolineata***(Killington)
Weitverbreitet und oft an jungen Laubbäumen, Sträuchern und in der Krautschicht; kommt auch an Obstbäumen und -sträuchern vor als Räuber von Milben, Blattläusen (einschließlich der Blutlaus) und verschiedener anderer Insekten.

**Beschreibung:** ADULTE: Flügelspannweite 21–30 mm; hellgrün, auf den Wangen je 1 schwarzer Fleck; Hinterflügel deutlich kleiner als die Vorderflügel (Abb. 640). EI: 0,8–0,9 mm lang, oval, auf kurzem, 2–3 mm langem Stiel; hellgrün bis grau. LARVE: 6–7 mm lang; hellgrau oder gelb- bis rotbraun, mit charakteristischer purpurbrauner oder braunroter Zeichnung; laterale Warzen blaß, rund und mit Haaren besetzt; Rücken oft teilweise mit Exkrementen bedeckt (Abb. 641).

**Lebensweise:** Die Vorpuppe dieser Art überwintert in einem seidenen Kokon und verpuppt sich im Frühjahr. Die adulten Tiere sind von Mai bis September zu finden, die Eier werden einzeln an die Blattränder gelegt. Die Entwicklung der Larven dauert einige Wochen, sie tragen oft die trockenen Reste ihrer Beutetiere auf dem Rücken mit sich herum. Normalerweise gibt es eine, gelegentlich eine teilweise 2. Generation. Die Adulten dieser Art können einen unangenehmen Geruch verbreiten.

***Chrysoperla (= Anisochrysa) carnea*** (Stephens)
Syn. ***vulgaris*** (Schneider)
Weitverbreitet und auf vielerlei Pflanzen häufig; als Räuber von Milben, Blattläusen und verschiedenen anderen Insekten, oft auf Obstbäumen und -büschen zu finden.

**Beschreibung:** ADULTE: Flügelspannweite 23–30 mm; gelbgrün mit goldfarbenen Augen; Hinterflügel etwas kleiner als die Vorderflügel (Abb. 642). EI: 0,8–0,9 mm lang; oval, auf 3–4 mm langem Stiel; blaßgrün, später grau mit rötlichem Anflug. LARVE: 7–8 mm lang; hell cremefarben mit 2 braunen oder braunroten Rückenbändern; laterale Warzen rund und behaart (Abb. 643).

**Lebensweise:** Die erwachsenen Männchen und Weibchen überwintern an geschützten Stellen, oft in Häusern; sie werden dabei bräunlich oder rosa. Im Frühjahr werden sie wieder aktiv und nach der Kopulation legen sie ihre Eier in Gruppen an die Unterseite von Blättern

Abb. 640: Florfliege *Cunctochrysa albolineata*

Abb. 641: Larve von *Cunctochrysa albolineata*

Abb. 642: Florfliege *Chrysoperla carnea*

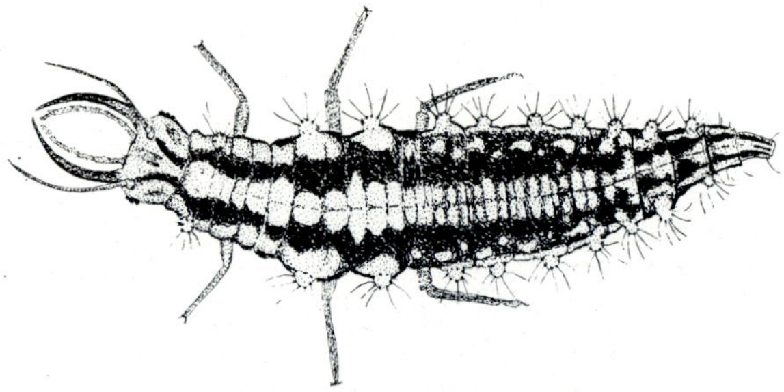

Abb. 643: Larve von *Chrysoperla carnea*

oder Zweigen. Nach 1 bis 2 Wochen schlüpfen die Larven, die nach einigen Wochen ausgewachsen sind und zur Verpuppung 3–4 mm lange, ovale, weiße Kokons im Boden spinnen. Die Adulten schlüpfen einige Wochen später. Gewöhnlich entwickeln sich 2 Generationen, die Eier werden von Mai bis Juli und August abgelegt.

***Nineta flava*** (Scopoli)
Weitverbreitet und häufig; oft als Räuber von Blattläusen und anderen Insekten auf Obstbäumen und -büschen zu finden.

**Beschreibung:** ADULTE: Flügelspannweite 32–48 mm; blaß gelbgrün mit hellerem, gelbem Rückenband auf Thorax und Abdomen. EI: 0,9 mm lang; oval, auf einem 8–9 mm langen Stiel; hellgelb bis weiß. LARVE: 12–13 mm lang; hellgelb mit rosaroter Zeichnung (Abb. 644).

**Lebensweise:** Am häufigsten sind die Adulten im Juni, Juli und Anfang August. Die Eier werden in Gruppen gelegt (Abb. 645). Nach etwa 1 Woche schlüpfen die Larven, die sich in 3 bis 4 Wochen entwickeln und dann runde Kokons spinnen, in denen sie überwintern und sich später verpuppen. Unter günstigen Bedingungen gibt es eine teilweise 2. Generation, deren Adulte im August und September fliegen.

Abb. 644: Larve von *Nineta flava*

Abb. 645: Eigelege von *Nineta flava*

***Chrysopa septempunctata*** Westmael
Weitverbreitet und häufig auf Bäumen, Sträuchern und krautigen Pflanzen; oft auf Obstbäumen und -büschen als Räuber von Blattläusen, einschließlich der Blutlaus.

**Beschreibung:** ADULTE: Flügelspannweite 28–40 mm; grün, mit schwarzem Fleck zwischen den Fühlerbasen und 2 schwarzen Flecken auf der Stirn. EI: 0,9 mm lang; oval, auf einem dünnen, 7–8 mm langen Stiel; blaß gelbgrün bis grau. LARVE: 8–9 mm lang; dunkel graubraun oder purpurfarben, hellere Stellen am Meso- und Metathorax; am Kopf 3 unregelmäßige schwarze Flekken; laterale Warzen rund und behaart (Abb. 646).

**Lebensweise:** Adulte treten von Ende Mai bis Mitte Juli und im August und September auf. Die Eier werden in kleinen Gruppen auf der Unterseite von Blättern, Trieben, Zweigen und Ästen abgelegt. Nach rund einer Woche schlüpfen die Larven, die den ganzen Sommer und Herbst hindurch zu finden sind. Die Überwinterung erfolgt als Vorpuppe in Kokons. Diese sind weiß, oval, etwa 4 mm lang und liegen meist zwischen trockenen Blättern.

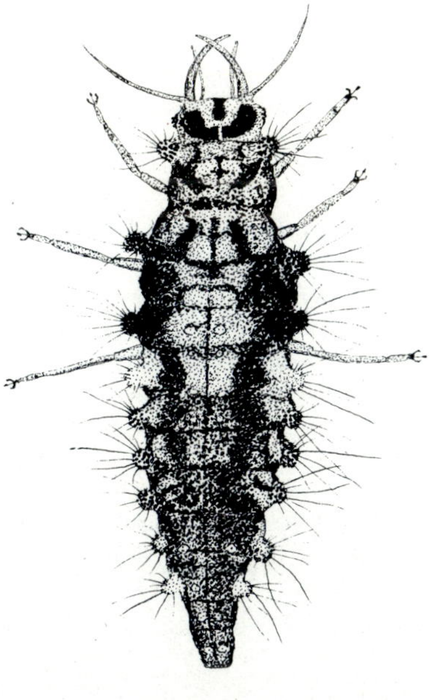
Abb. 646: Larve von *Chrysopa septempunctata*

# Ordnung Coleoptera

Käfer

## Familie Carabidae

Laufkäfer

*Pterostichus melanarius* (Seite 67), *Nebria brevicollis* (Seite 68) und viele andere Laufkäfer sind nützliche Räuber von Bodenschädlingen. Sie fressen auch Puppen des Frostspanners und andere Schädlinge, die sich zeitweise im Boden aufhalten. Bei der Nahrungssuche können sie auch auf Pflanzen klettern, einige Arten aber, beispielsweise die folgenden, kommen regelmäßig auf Bäumen und Büschen vor.

***Demetrias atricapillus*** (Linnaeus)
Weitverbreitet und häufig. Die Käfer kommen oft auf Obstbäumen und -sträuchern vor und leben von vielerlei kleinen Arthropoden. Sie sind 4,5–5,5 mm lang und überwiegend dunkel- bis rötlichgelb mit schwarzem Kopf (Abb. 647).

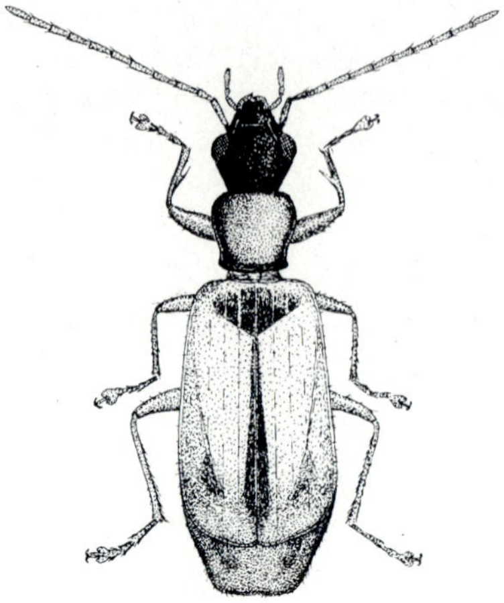

Abb. 647: Scheunenkäfer, *Demetrias atricapillus*

***Dromius quadrimaculatus*** (Linnaeus)
Diese allgemein häufige Art hält sich auf Bäumen auf, meist unter lockeren Rindenstücken. die Käfer leben von kleinen Insekten einschließlich einiger Schädlinge. Sie sind 5–6 mm lang, der Kopf ist schwarzbraun, der Thorax rötlich, die Beine rötlichgelb und die Flügeldekken schwarz mit je 2 gelben Flecken (Abb. 648).

Abb. 648: Rindenläufer, *Dromius quadrimaculatus*

## Familie Staphylinidae

Kurzflügler

Eine große Gruppe lebhafter, oft räuberisch lebender Käfer mit kurzen Flügeldecken und kräftigen Mandibeln; am häufigsten kommen sie in Moos und in sich zersetzendem pflanzlichem Material vor. Einige Arten leben regelmäßig von Obstschädlingen.

***Oligota flavicornis*** (Boisduval & Lacordaire)
In Erwerbsobstanlagen manchmal als nützlicher Spinnmilbenfresser häufig, auf unbehandelten Bäumen aber selten; auch die Eier der Spinnmilben werden gefressen, wenn andere Stadien knapp sind.

**Beschreibung:** KÄFER: 1 mm lang; Körper glänzend schwarz, Fühler gelb, Beine rotbraun; Hinterleib zugespitzt (Abb. 649). EI: 0,32 × 0,28 mm; weich und glänzend. LARVE: 2 mm lang; gelblich und durchscheinend, lang weiß behaart, schwarze Verdickung auf dem 7. Abdominalsegment; 6 gut entwickelte Beine.

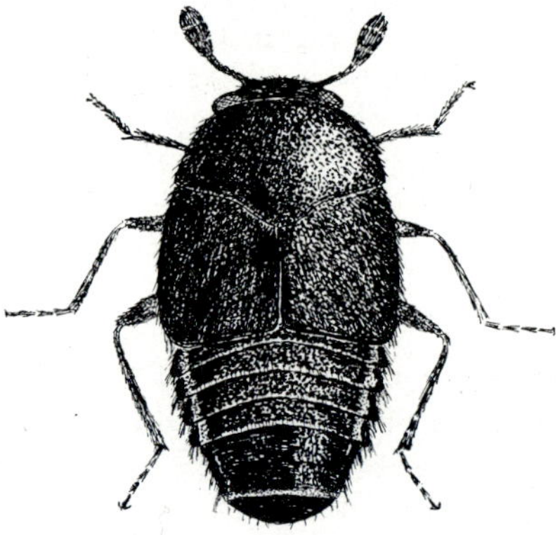

Abb. 649: Kurzflügler *Oligota flavicornis*

**Lebensweise:** Die Käfer überwintern unter Rinde oder in der Bodenstreu in der Nähe der Bäume. Im Mai und Juni legen sie ihre Eier auf der Blattunterseite in Spinnmilbenkolonien und bedecken sie teilweise mit leeren Nymphenhäuten und Exkrementen. Nach einer Woche schlüpfen die Larven, die ihre 3 Entwicklungsstadien in etwa 2 Wochen durchlaufen. Sie lassen sich fallen, verpuppen sich im Boden und eine oder 2 Wochen später schlüpfen die Käfer. Normalerweise gibt es im August eine 2. Generation, die Aktivität der Larven endet aber Anfang September.

***Omalium rivulare*** (Paykull)
Weitverbreitet und meist sehr häufig. Die Käfer sind schwarzbraun und 3,5–4,55 mm lang (Abb. 650). Als Räuber kleiner Arthropoden haben sie auf Obstbäumen und -sträuchern eine gewisse Bedeutung.

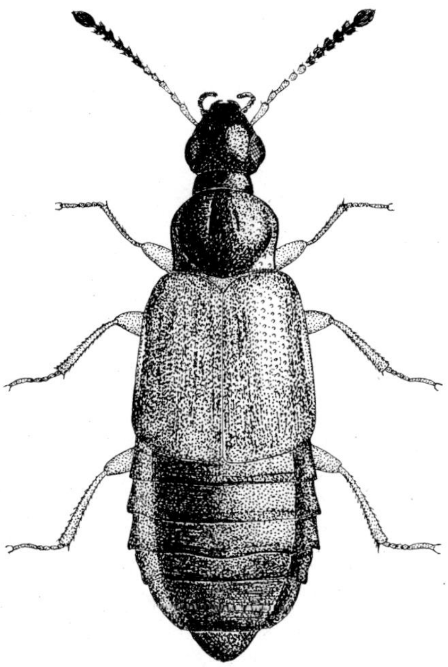

Abb. 650: Kurzflügler *Omalium rivulare*

***Anotylus tetracarinatus*** (Block)
Dieser kleine, mattschwarze Käfer (Abb. 651) ist 1,5–2,0 mm lang, weitverbreitet und häufig. Er kommt als nichtspezialisierter Räuber kleiner Arthropoden oft auf Obstgewächsen vor.

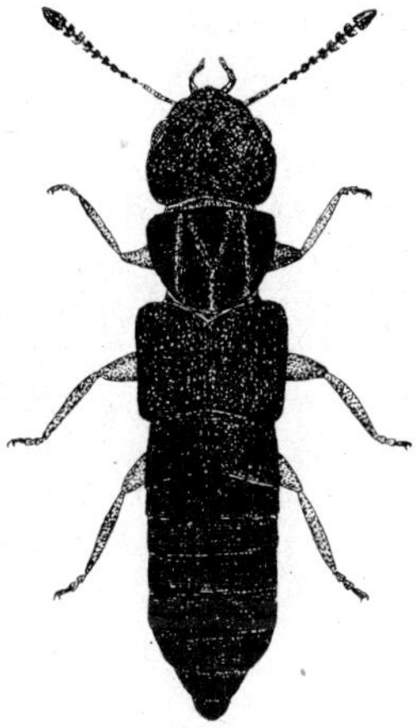

Abb. 651: Kurzflügler *Anotylus tetracarinatus*

***Tachyporus hypnorum*** (Fabricius)
Dieser weitverbreitete Räuber hält sich im Frühjahr und Sommer häufig auf Obstbäumen und -sträuchern auf. Bei Störungen läuft er rasch weg. Er ist auch auf Himbeere und Erdbeere zu finden. Käfer und Larven leben von Blattläusen. Meist werden die Käfer gefunden, sie sind 3–4 mm lang, schwarz, die Flügeldecken vorwiegend orange (Abb. 652 A).

***Tachyporus nitidulus*** (Fabricius)
Auch dieser häufige Räuber kommt auf Obstbäumen und -sträuchern vor. Der Käfer ist 2–3 mm lang, Kopf und Thorax sind schwarz, der Hinterleib ist gelb.

***Tachyporus obtusus*** (Linnaeus)
Die weitverbreitete und allgemein häufige Art hat im Obstbau oft eine gewisse Bedeutung als Nützling. Der Käfer ist 3,0–4,5 mm lang, Kopf und Thorax sind gelblich, die Flügeldecken an der Basis schwarz, hinten gelblich, der Hinterleib ist gelborange und an der Spitze schwarz (Abb. 652 B).

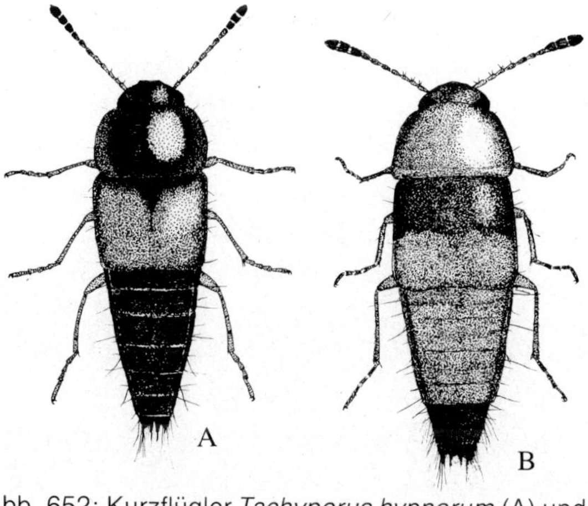


Abb. 652: Kurzflügler *Tachyporus hypnorum* (A) und *Tachyporus obtusus* (B)

## Familie Coccinellidae

### Marienkäfer

Eine Familie mit vorwiegend räuberisch lebenden Käfern, darunter viele bekannte, oft bunt gefärbte Arten. Bei Berührung scheiden die Käfer ein gelbes, stechend riechendes „Blut“ aus. Die Larven sind meist lebhaft, sie haben gut entwickelte Beine und Mundwerkzeuge und einen konischen Körper. Es gibt 4 Larvenstadien. Die Puppen sind plump und meist an Blättern befestigt.

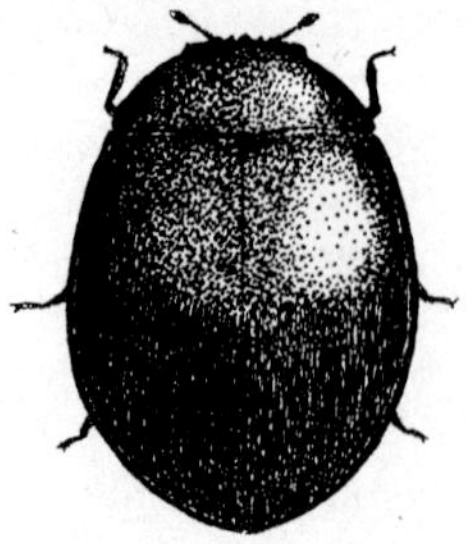

Abb. 653: Marienkäfer *Stethorus punctillum*

***Stethorus punctillum*** Weise

Kommt stellenweise als wichtiger natürlicher Feind vor allem der Obstbaumspinnmilbe in gespritzten Obstanlagen vor, selten aber auf ungespritzten Bäumen.

**Beschreibung:** KÄFER: 1,0–1,5 mm lang; beinahe halbkugelig und vorwiegend schwarz; Flügeldecken deutlich gekörnt (Abb. 653). EI: 0,4 × 0,22 mm; oval, cremefarben. LARVE: 2,5–3,0 mm lang; flach, dunkelbraun mit schwarzen Wärzchen, darauf je 3 Borsten; Beine relativ kurz, Körper mit einer weißen, wachsartigen Substanz bedeckt (Abb. 654). PUPPE: 1,5 mm lang; schwarz.

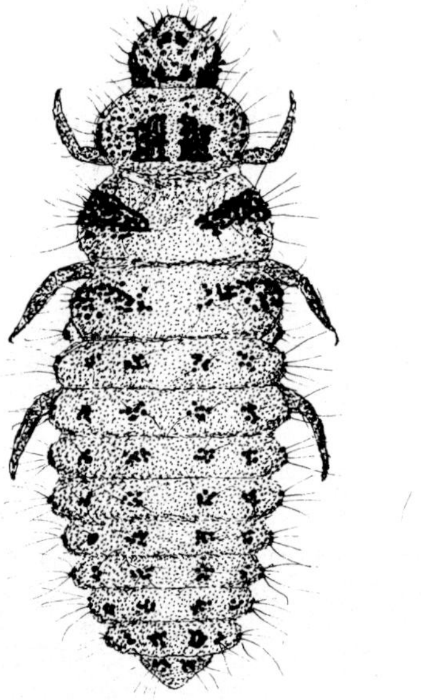

Abb. 654: Larve von *Stethorus punctillum*

**Lebensweise:** Die erwachsenen Käfer überwintern gewöhnlich von Oktober bis Anfang Mai. Die Eier werden flach auf die Blattunterseite gelegt. Etwa 1 Woche später schlüpfen die ziemlich trägen Larven, die sich nach einigen Wochen, meist an der Blattunterseite, verpuppen. Die Käfer schlüpfen rund eine Woche danach. Es entwickeln sich 2 Generationen, weil aber die Käfer viele Wochen lang leben, sind von Mai bis Ende August alle Entwicklungsstadien zu finden. Die Eier werden hauptsächlich im Mai/Juni und Juli/August abgelegt.

***Scymnus auritus*** Thunberg

Diese Art kommt normalerweise auf Eiche vor, ist aber manchmal auch in Obstanlagen als Feind der Spinnmilben zu finden. Die Käfer sind 2,0–2,3 mm lang; der Kopf ist rötlich-gelb, der Thorax überwiegend schwarz (Halsschild vorne rotgelb), Flügeldecken schwarz; Unterseite vorwiegend gelb (Abb. 655).

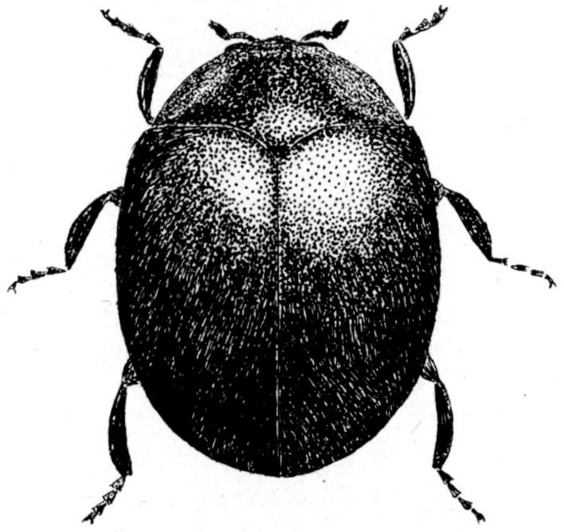

Abb. 655: Marienkäfer *Scymnus auritus*

***Exochomus quadripustulatus*** (Linnaeus)
Stellenweise auf Obstbäumen und anderen Pflanzen häufig als nützlicher Räuber von Blattläusen und bestimmten anderen Insekten, hauptsächlich Schildläusen.

**Beschreibung:** KÄFER: 3,5–4,5 mm lang; stark gewölbt, glänzend schwarz, Flügeldecken mit je 2 roten Flecken (Abb. 656). EI: Langoval, orangegelb. LARVE: 5–7 mm lang, länglich bis gedrungen, dunkel mit weißlicher Zeichnung und vielen Warzen mit verzweigten Borsten. PUPPE: Dunkel, plump, mit abgestreiften Larvenhäuten bedeckt.

**Lebensweise:** Die Käfer überwintern in geeigneten Verstecken, oft unter loser Rinde und werden im Frühjahr aktiv. Es entwickeln sich während des Sommers 2 oder mehr Generationen.

Abb. 656: Marienkäfer *Exochomus quadripustulatus*

***Adalia bipunctata*** (Linnaeus)
Syn. ***2-punctata*** (Linnaeus)
Weitverbreitet und an verschiedenen Pflanzen häufig, kommt in Obstanlagen, Beerenobstpflanzungen und Hopfengärten häufig als wichtiger Räuber vor. Die Käfer und ihre Larven sind sehr aktive Blattlausfresser, sie nehmen auch Spinnmilben, wenn die Blattläuse knapp werden.

**Beschreibung:** KÄFER: 3–4 mm lang; Thorax vorwiegend schwarz mit weißer Zeichnung; Flügeldecken rot mit je 1 schwarzen Fleck (es gibt aber viele Farbvarianten); Beine und Körperunterseite schwarz (Abb. 657). EI: 1,0–1,5 mm lang; orangegelb (Abb. 658). LARVE: 5–6 mm lang; braun- bis schwarzgrau mit glänzend schwarzen, behaarten Warzen; die Seiten des 1. und die Mitte des 4. Abdominaltergits manchmal mit gelben oder orangefarbenen Flecken (Abb. 659). PUPPE: 3,0–3,5 mm lang, dunkelgrau bis schwarz.

**Lebensweise:** Die Käfer überwintern in geeigneten Verstecken, wo sie oft in größerer Zahl zusammenkommen. Die Eier werden an den Blättern aufrecht in kleinen Gruppen abgelegt, gewöhnlich dicht neben Blattlauskolonien. Die Entwicklung vom Ei bis zum adulten Käfer dauert einige Wochen. Es entwickelt sich nur eine Generation, aber die Käfer sind sehr langlebig, so daß in den Sommermonaten alle Stadien zu finden sind. Ein Weibchen kann 100 bis 300 und mehr Eier legen und die Larve verzehrt während ihrer Entwicklung einige hundert Blattläuse.

Abb. 657: Marienkäfer *Adalia bipunctata* (Zweipunkt-Marienkäfer)

Abb. 658: Eigelege von *Adalia bipunctata*

Abb. 659: Larve von *Adalia bipunctata*

***Adalia decempunctata*** (Linnaeus)
Syn. ***10-punctata*** (Linnaeus)
Diese allgemein häufige Art kommt als wichtiger Räuber von Blattläusen und anderen Schädlingen an verschiedenen Pflanzen vor, auch an Obstgewächsen.

**Beschreibung:** KÄFER: 3–4 mm lang; Thorax gewöhnlich schwarzweißgescheckt; Flügeldecken extrem variabel, oft aber rot mit je 5 schwarzen Punkten; Unterseite des Käfers vorwiegend schwarz; Beine hell. EI: 1,0–1,5 mm lang; orangegelb. LARVE: 5–6 mm lang; hellgrau mit weißer und gelber Zeichnung; einige der borstentragenden Warzen gewöhnlich dunkler. PUPPE: 3,0–3,5 mm lang; hellgrau mit dunkler Zeichnung.

**Lebensweise:** Ziemlich ähnlich wie *Adalia bipunctata* (s. Seite 271).

***Coccinella septempunctata*** Linnaeus
Syn. ***7-punctata*** Linnaeus
Siebenpunkt-Marienkäfer
Weitverbreitet und allgemein häufig an vielen Pflanzen, einschließlich der Obstgewächse und des Hopfens, ein wichtiger Blattlausfeind.

**Beschreibung:** KÄFER: 5,5–7,5 mm lang; Thorax schwarz mit großem, weißem Fleck an den Vorderekken; Flügeldecken orangerot mit 7 schwarzen Punkten; Beine und Unterseite des Körpers schwarz (Abb. 660). EI: 1,5–2,0 mm lang; orangegelb. LARVE: 8–10 mm lang; schieferblau mit blauen Warzen und gelber Zeichnung (Abb. 661). PUPPE: 5–7 mm lang; gelb und schwarz.

**Lebensweise:** Ähnlich wie *Adalia bipunctata* (s. Seite 271), doch werden die Eier in größeren Gelegen von rund 25 Stück abgelegt.

***Propylaea quattuordecimpunctata*** (Linnaeus)
Syn. ***14-punctata*** (Linnaeus)
Dieser weitverbreitete Räuber von Blattläusen und anderen Insekten kommt häufig an kleinen Bäumen und Sträuchern vor, auch an Johannisbeere. Die Käfer sind 3–4 mm lang, schwarz und gelb, mit vorwiegend schwarzer Unterseite (Abb. 662). Die Larven sind 5–6 mm lang und schwarz, mit auffälligen gelben Flecken (Abb. 663). Die Eier dieser Art sind gelb und werden in kleineren Gruppen abgelegt als die von *Adalia* und *Coccinella*.

Abb. 660: Marienkäfer *Coccinella septempunctata* (Siebenpunkt-Marienkäfer)

Abb. 661: Larve von *Coccinella septempunctata*

Abb. 662: Marienkäfer *Propylaea quattuordecimpunctata*

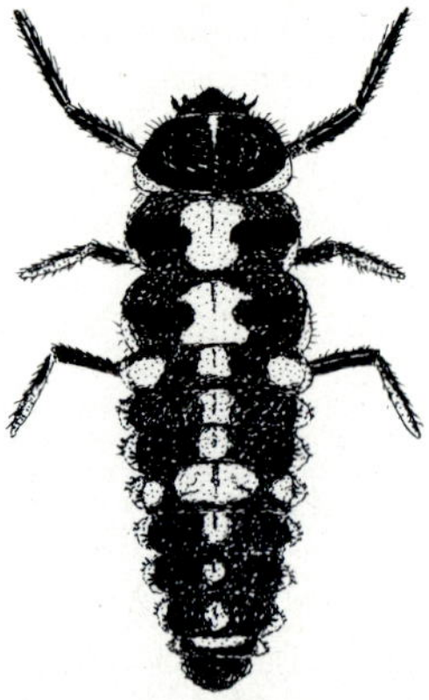

Abb. 663: Larve von *Propylaea quattuordecimpunctata*

# Ordnung Diptera
## Mücken und Fliegen

### Familie Cecidomyiidae
#### Gallmücken

Über die Bedeutung der Gallmücken als Feinde von Obstschädlingen gibt es nur wenige Informationen, obwohl diese Räuber häufig vorkommen und ihre Larven oft in Kolonien von Blattläusen und Spinnmilben angetroffen werden.

***Aphidoletes aphidimyza*** (Rondani)
Weitverbreitet, der häufigste Blattlausfresser unter den Gallmücken an Apfel, Birne, Kirsche, Pflaume, Johannisbeere, Brombeere, Himbeere, Erdbeere, Hopfen, Walnuß und an vielen anderen Pflanzen.

**Beschreibung:** MÜCKE: 2,0–2,5 mm lang; hellgrau (Abb. 664). EI: 0,3 × 0,1 mm; oval und orangefarben. LARVE: 2–3 mm lang; orangerot, Brustgräte dünn (Abb. 665).

**Lebensweise:** Von Mai an treten die Mücken auf und legen ihre Eier einzeln oder in Gruppen bis zu 40 Stück meist in der Nähe von Blattlauskolonien. Nach wenigen Tagen schlüpfen die sehr aktiven Larven, die ihre Wirte anstechen und langsam aussaugen. Jede Larve vernichtet so einige Blattläuse und ist nach einer oder 2 Wochen ausgewachsen, läßt sich fallen und spinnt sich knapp unter der Bodenoberfläche einen kleinen Seidekokon. Sie verpuppt sich darin und 1 bis 3 Wochen später schlüpft die Mücke. Es entwickeln sich mehrere Generationen jährlich, die erwachsenen Larven der letzten Generation überwintern in ihren Kokons und verpuppen sich im Frühjahr.

***Arthrocnodax acarisuga*** (Vallot)
Die Larven sind Prädatoren der Gemeinen Spinnmilbe, wurden aber noch nicht als wichtige Nützlinge an Obstgewächsen und Hopfen beobachtet.

***Arthrocnodax coryligallarum*** (Targioni-Tozzetti)
Die orangerote Larve dieser Gallmücke ist ein Räuber der Haselnußknospenmilbe.

***Arthrocnodax wissmanni*** Kieffer
Diese Art lebt räuberisch von Milben einschließlich Rostmilben und Obstbaumspinnmilben auf Obstbäumen.

***Feltiella tetranychi*** Rübsaamen
Ein Spinnmilbenräuber auf Obstbäumen.

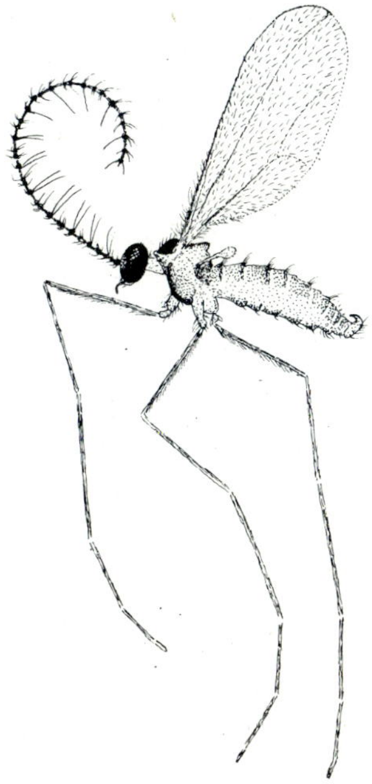

Abb. 664: Gallmücke *Aphidoletes aphidimyza*

Abb. 665: Larve von *Aphidoletes aphidimyza*

***Therodiplosis persicae*** Kieffer
Spinnmilbenräuber an Johannisbeere, Erdbeere und anderen Kulturpflanzen.

### Familie Syrphidae
#### Schwebfliegen

Die Adulten vieler Syrphiden sind sehr aktive, die Sonne liebende Insekten. Vom Frühjahr bis zum Herbst sind sie oft und zahlreich zu sehen, wenn sie Obstblüten oder andere Blüten besuchen (besonders die Blüten von Compositen, Rosaceen und Umbelliferen); oft werden sie für Bienen oder Wespen gehalten. Die Larven vieler Arten leben räuberisch von Blattläusen und bestimmten anderen Insekten, einige von ihnen sind auf Obstgewächsen wichtige Nützlinge.

***Syrphus ribesii*** (Linnaeus)
Häufig und allgemein verbreitet, lebt von verschiedenen Blattlausarten an Obstgewächsen und anderen Pflanzen.

**Beschreibung:** FLIEGE: 10–12 mm lang, Thorax braungelb mit hellerem Schildchen, Hinterleib schwärzlich mit einer unterbrochenen und 3 vollständigen gelben Querbinden (Abb. 666). EI: 0,9–0,3 mm; kalkweiß mit Längsrippen. LARVE: 12–15 mm lang; schneckenartig, blaßgelb, glänzend und durchscheinend, mit 2 unregelmäßigen, gelblichen oder rötlichen Rückenlinien, die schwarze, winkelartige Zeichnungen überlagern (Abb. 667). PUPARIUM: 7,5 mm lang; braunorange und oval.

**Lebensweise:** Adulte sind von April bis Oktober zu finden, am häufigsten von Mai bis August. die Eier werden einzeln oder in kleinen Gruppen an blattlausbefallene Blätter oder Triebe gelegt. Nach wenigen Tagen schlüpfen die gefräßigen Larven, die in 10 bis 15 Tagen einige Hundert Blattläuse vernichten. In ihrer letzten Larvenhaut, die ein schützendes Puparium bildet, verpuppen sie sich. Etwa 2 Wochen später schlüpfen die Fliegen. Es entwickeln sich jährlich mehrere Generationen, bei dieser Art überwintert die Larve in Diapause.

Abb. 666: Schwebfliege *Syrphus ribesii*

Abb. 667: Larve von *Syrphus ribesii*

***Scaeva pyrastri*** (Linnaeus)
Weitverbreitet und allgemein häufig, oft an Obstgewächsen und vielen anderen Pflanzen als Räuber von Blattläusen.

**Beschreibung:** FLIEGE: 12–14 mm lang; Thorax blauschwarz und glänzend; Hinterleib breit und schwarz, mit 3 Paar gelben Mondflecken (Abb. 668 A). LARVE: 20 mm lang, relativ schlank; intensiv grün mit weißem Rückenstreifen und je einer schmalen, weißen Seitenlinie. PUPARIUM: 8 mm lang; langoval und orangerot.

**Lebensweise:** Ähnlich wie *Syrphus ribesii* (siehe oben), doch überwintern bei dieser Art die adulten Weibchen.

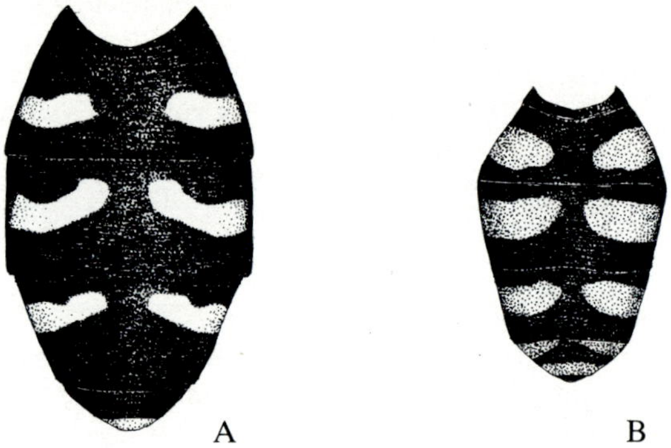


Abb. 668: Hinterleib der Schwebfliegen *Scaeva pyrastri* (A) und *Metasyrphus luniger* (B)

***Metasyrphus luniger*** (Meigen)
Allgemein häufig und oft als Blattlausräuber auf Obstbäumen und -sträuchern.

**Beschreibung:** FLIEGE: 9 mm lang; Thorax grünschwarz und glänzend; Hinterleib schwarzbraun mit 3 breiten, unterbrochenen, gelben Querbinden (Abb. 668 B). LARVE: 10–12 mm lang; schmutzig graubraun, mit einer dorsalen Längsreihe heller und dunkler Zeichnungen; am Körper deutliche Querreihen von Borsten (Abb. 669). PUPARIUM: 7 mm lang; dunkelbraun mit dunkleren, winkeligen Zeichnungen.

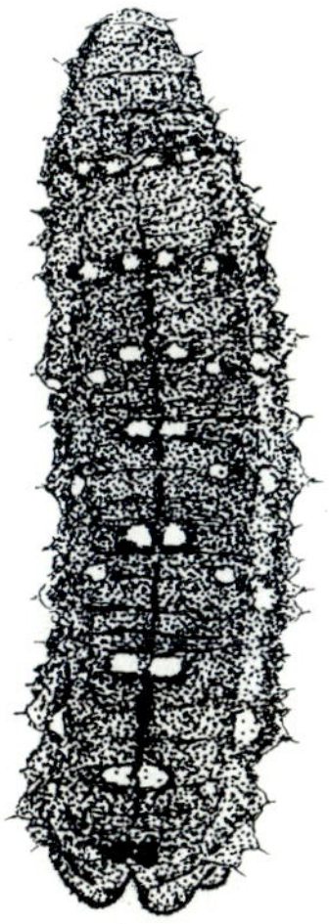

Abb. 669: Larve von *Metasyrphus luniger*

Abb. 670: Schwebfliege *Episyrphus balteatus*

Abb. 671: Larve von *Episyrphus balteatus*

Abb. 672: Puparium von *Episyrphus balteatus*

***Episyrphus balteatus*** (DeGeer)
Allgemein häufig, die Fliegen bilden manchmal riesige Schwärme. Ein wichtiger Prädator von Blattläusen und vielerlei anderen kleinen Arthropoden auf vielen Pflanzen einschließlich der Obstgewächse.

**Beschreibung:** FLIEGE: 10 mm lang; Thorax schwärzlich mit gelbbraunem Schildchen; Hinterleib gelb mit unregelmäßigen, breiten und schmalen, schwarzen Querbändern (Abb. 670). LARVE: 10–15 mm lang; transparent mit undeutlichen weißen und schwarzen Eingeweiden und deutlich sichtbaren, rötlichen Malpighi-Gefäßen (Abb. 671). PUPARIUM: 7,5 mm lang; birnenförmig; orangebraun mit dunklen, gewellten Querbändern.

**Lebensweise:** Ähnlich wie *Scaeva pyrastri* (s. Seite 274).

## Familie Chamaemyiidae

Blattlausfliegen

***Leucopis*** Meigen
Die Larven der Arten dieser Gattung kommen gelegentlich auf Obstbäumen und -sträuchern als Prädatoren von Blattläusen und den ersten Stadien bestimmter Schildläuse (Coccidae) vor. Die Larven ähneln denen der Syrphiden, sind aber kleiner (3 mm lang) und die hinteren Stigmen befinden sich auf einem Paar auffälli-

ger Atemröhrchen (Abb. 673). Die Fliegen sind vorwiegend grau; das 3. Fühlerglied ist in typischer Weise verdickt (Abb. 674).

## Familie Tachinidae

### Raupenfliegen

Die Tachiniden sind wichtige Parasiten und sehen, oberflächlich betrachtet, der Stubenfliege (Familie Muscidae) ähnlich. Ihre madenförmigen Larven sind Endoparasiten anderer Insekten, vor allem der Schmetterlingsraupen. Sie verpuppen sich entweder innerhalb oder außerhalb der Larven- oder Puppenhülle ihres toten Wirtstieres in einem länglichovalen Puparium.

Abb. 673: Larve der Blattlausfliege *Leucopis* spec.

***Nemorilla floralis*** (Fallén)
Häufig und weit verbreitet, parasitiert viele Schmetterlingsarten, zu ihren Wirten gehören die Raupen des Brombeertriebwicklers, des Apfelwicklers und des Nördlichen Erdbeerwicklers.

**Beschreibung:** FLIEGE: 4–8 mm lang, Augen behaart, Schildchen grauschwarz; Hinterleib schwarz mit gelbem oder goldenem Glanz (Abb. 675). EI: 0,6 × 0,4 mm; cremefarben und oval, unten abgeflacht, oben aber gewölbt.

**Lebensweise:** Die Eier werden einzeln auf die Haut geeigneter Wirte gelegt, meist dicht hinter dem Kopf. Sie entwickeln sich sehr rasch, innerhalb weniger Stunden schlüpft die Larve und dringt in den Wirt ein. Nach etwa 2 Wochen ist die Tachinidenlarve erwachsen und verpuppt sich entweder im Boden oder innerhalb des Wirts. Die Fliegen sind von Mai bis September oder Oktober zu sehen, es gibt jährlich mehrere Generationen.

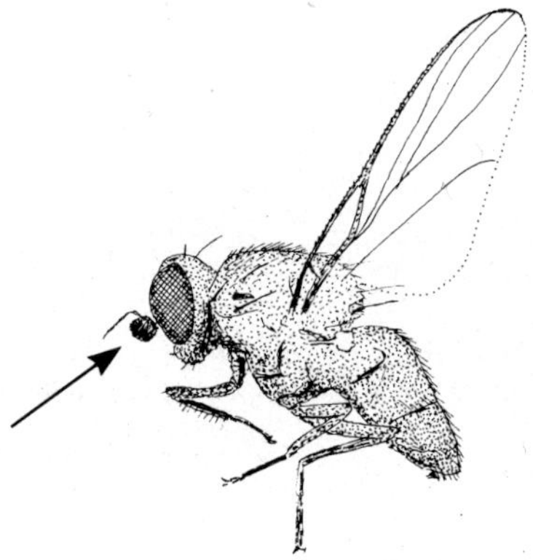

Abb. 674: Blattlausfliege *Leucopis* spec.

***Pales pavida*** (Meigen)
Sehr häufig und allgemein verbreitet, zu ihren vielen Wirtstieren gehören die Raupen des Ringelspinners, des Stachelbeerspanners, des Roßkastanienfrostspanners und anderer Obstschädlinge.

**Beschreibung:** FLIEGE: 5–10 mm lang; Augen behaart; Körper schwarz mit blauem Glanz, weiß bereift. EI: 0,2 mm lang, oval und schwarz.

**Lebensweise:** Die Adulten fliegen von Mai bis Oktober. Die Eier werden an die Blätter gelegt und einige davon anschließend von der Wirtsraupe verschluckt. Die ausgewachsene Larve verpuppt sich in der Puppenhülle des Wirts oder im Boden. Es gibt jährlich mehrere Generationen.

Abb. 675: Raupenfliege *Nemorilla floralis*

***Phryxe vulgaris*** (Fallén)
Weitverbreitet und sehr häufig, ein wichtiger natürlicher Feind der Raupen von Schmetterlingen der Familien Arctiidae, Geometridae, Lasiocampidae, Lymantriidae und Noctuidae.

**Beschreibung:** FLIEGE: 5–9 mm lang; Augen behaart; Schildchen teilweise gelb oder bräunlich; Hinterleib glänzend schwarz und stellenweise grau oder weißlich bereift (Abb. 676). EI: 0,8 × 0,5 mm; cremeweiß.

**Lebensweise:** Ähnlich *Nemorilla floralis* (s. Seite 276). In großen Wirtstieren kann sich mehr als eine Parasitenlarve entwickeln.

Abb. 676: Raupenfliege *Phryxe vulgaris*

***Phryxe nemea*** (Meigen)
Diese allgemein häufige Raupenfliege ähnelt *Phryxe vulgaris,* ist aber mehr gelblich und etwas kleiner (5–8 mm lang) (Abb. 677). Die polyphage Larve kann parasitisch in verschiedenen Schmetterlingsraupen leben, beispielsweise in denen von Goldafter, Ringelspinner und Stachelbeerspanner.

Abb. 677: *Phryxe nemea* neben ihrem Puparium und den Resten ihres Wirts (Puppe des Stachelbeerspanners)

***Compsilura concinnata*** (Meigen)
Sehr polyphag, parasitiert die Raupen einer großen Zahl von Schmetterlingen und Sägewespen, einschließlich vieler Obstschädlinge.

**Beschreibung:** FLIEGE: 6–9 mm lang; Augen behaart; Körper schwärzlich mit weißem und bräunlichem Glanz; die Abdominaltergite bilden eine gezahnte Kante auf jeder Seite.

**Lebensweise:** Die Adulten fliegen von Ende März bis Anfang September. Sie sind lebendgebärend und die Larven werden durch Wunden, die dem Wirt mit den gezähnten Kanten des Hinterleibs beigebracht werden, direkt in das Wirtstier geschoben. Die Verpuppung erfolgt in der Wirtspuppe oder im Boden. Es gibt jährlich mehrere Generationen.

***Cyzenis albicans*** (Fallén)
Allgemein verbreitet und häufig; besonders wichtiger Parasit der Raupen des Kleinen Frostspanners.

**Beschreibung:** FLIEGE: 4–6 mm lang; Augen stark behaart; Thorax mit 4 deutlichen Längsstreifen; Hinterleib weißlich oder grau bereift. EI: 0,17 mm lang; schwarz.

**Lebensweise:** Die Fliegen der einzigen Generation, die sich jährlich entwickelt, fliegen von Mitte April bis Mitte Juni. Es wird eine große Zahl von Eiern (oft mehr als 1000 pro Weibchen) an die Blätter gelegt, einige davon werden von einem geeigneten Wirt verschluckt. Die Verpuppung erfolgt in der Puppenhülle des Wirts.

***Elodia morio*** (Fallén), Syn. ***tragica*** (Meigen)
Ein weit verbreiteter aber nicht häufiger Parasit des Apfelwicklers, des Erdbeerwicklers und bestimmter anderer Schmetterlingsraupen.

**Beschreibung:** FLIEGE: 3,5–5,5 mm lang; Augen glatt; Körper glänzend schwarz. EI: 0,22 mm lang; weiß.

**Lebensweise:** Die Adulten fliegen im Mai und Juni und von Anfang Juli bis Anfang September. Oft werden die Eier an Früchte gelegt und einige davon können von Räupchen verschluckt werden, die an der Fruchtschale fressen oder ins Fruchtfleisch eindringen wollen. Die Verpuppung erfolgt in der Puppenhülle des toten Wirts.

# Ordnung Lepidoptera
Schmetterlinge

## Familie Noctuidae
Eulen

***Cosmia trapezina*** (Linnaeus)
Trapezeule
Weitverbreitet und allgemein häufig. Die Raupe kommt auf verschiedenen Bäumen und Sträuchern vor, auch auf Obstbäumen; sie ist teilweise phytophag, greift aber auch regelmäßig andere Raupen an, vor allem die des Kleinen Frostspanners.

Abb. 678: Falter der Trapezeule, *Cosmia trapezina*

Abb. 679: Raupe der Trapezeule, *Cosmia trapezina* (Mordraupe)

**Beschreibung:** FALTER: Flügelspannweite 25–32 mm; Vorderflügel weiß bis gelbgrau, rosa schimmernd mit einem etwas dunkleren Mittelband; Hinterflügel hellgrau (Abb. 678).
RAUPE: 35–40 mm lang; grün mit 3 weißen Rückenlinien und einer gelben Seitenlinie; Warzen schwarz, weiß umrandet; Stigmen schwarz; 5 Paar Bauchfüße (Abb. 679). PUPPE: Hellbraun mit weißlichem Flaum; Cremaster mit 2 dicht zusammengerückten Enddornen, die stark nach außen gerichtet sind.

**Lebensweise:** Die Falter fliegen im Juli und August. Die Raupen sind von April bis Juni zu finden; in Obstanlagen werden sie oft für Schädlinge gehalten, beispielsweise für *Orthosia incerta* (s. Seite 198).

# Ordnung Hymenoptera
Hautflügler

# Unterordnung Apocrita

Die Hymenopteren dieser Gruppe sind meist Parasiten[1] oder Hyperparasiten anderer Insekten. Viele Arten sind von wirtschaftlicher Bedeutung und manche sind für die Obstbauern von ganz beträchtlichem Wert. Die meisten sind Endoparasiten (Larve lebt im Wirtstier) und der Legebohrer des Weibchens ist zum Anstechen des Wirts geeignet; andere sind Ektoparasiten, die Larven leben außerhalb des Wirts. Die Larven sind madenförmig, mit schwach entwickeltem Kopf und fußlos. Sie können je nach Art solitär (eine Larve pro Wirt) oder gesellig (mehrere pro Wirt) vorkommen.

Die korrekte Bestimmung der Arten ist gewöhnlich nur dem Spezialisten durch mikroskopische Untersuchung der adulten Tiere möglich. Die unterschiedliche Flügeladerung ist für die Abgrenzung verschiedener Gruppen oder Familien wichtig, auch bestimmte Körpermerkmale; die Unterscheidung eng verwandter Gattungen oder Arten ist dagegen oft leichter. Viele Arten sind bis heute noch nicht beschrieben und über die Biologie jener Arten, die parasitisch in Obstschädlingen leben, sind relativ wenige Einzelheiten bekannt.

Nachfolgend werden als Beispiele Parasiten aus einigen Familien beschrieben, doch ist das nur ein kleiner Teil der vielen Arten, die durch die Parasitierung von Obstschädlingen nützlich sind.

[1] Für Tiere mit dieser Lebensweise setzt sich der Ausdruck „Parasitoide“ immer mehr durch (Anm. d. Übers.).

# Überfamilie Ichneumonidea

## Familie Ichneumonidae

Fühler mit mehr als 16 Gliedern; Vorderflügel mit Pterostigma und rücklaufender Ader 2m-cu (Abb. 680 A). Viele Arten dieser sehr großen und wichtigen Familie sind natürliche Feinde von Obstschädlingen, hauptsächlich von Schmetterlingsraupen. Einige Arten haben extrem lange Legebohrer und parasitieren holzbewohnende Insekten.

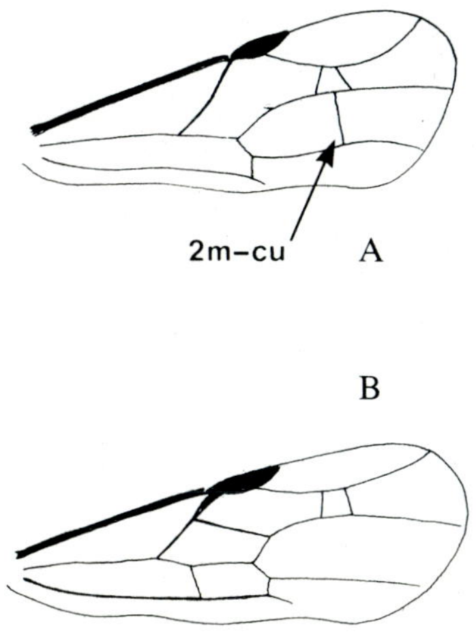


Abb. 680: Aderung des Vorderflügels von Schlupfwespen: A: Familie Ichneumonidae, B: Familie Braconidae

***Scambus pomorum*** (Ratzeburg)
Ein häufiger, solitärer Ektoparasit der Larve des Apfelblütenstechers. Die Adulten sind 5 mm lang, vorwiegend schwarz, mit rotbraunen Beinen (Abb. 681). Sie schlüpfen im Mai oder Juni aus den vom Apfelblütenstecher zerstörten Blüten. Der Birnenknospenstecher gehört ebenfalls zu den Wirten.

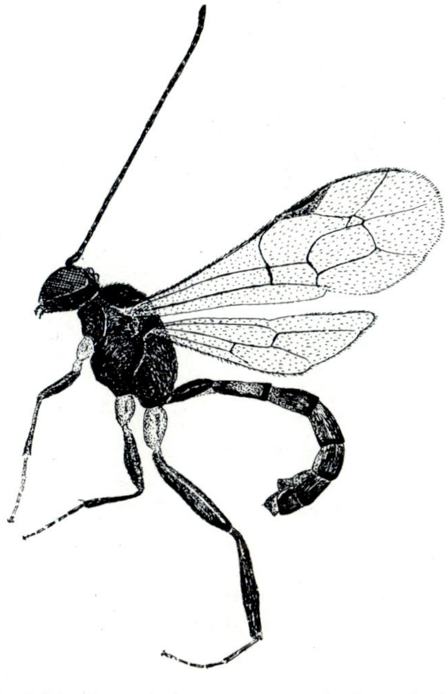

Abb. 681: *Scambus pomorum*, ein Parasit des Apfelblütenstechers

***Itoplectis alternans*** (Gravenhorst)
Ein häufiger, polyphager, solitärer Endoparasit von Schmetterlinspuppen, der oft schädliche Wicklerraupen in Obstgärten und Erdbeerpflanzungen dezimiert. Die Wespchen sind 7 mm lang und schwarz, die Beine hauptsächlich braun mit gelber und schwarzer Zeichnung. Die Verpuppung erfolgt in der Wirtspuppe.

***Itoplectis maculator*** (Fabricius)
Diese Art ist der vorigen sehr ähnlich, aber ein wenig größer (8 mm lang) und der Hinterleib ist teilweise braun. Sie ist ein häufiger, solitärer Endoparasit verschiedener Obst-Wickler.

***Phytodietus polyzonias*** (Forster)
Ein häufiger, solitärer Ektoparasit der Erdbeerwickler und anderer Wicklerraupen; verpuppt sich in einem braunen Kokon längs des toten Wirts. (Abb. 682).

Abb. 682: Kokon von *Phytodietus polyzonias*

***Pristomerus vulnerator*** (Panzer)
Ein häufiger, polyphager und solitärer Endoparasit von Wicklern, einschließlich des Roten Knospenwicklers, des Apfelwicklers und *Archips podana*. Die Wespe ist 9 mm lang, schwärzlich bis braun, mit langem Legebohrer. Die Junglarven des Apfelwicklers werden beim Eindringen in die Früchte parasitiert. Sie sterben erst, wenn sie ausgewachsen sind und einen Kokon gesponnen haben, der Parasit verpuppt sich dann längs der toten Wirtspuppe. Es gibt jährlich 2 Generationen.

***Diadegma*** Forster
Verschiedene Arten solitärer Endoparasiten von Wicklern und anderen Kleinschmetterlingen. Eine Art (Abb. 683) ist ein häufiger natürlicher Feind der Apfelknospenmotte in Apfelanlagen.

***Glypta*** Gravenhorst
Die Arten dieser häufigen Gattung parasitieren Wicklerraupen und verpuppen sich in durchscheinenden, dünnwandigen Kokons neben den Resten ihrer Wirte. Die Wespen sind etwa 10 mm lang. Wenigstens eine der Arten (*Glypta monoceros* Gravenhorst, Abb. 684) ist ein solitärer Endoparasit des Erdbeerwicklers *Acleris comariana*, eine andere *Glypta pedata* Desvignes, ist ein Parasit des Roten Knospenwicklers.

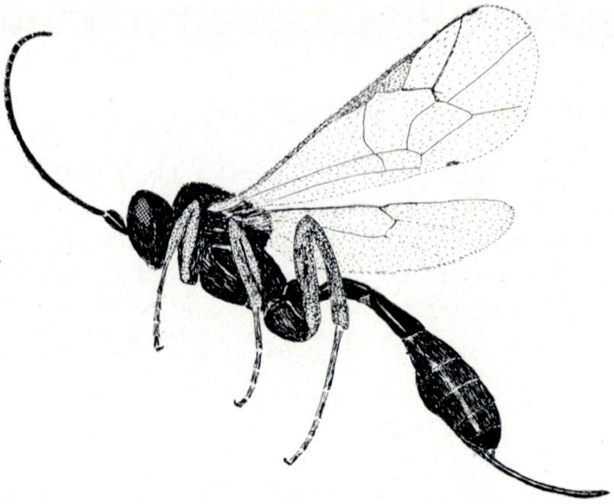

Abb. 683: Schlupfwespe der Gattung *Diadegma*

***Lissonota*** Gravenhorst
Zu dieser häufigen Gattung gehören gesellige und solitäre Endoparasiten von Schmetterlingsraupen, auch von Gespinstmotten, Wicklern und Spannern. *Lissonota deversor* Gravenhorst beispielsweise ist 6 mm lang und vorwiegend schwarz, mit gelbem Schildchen und gelbbraunen Beinen. *Lissonota setosa* (Geoffroy & Fourcroy) ist viel größer (20 mm lang) und ein Parasit der Raupe des Weidenbohrers.

Abb. 684: Puppe von *Glypta monoceros*

## Familie Braconidae

Fühler mit mehr als 16 Gliedern; Vorderflügel mit Pterostigma, aber ohne rücklaufende Ader 2m-cu (Abb. 680 B). Die Braconiden sind wichtige natürliche Feinde von an Obst lebenden Schmetterlingsraupen.

***Ascogaster quadridentatus*** Wesmael
Ein häufiger, solitärer Endoparasit des Apfelwicklers. Auch einige andere Wickler, z. B. der Rote Knospenwickler, gehören zu seinen Wirten. Die Weibchen legen ihre Eier in die Wirtseier, die sich normal weiterentwikkeln, aber die Wirtslarve erreicht nicht ihre normale Größe, obwohl sie noch bis zur Verpuppung des Parasiten lebt. Der Kokon des Parasiten wird innerhalb des Wirtskokons gesponnen. Die Wespchen sind 3,5 mm lang, ihr Körper ist robust, matt schwarz und deutlich punktiert (Abb. 685).

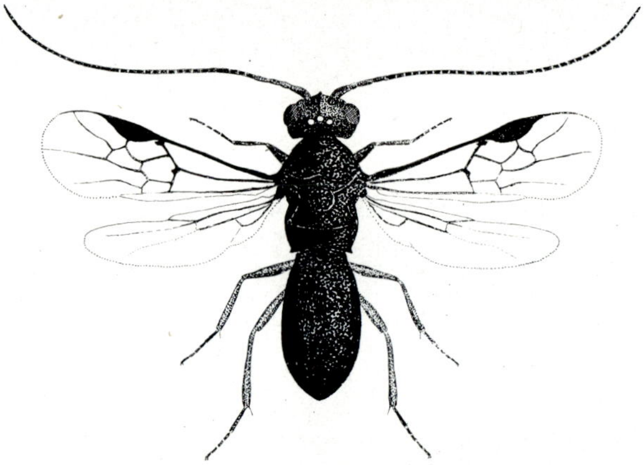

Abb. 685: Brackwespe *Ascogaster quadridentatus*

***Microgaster*** Latreille
Von den Angehörigen dieser Gattung werden häufig Wicklerraupen parasitiert. Mindestens eine dieser Arten ist ein Feind des Erdbeerwicklers *Acleris comariana*. Es ist ein solitärer Endoparasit, der sich in einem weißen Kokon neben den Resten des toten Wirtstieres verpuppt (Abb. 686); die Wespchen sind 3 mm lang, vorwiegend schwarz mit gelbbraunen Beinen.

Abb. 686: Kokon einer *Microgaster* neben den Resten des Wirts (Raupe des Stachelbeerwicklers)

Abb. 687: Kokons von *Protomicroplitis connexus* im Kokon ihres Wirts (Raupe von *Euproctis similis*)

Abb. 688: Larven von *Macrocentrus linearis* an ihrem Wirt (Raupe von *Clepsis spectrana*)

***Protomicroplitis connexus*** (Nees)
Ein häufiger, gesellig auftretender Endoparasit der Raupe von *Euproctis similis,* der sich in weißlichen Kokons innerhalb des Wirtskokons verpuppt (Abb. 687).

***Macrocentrus linearis*** (Nees)
Dieser gesellig lebende Endoparasit ist ein häufiger natürlicher Feind schädlicher Wickler. Durch Polyembryonie (s. Seite 283) entwickeln sich rund 40 Larven in einer Wirtsraupe. Die Verpuppung erfolgt in festen, braunen Kokons neben den Resten des Wirts (Abb. 688). Die Wespchen sind etwa 4 mm lang, sehen zart aus und haben lange, dünne Fühler und Beine und einen schlanken Hinterleib.

***Meteorus ictericus*** (Nees)
Ein polyphager, solitärer Endoparasit von Wicklerraupen. Seine Larve verpuppt sich in einem weißen, dünnwandigen Kokon neben dem toten Wirt. Das Wespchen ist 4 mm lang und braun bis dunkelbraun.

***Aleiodes armatus*** Wesmael
Ein solitärer Endoparasit von Spannerraupen, auch solcher, die im Obstbau schädlich sind. Die Verpuppung erfolgt in der geschrumpften, futteralartigen Haut der toten Wirtsraupe (Abb. 689 A). Die Wespen sind 5 mm lang und hell orangebraun (Abb. 689).

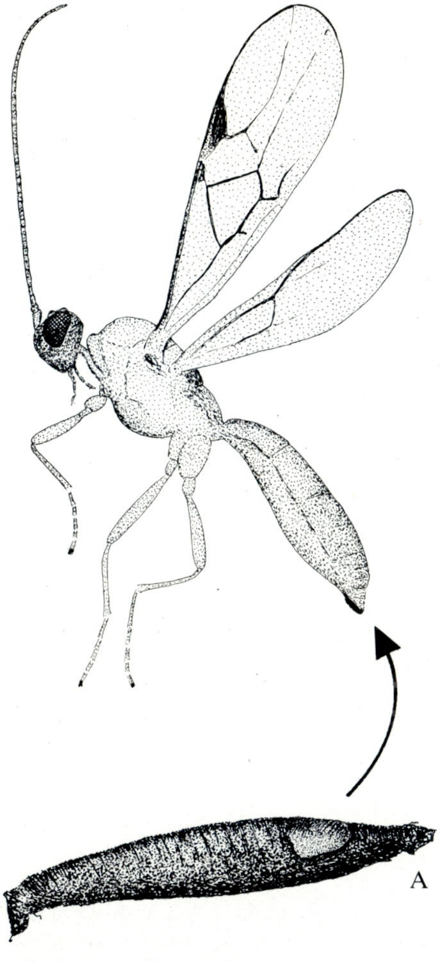


Abb. 689: Brackwespe *Aleiodes armatus.* A: Reste ihres Wirts (Raupe eines Spanners)

## Familie Aphidiidae

Den Braconiden ähnlich, leben aber parasitisch in Blattläusen, meist in ungeflügelten Weibchen. Ihre Larven sind solitäre Endoparasiten, die sich in einem Kokon verpuppen, der innerhalb oder neben der toten, mumifizierten Blattlaus gesponnen wird. Durch die Parasitierung kann der Blattlausbefall beträchtlich abnehmen, doch erfolgt das oft, nachdem die Blattläuse bereits Schaden angerichtet haben. Einige Arten parasitieren viele verschiedene Blattlausarten, andere sind mehr oder weniger spezialisiert.

***Ephedrus persicae*** Froggatt
Ein Parasit der Mehligen Apfelblattlaus; die Verpuppung erfolgt in der Haut des toten Wirts, die Wespe schlüpft durch ein in die Haut genagtes, rundes Loch. Die Wirtsmumien sind schwarz.

***Praon volucre*** (Haliday)
Eine häufige, polyphage Art, die verschiedene im Obstbau schädliche Blattläuse parasitiert. Die Verpuppung erfolgt in einem doppelwandigen Kokon, der unter dem mumifizierten Wirt gesponnen wird; durch ein rundes, in den Kokon genagtes Loch schlüpft die Wespe (Abb. 690 A), die 2 mm lang und glänzend schwarz ist (Abb. 690).

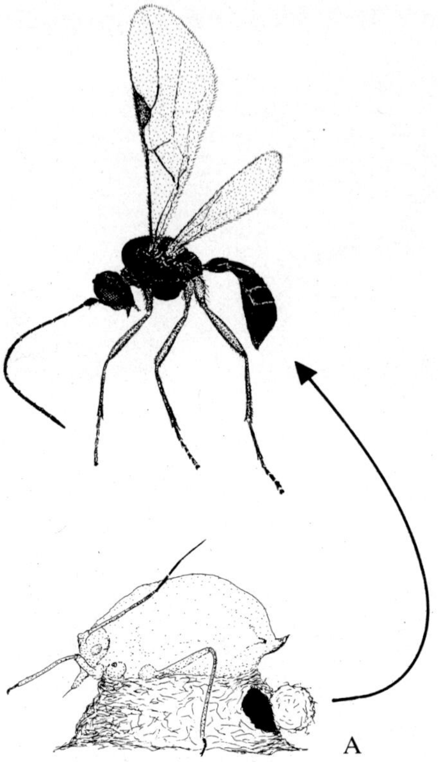


Abb. 690: Blattlausschlupfwespe *Praon volucre.* A: Kokon des Parasiten unter den Resten des Wirts (Mehlige Pflaumenblattlaus)

***Diaretiella rapae*** (M'Intosh)
Sehr polyphag, parasitiert viele Blattlausarten, auch im Obstbau schädliche. Verpuppung in der blaßbeigen Wirtsmumie (691 A). Die Wespchen sind 2 mm lang und vorwiegend schwarz, Beine hellbraun (Abb. 691).

***Monoctonus cerasi*** (Marshall)
Ein Parasit der Apfelgraslaus und einiger anderer Arten. Die befallenen Blattlausmumien sind beige.

# Überfamilie Chalcidoidea

Eine sehr große Familie kleiner oder winziger Insekten (meist kleiner als 3 mm), die oft prächtig gefärbt sind, meist metallisch blau oder grün. Typisch ist die stark reduzierte Flügeladerung; die Fühler sind relativ kurz und gekniet, sie haben weniger als 16 Glieder.

## Familie Pteromalidae

Eine große Familie, zu der viele Parasiten und Hyperparasiten wichtiger schädlicher Insekten gehören. Für sie ist typisch, daß ihre Flügel keinen Haarsaum tragen; der Umriß des Hinterleibs ist oft dreieckig.

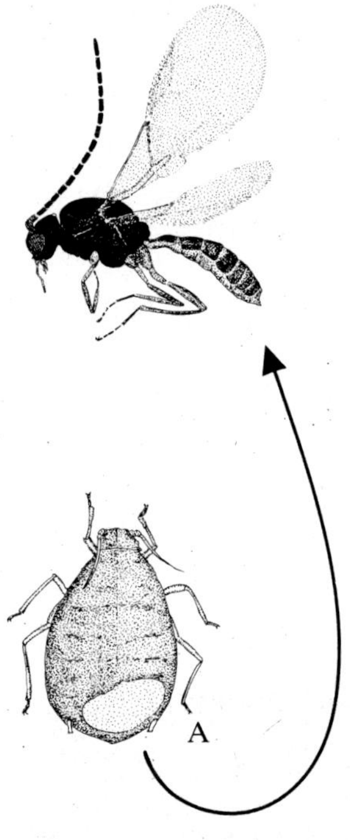


Abb. 691: Kohlblattlausparasit *Diaeretiella rapae.* A: Reste einer Apfel-Graslaus mit Schlupfloch

***Asaphes vulgaris*** Walker
Ein häufiger Hyperparasit von Blattläusen. Wespchen: 1,5 mm lang, schwarz mit leichtem, grünlichem Metallglanz.

## Familie Encyrtidae

Vorderflügel meist ganz ohne Randader. Einige Arten sind endoparasitische Feinde von im Obstbau schädlichen Schmetterlingen. Bei ihnen kommt Polyembryonie (siehe unten) vor, wie bei den Familien Braconidae, Platygasteridae und einigen anderen Gruppen.

***Copidosoma flavomaculatum*** (Ratzeburg)
Diese vorwiegend schwarze Wespe ist ein häufiger Parasit von *Blastodacna atra*. Bis zu 15 oder mehr Parasiten leben in einer Wirtsraupe, sie entwickeln sich aus einer Reihe von Embryonen, die von einem einzigen Ei stammen (Polyembryonie). Die Wirtslarve stirbt, wenn sie ausgewachsen ist, kurz vor der Verpuppung. Die Parasiten verzehren den ganzen Körperinhalt der Raupe und verpuppen sich in einzelnen Kokons innerhalb der Mumie des Wirts. Die Wespchen fliegen im Juli und August. Die Parasiten aus einem Wirtstier schlüpfen annähernd gleichzeitig und sind, da sie alle vom selben Embryo stammen, nur Männchen oder nur Weibchen.

***Litomastix aretas*** (Walker)
Ein häufiger und oft bedeutender Parasit des Erdbeerwicklers (*Acleris comarum*). Die schwarzen Wespchen (Abb. 692) haben 2 Generationen, die Eier werden im Sommer und im Herbst einzeln in die Wirtsraupen gelegt. Der Wirt wird am Ende des Larvenstadiums getötet, nachdem er zwischen Erdbeerblättern einen Kokon für die Verpuppung gesponnen hat. Die tote Wirtsraupe wird zu einer hellbeigefarbenen Mumie, vollgepackt mit Parasitenkokons (Abb. 693). Durch Polyembryonie entwickeln sich oft mehr als 60, gewöhnlich aber mehr als 35 Parasitenlarven in einem Wirt. *Litomastix aretas* hält die Wirtspopulation oft unter der wirtschaftlichen Schadensschwelle, der Parasitierungsgrad überschreitet häufig 50%.

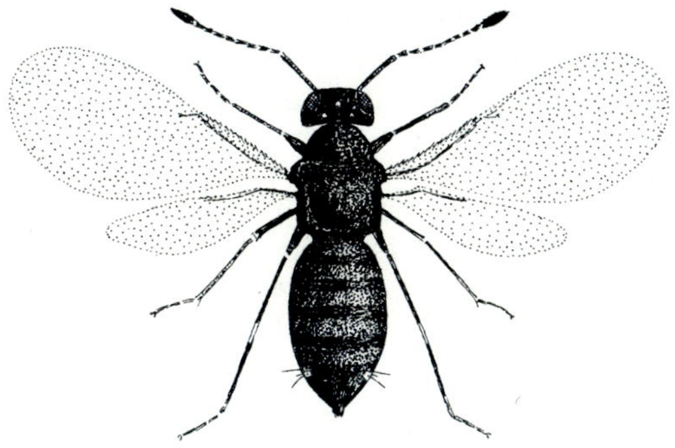

Abb. 692: *Litomastix aretas,* ein Parasit des Stachelbeerwicklers

Abb. 693: Kokons von *Litomastix aretas* in der Haut der Wirtsraupe (Stachelbeerwickler)

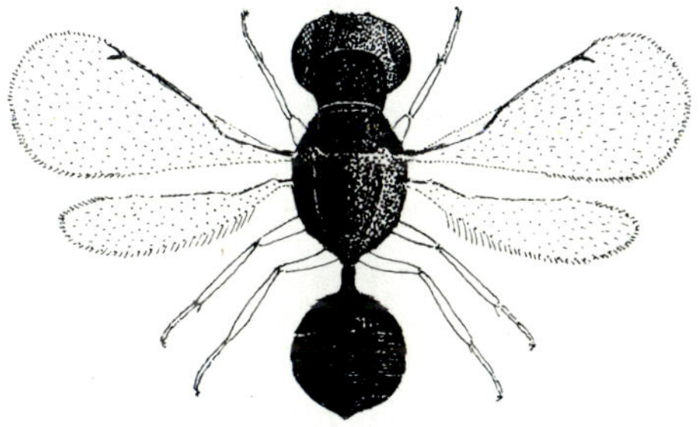

Abb. 694: Weibchen von *Chrysocharis prodice*

## Familie Eulophidae

Meist metallisch glänzende Wespchen mit unregelmäßiger Flügelbehaarung. Gewöhnlich Parasiten blattminierender Kleinschmetterlinge.

***Chrysocharis prodice*** (Walker)
Ein häufiger, spezifischer Endoparasit von *Stigmella malella*. Sein Entwicklungszyklus ist während der 2 Generationen im Jahr eng mit dem seines Wirts synchronisiert. Die Wespchen schlüpfen im Mai/Juni und im August, etwas später als die Falter des Wirts. So können sie ihre Eier (einzeln) in die Wirtsräupchen legen, die gerade angefangen haben, in den Apfelblättern zu minieren. Diese solitären Parasiten sind erst ganz entwickelt, nachdem die Wirte die Blätter verlassen und im Boden einen Kokon gesponnen haben. Die Weibchen (Abb. 694) sind metallisch grün, die Männchen rot mit einem weißen Fleck auf dem Hinterleib; die Wespentaille ist lang.

***Cirrospilus vittatus*** Walker
Diese häufige und weitverbreitete Art ist ein Ektoparasit von *Stigmella malella* und verschiedenen anderen Minierern. Sie lebt solitär und es gibt mehrere Generationen im Jahr, die Wespchen überwintern. Sie sind 1,3–1,5 mm lang und vorwiegend gelb, auf dem Thorax befindet sich in der Mitte ein breites, grünes Längsband und daneben 2 dünne, grüne Linien.

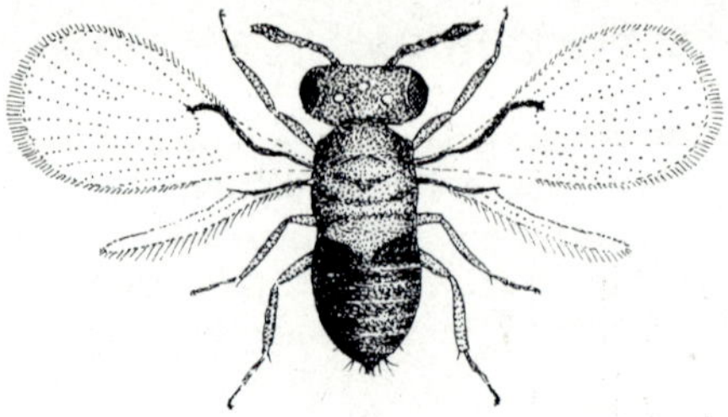

Abb. 695: Weibchen von *Trichogramma evanescens*

## Familie Trichogrammatidae

Winzige Wespchen, Eiparasiten anderer Insekten; Vorderflügel birnenförmig, mit kurzer, S-förmiger Ader, von kurzen Haaren gesäumt und mit deutlich in Reihen angeordneter Behaarung, Hinterflügel sehr klein.

***Trichogramma evanescens*** Westwood
Ein polyphager Endoparasit verschiedener Insektenordnungen, speziell der Schmetterlinge (Noctuidae). Wespchen 0,4 mm lang (Abb. 696); Fühler der Männchen auffällig behaart. In geeignete Wirtseier wird 1 Ei gelegt, manchmal auch mehrere Eier, die sich, stark von der Temperatur abhängig, zu adulten Wespchen entwickeln. Es gibt mehrere Generationen im Jahr, sofern Wirtseier verfügbar sind.

Abb. 696: Blutlauszehrwespe *Aphelinus mali*

## Familie Aphelinidae

Kleine, bis 1 mm lange Wespchen, Vorderflügel nur am Vorderrand mit Adern.

***Aphelinus mali*** (Haldeman)
Blutlauszehrwespe
Dieser bekannte Endoparasit der Blutlaus wurde in Europa in den Zwanziger- und Dreißigerjahren eingeführt. Er ist häufig zur biologischen Bekämpfung benützt worden und kommt noch in manchen Obstanlagen vor. Die Wespchen sind 0,7–1,0 mm lang, vorwiegend schwarz, Fühler, Hinterschenkel und Hinterleibsbasis gelb (Abb. 696). Sie laufen sehr lebhaft in der Nähe der Wirtskolonien umher. Befallene Blutläuse hören auf, Wachs auszuscheiden und bald sind die nackten, schwar-

Abb. 697: Blutlaus, von *Aphelinus mali* parasitiert

zen Körper der parasitierten Blutläuse leicht zu erkennen (Abb. 697). Es entwickeln sich jährlich mehrere Generationen, die Parasiten überwintern als Larven oder Puppen in den toten Wirtsmumien.

***Aphytis mytilaspidis*** (Le Baron)
Ein Ektoparasit der Kommaschildlaus. Die Wespchen sind 0,6–0,9 mm lang, hellgelb (Abb. 698). Sie laufen auf der befallenen Rinde herum und legen Eier unter die Schilde der Wirte. Obwohl der Wirt jährlich nur eine Generation hat, entwickeln sich 3 Generationen der Parasiten, die sich von den Eiern, Nymphen und erwachsenen Weibchen der Schildläuse ernähren können.

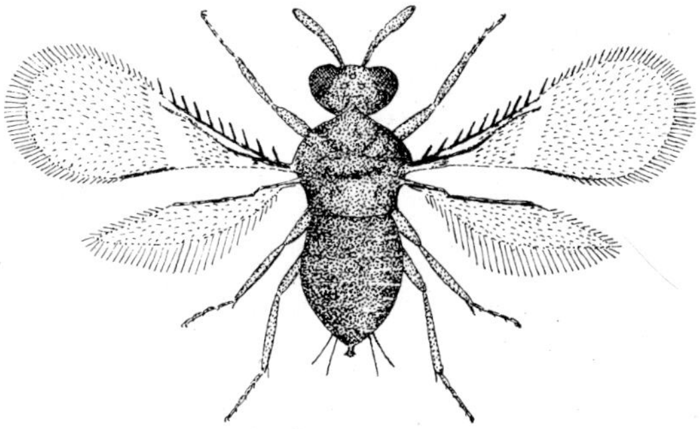

Abb. 698: Schildlausparasit *Aphytis mytilaspidis*

***Prospaltella perniciosi*** Tower
Ein Parasit der San José-Schildlaus
Dieses kleine (0,6–0,7 mm lange), schwarze Wespchen mit gelben Beinen ist ein wichtiger, auf die San José-Schildlaus spezialisierter Parasit und wird oft zur biologischen Bekämpfung des Schädlings verwendet. Die Wespchen erscheinen im Frühjahr, nach der Kopulation legen die Weibchen ihre Eier einzeln in die Schildläuse. Im Sommer entwickelt sich eine 2. Generation (in manchen Gegenden noch eine 3.); die Überwinterung erfolgt als Ei oder Larve im überwinternden Wirtstier.

### Familie Mymaridae

Winzige Wespchen, einige sind kleiner als 0,25 mm und damit die kleinsten Insekten. Es sind Eiparasiten der Homopteren und einiger anderer Insektengruppen. Die Flügel sind in typischer Weise gestielt, schmal und von langen Haaren gesäumt. Die Mymariden parasitieren auch Obstschädlinge, einzelne Arten aber können hier nicht erwähnt werden.

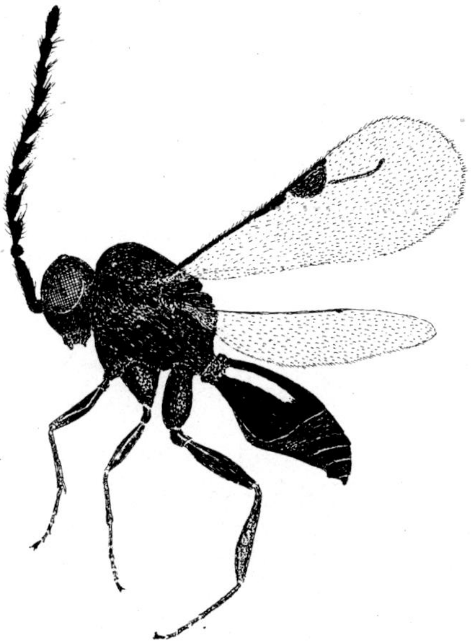

Abb. 699: *Dendrocerus carpenteri*, ein Blattlausparasit

## Überfamilie Ceraphronoidea

Kleine, schwarze Wespchen, bei deren Körperbau sowohl Elemente der Parasitica als auch der Aculeata zu finden sind.

### Familie Megaspilidae

***Dendrocerus carpenteri*** (Curtis)
Als solitärer Hyperparasit bei Blattläusen häufig, auch bei solchen, die Obstschädlinge sind. Die Wespchen sind 1,5 mm lang und glänzend schwarz, Vorderflügel mit Pterostigma (Abb. 699).

## Unterordnung Apocrita
Gruppe Aculeata

### Familie Vespidae

Faltenwespen

Die Faltenwespen, vor allem *Vespula germanica* und *V. vulgaris* sind für den Obstbauer oft als Räuber schädlicher Insekten nützlich, beispielsweise von Raupen auf Obstbäumen oder -sträuchern. Die Beute wird von den Wespenlarven verzehrt, die tierische Nahrung brauchen. Die Aktivität als Prädator dauert die ganze Zeit über an, in der sich Larven entwickeln, wird aber oft im Spätsommer und Herbst durch die ärgerlichen Tätigkeiten der Arbeiterinnen ergänzt (siehe Kapitel 7).

# Milben

## Familie Anystidae

***Anystis agilis*** Banks
Diese große, dunkelrote und sehr lebhafte Milbe tritt gelegentlich in Erwerbsobstanlagen als Räuber von Milben und kleinen Insekten auf, ist aber auf ungespritzten Bäumen häufiger. die Adulten sind 1 mm lang und gleichen einer Radnabe, von der speichenartig die 8 beborsteten Beine ausgehen (Abb. 700). Die Milben laufen rasch und ziellos über die Blätter; als Nahrung ziehen sie erwachsene Spinnmilben den Eiern, Larven und jungen Nymphen vor.

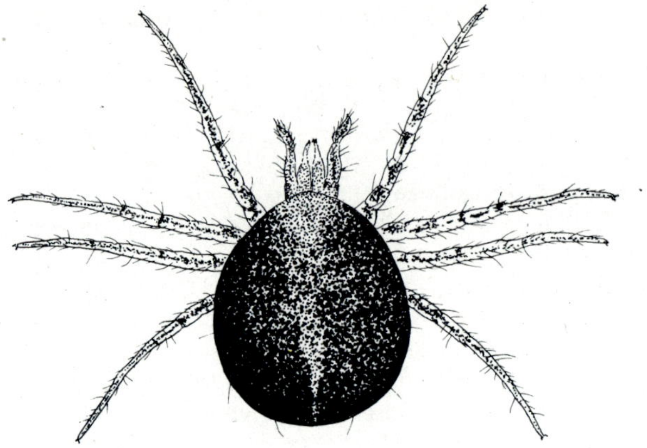

Abb. 700: Adulte *Anystis agilis*

## Familie Trombidiidae

***Allothrombium fuliginosum*** (Hermann)
Bräunlichrote Samtmilbe
Weitverbreitet und häufig auf Obstgewächsen und vielen anderen Pflanzen als Räuber von Blattläusen einschließlich der Blutlaus, kleinen Räupchen und vielen anderen Insekten.

Abb. 701: Weibchen der Samtmilbe, *Allothrombium fuliginosum*

**Beschreibung:** ADULTES WEIBCHEN: 2,5 mm lang; samtrot, Vorderbeine relativ lang, fühlerähnlich (Abb. 701). EI: Cremeweiß und rund. ENTWICKLUNGSSTADIEN: Den Adulten ähnlich, nur kleiner und mit 6 Beinen.

**Lebensweise:** Die Adulten dieser sehr großen, auffälligen Milbe überwintern zwischen dürrem Laub oder im Boden und kommen zu Beginn des Frühjahrs zum Vorschein. Sie sind dann oft über die Pflanzen laufend auf Nahrungssuche zu sehen. Die Eier werden im März oder April in den Boden gelegt, die lebhaften Entwicklungsstadien sind während des Sommers zu finden. Es gibt nur 1 Generation im Jahr.

## Familie Phytoseiidae

Eine wichtige Gruppe von weitgehend räuberisch auf Pflanzen lebenden Milben, von denen einige Arten von wirtschaftlicher Bedeutung sind. Viele Arten kommen in Obstanlagen vor, hier können nur die häufigsten erwähnt werden.

***Typhlodromus pyri*** Scheuten
Syn. ***tiliae*** Oudemans
Weitverbreitet und häufig auf verschiedenen Bäumen, Sträuchern und Kräutern, auch auf Apfel, Birne, Pflaume, Himbeere, Erdbeere und Hopfen. Oft wichtiger Räuber, der auf gespritzten[1] und ungespritzten Bäumen vorkommt; lebt hauptsächlich von Spinnmilben.

[1] Einige Populationen sind jetzt resistent gegenüber häufig benützten Pflanzenschutzmitteln, z. B. einigen Organophosphaten.

**Beschreibung:** ADULTES WEIBCHEN: 0,3 mm lang; Körper blaß, schlank und etwas rechteckig; Dorsalschild mit 17 Borstenpaaren, 6 davon prolateral (Abb. 702, 703 A). EI: 0,18 × 0,11 mm; oval, farblos und durchscheinend. LARVE: 0,16 mm lang; annähernd farblos; Prodorsalschild mit 9 Paar Borsten, Postdorsalschild mit einem Paar langer, geißelartiger Borsten; mit 6 Beinen. NYMPHE: Den Adulten ähnlich, besonders die Deutonymphe.

**Lebensweise:** Die adulten Weibchen überwintern in tiefen Rindenrissen und ähnlichen geschützten Verstekken, aber die Mortalität ist hoch. Im Frühjahr tauchen die überlebenden Weibchen auf und können vor der Eiablage von Pollen leben. Die Eier werden einzeln auf der Blattunterseite abgelegt, gewöhnlich dicht an der Mittelader, Ende Mai/Anfang Juni sind die Eier der 1. Generation am zahlreichsten. Es entwickeln sich bis September 3, unter günstigen Bedingungen 4 Generationen. Die Larven schlüpfen nach etwa einer Woche, sie nehmen aber keine Nahrung auf, sondern häuten sich nach 2 Tagen zu Protonymphen. Die Entwicklung bis zum Ende des Deutonymphenstadiums dauert rund 2 Wochen. Die Adulten und Nymphen sind sehr gefräßig und vernichten zahlreiche Spinnmilben; wenn größere Beutetiere knapp sind, werden auch Rostmilben gefressen, deren Anwesenheit in den Apfelanlagen das Überleben der Raubmilbenpopulation ermöglicht, wenn es wenig Spinnmilben gibt. Die überwinternden Weibchen greifen keine Wintereier der Spinnmilben an, die nicht beschädigt sind.

***Amblyseius finlandicus*** (Oudemans)

Weitverbreitet und an Erle, Birke, Ulme, Eiche und vielen anderen Bäumen und Sträuchern häufig, auch an Apfel, Kirsche, Pflaume, Birne, Stachelbeere, Himbeere und Walnuß; oft ein wichtiger Milbenräuber, vor allem in unbehandelten Apfel- und Pflaumenanlagen.

**Beschreibung:** ADULTES WEIBCHEN: 0,33 mm lang; Körper weiß und glänzend; Dorsalschild mit 17 Borstenpaaren, davon 4 prolateral (Abb. 703 B).

**Lebensweise:** Ähnlich *Typhlodromus pyri* (siehe oben). Im Gegensatz zu anderen blattbewohnenden Phytoseiiden bevorzugt *A. finlandicus* Bäume mit glatten, möglichst nicht behaarten Blättern, doch werden die Eier gerne auf den Spitzen von Blatthaaren abgelegt.

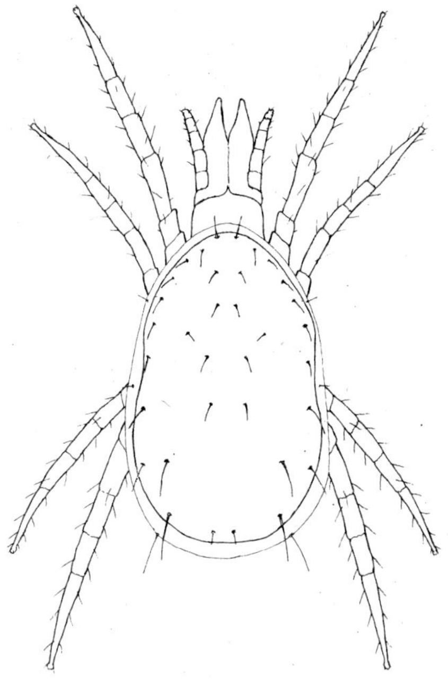

Abb. 702: Raubmilbe *Typhlodromus pyri*

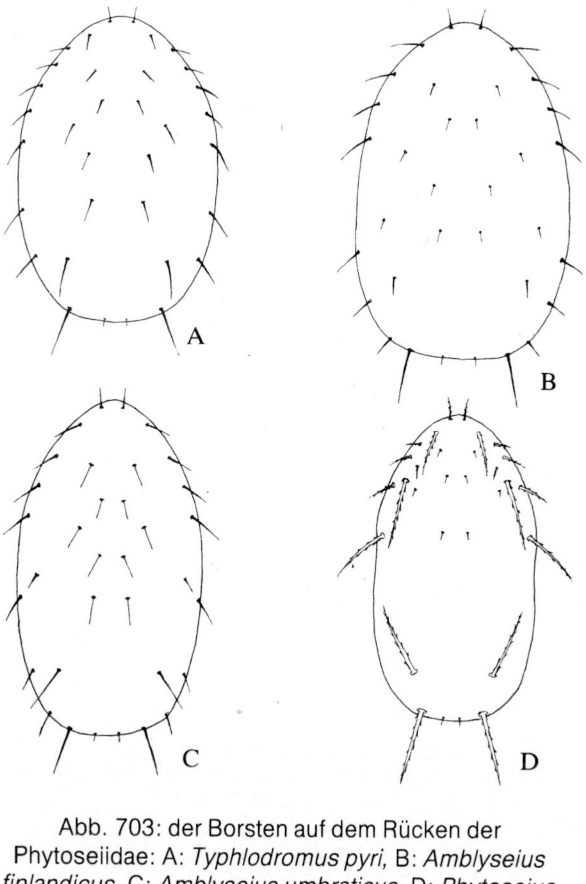


Abb. 703: der Borsten auf dem Rücken der Phytoseiidae: A: *Typhlodromus pyri*, B: *Amblyseius finlandicus*, C: *Amblyseius umbraticus*, D: *Phytoseius macropilis*

***Amblyseius umbraticus*** (Chant)
Ein allgemein häufiger Milbenräuber auf verschiedenen krautigen Pflanzen, auch auf Brombeere, Ziest, Brennnessel und an gepflanzten Erdbeeren zu finden, gelegentlich auch auf ungespritzten Apfelbäumen.

**Beschreibung:** ADULTES WEIBCHEN: 0,33 mm lang; oval und schmal; Prodorsalschild mit 17 Borstenpaaren, davon 4 prolateral (Abb. 703 C).

**Lebensweise:** Ähnlich *Typhlodromus pyri* (s. Seite 287), doch werden die meisten Eier auf die Spitzen der Blatthaare abgelegt, die Entwicklung vom Ei bis zu den Adulten dauert etwa 3 Wochen.

***Phytoseius macropilis*** (Banks)
Syn. ***spoofi*** (Oudemans)
Ein häufiger Räuber von Eriophyiden und Tetranychiden auf verschiedenen Pflanzen, auch auf ungespritzten Apfel- und Pflaumenbäumen.

**Beschreibung:** ADULTES WEIBCHEN: 0,3 mm lang; Körper länglich, Dorsalschild mit 15 Borstenpaaren, die lateralen scharf gezahnt und meist länger; Beine lang, vor allem das hintere Paar (Abb. 703 D).

**Lebensweise:** Ähnlich *Typholodromus pyri* (s. Seite 287), aber die Nymphenentwicklung dauert etwas länger. Diese Art bevorzugt Apfelsorten, deren Blattunterseite behaart ist, die Milben halten sich meist zwischen den Haaren entlang der Mittelader auf.

***Phytoseiulus persimilis*** Athies-Henriot
Diese südamerikanische Art wird in verschiedenen Ländern für die biologische Bekämpfung gezüchtet. Sie ist ein wirksamer Feind der Gemeinen Spinnmilbe und wird gegenwärtig mit beachtlichem Erfolg in Gewächshäusern anstelle von Akariziden im Anbau von Gurken und Tomaten benützt. Bei Erdbeeren unter Folie hielten die Raubmilben den ganzen Sommer über die Spinnmilben unter der wirtschaftlichen Schadensschwelle. Unter günstigen Bedingungen kann diese Milbe auch ein wirksamer Räuber von Spinnmilben und Erdbeermilben im Freiland sein. Die adulten Weibchen sind rötlich braun und oval; der Dorsalschild trägt 14 Paar gezahnter Borsten, von denen einige sehr lang sind.

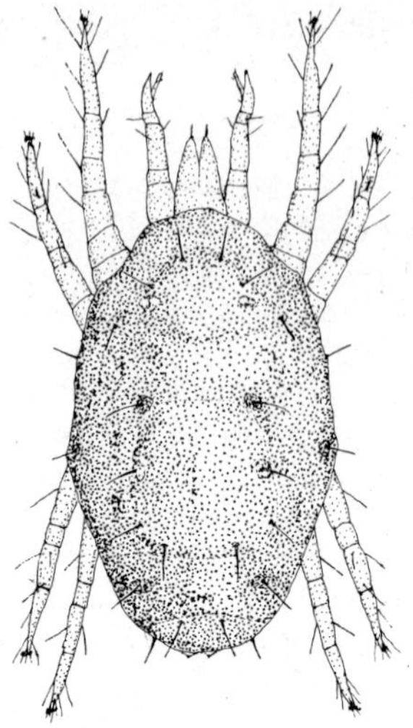

Abb. 704: Adulte *Zetzellia mali*

## Familie Stigmaeidae

***Zetzellia mali*** (Ewing)
Dieser ziemlich seßhafte Räuber kommt auf Obstbäumen in den Kolonien von Rostmilben, Obstbaumspinnmilben und der Ziegelroten Spinnmilbe vor. Die Eier werden in Gruppen in die Kolonien der Beutetiere gelegt, wodurch die relativ trägen Entwicklungsstadien ausreichend Nahrung finden. Es entwickeln sich jährlich mehrere Generationen, die adulten Weibchen überwintern unter Knospenschuppen, in Rindenritzen u.s.w. Die Adulten sind 0,5 mm lang, blaßgelb bis orange, der Körper ist rautenförmig, die Beine relativ kurz (Abb. 704).

# Spinnen

Im Gegensatz zu anderen wirbellosen Tieren haben die Spinnen 4 Beinpaare und einen aus 2 Abschnitten zusammengesetzten Körper, den Cephalothorax (Kopfbruststück) und das Abdomen (Hinterleib). Sie besitzen keine Fühler und keine eigentlichen Kiefer, sondern Cheliceren (Kieferklauen) und Pedipalpen (Kiefertaster) und leben ausschließlich räuberisch. Viele Arten kommen in Obstanlagen oder in Beerenobstpflanzungen vor, sind aber in ungespritzten Lagen viel häufiger. Nachfolgend werden einige Arten beschrieben, die als Feinde von Obstschädlingen am ehesten zu finden sind.

## Familie Clubionidae

### Sackspinnen

Die meisten Arten sind mittelgroß und einheitlich gelbbraun bis dunkelbraun, der Hinterleib ist typisch langoval.

***Clubiona brevipes*** Blackwall
Diese weitverbreitete und häufige Art kommt als Prädator verschiedener Arthropoden auf Bäumen und Sträuchern und auch auf Obstbäumen vor. Die Beutetiere werden in Netzen gefangen. Die Adulten sind 4,5–7,0 mm lang, vorwiegend dunkelbraun mit mattbraunem Hinterleib. Männchen treten von April bis Juni auf. Die Weibchen und ihre ovalen Eisäcke sind oft unter loser Rinde zu finden.

Abb. 705: *Misumena vatia,* eine häufige Krabbenspinne

## Familie Thomisidae

### Krabbenspinnen

Die typischen Arten dieser Familie haben einen kurzen, breiten Hinterleib und sehen krabbenähnlich aus; die beiden vorderen Beinpaare sind lang und kräftig, durch sie können sich die Spinnen seitwärts bewegen (Abb. 705). Krabbenspinnen weben keine Netze, sondern sitzen in einem Hinterhalt und stürzen sich auf vorbeikommende Beute (Abb. 706). Oft sind diese Spinnen ihrer Umgebung entsprechend gefärbt. Einige Arten sind Räuber kleiner Obstschädlinge, aber ohne große Bedeutung.

Abb. 706: Krabbenspinne greift eine erwachsene Zikade an

## Familie Theridiidae

### Haubennetzspinnen

Kleine Spinnen (1–7 mm lang) mit relativ großem, kugelförmigen Hinterleib und kurzen, dünnen Beinen mit typischem Kamm aus gezähnten Borsten an den Hintertarsen. die Theridiiden weben „Haubennetze“ aus dünnen, kreuz und quer verlaufenden Fäden oder sie ziehen nur einen einzigen Seidefaden. In sonnigen, warmen Lagen sind sie am häufigsten.

***Theridion pallens*** Blackwall
Weitverbreitet und allgemein häufig, hauptsächlich auf immergrünen Bäumen. Von Mai bis September oft auch auf Obstbäumen und -sträuchern als nicht besonders bedeutender Räuber von Spinnmilben, juvenilen Weichwanzen, kleinen Blattläusen und anderen, meist ungeflügelten Insekten. Die adulten Weibchen sind 1,5–2,0 mm lang, blaßgelb, weißlich oder hellbraun, mit großem kugelförmigem Hinterleib (Abb. 707). Im Sommer halten sich die Spinnen meist auf der Blattunterseite auf, oft neben ihren typischen, seidenen Eisäcken (Abb. 707 A).

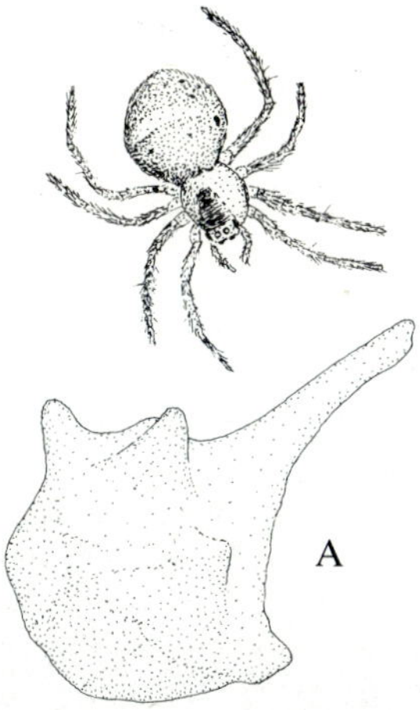


Abb. 707: Weibchen von *Theridium pallens*

## Familie Tetragnathidae

### Streckerspinnen

Mittelgroße, längliche Spinnen mit langen Beinen, Cheliceren mit sehr langen Kieferklauen.

***Tetragnatha extensa*** (Linnaeus)
Weitverbreitet und stellenweise häufig, besonders an feuchten Stellen. Oft auf Obstbäumen und -sträuchern, in zarten Geweben kleine Arthropoden fangend. Die Adulten sind 6–11 mm lang, Körper schlank, langgestreckt und gelblichbraun bis weißlich; der Hinterleib ist oft weißlichgrün und glänzend. Im Juni und Juli sind die Adulten am häufigsten.

Abb. 708: Weibchen von *Meta segmentata*

## Familie Argiopidae

### Radnetzspinnen

Bekannte Spinnen mit kräftigem Körper und oft rundem, intensiv gefärbtem Hinterleib. Auf Obstbäumen und -sträuchern sind ihre Netze häufig.

***Meta segmentata*** (Clerck)
Auf Bäumen, Sträuchern und Kräutern allgemein häufig und auf Obstgewächsen oft ein Prädator von Blattläusen, Faltern vom Apfelwickler und Frostspanner und auch dessen Raupen und vielen anderen kleinen, beweglichen Insekten, jedoch ohne große Bedeutung. Die Adulten sind 5–8 mm lang und haben, verglichen mit anderen Argiopiden, einen schlanken Körper und lange Beine; der Rückenschild ist hellbraun und hat in der Mitte ein V-förmiges Zeichen; der Hinterleib ist in der Färbung extrem variabel (von schwarz über braun, grau, rosa, rot bis gelb), aber das Muster ist charakteristisch (Abb. 708). Die Adulten sind im Sommer und Herbst am häufigsten.

Abb. 709: Weibchen von *Araneus cucurbitinus*

***Araneus cucurbitinus*** Clerck
Diese weitverbreitete Spinne kommt auf Bäumen, Sträuchern und Büschen häufig vor, als Räuber von nicht besonders großer Bedeutung auch auf Obstbäumen, wo ihre Beute aus kleinen Käfern, Fliegen, Blattflöhen, Zikaden, Milben u.s.w. besteht. Die Adulten sind 3,5–6,0 mm lang, mit rotem oder bräunlichem Rückenschild und grüngelbem Hinterleib (Abb. 709). Sie treten von Mai bis Juli auf; ihre Gespinste überspannen oft die aufgewölbten Blattflächen oder Blütenbüschel.

Abb. 710: Weibchen von *Araneus gibbosus*

***Araneus gibbosus*** (Walckenaer)
Weitverbreitet und auf Obstbäumen als Räuber kleiner Arthropoden ein Nützling von mäßiger Bedeutung. Die Adulten sind 4,5–7,0 mm lang, dunkelbraun oder schwarz mit einem Paar auffälliger Warzen auf der hinteren Hälfte des Hinterleibs; der Körper trägt oft eine cremeweiße Zeichnung (Abb. 710).

## Familie Linyphiidae

Baldachinspinnen

Die Arten dieser Familie sind sehr unterschiedlich, meist etwa 2,5 mm lang mit schwarzglänzendem Hinterleib. Sie sind überall zu finden und besonders im Herbst häufig. Auf Obstgewächsen sind sie oft weniger wichtige Räuber von Spinnmilben, kleinen Blattläusen, Zikaden und anderen kleinen Insekten. Ein typisches Linyphiiden-Netz besteht aus einem horizontalen Gespinst, das mit zahlreichen kreuz und quer verlaufenden Tragfäden nach oben und unten an Blättern, Halmen u.s.w. befestigt ist; manche Arten weben keine richtigen Netze und jagen ihre Beute. Die Linyphiiden lieben schattige, feuchte Stellen, auf Obstbäumen sind sie am Stamm und an den Hauptästen am häufigsten.

Abb. 711: *Liobunum rotundum,* ein häufiger Weberknecht

# Weberknechte

Die Weberknechte haben sehr lange, spinnenartige Beine; im Gegensatz zu den Spinnen ist der Cephalothorax mit dem Abdomen verschmolzen (Abb. 711). Im Obstbau sind sie gewöhnlich als Räuber von Blattläusen und bestimmten anderen Schädlingen von mäßiger Bedeutung. *Liobunum* rotundum (Linnaeus) ist ein brauner Weberknecht mit schwarzen Beinen (Abb. 711), der oft zu mehreren unter loser Rinde von Obstbäumen zu finden ist. *Phalangium opilio* Linnaeus wurde als Räuber der Hopfenblattlaus in Hopfengärten beobachtet.

# Nematoden

## Familie Mermithidae

***Mermis nigrescens*** Dujardin

Dieser weiße, 40–200 mm lange Nematode lebt als häufiger Parasit im Körper verschiedener Insekten, auch von verschiedenen Obstschädlingen (z. B. Blatthornkäfern, Dickmaulrüßlern und Eulenraupen). Der Einfluß auf die Populationsdichte der Schädlinge ist jedoch gering.

## Familie Steinernematidae

***Neoaplectana feltiae*** Filipjev
Syn. ***carpocapsa*** Weiser

Dieser Nematode lebt parasitisch in verschiedenen Schadinsekten. Er kann für die biologische Bekämpfung verwendet werden, entweder allein oder zusammen mit einem biologischen Insektizid wie *Bacillus thuringiensis,* in Feldversuchen brachten Spritzungen gegen den Apfelwickler mit dem Stamm DD-136 gute Erfolge. Eine andere Art *Neoaplectana bibionis* Bovien) wurde in Australien zur Bekämpfung von Glasflüglerlarven in Stecklingen der Schwarzen Johannisbeere verwendet.

## Familie Heterorhabditidae

***Heterorhabditis heliothidis*** (Kahn, Brooks & Hirschmann)

Die Bedeutung dieses Nematoden als Parasit der Larven von *Otiorhynchus sulcatus* wird zur Zeit untersucht.

## Mikroorganismen

Bakterien und Virosen befallen verschiedene Insekten und beide wurden schon zur Bekämpfung der Raupen von Schmetterlingen und Blattwespen verwendet. Das Bakterium *Bacillus thuringiensis* Berliner steht schon als biologisches Insektizid zur Verfügung, vor allem zur Bekämpfung schädlicher Schmetterlinge, aber es sind noch keine Viruspräparate gegen Schädlinge solcher Pflanzen auf dem Markt, die der menschlichen Ernährung dienen.

Für den Tod von Insekten und Milben sind oft parasitische Pilze verantwortlich, auch einige Obstschädlinge fallen ihnen zum Opfer. *Beauveria bassiana* (Balsamo) Vuillemin ist ein häufiger, nicht spezialisierter entomopathogener Pilz, zu seinen Wirten gehört der Gefurchte Dickmaulrüßler und der Apfelblütenstecher. Weitere Beispiele sind *Beauveria tenella* (Delacroix) Siemens beim Kleinen Hopfenwurzelbohrer; *Aspergillus depauperatus* Petch und *Cephalosporium coccorum* Petch bei der Kommaschildlaus; *Cladosporium sp.* bei der Johannisbeergallmilbe; *Entomophthora planchoniana* Cornu bei der Erdbeerblattlaus; *Metarrhizium anisopliaee* (Metchnikoff) Sorokin und *Verticillium lecanii* (Zimmermann) Viégas bei überwinternden Raupen des Apfelwicklers und bei der Johannisbeergallmilbe; *Hirsutella nodulosa* Petch bei der Erdbeermilbe; *Paecilomyces eriophytis* (Massee) Petch bei der Johannisbeergallmilbe und bei der Pflaumenblatt-Beutelgallmilbe. Keiner dieser Pilze wurde bis heute zur Bekämpfung von Obstschädlingen aufbereitet, obwohl *Verticillium lecanii* zur Bekämpfung von Blattläusen und Weißer Fliege in Gewächshäusern verwendet wird und Feldversuche gezeigt haben, daß die Obstbaumspinnmilbe von *Paecilomyces eriophytis* infiziert werden kann, wenn der Pilz auf von Milben geschädigte Apfelblätter gebracht wird.

## Vögel

Viele insektenfressende Vögel sind nützliche Prädatoren wirbelloser Obstschädlinge und sie vernichten zahlreiche Schädlinge, beispielsweise an Blättern fressende Schmetterlingsraupen. Blaumeisen und Kohlmeisen sind besonders wichtige Feinde der überwinternden Apfelwickler und anderer in Rindenrissen und unter Knospenschuppen überwinternder Schädlinge. Auch zahlreiche Bodenschädlinge, wie Schnakenlarven, Wurzelbohrerlarven und Schnecken werden von Vögeln vernichtet.

# 11 Die Pflanzenschutzmittel

Nachfolgende Informationen entsprechen der in der Bundesrepublik Deutschland gültigen Rechtsgrundlage.

## Allgemeines

Die Fülle der heute angebotenen Pflanzenschutzmittel macht es dem Obstanbauer schwerer denn je, die richtige Auswahl zu treffen. Die Wünsche nach einer Verminderung bzw. einer Beschränkung der Zahl der Mittel werden immer wieder vorgebracht. Andererseits sind die Anforderungen, die heute an ein Pflanzenschutzmittel gestellt werden, hoch. Es soll gut, rasch und anhaltend wirken, beste physikalische und chemische Eigenschaften aufweisen, wenig sichtbare Präparatrückstände hinterlassen, die Pflanzen nicht schädigen, sie geruchlich nicht ungünstig beeinflussen, für den Menschen weitgehend ungefährlich sein, die Bienen nicht gefährden, nützliche Organismen schonen und in der Anwendung nicht zu teuer sein.

Wer sich in die Materie etwas hineindenkt, wird verstehen, daß sich eine solche Vielzahl wünschenswerter Eigenschaften wohl kaum auf ein Mittel vereinigen läßt. Die heute angebotenen Mittel haben ganz bestimmte, dabei aber auch wieder sehr unterschiedliche Eigenschaften, die sie je nachdem für diesen oder jenen Verwendungszweck geeigneter machen. Man sollte diese Eigenschaften kennen, wenn man mit Erfolg Pflanzenschutz treiben will. Es ist deshalb auch notwendig, daß man die wichtigsten Begriffe der Pflanzenschutz-Fachsprache kennt.

## Was sind zugelassene Pflanzenschutzmittel?

Nach dem Pflanzenschutzgesetz vom 10. Mai 1968, der Neufassung dieses Gesetzes in der Fassung der Bekanntmachung vom 2. Oktober 1975, zuletzt geändert durch das Gesetz vom 16. Juni 1978 (Bundesgesetzblatt I, S. 749, eine Neufassung wird voraussichtlich noch 1986 verabschiedet werden), dürfen nur solche Pflanzenbehandlungsmittel (Pflanzenbehandlungsmittel sind Pflanzenschutzmittel und Wachstumsregler, aber auch Zusatzstoffe) eingeführt oder gewerbsmäßig vertrieben werden, die von der Biologischen Bundesanstalt im Einvernehmen mit dem Bundesgesundheitsamt zugelassen sind. Die Zulassung eines Mittels wird nur ausgesprochen, wenn die biologische und toxikologische Wirksamkeit geprüft wurde, und, soweit das Mittel für die Andwendung bei Nutzpflanzen vorgesehen ist und Wartezeiten sowie erlaubte Höchstmengen (Verordnung über Höchstmengen an Pflanzenschutz- und sonstigen Mitteln sowie anderen Schädlingsbekämpfungsmitteln in oder auf Lebensmitteln und Tabakerzeugnissen vom 26.06. 1982) festliegen. Sie tragen auf der Packung das Dreieckszeichen mit der Ährenschlange der Biologischen Bundesanstalt (s. Abb. 297).

Ist ein Mittel zugelassen, kann es in das jährlich neu erscheinende Pflanzenschutzmittel-Verzeichnis der Biologischen Bundesanstalt (z. B. Teil 2, Gemüsebau-Obstbau-Zierpflanzenbau) augenommen werden. Die Herstellerfirma verpflichtet sich damit, das Mittel stets in der bei der Prüfung vorgelegenen Zusammensetzung zu liefern. Pflanzenschutzmittel-Prospekte, Gebrauchsanweisungen, Gebinde-Aufschriften müssen Auskunft geben über Namen, Wirkstoff und Verwendung des betreffenden Mittels.

## Das schwierige Gebiet der Pflanzenschutzmittel

Je nach ihrer Wirkung auf bestimmte Tiergruppen unterteilt man die Pflanzenschutzmittel, beispielsweise in Insektizide, Akarizide, Nematizide, Molluskizide usw. Diese Gruppen können in einigen Fällen noch weiter untergliedert werden. So bezeichnet man Präparate, die vorwiegend gegen Blattläuse wirken, als Aphizide.

Viele Pflanzenschutzmittel haben ein sehr breites Wirkungsspektrum, sowohl gegenüber schädigenden wie auch nicht schädigenden (teils nützlichen) Organismen. Einige, die sogenannten selektiven Präparate, wirken nur auf wenige Arten. Sie schonen oft wichtige natürliche Gegenspieler (Nützlinge) der Schadorganismen und eignen sich daher besonders für den Einsatz im Rahmen integrierter (biologischer-chemischer) Bekämpfungsprogramme.

Darüber hinaus darf man sich nicht von der Vielzahl der von den Herstellerfirmen für die einzelnen Präparate gewählten Phantasie-Bezeichnungen irremachen lassen. Entscheidend ist allein Art und Anteil des Wirkstoffs, den ein Pflanzenschutzmittel enthält. Alle dieselben Wirkstoffe enthaltenden Präparate werden in sogenannte „Mittelgruppen“ zusammengefaßt (z. B. Bromophos, Cyhexatin, Parathion, Deltamethrin, *Bacillus thuringiensis* usw.). Auf Grund der Wirkstoffangaben, wie sie auf den Originalpackungen und Gebrauchsanweisungen gemacht werden, lassen sich die Mittel ohne Schwierigkeiten in die entsprechende Mittelgruppe einordnen. Wir brauchen uns also nicht die vielen Bezeichnungen der Firmen zu merken. Schon die Angabe des Wirkstoffs verrät, was für Eigenschaften dem Mittel zukommen und was es zu leisten imstande ist. Je nach ihrer Aufbereitung sind die im Handel befindlichen Pflanzenschutzmittel beispielsweise zum Spritzen, Sprühen, Gießen, Stäuben, Streuen, Begasen, Ködern oder Beizen geeignet.

## Vorsicht beim Umgang mit Pflanzenschutzmitteln

Viele der heute im Pflanzenschutz zur Bekämpfung von Krankheiten und Schädlingen verwendeten Mittel können bei unsachgemäßem Umgang oder mißbräuchlicher Verwendung Mensch und Tier gefährden. Der Anwender muß sich deshalb über entsprechende Vorsichtsmaßnahmen informieren.

Dem Hersteller ist es zur Pflicht gemacht, Packungen oder Gebinde von Pflanzenbehandlungsmitteln je nach dem Grad ihrer Giftigkeit durch bestimmte Gefahrensymbole und Gefahrenbezeichnungen (s. Abb. Seite 297) zu kennzeichnen. Allein diese grobe Kennzeichnung kann also schon auf die Gefährlichkeit eines Mittels hinweisen.

So steht das Totenkopfzeichen in Schwarz auf orangefarbenem Grund mit dem Kennbuchstaben T für „Giftig“. Symbol für „Gesundheitsschädlich“ ist ein schwarzes Balkenkreuz auf orangefarbenem Grund mit den Kennbuchstaben Xn. Dasselbe Balkenkreuz mit den Kennbuchstaben Xi bedeutet „Reizend“. Abtropfende Flüssigkeit, bei schwarzem Aufdruck auf orangefarbenem Grund, und das Kennzeichen C weisen darauf hin, daß es sich um ein „ätzendes“ Präparat handelt. Giftige Pflanzenbehandlungsmittel enthalten auf den Packungen und Gebinden stets Angaben über die Art des Giftes sowie Vorsichtsmaßregeln.

Selbstverständlich darf man aber auch beim Umgang mit weniger gefährlichen Präparaten nicht gleichgültig und damit fahrlässig werden. Auch die allgemein als harmlos anzusehenden Mittel können, wenn sie in größeren Mengen aufgenommen werden, zu Schädigungen führen.

Zunächst ist wichtig, daß Pflanzenschutzmittel fern von Lebensmitteln, unter Verschluß und unerreichbar für Unbefugte – man denke vor allem an Kinder – an einem kühlen Ort, flüssige Mittel auch frostsicher, aufbewahrt werden. Stets in der Originalpackung belassen, keinesfalls umfüllen. Leere Mittelpackungen und Gefäße sind unbrauchbar zu machen, der geordneten Sonderabfallbeseitigung zuzuführen oder gegebenenfalls zu verbrennen. Spritzlösungen nach Möglichkeit im Freien ansetzen und eigens dafür bestimmte Gefäße verwenden. Nicht mehr Spritzlösung ansetzen, als man voraussichtlich benötigt und die angesetzte Lösung nicht unbeaufsichtigt stehen lassen.

Auch was den eigenen Schutz anbetrifft, wird der Anwender einiges zu beachten haben. Bei unvorsichtiger Anwendung können die Gifte sowohl durch Nase und Mund als auch durch die Haut in den Körper gelangen. Konzentrierte Pflanzenschutzmittel, wie sie dem Gebinde entnommen werden, sind gefährlicher als gebrauchsfertige Spritzlösungen. Daher aufpassen, daß Spritztropfen unverdünnter Mittel nicht auf bloße Körperteile oder die Kleidung gelangen. Es empfiehlt sich, entsprechende Schutzkleidung zu tragen. Dazu gehören Gummihandschuhe, Arbeitsmantel, Kopfbedeckung und vor allem festes Schuhwerk, gegebenenfalls auch ein Atemschutz.

Bei der Arbeit selbst die Windverhältnisse berücksichtigen. Nicht gegen den Wind spritzen oder sprühen. Man würde sich nur in Gefahr bringen. Bei stärkerem Wind dürfen überhaupt keine Pflanzenschutzmittel ausgebracht werden, da der Spritznebel auch auf andere als für die Behandlung vorgesehene Kulturen niedergehen kann. Es besteht also erhöhte Abtriftgefahr. Auch das Ausblasen verstopfter Düsen mit dem Mund muß unterbleiben. Im übrigen bei der Durchführung von Pflanzenschutzmaßnahmen nicht essen, trinken oder rauchen. Nach der Arbeit Kleidung wechseln sowie Hände und alle getroffenen Hautstellen gründlich mit Wasser und Seife waschen.

## Wartezeiten

Die Wartezeit ist der Zeitraum, der von der letzten Anwendung des Pflanzenschutzmittels bis zur Ernte abgewartet werden muß, damit das ausgebrachte Mittel ganz bzw. bis auf unbedenkliche Rückstände in und auf der Pflanze abgebaut ist. Die Angabe der Wartezeiten erfolgt in Tagen und ist nur verläßlich, wenn das betreffende Präparat entsprechend den Hinweisen in der Gebrauchsanweisung eingesetzt wird.

Die Frage der Rückstände regelt die Verordnung über Höchstmengen an Pflanzenschutz- und sonstigen Mitteln sowie anderen Schädlingsbekämpfungsmitteln in oder auf Lebensmitteln und Tabakerzeugnissen vom 24.06.1982.

Die Dauer der Wartezeit bestimmt letztlich, ob ein Mittel überhaupt noch in einer bestimmten Kultur angewandt werden darf. Sollte die Spritzflüssigkeit beim Spritzen von Obstbäumen auf Unterkulturen niedergehen oder auch die Spritzflüssigkeit unbeabsichtigterweise benachbart stehende Kulturen treffen, dürfen selbstverständlich die für diese Kulturen vorgeschriebenen Wartezeiten nicht außer acht gelassen werden. Diese Gefahr sollte also schon bei der Mittelwahl überdacht werden, nicht daß man hernach ein Mittel ausgewählt hat, das für die betroffene Nachbarkultur überhaupt nicht ausgewiesen ist. In diese Überlegungen sollten daher auch die angrenzenden Kulturen einbezogen werden, damit auch dort jede Gefährdung oder etwaige Schäden ausgeschlossen werden.

Die Länge der Wartezeiten ist übrigens kein Hinweis auf die Giftigkeit oder Bedenklichkeit des angeführten Stoffes. Die Wartezeit dient nur dazu, daß die zulässigen Höchstmengen unterschritten werden.

## Schutz der Bienen

Um die wertvollen Blütenbestäuber vor der Abtötung durch unsachgemäße Anwendung von Insektengiften zu bewahren, verbietet die „Verordnung zum Schutz der Bienen vor Gefahren durch Pflanzenschutzmittel" (Bienenschutzverordnung) vom 19. Dezember 1972 die Anwendung bienengefährlicher Pflanzenbehandlungsmittel bei blühenden Pflanzen.

Im Sinne dieser Verordnung sind nach § 1

1. Bienengefährliche Pflanzenschutzmittel:
   a) Pflanzenschutzmittel, die die Biologische Bundesanstalt für Land- und Forstwirtschaft mit der Auflage zugelassen hat, sie als bienengefährlich zu kennzeichnen.
   b) Andere zugelassene Pflanzenschutzmittel in einer höheren als der höchsten in der Gebrauchsanweisung vorgesehenen Konzentration.
2. Blühende Pflanzen:
   Pflanzen, an denen sich geöffnete Blüten befinden, außer Kartoffel.

## Was beinhaltet der § 2 dieser Verordnung?

Die Anwendung von bienenschädlichen Pflanzenschutzmitteln bei blühenden Pflanzen ist grundsätzlich verboten. Die Mittel sind so anzuwenden, daß blühende Pflanzen nicht mitgetroffen werden. Innerhalb eines Umkreises von 60 m um die Bienenstöcke dürfen bienengefährliche Pflanzenschutzmittel ohne Zustimmung der Imker nur außerhalb des täglichen Bienenfluges angewandt werden. Dabei kann der Zeitpunkt der Beendigung des täglichen Bienenfluges bei den vom zuständigen Bienenschutzausschuß und den Imker-Bezirksvereinen benannten Imkern und telefonisch beim zuständigen Landwirtschaftsamt erfragt werden. Auch sind bienengefährliche Pflanzenschutzmittel so zu handhaben und aufzubewahren, daß Bienen nicht mit ihnen in Berührung kommen.

Ist ein bienengefährliches Pflanzenschutzmittel entsprechend der von der Biologischen Bundesanstalt für Land- und Forstwirtschaft erteilten Auflage mit der Angabe versehen „bienengefährlich", ausgenommen bei Anwendung nach dem täglichen Bienenflug bis 23 Uhr", bleibt das Anwendungsverbot während der angegebenen Tageszeit unberücksichtigt. Vorbedingung für diese Anwendung ist jedoch, daß der Belag vor dem Einsetzen des Bienenfluges am nächsten Tag angetrocknet ist. Hierher gehören beispielsweise Drawin 755 und Systemschutz D (Wirkstoff Butocarboxim) sowie Nexagan (Wirkstoff Bromophos-ethyl).

Ob ein Pflanzenschutzmittel bienengefährlich ist oder nicht, ist übrigens auf der Packung oder der Gebrauchsanweisung angegeben.

Man merke sich:

1. Wenn irgend möglich, den bienenungefährlichen Pflanzenschutzmitteln überall dort den Vorzug geben, wo es die Kulturen zulassen und eine Gefährdung der Bienen im Bereich des Möglichen liegt.
2. Ein Pflanzenbestand ist dann als blühend anzusehen, wenn die ersten Blüten erschienen sind.
3. Wer bienengefährliche Mittel ausbringt, muß aufpassen, daß der Spritzstrahl oder die Stäubewolke nicht auf blühende Pflanzen (auch Unkräuter!) niedergeht oder dorthin abgetrieben wird. Notfalls sind blühende Pflanzen mit Folie abzudecken.
4. Vor Anwendung von bienengefährlichen Pflanzenschutzmitteln müssen auch blühende Unkräuter zwischen oder unter den zu behandelnden Pflanzen entfernt werden.
5. Alle Pflanzenschutzarbeiten bei möglichst windstillem Wetter vornehmen. Man spritze oder stäube am frühen Morgen oder in den Abendstunden.
6. Leichtfertige, unüberlegte Anwendung von Insektengiften bringt den Bienen Gefahr und fügt dem Imker materiellen Schaden zu. Das zu verhindern ist die Pflicht eines jeden, der Pflanzenschutzmittel anwendet.

Sollten im Rahmen der Schädlingsbekämpfung den Bienenschutz betreffende Fragen auftreten, ist es in jedem Fall das beste, wenn man sich mit der zuständigen Pflanzenschutzdienststelle in Verbindung setzt.

Es bedeuten:

B 1 = Bienengefährlich.
Diese Mittel dürfen nicht auf blühende Pflanzen ausgebracht werden. Zu „blühenden Pflanzen" gehören auch blühende Unkräuter.

B 2 = Bienengefährlich, ausgenommen bei Anwendung nach dem täglichen Bienenflug bis 23.00 Uhr Diese Mittel sind bei Ausbringung in blühende Pflanzen während des Bienenflugs bienengefährlich. Sie dürfen daher nur nach Beendigung des täglichen Bienenflugs bis spätestens 23.00 Uhr in blühende Pflanzen ausgebracht werden. Auch hier ist die Bienenschutzverordnung zu beachten.

B 3 = Bienen werden nicht gefährdet aufgrund der durch die Zulassung festgelegten Anwendung des Mittels.

B 4 = Nicht bienengefährlich aufgrund einer amtlichen Prüfung bzw. aufgrund der derzeitigen Beurteilung der chemischen Zusammensetzung hinsichtlich der Wirkung auf Bienen.

Beim Einsatz nicht bienengefährlicher Pflanzenschutzmittel ist die höchste als nicht bienengefährlich amtlich festgestellte Konzentration oder Aufwandmenge dem Pflanzenschutzmittel-Verzeichnis Teil 7 (Wirkung auf Bienen) zu entnehmen.

Kein Hinweis = Die Prüfung ist noch nicht abgeschlossen.

## Fischgiftigkeit

Zahlreiche Pflanzenschutzmittel sind giftig für Fische und Fischnährtiere (s. Tabelle Seite 298). Bei ihrem Einsatz ist darauf zu achten, daß keine Spritzflüssigkeit in fließende und stehende Gewässer gelangen kann, z. B. durch Abtrift, Einsickern, Abspülen von hängigem Gelände bei stärkeren (heftigen) Regenfällen usw. Daher diese Präparate *nicht* in unmittelbarer Nähe (5–10 m) von Gewässern anwenden. In besonders kritischen Situationen sind größere Sicherheitsabstände einzuhalten.

## Resistenzerscheinungen

Der wiederholte (häufige) Einsatz von Pflanzenschutzmitteln hat bei einigen Schädlingen bereits zur Auslese gegen bestimmte Wirkstoffe resistenter Stämme geführt.

Zu nennen seien hier vor allem die in bestimmten Gebieten und einzelnen Obstanlagen nachgewiesenen Resistenzerscheinungen von Spinnmilben gegenüber Dicofol, Tetradifon und zahlreiche organische Phosphorverbindungen sowie der Hopfenblattlaus gegenüber organischen Phosphorverbindungen.

Pflanzenschutzmittel sollten daher nie auf Verdacht häufiger, sondern nur im Bedarfsfall eingesetzt werden, um möglichen Resistenzentwicklungen bei den Schaderregern vorzubeugen.

Außer der vorgenannten Resistenzentwicklung können natürlich auch andere Faktoren die Ursache eines unbefriedigenden Bekämpfungserfolges sein. So z. B. Applikationsfehler, die zu einem unzureichenden Spritzbelag führen, zu geringe Aufwandmengen, schlecht eingestellte Spritzmaschinen oder die Wahl falscher Behandlungstermine.

## Wasserschutzgebietsauflagen

Bereits geringfügige Verunreinigungen von Grundwasser können die Qualität des Trinkwassers beeinträchtigen. Bei der Anwendung von Pflanzenschutzmitteln in Wasserschutzgebieten ist daher besondere Sorgfalt zu wahren. Im Rahmen der Zulassung von Pflanzenschutzmitteln wird auch geprüft, ob das jeweilige Pflanzenschutzmittel in Wasserschutzgebieten Anwendung finden kann. Sofern dies nicht der Fall ist, erhält das Mittel die Wasserschutzgebietsauflage W1, W2 oder W3, die dann auch in der Gebrauchsanweisung aufgeführt ist.

Diese zu beachtenden Auflagen bedeuten:

W1: Keine Anwendung des Mittels in den Schutzzonen I, II und III sowie in Zuflußbereichen von Trinkwassertalsperren.

W2: Keine Anwendung des Mittels in den Schutzzonen I und II sowie von Trinkwassertalsperren.

W3: Das Tauchen von Pflanzen mit diesem Pflanzenschutzmittel ist nur in der Schutzzone III zulässig, nicht dagegen in Zuflußbereichen in Trinkwassertalsperren.

Der genaue Wortlaut dieser Wasserschutzgebietsauflagen kann dem jeweiligen Pflanzenschutzmittel-Verzeichnis der Biologischen Bundesanstalt für Land- und Forstwirtschaft entnommen werden.

Anzumerken ist, daß in der Schutzzone I die Anwendung von Pflanzenbehandlungsmitteln generell untersagt ist, in der Schutzzone III wasserrechtlich nicht eingeschränkt ist. Pflanzenschutzmittel, die bestimmte Wirkstoffe enthalten, bedürfen jedoch bei der Anwendung in den Zonen III bzw. III A von Wasserschutzgebieten der Zustimmung der nach Landesrecht zuständigen Behörde.

In Baden-Württemberg werden darüber hinaus, ungeachtet dieser Rechtslage, auch Präparate mit einer Wasserschutzgebietsauflage 2 oder 3 von den zuständigen Behörden grundsätzlich nicht für einen Einsatz auf Flächen in der Wasserschutzzone III empfohlen.

Die Vorschriften in der Pflanzenschutz-Anwendungsverordnung und die Wasserschutzgebietsauflagen für die Anwendung der Pflanzenschutzmittel in Wasserschutzgebieten sind daher in Baden-Württemberg in einem „Positivkatalog" berücksichtigt. Er schränkt die rechtlich möglichen Anwendungen aus Gründen einer weiteren Verbesserung des Schutzzwecks und der Praktikabilität ein, weil er diejenigen Wirkstoffe enthält, die sowohl in den Schutzzonen II als auch III angewendet werden können. In Schutzzone I darf ohnehin kein Pflanzenschutzmittel eingesetzt werden. Der „Positivkatalog" wird vom Ernährungsministerium herausgegeben und ist bei den Landwirtschäftsämtern erhältlich.

Dazu noch die folgenden Hinweise. In der Bundesrepublik Deutschland sind die Wasserschutzgebiete in 3 Zonen unterteilt. Dabei umfassen Zone I das eingezäunte Fassungsgebiet (Quellgebiet) und Zone II (Engere Schutzzone) ein erweitertes Schutzgebiet, das durch eine Beschilderung ausgewiesen ist, wogegen die Zone III (mitunter aufgeteilt in IIIa und IIIb) in der Regel größere Wasserschutzgebiete abgrenzt. Auskünfte über die Lage der einzelnen Wasserschutzzonen erteilen die Wasserwirtschaftsämter und Landwirtschaftsämter.

Zulassungszeichen der
Biologischen Bundesanstalt
für Land- und Forstwirtschaft

## Gefahrensymbole, Gefahrenbezeichnungen und Kennbuchstaben

T

Giftig

C

Ätzend

Xn

Gesundheitsschädlich

Xi

Reizend

# Liste der Pflanzenschutzmittel

## Mittel gegen Schädlinge (Insektizide, Akarizide und Bodenentseuchungsmittel)

| Wirkstoff | Insektizid | Akarizid | Bodenentseuchungsmittel | Kernobst | Kirsche | Pflaume, Zwetschge | Pfirsich, Aprikose | Rote und Weiße Johannisbeere, Stachelbeere | Schwarze Johannisbeere | Brombeere, Himbeere | Erdbeere (nur vor der Blüte und nach der Ernte) | Hopfen | Wartezeit in Tagen (s. Seite 294) | Bienengefahr (s. Seite 295) | giftig für Fische und/oder Fischnährtiere (s. Seite 296) | Wasserschutzgebietsauflagen (s. Seite 296) | Gefahrensymbol (s. Seite 294) | Bemerkungen |
|---|---|---|---|---|---|---|---|---|---|---|---|---|---|---|---|---|---|---|
| Acephat | x | | | x | | | | | | | | | 28 | B1 | | | Xn | maximal 3 Anwendungen, davon nicht mehr als 2 nach der Blüte bis spätestens Ende Juni |
| | | | | | | | | | | | | x | 35 | | | | | |
| Aldicarb | | | x | | | | | | | | | x | | B3 | x | W1 | T | |
| Azinphos-methyl + Demeton-S-methylsulfon | x | | | | x | | | | | | | | 28 | B1 | x | | T | Erdbeeren nur vor der Blüte |
| | | | | | | x | | | | | x | | 35 | | | | | |
| Azocyclotin | | x | | x | x | | | | | | | | 14 | B4 | x | | Xn | |
| | | | | | | | | | | | x | | | | | | | |
| Bacillus thuringiensis | x | | | x | x | x | x | | | | | | | B4 | | W2 | | |
| Bromophos | x | | | x | | | | | | | | | 35 | B1 | x | | | |
| | | | | | x | | | x | | x | | | 14 | | | | | |
| | | | | | | x | | | | | | | 28 | | | | | |
| | | | | | | | x | | | | | | 21 | | | | | |
| Bromophos-Öl | x | | | x | x | x | x | x | x | x | | | | B1 | x | | | Austriebspritzmittel |
| Butocarboxym | x | | | x | | | | | | | | | 14 | B2 | | | T | |
| | | | | | x | x | | | | | | | 21 | | | | | |
| Chlorpyrifos | x | | | x | | | | | | | | | 42 | B1 | x | | Xn | |
| | | | | | | x | | | | | | | 14 | | | | | |
| Chlorthiophos | x | | | x | | | | | | | | | 35 | B1 | | | T | |
| | | | | | | x | | | | | | | 28 | | | | | |
| Cyhexatin | | x | | x | | | | | | | | x | 21 | B4 | x | | Xn | |
| | | | | | | x | | | | | | | 14 | | | | | |
| Cypermethrin | x | | | x | | | | | | | | x | 14 | B1 | x | | | |
| Dazomet | | | x | x | x | x | x | x | x | x | x | | | B3 | x | W1 | | |
| Deltamethrin | x | | | x | | | | x | | | x | x | 7 | B1 | x | | | |
| | | | | | x | x | x | | | | | | 14 | | | | | |
| Dialifos | x | x | | x | x | x | x | | | | | | | B4 | x | | T | nur bis zum Abschluß der Blüte |
| Diazinon | x | | | x | | | | | | | | | 42 | B1 | x | | Xn | |
| | | | | | x | x | x | x | x | | | | 14 | | | | | |

| | | | | | | | | | | | | | | | | | | |
|---|---|---|---|---|---|---|---|---|---|---|---|---|---|---|---|---|---|---|
| Dichloropropen | | | x | | | | | | | | | | | B3 | x | W1 | Xn | in Obstkulturen |
| Dicofol | | x | | x | | x | | | | | | | 14 | B4 | x | | Xn | |
| Diflubenzuron | x | | | x | | | | | | | | | 28 | B4 | | | | nicht mehr als 4 Mal im Jahr |
| Dimethoat | x | | | x | x | | | | x | | | | 21 | B1 | x | W2 | Xn | |
| | | | | | | x | | x | | x | | | 14 | | | | | |
| | | | | | | | | | | | x | | | | | | | |
| Endosulfan | x | | | x | x | x | x | | | | | x | 21 | B4 | x | | Xn | |
| Ethiofencarb | x | | | x | x | x | | | | | | | 4 | B1 | x | W2 | Xn | |
| | | | | | | | | x | x | | | | 7 | | | | | |
| Fenbutadin-oxid | | x | | x | x | x | | | | | | | 14 | B4 | x | | Xn | |
| | | | | | | | x | | x | x | | | 21 | | | | | |
| | | | | | | | | | | | x | | | | | | | |
| Fenthion | x | | | | x | | | | | | | | 14 | B1 | x | | Xn | |
| Fenvalerat | x | | | x | x | x | | | | | | | 14 | B1 | | | | |
| | | | | | | | x | | | | | | 21 | | | | | |
| Heptenphos | x | | | x | x | x | x | x | x | x | | | 3 | B1 | x | | T | |
| | | | | | | | | | | | x | | | | | | | |
| Lindan (= HCH) | x | | | x | x | x | x | x | x | x | | | 14 | B1 | x | | Xn | Geschmacksbeeinflussung möglich! |
| | | | | | | | | | | | x | | | | | | | |
| Malathion | x | | | x | x | x | x | x | | x | | | 21 | B1 | | | Xn | |
| | | | | | | | | | | | x | | | | | | | |
| Metaldehyd | | | | | | | | | | | x | | | B3 | | | | gegen Schnecken |
| Methomyl | x | | | x | | | | | | | | x | 14 | B1 | x | W2 | T | |
| Metoxychlor + S 421 | x | | | | x | | | | | | | | 7 | B4 | x | W2 | Xn | gegen Kirschfruchtfliege |
| Mineralöl | x | | | x | x | x | x | x | x | x | | | | B4 | | | | nur bis Ende der Blüte |
| Mineralöl + Parathion | x | | | x | x | x | x | x | x | x | | | | B1 | x | | T | Austriebspritzmittel |
| | | | | | | | | | | | x | | | | | | | |
| Oxydemeton | x | | | x | | x | x | | | | | | 28 | B1 | x | | T | |
| | | | | | x | | | | | | | | 35 | | | | | |
| | | | | | | | | x | x | x | | | 21 | | | | | |
| Parathion | x | | | x | x | x | | x | x | | | x | 14 | B1 | x | | T | |
| | | | | | | | | | | | x | | | | | | | |
| Permethrin | x | | | x | x | x | x | | | | | | 14 | B1 | x | | | |
| | | | | | | | | x | x | x | | | 21 | | | | | |
| | | | | | | | | | | | x | | | | | | | |
| Phosalon | x | | | x | | | | | | | | | 42 | B4 | | | Xn | |
| | | | | | x | x | | | | | | | 35 | | | | | |
| Phosphamidon | x | | | x | | | x | | | | | | 21 | B1 | | | T | |
| | | | | | | x | | x | x | x | | | 28 | | | | | |
| | | | | | | | | | | | x | | | | | | | |
| Pirimicarb | x | | | | x | | | | | | | | 10 | B4 | | W2 | T | |
| Propoxur | x | | | x | | x | x | x | x | x | | | 4 | B1 | x | W2 | Xn | |
| | | | | | | | | | | | | x | 7 | | | | | |
| | | | | | | | | | | | x | | | | | | | |
| Pyrethrum | x | | | x | x | x | x | x | x | x | | | 2 | B4 | x | | | |
| + Piperonylbutoxid | | | | | | | | | | | x | | | | | | | |
| Tetrachlorvinphos | x | | | x | | | | | | | | | 14 | B1 | x | | Xn | |
| | | | | | | | x | | | | | | 21 | | | | | |
| Trichlorfon | x | | | x | | | | | | | | | 14 | B1 | x | | Xn | |

In Einzelfällen werden auch DNOC-haltige Winterspritzmittel sowie Gelbkarbolineen eingesetzt. In diesen Fällen ist zu berücksichtigen, daß eine Winterspritzung einen hohen Spritzflüssigkeitsaufwand erfordert und bei diesen Mitteln die Wasserschutzgebietsauflage 1 zu beachten ist. Man überprüfe vor ihrem Einsatz, ob durch eine Anwendung Wasserläufe u. a. belastet werden können oder die Bestandesfläche in einer Wasserschutzzone liegt, die den Einsatz dieser Mittel ausschließt.

## Pflanzenschutzmittel für den Garten

Die nachstehenden Pflanzenschutzmittel für den Garten stellen eine Auswahl aus einem größeren Angebot dar. Dabei wurden Präparate ohne die Gefahrenbezeichnung T (= giftig, s. Seite 297), bevorzugt, soweit sie in Kleinpackungen für den Gartenbereich angeboten werden. Da im Laufe der Jahre Veränderungen auf dem Mittelsektor eintreten können, sei der Benutzer dieses Buches angehalten, sich immer wieder neu zu informieren (s. Seite 304 f).

Insektizide (gegen tierische Schädlinge)

| Wirkstoff | Beispiele für Handelspräparate | Konz. | Besondere Hinweise |
|---|---|---|---|
| *Bacillus thuringiensis* | Dipel | 0,1 | Allgemein gegen fressende Schmetterlingsraupen (ausgenommen Nonnen- und Eulenraupen) an Kern- und Steinobst (Frostspanner, Knospenwickler, Gespinstmotten), Goldafter, Schwammspinner. Biologisches Präparat. Nützlingsschonend. Ohne Gefahrensymbol. Nicht bienengefährlich. Die Wasserschutzgebietsauflage W2 muß beachtet werden. |
| Butocarboxim | Systemschutz D | 1,0 | Insektizid mit spezifischer Wirkung gegen Blattläuse an Kernobst, Pflaume und Zwetschge. Systemische Eigenschaften (wird im Saftstrom transportiert). Ohne Gefahrensymbol. Bienengefährlich. |
| Dimethoat | AAdimethoat, Dimethoat, Agrotec, Etisso-Insektenvernichter, Multexol flüssig | 0,1 | Insektizid mit systemischer Wirkung (wird im Saftstrom transportiert). Wirksam gegen saugende Insekten wie Blattläuse, Spinnmilben, auch Kirschfruchtfliege, Sägewespen an Kern-, Stein- und Beerenobst. Gefahrensymbol Xn. Bienengefährlich. Fischgiftig, keine Anwendung in unmittelbarer Nähe von Gewässern (5–10 m). Die Wasserschutzgebietsauflage W2 muß beachtet werden. |
| Ethiofencarb | Croneton 100, Compo Compron füssig | 0,5 | Insektizid mit spezifischer Wirkung gegen Blattläuse an Kernobst, Pflaumen, Zwetschgen, Kirschen und Johannisbeeren. Systemische Eigenschaften. Ohne Gefahrensymbol. Bienengefährlich. Keine Anwendung in unmittelbarer Nähe von Gewässern (5–10 m). Die Wasserschutzgebietsauflage W2 muß beachtet werden. |
| Etrimfos | Ekamet, blitol-Insektenfrei Neu | 0,1 | Allgemein gegen beißende und saugende Insekten wie z. B. Blattläuse, Blutlaus, Sägewespen an Kernobst, Pflaume und Zwetschge. Fraß- und Kontaktinsektizid mit hohem Eindringungsvermögen. Ohne Gefahrensymbol. Bienengefährlich. Keine Anwendung in unmittelbarer Nähe von Gewässern (5–10 m). |
| Oxydemeton-methyl | Metasystox R spezial | 0,25 | Gegen saugende Insekten wie Blattläuse und Spinnmilben an Kern-, Stein- und Beerenobst, jedoch nicht an Erdbeeren. Vollsystemische Wirkung (wird im Saftstrom transportiert). Gefahrensymbol Xn. Bienengefährlich. Fischgiftig, keine Anwendung in unmittelbarer Nähe von Gewässern (5–10 m). |
| Pirimicarb | Pirimor Granulat zum Auflösen in Wasser | 0,05 | Ein spezifisch gegen Blattläuse wirkendes Insektizid mit einer beachtlichen Tiefen- sowie Kontakt- und Dampfwirkung. Nur gegen Schwarze Kirschblattlaus ausgewiesen. Gefahrensymbol T. Nicht bienengefährlich. Schont Nützlinge wie Marienkäfer und Florfliegen. Die Wasserschutzgebietsauflage W2 muß beachtet werden. |
| Propoxur | Unden flüssig | 0,15 bis 0,2 | Wirksam gegen saugende und beißende Insekten wie z. B. Blattläuse, Blutlaus, Obstmade an Kern-, Stein- und Beerenobst, jedoch nicht an Kirschen. Fraß- und Kontaktinsektizid mit geringer Tiefenwirkung. Allgemein kurze Wartezeiten. Gefahrensymbol Xn. Bienengefährlich. Keine Anwendung in unmittelbarer Nähe von Gewässern (5–10 m). Die Wasserschutzgebietsauflage W2 muß beachtet werden. Giftig für Fische und Fischnährtiere. |

| Wirkstoff | Beispiele für Handelspräparate | Konz. | Besondere Hinweise |
|---|---|---|---|
| Pyrethrum + Piperonylbut-oxid | verschiedene Präparate, Konzentration siehe Anwendungsvorschrift | | Gegen beißende und saugende Insekten sowie Spinnmilben an Kern-, Stein- und Beerenobst. Fraß- und Kontaktwirkung. Alle Präparate ohne Gefahrensymbol. Nicht bienengefährlich, aber für Fische giftig. Keine Anwendung in unmittelbarer Nähe von Gewässern (5–10 m). |
| Schneckenlockstoff + Pflanzenextrakte + Aethyl-Alkohol | Schnecken-Lösung Limagard | | Ausgewiesen für die Bekämpfung von Nacktschnecken in allen Gemüsekulturen, Erdbeeren und Zierpflanzen. Gebrauchsfertige Lösung (100 ml je Loch, Fanglöcher im Abstand von 4–5 m anlegen). Keine Lockwirkung auf Haustiere, Igel und Vögel. Regenfest. Die Lösung versickert nicht. |
| Spezialöl + Bromophos | Austrieb-Spritzmittel Nexion-Öl, Feeli-Frühjahrs-Spritzmittel | 0,5 | Austriebsspritzmittel gegen allgemeine überwinternde Obstbaumschädlinge an Kern-, Stein- und Beerenobst, ausgenommen Erdbeeren. Keine ausreichende Wirkung gegen San-José-Schildlaus. Einsatz vom Knospenschwellen bis Knospenaufbruch. Ohne Gefahrensymbol. Fischgiftig, keine Anwendung in unmittelbarer Nähe von Gewässern (5–10 m). Bienengefährlich. |

# Unerwünschte Wirkungen von Insektiziden und Akariziden

Außer den erwünschten Wirkungen der Insektizide und Akarizide auf schädliche Insekten und Milben haben die meisten dieser Mittel unerwünschte Wirkungen auf vielerlei Nützlinge und manche fördern die Vermehrung bestimmter Schädlinge. Entsprechende Untersuchungen sind noch längst nicht abgeschlossen, deshalb können die nachfolgenden Zusammenstellungen nur ein Beispiel für die Gefährdung der Nützlinge durch Pflanzenschutzmittel sein. Die Angaben stammen aus den folgenden Veröffentlichungen:

Hassan, S. A. (1983). Results of the second joint pesticide testing programme by the IOBC/WPRS working group "Pesticides and Beneficial Arthropods". Z. angew. Ent. *95*, 151–158.

Service de la protection des végétaux et Union des industries de la protection des plantes (Edit.) (1983). Les actions secondaires des produits phytosanitaires. 5e édition: Paris.

Südtiroler Beratungsring für Obst- und Weinbau (Hrsg.) (1984). Handbuch zur Pflege von Obst- und Rebanlagen. 128 S.: Lana.

**Wirkung einiger Insektizide auf Schlupfwespen**

| Sehr stark | Verhältnismäßig schwach |
|---|---|
| Dialifos | *Bacillus thuringiensis* |
| Malathion | Diflubenzuron |
| Mevinphos | Mineralöl |
| Parathion-äthyl | Pirimicarb |

Für kleine Arten auch:

Demeton-S-methyl

**Wirkung einiger Insektizide auf Schwebfliegen**

| Sehr stark | Verhältnismäßig schwach |
|---|---|
| Azinphos-methyl | Phosalon |
| Diazinon | |
| Dimethoat | |
| Malathion | |
| Mevinphos | |
| Parathion-äthyl | |

**Wirkung einiger Insektizide und Akarizide auf nützliche Wanzen**

| Sehr stark | Verhältnismäßig schwach |
|---|---|
| Acephat | *Bacillus thuringiensis* |
| Azinphos-methyl | Cyhexatin |
| Dimethoat | Phosphamidon |
| Fenvalerat | Pirimicarb |
| Malathion | |
| Methidathion | |
| Parathion-äthyl | |
| Permethrin | |

**Wirkung einiger Insektizide auf Marienkäfer**

| Sehr stark | Verhältnismäßig schwach |
|---|---|
| Azinphos-methyl | *Bacillus thuringiensis* |
| Dimethoat | Mineralöl |
| Fenvalerat | Pirimicarb |
| Methidathion | |
| Methomyl | |
| Mevinphos | |
| Parathion-äthyl | |

**Wirkung einiger Insektizide auf Florfliegen**

| Sehr stark | Verhältnismäßig schwach |
|---|---|
| Acephat | *Bacillus thuringiensis* |
| Azinphos-methyl | Mineralöl |
| Dimethoat | Pirimicarb |
| Lindan | |
| Mevinphos | |
| Parathion-äthyl | |

**Wirkung von Insektiziden und Akariziden auf Raubmilben**

Mindestens 70 Wirkstoffe haben sich als mehr oder weniger schädlich erwiesen. Als harmlos gelten:

*Bacillus thuringiensis*
Diflubenzuron

**Wirkung von Insektiziden auf Regenwürmer**

| Sehr stark | Verhältnismäßig schwach |
|---|---|
| Aldicarb | *Bacillus thuringiensis* |
| Endosulfan | Bromophos |
| Propoxur | Lindan |
| | Phosalon |
| | Pirimicarb |

(nach mündl. Mitteilung von Dr. W. Kennel, Bavendorf)

**Förderung und Hemmung der Spinnmilbenvermehrung (*Panonychus ulmi*) durch Insektizide**

| | | | |
|---|---|---|---|
| stark fördernd | +++ | neutral | N |
| mäßig fördernd | ++ | | |
| manchmal fördernd | + | | |

| | |
|---|---|
| Azinphos-methyl | +++ |
| *Bacillus thuringiensis* | N |
| Cypermethrin | ++ |
| Deltamethrin | ++ |
| Demeton-S-methyl | + |
| Diazinon | N |
| Diflubenzuron | + |
| Dimethoat | ++ |
| Fenvalerat | ++ |
| Malathion | + |
| Methidathion | +++ |
| Methomyl | N |
| Mevinphos | + |
| Parathion-methyl | ++ |
| Permethrin | ++ |
| Phosalon | + |
| Phosmet | + |
| Phosphamidon | + |
| Tetrachlorvinphos | ++ |

# Amtliche Auskunftsstellen für den Pflanzenschutz

## Baden-Württemberg

Landesanstalt für Pflanzenschutz,
Reinsburgstr. 107, 7000 Stuttgart 1, Tel. 0711/647-2573

Regierungspräsidium Karlsruhe
– Pflanzenschutzdienst –
Amalienstr. 25, 7500 Karlsruhe 1, Tel. 0721/1355169
(Zentrale)

Regierungspräsidium Stuttgart
– Pflanzenschutzdienst –
Breitscheidstr. 4, 7000 Stuttgart 1, Tel. 0711/2050-4188

Regierungspräsidium Freiburg
– Pflanzenschutzdienst –
Erbprinzenstr. 2, 7800 Freiburg/Breisgau,
Tel. 0761/204/2493

Regierungspräsidium Tübingen
– Pflanzenschutzdienst –
Keplerstr. 2, 7400 Tübingen 1, Tel. 07071/282331
(Behördenzentrale)

## Bayern

Bayerische Landesanstalt für Bodenkultur und Pflanzenbau – Abteilung Pflanzenschutz –
Menzinger Str. 54, 8000 München 19
Tel. 089/17991

## Berlin (West)

Pflanzenschutzamt Berlin,
Altkircher Str. 1 u. 3, 1000 Berlin 33 (Dahlem)
Tel. 030/8313082

## Bremen

Pflanzenschutzdienst Bremen,
Slevogtstraße 48, 2800 Bremen 1, Tel. 0421/3612575

## Hamburg

Institut für angewandte Botanik – Pflanzenschutzamt Hamburg –
Marseiller Str. 7, 2000 Hamburg 36, Tel. 040/4123-2359

## Hessen

Hessisches Landesamt für Ernährung, Landwirtschaft und Landentwicklung – Pflanzenschutzdienst –
Friedrich-Wilhelm-von-Steuben-Straße 2,
6000 Frankfurt/Main 93, Tel. 0611/775051-52

## Niedersachsen

Regierungsbezirke Braunschweig, Hannover, Lüneburg:
Pflanzenschutzamt Hannover,
Wunstorfer Landstraße 9, 3000 Hannover 91,
Tel. 0511/40050 (Landwirtschaftskammer)

Regierungsbezirk Weser-Ems:
Pflanzenschutzamt Oldenburg (Oldbg.)
Mars-la-Tour-Str. 9–11, Postfach 2549
2900 Oldenburg, Tel. 0441/801-1

## Nordrhein-Westfalen

Regierungsbezirke Düsseldorf und Köln:
Pflanzenschutzamt der Landwirtschaftskammer Rheinland
mit Referat für forstlichen Pflanzenschutz
Ludwig-Erhard-Straße 99, 5300 Bonn-Bad Godesberg,
Tel. 0228/376931–33

Regierungsbezirke Arnsberg, Detmold und Münster:
Institut für Pflanzenschutz, Saatgutuntersuchung und Bienenkunde der Landwirtschaftskammer Westfalen-Lippe
mit Referat für forstlichen Pflanzenschutz,
Nevinghoff 40,
4400 Münster/Westf., Tel. 0251/2761

## Rheinland-Pfalz

Landespflanzenschutzamt Rheinland-Pfalz,
Essenheimer Str. 144, 6500 Mainz-Bretzenheim,
Tel. 06131/34001 und 34002

## Saarland

Pflanzenschutzamt Saarbrücken,
Lessingstr. 12, 6600 Saarbrücken 3, Tel. 0681/65521

## Schleswig-Holstein

Pflanzenschutzamt des Landes Schleswig-Holstein,
Westring 383, 2300 Kiel, Tel. 0431/562015

## Schweiz

Eidgenössische Forschungsanstalt für Obst-, Wein- und Gartenbau, CH–8820 Wädenswil, Tel. 017/801333

Station Fédérale de Recherches Agronomiques de Changins,
CH–1260 Nyon, Tel. 022/615451

## Österreich

Bundesanstalt für Pflanzenschutz, Trunnerstraße 5, A–1020 Wien, Tel. 0222/241511

## Südtirol

Südtiroler Beratungsring für Obst- und Weinbau, Andreas-Hofer-Straße 9, I–39011 Lana,
Tel.: 0473/51298

## Liste der im Text erwähnten Pflanzen

| Deutscher Name | Wissenschaftliche Bezeichnung | Familie | Englischer Name |
|---|---|---|---|
| Ackerbohne | *Vicia faba* L. | Papilionaceae | field bean |
| Ampfer | *Rumex* spp. | Polygonaceae | dock |
| Apfel | *Malus pomilia* Miller | Rosaceae | apple |
| Aprikose | *Prunus armeniaca* L. | Rosaceae | apricot |
| Aster | *Aster* spp. | Compositae | aster |
| Bachnelkwurz | *Geum rivale* L. | Rosaceae | water avens |
| Bärenklau, Wiesen- | *Heracleum sphondylium* L. | Umbelliferae | hogweed |
| Birke | *Betula* spp. | Betulaceae | birch |
| Birne | *Pyrus communis* L. | Rosaceae | pear |
| Blutauge | *Potentilla palustris* (L.) Scopoli | Rosaceae | marsh cinquefoil |
| Brennessel | *Urtica* spp. | Urticaceae | nettle |
| Brombeere | *Rubus fructicosus* L. | Rosaceae | blackberry (bramble) |
| Buche | *Fagus sylvatica* L. | Fagaceae | beech |
| Dreizack | *Triglochin* spp. | Juncaginaceae | arrow grass |
| Efeu | *Hedera helix* L. | Araliaceae | ivy |
| Ehrenpreis | *Veronica* spp. | Scrophulariaceae | speedwells |
| Eiche, Stiel- | *Quercus robur* L. | Fagaceae | oak |
| Erdbeere | *Fragaria* spp. | Rosaceae | strawberry |
| Erle | *Alnus glutinosa* (L.) Gaertner | Betulaceae | alder |
| Feuerdorn | *Pyracantha* spp. | Rosaceae | pyracantha |
| Gänsedistel | *Sonchus avensis* L. | Compositae | |
| Gänsefuß, Weißer | *Chenopodium album* L. | Chenopodiaceae | fat hen |
| Geißblatt, Wald- | *Lonicera periclymenum* L. | Caprifoliaceae | honeysuckle |
| Habichtskraut | *Hieracium* spp. | Compositae | hawkweeds |
| Hafer | *Avena* spp. | Gramineae | oat |
| Haferpflaume | *Prunus insititia* L. | Rosaceae | damson |
| Hasel | *Corylus avellana* L. | Corylaceae | hazel (filbert, cob nut) |
| Himbeere | *Rubus idaeus* L. | Rosaceae | raspberry |
| Hohlzahn | *Galeopsis* spp. | Labiatae | hemp nettle |
| Hopfen | *Humulus lupulus* L. | Cannabinaceae | hop |
| Huflattich | *Tussilago farfara* L. | Compositae | coltsfoot |
| Johannisbeere | *Ribes* spp. | Grossulariaceae | currant |
| Rote | *Ribes sativum* (Reichenbach) Syme | Grossulariaceae | red currant |
| Schwarze | *Ribes nigrum* L. | Grossulariaceae | black currant |
| Weiße | *Ribes sativum* (Reichenbach) Syme | Grossulariaceae | white currant |
| Kartoffel | *Solanum tuberosum* L. | Solanaceae | potato |
| Kirsche | *Prunus avium* L.; *Prunus cerasus* L. | Rosaceae | cherry |
| Klappertopf | *Rhinanthus crista-galli* L. | Scrophulariaceae | yellow rattle |
| Klee | *Trifolium* spp. | Papilionaceae | clover |
| Kreuzkraut | *Senecio vulgaris* L. | Compositae | groundsel |
| Lattich | *Lactuca* spp. | Compositae | lettuce |
| Linde | *Tilia* spp. | Tiliaceae | lime |
| Löwenzahn | *Taraxacum officinale* Weber | Compositae | dandelion |
| Loganbeere | *Rubus loganbaccus* Bailey | Rosaceae | loganberry |
| Mispel | *Mespilus germanica* L. | Rosaceae | medlar |
| Narzisse | *Narcissus* spp. | Amaryllidaceae | narcissus |
| Pappel | *Populus* spp. | Salicaceae | poplar |
| Pastinak | *Pastinaca sativa* L. | Apiaceae | parsnip |
| Pferdebohne | *Vicia faba* L. | Papilionaceae | broad bean |
| Pfirsich | *Prunus persica* L. | Rosaceae | peach |
| Pflaume | *Prunus domestica* L. | Rosaceae | plum |
| Pippau | *Crepis* spp. | Compositae | hawksbeards |
| Quitte | *Cydonia* spp. | Rosaceae | quince |
| Raygras, Englisches | *Lolium perenne* L. | Gramineae | perennial rye grass |
| Rhabarber | *Rheum rhaponticum* L. | Polygonaceae | rhubarb |
| Rispengras, einjähr. | *Poa annua* L. | Gramineae | annual meadow grass |
| Rose | *Rosa* spp. | Rosaceae | rose |
| Rotklee | *Trifolium pratense* L. | Papilionaceae | red clover |
| Säuerling | *Oxyria* spp. | Polygonaceae | sorrel |
| Spindelbaum | *Euonymus* spp. (Syn. *Evonymus*) | Celastraceae | spindle |

| Deutscher Name | Wissenschaftliche Bezeichnung | Familie | Englischer Name |
|---|---|---|---|
| Schilf | *Phragmites communis* Trinius | Graminaceae | reed |
| Schlehe | *Prunus spinosa* L. | Rosaceae | blackthorn |
| Schneebeere | *Symphoricarpus rivularis* Suksdorf | Caprifoliaceae | snowberry |
| Schwarzdorn | *Prunus spinosa* L. | Rosaceae | blackthorn |
| Stachelbeere | *Ribes uva-crispa* L. | Grossulariaceae | gooseberry |
| Stechpalme | *Ilex aquifolium* L. | Aquifoliaceae | holly |
| Taubnessel | *Lamium* spp. | Labiatae | dead-nettle |
| Rote | *Lamium purpureum* L. | Labiatae | red dead-nettle |
| Traubenkirsche | *Prunus padus* L. | Rosaceae | bird cherry |
| Ulme | *Ulmus* spp. | Ulmaceae | elm |
| Vogelbeere | *Sorbus aucuparia* L. | Rosaceae | rowan |
| Vogelknöterich | *Polygonum aviculare* L. | Polygonaceae | knotgrass |
| Walnuß | *Juglans* spp. | Juglandaceae | walnut |
| Wegerich | *Plantago* spp. | Plantaginaceae | plantains |
| Weide | *Salix* spp. | Salicaceae | sallow (willow) |
| Weidenröschen | *Epilobium* spp. | Onagraceae | willow herb |
| Schmalblättriges | *Chamaenerion angustifolium* (L.) Scopoli | Onagraceae | rose-bay |
| Weinstock | *Vitis* spp. | Vitaceae | grape-vine |
| Weißdorn | *Crataegus monogyna* Jacquin | Rosaceae | hawthorn |
| Winde | *Convolvulus* spp. | Convolvulaceae | bindweed |
| Wucherblume | *Chrysanthemum* spp. | Compositae | chrysanthemum |
| Zierquitte | *Chaenomeles* spp. | Rosaceae | chaenomeles |
| Ziest, Wald- | *Stachys sylvatica* L. | Libiatae | hedge woundwort |
| Zwergmispel | *Cotoneaster* spp. | Rosaceae | cotoneaster |
| Zwetschge | *Prunus domestica* L. | Rosaceae | plum |
| Zwiebel | *Allium cepa* L. | Liliaceae | onion |
| Zuckerrübe | *Beta vulgaris* L. | Chenopodiaceae | sugar beet |

# Ausgewählte Literatur

## Allgemeines


*Burges, H. D. & Hussey, N. W.* (Eds.) (1971). Microbial control of insects and mites. Academic Press: London.

*Chinery, M.* (1984). Insekten Mitteleuropas. Parey: Hamburg, Berlin.

*Clausen, C. P.* (1940). Entomophagous insects. McGraw-Hill: New York.

*Davidson, R. H. & Lyon, W. F.* (1979). Insect pests of farm, garden and orchard. Wiley: New York.

*Ferro, D. N.* (Ed.) (1976). New Zealand insect pests. Lincoln University: Canterbury.

*Hering, E. M.* (1951). Biology of the leaf miners. Junk: The Hague.

*Hentschel, E.* und *G. Wagner* (1984). Zoologisches Wörterbuch. Fischer: Stuttgart.

*Jacobs, W.* (1974). Taschenlexikon zur Biologie der Insekten. Fischer: Stuttgart.

*Kloet, G. S. & Hincks, W. D.* (1945). A check list of British insects. Stockport.

*Kloet, G. S. & Hincks, W. D.* (1964). A check list of British insects (2nd edn.). Small Orders and Hemiptera. Handbooks for the Identification of British Insects **11** (1), 119 pp.

*Kotte, W.* (1958). Krankheiten und Schädlinge im Obstbau und ihre Bekämpfung. Parey: Berlin, Hamburg.

*Massee, A. M.* (1954). The pests of fruit and hops. Crosby Lockwood: London.

*Michel, H.-G.* und *H. Umgelter* (1982). Pflanzenschutz im Garten. Ulmer: Stuttgart.

*Milaire, H. G., Baggiolini, M., Gruys, P. & Steiner, H.* (Eds.) (1974). Les organismes auxiliaires en verger de pommiers. O.I.L.B. Brochure No. 3.

*Richards, O. W. & Davies, R. G.* (1977). Imms' general textbook of entomology. Chapman & Hall: London.

*Schmidt, G.* (1970). Die deutschen Namen wichtiger Arthropoden. Mitt. Biol. Bundesanstalt f. Land- u. Forstw., Heft 137: Berlin-Dahlem.

*Seymour, P. R.* (1979). Invertebrates of economic importance in Britain. Common and scientific names. M.A.F.F. Reference Book GD2. H.M.S.O.: London.

*Steiner, H.* (1985). Nützlinge im Garten. Ulmer: Stuttgart.

*Stresemann, E.* (Hrsg.) (1976). Exkursionsfauna. Volk und Wissen: Berlin.

*Theobald, F. V.* (1909): The insect and other allied pests of orchard, bush and hothouse fruits and their prevention and treatment, Wye.

*Worthing, C. R.* (Ed.) (1983). The pesticide manual. B.C.P.C.: London.


## Ohrwürmer und Blasenfüße


*Hincks, W. D.* (1956). Dermaptera and Orthoptera. Handbooks for the Identification of British Insects **1** (5), 24 pp.

*Morison, G. D.* (1949). Thysanoptera of the London area. London Naturalist Reprint 59.

*Mound, L. A., Morison, G. D., Pitkin, B. R. & Palmer, J. M.* (1976). Thysanoptera. Handbooks for the Identification of British Insects **1** (11). 79 pp.


## Schnabelkerfe (Hemipteren)


*Blackman, R.* (1974). Aphids. Ginn: London & Aylesbury.

*Butler, E. A.* (1923). A biology of the British Hemiptera-Heteroptera. Witherby: London.

*Edwards, J.* (1896). The Hemiptera-Homoptera of the British Islands. Reeve: London.

*Hodkinson, I. D. & White, I. M.* (1979). Homoptera. Psylloidea. Handbooks for the Identification of British Insects **2** (5a), 98 pp.

*Le Quesne, W. J.* (1965). Hemiptera (Cicadomorpha) (excluding Deltocephalinae and Typhlocybinae). Handbooks for the Identification of British Insects **2** (2a), 64 pp.

*Le Quesne, W. J.* (1969). Hemiptera (Cicadomorpha–Deltocephalinae). Handbooks for the Identification of British Insects **2** (2b), 148 pp.

*Le Quesne, W. J. & Payne, K. R.* (1981). Cicadellidae (Typhlocybinae) with a check list of the British Auchenorhyncha (Hemiptera, Homoptera). Handbooks for the Identification of British Insects **2** (2c), 95 pp.

*Newstead, R.* (1901–3). Monograph of the Coccidae of the British Isles (2 vols). Ray Society: London.

*Saunders, E.* (1892). The Hemiptera-Heteroptera of the British Islands. Reeve: London.

*Southwood, T. R. E. & Leston, D.* (1959). Land and water bugs of the British Isles. Warne: London.

*Stroyan, H. L. G.* (1977). Homoptera. Aphidoidea. Chaitophoridae & Callaphididae. Handbooks for the Identification of British Insects **2** (4a), 130 pp.

*Theobald, F. V.* (1926–29). The Aphididae of Great Britain (3 vols.). Headley: London.

*White, I. M. & Hodkinson, I. D.* (1982). Psylloidea. (Nymphal stages). Hemiptera, Homoptera. Handbooks for the Identification of British Insects **2** (5b), 50 pp.


## Netzflügler (Neuropteren)


*Barnard, P. C.* (1978). A check-list of the British Neuroptera with taxonomic notes. Entomologist's Gazette **29**: 165–176.

*Fraser, F. C.* (1959). Mecoptera, Megaloptera and Neuroptera. Handbooks for the Identification of British Insects **1** (12 & 13), 40 pp.

*Killington, F. J.* (1936–37). A monograph of the British Neuroptera (2 vols.). Ray Society: London.

## Käfer

*Balachowsky, A. S.* (Ed.) (1962–63). Entomologie appliquée à l'agriculture. I. Coleoptera (2 vols.). Masson: Paris.

*Britton, E. B.* (1956). Coleoptera, Scarabaeoidea (Lucanidae, Trogidae, Geotrupidae, Scarabaeidae). Handbooks for the Identification of British Insects **5** (11), 29 pp.

*Duffy, E. A. J.* (1953). Coleoptera (Scolytidae and Platypodiaae). Handbooks for the Identification of British Insects **5** (15), 20 pp.

*Freude, H., K.-W. Harde* und *G. H. Lohse* (1965 bis 1983): Die Käfer Mitteleuropas. Goecke und Evers: Krefeld.

*Harde, K. W.* und *F. Severa* (1981). Der Kosmos – Käferführer. Franckh: Stuttgart.

*Joy, N. H.* (1932). A practical handbook of British beetles (2 vols.). Witherby: London.

*Lindroth, C. H.* (1974). Coleoptera. Family Carabidae. Handbooks for the Identification of British Insects **4** (2), 148 pp.

*Linssen, E. F.* (1959). Beetles of the British Isles (2 vols.). Warne: London.

*Pope, R. D.* (1953). Coleoptera (Coccinellidae & Sphindidae). Handbooks for the Identification of British Insects **5** (7), 12 pp.

*Pope, R. D.* (1977). A check list of British Insects (2nd edn.). Part 3: Coleoptera and Strepsiptera. Handbooks for the Identification of British Insects **11** (3), 105 pp.

*Tottenham, C. E.* (1954). Coleoptera. Family Staphylinidae (Peistinae to Euasthetinae). Handbooks for the Identification of British Insects **4** (8a), 79 pp.

*Zaharadnik, J.* (1985). Käfer Mittel- und Nordwesteuropas. Parey: Hamburg, Berlin.

## Mücken und Fliegen

*Barnes, H. F.* (1948). Gall midges of economic importance. Vol. III. Gall midges of fruit. Crosby Lockwood: London.

*Barnes, H. F.* (1949). Gall midges of economic importance. Vol. VI. Gall midges of miscellaneous crops. Crosby Lockwood: London.

*Coe, R. L.* (1953). Diptera. Family Syrphidae. Handbooks for the Identification of British Insects **10** (1), 98 pp.

*Coe, R. I., Freeman, P. & Mattingly, P. F.* (1950). Diptera. Nematocera: Families Tipulidae to Chironomidae. Handbooks for the Identification of British Insects **9** (2), 216 pp.

*Colyer, C. N. & Hammond, C. O.* (1968). Flies of the British Isles. Warne: London.

*Emden, F. I. van* (1954). Diptera: Cyclorrhapha. Calyptrata (I). (Tachinidae & Calliphoridae) Handbooks for the Identification of British Insects **10** (4a), 133 pp.

*Kloet, G. S. & Hincks, W. D.* (1975). A check list of British insects (2nd edn.). Diptera and Siphonaptera. Handbooks for the Identification of British Insects **11** (5), 139 pp.

*Shorrocks, B.* (1972). Drosophila. Ginn: London.

*Spencer, K. A.* (1972). Diptera. Family Agromyzidae. Handbooks for the Identification of British Insects **10** (5g), 136 pp.

*Spencer, K. A.* (1973). Agromyzidae (Diptera) of economic importance. Junk: The Hague.

## Schmetterlinge

*Balachowsky, A. S.* (Ed.) (1966–72). Entomologie appliquée à l'agriculture. II. Lepidoptères (2 vols.). Masson: Paris.

*Beirne, B. P.* (1954). British pyralid and plume moths. Warne: London.

*Bradley, J. D., Fletcher, D. S. & Whalley, P. E. S.* (1972). A check list of British insects (2nd edn.). Lepidoptera. Handbooks for the Identification of British Insects **11** (2), 153 pp.

*Bradley, J. D., Tremewan, W. G. & Smith, A.* (1975). British tortricoid moths. Cochylidae and Tortricidae: Tortricinae. Ray Society: London.

*Bradley, J. D., Tremewan, W. G. & Smith, A.* (1979). British tortricoid moths. Tortricidae: Olethreutinae. Ray Society: London.

*Forster, W.* und *Th. A. Wohlfahrt* (1954 bis 1981): Die Schmetterlinge Mitteleuropas. Franckh: Stuttgart.

*Heath, J.* (Ed.) (1976). The moths and butterflies of Great Britain and Ireland. Vol. 1. Micropterigi dae–Heliozelidae. Curwen Press: London.

*Heath, J. & Emmet, A. M.* (Eds.) (1980). The moths and butterflies of Great Britain and Ireland. Vol. 9 Sphingidae–Noctuidae (Part I). Curwen Press: London.

*Merick, E.* (1928). The moths and butterflies of Great Britain and Ireland. Vol. 9. Sphingidae–Noctuidae (Part I). Curwen Press: London.

*Meyrick, E.* (1928). A revised handbook of British Lepidoptera. Watkins and Doncaster. London.

*South, R.* (1948). The moths of the British Isles (2 vols.). Warne: London.

*Stokoe, W. J.* (1948). The caterpillars of British moths (2 vols.). Warne: London.

## Hautflügler (Hymenopteren)

*Benson, R. B.* (1951–58). Hymenoptera. Symphyta. Handbooks for the Identification of British Insects **6** (2a, 2b, 2c), 252 pp.

*Cameron, P.* (1882–89). A monograph of the British phytophagous Hymenoptera. Vols. I–III (Tenth redo, Sirex and Cynips, Linné). Ray Society: London.

*Richards, O. W.* (1977). Hymenoptera. Introduction and key to families. Handbooks for the Identification of British Insects **6** (1), 100 pp.

## Milben

*Chant, D. A.* (1958). Immature and adult stages of some British Phytoseiidae Berl., 1916 [Acarina]. Journal of the Linnean Society of London **43**: 599–643.

*Chant, D. A.* (1959). Phytoseiid mites (Acarina: Phytoseiidae). Part I. Bionomics of seven species in southeastern England. Part II. A taxonomic review of the family Phytoseiidae, with descriptions of 38 new species. Canadian Entomologist Supplement **12,** 166 pp.

*Jeppson, L. R., Keifer, H. H. & Baker, E. W.* (1975). Mites injurious to economic plants. University of California Press: Berkeley.

## Verschiedene andere Schädlinge

*Brown, D. J. F. & Boag, B.* (1975). Longidorus macrosoma. C.I.H. descriptions of plantparasitic nematodes. No. 67.

*Brown, D. J. F. & Boag, B.* (1977). Longidorus attenuatus. C.I.H. descriptions of plant-parasitic nematodes. No. 101.

*Corbett, D. C. M.* (1973). Pratylenchus penetrans. C.I.H. descriptions of plant-parasitic nematodes. No. 25.

*Ellis, A. E.* (1926). British snails. Clarendon Press: Oxford.

*Goodey, T.* (1963). Soil and freshwater nematodes. Methuen: London.

*Hooper, D. J.* (1972). Ditylenchus dipsaci. C.I.H. descriptions of plant-parasitic nematodes. No. 14.

*Hooper, D. J.* (1973). Longidorus elongatus. C.I.H. descriptions of plant-parasitic nematodes. No. 30.

*Hooper, D. J.* (1976). Trichodorus viruliferus. C.I.H. descriptions of plant-parasitic nematodes. No. 86.

*Kerney, M. P. & Cameron, R. A. D.* (1979). A field guide to the land snails of Britain and north-west Europe. Collins: London.

*Locket, G. H. & Millidge, A. F.* (1951–53). British spiders (2 vols.). Ray Society: London.

*Locket, G. H., Millidge, A. F. & Merrett, P.* (1974). British spiders. Vol. III. Ray Society: London.

*Pitcher, R. S., Siddiqi, M. R. & Brown, D. J. F.* (1974). Xiphinema diversicaudatum. C.I.H. descriptions of plant-parasitic nematodes. No. 60.

*Savory, T. H.* (1945). The spiders and allied orders of the British Isles. Warne: London.

*Siddiqi, M. R.* (1974). Aphelenchoides ritzemabosi. C.I.H. descriptions of plant-parasitic nematodes. No. 32.

*Siddiqi, M. R.* (1975). Aphelenchoides fragariae. C.I.H. descriptions of plant-parasitic nematodes. No. 74.

*Stone, A. R. & Rowe, J. A.* (1977). Heterodera humuli. C.I.H. descriptions of plant-parasitic nematodes. No. 105.

*Webster, J. M.* (Ed.) (1972). Economic nematology. Academic Press: London.

# Sachregister

# Register der wissenschaftlichen Namen